Gebäude. Technik. Digital.

Christoph van Treeck · Robert Elixmann · Klaus Rudat
Sven Hiller · Sebastian Herkel · Markus Berger

Gebäude. Technik. Digital.

Building Information Modeling

Herausgeber
Viega GmbH & Co. KG Attendorn
Vertreten durch Herrn Claus Holst-Gydesen

Autoren
Prof. Dr. –Ing. habil. Christoph van Treeck (Kapitel 1)
Dr. jur. Robert Elixmann (Kapitel 2)
Prof. Dipl.-Ing. Klaus Rudat (Kapitel 3)
Dipl.-Ing. Sven Hiller (Kapitel 3)
Dipl.-Ing. Sebastian Herkel (Kapitel 4)
Markus Berger (Kapitel 5)

ISBN 978-3-662-52824-2   ISBN 978-3-662-52825-9 (eBook)
DOI 10.1007/ 978-3-662-52825-9

Die Deutsche Nationalbibliothek verzeichnet diese Publikation in der Deutschen National bibliographie;
detaillierte bibliographische Daten sind im Internet über http://dnb.d-nb.de abrufbar.

Springer Vieweg
© Springer Berlin Heidelberg 2016
Das Werk einschließlich aller seiner Teile ist urheberrechtlich geschützt. Jede Verwertung, die nicht ausdrücklich vom Urheberrechtsgesetz zugelassen ist, bedarf der vorherigen Zustimmung des Verlags. Das gilt insbesondere für Vervielfältigungen, Bearbeitungen, Übersetzungen, Mikroverfilmungen und die Einspeicherung und Verarbeitung in elektronischen Systemen.

Die Wiedergabe von Gebrauchsnamen, Handelsnamen, Warenbezeichnungen usw. in diesem Werk berechtigt auch ohne besondere Kennzeichnung nicht zu der Annahme, dass solche Namen im Sinne der Warenzeichen- und Markenschutz-Gesetzgebung als frei zu betrachten wären und daher von jedermann benutzt werden dürften.

Gedruckt auf säurefreiem und chlorfrei gebleichtem Papier.

Springer Vieweg ist Teil von Springer Nature
Die eingetragene Gesellschaft ist "Springer-Verlag GmbH Berlin Heidelberg"

Vorwort

Die Digitalisierung hat in der letzten Dekade eine Vielzahl von Branchen grundlegend verändert. Berufsfelder haben sich geändert, neue Dienstleistungen sind entstanden und Arbeitsabläufe konnten erleichtert werden. Des Weiteren führten neue Technologien dazu, dass viele Arbeitnehmer flexibler und unabhängig vom Aufenthaltsort arbeiten können. In sehr vielen Branchen hat dies zu einer Erhöhung der Arbeitsproduktivität bzw. Wertschöpfung geführt.

Die Digitalisierung des Planens, Bauens und Betreibens von Bauwerken wird heutzutage unter dem Begriff Building Information Modeling (BIM) zusammengefasst. Nach der Definition des Stufenplans Digitales Planen und Bauen, welcher die Einführung moderner IT-gestützter Prozesse und Technologien bei Planung, Bau und Betrieb von Bauwerken definiert, wird Building Information Modeling als eine kooperative Arbeitsmethodik bezeichnet,

»... mit der auf der Grundlage digitaler Modelle eines Bauwerks die für seinen Lebenszyklus relevanten Informationen und Daten konsistent erfasst, verwaltet und in einer transparenten Kommunikation zwischen den Beteiligten ausgetauscht oder für die weitere Bearbeitung übergeben werden ...«.

Der Stufenplan des BMVI definiert weiterhin, dass ab Ende 2020 bei neu zu planenden Verkehrsinfrastrukturprojekten BIM mit einem definierten Leistungsniveau angewendet werden soll. Somit liegt ein entsprechender Handlungsdruck bei Bauherrn, Planern und Betreibern vor, sich in den nächsten Jahren sehr intensiv mit der Digitalisierung des Planens, Bauens und Betreibens zu beschäftigen.

Die BIM-Methode basiert auf der systematischen Erstellung und Weiternutzung von digitalen Informationen zum Bauwerk. In diesem Zusammenhang werden komplexe Bauwerksmodelle bzw. Fachmodelle erzeugt, die ein möglichst detailliertes virtuelles Abbild eines realen Gebäudes darstellen. Digitale Bauwerksmodelle sind prinzipiell nicht neu und entsprechende Softwaresysteme sind schon länger verfügbar. Jedoch erst in den letzten Jahren wurden entsprechende Standards und Richtlinien entwickelt, die eine Nutzung der digitalen Modelle durch verschiedene Beteiligte ermöglichen. Hier kann zum Beispiel der Datenaustauschstandard IFC (Industry Foundation Classes) genannt werden. Dadurch wurde eine stärkere Fokussierung auf die Prozesse des Planens, Bauens und Betreibens vorgenommen. Erst durch die Einbeziehung der Akteure und Betrachtung der Prozesse lassen sich die vielfach beschriebenen Vorteile von BIM, wie Steigerung von Planungssicherheit, Transparenz und Effizienz erreichen.

Die Bauwerksmodelle werden im Laufe der Planung, des Bauens und des Betriebs kontinuierlich ergänzt und können somit für verschiedene Aufgaben genutzt werden. Neben den typischen Anwendungen, wie beispielsweise der modellbasierten Mengenermittlung oder der 4D-Bauablaufsimulation, können auch die Bemessung von Trinkwasserleitungen, das Energiemanagement oder der Brandschutz von der Verfügbarkeit digitaler Modelle profitieren. Anwendungen und neue Erkenntnisse werden in diesem Fachbuch vorgestellt, erläutert und diskutiert. Hierbei werden natürlich bestehende Normen und Richtlinien sowie innovative Entwicklungen berücksichtigt.

Ganz wesentlich bei der Anwendung der BIM-Methode ist, dass bekannt sein muss, welche Informationen für welche Aufgaben in Abhängigkeit von der Projektphase bereitgestellt und welche Daten zurückgeführt werden. Dies schließt natürlich auch die Betriebsphase eines Bauwerks ein, d.h. erfasste Daten sind zu sammeln und abzulegen, um zum einen die Betriebsführung zu verbessern und zum anderen auch Erkenntnisse für die Planung neuer Bauwerke zu gewinnen. Im Kontext von BIM ist daher die Informationstiefe bzw. der Level of Development sehr entscheidend, welche teilweise projektspezifisch zu definieren sind. Entsprechende Vorgehensweisen, Anforderungen und Ansätze werden in diesem Fachbuch praxisnah vorgestellt.

Nicht zu vergessen sind die Auswirkungen der Digitalisierung auf die Arbeitswelt und die Projektabwicklung. Wie schon erwähnt entstehen aktuell durch die Einführung von Building Information Modeling neue Berufsfelder und Leistungsbilder. Es müssen Fragen, wie »Welche zusätzlichen Leistungen ergeben sich durch BIM?« und »Welche Aufgaben werden eventuell vereinfacht?«, beantwortet werden.

Es hat sich gezeigt, dass eine Verschiebung von Planungsleistungen in frühe Phasen erfolgt, die entsprechend vergütet werden müssen. Rollen, Verantwortlichkeiten und Haftungsfragen ändern sich durch die Methode teilweise grundlegend und müssen in Verträgen eindeutig beschrieben werden. Auch hierzu bietet dieses Fachbuch einen sehr guten Einstieg.

Eine Vielzahl von wichtigen Grundlagen und Beispielen zum Thema Building Information Modeling werden im Rahmen des Buches vorgestellt. Des Weiteren wird erläutert und praxisnah gezeigt, wie digitale Informationen in den Bereichen Energieplanung, Bemessung von Trinkwasserleitungen und Planung von Brandschutzmaßnahmen verwendet werden können. Abschließend kann gesagt werden, dass die Digitalisierung im Bauwesen zwar erst begonnen hat, jedoch – wie in anderen Branchen – ein großes Potenzial besitzt. Jedoch müssen dafür noch weitere Standards und Richtlinien entwickelt werden sowie sinnvolle und erfolgreiche Beispiele – wie in diesem Fachbuch – anschaulich öffentlich werden, damit die noch zögerliche Baupraxis auf den Zug der Digitalisierung voll aufspringt.

Bochum, im Juni 2016

Prof. Dr.-Ing. Markus König
Leiter des Lehrstuhls für Informatik im Bauwesen der Ruhr-Universität Bochum
und Vorsitzender des Arbeitskreises Bauinformatik

Buchkapitel

1 Building Information Modeling

van Treeck

2 Recht

Elixmann

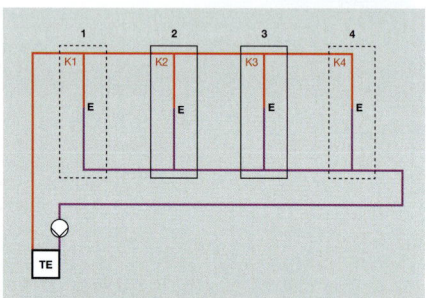

3 Trinkwasser

Rudat, Hiller

4 Energie

Herkel, Köhler, Kalz

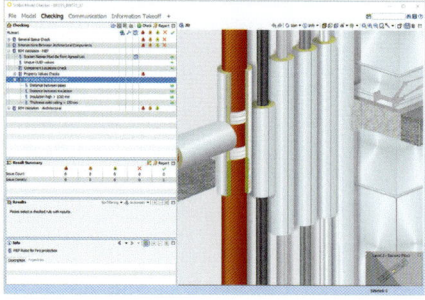

5 Brandschutz

Berger

Aus dem Inhalt

	Seite
Mehrwert des Building Information Modeling.	
Stufenplan »Digitales Planen und Bauen« – Auftraggeber-Informations-Anforderungen (AIA) – BIM-Abwicklungsplan (BAP).	**7**
Neue Rollenbilder und deren Aufgaben.	
BIM-Methoden im Bauprozess für Planung und Ausführung.	
Auswirkungen des Building Information Modeling auf das vertragsrechtliche Gefüge der Planerbeauftragung.	**93**
Neuerungen bei Bemessungsverfahren von Trinkwasser-Rohrsystemen.	**135**
Digitale Bemessung vermaschter Trinkwasser-Rohrsysteme.	
Energiekonzepte im integralen Planungsprozess.	
Technische Lösungen für hohe Gebäudeperformance.	**243**
Energiemanagement, Monitoring und Betriebsführung – BIM nutzen.	
Rahmenbedingungen für die Umsetzung von Brandschutzkonzepten – gewerkeübergreifende Lösungsansätze.	**333**

Index

451

1 Building Information Modeling

C. van Treeck

Dieses Kapitel führt in das Thema Digitales Planen, Bauausführen und Betreiben mit der Methode Building Information Modeling, kurz BIM, ein. Die Einführung erklärt Hintergründe und diskutiert Veränderungen und den Mehrwert für die Bau- und TGA-Branche im integralen Planungsprozess. Der Einsatz von BIM im Bauprozess hat weitreichende Konsequenzen und birgt für alle Beteiligten enorme Chancen und auch Risiken. Dies macht es erforderlich, sich seitens Planung und Ausführung frühzeitig mit diesem wichtigen Zukunftsthema auseinanderzusetzen, in Unternehmen entsprechende Weichen zu stellen und Wissen aufzubauen. Das Kapitel geht daher – ganz im Sinne der Forderungen des Stufenplans »Digitales Planen und Bauen« nach Auftraggeber-Informations-Anforderungen (AIA) und einem BIM-Abwicklungsplan (BAP) – auf neue Rollenbilder und deren Aufgaben ein und informiert, in welchen Formen und mit welchen Methoden BIM im Bauprozess eingesetzt werden kann, wie in der Planung und Ausführung mit BIM zusammengearbeitet werden kann und welche konkreten Festlegungen und Vereinbarungen hierfür zu treffen sind.

Inhalt

1 Vorwort

2 Building Information Modeling – Einführung und Umsetzung

    2.1 Was ist BIM? Definition, Ursprung und Hintergrund 15

    2.2 Mehrwert durch BIM?
Ein Paradigmenwechsel in vielerlei Hinsicht 17
        2.2.1 »Erst digital, dann real bauen.« 17
        2.2.2 Von der zeichnungs- zur modellbasierten Planung 19
        2.2.3 Arbeiten mit BIM-Modellen 21
        2.2.4 Informationsverlust vs. -gewinn im Planungsprozess 22
        2.2.5 Bedeutung von Schnittstellen und Klassifikationssystemen . . . 23

    2.3 Veränderungen im integralen Planungsprozess 24
        2.3.1 Dezentrale Planung und zentrale Koordination 24
        2.3.2 Aufwandsverlagerung durch Arbeiten mit BIM 25
        2.3.3 Veränderungen bei vertraglichen Vereinbarungen 26

    2.4 Unterscheidung von BIM-Einsatzformen und Reifegraden 27
        2.4.1 Einsatzform: Proprietäre Insellösung oder durchgängiger, offener Einsatz? . 27
        2.4.2 BIM-Reifegrade (Maturity-Level) 29

    2.5 Notwendiges Zusammenspiel mit anderen
Konzept-basierten Elementen 30

3 Nationales und internationales Umfeld, Richtlinien und Normen

    3.1 BIM im nationalen und internationalen Umfeld 31

    3.2 Standards für den Austausch von Produkt- und Herstellerdaten . . . 32

    3.3 Modell-, Methoden und Managementstandards 34

    3.4 Merkmalsdefinitionen und Klassifikationssysteme 35

    3.5 Neue BIM-Richtlinienreihe VDI 2552 36

    3.6 Zertifizierung von BIM-Software 36

4 Rollen, Zuständigkeiten, Aufgaben und Leistungsumfang in BIM-Projekten

4.1 Neufassung von BIM-Rollendefinitionen 37
    4.1.1 Vorbemerkung 37
    4.1.2 Rollendefinitionen 38

4.2 Zuordnung von Aufgaben und Leistungen zu den Rollen 38
    4.2.1 Aufgabenbereich eines übergeordneten BIM-Qualitätsmanagements . . 38
    4.2.2 Aufgabenbereich eines BIM-Modellierers 39
    4.2.3 Aufgabenbereich eines BIM-Modellkoordinators 39
    4.2.4 Aufgabenbereich eines BIM-Planers 40
    4.2.5 Aufgabenbereich eines BIM-Managers 40
    4.2.6 Aufgabenbereich eines BIM-Engineers 41
    4.2.7 Aufgabenbereich eines BIM-Entwicklers 42

5 Einsatz von BIM im Bauprozess

5.1 Einführung und Einsatz von BIM in Unternehmen 43

5.2 Einsatz zur Koordination der Objekt- und Fachplanung 45

5.3 Einsatz in der Fachplanung 45
    5.3.1 Einsatz in der Objektplanung und Gesamtplanungsintegration . . 45
    5.3.2 Einsatz in der Technischen Gebäudeausrüstung 47
    5.3.3 Einsatz in der Tragwerksplanung 50
    5.3.4 Einsatz im Brandschutz 51
    5.3.5 Einsatz in weiteren Feldern 52

5.4 Einsatz zur Mengen- und Kostenermittlung 53

5.5 Einsatz zur Termin- und Ablaufplanung 54

5.6 Einsatz in der Bauausführung 56

5.7 Weiterführender Einsatz in der Betriebs- und Nutzungsphase 56

6 Zusammenarbeit in der Fachplanung mit BIM

- 6.1 Notwendige Festlegungen für die Zusammenarbeit mit BIM ... 57
- 6.2 Neufassung von BIM-Modellentwicklungsgraden (Level of Development) ... 58
  - 6.2.1 Modellentwicklungsgrade nach dem LoG-I-C-L-Modell ... 58
  - 6.2.2 Geometrischer Detaillierungsgrad (LoG) ... 60
  - 6.2.3 Informationsgehalt (LoI) ... 62
  - 6.2.4 Abstimmungs- und Koordinationsgrad (LoC) ... 63
  - 6.2.5 Logistischer Entwicklungsgrad (LoL) ... 64
- 6.3 Server oder Cloud? Kommunikation, Kooperation und Formen des Datenmanagements ... 65
- 6.4 BIM-Qualitätsprüfung ... 68
  - 6.4.1 Stufen der Qualitätsprüfung und Modellaudits ... 68
  - 6.4.2 Allgemeine Plausibilitätsprüfung ... 69
  - 6.4.3 Qualitätsprüfung von Teilmodellen ... 70
  - 6.4.4 Inhaltliche Prüfung ... 70
  - 6.4.5 Mengenkonsistenzprüfung ... 71
  - 6.4.6 Kollisionsprüfung ... 71
  - 6.4.7 Unterscheidung von Kollisionsarten ... 72
- 6.5 Prozessbasierte Integration in die integrale Planung mittels IDM ... 75

7 Praktisches Arbeiten mit BIM: Konkrete Festlegungen in einem Projekt

- 7.1 Zieldefinition und Festlegungen ... 76
  - 7.1.1 Konkrete Festlegung von Zielen und zum Anwendungsfall ... 76
  - 7.1.2 Festlegung des Reifegrades der projektspezifischen BIM-Implementierung ... 77
  - 7.1.3 Rollendefinitionen und Zuordnung von Aufgaben ... 77
  - 7.1.4 Festlegungen zum Modellentwicklungsgrad ... 77
  - 7.1.5 Prozessbasierte Integration ins Projekt ... 79
- 7.2 Software, Schnittstellen und Datenaustausch ... 82
  - 7.2.1 Softwaretechnische Umsetzung ... 82
  - 7.2.2 Schnittstellen und Datenaustausch ... 82
  - 7.2.3 Festlegungen für die Arbeit in CAD ... 83
- 7.3 Organisatorische, technische und vertragliche Umsetzung eines BIM-Abwicklungsplans (BAP) ... 84
- 7.4 Zum Leistungsbild des BIM-Planers ... 85

8 Literatur- und Quellenangaben

9 Glossar

1 Vorwort

Wie vor vielen Jahren mit dem Wechsel vom Zeichenbrett zum CAD-Arbeitsplatz, d.h. zum rechnergestützten Konstruieren und Entwerfen, so steht auch heute mit der Einführung der Methode Building Information Modeling (BIM) eine vermeintlich neue Epoche bevor. Aus Sicht eines Rechtsanwaltes [1] stellt BIM dabei schlicht »eine neue Entwicklungsstufe in der Evolution des Bauens« dar. Damit ist eigentlich aber auch alles Wichtige gesagt: An dieser Entwicklung, die nicht wirklich neu ist, aber nun konkret Fuß zu fassen beginnt, kommt in den nächsten Jahren niemand vorbei.

Abb. 1–1

BIM als neue Entwicklungsstufe in der Evolution.

Die Themen Digitales Bauen und Interoperabilität im Planungsprozess zählen zu den wichtigsten Herausforderungen im Bereich des Bauens der Zukunft. Mit der zunehmenden Digitalisierung und Automatisierung stellt das Digitale Bauen eine zentrale und globale Zukunftstechnologie an der Schnittstelle aller an der Wertschöpfungskette Beteiligten dar, insbesondere an den Prozessen Entwerfen und Planen (CAD), Fertigen und Produzieren (CAM), Bauausführen sowie Betreiben (CAFM).

Mit der Nutzung der Methode BIM geht ein erhöhter planerischer Aufwand in den frühen Leistungsphasen einher. Gleichzeitig verspricht die Methode wesentliche Verbesserungen in der Termin- und Kostensicherheit und Planungsqualität. Damit steht das etablierte System auf dem Prüfstand, mit Nachträgen Geld zu verdienen. Eine vollständig digitale Planung, die sich auch auf die Montage, Inbetriebnahme und den Betrieb erstreckt, ermöglicht dabei eine umfassende Qualitätssicherung. Damit muss nicht »der billigste« Anbieter gewinnen, sondern derjenige, der festgelegte und anhand definierter Leistungskriterien messbare und (auch in der Inbetriebnahme bzw. der Betriebsphase!) überprüfbare Qualitäten zu definierten Preisen anzubieten in der Lage ist. Vollumfänglich und richtig eingesetzte digitale Planungsmethoden sind damit ein Weg, Transparenz, Vertrauen und Sicherheit für gute Planung und das Funktionieren eines Bauwerkes und seiner technischen Anlagen herzustellen. »Erst virtuelles, dann reales Bauen« [2] erfordert jedoch auch veränderte Spielregeln und entsprechende technische Lösungen.

Ende 2015 wurden mit dem Stufenplan für Deutschland die Ziele der Bundesregierung formuliert, Building Information Modeling (BIM) in Deutschland bis 2020 stufenweise einzuführen. Die Roadmap sieht ein schrittweises Vorgehen auf zunächst freiwilliger Basis vor, einen Schwerpunkt, aber keine Begrenzung, bilden Verkehrsinfrastrukturprojekte.

Deutschland bleibt damit zu Entwicklungen in anderen Ländern vorsichtig und zögernd auf Abstand, denn andere Länder, wie beispielsweise Großbritannien oder einige skandinavische Länder, fordern bereits verbindlich seitens ihrer Regierungen den Einsatz von Methoden zum Austausch und zur Verwaltung von digitalen Planungsdaten, setzen hierfür entsprechende Standards und stellen – und das ist ein wichtiger Unterschied – Mittel für die Erarbeitung dieser Richtlinien bereit. Damit ist die deutsche Industrie gefragt, Lösungen zu entwickeln und Standards festzuschreiben.

Bildet die Methode BIM für einen Generalunternehmer ein Instrument zur Strukturierung unternehmensinterner Prozesse, ist die Einführung von BIM insbesondere für den Mittelstand mit Chancen, aber auch mit Risiken verbunden. Die Einführung in Unternehmen hat Konsequenzen, indem sich IT-gestützte Prozesse ändern, Mitarbeiterinnen und Mitarbeiter qualifiziert, Ressourcen vorgehalten und unternehmerische Prozesse verändert werden müssen. Der Mittelstand muss sich mit diesem Zukunftsthema kritisch auseinandersetzen, um an der Wertschöpfungskette teilhaben zu können und um den Anschluss nicht zu verlieren, andernfalls werden sich integrale Planungsprozesse zunehmend und deutlich in Richtung Generalplaner- und Generalunternehmertum verlagern. Der mittelstandsgeprägte Anlagenbau kann jedoch nachhaltig von der BIM Einführung profitieren, wenn er über digitale Methoden und Schnittstellen frühzeitig anlagenspezifisches Fachwissen in Projekte einbringen und dieses Wissen auch entsprechend abgerufen werden kann.

Aus Sicht der Technischen Gebäudeausrüstung (TGA) bietet BIM ein enormes Potenzial. So können in der digitalen Planung Gewerke der TGA mit anderen Bauwerksmodellen koordiniert werden. Kollisionen werden erkannt und frühzeitig aufgelöst. TGA-Objekte enthalten technische Informationen zu Geometrie, Produkt- und Betriebsdaten. Sie sind das Resultat technischer Auslegungen und (in Zukunft vernetzter) Berechnungen und bilden die Basis für die Kostenermittlung, Ausschreibung und Montageplanung. Vielmehr noch: Sie werden künftig auch die Grundlage für die technische Inbetriebnahme und den Betrieb bilden, indem das BIM-Modell die Basis für die Betriebs- und Nutzungsphase darstellt und in Verbindung mit dem CAFM fortgeschrieben wird.

Eine große Herausforderung für die TGA-Branche ist in diesem Zusammenhang die Definition von einheitlichen Kennzeichnungssystemen. Hierauf wird in **Abschnitt 3.3** eingegangen. Ohne diese Kennzeichnungssysteme und Merkmalsdefinitionen ist der weiterführende Einsatz der Methode BIM in der Betriebs- und Nutzungsphase nicht möglich. Mit solchen Kennzeichnungssystemen, und hiermit sind nicht Herstellerproduktdaten gemeint, können Objekte und deren spezifische Ausprägungen, vergleichbar mit dem Standardleistungsbuch Bau (dynamische Baudaten), eindeutig identifiziert werden. Merkmale (Attribute) wären damit standardisiert und könnten gewerkübergreifend verwendet werden, beispielsweise auch im technischen Gebäudemanagement und in der Gebäudeautomation. Erst damit wird BIM im CAFM Realität.

Das Kapitel soll an dieser Stelle eine Orientierung geben. Es entstand in Zusammenarbeit mit VIEGA aus den Erfahrungen in einem Bauprojekt, welche konkreten Festlegungen und Vereinbarungen für die Zusammenarbeit von Planern und ausführenden Firmen unter durchgängiger Verwendung der Methode BIM in der integralen Planung zu treffen sind. Es greift den bekannten Stand der Wissenschaft und Technik auf, der beispielsweise im Buch »Building Information Modeling, Technologische Grundlagen und industrielle Praxis« [3] umfassend dargestellt ist, und entwickelt diesen aus Sicht der konkreten Anwendung in einem Projekt weiter.

Der Beitrag schreibt insofern das Thema und den Buchbeitrag »Integrale Planung in der Gebäudetechnik« [4] des vorherigen VIEGA Symposiums »Planen in 360°« fort und knüpft an diesen an. BIM wird als Element der integralen Planungsmethodik verstanden, das neue Techniken bereitstellt und die Methode der integralen Planung durch Methoden, Prozesse und Festlegungen für den Einsatz von BIM ergänzt. Diese Zusammenarbeit erforderte die kritische Auseinandersetzung an Schnittstellen zwischen Bauherrschaft, Projektsteuerung, Rechtsanwälten und Planern. Die Beteiligten haben festgestellt, dass der Einsatz der Methode BIM, eine entsprechende vertragliche Umsetzung vorausgesetzt, in zukünftigen Projekten eine selbstverständliche Voraussetzung sein kann und sein sollte, bei denen das Rad nicht jedes Mal neu erfunden werden muss. Für die konstruktive und gute Zusammenarbeit mit den vorgenannten Akteuren und dem Hause VIEGA sei deshalb an dieser Stelle herzlich gedankt.

2 Building Information Modeling – Einführung und Umsetzung

2.1 Was ist BIM? Definition, Ursprung und Hintergrund

Für den Begriff Building Information Modeling (BIM) sind verschiedene Definitionen gebräuchlich. Der Stufenplan Digitales Planen und Bauen des Bundesministeriums für Verkehr und digitale Infrastruktur (BMVi) bietet folgende allgemeine Definition an [2]:

> »Building Information Modeling bezeichnet eine kooperative Arbeitsmethodik, mit der auf der Grundlage digitaler Modelle eines Bauwerks die für seinen Lebenszyklus relevanten Informationen und Daten konsistent erfasst, verwaltet und in einer transparenten Kommunikation zwischen den Beteiligten ausgetauscht oder für die weitere Bearbeitung übergeben werden.«

Auch nach der Definition des US-amerikanischen National Institute of Building Sciences [5] ist BIM eine Methode, nämlich zur digitalen Abbildung der physikalischen und funktionalen Eigenschaften eines Bauwerks von der Grundlagenermittlung bis zum Rückbau. Als solches dient es, sinngemäß übersetzt [6], als Informationsquelle und Datendrehscheibe für die Zusammenarbeit über den gesamten Lebenszyklus eines Bauwerks und seiner technischen Anlagen.

BIM stellt somit keine konkrete Softwarelösung dar. BIM ist vielmehr eine Methode und Arbeitsweise als Teil der integralen Planungsmethodik [4], die hierfür passende Softwarelösungen und Anpassungen ihrer Prozesse benötigt. Der Begriff BIM wird in der Praxis zudem gerne fälschlicherweise einem 3D-Modell gleichgesetzt. Die geometrische Darstellung von Objekten ist als Teil eines BIM zu verstehen. Aus Sicht der TGA wesentlich bedeutender sind jedoch zudem semantische Informationen, also Produkt- und ggf. Hersteller-bezogene Attribute wie Dicke, Material, Förderhöhe, Druckverlust, Anschlussleistung, Kommunikationsprotokoll, Kosten oder betriebsbezogene Attribute, wie Wartungsräume oder Kennlinien, die die konkreten Eigenschaften eines Objektes charakterisieren.

Gleichzeitig lässt die oben genannte Definition der »kooperativen Arbeitsmethodik« (genauer: in der integralen Planung) auch erkennen, dass die genaue Art der integralen Zusammenarbeit mittels BIM zwischen den Beteiligten verbindlich geregelt werden muss. Dies betrifft die Definition von messbaren Zielen dieser Zusammenarbeit, die Organisation und den Ablauf der Zusammenarbeit, des Datenaustauschs und der einzusetzenden Arbeitsmethoden, die klare Regelung von Zuständigkeiten und Verantwortlichkeiten, vertragliche Festschreibungen dieser Regelungen und die Regelung der eigentlichen technischen Umsetzung im Projekt. Auf diese Zusammenhänge wird in den folgenden Abschnitten detailliert eingegangen.

Der Begriff BIM ist nicht neu. Erste Arbeiten zu virtuellen Gebäudemodellen sind von Wissenschaftlern um Charles Eastman von der Carnegie Mellon University (USA) aus dem Jahre 1974 bekannt [7]. Das Konzept, strukturierte Produktdatenmodelle für den Datenaustausch zu verwenden, wurde jedoch vorwiegend im Maschinenbau eingesetzt, indem mit dem Standard for the Exchange of Product Model Data (STEP) bereits frühzeitig ein durchgängiger und implementierungsneutraler Austausch von geometriebeschreibenden Produktdaten über den kompletten Herstellungs- bzw. Lebenszyklus eines Produktes angestrebt wurde [8][9]. STEP ist seit 1994 als ISO 10303 Standard festgeschrieben. Um eine konsistente Datenbeschreibung zu erreichen, wird in STEP zusätzlich zu den Daten auch das Datenschema als solches mit ausgetauscht. Das Datenschema wird dabei durch die sogenannte Beschreibungssprache EXPRESS in einer objektorientierten Form definiert [8]. Im Bauwesen findet STEP jedoch wenig Beachtung.

Vergleichbare Bestrebungen im Bauwesen, ein offenes, plattformunabhängiges Basismodell für eine gemeinsame Datennutzung zu etablieren, führten in den 1990er Jahren durch die Industrieallianz für Interoperabilität (IAI), seit 2003 bekannt als internationale Vereinigung buildingSMART, bereits vor vielen Jahren zur Formulierung des eigenständigen Produktdatenmodells der Industry Foundation Classes (IFC). Dieses objektorientierte Datenmodell ist heute als ISO 16739 Standard festgeschrieben und wird fortlaufend weiterentwickelt.

Auf die Entwicklungen von Normen und Richtlinien wird in **Abschnitt 3** eingegangen. Maßgebliche Verbreitung fand der Begriff BIM unter anderem auch durch frühe Aktivitäten der Firma Autodesk [3] [10].

Die Methode BIM folgt damit – um oben stehende Definition nochmals aufzugreifen – der Idee, einen durchgängigen Datenaustausch zwischen allen Beteiligten über den gesamten Lebenszyklus eines Bauwerks zu erreichen, um Informationsverluste und damit Fehler bei der Datenübergabe zu vermeiden und um die Produktivität zu steigern [1]. **Abb. 1–2** verdeutlicht diesen Zusammenhang. Das BIM-Modell wird sukzessive mit Daten angereichert und, im Idealfall, später an das rechnergestützte Facility Management (CAFM) übergeben. Für die Planung, Ausführung, Inbetriebnahme und Betriebs- und Nutzungsphase betrifft dies somit den Datenaustausch und die Zusammenarbeit zwischen Objektplaner, verschiedenen Fachplanern und ausführenden Firmen in den einzelnen Leistungsphasen. Alle relevanten Informationen und Daten werden auf Basis digitaler Modelle verwaltet, womit eine durchgängige und transparente Kommunikation zwischen den Beteiligten erreicht wird. Es gibt damit anschaulich auch nicht »die eine BIM-Lösung« oder »das eine zentrale Modell«. Rein technisch gesehen entsteht ein BIM aus der Verknüpfung unterschiedlicher und verschiedenartiger Datenbanken und der Bereitstellung von Lösungen zur Verwaltung dieser Daten(banken) und zur Kommunikation zwischen den Beteiligten. Methodisch gesehen ist BIM Teil der »kooperativen Arbeitsmethodik« in der integralen Planung.

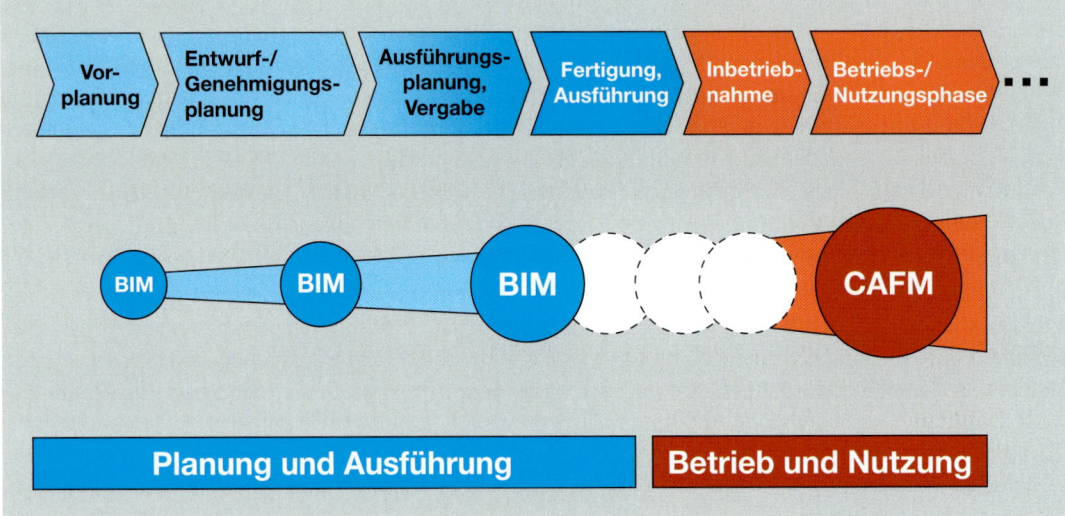

Abb. 1–2

Informationsgewinn durch durchgängigen Datenaustausch über den Lebenszyklus eines Gebäudes.

2.2 Mehrwert durch BIM?
Ein Paradigmenwechsel in vielerlei Hinsicht

2.2.1 »Erst digital, dann real bauen.«

Der Grundsatz »Erst digital, dann real bauen« [2] veranschaulicht mit wenigen Worten den mit BIM verbundenen Paradigmenwechsel, der seitens der Informatik im Bauwesen bereits in den 1990er Jahren frühzeitig verstanden und entwicklungsseitig initiiert wurde [3]. Die Reformkommission Bau von Großprojekten benennt die Nutzung von BIM als eine von zehn Handlungsempfehlungen, die zur nachhaltigen Steigerung von Transparenz, Termin- und Kostensicherheit sowie Produktivität beitragen können [11]. Sechs der zehn Empfehlungen beziehen sich im weiteren Sinne ebenfalls auf die mit BIM verbundenen kooperativen Arbeitsmethoden, was die zentrale Bedeutung weiter unterstreicht.

Veränderungen durch BIM ergeben sich nicht nur durch neue und erweiterte Technologien, sondern durch methodisch andere Herangehensweisen. Indem erst (digital) geplant und dann gebaut wird können Planungsvarianten visualisiert, Kollisionen erkannt, Kosten ermittelt, Abläufe simuliert, kooperative Lösungen erarbeitet und damit transparente Entscheidungen getroffen werden. Modelle können inhaltlich überprüft, Planungsfehler damit aufgedeckt, Lücken in Ausschreibungen, die zu Nachträgen führen, erkannt werden, womit unerwartete Kostensteigerungen und gestörte Bauabläufe vermieden werden können. BIM setzt jedoch auch eine partnerschaftliche Projektzusammenarbeit voraus sowie Mechanismen und Techniken, die kooperatives Arbeiten ermöglichen, klare Regelungen von Zuständigkeiten und Prozessen sowie von zu liefernden Modellinhalten.

Durch das Vermeiden von Planungsfehlern und die Verringerung von Risiken entstehen zudem volkswirtschaftliche Vorteile. Der Bereich des Bauens verursacht die nachhaltigsten Auswirkungen auf die Umwelt; hier werden die größten Materialmassen bewegt und verarbeitet. In der Bauindustrie, nimmt man die daran angegliederten Industrien hinzu, sind zudem mehr Arbeitsplätze angesiedelt als im Fahrzeugbau [12]. Volkswirtschaftlich gesehen bestimmen die Bauleistungen in Deutschland mehr als die Hälfte aller Investitionen. Der überwiegende Teil des gesellschaftlichen Vermögens ist dabei in Immobilienwerten gebunden [13]. Insofern kann gerade die Bauwirtschaft nachhaltig vom Innovationspotenzial digitaler Methoden profitieren und ihre Wettbewerbsfähigkeit steigern.

Um den Mehrwert von BIM aus Sicht der am Bau Beteiligten einzuordnen, muss die Wertschöpfungskette betrachtet werden. Im Gegensatz zu Industriezweigen, die durch eine durchgängig modellgestützte Produktentwicklung und Produktfertigung gekennzeichnet sind, ist die Wertschöpfungskette im Bauwesen über verschiedene Stakeholder verteilt. Bauwerke sind zudem Unikate und keine Massenprodukte und durch eine ausgeprägte Betriebs- und Nutzungsphase gekennzeichnet. Insofern muss die Nutzung durchgängig digitaler Methoden in der integralen Planung durch die Bauherrschaft vorgeschrieben, initiiert und überwacht werden [3]. Ist ein Projekt dezentral organisiert, muss jeder Planer über entsprechendes BIM-Fachwissen verfügen. Für einen Generalunternehmer sind dabei entsprechende Ressourcen einfacher vorzuhalten.

Der mittelstandsgeprägte Sektor ist aufgefordert, sich entsprechende Kenntnisse anzueignen.

- Der Mehrwert für den Bauherrn ergibt sich durch die Steigerung Kosten- und Terminsicherheit, durch die Reduktion von Bauzeiten und -kosten, durch die transparente Darstellung von Bauabläufen und modellbasiert mögliche Mengenermittlung, durch den (damit bereits zur digitalen Planungsphase frühzeitig) stattfindenden Erkenntnisgewinn, die Verbesserung von Entscheidungsgrundlagen, durch die vollständige Dokumentation des gebauten Zustands, und durch die Möglichkeit der vorherigen Planung und der Weiterverwendung der digitalen Modelle in der Betriebs- und Nutzungsphase.

- Die Verantwortung, den Einsatz und damit die Vorteile digitaler integraler Planungsmethoden einzufordern, liegt beim Bauherrn. Der Bauprozess wird sich nicht von alleine ändern. Der Bauherr entscheidet und beauftragt zudem, welcher Planer die Rolle der Koordination der Gewerke übernimmt. Diese Rolle liegt nicht automatisch beim Objektplaner, auch nicht nach HOAI [14].

- Für die Objekt- und Fachplanung ergeben sich Vorteile in der Koordination und Planungsgenauigkeit, Möglichkeiten, Kollisionen frühzeitig zu erkennen und zu beheben, mit BIM eine effiziente Methode in der integralen Planung im Sinne eines teamorientierten und kooperativen Problemlösungsmechanismus vorzufinden, digitale Modelle als Basis und in verschiedenartiger Tiefe und Ausprägung für weiterführende ingenieurtechnische Berechnungen, Auslegungen und Dimensionierungen einsetzen zu können, Bauablauf- und Kostenmodelle zu integrieren und eigene, unternehmensinterne Arbeitsabläufe optimieren zu können.

- Baustoff-, Bauteil- und Komponentenhersteller profitieren davon, geometrische, technische, ökonomische und ökologische Spezifikationen ihrer Produkte digital über Produkt- und Betriebsdatenkataloge für die Planung und den Betrieb bereitstellen zu können, damit auch berechnungsrelevante dynamische Informationen für digitale Planungswerkzeuge und somit hochqualitative und innovative Produkte zielgerichtet auf dem Markt anbieten zu können. »Die Markenauswahl von Baustoffen (und technischen Komponenten) wird künftig mehr in die Hand der Planer gelegt und gleichzeitig aus der Hand der Ausführenden genommen [15].« Damit müssen Hersteller ihre Produkte für die digitale Planung über Produktdatenkataloge und CAD-Plug-In Applikationen erschließbar machen und auch bei Vertriebsaktivitäten entsprechend umdenken.

- Für den Anlagenbau ergibt sich über digitale Planungsmethoden der Vorteil, frühzeitig mittels Value Engineering anlagenspezifisches Fachwissen in die Fachplanung einbringen und damit an der Wertschöpfungskette teilhaben zu können.

Die Veränderungen durch die Nutzung von BIM beziehen sich auf alle Phasen des Lebenszyklus. Ein weiterer bedeutender Mehrwert für BIM, der heute mangels einheitlicher Kennzeichnungssysteme noch nicht wirklich erschlossen ist, liegt im Bereich der Nutzungsphase. Die Herstellungskosten eines Gebäudes schwanken in Abhängigkeit vom Qualitätsstandard, der Bezugsgröße und dem Umfang der Bauleistung. Unter Verwendung der Daten des Baukostenindex [16] kann für die Kostengruppen 300 und 400 der DIN 276 überschlagen werden, dass die Lebenszykluskosten beispielsweise einer Immobilie mit mittlerem Technikanteil bereits nach einer 30-jährigen Betriebs- und Nutzungszeit etwa 80 % der gesamten Lebenszykluskosten betragen. Der Anteil von Technik- und Gebäudemanagementbeeinflussten Aufwendungen beträgt dabei über 75 %. Damit liegt in der Betriebs- und Nutzungsphase, die die Inbetriebnahme und Betriebsoptimierung über die künftig digitale Beschreibung der Funktion von gebäudetechnischen Systemen beinhaltet (Fehlererkennung und -diagnose), ein großes Potenzial, das bereits in der Planung berücksichtigt werden sollte. An dieser Stelle wird auf den energetischen Hintergrund in **Kapitel 4** in diesem Buch verwiesen.

2.2.2 Von der zeichnungs- zur modellbasierten Planung

Seit vielen Jahren sind rechnergestützte geometrische Konstruktionssysteme, die die Methode des Computer Aided (Geometric) Design, kurz CA(G)D, unterstützen, auf dem Markt erhältlich. Im Bereich der Technischen Gebäudeausrüstung sind leistungsstarke Systeme verfügbar, mit denen beispielsweise Rohrleitungsnetze oder Lüftungskanalsysteme ausgelegt, dimensioniert, konstruiert und als Drahtmodell mit Symbolen oder fotorealistisch in 3D einschließlich aller technischen Anschlussstücke dargestellt werden können und als Basis für die Ausschreibung dienen. Ebenso kennt man in der Architektur oder in der Tragwerksplanung entsprechende fachspezifische Systeme, mit denen Wände, Decken, Fenster und Türen oder baustatisch relevante Tragwerkselemente konstruiert werden können. Softwareseitig wird dies erreicht, indem »neutrale« CAD-Systeme durch einen fachspezifischen Aufsatz erweitert werden.

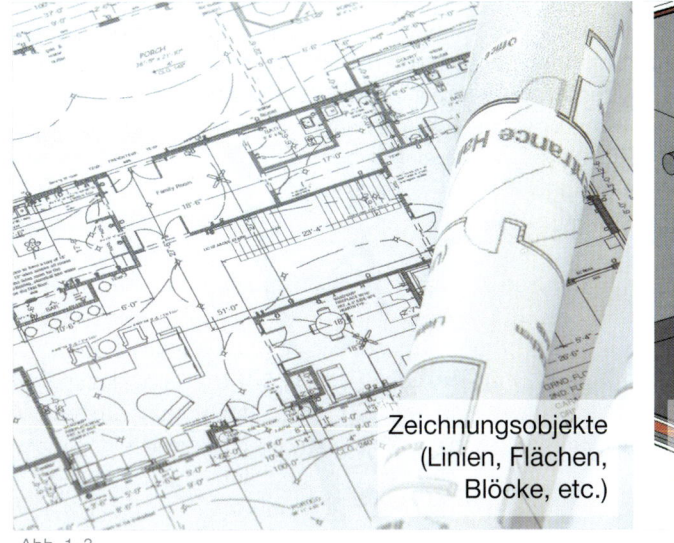
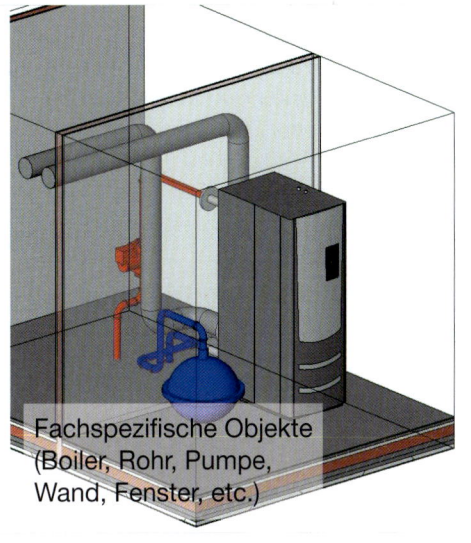
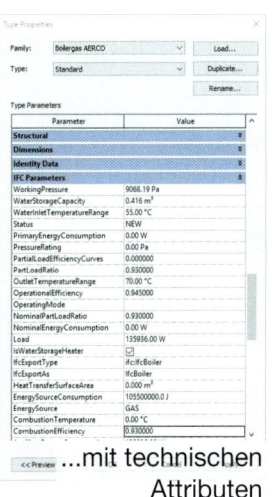

Abb. 1–3

Gegenüberstellung des zeichnungsbasierten Ansatzes (links) und des modellbasierten Ansatzes (rechts).

Hierbei wurde ein Übergang von der zeichnungs- zur modellbasierten Planung vollzogen [9]. Der Computer dient nicht mehr als elektronische Zeichenmaschine, sondern er modelliert Bauteile, Anlagenkomponenten oder Räume als konkrete Objekte. Objekte sind in der Informatik zunächst Ausprägungen (Instanzen) eines bestimmten Objekttyps [17].

Objekte besitzen ganz allgemein

- eine eindeutige Identität, um diese von anderen, auch von gleichen Objekten zu unterscheiden (beispielsweise durch einen global einheitlichen alphanumerischen Identifikationsschlüssel, die sogenannte GUID),

- einen Zustand, der durch Attribute beschrieben wird, die die konkreten Eigenschaften ausdrücken (beispielsweise die geometrische Form, die Anschlussleistung oder eine Kennlinie), und

- eventuell auch eine Menge von Methoden, die das Verhalten des Objektes beschreiben (beispielsweise wie sich ein Objekt mit einem anderen Objekt geometrisch verschneidet, wie es in welchem Detaillierungsgrad oder Maßstab darzustellen ist oder auch beispielsweise eine aktive technische Funktionsbeschreibung, die das anlagentechnische Verhalten in Abhängigkeit von Zustandsgrößen anderer Objekte definiert).

Ein Objekt im Sinne von BIM ist damit anschaulich weit mehr als eine Ansammlung von Linien, Flächen, Farben oder von Textbezeichnern, die an solch ein grafisches Primitiv angehängt werden. Ein Objekt, sei es eine Wand, eine Pumpe oder ein Stockwerk, kann aus mehreren Objekten zusammengesetzt sein oder Eigenschaften und Methoden an untergeordnete Objekte vererben oder diese von übergeordneten Objekten erben (Spezialisierung). Beispielsweise kann ein Objekt »Tür« Informationen über seine Geometrie, die Anzahl der Flügel, die Einbauart, die Anschlagsrichtung, das Material, die Farbe, Art der Beschichtung, Feuerwiderstandsklasse, den Beschlag, Hersteller usw. enthalten.

Da ein modellbasiertes CAD-Modell alle geometrischen und topologischen Informationen seiner Objekte enthält, können von dem internen 3D-Modell jederzeit 2D-Pläne, Ansichten, Schnitte und Grundrisse abgeleitet werden. Änderungen von Objekten wirken sich automatisch auf alle erzeugten Plandaten aus. Im Unterschied zu einem reinen 3D-Modell enthält ein BIM dabei Kataloge mit branchenspezifischen Objekten. Ein Architekturmodell hält Baudatenkataloge bereit, ein TGA-Modell entsprechende TGA-Produktdatenkataloge.

Einige Vorteile im Zusammenhang mit der modellbasierten Herangehensweise wurden schon genannt. So können, ausgehend von einem BIM-Modell Mengen ermittelt und (im Idealfall) BIM-Daten für ingenieurtechnische Berechnungen eingesetzt werden, ohne dass diese Informationen in ein Berechnungssystem neu eingegeben werden müssen. Beispielsweise für eine hydraulische Rohrnetzberechnung, eine Heizlastberechnung oder eine Beleuchtungsplanung. Die Berechnung von Norm-spezifischen Flächen als Basis für weitere Berechnungen stellt dabei für ein CAD-System eine besondere Herausforderung dar.

Verschiedene Fachmodelle können zudem auf ihre Kollisionsfreiheit hin überprüft werden. Durchdringt eine Rohrleitung eine Wand, so kann dies im Modell (beispielsweise durch ein »Wolkensymbol«) kenntlich gemacht und der Konflikt aufgelöst oder diese Information für die Schlitz- und Durchbruchsplanung verwendet werden. Moderne BIM-Werkzeuge bieten sogar Lösungen an, womit Bauwerksmodelle über sogenannte Modell-Checker Softwaretools regelbasiert vollautomatisch überprüft werden können. Beispielsweise, ob brandschutztechnische Vorschriften eingehalten werden.

Dies wirft jedoch auch folgendes Problem einer branchenspezifischen Sichtweise auf. Die Branche der Architektur ist es traditionell gewohnt, im frühen Entwurf »in 2D-Plänen und Ansichten zu denken« und in dieser Form zu arbeiten. 3D-basiertes Arbeiten wird hierbei nicht nur als Vorteil gesehen. Ein Architekt wird in der Regel in einer frühen Entwurfsphase auch kein detailliertes BIM-Modell erzeugen, sofern dies nicht besonders vergütet wird. Auch werden oftmals Qualitätsunterschiede zwischen Architektur- und Ingenieurmodellen sichtbar, wenn diese Modelle als Ausgangsbasis für weitere Ingenieurleistungen dienen sollen. Jedoch stellen bereits die in frühen Projektphasen in einem Raumbuch erfassten Daten wichtige raumbezogene Informationen eines BIM dar, die von Anfang an Teil einer BIM-Datenbank sein sollten. Hierbei ist das Zusammenspiel mit anderen Konzept-basierten Elementen von Bedeutung, auf die in **Abschnitt 2.5** eingegangen wird.

Werden die Objekte in einem CAD-System mit Elementen eines Terminplans verknüpft, um die zeitliche Entwicklung im Bauablauf darzustellen, spricht man von einem 4D-Modell. Werden zudem kostenrelevante Informationen ergänzt, so ist die Rede von einem sogenannten 5D-Modell.

Gleichzeitig ist jedoch auch festzustellen, dass dieses Potenzial nicht nutzbar ist, wenn Pläne zwischen Planern als technische Zeichnungen ausgetauscht werden. Durch die Umwandlung von BIM-Daten in eine technische Zeichnung, beispielsweise durch den Export als PDF-Datei, als 2D-Planzeichnung oder durch deren Ausdruck, gehen diese Informationen verloren. Für den Austausch von BIM-Daten sind entsprechende BIM-Datenaustauschformate zu verwenden, siehe **Abschnitte 2.2.5** und **3.2.**

2.2.3 Arbeiten mit BIM-Modellen

Ein weiterer Unterschied ergibt sich in der Arbeit mit BIM-Modellen, deren Aufbau und der parametrischen Modellierungsweise. Wurde in CAD früher mit Layern, vergleichbar mit übereinandergelegten Folien, gearbeitet, auf denen unterschiedliche Gewerke dargestellt wurden, so hat sich die Herangehensweise notwendigerweise verändert. BIM-Modelle verschiedener Planer können bereichsweise bearbeitet, als Teilmodelle zu einem Gesamtmodell zusammengeführt, oder über Referenzen miteinander verbunden werden. Um die räumliche Lage der Modelle zueinander zu definieren, so muss auch für BIM-Teilmodelle, wie bei der Arbeit mit Layern, ein zentraler Projektbasispunkt als Einfügungspunkt mit Koordinatensystem und Maßeinheiten definiert werden. Grundlage hierfür bildet meist ein Lageplan, der Projektbasispunkt wird von einem Vermessungspunkt abgeleitet.

Die Zerlegung in Teilmodelle ist zudem wichtig und notwendig, da auf Grund der Modellkomplexität auch sehr leistungsfähige Rechner mit großem Grafik- und Arbeitsspeicher an ihre Grenzen kommen, wenn alle Teilmodelle eines komplexen Bauwerksmodells in einem einzelnen Modell zusammengeführt werden. Hierfür bieten sich andere Technologien an, auf die in **Abschnitt 6.3** eingegangen wird.

Für die Arbeit in unterschiedlichen Fachmodellen müssen gewerkespezifische Maßeinheiten festgelegt werden. In der Objekt- und Tragwerksplanung sind dies in der Regel Meter, in der TGA-Fachplanung Millimeter. Weiterhin müssen Vorgaben zur Arbeit mit CAD getroffen werden, um sicherzustellen, dass Planer mit BIM-spezifischen Werkzeugen und Objekten arbeiten und dass Planer diese richtig einsetzen, und um zu definieren, wie mit den unterschiedlichen Fachmodellen umzugehen ist. Beispielsweise ist zu definieren, zu welcher Etage im Architekturmodell eine Geschossdecke oder Bodenplatte zu modellieren ist oder auf welche Art Schichtaufbauten von Objekten des Tragwerksmodells zu modellieren sind. Planvorlagen und Modellierungsrichtlinien müssen vor Beginn eines BIM-Projektes vorliegen.

2.2.4 Informationsverlust vs. -gewinn im Planungsprozess

Durch den Einsatz von BIM kann der in der Planung stattfindende Informationsverlust bei der Übergabe von Informationen und Daten zwischen Planern über die einzelnen Leistungsphasen hinweg vermieden werden. Steht in einem Projekt eine zentrale Projektdatenverwaltungsumgebung (engl.: Common Data Environment, kurz CDE) zur Verfügung, so profitieren, wie in **Abb. 1–4** dargestellt, alle Projektteilnehmer und insbesondere der Auftraggeber von der Möglichkeit, dass das Modell über die Leistungsphasen sukzessiv mit Daten angereichtet werden kann. Dabei muss in einem Regelwerk festgelegt werden, welche Entwicklungstiefe (engl. Level of Development, kurz LoD) in welcher Leistungsphase anzustreben ist. Nicht jeder Fachbereich und jedes Gewerk muss in der gleichen inhaltlichen Tiefe modelliert werden. Dies wird in **Abschnitt 6** besprochen. Im Zuge der Ausführung wird der gebaute Zustand dokumentiert, um das Modell in der Betriebs- und Nutzungsphase im Rahmen des Technischen Gebäudemanagements im Facility Management weiterverwenden zu können. Hierfür wird nach Leistungsphase 8 von allen relevanten Modellen ein konsolidiertes BIM-Modell abgeleitet und mit dem CAFM verknüpft.

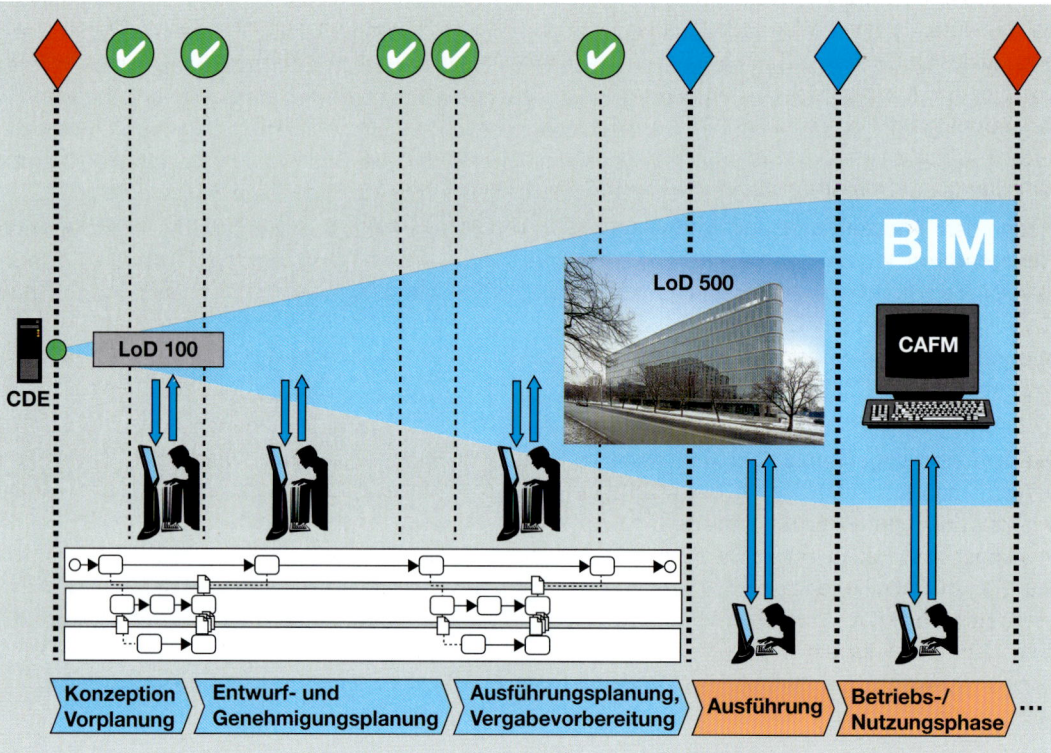

Abb. 1–4

Informationsgewinn durch sukzessive Anreicherung des BIM mit Daten über alle Leistungsphasen.

2.2.5 Bedeutung von Schnittstellen und Klassifikationssystemen

Datenaustauschformate, Schnittstellen und Kennzeichnungssysteme besitzen im Zusammenhang mit BIM eine besondere Bedeutung. Ein Mehrwert einheitlicher Datenaustauschformate liegt darin, dass nicht jedes CAD-System Import- und Exportfunktionen für die Datenformate anderer auf dem Markt erhältlichen CAD-Systeme anbieten und umsetzen muss. Zudem sind die Spezifikationen proprietärer Datenaustauschformate in der Regel nicht offen zugänglich. Mit der Unterstützung eines neutralen Datenaustauschformates reduziert sich der entwicklungstechnische Aufwand für einen CAD-Hersteller im Idealfall von mehreren auf nur noch eine bereitzustellende Schnittstelle. **Abschnitt 3.2** geht im Detail auf spezifische BIM-Schnittstellen ein.

Die von mehreren führenden Bausoftwareherstellern ins Leben gerufene Initiative OpenBIM mit dem Ziel einer durchgängigen Informationsverarbeitung durch die Nutzung offener Standards ist dabei zukunftsweisend [18]. Dennoch gilt es zu beachten, dass die Verwendung offener Standards bedingt durch ihre komplexe Umsetzung auch (noch) Probleme bereiten kann. So interpretieren Softwaresysteme Standards mitunter unterschiedlich. Dies kann dazu führen, dass Objekte, die mit der einen Software erstellt wurden nach dem Export in eine andere anders interpretiert werden. Weiterhin gehen bei der Nutzung eines offenen Datenaustauschformates die Entwicklungsgeschichte von Objekten und Assoziationen zwischen Objekten verloren. Beispielsweise kann dies die Verknüpfung der Konstruktionsvorschrift eines Objektes mit den Eigenschaften eines anderen Objektes betreffen (z. B. die Verknüpfung der Sturzhöhe eines Fensters mit der Wandhöhe, die sich beim Ändern der Stockwerkshöhe automatisch mit ändern würde – diese Information geht nach dem Export verloren). Lösungen sind von der Zertifizierung von Softwareprodukten zu erwarten, vgl. **Abschnitt 3.6**.

Neben dem Austausch von Modellinhalten über ein BIM-Datenaustauschformat spielen jedoch auch Herstellerproduktdatenkataloge und Klassifikationssysteme eine wichtige Rolle [19]. Computerlesbare Herstellerproduktdatenkataloge, die teilweise auch direkt als softwarespezifische Plug-In-Lösungen für CAD-Umgebungen erhältlich sind, ergänzen Modellbibliotheken in einem CAD-System. Nicht alle diese Informationen müssen auch über ein BIM-Datenaustauschformat ausgetauscht werden, da diese Informationen über die Bibliothek des Herstellerproduktdatenkatalogs verfügbar sind. Im Bereich der TGA ist die Spezifikation der Richtlinie VDI 3805 [20] bzw. ISO 16757 [21] ein bekannter Vertreter.

Hiervon sind sogenannte Ordnungssysteme zu unterscheiden, vgl. auch **Abschnitt 3.4.** Darunter versteht man Wörterbücher wie das buildingSMART Data Dictionary (bsDD) und Klassifikationssysteme wie die britische UniClass Spezifikation [22] oder die deutsche DIN SPEC 91400 des Standardleistungsbuchs Bau (dynamische Baudaten) [23]. Aufgabe eines Wörterbuches ist es, Objekten eindeutige Begriffsdefinitionen zuzuordnen. Ein Klassifikationssystem wie die DIN SPEC 91400 ordnet einem konkreten Objekttyp über eine GUID einen eindeutigen Ausschreibungstext zu. Damit ist beispielsweise eine »Tür« nicht nur ein Objekt »Tür«, sondern es wird ausgedrückt, welcher spezielle Typ einer Tür konkret gemeint ist, so dass dieser mit einem Text in einem Leistungsverzeichnis eindeutig beschrieben werden kann.

2.3 Veränderungen im integralen Planungsprozess

2.3.1 Dezentrale Planung und zentrale Koordination

Vorheriger Abschnitt macht deutlich, dass BIM offensichtlich einen gebündelten Katalog von Methoden und Möglichkeiten bietet, das Innovationspotenzial von Planung, Ausführung und den Betrieb von Gebäuden zu verbessern, die Kosten- und Terminsicherheit zu erhöhen und den volkswirtschaftlichen Nutzen zu steigern. Gleichzeitig ergeben sich zahlreiche Veränderungen im integralen Planungsprozess. Wie in **Abb. 1–5** dargestellt ermöglicht BIM in der integralen Planung über die kooperative Zusammenarbeit an einem »gemeinsamen« Modell die zentrale Koordination von dezentralen Planungsaufgaben.

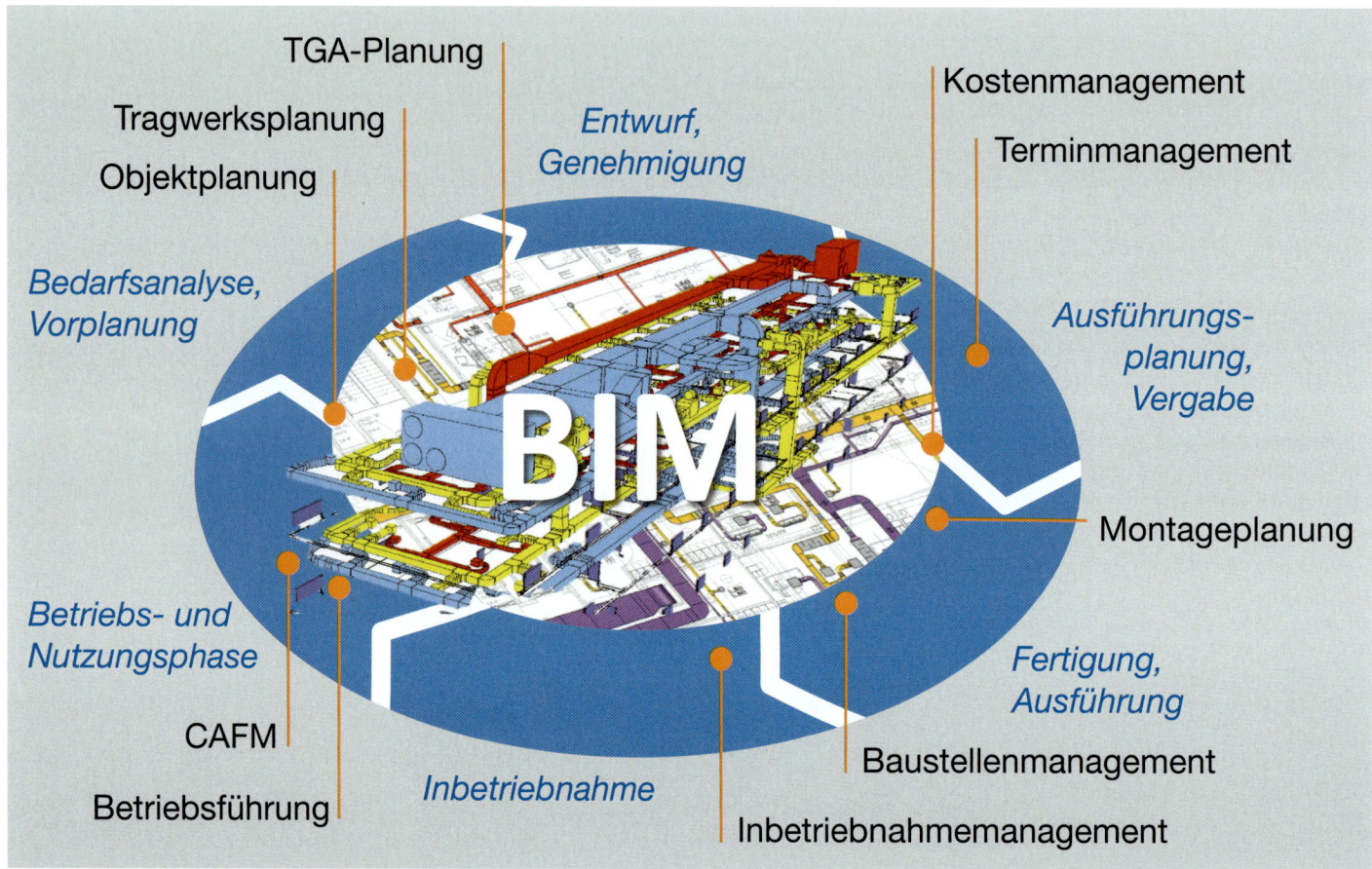

Abb. 1–5

Dezentrale Planung und zentrale Koordination mit BIM im Lebenszyklus.

2.3.2 Aufwandsverlagerung durch Arbeiten mit BIM

Die Einführung der BIM-basierten Planung und Ausführung, ggf. auch der weiterführenden Nutzung, bedingt durch veränderte Leistungsumfänge eine Aufwandsverlagerung in frühe Entwurfsphasen und beeinflusst gleichzeitig die Kostenentwicklung während der Ausführungsplanung, Ausschreibung und Vergabe nachhaltig. Nach buildingSMART [24] und in Anlehnung an den BIM-Leitfaden für Deutschland [25] kann die Vorverlagerung von Planungs- und Entscheidungsprozessen wie in **Abb. 1–6** qualitativ dargestellt werden.

Der erhöhte Aufwand in frühen Planungsphasen führt jedoch zu einer deutlichen Verbesserung der Kostensicherheit. **Abb. 1–7** verdeutlicht dies qualitativ für den Idealfall. In der konventionellen nachtragsorientierten Projektabwicklung führen einerseits Unsicherheiten in der Planung und baubegleitende Planänderungen sowie andererseits die Unterdeckung mit dem Ziel des Zuschlags und der nachträglichen Gewinnwirtschaftung über Nachträge zu oftmals gravierenden Differenzen zwischen Kostenberechnung und Kostenanschlag bzw. Kostenfeststellung. Der durchgängige Einsatz BIM-basierter Planungsmethoden führt zu Mehrkosten, eliminiert im Idealfall gleichzeitig aber Planungsunsicherheiten. Erkenntnisgewinne der Bauherrschaft finden während der (digitalen) Planungsphase statt und nicht baubegleitend auf der Baustelle. Dies verändert den Bauprozess, der gegenwärtig von Reaktionen auf Planänderungen statt von vorausschauendem Agieren geprägt ist.

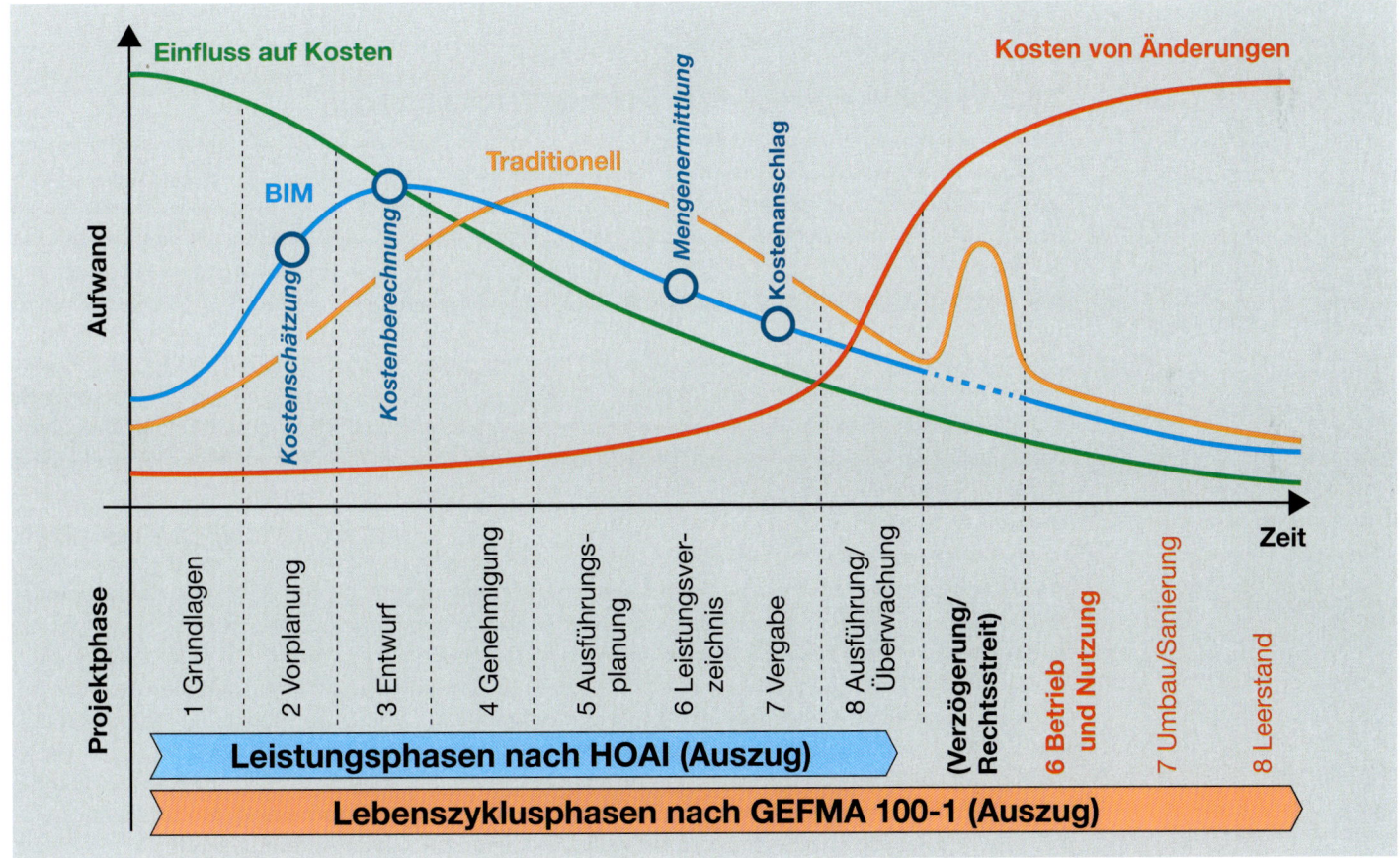

Abb. 1–6

Qualitative Darstellung der Aufwandsverlagerung von Planungs- und Entscheidungsprozessen in frühe Phasen, in Anlehnung an die Originalversion von buildingSMART (nach Bazjanac) und an den BIM-Leitfaden nach Egger et al. [25] (modifiziert).

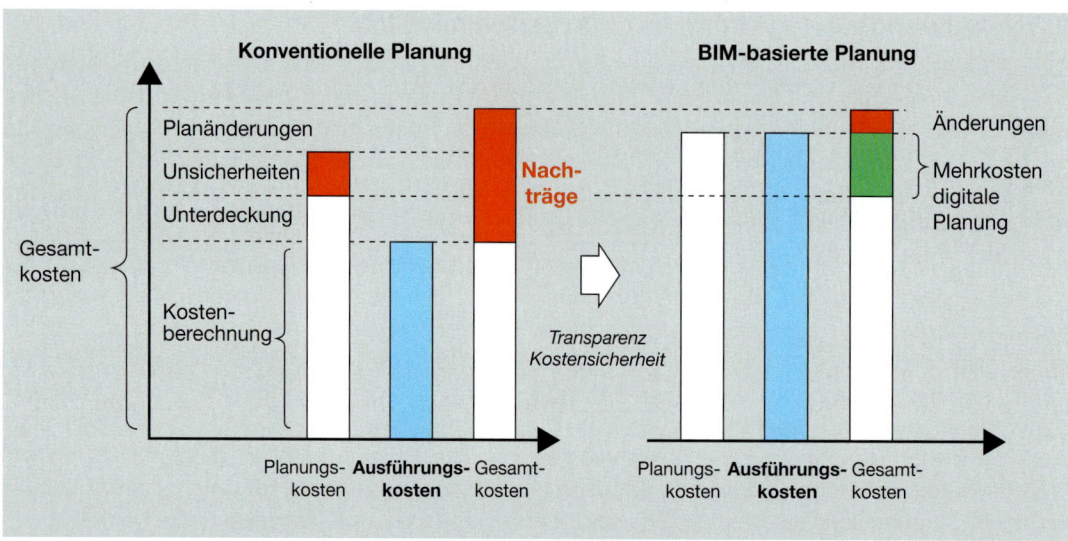

Abb. 1–7

Qualitative Darstellung der Veränderung der Kostenstrukturen in Projekten im Idealfall.

2.3.3 Veränderungen bei vertraglichen Vereinbarungen

Die Umsetzung der vorgenannten kollaborativen Arbeitsmethodik der integralen und digitalen Planung erfordert Veränderungen bei vertraglichen Vereinbarungen. Informationen zu vertraglichen Details werden in **Kapitel 2** in diesem Buch im Detail behandelt. Grundsätzlich kann jedoch, nach einem Rechtsgutachten von Eschenbruch und Grüner [1], festgehalten werden, dass rechtlich zunächst keine unüberwindbaren Hürden bei der Einführung von BIM bestehen, da das Vergaberecht dem Einsatz von BIM nicht entgegensteht und Angebote auf digitalem Wege möglich sind. Haftungsfragen müssen vertraglich geregelt werden. Hierfür sind die Schnittstellen zwischen Bauherr, Planern und ausführenden Firmen zu definieren, Modellinhalte und Modellqualitäten festzuschreiben und Prozessabläufe zu regeln. Dies erfolgt in den **Abschnitten 4** und **6**. Die Hol- und Bringschuld ist zudem vertraglich zu klären. Weiterhin muss bei öffentlichen Ausschreibungen darauf geachtet werden, Produktdaten durch produktneutrale Objekte zu ersetzen. Diese Vorgabe findet bei der Definition von Modellentwicklungsgraden in **Abschnitt 6.2** Eingang.

Um Modellinhalte, Qualitäten und Prozesse festzuschreiben schlägt der Stufenplan [2] vor, jeweils vor Beginn der Planung und vor Beginn der Ausführung verbindliche vertragliche Vereinbarungen zu treffen, die als Auftraggeber-Informations-Anforderungen (AIA) ausgeschrieben und durch den Auftragnehmer als BIM-Abwicklungsplan (BAP) umgesetzt werden. Die Festlegungen stehen in Analogie zu den im englischsprachigen Raum durch die britische BIM Task Group formulierten Employer's Information Requirements (EIR) [26] und BIM Execution Plan (BEP) [27]. Im BIM-Protokoll des britischen Construction Industry Council (CIC) werden ferner Terminologien und Verantwortlichkeiten definiert [28]. Die zwischen Auftraggeber und Auftragnehmern festzulegenden Vereinbarungen ergänzen dabei künftig nach ISO 19650 (in Entwicklung) das Vorgehen in den Leistungsphasen nach HOAI [14]. Hierbei werden Modellstandards, Datenübergabepunkte, Detailtiefen der Ausarbeitung, Modellierungsarten, Arbeitsprozesse und Qualitäten zwischen Auftraggeber und Auftragnehmern definiert. Entsprechend verändert sich der Leistungsumfang nach HOAI.

Die HOAI wird oftmals als Problem und Hindernis angeführt. Als reines Preisrecht regelt die HOAI nicht die Art der Leistung [14]. Auch regelt sie nicht, welche Leistungen in welcher Reihenfolge, mit welchen Werkzeugen oder durch welche Person zu erbringen sind. Nach Eschenbruch und Grüner [1] ist ein

BIM-Planer kein Planer nach HOAI; BIM ist eine besondere Leistung. Damit gilt jedoch der Satz aus **Abschnitt 2.2.1**, womit die Verantwortung, den Einsatz und damit die Vorteile digitaler Planungsmethoden einzufordern, allein beim Bauherrn liegt. Der Bauherr, und nur dieser, entscheidet zudem, wem die Rolle der Koordination der Gewerke übertragen wird. Damit betrifft »die Veränderung« streng genommen nicht »BIM«, sondern zunächst die bewusste Entscheidung des Bauherrn, die Aufgabe der Koordination der integralen Planung an einen Planer zu vergeben und auch den Einsatz von BIM vorzuschreiben. Die Koordinationsleistung kann somit, muss aber nicht notwendigerweise von einem Objektplaner durchgeführt werden. In der Praxis wird mitunter ein Objektplaner vollständig beauftragt und die Leistung der Projektsteuerung zusätzlich vergeben, streng genommen doppelt beauftragt. Dies ist nicht notwendig; diese Planungsleistungen können auch getrennt voneinander vergeben werden. Sicherlich wäre es dennoch vorteilhaft, diese Veränderungen in eine Neufassung der HOAI entsprechend mit einfließen zu lassen. Für die detaillierte Behandlung der Zusammenarbeit in der Fachplanung und konkrete Festlegungen, die in einem BIM-Projekt zu treffen sind, wird auf die **Abschnitte 6** und **7** verwiesen.

2.4 Unterscheidung von BIM-Einsatzformen und Reifegraden

2.4.1 Einsatzform: Proprietäre Insellösung oder durchgängiger, offener Einsatz?

Über die Einsatzform kann entschieden werden, sobald die Projektziele im Zusammenhang mit dem Einsatz von BIM in einem Projekt geklärt sind (vgl. **Abschnitt 7.1**). Beispielsweise ist zu entscheiden, ob BIM vorrangig für die Koordination von Fachplanungen zur Überprüfung von Modellen hinsichtlich Konsistenz, Kollisionsfreiheit und Modellinhalten oder darüber hinaus auch als Basis für ingenieurtechnische Berechnungen und Auslegungen etc. eingesetzt werden soll.

Man unterscheidet folgende technologische Stufen [29]

- »**Little BIM**« bezeichnet den Fall der Nutzung als Insellösung, wenn spezifische Softwareprodukte durch Objektplaner und einzelne Fachplaner nur für (fachspezifische) Planungsaufgaben eingesetzt werden. Das Modell wird hierbei nicht zur Koordination von Planungsaufgaben eingesetzt und auch nicht über weitere Softwareprodukte hinweg genutzt.

- »**Big BIM**« benennt den gegenteiligen Fall, wenn digitale Gebäudemodelle im Sinne eines modellbasierten Arbeitens über verschiedene Disziplinen und Lebenszyklusphasen durchgängig eingesetzt werden. Datenaustausch und Koordination finden über vernetzte Projektplattformen statt.

Weiterhin wird hinsichtlich des Softwareeinsatzes und Datenaustausches unterschieden,

- ob im Rahmen eines »**Closed BIM**« Einsatzes gezielt Softwareprodukte eines einzelnen Herstellers und proprietäre Datenaustauschformate Anwendung finden sollen, oder

- ob im Sinne von »**Open BIM**« Softwareprodukte verschiedener Hersteller eingesetzt werden und offene Formate für den Datenaustausch verwendet werden.

Auch Zwischenformen sind als Einsatzform möglich. Beispielsweise ist vorstellbar, dass sich ein Projekt auf die vorzugsweise Verwendung einer durchgängigen Softwarelösung verständigt, um Schnittstellenprobleme mit herstellerneutralen Datenaustauschformaten zu umgehen, gleichzeitig aber mangels Leistungsdefiziten etwa für die Modellüberprüfung zusätzlich ein Softwareprodukt eines Drittanbieters benötigt. Weiter soll BIM im Projekt vornehmlich für die Koordination von Planungsaufgaben und die Qualitätssicherung eingesetzt werden, jedoch sollen keine durchgängig modellbasierten Ingenieurberechnungen eingefordert werden. Mit dieser Aufstellung läge für beide oben genannten Ausprägungen eine Mischform vor, und gleichzeitig wäre der Einsatzbereich klar beschrieben.

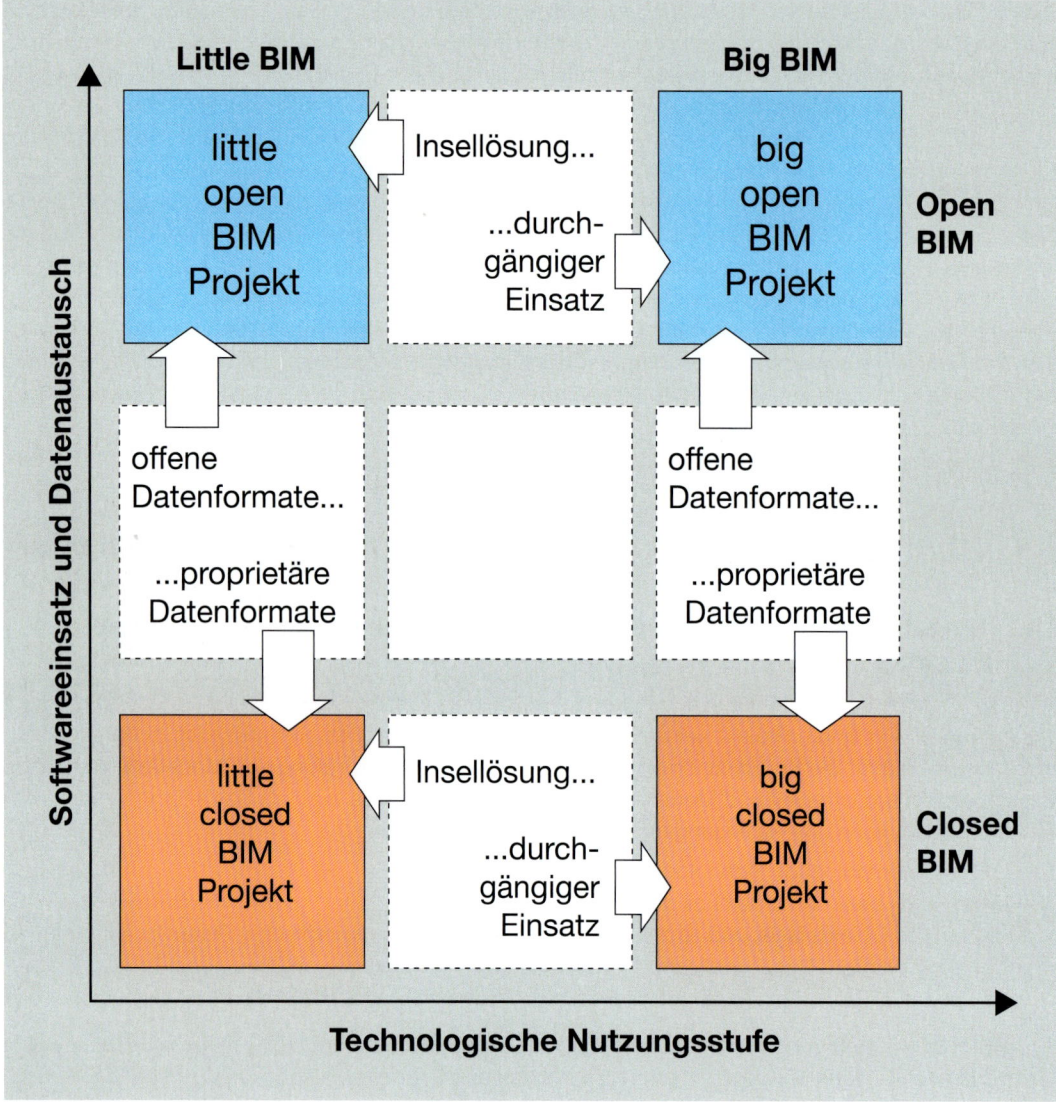

Abb. 1–8

Abgrenzung von BIM-Einsatzformen hinsichtlich technologischer Stufen, Softwareeinsatz und Datenaustausch, modifiziert nach [29].

2.4.2 BIM-Reifegrade (Maturity-Level)

Als weitere Einteilung für den Grad der technologischen Durchdringung der Methode BIM sind die vier Stufen des britischen Reifegradmodells, im englischen als BIM-Maturity Model bezeichnet, bekannt [30].

Hierbei werden Festlegungen über Datenaustauschformate, die Datenqualität, den Datenaustausch sowie Koordinationsformen der Zusammenarbeit getroffen.

- **Stufe 0** bezeichnet das konventionelle Arbeiten mit zeichnungsbasiertem CAD und dem Austausch von gedruckten Plänen.

- **Stufe 1** sieht einen dateibasierten Datenaustausch vor, der sowohl 2D- als auch 3D-CAD-Pläne beinhalten kann. Die Nutzung einer Projektplattform ist in Stufe 1 nicht vorgesehen.

- In **Stufe 2** kommt eine Projektplattform mit proprietären Schnittstellen zur dateibasierten kollaborativen Verwaltung von BIM-Modellen zum Einsatz. Planer erzeugen BIM-Modelle, die auch 4D- und 5D-Informationen beinhalten können. Modelle werden miteinander abgeglichen und dienen zur Koordination der Planung. In Stufe 2 werden proprietäre Softwarelösungen und Austauschformate eingesetzt. Für die Übergabe von Informationen an die Bauherrschaft dient das COBie Datenformat [31].

- **Stufe 3** schließlich setzt die oben beschriebene Einsatzform »Big Open BIM« um und fordert damit die Verwendung von Cloud-basierten Projektplattformen, offener ISO-Standards für den Datenaustausch und die Definition von Prozessen sowie den Einsatz der Methode BIM über den gesamten Lebenszyklus.

2.5 Notwendiges Zusammenspiel mit anderen Konzept-basierten Elementen

In **Abschnitt 2.3.3** wurden die Vertragsdokumente Auftraggeber-Informations-Anforderungen (AIA) und BIM-Abwicklungsplan (BAP) zur Definition der konkreten Umsetzung der Methode BIM im Projekt genannt. Da sich diese Elemente auf die Umsetzung der Methode BIM konzentrieren, greifen sie zu kurz, wenn es darum geht, in einem Projekt die konzeptionellen Voraussetzungen für das Gelingen einer kollaborativen integralen Planungsmethodik zu schaffen.

Vorgenannte Elemente sind vielmehr als Teil einer zweckmäßigen Bedarfsplanung zu verstehen, d.h. allgemein einer Beratungsleistung mit dem Zweck, Ziele und Anforderungen eines Bauherrn an ein Gebäude zu erarbeiten und zu dokumentieren [4]. Erstaunlicherweise wird diese Beratungsleistung, die dem Klären der eigentlichen Aufgabenstellung als Voraussetzung für eine Grundlagenermittlung und Vorplanung dient, in der HOAI [14] als besondere Leistung angesehen. Wie auch der Einsatz von BIM als solches, muss damit das strukturierte Vorgehen einer Bedarfsplanung vom Bauherrn explizit gewollt und als solches beauftragt werden.

Ziel der Bedarfsplanung ist es nicht, Lösungen zu finden, sondern konkrete Anforderungen zu formulieren [18]. Nach DIN 18205 [32] münden die Ergebnisse einer Bedarfsplanung in einen schriftlichen Bedarfsplan. In anderen Branchen wie beispielsweise der Informatik, dem Anlagenbau oder dem Projektmanagement erfolgt die Dokumentation von kundenspezifischen Anforderungen zwingend in einem Lastenheft. In der Informatik wäre es nicht vorstellbar, zunächst nur das grafische Aussehen einer Software zu entwickeln, bevor nicht die funktionalen Anforderungen an die Software verbindlich geklärt sind, die die Algorithmen und Datenstrukturen der Software fundamental beeinflussen und eine Voraussetzung für die Entwicklung einer grafischen Nutzeroberfläche darstellen. Die Begrifflichkeiten eines Lastenheftes sind für das Projektmanagement in DIN 69901-5 [33] und die »Vorgehensweise bei der Erstellung von Lasten-/Pflichtenheft« für technische Anlagen in VDI 2519 [34] definiert.

Für die richtige Anwendung der Methode BIM und das Gelingen der kollaborativen Zusammenarbeit ist das Zusammenspiel folgender fünf Konzept-basierter Elemente von entscheidender Bedeutung, auf die in **Abschnitt 7.3** detailliert eingegangen wird

- ein Organisationshandbuch zur grundlegenden Organisation eines Projektes, das aus Sicht des BIM Rollen, Aufgaben und Prozesse beschreibt,
- ein Lastenheft mit Projektzielen und technischen Festlegungen,
- ein übergeordnetes Schnittstellenkonzept zur Festlegung von Schnittstellen zwischen Beteiligten, Komponenten und Leistungen,
- ein Trassenkonzept zur räumlichen Koordinierung, d.h. zur Segmentierung eines Gebäudes und zur Anordnung von Trassen und Technikräumen als koordinierende Grundlage für die integrale Planung,
- eine BIM-Projektvereinbarung als Grundlage für rechtliche und vertragliche Regelungen.

3 Nationales und internationales Umfeld, Richtlinien und Normen

3.1 BIM im nationalen und internationalen Umfeld

Eingangs wurde bereits der Stufenplan Digitales Planen und Bauen [2] vorgestellt, mit dem Ende 2015 die Ziele formuliert wurden, BIM in Deutschland bis 2020 stufenweise einzuführen. Leistungsniveau 1 beschreibt darin »Mindestanforderungen, die ab Mitte 2017 in der erweiterten Pilotphase und dann ab 2020 in allen neu zu planenden Projekten mit BIM erfüllt werden sollen«. Mit diesen freiwilligen und zunächst auf den Verkehrsinfrastrukturbereich beschränkten Vorgaben bleibt die Einführung in Deutschland hinter anderen Ländern zurück. Die in Deutschland gegründete Gesellschaft »Planen-Bauen 4.0« übernimmt hierbei die Rolle einer BIM Task Group [3]. Weitere Handlungsfelder und Maßnahmen werden im Abschlussbericht der Reformkommission Großprojekte zusammengefasst [11]. Im Jahr 2013 entstand zuvor im Auftrag des Bundesinstituts für Bau-, Stadt- und Raumforschung (BBSR) der BIM-Leitfaden für Deutschland [25], in dem Begriffe definiert, Voraussetzungen für BIM-Projekte und die Einführung von BIM diskutiert und eine Übersicht über BIM-spezifisches Arbeiten gegeben wird. Der Leitfaden ist ein Ratgeber und enthält keine konkreten Vorgaben.

Gegenwärtig befinden sich international und in Deutschland mehrere Richtlinien und Normen in mehr als 25 Ausschüssen in der Bearbeitung. Seitens des Vereins Deutscher Ingenieure e.V. wurde 2015 vom gemeinsamen Koordinierungskreis eine BIM-Agenda veröffentlicht, die die Roadmap der Aktivitäten zur Erarbeitung von VDI-Richtlinien vorstellt. Auf die neue Richtlinienreihe VDI 2552 wird in **Abschnitt 3.5** eingegangen. Spiegelgremien beim DIN arbeiten parallel an der Überführung von internationalen ISO- und europäischen CEN-Richtlinien in deutsche Normen. Neben dem Koordinierungskreis BIM seitens des VDI sind der DIN-Normungsausschuss NA 005-01-39, das technische Komitee CEN/TC 442 und das Gremium ISO/TC 59/SC 13 an der Ausarbeitung der Richtlinien beteiligt, die jeweils wiederum in mehrere Unterausschüsse untergliedert sind.

In anderen Ländern wird die Einführung durch politische Vorgaben deutlich beschleunigt, indem der Einsatz von BIM in Projekten der öffentlichen Hand teilweise verbindlich vorgeschrieben wird. Eine Vorreiterrolle nehmen die Länder Australien, Finnland, Großbritannien, Singapur und die Vereinigten Staaten von Amerika ein [3]; weitere Länder, die den Einsatz von BIM regeln, sind u.a. Dänemark, Norwegen und die Niederlande [35]. Beispielsweise ist in Großbritannien seit April 2016 der Einsatz von BIM Maturity Level 2 (vgl. Definition des Reifegrads in **2.4.2**) für öffentliche Bauvorhaben verbindlich vorgeschrieben [30]. Die Regierung fördert dabei aktiv die Erarbeitung von Richtlinien und Standards durch die BIM Task Group. Das Informationsmanagement wird in der britischen Richtlinie PAS 1192-2 geregelt [36], deren Inhalte gegenwärtig in die neue ISO 19650 Eingang finden, auch, um landesspezifische Besonderheiten zu entfernen. Als Reaktion entstanden auf dem Markt für die Arbeit mit dieser Richtlinie 1192-2 zertifizierte BIM-Dokumentenmanagementsysteme. Weiterhin wird in Großbritannien gegenwärtig eine nationale BIM-Bibliothek aufgebaut, die standardisierte Eigenschaftslisten von Herstellerproduktdaten enthält [37]. Großbritannien setzt mit diesen Entwicklungen auf eine deutliche Steigerung der Wettbewerbsfähigkeit der Industrie durch Kostenreduktionen im Bereich von 15–20 %. Andere nationale BIM Standards sind beispielsweise der National BIM Standard in USA [5] oder die BIM-Richtlinie, die für die Verwaltung der Liegenschaften der in Deutschland stationierten US-Streitkräfte entwickelt worden ist [38]. Länder wie Singapur fordern beispielsweise bereits seit mehr als 10 Jahren, Bauunterlagen für öffentliche Bauvorhaben unter Nutzung offener Standards elektronisch über eine Internetplattform einzureichen [3].

3.2 Standards für den Austausch von Produkt- und Herstellerdaten

Für den (CAD-)herstellerneutralen Austausch von digitalen Gebäudemodellen und Herstellerproduktdaten stehen verschiedene Standards zur Verfügung. Offene Datenaustauschformate sind eine wichtige Voraussetzung für den »Open BIM« Ansatz.

Die Industry Foundation Classes (IFC) sind ein mächtiges, umfassendes und universelles Format zum herstellerneutralen Austausch von Gebäudedaten. Sie werden von Verbänden der internationalen Organisation buildingSMART (vormals Industrieallianz für Interoperabilität, IAI) kontinuierlich weiterentwickelt und sind als ISO 16739 standardisiert [39]. Die IFC stellen ein komplexes objektorientiertes Datenmodell eines Gebäudes und seiner technischen Ausstattung dar, das Bauteile, Komponenten und Räume als Objekte repräsentiert und deren Beziehungen untereinander und ihre Eigenschaften abbildet [9].

Das IFC-Datenmodell ist als solches in Schichten (engl. Layer) organisiert [39]. Auf der untersten Ebene enthält das Modell grundlegende Basiselemente, auf der obersten Ebene spezialisierte Elemente der jeweiligen Gewerke, beispielsweise Tragwerks- oder TGA-Elemente. IFC findet softwareseitig in der Version 2x3 starke Verbreitung, die aktuelle Version ist IFC4 Addendum 1 [40]. Als Beschreibungssprache des IFC-Datenmodells (also des Schemas) dient die Datenmodellierungssprache EXPRESS (ISO 10303-11), deren Austauschformat Teil der STEP-Spezifikation ist [8]. Seit einigen Jahren steht über eine XML Schema Definition (XSD) mit ifcXML auch eine XML-kompatible Form des IFC-Schemas zur Verfügung. Für eine eingehende Beschreibung des IFC-Datenmodells wird auf [41] verwiesen.

Mit Informationen gefüllte IFC-Modelle können über physikalische Datendateien (.ifc Datei) zwischen Softwaretools, die diesen Standard unterstützen, ausgetauscht werden. Beispielsweise kann damit das CAD-Modell eines Gebäudes nicht nur in dem jeweiligen proprietären Austauschformat eines CAD-Tools (z. B. als .dwg oder als .rvt Datei[1]), sondern auch als IFC-Datei abgelegt werden und ist damit für andere Werkzeuge lesbar. Eine IFC-Datei kann Gebäudedaten oder Daten der technischen Anlage enthalten. Die Detaillierung dieser Informationen hängt von der Umsetzung in der verwendeten Software ab und auch davon, welche Informationen im IFC-Schema abbildbar, also als Objekte oder Attribute verfügbar sind. Grundsätzlich können Objektinformationen in IFC auch durch sogenannte Platzhalter (durch PropertySets bzw. Proxies) ergänzt werden. Da solche Informationen dann nicht standardisiert sind, ist eine Weiterverwendung in anderen Werkzeugen nicht unmittelbar möglich.

Die Richtlinie ISO 16757 [21] (VDI 3805 [20]) »Datenstrukturen für elektronische Produktkataloge der Technischen Gebäudeausrüstung« ist ein umfangreiches und universelles Datenformat zur Verwaltung von Produktkatalogdaten der TGA in CAD/CAE Auslegungs- und Berechnungssystemen. Sie enthält eine genormte Darstellung von technischen Informationen zu Auslegungsdaten, -algorithmen, Kennlinien, weiteren Attributen sowie der Geometrie anlagentechnischer Systeme in verschiedenen Detaillierungsgraden. Über dieses Konzept können in fachspezifischen CAD-Systemen, die dieses Format unterstützen, Kataloge von Herstellerdaten automatisch eingebunden und zur Konstruktion, Bemessung, Dimensionierung und Ausschreibung eingesetzt werden. **Abb. 1–9** verdeutlicht die Integration von Herstellerproduktdaten in CAD. Vorteil für einen Komponentenhersteller ist dabei, dass diese Daten für alle gängigen CAD-Systeme nur einmal als ISO 16757 Datensatz bereitgestellt werden müssen. Es entfällt der Aufwand, für jedes CAD-System ein individuelles Plug-In oder eine neue Schnittstelle zu programmieren. Gleichzeitig können damit auch zu einem späteren Zeitpunkt, etwa in der Betriebs- und Nutzungsphase, herstellerbezogene Objektinformationen verknüpft und über den Lebenszyklus aktualisiert werden.

---

1 Proprietäre Datenformate der Firma Autodesk der Produkte AutoCAD und REVIT.

Abb. 1–9

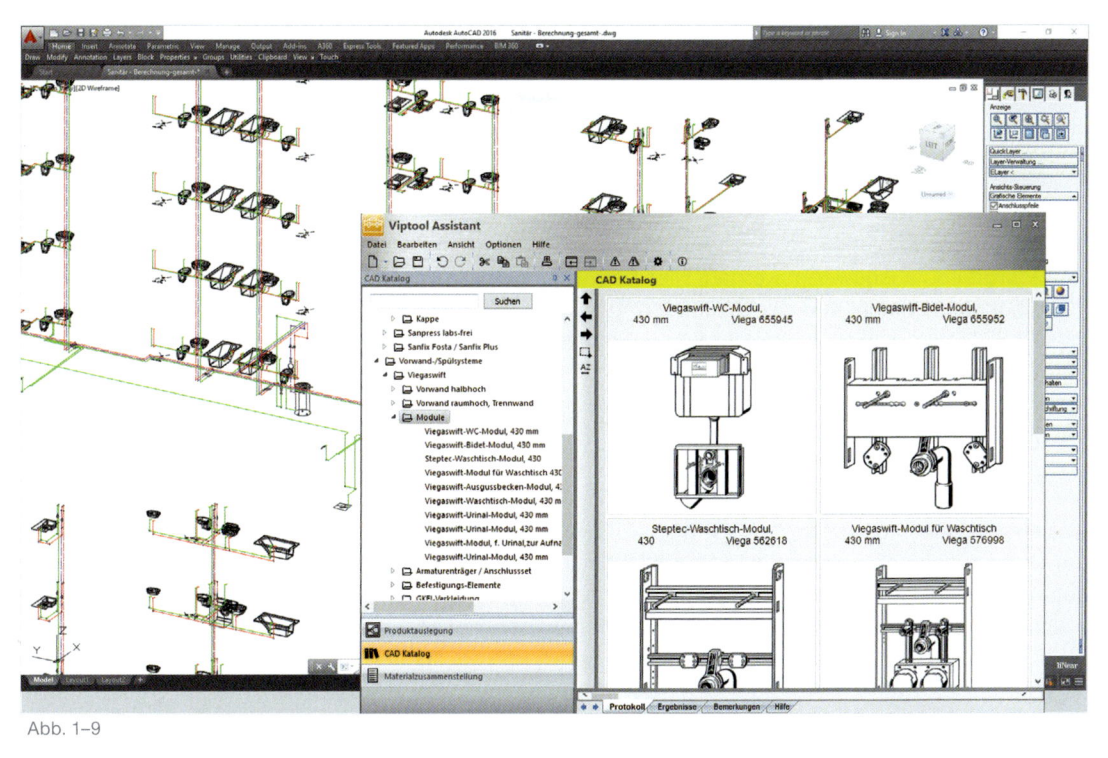

Integration von Herstellerproduktdaten in CAD, hier dargestellt am Beispiel Autodesk AutoCAD und dem CAD-Katalog des VIEGA/liNear Viptool Assistenten.

Ein CAD-Modell, das Elemente aus einem ISO 16757 Produktkatalog enthält, kann wiederum als IFC-Datei ausgetauscht werden. Es ist dabei auch vorstellbar, die Produktinformationen nicht in der IFC-Datei abzulegen, sondern diese Information durch externe Referenzierung in einem ISO 16757 Datensatz bereitzustellen. Damit entfällt die Notwendigkeit, nicht gekennzeichnete Eigenschaften über IFC-Proxies definieren zu müssen. Gleichzeitig kann über das im nächsten Abschnitt vorgestellte Konzept einer Model View Definition der Umfang der für einen jeweiligen Zweck auszutauschenden IFC-Daten auch durch eine Art Filtermechanismus eingeschränkt werden.

3.3 Modell-, Methoden und Managementstandards

Von den vorgenannten Datenstandards für den Austausch von Produkt- und Herstellerdaten sind nach [13] Modell-, Methoden und Managementstandards zu unterscheiden

- Datenstandards definieren, wo Informationen abgelegt bzw. wie diese physikalisch ausgetauscht werden, beispielsweise über eine IFC-Datei.

- Modellstandards unterscheiden, welche Informationen im Planungsprozess übergeben werden müssen. Dies betrifft einerseits die Prozesse als solches, als auch Festlegungen zum Modellentwicklungsgrad (vgl. **Abschnitt 6.2**).

- Methodenstandards legen fest, wie Informationen erarbeitet werden, wie diese in ihrer Qualität geprüft und ausgewertet werden. Dies betrifft somit die Koordination von Modellen, das Änderungsmanagement und die Qualitätsprüfung. ISO 12911 [42] stellt in diesem Zusammenhang einen Standard für die »Struktur für die Erstellung von Richtlinien zu virtuellen Gebäudemodellen (BIM)« dar.

- Managementstandards definieren Verantwortlichkeiten, d. h. welche Akteure Informationen organisieren, wer diese abnimmt und wer deren Qualität bestimmt. Dies betrifft somit Menschen, Prozesse, Technologien und Richtlinien.

Das sogenannte Information Delivery Manual (IDM), standardisiert als ISO 29481 [43], ist eine Methode, um Datenaustauschprozesse mittels grafischer Prozessdiagramme darzustellen. IDM bedient sich dabei u. a. der sogenannten Business Process Modeling Notation (BPMN) [44] [45], um zu beschreiben, welche Informationen von welchem Planungsbeteiligten, sei es ein Architekt, Fachplaner oder Ingenieur, zu welchem Zeitpunkt welchem anderen Beteiligten wie zur Verfügung gestellt werden muss. Ziel ist es, mit der Methode Anforderungen an die auszutauschenden Modellinhalte abzuleiten. Diese Modellinhalte stellen damit anschaulich eine Teilmenge des gesamten Datenmodells dar.

Eine Model View Definition (MVD) definiert diese Teilmenge und kann als eine Art Filter auf ein komplexes IFC-Datenmodell verstanden werden. Damit wird konkret beschrieben, welche Klassen, Objekte, Assoziationen und Verbindungen für einen bestimmten Prozess aus dem gesamten Datenmodell des BIM als Teilmodell für den Im- bzw. Export zwischen digitalen Werkzeugen bereitgestellt werden müssen. Die MVD sind Bestandteil des IDM. Aufgaben werden Rollen zugeteilt, Abläufe strukturiert und die Herkunft der Daten vorgegeben. Bekannte MVDs sind beispielsweise der IFC2x3 Coordination View V2.0, der IFC4 Add1 Reference View 1.0 und der IFC4 Add1 Design Transfer View 1.0 [46].

Das BIM Collaboration Format (BCF) wurde zum Kennzeichnen von Problemen und zum Verwalten von Mängeln eines IFC-Modelles, beispielsweise von Kollisionen zwischen Objekten im Rahmen der Qualitätsprüfung, entwickelt [47]. Die Methode unterstützt die Kommunikation und die dazugehörigen Arbeitsabläufe und löst die Abhängigkeiten vom Modell. Dies wird erreicht, indem Verweise und Anmerkungen auf Modellinhalte erfolgen, womit bei Änderungen oder Anmerkungen nicht das jeweils gesamte Datenmodell verändert oder ausgetauscht werden muss. BCF verknüpft Mängel mit BIM-Elementen und stellt ein Format dar, mit dem bestimmte Sichtwinkel und Abbildungen (Screenshots) zusammen mit Nachrichten und Aufgaben an einen definierten Personenkreis versendet werden können. Auf die Methode wird in **Abschnitt 6.4.6** weiter eingegangen.

Als Managementstandard befindet sich gegenwärtig ISO 19650 [48] in Bearbeitung, in die Elemente aus der britischen Richtlinie PAS 1192-2 einfließen. Ziel des Standards ist die Regelung des Informationsmanagements mit BIM, indem Rollen, Verantwortlichkeiten, Modellstandards, Datenübergabepunkte, Detailtiefen der Ausarbeitung, Modellierungsarten, Arbeitsprozesse und Qualitäten zwischen Auftraggeber und Auftragnehmern festgelegt und ein BIM-Projektabwicklungsplan definiert werden sollen. Konkrete Inhalte werden dabei nicht festgelegt. Hierzu dienen vertragliche Vereinbarungen zwischen Auftraggeber und Auftragnehmer, die vor Beginn der Ausführung zu treffen sind.

3.4 Merkmalsdefinitionen und Klassifikationssysteme

Merkmalsdefinitionen und Klassifikationssysteme sind weitere wichtige Elemente für die Arbeit mit BIM, um Begrifflichkeiten einheitlich festzulegen und zu strukturieren. Solche Klassifikationen sind eine wichtige Voraussetzung, um Objekte zu ordnen oder diese eindeutig miteinander verknüpfen zu können. Sichtbar wird dies beispielsweise bei der Mengen- und Kostenermittlung, die eine entsprechende maschinenlesbare Strukturierung voraussetzt, um Elemente gleichen Typs sortieren zu können und manuelles Nacharbeiten, beispielsweise das Übertragen von Daten »per Hand« in eine Tabelle, zu vermeiden.

Bekannte Ordnungssysteme sind die Klassifikationssysteme OmniClass aus dem US-amerikanischen Bereich [49] oder UniClass im britischen Umfeld [22]. OmniClass besteht aus einer Menge von Tabellen, in denen Konstruktionselemente, Räume bzgl. ihrer Funktion, Räume bzgl. ihrer Form, Produkte, Prozesse, Materialien etc. namentlich definiert und strukturiert werden. UniClass spezifiziert in ähnlicher Art Liegenschaftsarten, Entitäten, Aktivitätsarten, Räume, Elemente, Informationsarten, etc. hinsichtlich Bezeichnern und ordnet diese hierarchisch.

Das buildingSMART Data Dictionary (bsDD) (früher: International Framework for Dictionaries, IFD) ist eine wichtige Grundlage für die länderübergreifende Kommunikation. Als eine Art Wörterbuch stellt es Konzepte in unterschiedlichen Sprachen nicht über die Namen einzelner Objekte, sondern jeweils über Globally Unique Identifier (GUID) miteinander in Verbindung. Damit können Objekte in einer Bibliothek eindeutig über eine GUID identifiziert und Bezeichner und Beschreibungen in unterschiedlichen Sprachen ausgedrückt werden. Damit wird sichergestellt, dass in unterschiedlichen Sprachen ein und dasselbe Element gemeint ist. Basis hierfür stellt das Datenmodell der Richtlinie ISO 12006-3 [50] dar.

Ein hierzu ähnliches Vorgehen wird mit dem Klassifikationssystem DIN SPEC 91400 [23] verfolgt, das als XML-Schema verfügbar ist. Hierbei erfolgt jedoch eine Verknüpfung von Objekten gleicher Art über GUIDs mit Elementen des Standardleistungsbuches Bau (STLB-Bau dynamische Baudaten). Mit der Methode können Elemente des STLB-Bau, das bei öffentlichen Ausschreibungen verbindlich zu verwenden ist, mit BIM-Elementen über GUIDs verknüpft werden, um basierend auf der CAD-Planung Leistungsverzeichnisse (LV) erstellen und Kostenermittlungen durchführen zu können. Die eindeutige Zuordnung bietet den Vorteil, Normen, Vorschriften und Beschreibungen im LV eindeutig mit Bauteilen verknüpfen zu können, um einen hohen Automatisierungsgrad bei der Erstellung von Ausschreibungsunterlagen zu erreichen.

3.5 Neue BIM-Richtlinienreihe VDI 2552

Die Arbeiten an der Richtlinienreihe VDI 2552 Building Information Modeling wurden 2013 seitens des Koordinierungskreises BIM im VDI initiiert. Der Koordinierungskreis setzt sich aus VDI-Gremien, Bauherren, Vertretern der Wissenschaft, Softwareentwicklern, Anwendern und Verbänden zusammen. An der Entwicklung der Richtlinienreihe sind zur Zeit sechs Richtliniengruppen beteiligt, sie umfasst künftig neun Blätter. Kern der Richtlinie sind die vier Handlungsfelder Mensch, Technologie, Prozesse und Rahmenbedingungen, die in den einzelnen Blättern betrachtet werden [51].

Blatt 1 (Rahmenrichtlinien) befasst sich dabei mit BIM-Strategien und Zielen, definiert BIM-Beteiligte und deren Rollen, BIM-Anwendungen, und gibt einen Überblick über Modelle, Prozesse und Daten. In Blatt 2 werden allgemeine Begriffe und Definitionen vorgenommen. Blatt 3 widmet sich der Mengenermittlung und dem Controlling. Blatt 4 behandelt Anforderungen an den Datenaustausch bzgl. Datenübergabepunkten, Datenformaten, LoD-Definitionen, der Qualität von Modellinhalten und Attributen sowie Fachmodelle. In Blatt 5 wird das BIM-Datenmanagement festgeschrieben, beispielsweise der Zweck eines Common Data Environment und die Strukturierung von BIM-Daten festgelegt und Anforderungen an Daten definiert. Blatt 6 beziffert die bauherrnseitige Implementierung und das Facility Management. Inhalte der Blätter 7 bis 9 sind Prozesse, Qualifikationen und Bauteilbeschreibungen.

3.6 Zertifizierung von BIM-Software

Der Einsatz offener Datenstandards wie IFC zum Austausch von BIM-Daten erfordert objektive Möglichkeiten, die Qualität des Datenimports und -exports von Softwaretools überprüfen und bewerten zu können. Zu diesem Zweck wurde seitens buildingSMART ein Zertifizierungsverfahren entwickelt [52], das seit 2008 in einer überarbeiteten Version vorliegt und zu einer deutlichen Verbesserung des Qualitätsniveaus von BIM-Softwaretools geführt hat [53].

Seitens der Zertifizierung ist zu beachten, dass mit einer Zertifizierung nur zuvor definierte Einsatzzwecke abgedeckt werden können. Eine Zertifizierung kann keine hundertprozentige Abdeckung aller möglichen Fälle liefern. Grundlage für eine Zertifizierung stellt jeweils die Definition eines abzubildenden Prozesses einer Anwendung mit den dabei bestehenden Datenanforderungen dar. Als Basis hierfür dienen Spezifikationen, die mit der Methode des Information Delivery Manual (IDM) definiert werden. Die Auswahl des für diesen Anwendungsfall abzudeckenden Teilbereiches des Datenschemas der IFC erfolgt mit dem Instrument einer Model View Definition (MVD).

Für die Zertifizierung steht mit dem Global Testing and Documentation Server (GTDS) eine webbasierte Datenbankanwendung zur Verfügung, die Herstellern und Auditoren Zugang zu mehreren hundert strukturierten Testbeschreibungen für Exporttests und Kalibrierungsdateien für Importtests bietet. Für eine Beschreibung der Abläufe der einzelnen, teils aufwändigen und arbeitsintensiven Zertifizierungsvorgänge wird an dieser Stelle auf die Darstellung in [53] verwiesen. Aktuell weist die Datenbank nach der MVD IFC 2x3 Coordination View (ab IFC4: Design Transfer View) Einträge zu 33 erfolgreich getesteten Softwaretools aus den Bereichen Architektur, Tragwerksplanung und TGA auf [52].

4 Rollen, Zuständigkeiten, Aufgaben und Leistungsumfang in BIM-Projekten

4.1 Neufassung von BIM-Rollendefinitionen

4.1.1 Vorbemerkung

Für die organisatorische, vertragliche und technische Umsetzung der integralen Planung und kooperativen Arbeitsmethodik in einem BIM-Projekt müssen die Rollen der Beteiligten, deren Aufgaben und deren Verantwortungsbereiche verbindlich definiert werden. In der Literatur und in Richtlinien sind verschiedene Rollendefinitionen zu finden, die sich teilweise erheblich voneinander unterscheiden. Beispielsweise werden im BIM-Leitfaden für Deutschland [25] die beiden Rollenbilder BIM-Manager und BIM-Koordinator genannt. Der BIM-Manager ist hierbei für die Zusammenführung der Fachmodelle verantwortlich, der BIM-Koordinator für die Einhaltung von Standards und Richtlinien. Das britische Construction Industry Council [21] [25] stellt die Rolle eines Information Managers in den Vordergrund. Seitens des britischen CIC BIM Protokolls [54] werden die Rollen BIM-Management Coordination und Modelling/Authoring hinsichtlich Aufgabenfelder im Bereich Strategie, Management und Produktion unterschieden und deren überlappende Kompetenzbereiche in einer Matrix dargestellt. Im Gegensatz zum BIM-Leitfaden ist hier der BIM-Koordinator für die Modellzusammenführung verantwortlich.

Sicherlich werden Rollendefinitionen je nach Größe und Art eines Projektes variieren. Rollen müssen zudem nicht statisch mit Personen belegt werden. Vielmehr hilft eine verbindliche Rollendefinition, Aufgaben vertraglich eindeutig zu regeln. Eine Rolle kann von einer oder mehreren Personen im Team übernommen werden; die Zusammenstellung eines Teams kann sich zudem während der Leistungsphasen verändern. Relevant sind die Fachkenntnisse der Personen oder Teams zur Wahrnehmung der zugeordneten Aufgaben.

Die Abgrenzung und vertragliche Regelung ist zudem wichtig, um klarzustellen, ob und inwiefern die BIM-basierte integrale Arbeitsmethodik Aufgaben zwischen Architekt, Projektsteuerung und BIM-Verantwortlichen verschiebt. Nach der HOAI ist der Architekt nicht automatisch, sondern nur dann zuständig für die Koordination der Gewerke, wenn er dafür beauftragt wurde. An dieser Stelle sei nochmals darauf hingewiesen, dass BIM eine Methode und Arbeitsweise als Teil der integralen Planungsmethodik darstellt. BIM schafft, zusammen mit den in **Abschnitt 2.5** genannten Elementen, die methodischen und technischen Voraussetzungen für diese kooperative Zusammenarbeit. Der Objektplaner wird, falls mit der Koordination beauftragt, durch den Einsatz von BIM nicht automatisch von seiner koordinierenden Aufgabe entbunden. Die Steuerung eines Projektes, das dem Ansatz der integralen Planung [4] folgt und die Methode BIM einsetzt, fordert vielmehr von allen Beteiligten ein strukturiertes und diszipliniertes Vorgehen, das teilweise im klaren Gegensatz zur traditionellen Projektorganisation steht, jedoch nicht oder nicht notwendigerweise die Aufgaben verschiebt. Fest steht jedoch, dass die technische Komplexität »moderner, zeitgemäßer Gebäude« [4] nicht nur den Einen, sondern ein Team von Baumeistern benötigt. Diese Experten sind zu koordinieren; das erfordert Methoden, technische Lösungen und klare Rollendefinitionen. Die Entscheidung, wer diese Aufgaben fachkundig übernimmt, liegt beim Auftraggeber, dem Bauherrn.

4.1.2 Rollendefinitionen

Dieses Kapitel nimmt eine Neudefinition der Rollenbilder vor und grenzt sich insofern von den vorgenannten Definitionen ab. An dieser Stelle wird zunächst zwischen Auftraggeber (AG) und Auftragnehmern (AN) unterschieden. Auftragnehmer sind verschiedene Planer und ausführende Firmen sowie Planer, die vollumfänglich für die Funktionsfähigkeit der Methode BIM im Projekt verantwortlich sind und die die Qualität von BIM im Projekt überwachen. Einzelne Rollen können zusammengefasst werden.

Es werden folgende sechs Rollenbilder unterschieden[2]

- Das übergeordnete Qualitätsmanagement (QM) wird wahrgenommen durch die Rolle
  - BIM-QM (z.B. als Teil der Projektsteuerung);
- seitens der einzelnen Auftragnehmer (Planer und ausführende Firmen) werden folgende beiden Rollen eingesetzt
  - BIM-Modellierer,
  - BIM-Modellkoordinator;
- unter dem Begriff BIM-Planer werden Planer (nicht: Modellierer) zusammengefasst, die für die Funktionsfähigkeit von BIM im Projekt verantwortlich sind; unterschieden werden die Leistungsbilder
  - BIM-Management,
  - BIM-Engineering (oftmals auch als BIM-Koordinator bezeichnet);
- technische oder methodische Weiterentwicklungen der Methode BIM erfolgen, falls anwendbar, durch einen
  - BIM-Entwickler.

4.2 Zuordnung von Aufgaben und Leistungen zu den Rollen

Zu den vorgenannten Rollen werden folgende Aufgaben und Leistungen zugeordnet, die eindeutig voneinander abgegrenzt sind, projektspezifisch jedoch verschoben oder zusammengefasst werden können. Sie finden Eingang in das Organisationshandbuch, eine Projektvereinbarung bzw. vertragliche Regelungen.

4.2.1 Aufgabenbereich eines übergeordneten BIM-Qualitätsmanagements (BIM-QM)

Das BIM-Qualitätsmanagement (BIM-QM) ist verantwortlich für das übergeordnete Qualitätsmanagement im Projekt. Es überwacht die Qualität der Methode BIM im Projekt unter Berücksichtigung der vorgegebenen Kosten- und Terminziele und agiert im Auftrag des AG. Hierfür wirkt das BIM-QM mit, die BIM-Ziele im Projekt sowie die Leistungsbilder von BIM-Management und BIM-Engineering zu definieren und begleitet die Formulierung der konkreten Umsetzungsform der Methode BIM in das Organisationshandbuch, die Projektvereinbarungen und das Pflichtenheft. Das BIM-QM ist von den Aufgaben des BIM-Planers strikt zu trennen. Es grenzt sich insofern von den einzelnen Elementen zur Erreichung des Qualitätsanspruchs (Qualitätsprüfungen) ab, die im Aufgabenspektrum des BIM-Engineers liegen.

Das BIM-QM
- bewertet die Leistungsfähigkeit der beteiligten Planer und ausführenden Firmen im Bereich BIM und wirkt hierfür an Konformitätstests mit, die durch den BIM-Planer durchzuführen sind,
- begleitet die Erweiterung der Regelwerke durch den BIM-Manager und
- wirkt bei der Planung und Vorbereitung von BIM-Qualifizierungen der Planer mit.

---

[2] In vorliegendem Beitrag wird eine einheitliche geschlechtsneutrale Form von Bezeichnern verwendet. Diese Bezeichnungen beziffern gleichermaßen weibliche und männliche Beteiligte; auf eine Doppelnennung von beispielsweise »Koordinatorinnen und Koordinatoren« wird verzichtet.

Um die Umsetzung der Vorgaben der Anwendung der Methode BIM sicherzustellen,
- überwacht das BIM-QM die Qualität der Arbeiten von BIM-Management und BIM-Engineering und
- sichtet und bewertet in zyklischen Abständen, ob die Auftragnehmer die konzeptionell geforderte Methodik BIM einhalten. Hierfür
- nimmt das BIM-QM an den regelmäßigen Koordinierungsrunden des BIM-Engineerings teil, da hier das volle Konfliktpotenzial einsehbar ist,
- sichtet die Ausarbeitungen (Berichte, Regelwerke) der BIM-Planer und bewertet diese hinsichtlich ihrer Qualität.

Das BIM-QM überwacht zudem
- die Abnahme des BIM zwischen den Leistungsphasen durch den BIM-Planer,
- die Auftragsvergabe an die ausführenden Firmen,
- die Übergabe des BIM an die ausführenden Firmen und
- die Revision und Abnahme des BIM-Modells und dessen Übergabe an die Betriebs- und Nutzungsphase.

Für den Zweck der übergeordneten Qualitätssicherung entwickelt und dokumentiert das BIM-QM
- einen Fragenkatalog zur systematischen Überprüfung der Qualität der Arbeiten sowie
- BIM-Kennzahlen und Leistungsparameter, die Aufschluss über den Umfang und die Qualität der Leistungen des BIM-Planers geben, etwa zu Arten und Anzahl von Kollisionen und deren Beseitigungsraten, zur Leistungsfähigkeit des eingesetzten Dokumentenmanagementsystems etc., und
- Erfahrungen der Planer mit den eingesetzten Methoden und Systemen.

4.2.2 Aufgabenbereich eines BIM-Modellierers

Die Aufgabe des BIM-Modellierers entspricht derjenigen eines klassischen Objekt-/Fachplaners oder technischen Zeichners mit zusätzlich relevantem modellbasierten CAD-spezifischen Modellierungs-Knowhow zur Umsetzung der BIM-Methodik. Dies betrifft die modellbasierte, objektorientierte Modellierung und Attribuierung in einem BIM-basierten fachspezifischen datenbankorientierten 3D CAD-Konstruktionssystem. BIM-Modellierer achten auf die Einhaltung vorgegebener Konventionen zum Modellentwicklungsgrad und zum CAD-Einsatz, zur Erreichung von Qualitätsstandards, zum Datenaustausch sowie zur Konvertierung von Fachmodellen. Im Falle ausführender Firmen sind unterschiedliche Tiefen der BIM-Modellierung möglich, die im Einzelfall zu regeln sind. Beispielsweise kann dies die Verzahnung der Montageplanung mit BIM betreffen (BIM-basierte Terminplanung von Montagezeiten und Orten), oder in einfacheren Fällen die Bereitstellung von 3D PDF-Plänen, die ohne erweiterte Kenntnisse mit Standardapplikationen geöffnet werden können. BIM-Modellierer reichen BIM-Modelle intern an ihren BIM-Modellkoordinator zur Prüfung weiter.

4.2.3 Aufgabenbereich eines BIM-Modellkoordinators

Der BIM-Modellkoordinator stellt die Schnittstelle zwischen Fachplanung bzw. ausführender Firma und BIM-Engineering dar. Jeder Auftragnehmer (Objektplaner, Fachplaner, ausführende Firmen) setzen verpflichtend einen BIM-Modellkoordinator im Projekt ein. Je nach Projekt können die beiden Rollen BIM-Modellierer und BIM-Modellkoordinator in einer Person zusammenfallen.
Der BIM-Modellkoordinator ist für das BIM-Modell seines Fachbereiches bzw. Ausführungsumfangs vollumfänglich verantwortlich. Dies betrifft
- vor der Weitergabe die fachspezifische Prüfung von Modellinhalten,
- zusammen mit den BIM-Modellierern die Koordination der Erstellung der jeweiligen Teilmodelle im eigenen Haus bzw. Umfeld,
- die Einhaltung der vorgegebenen Konventionen zum Modellentwicklungsgrad und zur Erreichung des definierten Qualitätsstandards und

- den Datenexport aus den verwendeten Planungswerkzeugen und die Umwandlung und Konvertierung von Fachmodellen nach den projektspezifischen Vorgaben.

Der BIM-Modellkoordinator
- überträgt die eigenen Fachmodelle in die Projektplattform bzw. das Dokumentenmanagementsystem,
- ist verantwortlich für das Referenzieren der jeweils anderen Fachplanungsmodelle, sodass das eigene Fachmodell zusammen mit den Referenzierungen den jeweils aktuellen Stand der Planung darstellt.

BIM-Modellkoordinatoren erhalten vom BIM-Manager mitgeteilt bzw. es ist über das Schnittstellenkonzept geregelt, welche Schnittstellen die Modellerstellung betreffen. Sie werden über den BIM-Engineer im Rahmen des Änderungsmanagements über Modelländerungen benachrichtigt.

4.2.4 Aufgabenbereich eines BIM-Planers

Das Rollenbild des BIM-Planers gliedert sich in die beiden Rollen BIM-Management und BIM-Engineering. Ein BIM-Planer im Sinne dieser Definition ist kein Modellierer. Zusammengefasst ist der BIM-Planer vollumfänglich für die Funktionsfähigkeit des BIM im Projekt verantwortlich. Dies umfasst alle Leistungen, die zur Anwendung der Methode BIM im Projekt zählen, einschließlich des Betriebs der technischen Systeme im Bereich Datenmanagement. Der BIM-Planer ist bis zur Übergabe an die Betriebs- und Nutzungsphase für das BIM-Modell verantwortlich. Die Qualität der Arbeiten des BIM-Planers wird durch die übergeordnete Rolle BIM-QM sichergestellt und von dieser überwacht. Das übergeordnete BIM-QM ist nicht Aufgabe des BIM-Planers und hiervon getrennt.

4.2.5 Aufgabenbereich eines BIM-Managers

Kernaufgabe des BIM-Managements ist die Sicherstellung der vollumfänglichen Funktionalität der Methode BIM im Projekt. Hierzu zählen Aufgaben im Bereich Strategie und Management sowie Festlegungen zur Einsatzform des BIM und zum Modellentwicklungsgrad, insbesondere
- die Fortschreibung der Definition der erforderlichen Inhalte und Detailtiefen hinsichtlich Geometrie, Attribuierung, Koordination und Logistik je Kostengruppe und Projektphase (ggf. in Zusammenarbeit mit dem BIM-Entwickler), basierend auf den Vorgaben des BIM-QM,
- die Festlegung von Prozessen und Intervallen zur Datenzusammenführung, Qualitätsüberprüfung, Datenübergabe, Berichten und Archivierung und
- die Analyse des BIM-relevanten Informations-, Kommunikations- und Koordinationsbedarfs innerhalb der jeweiligen Anwendungsbereiche im Projekt und dessen entsprechende Umsetzung.

Der BIM-Manager schreibt in Rücksprache mit dem AG den BIM-Reifegrad fort oder legt diesen fest. Hierfür
- analysiert er die Art der Softwarenutzung bei den Planern und ausführenden Firmen und legt den spezifischen Softwareeinsatz und die Form des Datenaustausches (ggf. im Einzelfall) fest,
- koordiniert er das Aufsetzen der zentralen Serverinfrastruktur durch den BIM-Engineer,
- legt er die zu nutzenden Import- und Export-Schnittstellen und Datenaustauschformate fest und wirkt bei deren Konfiguration durch den BIM-Engineer koordinierend mit,
- legt er technische Richtlinien zur Datenablage, -erstellung und -bereitstellung fest, definiert Namenskonventionen und
- koordiniert er das Erstellen von digitalen Formularen, Einrichten von Workflows sowie die Einrichtung von Anwendern und deren Zugriffsrechten in der Projektplattform bzw. im Dokumentenmanagementsystem, das durch den BIM-Engineer umzusetzen ist.

Weitere strategische Aufgaben umfassen die Festlegungen zur BIM-Qualitätsüberprüfung im Projekt (nicht zu verwechseln mit den Aufgaben des übergeordneten BIM-QM), dabei

- die Definition von Regeln und Abläufen zur Qualitätsprüfung des BIM (Audits),
- die Festlegung von Maßnahmen zur Sicherstellung der Datenqualität zur Umsetzung durch den BIM-Engineer,
- die Koordinierung einer Testphase zur detaillierten Erprobung von Prozessen und Softwarewerkzeugen,
- die Durchführung von Konformitätstests zur Sicherstellung des Funktionierens des Informations- und Datenaustausches im Projekt,
- die Berichterstattung zur und Bewertung der BIM-Umsetzung und -Nutzung im Projekt an das BIM-QM, auch anhand von durch das BIM-QM festgelegten Kennzahlen,
- die Kommunikation der Notwendigkeit (Zeitpunkt, Inhalte, Tiefe) der Vermittlung von BIM-Methoden bei Auftragnehmern durch Schulungen und Unterstützung vor Ort,
- das gestaltende Mitwirken bei der Entwicklung eines BIM-Schulungs- und -Zertifizierungsprogramms für relevante Auftragnehmer,
- die Mitwirkung bei der kontinuierlichen Problemlösung und
- die kontinuierliche Fortschreibung und Verbesserung der BIM-basierten Arbeitsweise.

Das BIM-Management unterstützt die Projektsteuerung und das BIM-Engineering durch

- die Abstimmung mit der Projektsteuerung bzgl. der BIM-Prozesse innerhalb der Projektorganisation,
- die Moderation von 3D- und 4D-Koordinationsbesprechungen,
- die koordinierende Mitwirkung der Einrichtung von projektspezifischen Reportfunktionalitäten auf Basis der zentral verwalteten Daten durch den BIM-Engineer und
- das gestaltende Mitwirken bei der Erstellung von CAD-Modellierungsrichtlinien.

Falls erforderlich, initiiert der BIM-Manager

- die Entwicklung zusätzlicher Apps, Schnittstellen, Konverter und Tools durch den BIM-Entwickler oder Drittanbieter.

Die Schwerpunkte der Aufgaben liegen somit im Bereich Management und Strategie. Die inhaltliche Tiefe der Aufgaben kann sich je nach Projektfortschritt verschieben. Die Aufgaben umfassen nicht die BIM-Modellierung. Der BIM-Manager wird fachlich durch den BIM-Engineer und BIM-Entwickler unterstützt und durch die Rolle des BIM-QM überwacht.

4.2.6 Aufgabenbereich eines BIM-Engineers

Die Aufgaben des BIM-Engineerings (in der Literatur auch als BIM-Koordinator bezeichnet, nicht zu verwechseln mit dem BIM-Modellkoordinator) sind technischer Natur, liegen in der technischen Umsetzung der Methode BIM im Projekt sowie in der Durchführung von zentralen BIM-Qualitätsprüfungen.

Dies betrifft

- die Qualitätsprüfung hinsichtlich der Erfüllung des Modellreifegrades (engl. Level of Development, kurz LoD) hinsichtlich Geometrie, Informationsgehalt, Koordination und Logistik,
- die allgemeine Plausibilitätsprüfung beim Zusammenführen der seitens der BIM-Modellkoordinatoren geprüften Teilmodelle,
- die inhaltliche Prüfung hinsichtlich der Attribuierung nach erweiterten Merkmalsdefinitionen,
- die Kollisions- und Anschlussprüfung und
- die Prüfung der Mengenkonsistenz,

sowie die Kommunikation und Dokumentation dieser Prüfungen im Änderungsmanagement.

Der BIM-Engineer

- arbeitet inhaltlich bei der Erstellung und Fortschreibung des (durch den Objektplaner zu erstellenden) Raumbuches mit, indem er die Verlinkung zwischen Raumbuch und BIM-Modell überwacht bzw. diese durchführt,
- ist zuständig für die Archivierung von 2D CAD-Plandaten zu Dokumentationszwecken
- sowie für die zyklische (ggf. automatisierte) Archivierung von Teilmodellen im Dokumentenmanagementsystem und regelmäßige Datensicherungen der Plattform als solches.

Die technische Umsetzung im Verantwortungsbereich des BIM-Engineers betrifft

- das Aufsetzen, Testen, Betreiben und Warten der zentralen technischen Projektinfrastruktur (Projektplattform, Dokumentenmanagementsystem, Cloud, etc.) nach den Vorgaben des BIM-Managers, ggf. in Kooperation mit externen Dienstanbietern,
- das Erstellen von digitalen Formularen, das Einrichten von Workflows sowie von Anwendern, Gruppen und Zugriffsrechten auf der kollaborativen Projektplattform,
- die Implementierung von durch den BIM-Manager definierten Regeln und Mechanismen zur inhaltlichen Modellprüfung (Modell-Check),
- die Einrichtung von (ggf. automatisierten) projektspezifischen Reportfunktionalitäten auf Basis der zentral verwalteten Daten,
- in Zusammenarbeit mit dem BIM-Manager die Festlegung der Struktur der Daten und deren Umsetzung mit den spezifischen Strukturierungskonzepten der verwendeten Software sowie deren Test, sowie
- das Festlegen der zu nutzenden Import- und Export-Schnittstellen und Datenaustauschformate und deren Konfiguration.

Der BIM-Engineer (oder BIM-Planer) ist jedoch nicht zuständig

- für den Datenexport aus Planungswerkzeugen von anderen BIM-Modellierern oder BIM-Modellkoordinatoren,
- für die Umwandlung und Konvertierung von durch BIM-Modellierer oder BIM-Modellkoordinatoren bereitgestellten Fachmodellen[3].

Die beiden letztgenannten Punkte liegen im Verantwortungsbereich der jeweiligen Planer bzw. BIM-Modellierer und BIM-Modellkoordinatoren, die entsprechende Fachkompetenzen vorweisen können müssen.

4.2.7 Aufgabenbereich eines BIM-Entwicklers

Die Neuheit der Methode BIM in der Planungspraxis bedingt Defizite im Funktionsumfang von Planungswerkzeugen und Datenaustauschformaten sowie Unerfahrenheit der Beteiligten in der Anwendung. Durch bislang teilweise noch in der Entwicklung befindliche Regelwerke müssen stellenweise Beschränkungen in Kauf genommen werden. Die Aufgaben des BIM-Entwicklers liegen in der entwicklungsseitigen Unterstützung. Dies kann die Mitwirkung bei der Definition neuer Regelwerke und Klassifizierungssysteme betreffen oder die Entwicklung von Schnittstellen, Skripten oder Softwaretools beispielsweise zur Flächen-, Volumen- und Mengenermittlung, falls keine kommerziellen Lösungen verfügbar sind. Das Aufgabenfeld ist projektspezifisch zu definieren und wird teilweise im Portfolio von Software-Systemhäusern abgedeckt.

---

[3] Eine Ausnahme kann beispielsweise bestehen, wenn die Konvertierung von BIM-Daten in ein neutrales Datenaustauschformat zum Zwecke der regelbasierten Modellprüfung mit einem Model-Checker dies erfordert.

5 Einsatz von BIM im Bauprozess

5.1 Einführung und Einsatz von BIM in Unternehmen

Über den Mehrwert einer BIM-basierten Planung und Veränderungen im integralen Planungsprozess wurde in den **Abschnitten 2.2** und **2.3** berichtet, in **Abschnitt 2.4** wurden BIM-Einsatzformen diskutiert. Der Einsatz von BIM bietet anschaulich Vorteile, die Einführung in der Fachplanung bzw. Unternehmen, angefangen von kleineren Fachplanungsbüros, über das ausführende Gewerbe bis hin zu Generalplanern und Generalunternehmern, ist mit zahlreichen Veränderungen verbunden.

Für die Einführung in Unternehmen gilt dabei der Grundsatz, erst klein zu beginnen und die Methoden und Technologien dann Schritt für Schritt auszurollen.

Wie in **Abb. 1–10** dargestellt, ist es sinnvoll, dies in folgende Schritte zu zerlegen

- Zu Beginn steht der Aufbau entsprechender Infrastruktur mit der Auswahl und Anschaffung von BIM-Hard- und -Software und der Inbetriebnahme rechner- und cloudbasierter Infrastruktur. Viele Lösungen, wie Projektplattformen und Datenmanagementsysteme (vgl. **Abschnitt 6.3**), werden hierbei inzwischen von Softwareanbietern als Cloud-Dienste angeboten und lizenztechnisch skalierbar und projektbasiert abgewickelt.
- Für den Aufbau von Kompetenzen sind Mitarbeiterinnen und Mitarbeiter zu qualifizieren. Dies betrifft gleichermaßen Schulungen zu BIM-spezifischer Software, die Softwarehandhabung, aber auch zu BIM-Methoden und -Prozessen, zum Informationsmanagement und zum Qualitätsmanagement im BIM-Projekt.
- Hierbei ist es zudem erstrebenswert, für die Arbeit mit BIM Bürostandards, d.h. Projektstrukturen, BIM-Prozesse und Abläufe im QM, zu entwickeln und diese in Form von Rollenbildern und Zugriffsrechten in einer Projektplattform umzusetzen.
- Es ist vorteilhaft, für die Einführung der neuen Methode gezielt ein Pilotprojekt auszuwählen, das terminlich günstig liegt und ausreichend zeitliche Ressourcen zur Verfügung stellt. Insofern ist es zudem vorteilhaft, wenn die Pilotphase auch für den Auftraggeber greift, auch, um das Projekt mit der gleichen Erwartungshaltung an den Erkenntnisgewinn durchzuführen. Zudem empfiehlt es sich, das Projekt zunächst auf einen BIM-Teilaspekt einzuschränken, beispielsweise auf einen »Little Closed BIM« Ansatz und auf koordinierende Aufgaben zu beschränken. Durch die Beschränkung auf eine Produktfamilie eines einzelnen Herstellers und die Eingrenzung von BIM-Planungsumfängen kann die Komplexität entsprechend reduziert werden. Die Pilotphase kann dazu genutzt werden, erste BIM-Bibliotheken und Objektfamilien kennenzulernen und aufzubauen.
- Mit dem Erkenntnisgewinn aus der Pilotierungsphase kann für Folgeprojekte jeweils ein konkreter BIM-Ausführungsplan entwickelt werden. Projektstrukturen werden verfeinert, der Einsatz von Projektplattformen gezielt geplant, dabei im Pilotprojekt angelegte Rollen- und Rechtedefinitionen fortgeschrieben und der Anwendungsumfang der Methode schrittweise auf weitere Aspekte der Fachplanung erweitert.

Damit gilt anschaulich zusammengefasst die Erkenntnis »BIM kann man nicht einkaufen.« **[55]**. Die Einführung von BIM in Unternehmen ist ein iterativer Prozess und erstreckt sich zeitlich mindestens so lange, wie das erste Pilotprojekt mit BIM dauert, oftmals auch darüber hinaus. Zu hohe Erwartungshaltungen zu Beginn sind nicht förderlich und behindern eher Produktivität und Erfolgserlebnis bei der Einführung.

BIM wird inzwischen in der Praxis vielerorts erfolgreich produktiv in allen Bereichen des Hoch- und Tiefbaus einschließlich Verkehrsinfrastrukturbau und Vorfertigung eingesetzt, wie zahlreiche Veröffentlichungen aus der Praxis belegen. Folgende Abschnitte geben hierzu ausgewählte Beispiele im Kontext dieses Buches.

Infrastruktur
- Auswahl und Anschaffung BIM-Hard- und -Software
- Server/Cloudstrukturen

Bürostandards
- Entwicklung von BIM-Projektstrukturen nach länderspezifischen BIM-Richtlinien
- Prozessentwicklung
- Qualitätsmanagement

Roll-out
- BIM-Ausführungsplan
- Projektstrukturen verfeinern
- Projektplattformen einsetzen
- BIM-Aspekte schrittweise erweitern

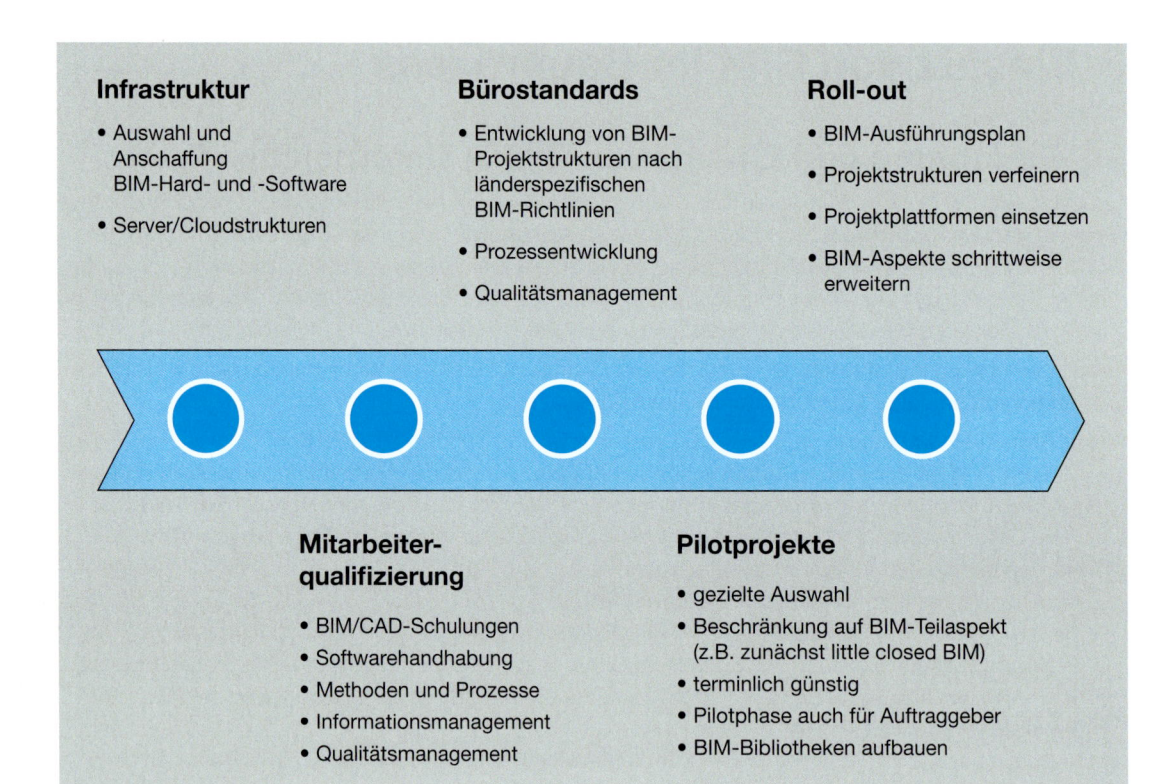

Mitarbeiterqualifizierung
- BIM/CAD-Schulungen
- Softwarehandhabung
- Methoden und Prozesse
- Informationsmanagement
- Qualitätsmanagement

Pilotprojekte
- gezielte Auswahl
- Beschränkung auf BIM-Teilaspekt (z.B. zunächst little closed BIM)
- terminlich günstig
- Pilotphase auch für Auftraggeber
- BIM-Bibliotheken aufbauen

Abb. 1–10

Einführung von BIM in Unternehmen.

5.2 Einsatz zur Koordination der Objekt- und Fachplanung

Die Koordination von Objekt- und Fachplanung zählt zu einem der wichtigsten Einsatzgebiete für BIM. Erfahrungen aus der BIM-Praxis haben gezeigt, dass es nicht zielführend ist, wenn alle Planer simultan an einem gemeinsamen Modell arbeiten [56]. Vielmehr hat sich die in **Abschnitt 2.2.3** schon genannte und in **Abschnitt 6.3** weiter ausgeführte Methode einer verteilt-asynchronen Bearbeitung an miteinander referenzierten Teilmodellen bewährt, bei der Modellrevisionen (vgl. **Abschnitt 6.4**) in zeitlich definierten Intervallen stattfinden und hierfür Fachmodelle zu einem Koordinationsmodell zusammengeführt werden. **Abb. 1–11** verdeutlicht exemplarisch die Zusammenführung verschiedener Teilmodelle in einem gemeinsamen Koordinationsmodell, das beispielsweise als Basis für eine Kollisionsüberprüfung dienen kann. Modell-Checker erlauben eine regelbasierte Modellüberprüfung, beispielsweise Prüfungen zur Einhaltung von Normen oder Prüfungen zur Barrierefreiheit, etc. [55].

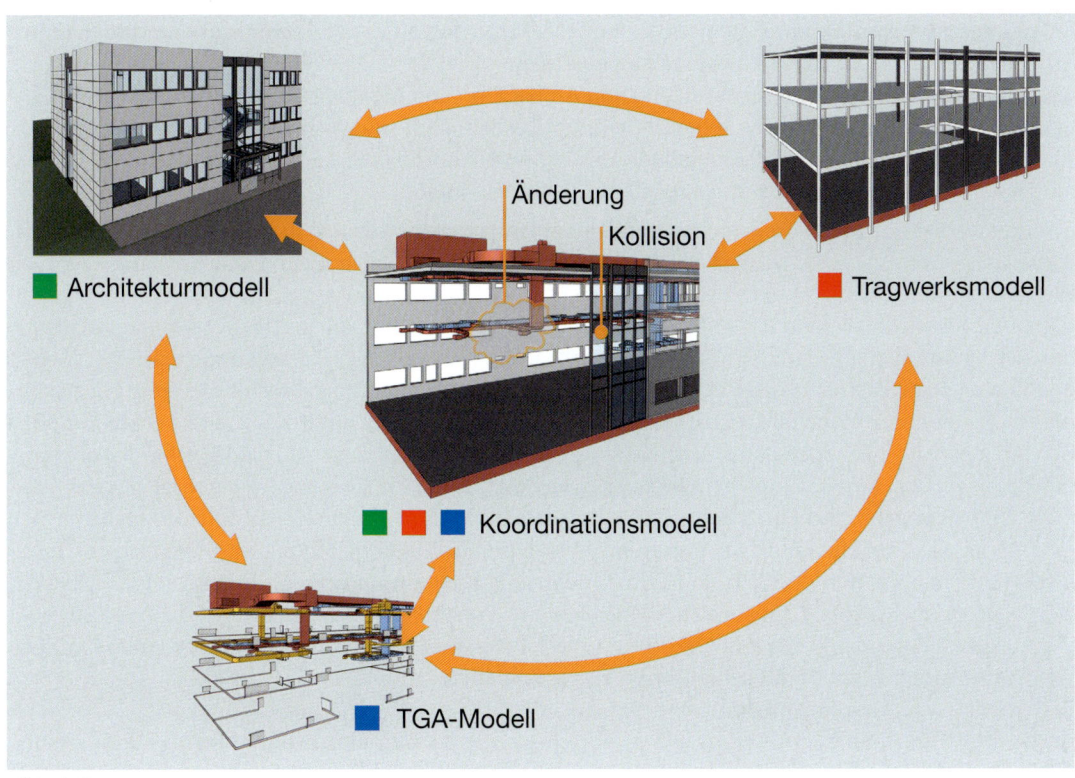

Abb. 1–11

Zusammenführung unterschiedlicher Teilmodelle in gemeinsames Koordinationsmodell am Beispiel von Architektur-, Tragwerks- und TGA-Modell.

5.3 Einsatz in der Fachplanung

5.3.1 Einsatz in der Objektplanung und Gesamtplanungsintegration

Für den Einsatz in der Objektplanung und Gesamtplanungsintegration ist zunächst festzustellen, dass BIM als Element der integralen Planung, richtig angewendet, ein passendes Instrument ist, die Aufgaben der Koordination verschiedener Gewerke zu organisieren, verschiedene Methoden der Fachplanung einzubinden und als Kommunikationswerkzeug zu fungieren. Zahlreiche komplexe Projekte demonstrieren Erfahrungen zum Einsatz, vgl. z. B. zusammenfassende Darstellungen in [3].

Zum Entwurf des Architekturmodells stehen diverse architekturspezifische CAD-Plattformen zur Verfügung, die entwurfsbasiertes Arbeiten, die Arbeit mit Freiformflächen, parametrisches Modellieren oder integrierte Lösungen für frühe Planungsphasen, beispielsweise zur Sonnenstandsimulation, unterstützen. Im Bereich der Architektur wird mitunter jedoch die »frühe und vertiefende Einbeziehung der Fachplanung in den Entwurfsprozess in einem geometrischen System (mit BIM) als kritisch« aufgefasst [57]. Kritiker werfen beispielsweise auf, dass es zum Lösen der architektonischen Aufgabe wichtig sei, »der Kreativität zunächst freien Lauf zu lassen« [57]. Aus Sicht des Gedankens der integralen Planung ist sicherlich eher die Haltung, dass das Einbinden von Fachplanern »Planungssozialismus am Koordinationsmodell« [57] bedeutet, als kritisch zu bewerten, da die Komplexität heutiger Gebäude aus vielerlei Gründen das frühzeitige Einbinden weiterer Experten zwingend erfordert, das notwendigerweise eine intensive Kommunikation der Beteiligten mit sich bringt. Beispielhaft sei hier das Energiekonzept angesprochen, auf das in diesem Buch das **4. Kapitel** im Detail eingeht. Zudem erfordert die integrale Zusammenarbeit und der Grundsatz »die Form folgt der Funktion«, sich frühzeitig mit technischfunktionalen Anforderungen auseinanderzusetzen[4]. Das gestalterische, technische und funktionale Produkt »Gebäude« ist damit ein gemeinsames Ergebnis der, wenn dies fachlich-inhaltlich gemeint ist, wenn man so will »kreativen« Entwicklung von Architekten und Ingenieuren. Neu daran ist, dass BIM eine Methode ist, mit der diese integrale Planungsweise auch messbar eingefordert werden kann. Andere Planer aus dem architektonischen Umfeld erkennen deshalb in der Methode BIM eher eine mögliche Stärkung der Koordinationsrolle des Objektplaners [58].

BIM-gestützte Werkzeuge greifen das Problem der Herangehensweise in frühen Planungsphasen teilweise auf, indem sie verschiedene Sichten auf ein Modell in verschiedenen Detaillierungsstufen und Werkzeuge für den architektonischen Entwurf anbieten. Dennoch muss der Lösung der Planungsaufgabe durch den Architekten als solche Rechnung getragen werden, die in frühen Leistungsphasen in der Tat vielleicht auch auf dem Papier oder in zweidimensionalen Darstellungen erfolgt. Genau genommen spielt das auch keine Rolle, denn hier sollte jede Domäne die Freiheit besitzen, mit zielführenden Methoden zu arbeiten. Jedoch erfordert die integrale Planung mit BIM, dass bereits in frühen Phasen, sprich in oder spätestens nach Leistungsphase 2, ein koordiniertes digitales Modell entsteht. Hierbei ist wichtig, erneut darauf hinzuweisen, dass BIM nicht mit »3D« gleichzusetzen ist, sondern vielmehr dem Sammeln und Organisieren von Informationen über den Lebenszyklus. Wichtig für den Einsatz in der Objektplanung ist dabei die Verknüpfung von BIM-Modell und Raumbuch. Technisch-funktionale Anforderungen an Räume, deren Ausstattung und die darin enthaltenen Objekte, werden in einem Raumbuch, also in einer Tabelle oder Datenbank, beschrieben, das auch als Basis für die Ausschreibung dient. Gerade hierbei ist eine frühzeitige Verknüpfung mit entsprechenden Softwarewerkzeugen wichtig, auch, um einen Zusammenhang zwischen Kostenberechnung und AVA herzustellen (vgl. **Abschnitt 5.4**).

Änderungen im Raumbuch führen, wie in Abb. 1–12 dargestellt, eine entsprechende Verknüpfung vorausgesetzt, zur automatischen Nachführung dieser Änderungen im BIM-Modell und umgekehrt.

Das manuelle Nachführen einer hiervon getrennten Tabelle erübrigt sich. Mit BIM ist an dieser Stelle noch nicht notwendigerweise ein 3D-Modell gemeint.

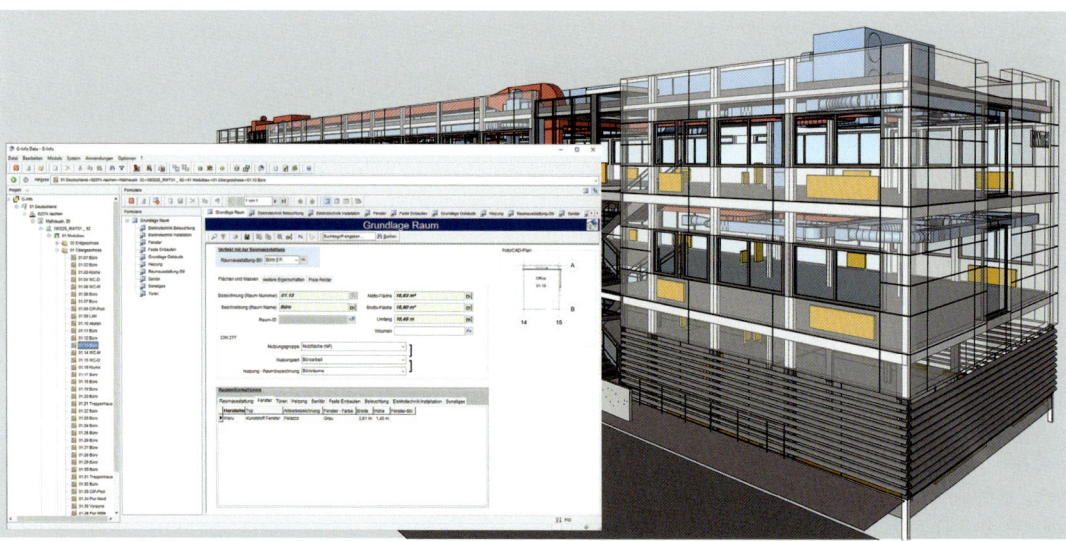

Abb. 1–12

Verknüpfung von BIM-Modell und Raumbuch, hier am Beispiel der Verknüpfung von Autodesk Revit mit G-Info von Mensch & Maschine.

---

4   1852 von Bildhauer Horatio Greenough im Zusammenhang mit organischen Prinzipien der Architektur verwendet;
    1896 in der Architektur von Hochhausarchitekt Louis Sullivan aufgegriffen
    (Quelle: Wikipedia).

5.3.2 Einsatz in der Technischen Gebäudeausrüstung

Einsatzfelder für BIM in der Technischen Gebäudeausrüstung (TGA) ergeben sich in allen relevanten Planungs- und Ausführungsbereichen sowie im Anlagenbau, d.h. in den Gewerken Heizung, Lüftung, Klima, Sanitär, Elektro (HLKSE) einschließlich Gebäudeautomation, Regelungstechnik und Brandschutz sowie den damit verbundenen Feldern wie der Befestigungstechnik. Dies betrifft zudem die Anbindung an gebäudetechnische Nachweise und Auslegungen, die Durchführung von Dimensionierungen, Prüfungen auf Kollisionsfreiheit zwischen den einzelnen TGA-Gewerken, statische Berechnungen und dynamische Simulationen.

In der TGA erscheint der Einsatz von BIM besonders vorteilhaft, da technische Anlagen eindeutig und – deutlich einfacher als beispielsweise Teilmodelle in der Tragwerksplanung – in einzelne Abschnitte und Segmente unterteilbar sind, Modelle in Stücklisten und Montagepläne abgewickelt werden können, Hersteller-Produktkatalogdaten vorliegen und eine digitale Anbindung an die Ausführung und Produktion möglich ist. Für die Planung gebäudetechnischer Anlagen und deren Kollisionsfreiheit werden CAD-basierte Lösungen seit längerem erfolgreich eingesetzt. Dennoch entwickelt sich der durchgängige Einsatz von BIM in der TGA in der Praxis deutlich langsamer als für die anderen Bereiche, obwohl hierbei, gerade für die europäische Industrie, wesentliche Wettbewerbsvorteile möglich sind. Die Gründe liegen in fehlenden einheitlichen Merkmalsdefinitionen und Klassifikationssystemen für die TGA, vgl. **Abschnitt 3.4**, die bislang nur ansatzweise vorhanden sind.

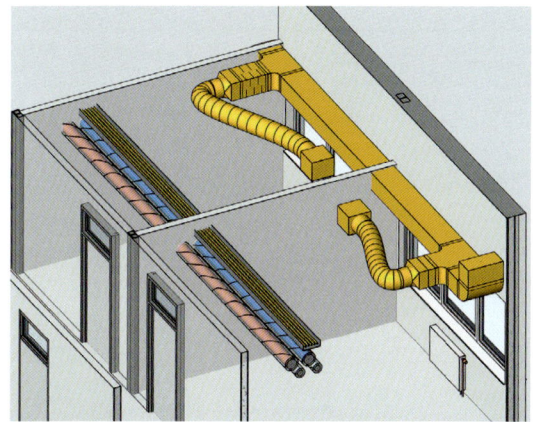

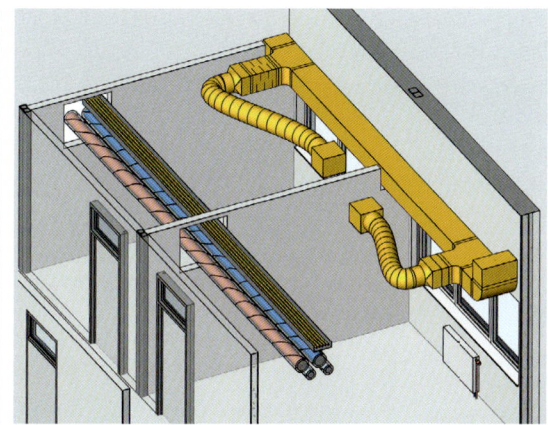

Abb. 1–13

Schlitz- und Durchbruchsplanung durch Abstimmung zwischen Tragwerks- und TGA-Modell.

Auf dem Markt sind BIM-Planungswerkzeuge verfügbar, die eine Integration der Heizlastberechnung, der Heizflächenauslegung, Rohrnetzberechnungen für Heizungs- und Trinkwarmwasseranlagen, Gasleitungsdimensionierungen, Berechnungen raumlufttechnischer Anlagen einschließlich Volumenstrom- und Druckverlustberechnung sowie die Berechnung und Auslegung von Entwässerungsanlagen in CAD umsetzen. Einige Systeme sind dabei eigenständige Applikationen, die BIM-Datenaustauschformate einlesen können, andere Lösungen basieren auf CAD-Kernen und bieten fachspezifische Erweiterungen.

Mit der TGA-Planung kann, wie in **Abb. 1–13** beispielhaft dargestellt, eine Abstimmung zwischen Tragwerks- und TGA-Modell erfolgen und die Schlitz- und Durchbruchsplanung automatisiert werden. **Abb. 1–14** demonstriert die Integration der Heizlastberechnung und Rohrnetzberechnung und -dimensionierung an einem Beispiel. **Abb. 1–15** zeigt die Koordination verschiedener TGA-Teilmodelle untereinander, die zunächst losgelöst vom Architekturmodell kollisionsfrei modelliert werden müssen.

Abb. 1–14

Heizlastberechnung, Rohrnetzberechnung, Dimensionierung und Konstruktion von Heizkreisen in einem CAD-System, hier am Beispiel von liNear Building in Verbindung mit Autodesk AutoCAD oder Revit.

Heizflächendimensionierung und Heizungsrohrnetz

Raumlufttechnische Anlage (Zuluft)

Raumlufttechnische Anlage (Abluft)

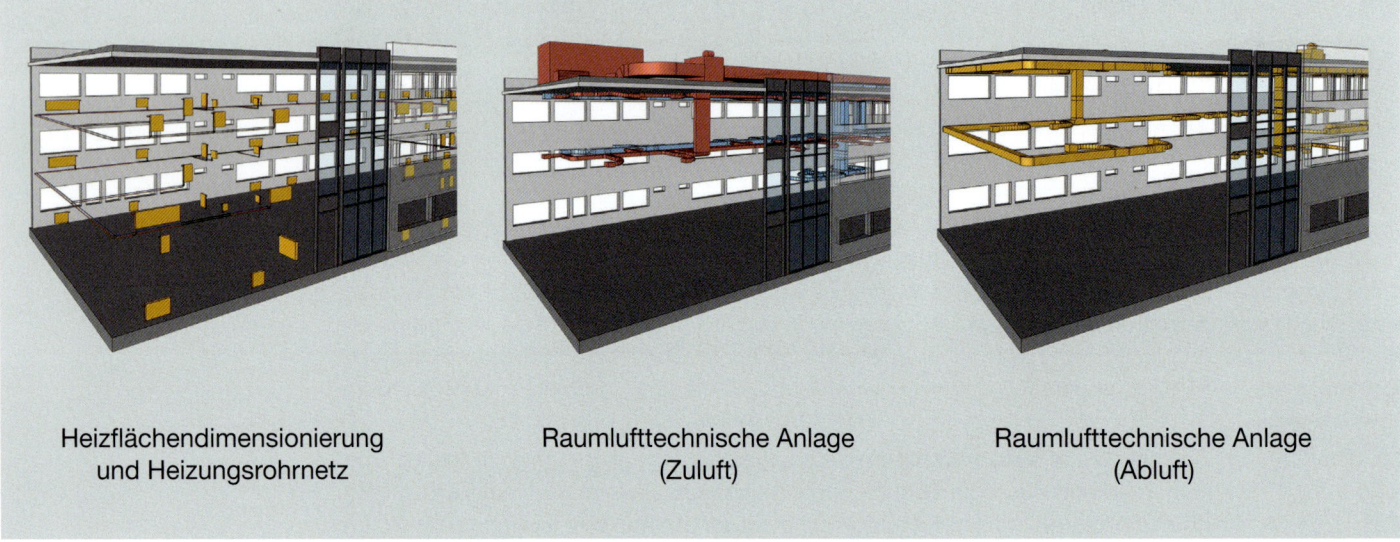

Abb. 1–15

Koordination verschiedener TGA-Teilmodelle untereinander: Rohrleitungen für Heizung und Klima, Zu- und Abluftsystem im Bürogebäude.

Bei der Energiebedarfsberechnung (Nutzenergie-, Endenergie- und Primärenergiebedarf) sind Berechnungsansätze der Nachweismethoden nach der Energieeinsparverordnung (EnEV) [59] von statischen oder dynamischen Methoden zur Auslegung der Anlagentechnik, wie die statische Heizlastberechnung oder die dynamischen Kühllastregeln, sowie von Methoden zur dynamischen Gebäude- und Anlagensimulation zu unterscheiden. Einige Ansätze erfordern die Zonierung eines Gebäudes und seiner technischen Anlagen, andere betrachten einzelne Räume oder das Gebäude als Ganzes. Bauteile der Gebäudehülle müssen Schichtaufbauten aufweisen und bauphysikalische Kennwerte enthalten [60].

Wie für die Mengen- und Kostenermittlung, vgl. **Abschnitt 5.4**, so stellt hierbei auch die Ermittlung von Normflächen für die Energiebedarfsberechnung eine besondere Herausforderung dar. Normativ festgelegte Rechen- und Nachweisverfahren, auch dynamische Simulationsverfahren oder Verfahren zur Beleuchtungssimulation, erfordern geometrische Flächenberechnungen, die sich teilweise deutlich voneinander unterscheiden. Beispielsweise differiert die Strukturierung eines Gebäudemodells nach DIN V 18599 [61] in thermische Zonen und Versorgungsbereiche erheblich von der Struktur einer dynamischen Gebäude- und Anlagensimulation und auch hinsichtlich dem Berechnungsziel (Bestimmung der Nutzenergie für Heizen, Kühlen, Beleuchten usw.). Dies liegt daran, dass bei der Entwicklung der Normenreihe zur Gesamtenergieeffizienz von Gebäuden konzeptionell keine objektorientierten Strukturen und Hierarchien eines Gebäudedatenmodells berücksichtigt worden sind. **Abb. 1–16** demonstriert beispielhaft die Aufgabe der Definition von Zonen bzgl. unterschiedlicher Nutzungsrandbedingungen am geometrischen Modell.

Während auf dem Markt CAD-basierte Werkzeuge für EnEV-basierte Rechen- und Nachweisverfahren etabliert und erste Anbindungen von Gebäudesimulationstools an CAD verfügbar sind, ist die Ableitung von dynamischen Rechenmodellen für die Anlagensimulation und Regelung noch Stand der Forschung [62]. Für eine zusammenfassende Darstellung der Energiebedarfsberechnung im Kontext BIM wird auf [62] verwiesen.

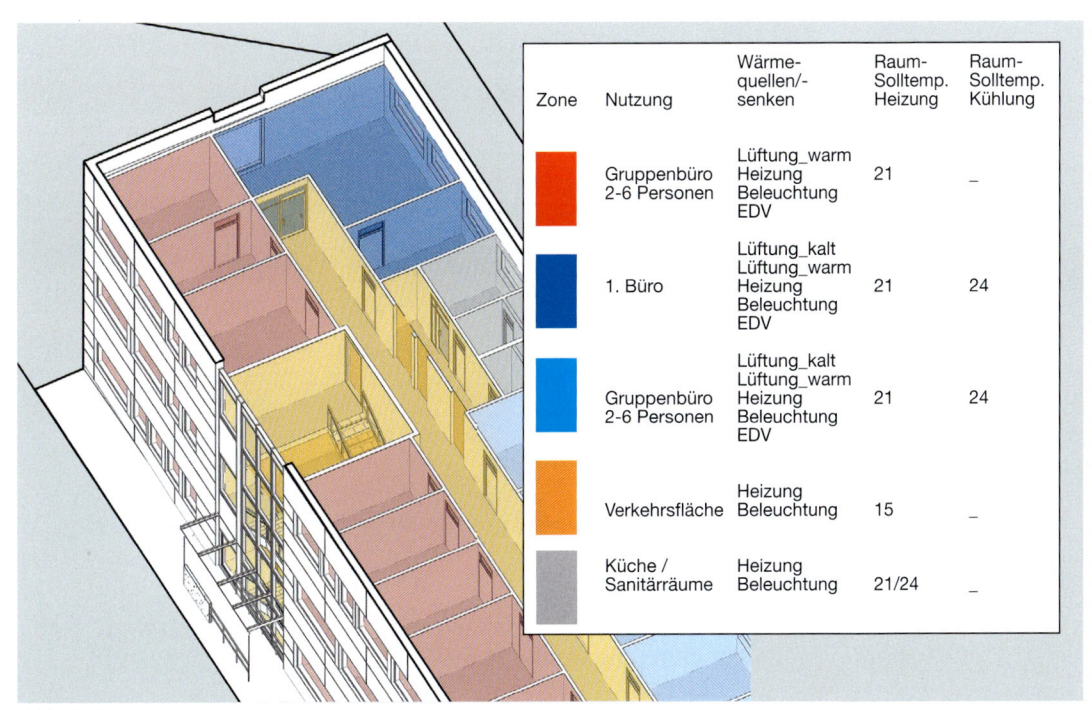

Abb. 1–16

Energetische Zonierung eines BIM-Modells, hier im Zusammenhang mit der DIN V 18599.

5.3.3 Einsatz in der Tragwerksplanung

Statik und strukturmechanische Berechnungen zählen historisch mit zu den ersten Anwendungen, die im Zusammenhang mit der Integration von CAD und Berechnung entwickelt wurden [63]. Die Tragwerksplanung war zudem der erste Bereich, für den die gesamte Kette von der geometrischen Modellierung über die Definition von Randbedingungen, die Erzeugung eines numerischen Rechenmodells, die Berechnung und Darstellung von Schnittgrößen, Spannungen und Verformungen bis hin zur Dimensionierung der Bewehrung und der Ableitung von Bewehrungsplänen und Stücklisten demonstriert und in Softwareprodukten umgesetzt worden ist. Inzwischen sind Anwendungen auf dem Markt erhältlich, die den BIM-Workflow durchgängig unterstützen [64].

Die Tragwerksplanung erfordert neben dem formgebenden, geometrischen Modell ein Analysemodell als Grundlage für die statische Berechnung bzw. numerische Simulation, das mit dem geometrischen Modell verknüpft ist. Das Analysemodell entsteht durch Filterung des BIM-Modells hinsichtlich tragender, statisch relevanter Bauteile und durch Transformation in ein Berechnungsmodell. Ähnlich wie bei der Energiebedarfsberechnung ist diese Transformation wegen der Unterschiede zwischen Architektur- und Tragwerksmodell nicht trivial, sondern erfordert entweder eine manuelle Nachbearbeitung durch den Tragwerksplaner in einem strukturmechanischen Programm und/oder ein fachspezifisches CAD-System, das parallel zum geometrischen ein statisches System mitführt und die Definition von Lastarten und Lastfällen ermöglicht [65]. Das Analysemodell idealisiert das Tragwerk, je nach Berechnungsansatz, durch Stab-, Flächen- oder Volumenelemente für spezielle Teilbereiche. Für die Berechnung muss dabei ein konsistentes Modell entstehen, bei dem Systemlinien, Anschlüsse, Anschlussarten, Auflager, Bettungen, Kopplungen etc. korrekt modelliert sind und auch Übergänge zwischen Modellen verschiedener Art wie beispielsweise Flächen- und Stabelementen und detaillierten FE-Modellen richtig abgebildet bzw. geometrische Modelle für ihre Vernetzung bereinigt worden sind. Hierbei ist es erforderlich, dass das statische System angepasst werden kann, ohne jeweils gleichzeitig das geometrische Modell zu ändern [65].

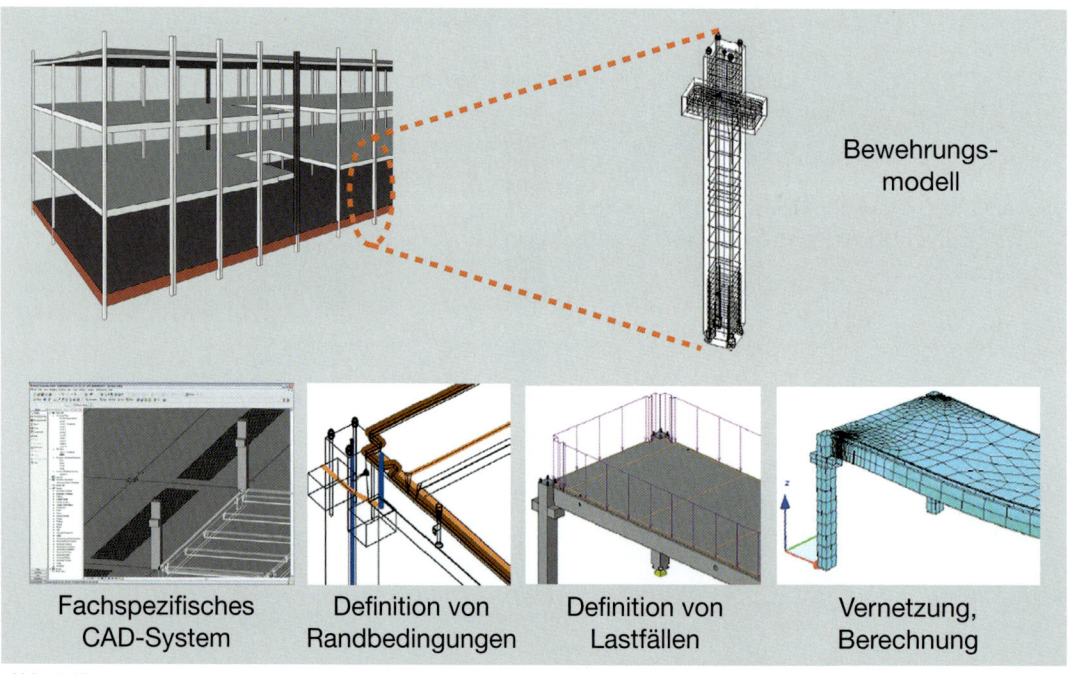

Abb. 1–17

Prinzipieller Einsatz von BIM in der Tragwerksplanung, hier am Beispiel der Softwareprodukte Autodesk Revit Structure und SOFiSTiK.

Vorteilhaft ist dabei ein Ansatz, der Geometrie- und Tragwerksmodell miteinander koppelt, so dass diese Änderungen bei Anpassungen des Architekturmodells nicht verloren gehen. Nach einer strukturmechanischen Berechnung müssen Änderungen von Materialien, Bauteilen und Querschnitten etc. im Änderungsmanagement zudem in das BIM-Modell zurückgeführt und dieses auf Kollisionen mit anderen Bauteilen hin überprüft werden.

5.3.4 Einsatz im Brandschutz

Der Einsatz von BIM im Brandschutz ist in der Praxis noch wenig verbreitet. Die Gründe liegen in dem traditionell örtlich variierenden und teilweise sehr personengebundenen und engen Abstimmungsprozess zwischen Fachplanung und behördlicher Genehmigung. BIM bietet in diesem Zusammenhang jedoch viele Vorteile, da brandschutztechnische Vorgaben besser planbar, darstellbar, überprüfbar und dokumentierbar sind. **Kapitel 5** in diesem Buch geht detailliert auf das Thema Brandschutz ein.

Beispiele für Einsatzbereiche mit BIM sind

- die brandschutztechnische Kennzeichnung von Bauteilen und Komponenten im Modell hinsichtlich Material (Baustoffklassen) und Komponenten (Feuerwiderstandsklassen),

- die regelbasierte, teilautomatisierte Überprüfung von brandschutztechnischen Vorgaben durch Modell-Checker Software,

- die Planung und Kennzeichnung von Brand- und Rauchabschnitten, die Visualisierung von diesen Korridoren und Abschnitten im 3D-Modell zur Plausibilitätsprüfung und zur Abstimmung mit einer Branddirektion,

- darauf aufbauend die eindeutige Zuordnung und Überprüfung von Baustoff- und Feuerwiderstandsklassen angrenzender Bauteile,

- die Simulation und Berechnung von Fluchtwegen in der Fluchtwegplanung durch das Graphenbasierte Ermitteln von kürzesten Wegen in einem 3D-Modell und Darstellung im 3D-Modell,

- der Einsatz von BIM für die Rauchausbreitungs- bzw. Entrauchungssimulation, wobei das 3D-Modell als Basis für die Definition des Modells und der Randbedingungen strömungsmechanischer Berechnungen dient,

- die integrierte Planung von Sprinkleranlagen,

- die Attribuierung und Kennzeichnung von Brandabschottungen und Brandschutzklappen gebäudetechnischer Anlagen im Modell, die Attribuierung bzgl. wartungs- und inspektionsrelevanter Daten,

- die Verwendung des Modells zur Überprüfung auf der Baustelle, Bauabnahme und Dokumentation, beispielsweise in Form von Fotos, die gemeinsam mit dem BIM-Objekt abgelegt werden.

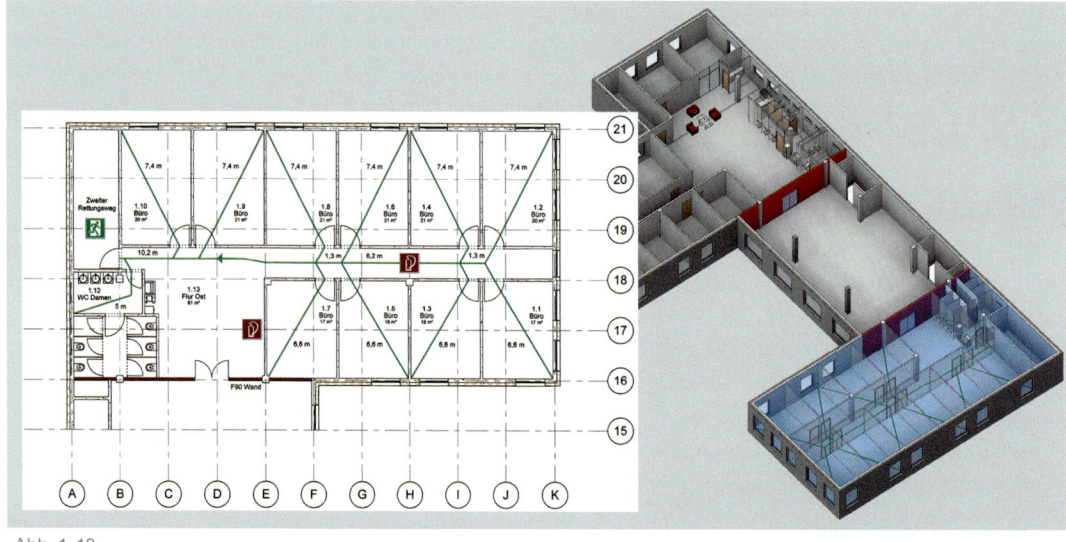

Abb. 1–18

Prinzipieller Einsatz von BIM zur Planung und Darstellung von Brandabschnitten und Fluchtwegen.

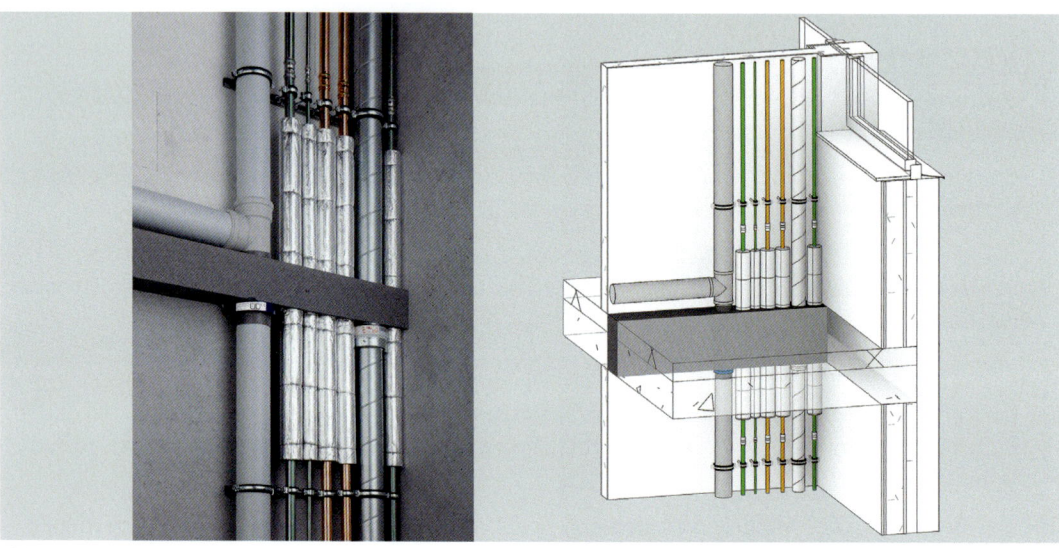

Abb. 1–19

Attribuierung von Brandabschottungen. Links: Foto des technischen Systems einer Brandabschottung mit bauaufsichtlicher Zulassung (Bildquelle: VIEGA). Rechts: Mögliche Darstellung in BIM.

5.3.5 Einsatz in weiteren Feldern

Neben den zuvor vorgestellten verschiedenen Einsatzformen im klassischen Ingenieurhochbau wird BIM ebenfalls in vielen weiteren Projekten im Straßen- und Tiefbau, im Verkehrsinfrastrukturbau sowie im Innenausbau eingesetzt. Der Einsatz im Verkehrsinfrastrukturbau ist im Gegensatz zum Hochbau von der Besonderheit gekennzeichnet, dass hierbei mehrere Einzelbauwerke in einem Netzwerk aus und im Übergang von und zu Verbindungsstrecken verwaltet und lagerichtig entlang des Verkehrsweges abgebildet und bei Änderungen entsprechend nachgeführt werden müssen. Hierbei wirken die beiden Modellierungstechniken BIM und Geoinformationssysteme (GIS) zusammen. Für eine zusammenfassende Übersicht wird auf [3] verwiesen.

5.4 Einsatz zur Mengen- und Kostenermittlung

Eine präzise Mengenermittlung ist für die Kostenschätzung, Kostenberechnung und die Abrechnung von Bauleistungen von enormer Bedeutung. Hierbei sind insbesondere die Aspekte der Kostenplanung nach DIN 276 mit der kaufmännischen Seite von Angebot, Vergabe und Abrechnung (AVA) zusammenzuführen. Auch in diesem Zusammenhang kann BIM gewinnbringend eingesetzt werden, indem das BIM-Modell mit einem kaufmännischen AVA-Modell verbunden und Bauteile mit Bauleistungen verknüpft werden [66].

Kostenermittlungen werden üblicherweise auf Basis flächen- oder volumenbasierter Kennzahlen bestimmt, die jedoch nur bei Gebäudestrukturen sinnvoll anwendbar sind, zu denen Vergleichsdaten existieren. Genauer und flexibler, jedoch auch deutlich aufwändiger sind bauteilbezogene projekttypische Kenngrößen, deren Kostenstrukturen in Datenbanken hinterlegt sind [66]. Der Aufbau einer solchen Datenbank, in der Elementstrukturen mit Bauleistungen und deren Kostenansätzen verknüpft werden, ist jedoch komplex. Wie in **Abschnitt 3.4** vorgestellt, bietet hierfür das Bauteilklassifikationssystem DIN SPEC 91400 [23] die Möglichkeit, BIM-Elemente mit Elementen des Standardleistungsbuches Bau (STLB-Bau dynamische Baudaten) und weiteren Verweisen, beispielsweise auf Normen, zu verknüpfen. AVA-Softwaretools ermöglichen die Organisation von Bauteilen und ihren Eigenschaften in einem Raumbuch, die Verknüpfung mit Leistungen, die Gruppierung in Kostengruppen und die automatisierte Erstellung von Leistungsverzeichnissen.

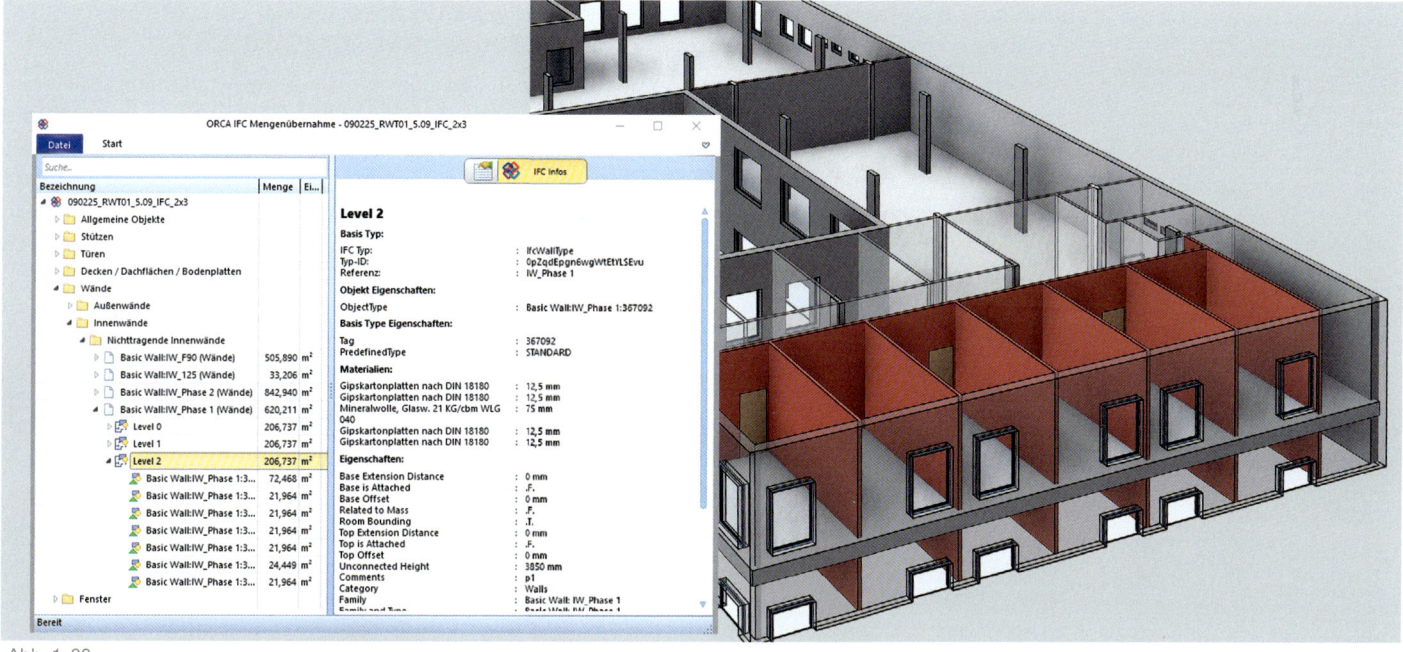

Abb. 1–20

Einsatz von BIM zur Mengen- und Kostenermittlung als Basis für die Ausschreibung, hier am Beispiel der Auswahl von Innenwandbauteilen bei der Verbindung zwischen Autodesk Revit und der AVA-Software ORCA.

Mit BIM können dabei insbesondere raumbezogene Attribute organisiert und Anfragen an ein Modell gestellt werden. Beispielsweise müssen Bauteilen bzw. deren Oberflächen raumbezogene Leistungen zugeordnet werden, die sich auf den Seiten eines Bauteils unterscheiden können, wenn ein Bauteil auf jeder Seite einem anderen Raum zugeordnet ist. Beziehungen dieser Art, ob ein Objekt in einem Raum enthalten ist oder welche Kontaktflächen zu welchen Räumen ein Objekt besitzt, sowie spezifische Regeln für die Abrechnung von Bauleistungen können mit BIM verwaltet werden [3].

5.5 Einsatz zur Termin- und Ablaufplanung

Werden BIM-Elemente mit Vorgängen aus der Termin- und Ablaufplanung verbunden und damit um den zeitlichen und logistischen Zusammenhang ergänzt, spricht man von einem 4D- bzw., wenn zusätzlich auch die vorgenannten kaufmännischen Aspekte ergänzt werden, von einem 5D-Modell. Für die Verknüpfung mit Vorgängen ist zwischen Rahmenterminplänen, der Abfolge von Fertigungsprozessen, der Lieferung und Bauausführung bzw. der Feinterminplanung für die Montage zu unterscheiden. Dieser Unterschied macht sich auch bei softwaretechnischen Lösungen auf dem Markt bemerkbar.

Für die Ablaufplanung werden Arbeitsvorgänge mit Arbeitsdauern, ggf. auch mit Kostenstrukturen, verbunden und diese mit Elementen eines Terminplans verknüpft. Werden Bauteile bzw. Positionen in Leistungsverzeichnissen mit den Vorgängen verknüpft, sind Analysen von Ablaufvarianten, 5D-Simulationen von Bauwerkszuständen sowie Kosten und Mengen in sämtlichen Projektphasen abbildbar [67]. Die Verknüpfung mit Vorgängen ermöglicht es zudem, in der Planung zeitliche und räumliche Korridore für das Fertigen, Liefern, Montieren und sogar Inbetriebnehmen ausführender Firmen zu koordinieren. Ein häufiger Fehler in der Praxis besteht dabei darin, die raumzeitliche Segmentierung nicht an Fertigungs- bzw. Ausführungsprozessen zu orientieren bzw. sich überlappende Zeitfenster zu definieren, die das Trennen von Abläufen verhindern. Beispielsweise ist dies der Fall, wenn dadurch Betonierabschnitte nicht dargestellt werden können.

Für eine ausführende Firma, insbesondere einen Handwerksbetrieb, ist es dabei weder möglich noch notwendig, BIM in jeder Tiefe zu durchdringen. Mobile BIM-Applikationen bieten inzwischen einfach erlernbare Benutzeroberflächen, in denen beispielsweise ein Polier auf der Baustelle Mengen und Fertigstellungsgrade erfassen kann, die mit der BIM-Datenbank verknüpft sind [68].

Weiterhin können auch Teile komplexer 3D-Modelle in das neutrale 3D-fähige Datenformat 3D-PDF exportiert werden, dessen Inhalte von Handwerkern ohne BIM-Kenntnisse und ohne Spezialsoftware wie ein normales Dokument betrachtet werden können. Für Handwerker eröffnet sich damit die Möglichkeit, im Leistungsverzeichnis bezeichnete Objekte im geometrischen Modell zu betrachten oder bauseitige Zusammenhänge zu erkennen wie beispielsweise »Kann ich die zu bearbeitenden Bauteile ohne Leiter erreichen bzw. welche Gerüstart ist hierbei vorteilhaft?« oder »Wann habe ich Zugang zu welchen Abschnitten im Bauwerk und wie wird es dort aussehen, wo kann ich meinen Arbeitsbereich einrichten, welche Zugangswege kann ich zu diesem Zeitpunkt nutzen?«, die sich aus einem Leistungsverzeichnis nicht erkennen lassen. Informationen dieser Art können von der Fachplanung aus einem 4D-BIM Modell extrahiert und ausführenden Unternehmen zur Verfügung gestellt werden. Beide Seiten profitieren hiervon.

5.6 Einsatz in der Bauausführung

Mögliche Einsatzformen von BIM in der Bauausführung betreffen die Baustellenlogistik, beispielsweise zur Fragestellung, wann welche Bauteile benötigt werden, und die Koordination der Bauausführung hinsichtlich räumlicher und zeitlicher Korridore, wann welches ausführende Gewerk welche Leistungen zu erbringen hat. Vergleichbar mit der Just-in-Time oder Just-in-Sequence Planung in der Fahrzeugindustrie können mittels BIM Hersteller im Bauwesen damit nicht nur während der Planung durch ihr produktbasiertes Knowhow (in der Rolle eines Planers), sondern auch in der Rolle als Zulieferer koordiniert und eingebunden werden. Dies beschränkt sich dabei nicht auf Großkonzerne, vgl. auch vorheriger **Abschnitt 5.5** zum Thema 3D-PDF. Auch, bzw. gerade, mittelständische Unternehmen können hiervon profitieren, indem Knowhow und Ressourcen punktuell eingebracht werden können. Ein weiteres Beispiel in der Baustellenlogistik ist der Einsatz von Funksensorik wie RFID zur Kontrolle von Lieferungsvorgängen.

Eine andere mögliche Einsatzform ist die Baufortschrittskontrolle zur Überprüfung und Dokumentation des gebauten Zustands durch die Durchführung von Soll-Ist-Vergleichen. Hierfür sind auf dem Markt

Abb. 1–21

Darstellung unterschiedlicher Zustände in der Bauablaufplanung durch Verknüpfung von BIM-Objekten mit Elementen der Rahmenterminplanung, hier am Beispiel MS Project.

inzwischen zahlreiche Softwarelösungen für mobile Endgeräte verfügbar, die eine Verbindung zur BIM-Datenbank bzw. zur Projektplattform herstellen. Auch hierbei können Schnittstellen zu RFID-Funkchips genutzt werden, die zudem mit weiteren Sensoren verknüpfbar sind. Besonders vorteilhaft sind jedoch Methoden, die das Zusammenführen und Überlagern von realen mit virtuellen Gebäudedaten über Augmented Reality ermöglichen. Hierdurch können Bauzustände und Baufertigstellungsgrade visuell überprüft werden, komplexe Einbausituationen, beispielsweise Bewehrungspläne, visuell dargestellt und kommuniziert werden, oder technische Details, auch in der Betriebs- und Nutzungsphase, dargestellt werden. **Abb. 1–22** verdeutlicht das Prinzip an einem Beispiel.

5.7 Weiterführender Einsatz in der Betriebs- und Nutzungsphase

Ansätze für einen weiterführenden Einsatz von BIM in der Betriebs- und Nutzungsphase befinden sich gegenwärtig in der Entwicklung. Im Rahmen des computergestützten Facility Managements (CAFM) werden in der Betriebs- und Nutzungsphase zunehmend mobile Endgeräte zur Erfassung, Dokumentation des Zustands und zur Wartung baulicher und technischer Anlagen eingesetzt, die mit entsprechenden Datenbanken verbunden sind.

Insbesondere aus Sicht der energetischen Betriebsführung und der Gebäudeautomation ist die Weiterführung und Übertragung der Methode BIM in die Betriebs- und Nutzungsphase vorteilhaft. Ein bislang nicht gelöstes Problem ist hierbei die Verwendung nicht einheitlicher Kennzeichnungsschlüssel im CAFM. Gegenwärtig werden Kennzeichnungsschlüssel für das CAFM projektweise bzw. anbieterweise individuell definiert. Für die Verknüpfung mit BIM sind daher zwingend einheitliche Klassifikationen und Merkmalsdefinitionen sowie Standards für Funktionsbeschreibungen technischer Anlagen zu entwickeln. Die Anbindung von CAFM an BIM ist durch das Fehlen standardisierter Vorgaben für Datenpunkte und Bezeichner im Umfeld der Gebäudeautomation und des FM gegenwärtig mit einem erheblichen planerischen Mehraufwand verbunden.

Abb. 1–22

Überlagerung von realen Bilddaten mit digitalen BIM-Daten mittels Augmented Reality, beispielsweise zur Überprüfung und Dokumentation des gebauten Zustands durch Soll-Ist-Vergleich während der Begehung oder für den Einsatz im CAFM in der Betriebs- und Nutzungsphase. Darstellung: E3D, RWTH Aachen.

6 Zusammenarbeit in der Fachplanung mit BIM

6.1 Notwendige Festlegungen für die Zusammenarbeit mit BIM

Für die Zusammenarbeit in der Fachplanung mit BIM sind in einem Projekt konkrete Festlegungen zu treffen, die als Auftraggeber-Informations-Anforderungen (AIA) ausgeschrieben und nach der Formulierung in einem BIM-Abwicklungsplan (BAP) organisatorisch, technisch und vertraglich mit den in **Abschnitt 7.3** behandelten Elementen umgesetzt werden können.

In Erweiterung des BIM-Leitfadens [25] sind in der Bedarfsanalyse folgende Festlegungen voneinander zu unterscheiden

- Warum BIM, welche Ziele werden mit BIM verfolgt? Es sind die Ziele festzulegen, die mit dem Einsatz der Methode BIM verfolgt werden. Dies betrifft die BIM-Einsatzformen, den BIM-Anwendungsfall und den BIM-Reifegrad, vgl. **Abschnitt 2.4**. Somit wird festgelegt, ob BIM für die Koordinierung verschiedener Fachplanungen, darüber hinaus als Toolkette in einzelnen Fachbereichen oder zum bereichsübergreifenden Datenaustausch im Projekt, bis hin zur Frage, in welchen Abschnitten des Lebenszyklus BIM eingesetzt wird. Für die Umsetzung sind diese Ziele in messbare Teilziele zu zerlegen.

- Wo werden Daten abgelegt und wie werden diese verwaltet? Es muss hinsichtlich der Modellierungsart festgelegt werden, mit welcher Planungssoftware gearbeitet wird, wo und in welcher Form Informationen abgelegt werden und mit welchen Datenstandards Informationen physikalisch ausgetauscht werden. Die Festlegung des Reifegrades hat Auswirkungen auf die Architektur einer Projektplattform.

- Welche Informationen werden übergeben? Es muss festgelegt werden, welche Informationen in welcher Leistungsphase durch welchen Planer und in welchem Modellentwicklungsgrad (vgl. folgender **Abschnitt 6.2**) bereitzustellen sind. Dies kann beispielsweise auf der Ebene von Kostengruppen oder detailliert bis hin zur Ebene einzelner Objekte erfolgen.

- Wie werden Planungsinformationen erarbeitet, inhaltlich geprüft und ausgewertet? Es muss festgelegt werden, wie und mit welchen Methoden Modelle koordiniert werden, wie Elemente der Qualitätsprüfung und das Änderungsmanagement umgesetzt werden.

- Wer organisiert Informationen und bestimmt deren Qualität? Dies betrifft die Festlegung von Rollen, Verantwortlichkeiten und Prozessen.

Darüber hinaus muss in einem BIM-Projekt klargestellt werden, dass sich jeder Planungsbeteiligte an der Anwendung der Methode BIM in der festgelegten Art und Weise beteiligen muss. Dies betrifft die integrale und kooperative Zusammenarbeit an einem gemeinsamen oder verteilten Modell, die Einhaltung von Modellierungskonventionen und Richtlinien, die fortlaufende Aktualisierung (Holschuld) und die kontinuierliche Bereitstellung von Änderungen an Teilmodellen (Bringschuld).

6.2 Neufassung von BIM-Modellentwicklungsgraden (Level of Development)

6.2.1 Modellentwicklungsgrade nach dem LoG-I-C-L-Modell

Mit Hilfe der Definition des Modellentwicklungsgrades wird spezifiziert, welchen Ausarbeitungs- oder Fertigstellungsgrad (engl. Level of Development, kurz LoD) ein BIM-Modell besitzen soll. Beispiele für bekannte Festlegungen oder Standardisierungen des Detaillierungsgrades sind die Definition des American Institute of Architects [69] mit den LoDs 100 bis 500 (von 100 grob nach 500 fein), die Definitionen im britischen BIM Technology Protocol [54] mit den LoDs 1 (Symbolic) bis 6 (As-Built) oder die Definitionen LoD 100 bis 500 im australischen NATSPEC Standard [70]. In der Praxis ist meist die Darstellungsform als dreistellige Ziffernfolge vorzufinden.

Da diese Definitionen für die Umsetzung in einem Projekt als notwendig aber nicht hinreichend angesehen werden, nimmt dieses Kapitel eine Neudefinition und Erweiterung vor, die im Folgenden als LoG-I-C-L-Modell bezeichnet wird. Der Modellentwicklungsgrad unterscheidet dabei zwischen den Kriterien Geometrie, Informationsgehalt, Koordination und Logistik.

Hierbei erfolgt eine Einteilung
- in eine Kategorie zum benötigten Modellinhalt, d.h. zur Geometrie (LoG) und zum Informationsgehalt (LoI), sowie
- in eine Kategorie zur erforderlichen Modellqualität und zur Abstimmung, d.h. zur Koordination (LoC) und Logistik (LoL).

Diese Kriterien sind zudem messbar und/oder bewertbar. Der Modellentwicklungsgrad (LoD) wird durch eine vierstellige Ziffernfolge bezeichnet, der sich aus einer Kombination der einzelnen Entwicklungsgrade LoG, LoI, LoC und LoL zusammensetzt. Beispielsweise steht die Ziffernfolge »3321« für LoG 3, LoI 3, LoC 2 und LoL 1. Die Spezifikation eines Modellentwicklungsgrades ist als Mindestanforderung zu sehen; die Bereitstellung höherer Detaillierungsgrade als gefordert ist zulässig.

- Geometrie (LoG). In Analogie zur Festlegung von Maßstäben, die nach der HOAI in einzelnen Leistungsphasen üblicherweise für die Darstellung in Plänen umzusetzen sind, betrifft dies einerseits die geometrische Darstellungsform von Objekten. Im einfachsten Fall kann dies ein Symbol oder ein z.B. quaderförmiger Störkörper (engl. Bounding Box) als Platzhalter sein; im Extremfall eine gerenderte, fotorealistische 3D-Darstellung eines herstellerspezifischen Objektes. Wesentlich dabei ist der Raumbedarf eines Objektes (und damit nicht die systemische Darstellung eines Ingenieurmodells).

- Informationsgehalt (LoI). Der Modellentwicklungsgrad betrifft andererseits den Informationsgehalt hinsichtlich der Tiefe der semantischen Attribuierung. Attribute beschreiben allgemeine charakteristische Eigenschaften eines Objektes, detaillierte herstellerspezifische Fachinformationen oder auch betriebstechnische Eigenschaften.

- Koordination (LoC). Mit dem Aspekt der Koordination wird ausgedrückt, ob die Objekte einzelner Fachmodelle ihrem jeweiligen Entwicklungsgrad entsprechend der Richtlinien zur Qualitätsüberprüfung auf ihre gegenseitige Wechselwirkung hin geprüft worden sind. Beispielsweise kann gefordert sein, dass bestehende Kollisionen gekennzeichnet sind oder dass Kollisionsfreiheit vorliegt.

- Logistik (LoL). Unter dem logistischen Entwicklungsgrad wird der Verknüpfungsgrad von Objekten mit der Rahmen- oder Feinterminplanung über den Lebenszyklus eines Bauwerks verstanden. Beispielsweise kann dies die Angabe von zeitlichen und räumlichen Korridoren für das Fertigen, Liefern, Montieren und Inbetriebnehmen von Komponenten betreffen (Just-in-Time, Just-in-Sequence).

In einem Projekt kann damit festgeschrieben werden, welcher Modellentwicklungsgrad in welcher Leistungsphase vorliegen muss. Diese Zuordnung kann zudem wie in **Tab. 1–1** dargestellt anhand eines Objekt- oder Kostengruppen-orientierten Kennzeichnungssystems erfolgen. Als Basis dient hierfür in Deutschland in der Praxis sinnvollerweise das etablierte Kennzeichnungssystem nach DIN 276 [71] bzw. die seitens des CAFM-Rings vorliegende Erweiterung dieses Systems [72]. Die Festlegung von Modellentwicklungsgraden erfolgt durch die Verknüpfung mit den Elementen Kostengruppe und Leistungsphase zweckmäßig über eine Matrix. **Abschnitt 7.1.4** enthält ein entsprechendes Beispiel. Die Festlegungen werden in einem Lastenheft geregelt.

Als Beispiel für eine Zuordnungsmatrix im internationalen Kontext sei die Model Progression Specification des American Institute of Architects (AIA) angeführt [69]. Die Aufteilung der LoD in ihre geometrischen und attributiven Fertigstellungsgrade sowie die Zuweisung zu den HOAI-Leistungsphasen und BIM-Anwendungsfällen wurde zudem von Hausknecht und Liebich in [73] diskutiert, worauf an dieser Stelle zusätzlich verwiesen sei.

Tab. 1–1 Modellentwicklungsmatrix zur Zuordnung von Modellentwicklungsgraden zu Kostengruppen und Leistungsphasen.

Kostengruppen (KG) nach DIN 276		LoD nach LoG-I-C-L-Schema			
Nummer	Elemente der KG	Phase 1	Phase 2	Phase 3	...
...	...				
z. B. 420	Wärmeversorgungsanlagen	z. B. 2222	z. B. 3332	z. B. 4444	...
...	...				

Die zuvor beschriebene Zuordnung von Modellentwicklungsgraden zu Kostengruppen kann noch erweitert werden, indem zusätzlich zum Ausarbeitungsgrad auch konkrete Objekte, Parameter und Attribute eines Datenmodells, etwa Objekte der Industry Foundation Classes (IFC), definiert werden. Diese Darstellung ist jedoch sehr komplex und bedarf aus Sicht der Praxis Lösungen einer softwareseitigen Umsetzung. Ein Beispiel für einen tabellenbasierten Ansatz zur Verknüpfung auf dieser Ebene stellt der australische NATSPEC Standard dar [70]. Entsprechende Datenbanksysteme und Entwicklungswerkzeuge, die den Entwicklungsstand einer Tabellendarstellung verlassen, sind gegenwärtig in der Entwicklung.

Die Definition des LoG-I-C-L-Schemas enthält bewusst keine Festlegungen zu Kosten. Die Ermittlung von Kosten ist je nach Leistungsphase und Detaillierungsgrad mit Unschärfe verbunden. Je nach vorliegendem Modellentwicklungsgrad werden Kosten anhand von Kostenindizes basierend auf Kennzahlen nach DIN 277 wie etwa dem Bruttorauminhalt (BRI), der Bruttogrundfläche (BGF) oder der Nutzfläche (NF) [74] bestimmt – oder können, eben im Sinne der digitalen Planung ein detailliertes Ausführungsmodell vorausgesetzt, dann objektspezifisch durch die Zuordnung von Leistungen ermittelt werden. Im letztgenannten Fall sind Kosten somit keine indirekten abgeleiteten Größen, sondern objektbezogene Attribute. Werden zudem Kostenansätze der Betriebs- und Nutzungsphase einbezogen wie indirekte und nutzerspezifische Betriebskosten des technischen Gebäudemanagements, vgl. OSCAR-Studien, z. B. [75], und VDI 6009-1 [76], so liegt eine Mischform der Kostenansätze vor. Die Berechnung von Normflächen ist dabei wiederum abhängig vom geometrischen Detaillierungsgrad. Die Ermittlung von Kosten stellt aus diesem Grund kein LoD-Attribut dar, sondern ist als phasenabhängiges Ergebnis ein Element der Planung, vergleichbar mit anderen Planungsergebnissen, beispielsweise zur Auslegung und Dimensionierung.

6.2.2 Geometrischer Detaillierungsgrad (LoG)

Der geometrische Detaillierungsgrad ist anwendbar für die Modellierung von Neu- und Bestandsbauten. Das Gebäudeaufmaß kann dabei auch mittels Laserscan oder mittels bildgebender Verfahren erfolgen und damit als Punktwolke Eingang finden. Wesentlich ist dabei der Raumbedarf eines Objektes. Die Darstellung von Systemlinien, wie sie für ingenieurtechnische Modelle zur Dimensionierung bzw. Auslegung dienen, ist insofern bedeutungslos.

In den nachfolgenden Definitionen wird unter dem Begriff Montageraum der Raumbedarf zum Einbringen des jeweiligen Objektes sowie zu dessen Montage verstanden. Der Begriff Wartungsraum bezeichnet den Raumbedarf zum Betrieb und zur Reinigung. Die Begrifflichkeit der Betriebsphase orientiert sich an den Definitionen nach DIN 32736 [77]. Ein Objekt kann eine Baugruppe, eine Komponente, ein System oder ein Baukörper sein.

Tab. 1–2 Definition des geometrischen Detaillierungsgrades nach dem LoG-I-C-L-Schema.

LoG	Geometrischer Detaillierungsgrad
0xxx	Nicht anwendbar oder kein Raumbedarf darstellbar.
1xxx	Schematische oder generische Darstellung des Objekts zur Angabe des Raumbedarfs des Objekts oder einer Objektgruppe. Darstellung als Symbol oder durch Ersatzgeometrie als 3D-Störkörper mit ungefährer Lage und Geometrie für den Platzbedarf. Nicht anwendbar auf Punktwolken-Geometrien. Der Raumbedarf eines Störkörpers enthält hinreichende Toleranzen und berücksichtigt Modellunschärfen, beispielsweise im Zusammenhang mit einem Trassenkonzept. Objektgruppen können zu einem Störkörper zusammengefasst werden.
2xxx	Grafische Darstellung durch generisches Objekt oder Punktwolke in 3D in ungefährer Form, Abmessung, Position und Orientierung. Anschlüsse an andere Objekte können optional dargestellt werden. Räumliches Objekt enthält, falls bekannt, grobe Angaben zum Raumbedarf für Einbringen/Montage (Montageraum) und Betrieb/Reinigung (Wartungsraum) als Störkörper. Der zu reservierende Raumbedarf beinhaltet die räumliche Ausdehnung hinsichtlich Toleranzen und Verlegearten (z. B. Gefälle). Wird LoG 2 im Zusammenhang mit einem Trassenkonzept eingesetzt, ist der vorherige Störkörper aus LoG 1 in Unterobjekte zu segmentieren.
3xxx	Modellierung von Objekten in ihrer genauen Form, Größe und Lage, grafische Darstellung in 3D durch spezifisches Objekt oder Punktwolke in Bezug auf Größe, Abmessungen, Form, Position und Orientierung. Wesentliche Anschlüsse an weitere Objekte sind darzustellen. Im Falle eines Laserscans ist die Punktwolke redundanzfrei und zusammenhängend und von Bestandteilen anderer Objekte befreit. Der Raumbedarf für Einbringen/Montage (Montageraum) und Betrieb/Reinigung (Wartungsraum) ist Bestandteil der Modellierung. Im Falle eines Laserscans sind diese Informationen zu ergänzen. Die Modellierung berücksichtigt Besonderheiten der räumlichen Ausdehnung hinsichtlich Toleranzen und Verlegearten (z. B. Gefälle) und schränkt diesen Raumbedarf auf ein notwendiges Minimum ein. Wesentliche konstruktive Details wie Aufhängungen, Lager oder Aufstellungen sind ebenfalls zu modellieren bzw. in der Punktwolke als solches zu kennzeichnen.
4xxx	Feingliedrige Modellierung von Objekten in ihrer exakten Form, Größe und Lage, grafische Darstellung in 3D durch spezifisches Objekt oder Punktwolke in Bezug auf exakte Größe, Abmessungen, genaue Form, Position und Orientierung. Verbindungen und Anschlüsse an weitere Objekte sind modelliert oder im Falle einer Punktwolke als solche gekennzeichnet. Alle konstruktiven Details wie Aufhängungen, Lager oder Aufstellungen sind vollständig modelliert bzw. in einer Punktwolke identifizierbar. Das Element ist für eine produktneutrale Ausschreibung hinreichend detailliert modelliert. Produktbezogene Angaben, falls vorhanden, können vollständig ausgefiltert werden, ohne relevante Informationen für die neutrale Ausschreibung abzuschneiden. Objekte enthalten, falls bekannt, Informationen zu Ausführung, Zusammenbau (Aufbau) und Installation. Die Raumbedarfe der räumlichen Ausdehnung für Einbringen/Montage (Montageraum) und Betrieb/Reinigung (Wartungsraum) sind verbindlicher Bestandteil der Modellierung und als unabhängige geometrische Objekte verfügbar. Toleranzen sind auf im jeweiligen Gewerk übliche Planungsgenauigkeiten (Beispiel Stahlbau: 1 mm) beschränkt, Unsicherheiten zu Verlegearten sind vollständig aufgelöst (Beispiel: Gefälle von Leitungen oder Bündelungen von Leitungen sind als solches modelliert oder extrahierbar). Punktwolken sind vollständig segmentiert, modelltechnisch ergänzt und objektweise zugeordnet.
5xxx	Wie LoG 4, Objekte sind jedoch vollständig als herstellerspezifische Entitäten instanziiert. Objekte enthalten zusätzlich oder alternativ herstellerspezifische Angaben durch Übernahme von detaillierter Geometrie aus BIM-Bibliotheken von Herstellern oder spezifischen Produktkatalogen. Elemente sind für eine produktspezifische Ausschreibung hinreichend detailliert modelliert.

Tab. 1–3 **Vergleich wichtiger Kriterien des geometrischen Detaillierungsgrades.**

LoG	0	1	2	3	4	5
Geometrische Darstellung	n/a	Symbol/ Störkörper	generisch	spezifisch	exakt	exakt
Anschlüsse an andere Objekte			optional	nur wesentliche	detailliert	detailliert
Montage-/ Wartungsräume			optional, unscharf	ja	als unabhängige Objekte	als unabhängige Objekte
Toleranzen/ Verlegearten		modellunscharf	enthalten	notwendiges Minimum	Gewerke-spezifisch exakt	gewerkespezifisch exakt
Objekte in Punktwolke	n/a	n/a	grob zuordenbar	redundanzfrei	vollständig segmentiert	vollständig segmentiert
Ausschreibungs-spezifisch		nein	nein	nein	ja	ja
Herstellerspezifisch		nein	nein	nein	nein	ja

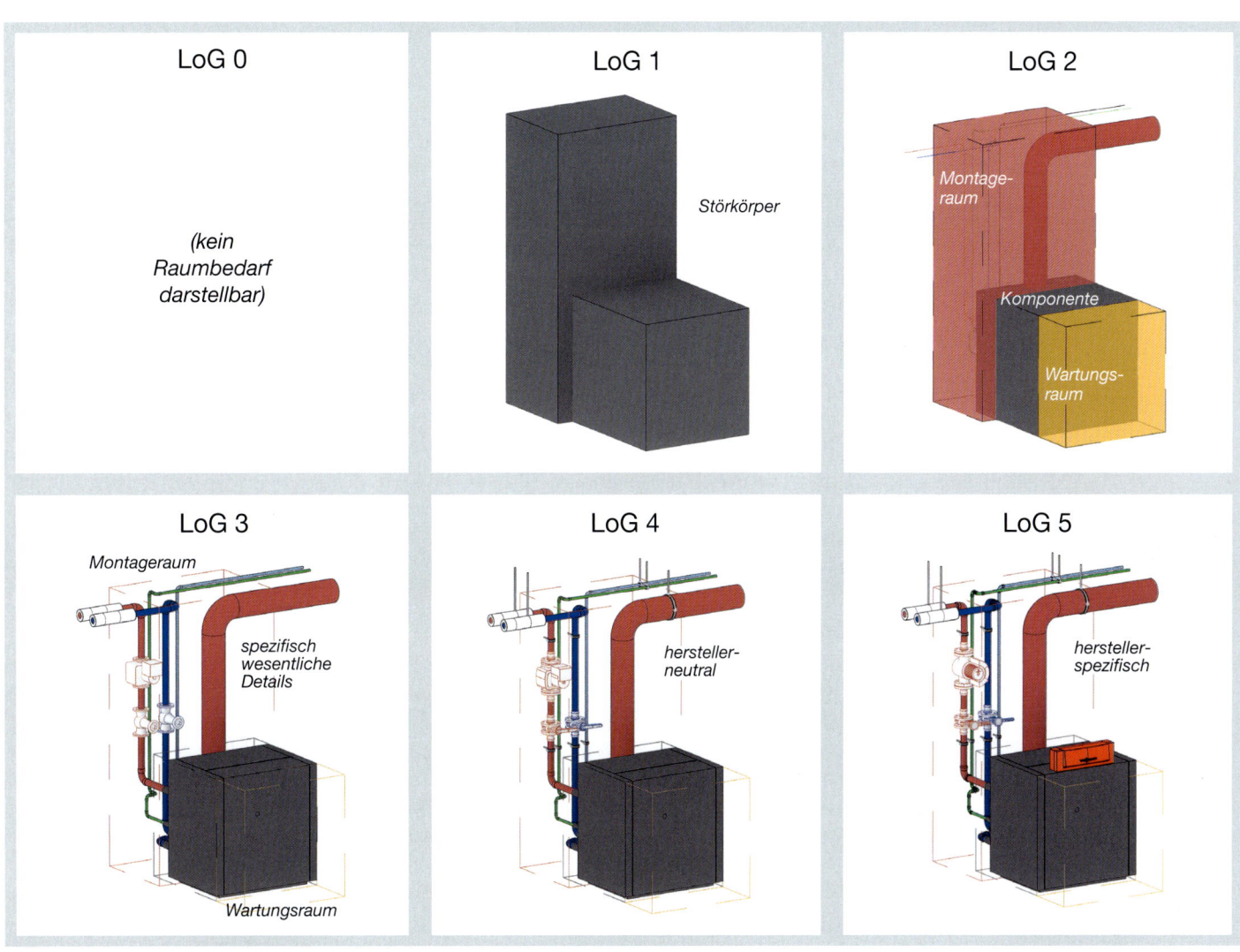

Abb. 1–23

Unterschiedliche Stufen des geometrischen Detaillierungsgrades (LoG) am Beispiel der Technischen Gebäudeausrüstung.

Zusammenarbeit in der Fachplanung mit BIM

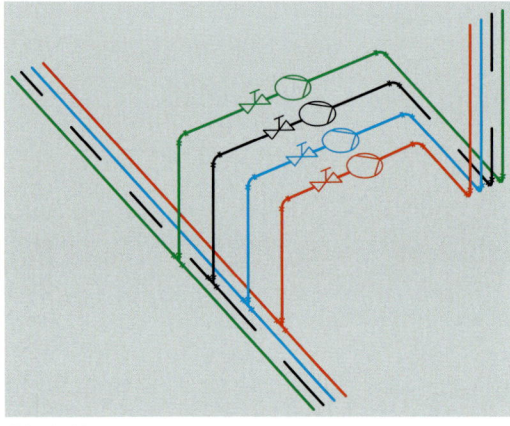

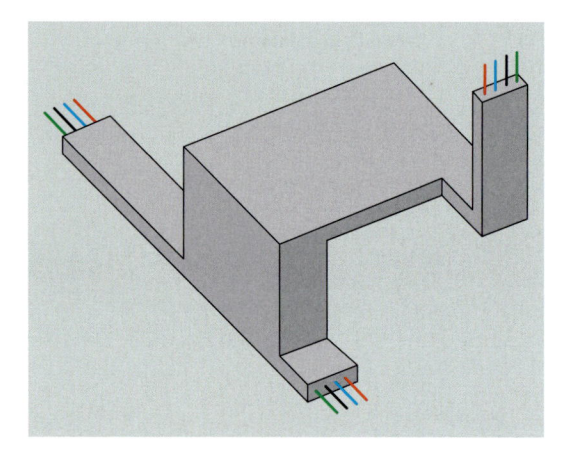

Abb. 1–24
Unterscheidung zwischen Systemlinien aus der Rohrnetzberechnung und der Darstellung des Raumbedarfs von Trassen.
Links:　LoG 0: Raumbedarf nicht darstellbar
Rechts: LoG 1: Störkörper

Die Matrix in **Tab. 1–3** erhält ergänzend eine vergleichende Übersicht der wichtigsten Eigenschaften der vorstehenden Definitionen. **Abb. 1–23** verdeutlicht die Bedeutung des geometrischen Detaillierungsgrades anhand eines Beispiels aus der Technischen Gebäudeausrüstung. **Abb. 1–24** zeigt den – oftmals falsch verstandenen – Unterschied zwischen Systemlinien aus der Rohrnetzberechnung und der Darstellung des Raumbedarfs von Trassen. Eine Systemlinie als Drahtmodell ist Teil eines Ingenieurmodells und in dieser Form keine Geometrie zur Darstellung des Raumbedarfs eines Objektes und entspricht daher LoG 0. Wird diese Trasse jedoch als Volumenkörper modelliert, im einfachsten Fall nach LoG 1 als Störkörper, so kann damit der Raumbedarf dargestellt werden, der als Basis für die Koordination von Fachmodellen dient. Ein Objekt mit LoG 0 kann dennoch Informationsträger vieler inhaltlicher Attribute sein, die gerade für die TGA-Planung von großer Bedeutung sind. Dies wird jedoch durch den LoI ausgedrückt.

Für die Umsetzung in der Praxis wählen Planungsbüros stellenweise den Ansatz, den Funktionsumfang von BIM-Software in frühen Projektphasen einzugrenzen, um den planerischen Mehraufwand durch eine mögliche, aber zu diesem Zeitpunkt nicht gewünschte frühzeitige Detaillierung sinnvoll zu reduzieren. Spezielle Objektbibliotheken bieten hierfür Bauteile mit vereinfachten Darstellungsformen an, die jedoch alle notwendigen Attribute mitführen [56].

6.2.3 Informationsgehalt (LoI)

Der Informationsgehalt nach **Tab. 1–4** legt die Tiefe der semantischen Attribuierung von Objekten fest. Dies betrifft charakteristische Eigenschaften, produktneutrale oder herstellerspezifische Informationen und betriebstechnische Eigenschaften. Regelwerke mit Merkmalspezifikationen, die über den hier genannten Umfang hinausgehen, sind gegenwärtig in Bearbeitung. Objektbezogene Attribute sind im Regelwerk CAFM-Connect (Version 2.0) als Standard-Katalog nach erweiterten Kostengruppen der DIN 276 [21] zusammen mit Referenzen auf zugeordnete IFC-Objekte formuliert und als ifcXML-Schema verfügbar [72]. Eine Erweiterung und Verknüpfung mit Leistungsphasen ist in Bearbeitung und zum Zeitpunkt der Drucklegung dieses Buches noch nicht verfügbar. Regelwerke zur Definition betriebstechnischer Eigenschaften sind ebenfalls in Entwicklung und als einheitliche, branchenübergreifende Definition gegenwärtig nicht erhältlich.

Tab. 1–4 Definition des Informationsgehalts nach dem LoG-I-C-L-Schema.

LoI	Informationsgehalt
x0xx	Keine Angaben verfügbar.
x1xx	Angaben zu allgemeinen Attributen zur Charakterisierung des Objekttyps oder einer Objektgruppe und den Eigenschaften, beispielsweise Materialart, Widerstandsfähigkeit oder allgemeine Eigenschaften, jedoch keine produktspezifischen Eigenschaften.
x2xx	Attribute beschreiben den systemtechnischen Informationsgehalt des Objektes oder der Objektgruppe (die aus mehreren LoG 2 Objekten bestehen kann). Dies erfolgt generisch, aber so spezifisch wie dies zur Erfüllung der zugeordneten Leistungsphase möglich und erforderlich ist (beispielsweise zur Kostenschätzung). Der Informationsgehalt berücksichtigt die Systemart, die Funktion und elementare Beziehungen zwischen Systemen.
x3xx	Attribute beschreiben neben dem systemtechnischen Informationsgehalt (Systemart, Funktion, Beziehungen zwischen den Systemen) auch spezifische, systembedingte Eigenschaften (wie z. B. Material, Feuerwiderstandsklasse), insbesondere soweit diese zur Erfüllung der zugeordneten Leistungsphase erforderlich sind. Konkrete Angaben (wie Farbe, Beschlagart, Hersteller) werden nicht modelliert. Ergebnisse von ingenieurtechnischen Berechnungen (z. B. Heiz-/Kühllast, Leitungsdimensionierungen, auch für Strom und IT) sind als Attribute enthalten. Seitens der TGA zu erbringende Inhalte sind gemäß VDI 6026 [78] spezifiziert.
x4xx	Attribute enthalten über den Informationsgehalt von LoI 3 hinaus alle für die Ausschreibung und Ausführung relevanten Eigenschaften und Informationen. Dies sind insbesondere konkrete Angaben (wie Farbe, Beschlagart) sowie weitere herstellerneutrale Eigenschaften. Der Informationsgehalt ist für eine produktneutrale Ausschreibung hinreichend detailliert. Produktbezogene Angaben, falls vorhanden, können vollständig ausgefiltert werden, ohne relevante Informationen für die neutrale Ausschreibung abzuschneiden. Attribute enthalten, falls für den Objekttyp anwendbar, Informationen zu Ausführung, Zusammenbau und Installation.
x5xx	Wie LoI 4, Objekte sind jedoch vollständig als herstellerspezifische Entitäten instanziiert. Objekte enthalten zusätzlich oder alternativ herstellerspezifische Angaben durch Übernahme von detaillierten Produkteigenschaften aus BIM-Bibliotheken von Herstellern oder spezifischen Produktkatalogen. Elemente sind für eine produktspezifische Ausschreibung hinreichend detailliert attribuiert. Objekte können darüber hinaus betriebstechnische Eigenschaften und betriebsrelevante Funktionsbeschreibungen enthalten.

6.2.4 Abstimmungs- und Koordinationsgrad (LoC)

Die Festlegung und Kenntnis des Abstimmungs- und Koordinationsgrades von Teilmodellen, Objekten oder Objektgruppen eines Modells nach **Tab. 1–5** ist ein wichtiges Element der integralen Planung mit BIM. Er gibt an, ob eine Abstimmung mit übergeordneten Konzept-basierten Planungsmethoden (vgl. **Abschnitt 2.5**) vorgenommen worden ist, ob Kollisionen gekennzeichnet oder im Rahmen der Qualitätsüberprüfung gänzlich behoben worden sind und ob ein Modell mit dem gebauten Zustand übereinstimmt.

Tab. 1–5 Definition des Abstimmungs- und Koordinationsgrades nach dem LoG-I-C-L-Schema.

LoC	Abstimmungs- und Koordinationsgrad
xx0x	Keine Abstimmung oder Koordination oder keine Kennzeichnung.
xx1x	Objekte/Teilmodelle sind zwischen Planern im Dialog abgestimmt bzw. die Modellierung erfolgt unter Berücksichtigung der Vorgaben übergeordneter Konzept-basierter Planungsmethoden (Trassen- und Schnittstellenkonzept). Eine explizite Kollisionsprüfung und Überprüfung im Einzelfall erfolgt nicht; die Kollisionsfreiheit ist nicht sichergestellt.
xx2x	Objekte/Teilmodelle sind in gegebener geometrischer und inhaltlicher Detaillierung mit Objekten des eigenen und anderer Teilmodelle abgestimmt. Schnittstellen und Trassen sind koordiniert und möglichst kollisionsfrei modelliert, übergeordnete Konzept-basierte Planungsvorgaben sind umgesetzt. Auftretende Kollisionen sind klassifiziert und als solche im Modell entsprechend gekennzeichnet.
xx3x	Objekte/Teilmodelle sind in gegebener geometrischer und inhaltlicher Detaillierung mit Objekten des eigenen und anderer Teilmodelle abgestimmt. Kollisionen sind vollumfänglich behoben, das Modell ist kollisionsfrei, soweit dies im gegebenen geometrischen und inhaltlichen Detaillierungsgrad möglich ist.
xx4x	Modellelemente wurden auf der Baustelle für das betreffende Gewerk komponentenweise hinsichtlich Größe, Abmessungen, Form, Position und Orientierung überprüft und stimmen mit den tatsächlichen Objektparametern des fertiggestellten Objektes überein. Das modellierte Objekt oder Teilmodell dokumentiert den gebauten Zustand.
xx5x	Wie LoC 4, jedoch wurden Objekte zudem auf ihr systemübergreifendes oder systemtechnisches Zusammenwirken hin überprüft. Enthalten die Objektattribute Funktionsbeschreibungen technischer Systeme, so wurde die Funktionalität der Methodik systemübergreifend überprüft.

6.2.5 Logistischer Entwicklungsgrad (LoL)

Der logistische Entwicklungsgrad bezieht die Verknüpfung mit der Terminplanung über den gesamten Lebenszyklus mit ein. Die betrifft die Rahmen- oder Feinterminplanung einschließlich Montageplanung ebenso wie die Betriebsphase im technischen Gebäudemanagement. **Abb. 1–21** zeigt die Verknüpfung mit der Rahmenterminplanung an einem Beispiel.

Tab. 1–6 **Definition des logistischen Entwicklungsgrades nach dem LoG-I-C-L-Schema.**

LoL	Logistischer Entwicklungsgrad
xxx0	Keine terminliche Verknüpfung oder nicht anwendbar.
xxx1	Objekte sind grundsätzlich mit Terminelementen verknüpfbar und können diese Information enthalten. Die Verknüpfung ist möglich, aber nicht explizit gefordert.
xxx2	Wesentliche Objekte sind mit Elementen des Rahmenterminplans zeitlich verknüpft.
xxx3	Objekte, die den Fertigungs- und Lieferungs- und Montageprozess zeitlich oder räumlich beeinflussen, sind vollumfänglich mit dem Rahmenterminplan verknüpft. Einzelne Objekte sind mit den zeitlichen Elementen der Feinterminplanung verknüpft.
xxx4	Alle real anzuliefernden, auf der Baustelle einzubauenden und/oder in Betrieb zu nehmenden Objekte sind vollumfänglich hinsichtlich ihrer zeitlichen und räumlichen Korridore für die Fertigung, Lieferung, Montage und ggf. auch für die Inbetriebnahme mit dem Feinterminplan verknüpft und in sinnvollen Einheiten gruppiert. Der Entwicklungsgrad lässt die digitale Planung einer Just-in-Time oder Just-in-Sequence Fertigung, Lieferung oder Montage mit Schwerpunkt der Koordinierung auf der Baustelle zu.
xxx5	Objekte sind für den Zeitraum nach der Inbetriebnahme mit der Terminplanung der Betriebs- und Nutzungsphase im technischen Gebäudemanagement des Facility Management verknüpft. Objekte enthalten Informationen über wiederkehrende Zeitintervalle oder definierte Zeitpunkte der Reinigung und Instandhaltung (entsprechend der Definition nach DIN 32736 [77]), Lebensdauer und Gewährleistung. Die Verbindung kann auch über die GUID-Verknüpfung zwischen BIM- und FM-Datenbank erfolgen.

6.3 Server oder Cloud? Kommunikation, Kooperation und Formen des Datenmanagements

Die Umsetzung von BIM-Prozessen mit der kooperativen Zusammenarbeit an gemeinsamen Modellinhalten erfordert geeignete Methoden für das Datenmanagement. Informationen werden zeitlich und örtlich verteilt bearbeitet, teilweise synchron, teilweise asynchron. Für die kooperative Datenverwaltung bestehen dadurch vielfältige und teilweise sehr komplexe Anforderungen an den Datenraum zur Verwaltung von Informationsressourcen, die Kommunikationsfähigkeiten, die Nebenläufigkeitskontrolle, Möglichkeiten zur Rollen- und Rechtevergabe, die Versionierung und Archivierung sowie die Freigabeverwaltung [79].

- Für das Informationsmanagement ist ein gemeinsamer Datenbereich erforderlich, in dem verschiedene BIM-Informationsressourcen in unterschiedlicher Art und Weise bereitgestellt und verwaltet werden. Informationsressourcen werden durch ihre Metadaten beschrieben und liegen in verschiedenen Aggregationsstufen vor, angefangen beim kompletten BIM-Modell (hohe Aggregation), über einzelne CAD-Modelle, Teile von Modellen, einzelne Elemente und Bauteile sowie deren Eigenschaften und Attribute (geringe Aggregation). Gleichzeitig können BIM-Modelle in Fachmodelle und Teilmodelle, fachspezifische Domänen und räumliche Zonen bzw. Bereiche, Geschosse oder Abschnitte unterteilt und in zeitlichen Phasen organisiert werden. Ein solcher Datenbereich verwaltet damit im einfachsten Fall in einem Verzeichnis Dokumente oder Bilder – im Extremfall in einer Datenbank einzelne Objekte verschiedener Teilmodelle und Phasen aus unterschiedlichen Domänen und von verschiedenen Bearbeitern in unterschiedlichen Versionen. Objekte stehen dabei zudem in unterschiedlichen Beziehungen zueinander.

- Eine Umgebung zur Datenverwaltung muss Möglichkeiten zur Kommunikation, Interaktion, Koordination und Kooperation bereitstellen. Bei der Kommunikation geht es um den Austausch von Informationen, bei der Interaktion um wechselseitiges kommunikatives Handeln, bei der Koordination um Interaktionen zur Abstimmung von Inhalten und Prozessen und bei der Kooperation um die Zusammenarbeit an einer gemeinsamen Sache [79].

- Über die sogenannte Nebenläufigkeitskontrolle wird geregelt, in welchem Umfang die Integrität von Daten sichergestellt sein muss, die von mehreren Personen parallel erarbeitet oder geändert werden. Für eine verteilt-synchrone Bearbeitung von Modellen müssen BIM-Anwenderprogramme eng mit dem Datenverwaltungssystem gekoppelt sein. Man unterscheidet dabei eine »pessimistische« Nebenläufigkeitskontrolle, bei der durch die Zugriffskontrolle, d. h. durch Sperren von Dokumenten oder Teilmodellen, Konflikte bei der Bearbeitung per se vermieden werden, von einer »optimistischen« Nebenläufigkeitskontrolle, wenn Konflikte (z. B. Kollisionen) zugelassen und erst später identifiziert und über das Änderungsmanagement aufgelöst werden [79]. Zur Konfliktvermeidung spielt in der integralen Planung das Trassenkonzept eine wichtige Rolle.

- Ein Datenmanagementsystem sollte verschiedene projektspezifische Rollen (vgl. **Abschnitt 4.1**) abbilden und entsprechende Berechtigungen verwalten können, die den Zugriff auf Dokumente beschränken oder ggf. sogar auf Teilmodelle einschränken.

- Da Dokumente und Modelle ständigen Aktualisierungen und Änderungen unterworfen sind, muss die Änderungshistorie durch ein Versionierungssystem nachverfolgt werden können. Zeitpunkt und Autor des letzten Zugriffs oder der letzten Bearbeitung werden gespeichert, Änderungen und Verursacher können nachvollzogen werden.

- Weiterhin müssen die Freigabe und die Archivierung von Dokumenten, Modellen oder Modellelementen kontrolliert oder automatisiert werden können.

Wie in **Abb. 1–25** dargestellt, ist für die Zusammenarbeit grundsätzlich zu unterscheiden, ob die Planung an einem einheitlichen gemeinsamen Modell, d.h. einem Zentralmodell, erfolgt, oder ob jede Fachdisziplin in jeweils eigenen Fachmodellen arbeitet, die miteinander referenziert werden können und zur Abstimmung und Qualitätsprüfung in zyklischen Abständen in einem Koordinationsmodell zusammengeführt werden.

- Die gemeinsame Arbeit an einem einheitlichen Modell erfordert entweder den Einsatz von Lösungen eines einzelnen proprietären Softwareanbieters, mit dem alle Planungsaufgaben in einer einheitlichen Produktfamilie abgebildet werden können, oder den durchgängigen Einsatz offener Datenaustauschformate. Werden Softwareprodukte verschiedener Anbieter eingesetzt (Open BIM), kann hierdurch ein Informationsverlust entstehen.

- Der Einsatz eines Koordinationsmodells bietet den Vorteil, dass Planer und ausführende Firmen unterschiedliche Softwaresysteme einsetzen können und, beispielsweise (aber nicht notwendigerweise) über neutrale Schnittstellen, Teilmodelle für die Koordinierung bereitstellen können. Änderungen können mittels des BCF-Formates (vgl. **Abschnitt 3.3**) kommuniziert werden. Ein weiterer Vorteil besteht darin, dass nicht alle Inhalte, beispielsweise Modellfamilien, eines fachspezifischen BIM-Modells ausgetauscht werden müssen. In der Praxis hat sich dieser Weg als besonders vorteilhaft erwiesen, der auch von proprietären Softwareprodukten innerhalb der jeweils eigenen Produktwelt als Lösung erhältlich ist.

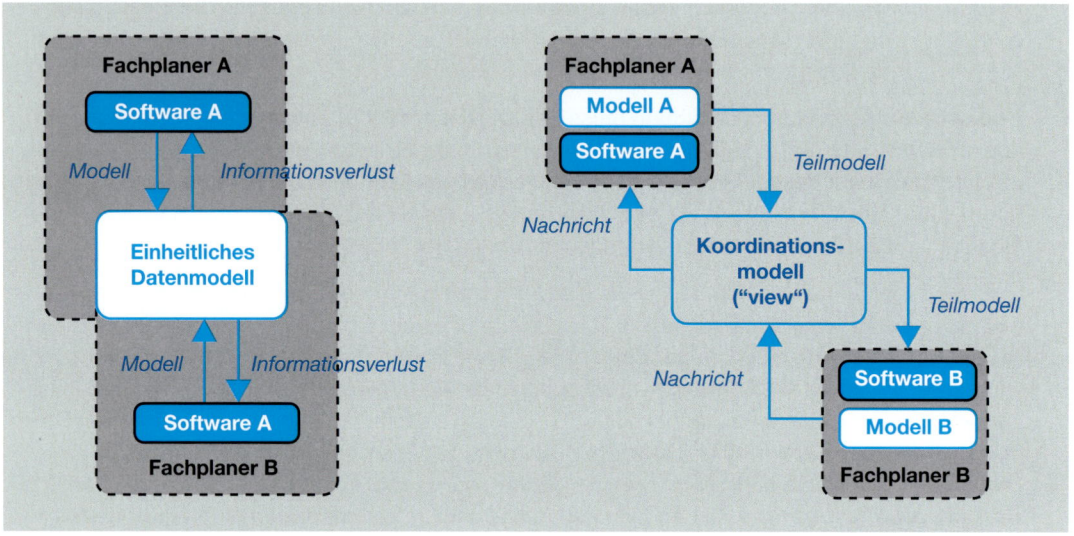

Abb. 1–25

Allgemeine Darstellung verschiedener Formen der Zusammenarbeit über einheitliches Datenmodell (links) oder Koordinationsmodell (rechts).

Die Software eines Dokumentenmanagementsystems zur Verwaltung von BIM-Daten, sofern nicht ohnehin als integrierte Cloud-Lösung eines Anbieters verfügbar, muss damit anschaulich weit mehr können, als einzelne CAD-Dokumente in einem Verzeichnis zu organisieren und über einen Verzeichnisdienst (Cloud) zu synchronisieren. Entsprechende Anforderungen an BIM-Dokumentenmanagementsysteme sind beispielsweise in der britischen Richtlinie PAS 1192-2 formuliert [36]. Einige auf dem Markt erhältliche CDE-Softwaresysteme sind bereits nach dieser Richtlinie zertifiziert.

Neben der vorgenannten verzeichnisbasierten Dokumentenablage oder »normalen« Cloud-Lösung zur Synchronisation von Dateien unterscheidet man folgende Systemvarianten [79]

- Dokumentenmanagementsysteme (DMS) verwalten Dokumente als Datencontainer und nutzen eine Datenbank zur Indizierung der Metadaten. Sie bieten eine Nutzer- und Zugriffsverwaltung an, können Nachrichten verwalten und Workflows abbilden. Die Versionierung von Dokumenten wird meist pessimistisch über Ein- und Auscheck-Funktionalitäten geregelt.

- Produktdatenmanagementsysteme (PDM) sind Plattformen zur Verwaltung produktbezogener Informationen, deren struktureller Aufbau sich nicht an einzelnen Dokumenten, sondern an der Hierarchie der jeweiligen Produkte orientiert. Diese Systeme sind aus der Produktionstechnik, beispielsweise aus den Bereichen Automotive oder Luft- und Raumfahrt bekannt.

- Projektplattformen (PP), ein inzwischen häufig in der Planung eingesetztes Medium, stellen über Projekträume eine kollaborative Plattform zur Kommunikation, zum Nachrichtenaustausch und zum Dokumentenmanagement zur Verfügung. Sie erweitern damit den Umfang eines DMS erheblich. Beispiele für Plattformen sind Autodesk BIM 360, Conject, Graphisoft BIMcloud, Nemetschek bim+, ProjectPlace, PMG eProjectCare BIM oder think project! und weitere. Einige dieser Plattformen sind allgemeine Projektplattformen, einige bilden darüber hinaus bauspezifische Workflows ab und bieten webbasierte BIM-Viewer oder sogar Cloud-basierte Plattformen zur Zusammenführung von BIM-Teilmodellen verschiedenster Dateiformate und integrierte Lösungen zur Qualitätsprüfung an.

- BIM-Serverplattformen stellen eine Servertechnologie für die kollaborative Arbeit an einem zentralen Modell bereit und funktionieren nach dem Client-Server Prinzip. BIM-Server wie beispielsweise Autodesk Revit Server oder Graphisoft BIM-Server sind in ihre Softwareprodukte integriert und unterstützen damit primär ihre eigenen proprietären Datenformate. Sie bieten die Möglichkeit, Teilmodelle für die Bearbeitung durch andere Bearbeiter zu sperren oder Nachrichten über Modelländerungen zu kommunizieren. Sie ermöglichen beispielsweise die kollaborative Erstellung eines gemeinsamen Fachmodells, das wiederum an ein Koordinationsmodell übergeben werden kann. Langfristig ist zu erwarten, dass BIM-Serverplattformen und Cloud-basierte BIM-Projektplattformen zweckmäßig zu einer gemeinsamen Systemarchitektur zusammenwachsen.

- Produktmodellserver wie beispielsweise der Jotne EDM Modelserver sind hingegen Plattformen zur zentralen Verwaltung von herstellerunabhängigen Produktmodellstandards. Modellinformationen werden hierbei nicht als Dokumente, sondern modellbezogen und objektorientiert in einer Datenbank organisiert. Das Schema dieser Datenbank entspricht dabei dem objektorientierten Schema des Produktmodells wie beispielsweise dem des IFC-Modells. Auch erste Ansätze für Open BIM Produktmodellserver für IFC sind verfügbar [80], weisen jedoch (noch) nicht den für eine professionelle Projektbearbeitung erforderlichen Reifegrad auf.

6.4 BIM-Qualitätsprüfung

Das BIM-Modell fasst die Planungsergebnisse aller beteiligten Planer und ausführenden Firmen zusammen und stellt die Ausgangsbasis für die folgende Leistungsphase oder eine weitere Phase im Lebenszyklus dar. Als Ziel der digitalen Planung soll deshalb zum Ende jeder Leistungsphase ein konsistentes, abgestimmtes und widerspruchsfreies Gesamtmodell vorliegen, das einen jeweils geforderten Modellentwicklungsgrad aufweist und weiteren Qualitätsansprüchen genügt. Mit Hilfe des Modellentwicklungsgrades kann ein entsprechender Abstimmungs- und Koordinationsgrad vorgeschrieben werden. Der Qualitätsanspruch an die Fach- und Teilmodelle sowie an das Modell als Ganzes ist dabei von entscheidender Bedeutung. Teil- und Fachmodelle, die zu Datenübergabepunkten übermittelt oder zusammengeführt werden, stellen einerseits den Nachweis für die Leistungserbringung der Beteiligten dar, andererseits dienen sie der kontinuierlichen Fortschreibung und Nutzung in anderen Teilmodellen oder Gewerken.

Die im vorherigen Abschnitt diskutierten Aspekte der Nebenläufigkeitskontrolle machen deutlich, dass für die digitale Planung ein methodisches Vorgehen gefordert ist, Unstimmigkeiten und Konflikte im Modell erkennen, vermeiden und beheben zu können. Unstimmigkeiten im Modell können organisatorisch oder durch technische Hilfsmittel begrenzt, nicht aber vollständig vermieden werden. Dies liegt einerseits an der optimistischen Natur der Nebenläufigkeitskontrolle durch das parallele Bearbeiten von Teilmodellen (vgl. **Abschnitt 6.3**), andererseits an der Tatsache, dass unterschiedliche Fachdisziplinen parallel an der Ausarbeitung ihrer inhaltlichen Konzepte arbeiten, die naturgemäß miteinander interagieren. Im Rahmen der BIM-Qualitätsprüfung ist zu definieren, auf welche Art, in welcher Tiefe und mit welchen Methoden der BIM-Qualitätsanspruch sichergestellt werden soll.

6.4.1 Stufen der Qualitätsprüfung und Modellaudits

Die Qualität des BIM-Modells wird durch die Vorgabe von Modellierungsrichtlinien sichergestellt und durch verschiedene Modellchecks durch die Rollen BIM-Modellierung, BIM-Modellkoordination und BIM-Engineering geprüft, überprüft und verifiziert. Regelwerke zur Prüfung werden durch das BIM-Management definiert. Die Qualitätsprüfung ist nicht mit einem übergeordneten BIM-Qualitätsmanagement zu verwechseln (vgl. **Abschnitt 4.2.1**). Es werden folgende Stufen der Qualitätsprüfung unterschieden:

Stufe 1: Basisqualität (Ebene: unternehmensinternes Teilmodell)
BIM-Modellierer erarbeiten ihr jeweiliges BIM-Teilmodell gemäß vorgegebener Modellierungsrichtlinien und ergänzender Konzepte (Schnittstellen- und Trassenkonzept). Voraussetzung für die Übergabe ist eine unternehmensinterne Überprüfung der Teilmodelle auf die geforderten Inhalte und Qualitäten. Die interne Freigabe eines Teilmodells erfordert, dass diese Überprüfung durch den verantwortlichen BIM-Modellierer stattgefunden hat.

Stufe 2: Modellaudit BIM-Modelkoordination (Ebene: Fachmodell)
Fachmodelle entstehen durch die Zusammenarbeit eines oder mehrerer BIM-Modellierer. BIM-Modellkoordinatoren fassen eigene Teilmodele zusammen und führen inhaltliche und formale Qualitätsprüfungen durch. Nach diesem Modellaudit erhalten Fachmodelle das Prädikat »überprüft« und können an die zentrale BIM-Modellverwaltung übergeben werden.

Zu den Qualitätsprüfungen im Rahmen des Modellaudits BIM-Modellkoordinator gehören
- eine allgemeine Plausibilitätsprüfung,
- eine Qualitätsprüfung von Teilmodellen zu Datenübergabepunkten,
- eine inhaltliche Prüfung und
- eine Mengenkonsistenzprüfung,

die sich jeweils auf das zugehörige Fachmodell beziehen. Ggf. kann auch eine Kollisionsprüfung mit anderen Fachmodellen zum Umfang gehören. Die Durchführung eines Modellaudits wird mit Datum und inhaltlichen Angaben zu Art und Umfang der Prüfung dokumentiert und auf der verwendeten Projektplattform abgelegt. Die Qualität des Fachmodells zeichnet sich damit durch die uneingeschränkte Verwendbarkeit zum Abgleich und zur Prüfung mit weiteren Fachmodellen aus. Kollisionen zwischen Bauteilen in einem Teilmodell desselben Fachbereichs treten in einem Fachmodell je nach Modellentwicklungsgrad nicht mehr auf bzw. müssen gekennzeichnet werden.

Stufe 3: Modellaudit BIM-Engineering (Ebene: Koordinationsmodell)
Seitens der BIM-Modellkoordinatoren bereitgestellte Fachmodelle werden vom BIM-Engineer nach verschiedenen Regeln und Gesichtspunkten, insbesondere auf Kollisionen untereinander, überprüft. Der BIM-Engineer veranlasst und koordiniert die Kollisionsbehebung durch das Änderungsmanagement. Hierfür überprüft er die Qualität der einzelnen Teilmodelle sowie das Zusammenwirken der Modelle durch die Zusammenführung in einem Koordinationsmodell. Das Koordinationsmodell bzw. die koordinierten Teilmodelle werden zu festgelegten Datenübergabepunkten bzw. Meilensteinen abgelegt und erhalten nach bestandener Qualitätsprüfung das Prädikat »geprüft«.

Die Qualitätsprüfungen im Rahmen des Modellaudits BIM-Engineering umfassen, falls nicht anders durch das BIM-Management definiert,
- eine allgemeine Plausibilitätsprüfung,
- eine Qualitätsprüfung von Teilmodellen zu Datenübergabepunkten,
- eine inhaltliche Prüfung,
- eine Mengenkonsistenzprüfung,
- eine Kollisionsprüfung, auch, falls notwendig, wiederholt und iterativ bis zum Vorliegen eines kollisionsfreien Koordinationsmodells sowie
- die Koordination und Dokumentation von Kollisionsbehebungen durch das Änderungsmanagement.

Für den Abschluss der Modellrevision wird das geprüfte Koordinationsmodell vom Objektplaner freigegeben und erhält dadurch das Prädikat »autorisiert«. Geprüfte und autorisierte Modelle werden als »verifiziert« gekennzeichnet archiviert und dokumentieren einen Planungsstand.

6.4.2 Allgemeine Plausibilitätsprüfung

Unter einer allgemeinen Plausibilitätsüberprüfung wird an dieser Stelle die Überprüfung auf Richtigkeit der Modellierung, die insbesondere bei der Zusammenführung der seitens der BIM-Modellkoordinatoren geprüften Teilmodelle entsteht, verstanden. Sie betrifft das Modellaudit BIM-Modellkoordination für einzelne Teilmodelle bzw. das Audit BIM-Engineering für das Koordinationsmodell.

Die Prüfung erfolgt »nicht automatisiert«, sondern als allgemeine Inaugenscheinnahme der Modelle.
- Überprüft werden offensichtliche Kriterien, z.B. die Einhaltung von Einheiten, Skalierung und Dimensionierung, die Übereinstimmung von Einfügepunkt und Koordinaten mit denjenigen der anderen Teilmodelle sowie sonstigen systemischen oder systematischen Darstellungsaspekten.

- Eine triviale Prüfung ist das Vorhandensein von benötigten Bauteilklassen und Räumen mit entsprechenden Instanziierungen.

- Werden Teilmodelle in Form von räumlichen Abschnitten definiert, ist es nicht zulässig, Grenzen der Abschnitte zu ändern oder Teilmodelle in anderem Umfang zu liefern.

Ziel der allgemeinen Plausibilitätsprüfung ist es, offensichtliche Mängel vor Beginn der eigentlichen Modellüberprüfung festzustellen.

6.4.3 Qualitätsprüfung von Teilmodellen

Die Qualitätsprüfung von Teilmodellen betrifft die Modellaudits BIM-Modellkoordination und BIM-Engineering.

Überprüft wird hierbei,
- inwiefern Teilmodelle die geforderten Vorgaben zum Modellentwicklungsgrad (engl. Level of Development, kurz LoD) in den einzelnen Kategorien erfüllen.

Für den Fall des Modellaudits BIM-Modellkoordination erfolgt die Freigabe eines Fachmodells zur Weitergabe in dem vereinbarten Dateiformat nur dann, wenn die geforderten Inhalte und Qualitäten bzgl. LoD erfüllt sind. Gleichzeitig ist das Erbringen dieser Qualität durch den BIM-Engineer zu überprüfen. Die Tiefe der Qualitätsprüfung durch den BIM-Engineer erfolgt nach den Vorgaben des BIM-Managers.

Durch den BIM-Engineer wird ferner überprüft,
- ob der Datenexport korrekt durchgeführt worden ist (Format, Version, Konfiguration, Vollständigkeit, ggf. MVD-Konformität[5]),
- ob Fachmodelle dem zu erwartenden Ergebnis entsprechen (Umfänglichkeit, Geschossigkeit (Einteilung in Ebenen), Vorhandensein von Bauteilklassen),
- ob die Modellierungsgranularität den Vorgaben entspricht (falls definiert), d.h. ob Strukturen ggf. zu grob oder zu detailliert und damit zu feingliedrig modelliert sind, und
- ob extern referenzierte Objekte verfügbar bzw. zugänglich sind.

6.4.4 Inhaltliche Prüfung

Die inhaltliche Prüfung liegt im Aufgabenbereich des Modellaudits BIM-Modellkoordination (Fachmodelle) und des BIM-Engineerings (alle Teilmodelle sowie Koordinationsmodell).

Die inhaltliche Überprüfung betrifft
- die technische Prüfung auf technisch-funktionale Vollständigkeit, Richtigkeit und Baubarkeit entsprechend des jeweils geforderten Modellentwicklungsgrades und nach den Vorgaben des BIM-Managers.

Die inhaltliche Prüfung kann, je nach gefordertem Umfang, sehr komplexe Ausmaße annehmen, die manuell ggf. nur schwer beherrschbar sind. Die inhaltliche Prüfung kann jedoch durch den Einsatz von sogenannten Modell-Check Softwaretools erfolgen. Hierfür können nach der Spezifikation des BIM-Managers durch den BIM-Engineer entsprechende Regeln für eine automatisierte Modellprüfung nach fachlich-inhaltlichen Gesichtspunkten definiert und implementiert werden. Der erfolgreiche Einsatz entsprechender Werkzeuge erfordert spezielles Fachwissen und Erfahrung.

Die Überprüfung auf fachspezifische technische Aspekte betrifft zudem
- die Vollständigkeit der inhaltlichen Attribuierung, falls vorhanden, nach spezifiziertem Merkmalskatalog (und LoD-Schema),
- die geometrische Vollständigkeit der Modellierung, beispielsweise ob die Hülle eines Bauwerks geometrisch abgeschlossen modelliert ist,
- die Überprüfung,
  - ob Objekte oder Geometrien ohne entsprechende Attribuierung (sogenannte Proxies oder Stellvertreter) vorhanden sind,
  - ob definierte Attribute stets an derselben Strukturebene und Stelle zu finden sind (da viele Möglichkeiten existieren, Objekte zu attribuieren; nur so kann eine »saubere« Verwendbarkeit der Fachmodelle sichergestellt werden) und
  - ob in der Modellierung entsprechende Objektfamilien bzw. Bauteilklassen eingesetzt worden sind, um die fachgerechte Weiterverwendbarkeit der Modelle sicherzustellen.

---

5 Übereinstimmung mit einer festgelegten Model View Definition, vgl. auch **Abschnitte 3.3** und **6.5**.

6.4.5 Mengenkonsistenzprüfung

Unter der Prüfung auf Mengenkonsistenz versteht man die Überprüfung und den Abgleich eines Ursprungsmodells mit einem exportierten Übergabemodell. Als Kriterium zur Überprüfung der Konsistenz zwischen Ursprungs- und Export-Modell können Mengen und Stückzahlen von Elementen und Bauteilen und/oder Flächen-, Volumen- und Massenberechnungen herangezogen werden. Für eine erfolgreiche Mengenkonsistenzprüfung dürfen sich modellbezogene Werte unabhängig von der verwendeten Software oder Version nur innerhalb vorgegebener Toleranzen unterscheiden. Die Mengenkonsistenz bezieht sich ebenso auf die berechneten Mengen aus den äußeren Abmessungen der Geometrien der Bauelemente wie etwa Hüllflächen. Die Überprüfung auf Mengenkonsistenz ist zu dokumentieren. Die Überprüfung der Konsistenz des jeweiligen Fachmodells ist, falls ein Export durchgeführt wird, Aufgabe des BIM-Modellkoordinators; die Überprüfung des Koordinationsmodells Aufgabe des BIM-Engineers.

6.4.6 Kollisionsprüfung

Die Durchdringung oder Überlappung von Körpern, die physikalisch nicht möglich ist oder auf der Baustelle zu Änderungen und Korrekturen führen würde, nennt man Kollision (englisch »Clash«). Kollisionen entstehen, wenn am gleichen Ort und in der gleichen Position mehrere Elemente existieren. Ursächlich dafür kann eine ungenaue Modellierung oder die Anwendung von unzureichenden Automatismen wie Verschneidungsalgorithmen oder Trimmbefehlen sein – oder die Überlagerung verschiedener, nicht koordinierter Fachmodelle. Manche Kollisionsarten entstehen auch im Zuge der sukzessiven fortschreitenden Detaillierung, wenn Details ergänzt werden, die ein Modell mit einem niedrigeren Entwicklungsgrad noch nicht aufweist. In der Konsequenz lassen kollidierende Bauteile die Konstruktion unklar, beeinträchtigen durch doppelte geometrische Instanzen die Mengenermittlung negativ und würden (unbehoben) zu Unstimmigkeiten in der Konstruktion und Ausführung führen. Häufig hat das Modell Plausibilitätsprüfungen bestanden, Kollisionen wurden nicht identifiziert und sind von außen auch nicht sichtbar, und erst die Kollisionsprüfung mit mehreren Fachmodellen deckt diese Fehler auf. Gleichzeitig muss zwischen verschiedenen Formen von Kollisionen unterschieden werden.

Nicht alle Kollisionen müssen (oder können) behoben werden, jedoch müssen im Rahmen der Qualitätsprüfung Kollisionen vollständig klassifiziert und entsprechend gekennzeichnet werden. Die Kollisionsprüfung zwischen den Fachmodellen liegt im Wesentlichen im Aufgabenbereich des Modellaudits BIM-Engineering im Zuge der Modellzusammenführung; auch im Modellaudit des BIM-Modellkoordinators kann eine (»hausinterne«) Kollisionsführung sinnvoll sein, um ein widerspruchsfreies Modell zu übergeben.

Werkzeuge zur Durchführung von Kollisionsüberprüfungen sind sogenannte Modell-Checker, die als eigenständige Tools oder Cloud-basierte Anwendungen verfügbar sind. Im Rahmen einer kollaborativen Planung kann die Zahl von festgestellten Kollisionen einen erheblichen Umfang einnehmen. Dies kann in der Größenordnung von mehreren hundert oder tausend Ereignissen liegen. Aus diesem Grund sind neben technischen Hilfsmitteln zur Feststellung von Kollisionen insbesondere Elemente zur Eingrenzung von Kollisionen auf ein notwendiges Minimum von entscheidender Bedeutung. Dies sind die in **Abschnitt 2.5** genannten Vorgaben aus den Schnittstellen- und Trassenkonzepten sowie Modellierungsrichtlinien hinsichtlich definierter Toleranzbereiche.

Für die Kennzeichnung, Verwaltung und Kommunikation von Mängeln an Modellen, die mit dem neutralen Datenaustauschformat IFC erstellt werden, wurde von der Organisation buildingSMART das BIM Collaboration Format (BCF) entwickelt [52] [81], das seit 2014 als Version 2 vorliegt. Mit Hilfe des BCF-Formates können objektbezogene Informationen ausgetauscht werden, d.h. es muss nicht das Modell als solches ausgetauscht werden, sondern die Information, welches Bauteil oder Objekt betroffen ist [79].

Eine BCF-Datei ist ein komprimiertes Archiv, das für jeden Mangel ein Verzeichnis enthält, in dem
- Informationen zum Mangel als solches und dem betroffenen Objekt in einer standardisierten XML-Datei abgelegt werden (Objekt-ID im IFC-Modell, Autor, Datum, verantwortlicher BIM-Modellierer, Status),
- Informationen zum Auffinden und zur Darstellung des Mangels im 3D-Modell (Kameraposition usw.) sowie
- ein entsprechendes Foto des Mangels (Rastergrafik) gespeichert wird.

Die ermittelten Kollisionsereignisse sind durch den BIM-Engineer im Rahmen des Änderungsmanagements an die betroffenen Beteiligten zu kommunizieren. Diese werden als Listen oder unter Verwendung des BCF-Formates übermittelt bzw. über eine kollaborative Projektplattform bereitgestellt und/oder auf Projektsitzungen mit den BIM-Modellkoordinatoren diskutiert und Prioritäten und Verantwortlichkeiten zur Behebung festgelegt. Das Vorgehen muss iterativ wiederholt werden, bis der geforderte Qualitätsstandard erreicht ist.

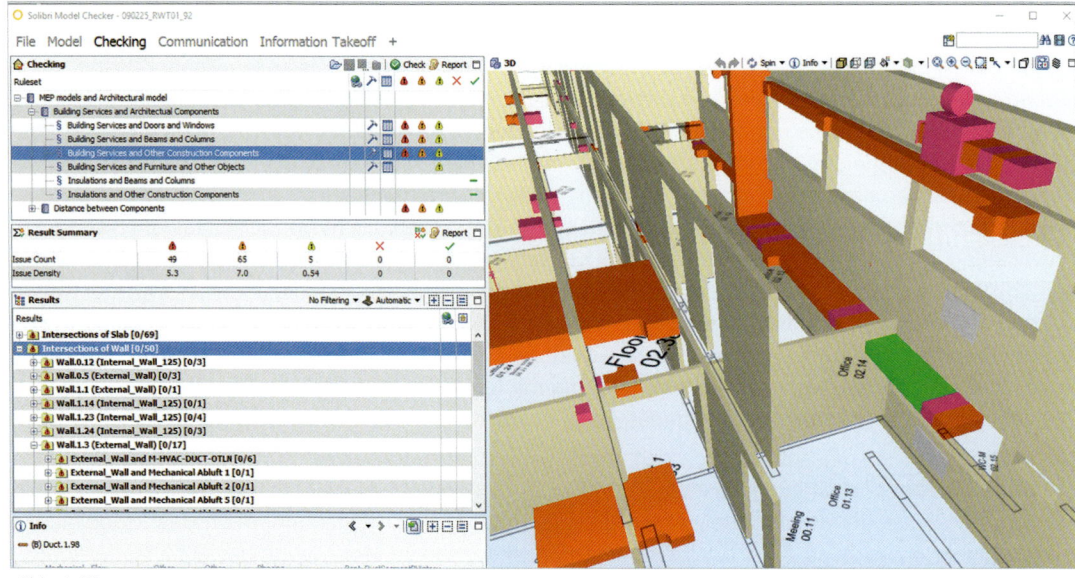

Abb. 1–26

Durchführung einer Modellprüfung, hier dargestellt am Beispiel der Software Solibri Model Checker.

6.4.7 Unterscheidung von Kollisionsarten

Kollisionsarten werden zweckmäßig in fünf Typen differenziert.

Bei den identifizierten Kollisionen kann zunächst zwischen
- Einzelkollisionen (Typ 1) und
- Strangkollisionen (Typ 2) unterschieden werden.

Einzelkollisionen bezeichnen ein singuläres Vorkommnis, z. B. den fehlenden Rohrleitungsdurchbruch innerhalb eines Unterzugs oder Trägers. Treten Kollisionen systematisch und wiederholend auf, beispielsweise fehlende Rohrleitungsdurchbrüche bei mehreren Trägern in Folge, wird dies als Strangkollision bezeichnet. Als Kollisionsbehebung ist in solchen Fällen auch eine systemische Lösung, z. B. das Verlegen des kollidierenden Rohrleitungssystems statt der mehrfachen Konstruktion von Durchbrüchen zu erwägen. Die konsequente Anwendung eines Trassenkonzeptes hilft, das Auftreten solcher Kollisionsformen a priori zu vermeiden.

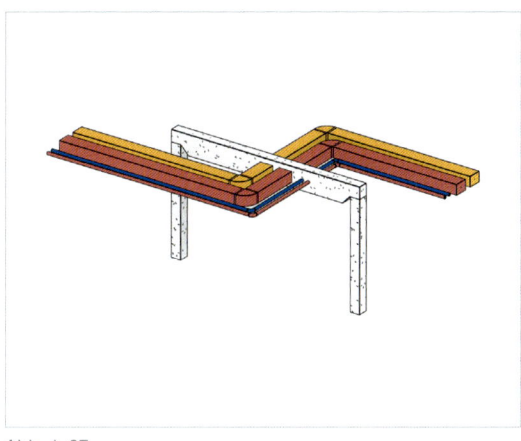

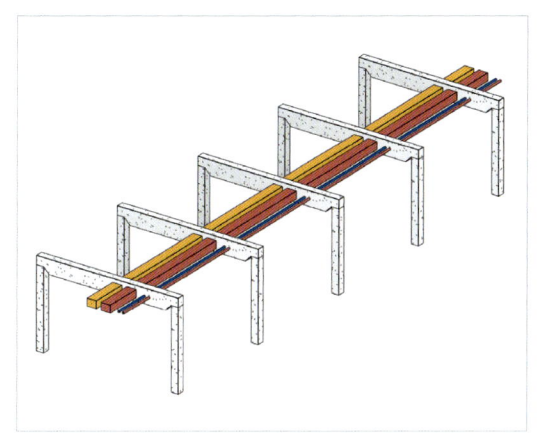

Abb. 1–27
Unterscheidung zwischen Einzelkollision (linkes Bild) und Strangkollisionen (rechtes Bild).

Wesentlich schwieriger festzustellen sind Kollisionen, die im Zuge der fortschreitenden Ausarbeitung und Detaillierung des Modells im Planungsprozess entstehen und in einem geringeren Ausarbeitungszustand zunächst nicht unmittelbar erkennbar sind.

Diese werden als
- Modellentwicklungs-bedingt auftretende Kollisionen (Typ 3) bezeichnet (**Abb. 1–28**).

Die Vermeidung und frühzeitige Identifikation von diesem Kollisionstyp liegt einerseits in der Fachkompetenz und Erfahrung von BIM-Modellierern (Planer und ausführende Firmen). Beispielsweise kann dies einen Rohrleitungsdurchbruch oder eine Öffnung in einem Stahlträger betreffen, der erst im Zuge der weiteren Detaillierung im Rahmen der Tragwerksplanung mit weiteren Aussteifungselementen (Steifen) versehen wird. Wurde in einer frühen Phase die Öffnung in diesem Bereich eingeplant, so entsteht eine Kollision. Diese Kollisionsart ist andererseits vermeidbar, indem mögliche Trassenführungen in frühen Planungsphasen durch ein Trassenkonzept abgestimmt und festgeschrieben werden. Weiterhin ist es möglich, nicht zu durchstoßende Bereiche von tragenden Bauteilen frühzeitig im Modell zu kennzeichnen. Ohne Kenntnis des Modellentwicklungsgrades ist dieser Kollisionstyp eine Typ 1-Kollision. Gleichzeitig deckt die Prüfung auch Kollisionen auf, die je nach geometrischem Detaillierungsgrad im Modell existieren, faktisch aber nicht oder mit hoher Wahrscheinlichkeit nicht auftreten bzw. eine Berührung zulassen oder sogar erfordern. Als Beispiel sei hier eine Überlappung von Rohrleitungsdämmungen aufgeführt oder die Überschneidung von zwei Störkörpern mit Toleranzbereichen, die bei einer detaillierten Modellierung nicht bestehen würden, etwa im Falle von Leitungsgefällen paralleler Leitungen.

Solche Kollisionen werden als
- weiche Kollisionen (Typ 4), die durch eine Überlappung von Toleranzbereichen entstehen (**Abb. 1–29**), bezeichnet.

Diese sind ebenfalls im Abgleich mit dem Trassenkonzept oder durch fortschreitende Detaillierung zu lösen bzw. als solche zu kennzeichnen.

Kollisionen sind auch nicht gegeben, wenn, je nach Modellansatz und softwaretechnischer Umsetzung,
- in Teilmodellen gemeinsame Objekte verschiedener Teil- oder Fachmodelle kongruent koexistieren (Typ 5),

beispielsweise wenn Bauteile in den Modellen der Objekt- und Tragwerksplanung in jedem Teilmodell existieren, einmal als Architektur-, einmal als Tragwerksmodell. Vielmehr zeigen diese »Dopplungen« von gleichen Objekten und Bauelementen in gleicher Geometrie und Position die Qualität der koordinierten Planung. Im Falle nicht deckungsgleicher Objekte ist eines der Modelle zu modifizieren.

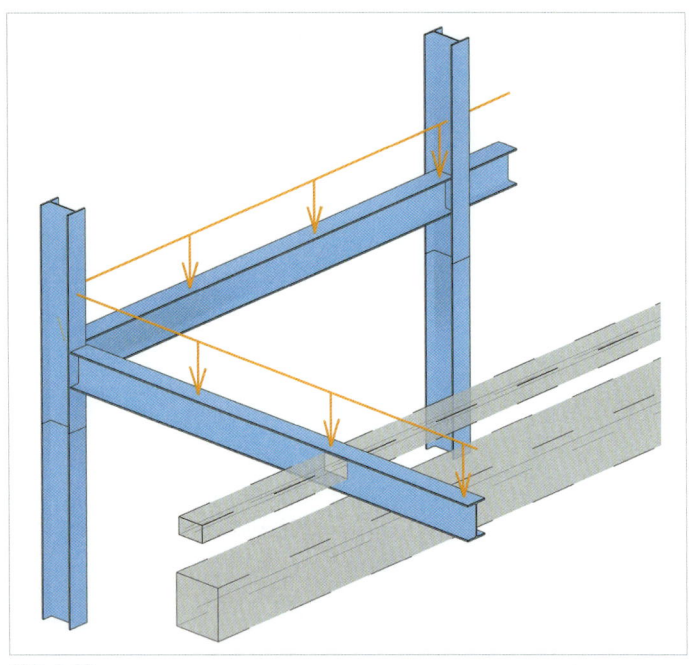

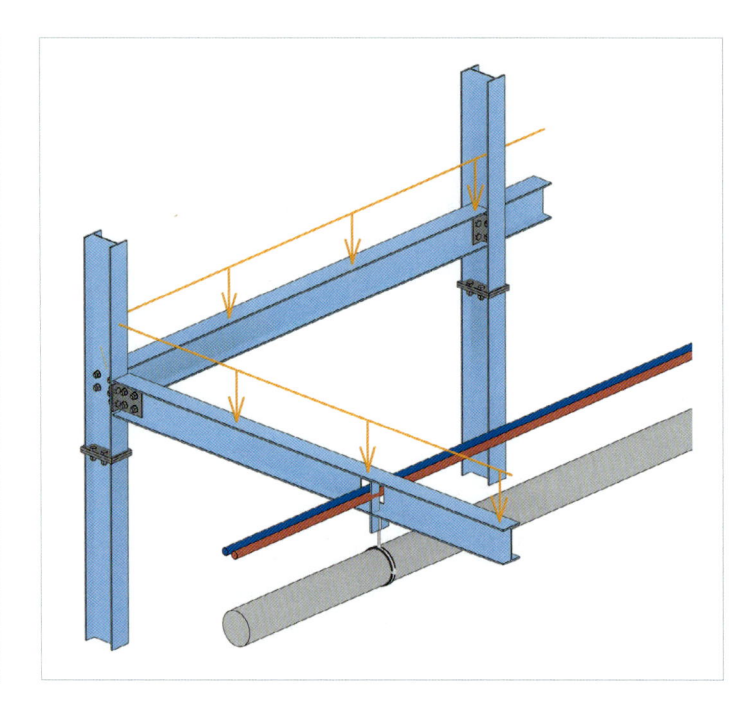

Abb. 1–28

Modellentwicklungs-bedingt auftretende Kollisionen.
Links: Träger mit Durchbruch, Befestigungselemente werden nicht dargestellt.
Rechts: Gleicher Träger in höherem Detaillierungsgrad mit statisch bedingten Aussteifungselementen im Befestigungsbereich. An der Steife entsteht eine Kollision.

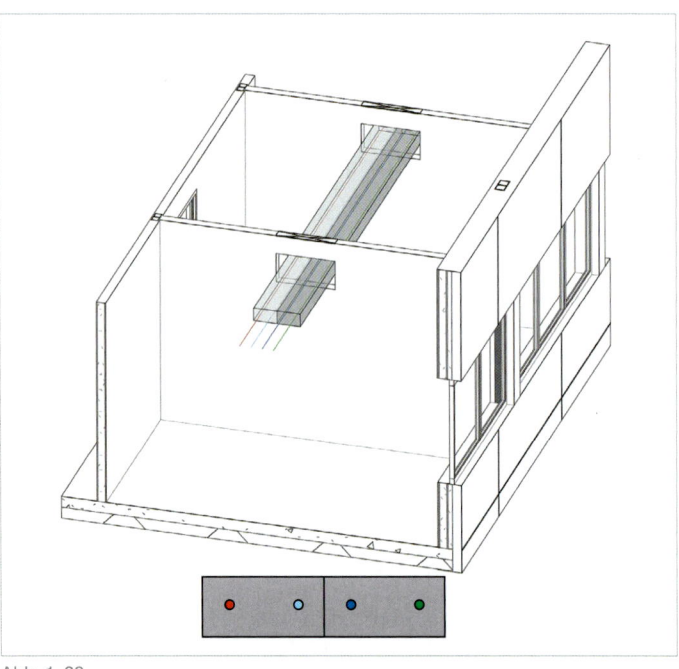

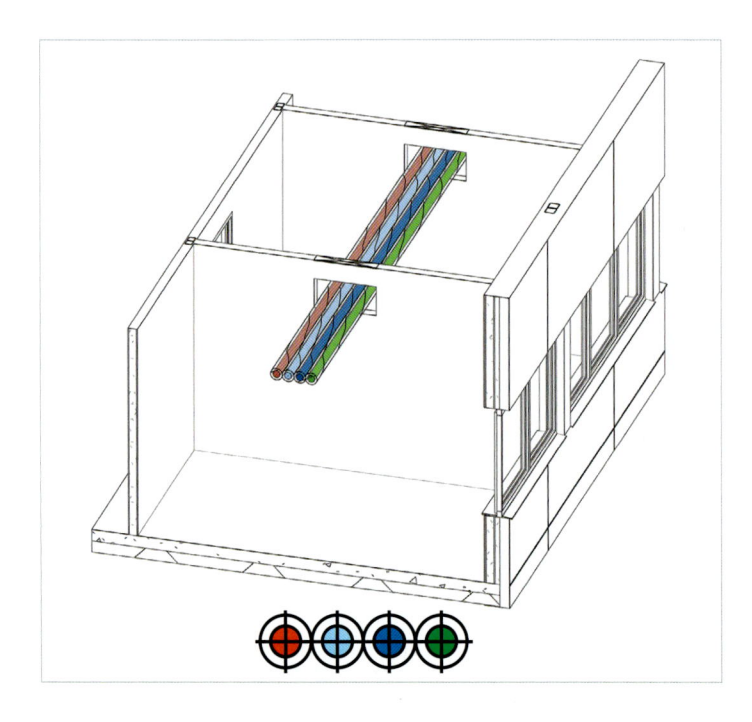

Abb. 1–29

Weiche Kollision durch Überlappung von Toleranzbereichen.
Links: Modell mit entsprechender Unschärfe und Überlappungen.
Rechts: Detaillierte Modellbildung derselben Elemente. Auch hier berühren sich die Rohrleitungsdämmungen.
         Die Modellierung größerer Abstände wäre in diesem Fall unerwünscht.

6.5 Prozessbasierte Integration in die integrale Planung mittels IDM

Der Informationsfluss, die Einbindung der vorgenannten Modellaudits in den Planungsprozess und die Schritte zur Freigabe von Inhalten wird mit Hilfe des Information Delivery Manuals (IDM) formuliert, wobei der Prozess über die Business Process Modeling Notation (BPMN), vgl. auch **Abschnitt 3.3**, abgebildet werden kann. Der in **Abb. 1–30** dargestellte Prozess definiert das Zusammenspiel der Rollen, deren Verantwortungsbereiche durch sogenannte »Schwimmbahnen« (engl. swim-lanes) im Bild als horizontale Streifen gekennzeichnet sind, in denen die jeweiligen Aufgaben elementweise positioniert und zu Sequenzflüssen miteinander verbunden werden. Datenobjekte, die im Rahmen einer Aufgabe erstellt werden, sind zwischen den Schwimmbahnen dargestellt; Nachrichtenflüsse symbolisieren den Informationsaustausch (gestrichelte Kennzeichnung); sogenannte Gateways (Rautendarstellung) stellen projektspezifische Entscheidungen dar. Der Prozess hat zudem einen definierten Start- und Endpunkt.

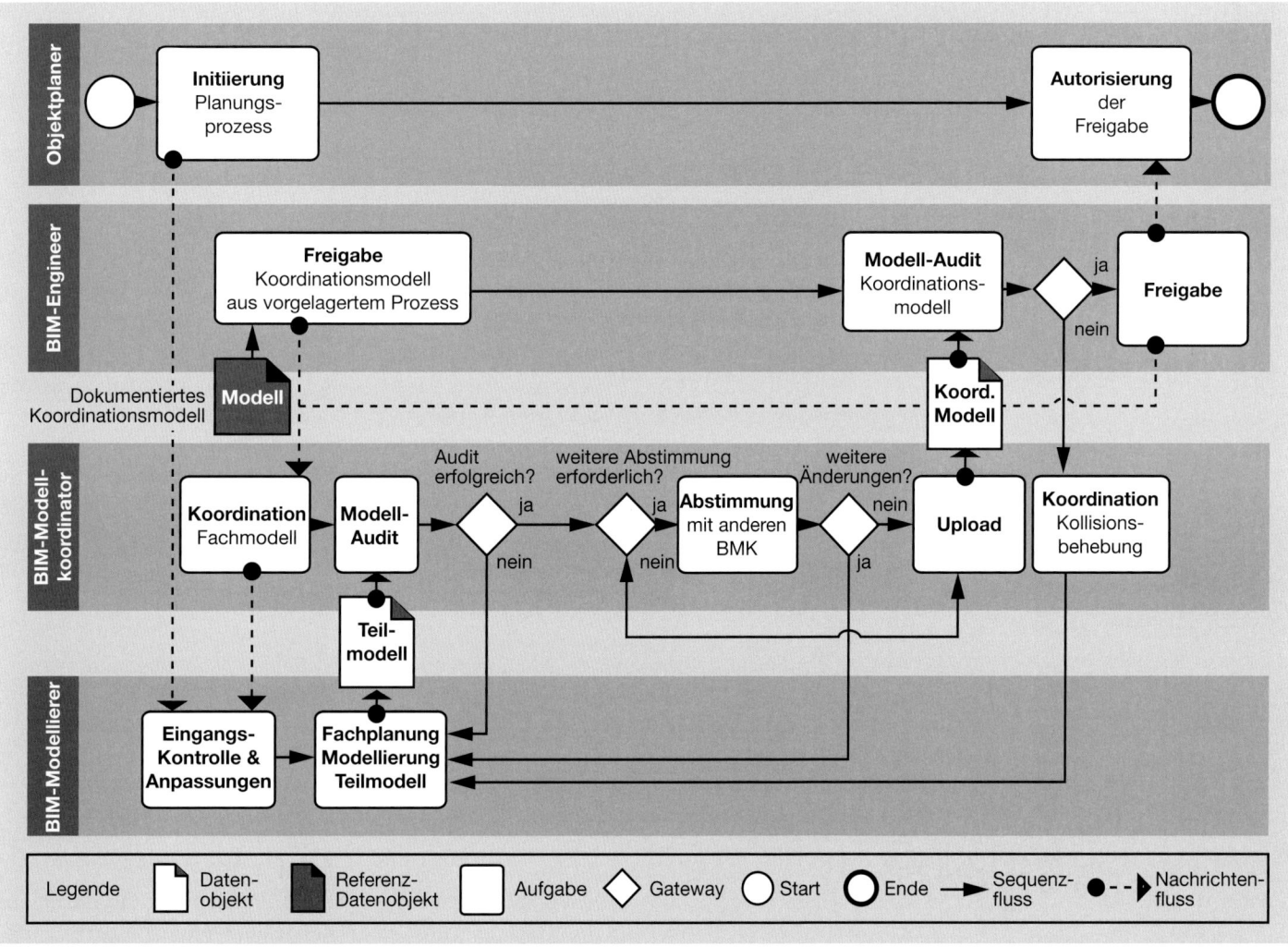

Abb. 1–30

Prozessdarstellung im Information Delivery Manual (IDM) mittels BPMN-Schema. Die Abkürzung BMK steht hier für BIM-Modellkoordinatoren.

7 Praktisches Arbeiten mit BIM: Konkrete Festlegungen in einem Projekt

7.1 Zieldefinition und Festlegungen

7.1.1 Konkrete Festlegung von Zielen und zum Anwendungsfall

Ziele, die im Rahmen eines Projektes durch den Einsatz der Methode BIM verfolgt werden, werden in der Bedarfsplanung, wie in **Abschnitt 2.5** erläutert, formuliert und finden Eingang in ein BIM-Konzept oder in die Ausschreibung von in **Abschnitt 2.2.3** genannten Auftraggeber-Informations-Anforderungen (AIA). Hierfür muss in der Bedarfsplanung konkret festgelegt werden, zu welchem Zweck BIM verwendet wird und welche BIM-Einsatzform, vgl. **Abschnitt 2.4**, im Projekt verfolgt wird. In **Abschnitt 5** wurden bereits konkrete Beispiele für mögliche Einsatzformen gegeben. Wofür und in welchen Phasen wird BIM eingesetzt?

Wird BIM
- zur Koordination der Objekt- und Fachplanung,
- innerhalb einzelner oder mehrerer Domänen der Fachplanung als durchgängige Toolkette, beispielsweise für modellbasierte Berechnungen und Dimensionierungen,
- in allen Leistungsphasen oder nur in den ersten Phasen,
- zur Mengen- und Kostenermittlung,
- zur Termin- und Ablaufplanung,
- zur Koordination der Montageplanung,
- auch in der Ausführungsphase etwa zur Überwachung und Kontrolle der Bauausführung oder
- auch darüber hinaus in der Betriebs- und Nutzungsphase in Verbindung mit CAFM

eingesetzt?

Diese Entscheidungen zum BIM-Anwendungsfall sind zu Beginn eines Projektes zu treffen, da hiervon weitere Festlegungen zum Reifegrad, zu Rollendefinitionen, zur Qualität des BIM und zur prozessbasierten Integration abhängen und der Produktivitätsgewinn für spätere Phasen umso größer ist, je früher diese Festlegungen getroffen werden. Ziele sollten eindeutig formuliert und in messbare Teilziele zerlegt werden. **Abschnitt 6.1** fasst die notwendigen Festlegungen für die Zusammenarbeit mit BIM entsprechend zusammen.

Wie in **Abschnitt 5** erwähnt, sollten die Ziele, wenn es sich um ein Pilotprojekt handelt, nicht zu hoch gesteckt werden.

Bedingt durch
- die Neuheit des Einsatzes der Methode BIM und der damit im Zusammenhang stehenden Technologie,
- durch eventuelle Defizite im Funktionsumfang von Planungswerkzeugen (Software) und Datenaustauschformaten,
- durch Unerfahrenheit der Planer in der konsequenten Anwendung der Methode BIM sowie
- durch teilweise noch in der Entwicklung befindliche Regelwerke

müssen Beschränkungen in Kauf genommen und, bei einem Pilotprojekt, von einem weiteren zusätzlichen Mehraufwand ausgegangen werden.

Für ein erfolgreiches Ausrollen der Technologie ist es dabei sinnvoll, diese anfänglichen Beschränkungen bewusst mit einzubeziehen und ein Projekt mit zunächst kleiner gesteckten Zielen zu beginnen.

7.1.2 Festlegung des Reifegrades der projektspezifischen BIM-Implementierung

Mit der Festlegung der BIM-Einsatzform und des BIM-Reifegrades, vgl. **Abschnitt 2.4**, kann die Art der projektspezifischen BIM-Implementierung und damit die Auswahl einer geeigneten Form des Datenmanagements, vgl. **Abschnitt 6.3**, getroffen werden. Auch diese Entscheidung zur Festlegung des Reifegrades sollte frühzeitig zu Beginn des Projektes getroffen werden, da diese von vielen Abhängigkeiten geprägt ist.

Wird beispielsweise das Ziel verfolgt, etablierte und so weit wie möglich kompatible, proprietäre Softwareprodukte und Plattformen eines einzelnen Herstellers einzusetzen, stehen andere technische Lösungen bereit, als wenn ein Open BIM Ansatz verfolgt werden soll. Oftmals wird die Wahl der Implementierungsform auch von den technischen und methodischen Fähigkeiten der beteiligten Planer bestimmt, beispielsweise wenn sich ein Büro auf ein bestimmtes CAD-System spezialisiert hat und mit einem Fachplaner zusammenarbeiten soll, der ein anderes System verwendet. In diesem Fall bleibt nur die Verwendung offener Standards – oder die Fortbildung bzw. Umschulung eines gesamten Teams auf ein anderes System.

7.1.3 Rollendefinitionen und Zuordnung von Aufgaben

Nach der Zieldefinition und der Festlegung des Reifegrades können Anforderungen an die Zusammenarbeit formuliert und Rollenbilder und Verantwortlichkeiten nach **Abschnitt 4** festgelegt werden.

7.1.4 Festlegungen zum Modellentwicklungsgrad

Welche Anforderungen bestehen an die Qualität des BIM?
Mit der in **Abschnitt 6.2** vorgestellten Methodik zur Definition von Modellentwicklungsgraden kann im Projekt festgeschrieben werden, welcher Modellentwicklungsgrad in welcher Leistungsphase vorliegen muss. **Tab. 1–7** zeigt ein Beispiel für die konkrete Zuordnung von Elementen einzelner Kostengruppen nach Leistungs- oder Planungsphasen in einer Modellentwicklungsmatrix anhand des LoG-I-C-L-Kennzeichnungssystems.

Tab. 1–7 **Beispiel für die Zuordnung von Modellentwicklungsgraden zu Kostengruppen und Leistungsphasen mittels einer Modellentwicklungsmatrix.**

Modellentwicklungsmatrix nach KG DIN 276		Vorplanung	Entwurfsplanung	Ausführungs-planung	nach der Ausführung
			LoD nach LoG-I-C-L-Schema		
400	Bauwerk, Technische Anlagen				
410	Abwasser-, Wasser-, Gasanlagen	2210	3321	4433	5543
420	Wärmeversorgungsanlagen	2210	3321	4433	5543
430	Lufttechnische Anlagen	2210	3321	4433	5545
434	Kälteanlagen	2210	3321	4433	5545
...					

Die Festlegung kann sich dabei
- auf die zweite Ebene der Kostengruppen des erweiterten Schemas nach DIN 276 [72] beschränken,
- eine weitere Detaillierung über die dritte Ebene der Elemente der Kostengruppen umfassen,
- eine weitere Differenzierung nach Planern vornehmen oder sogar
- Vorgaben bis auf Objektebene vornehmen.

Letztgenanntes Vorgehen führt zu einer sehr hohen Komplexität.
Geeignete digitale Planungshilfsmittel hierzu befinden sich noch in der Entwicklung.

Abb. 1–31 zeigt eine mögliche Konfiguration für ein Projekt mit einer sukzessiven Anreicherung des Modellentwicklungsgrades mit fortschreitender Leistungsphase zu den in **Tab. 1–8** exemplarisch definierten Entwicklungsgraden. Je detaillierter die Angaben der Ebenen werden, desto höher wird dabei auch eine mögliche Unschärfe, d. h. nicht alle Unterelemente einer Kostengruppe müssen notwendigerweise denselben Detaillierungsgrad aufweisen. Beispielsweise könnte festgelegt werden, dass raumlufttechnische Anlagen in einem höheren Detaillierungsgrad als Sprinkleranlagen modelliert werden und dass Außenanlagen nur schematisch abgebildet werden. Die Tiefe der inhaltlichen Modellierung sollte sich indes auch am weiterführenden Einsatz von BIM in der Betriebs- und Nutzungsphase orientieren.

Tab. 1–8 Modellentwicklungsgrade nach Abb. 5–31, beispielsweise zu Elementen der Kostengruppe 400.

Modellentwicklungsgrad		Vorplanung	Entwurfs-planung	Ausführungs-planung	nach der Ausführung	Betrieb & Nutzung
		\multicolumn{5}{c}{LoD nach LoG-I-C-L-Schema}				
400	Technische Anlagen	2211	3322	4433	5545	5555

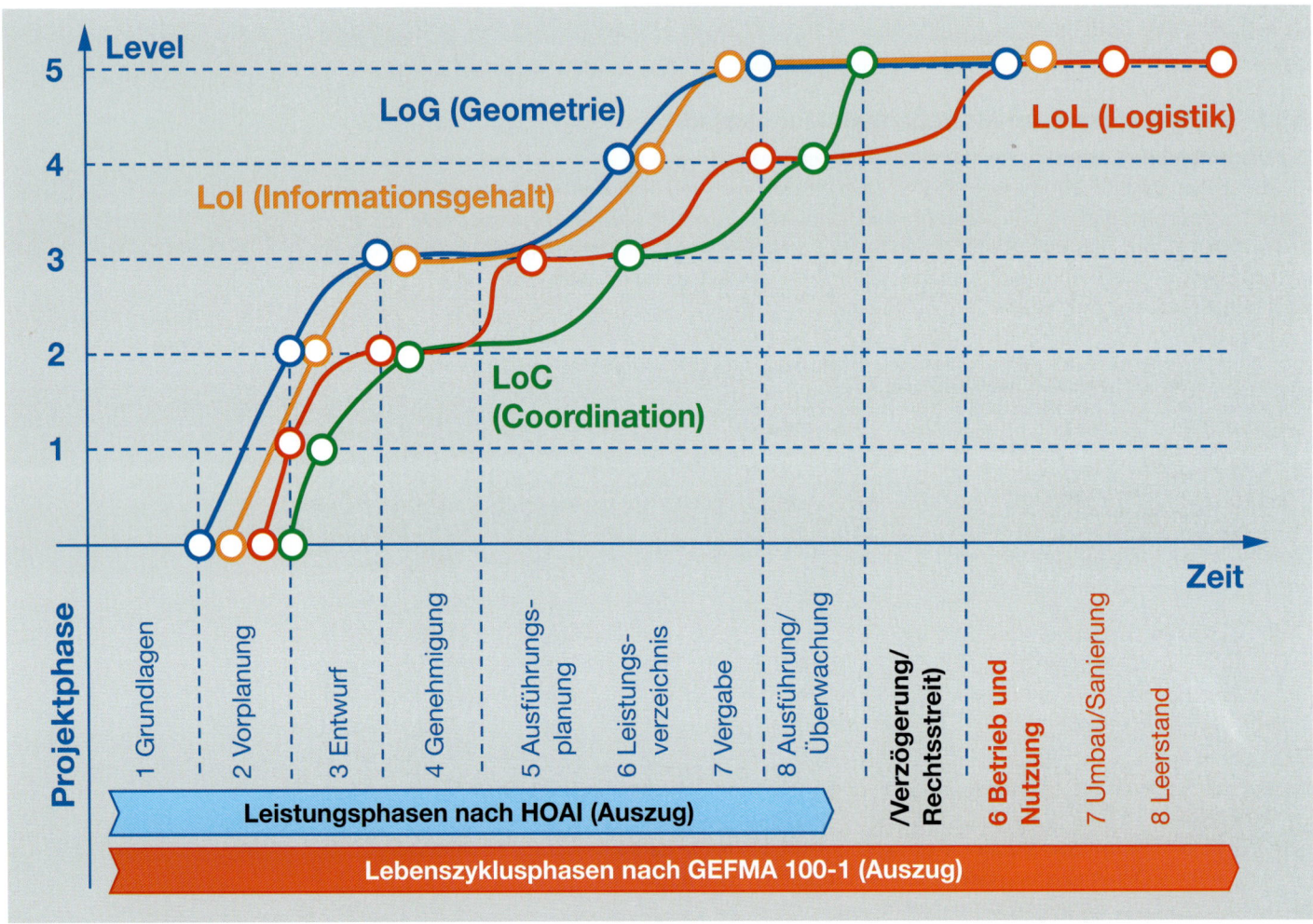

Abb. 1–31

Fortschreitende Anreicherung des Modellentwicklungsgrades über den Lebenszyklus.

7.1.5 Prozessbasierte Integration ins Projekt

Mit den zuvor getroffenen Festlegungen stellt sich die Frage nach der Organisation des in **Abschnitt 6.3** vorgestellten Datenmanagements und nach der prozessbasierten Integration der Elemente des Qualitätsmanagements nach **Abschnitt 6.5**. In der Praxis hat sich der Weg etabliert, mit einzelnen Fachmodellen zu arbeiten, die mit jeweils anderen Teilmodellen über Referenzen verknüpft sind. Prinzipiell sind damit beide in **Abb. 1–25** dargestellten Formen abbildbar, wobei sich die Aufteilung in mehrere Fachmodelle als vorteilhaft erweist

- Verschiedene Fachmodelle können zum Zweck der Koordination in einem Koordinationsmodell zusammengeführt werden. Softwarelösungen unterstützen für die Modellzusammenführung verschiedenste Datenaustauschformate. Ein Koordinationsmodell ist dabei nicht mit einem Zentralmodell zu verwechseln.

- Die Arbeit in einem einzelnen Zentralmodell ist für Projekte, die über den Umfang eines kleinen Bauprojektes hinausgehen, aus Gründen der Komplexität auch mit moderner Hardware nicht beherrschbar. Die Größe eines Modells überschreitet schnell die Rechnerkapazitäten, womit Leistungseinbußen in Kauf genommen werden müssen, die ein flüssiges Arbeiten behindern, wenn nicht sogar verhindern.

- Für Planer ist es zudem weder sinnvoll noch erstrebenswert, ein vollständiges Modell mit allen Modellfamilien auszutauschen, da dieses auch unternehmensinternes Backgroundwissen enthält, sondern den Umfang auf relevante Daten einzugrenzen.

- Fachmodelle können über Referenzen dynamisch miteinander verknüpft werden, womit eine domänenübergreifende asynchrone Bearbeitung möglich ist. Auch zeichnungsbasierte Elemente oder Punktwolken aus einem Laserscan können mit dieser Methode verknüpft werden.

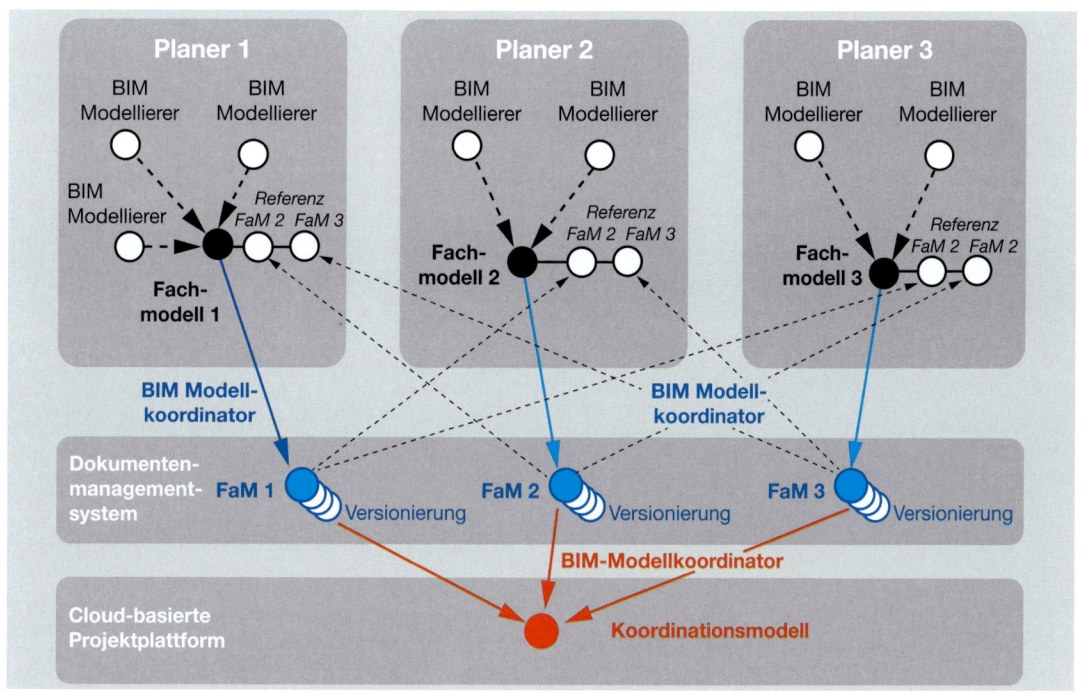

Abb. 1–32

Fachbereichsweise Koordination von Fachmodellen (FaM) und Zusammenspiel von Dokumentenmanagementsystem und Koordinationsmodell.

Abb. 1–32 zeigt das beispielhafte Zusammenspiel zwischen Teilmodellen, die von verschiedenen BIM-Modellierern erstellt, durch den zugeordneten BIM-Modellkoordinator im Dokumentenmanagementsystem (DMS) abgelegt bzw. durch den BIM-Engineer in einer Cloud-basierten Projektplattform zum Zweck der Qualitätsprüfung zu einem Koordinationsmodell zusammengeführt werden. Das DMS übernimmt die Aufgabe der Versionierung und Archivierung, auch Dokumente wie Berichte und zu Dokumentationszwecken abgeleitete CAD-Pläne werden darin verwaltet.

In **Abb. 1–33** ist eine mögliche methodisch-technische Umsetzung der prozessbasierten Integration (IDM vgl. **Abschnitt 6.5**) dargestellt, die von der Rolle des übergeordneten BIM-Qualitätsmanagements überwacht wird. BIM-Teilmodelle werden hierbei durch den Modellkoordinator überprüft, mit anderen Teilmodellen verknüpft und im DMS abgelegt. Im Zuge der Modellrevision werden Teilmodelle vom BIM-Engineer zu einem Koordinationsmodell zusammengeführt, dem Modell-Audit unterzogen und Änderungen kommuniziert, beispielsweise unter Zuhilfenahme der Kommunikationslösungen einer Projektplattform. Anschließend erfolgt die Freigabe durch den Objektplaner. Dokumente, Teilmodelle und zu Dokumentationszwecken abgeleitete CAD-Pläne werden in regelmäßigen Abständen archiviert.

Die Unterscheidung von Dokumentations-, Revisions- und Archivierungsintervallen sind aus **Abb. 1–34** ersichtlich. Intervalle dieser Art werden projektspezifisch festgelegt.

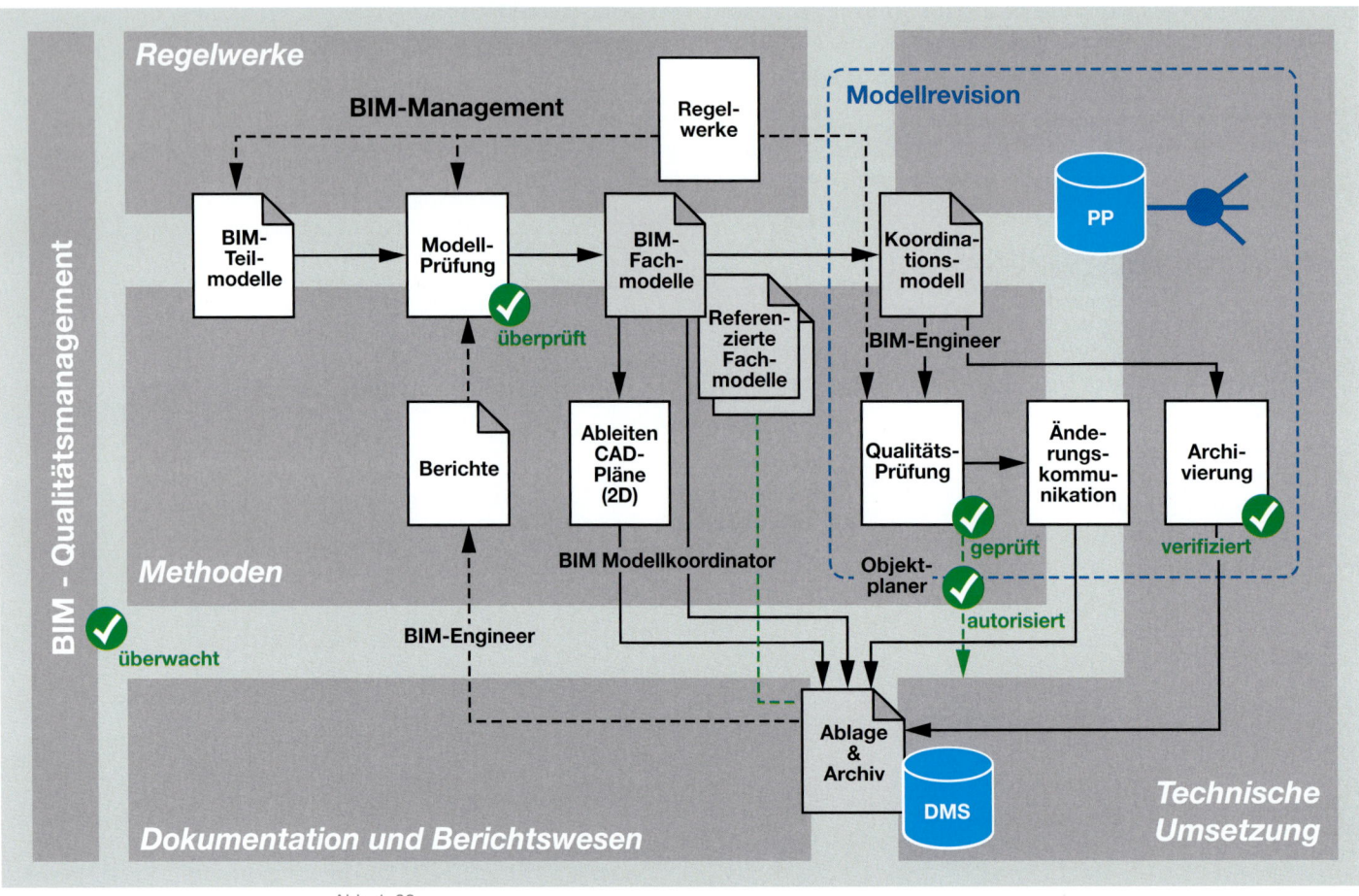

Abb. 1–33

Methodisch-technische Umsetzung der prozessbasierten Integration.

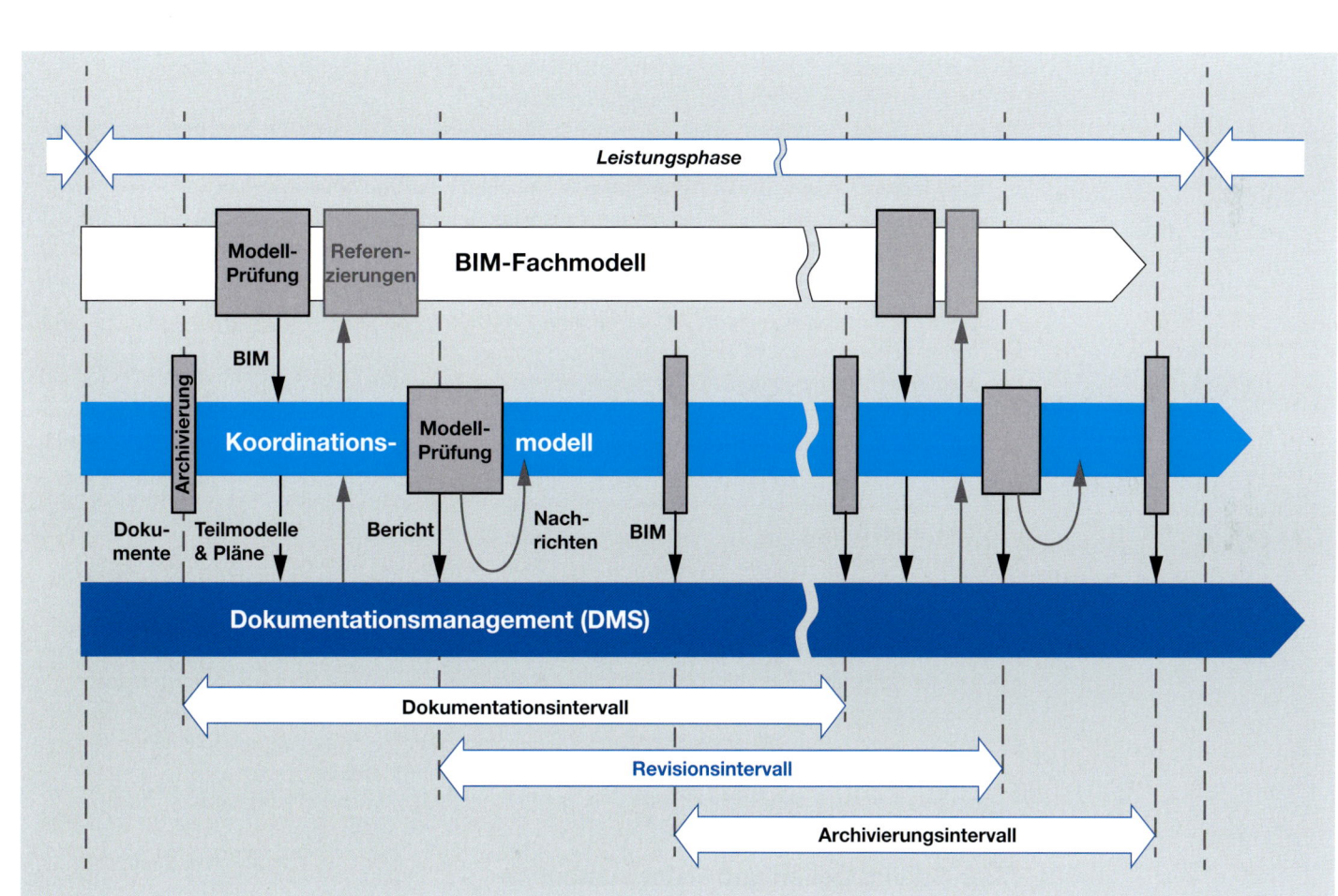

Abb. 1–34

Dokumentations-, Revisions- und Archivierungsintervalle.

Praktisches Arbeiten mit BIM: Konkrete Festlegungen in einem Projekt

7.2 Software, Schnittstellen und Datenaustausch

7.2.1 Softwaretechnische Umsetzung

Seitens der softwaretechnischen Umsetzung ist aus den in den vorangegangenen Abschnitten vorgestellten Möglichkeiten ersichtlich, dass es nicht »die eine« Lösung zur Umsetzung geben kann, sondern eine projektabhängige Integrationslösung gefunden werden muss, die sich zudem stets an dem schnell voranschreitenden Reifegrad freier und kommerzieller Softwarelösungen orientieren wird. Dabei ist zu beachten, dass Stand 2016 keine der auf dem Markt verfügbaren Softwarelösungen in der Lage ist, alle in **Abschnitt 6.3** bzw. in **Abschnitt 7.1.5** skizzierten Anforderungen vollumfänglich zu erfüllen. Beispielsweise können mit einer BIM-Serverlösung Rechte auf Objektebene verwaltet werden, eine Cloud-basierte Kooperationsplattform, die gleichzeitig Modellprüfungen erlaubt, kann dies nicht. Vielmehr muss bei der Auswahl durch Kombination verschiedener Produkte und Lösungen ein Kompromiss aus einer sinnvollen Kombination notwendiger Funktionalitäten getroffen werden. Der Erfolg eines BIM-Projektes hängt dabei nicht vordergründig vom technischen Funktionsumfang einer Software ab, sondern in einem hohen Maße von der prozessbasierten Umsetzung mit den in **Abschnitt 7.3** noch zu skizzierenden Elementen.

»Das BIM-Modell« entsteht durch die Verknüpfung verschiedener Datenbanken,
- angefangen beim objektorientierten Gebäudedatenmodell, das aus unterschiedlichen Informationsressourcen bzw. Teilmodellen besteht,
- dem digitalen Raumbuch als in der Regel relationale Datenbank mit raum- und objektbezogenen Daten und Attributen,
- dem Terminplan mit Objekten des Rahmen-, Ausführungs- und Montageplans,
- dem Kostenplan mit Volumen-, Massen- und Mengenermittlungen auf Basis des objektorientierten Gebäudemodells und Raumbuches und
- weiteren Dokumenten und Festlegungen.

Auf Basis der zuvor in **Abschnitt 7.1** getroffenen Zieldefinitionen und Festlegungen (und nicht umgekehrt) sind softwareseitig die Entscheidungen zu treffen,
- welche fachspezifischen CAD-Plattform(en) eingesetzt werden soll(en),
- ob diese als Einzelsystem(e) oder unter Verwendung einer BIM-Serverlösung betrieben werden,
- ggf. welche Planungswerkzeuge für die Berechnung, Auslegung und Dimensionierung verwendet werden, mit denen auch Normflächen ermittelt werden können,
- welche Lösung als Dokumentenmanagementsystem, ggf. in Kombination mit einer Projektplattform, eingesetzt wird,
- welches Softwaretool zur Erstellung und Verwaltung des Raumbuches Anwendung finden soll und in welcher Form dieses Tool an die BIM-Datenbank angebunden werden kann,
- welche Modell-Checker Software für die regelbasierte Qualitätsprüfung (Kollisionsprüfung und weitere Prüfungsaufgaben) in Frage kommt,
- welche Softwarelösung für die Terminplanung eingesetzt wird und welches Spektrum diese Lösung abdecken kann (nur Rahmen- oder auch Ausführungs- und Montageplanung),
- welche Tools oder CAD-Erweiterungen für die Ausschreibung-, Vergabe und Kalkulation eingesetzt werden, die zudem VOB-Mengenermittlungen etc. unterstützen,
- ob eine Software oder mobile Lösung für die Baustellenüberwachung eingesetzt werden soll.

7.2.2 Schnittstellen und Datenaustausch

Aufbauend auf BIM-Einsatzform, BIM-Reifegrad und der softwareseitigen Umsetzungsstrategie sind projektspezifische Festlegungen zu Schnittstellen und zum Datenaustausch zu treffen. Dabei ist zudem zu regeln, ob nur native Formate eingesetzt werden müssen oder ob auch Konvertierungen von Datenformaten zulässig sind und welcher Anspruch dann an die Ergebnisqualität gestellt wird. Erforderlich sind Angaben zum Format, dessen Version und der Zertifizierung nach einem entsprechenden Standard (Beispiel: PDF, mindestens in der Version 1.7, ISO 19005-2/-3).

Festlegungen betreffen den Austausch
- objektorientierter Modelldaten in herstellerspezifischen oder herstellerneutralen Formaten, beispielsweise »Autodesk Revit *.rvt Version 2015« oder »Microstation *.dgn Version 8« oder neutral als »IFC *.ifc Version XML 2x3«,
- objektorientierter Modelldaten zur Modellprüfung mit einem Modell-Checker,
- von 2D-Plandaten, beispielsweise als DWG-, DXF- oder PDF-Dokument,
- von Modelländerungen, beispielsweise im BCF-Format oder als Tabelle (Trennzeichen-getrennte Liste, *.csv),
- von Mengen und AVA-bezogenen Daten, beispielsweise als GAEB-Bauinformationen (XML-Format) oder tabellarisch, und
- den Austausch weiterer Dokumente.

7.2.3 Festlegungen für die Arbeit in CAD

In **Abschnitt 2.2.3** wurden bereits einige Besonderheiten für das Arbeiten mit BIM angesprochen. Für das gemeinsame Arbeiten in CAD sollten in einem Projekt konkrete Vorgaben gemacht werden.

Diese betreffen folgende Punkte
- Für die Fachmodelle sind Koordinaten und Einheiten zu definieren. Es ist auf Grundlage des Lageplans ein Projektbasispunkt festzulegen, der im Modellbereich des Projektes liegen sollte, sowie ein Bezugskoordinatensystem.

- Für das Arbeiten mit BIM muss vereinbart werden, dass auch im CAD-System mit den jeweils richtigen BIM-Modellierungswerkzeugen gearbeitet werden muss. Beispielsweise ist eine Wand mit einem Wand-Modellierungswerkzeug zu erstellen und nicht als Volumenkörper mit selbst definierten Attributen. Schichten in Objekten werden im jeweiligen Objekt definiert, d. h. ein schichtenartiges Bauteil wird nicht durch »aneinanderkleben« mehrerer gleichartiger Objekte modelliert. Nur so ist gewährleistet, dass Zusammenhänge auch in anderen Fachplanungen oder für die Mengenermittlung richtig hergestellt werden können.

- Die Arbeit mit einem parametrischen CAD-Modell erfordert das richtige Anlegen eines Projektes und ein entsprechendes Vorgehen bei der Modellierung. Erforderlichenfalls sind die Projektteilnehmer zu schulen, da ein CAD-Projekt von Beginn an richtig aufgesetzt werden muss und eine spätere Nachbesserung nicht möglich ist.

- Es ist verbindlich festzulegen, wie Objekte geschoss- und bereichsweise modelliert werden. Die Modellierungsart hängt dabei von der Fachrichtung/Disziplin ab und kann sich wesentlich voneinander unterscheiden. Der Etage eines Architekturmodells können beispielsweise die Bodenplatte der Geschossdecke, deren Bodenaufbauten (Wände, etc.) und abgehängte Deckenteile zugeordnet werden. Beim Tragwerksmodell hingegen enthielte entsprechend der Lastabtragung eine Etage Wände und Deckenplatten; Keller mit Bodenplatte und Fundamente würden ein separates Geschoss bilden. In einem TGA-Modell würden die Gewerke getrennt modelliert und bereichsweise an einzelne Bauabschnitte angepasst.

- Zu Dokumentationszwecken werden bei der Arbeit mit BIM in der Regel auch 2D-Pläne erstellt. Diese können automatisch aus dem 3D-Gebäudemodell abgeleitet werden. Für die Darstellung sind Vereinbarungen zum Aufbau von Planköpfen in CAD, zur Definition festgelegter Modellansichten, zur Kennzeichnung von Änderungen (beispielsweise über Änderungswolken), einheitliche Konventionen für Beschriftungen und Dateinamenskonventionen festzulegen.

7.3 Organisatorische, technische und vertragliche Umsetzung eines BIM-Abwicklungsplans (BAP)

Die Implementierungsart der Methode BIM wird in einem BIM-Abwicklungsplan (BAP) bzw. BIM Execution Plan (BEP) festgelegt [2][27]. Für die organisatorische, technische und vertragliche Umsetzung des Abwicklungsplans und damit das Gelingen der »kollaborativen Arbeitsmethodik« in der integralen Planung ist das Zusammenspiel folgender Konzept-basierter Elemente von entscheidender Bedeutung. Dabei ist es wichtig, dass der Abwicklungsplan nicht losgelöst als exotischer Fremdkörper betrachtet wird, sondern in folgenden, in **Abb. 1–35** dargestellten, Elementen umgesetzt und damit künftig ein vollkommen normaler Bestandteil der integralen Planung wird

- Ein Organisationshandbuch dient zur grundlegenden Festschreibung der Organisation eines Projektes. Es enthält Angaben zum Organisationsaufbau, zu Projektbeteiligten und deren Aufgaben, benennt allgemeine Schnittstellen, Kommunikationsvorgaben, sowie Angaben zur Durchführung von Qualitätsmanagement, Dokumentenmanagement, Terminmanagement, Kostenmanagement, Ausschreibungsmodalitäten und Inbetriebnahmemanagement [82]. Für BIM betrifft dies die Definition von übergeordneten Prozessen, Rollen, die Zuordnung von Aufgaben und die Regelung von Verantwortlichkeiten.

- Das Lastenheft enthält technische Vereinbarungen und Projektinformationen (u. a. Ziele, Zieltermine, Meilensteine), benennt konkrete Anforderungen und Bedarfe, legt dabei Prioritäten fest und definiert das Raumprogramm mit Nutzungsprozessen. Es beschreibt konkrete Anforderungen an die bauliche und technische Umsetzung für die Kostengruppen nach DIN 276 [71]. Das Pflichtenheft definiert darauf aufbauend »die Realisierungsvorgaben auf Basis des vom Auftraggeber vorgegebenen Lastenhefts« [33]. Seitens BIM werden hierin technische Vorgaben zur BIM-Einsatzform, zum BIM-Reifegrad und zu Modellentwicklungsgraden formuliert.

- Aus einem übergeordneten Schnittstellenkonzept wird ersichtlich, welcher Beteiligte welche Komponenten und Leistungen plant oder ausführt und welche Schnittstellen hierbei zu anderen Komponenten und Leistungen bestehen [82]. Diese Definitionen sind für die Methode BIM etwa bei der Qualitätsüberprüfung von Bedeutung, da hierdurch Verantwortlichkeiten im Kollisionsmanagement geregelt sind.

- Das Trassenkonzept nimmt erstens eine Segmentierung eines Gebäudes in funktionale Einheiten vor, die hinsichtlich räumlicher, funktionaler oder strukturbildender Subsysteme zu trennen sind [83]. Zweitens definiert die Trassierung die systematische Anordnung von Trassen und Technikräumen hinsichtlich Größe, Lage und Ausbildung [82]. Das Trassenkonzept ist damit eine zentrale und koordinierende Grundlage für die integrale Planung mit der Methode BIM. Es schafft die organisatorische Voraussetzung für die Koordination zwischen Tragwerksplanung und Technischer Gebäudeausrüstung.

- Als Grundlage für Verträge zwischen Auftraggeber und Auftragnehmern und zur Regelung der Zusammenarbeit kann eine BIM-Projektvereinbarung dienen. Diese regelt die Rolle der digitalen Methode BIM im integralen Planungsprozess, die Zugangsberechtigungen, die Durchführung der Qualitätssicherung in den einzelnen Leistungsphasen, das Eigentum am Modell sowie die Nutzungsrechte. Wesentlich ist hierbei, BIM als »Single Source of Truth« zu kommunizieren und die Hol- und Bringschuld (Übermitteln von Informationen an das Dokumentenmanagement bzw. ein Zentralmodell) zu regeln. Änderungen, die aus dem Qualitätsmanagement resultieren, sind ungeachtet des Verursacherprinzips in jedem Fachmodell vorzunehmen. Für die kooperative Arbeitsmethodik muss daher vereinbart werden, dass Kollisionen seitens der Planer in den jeweiligen Teilmodellen aufzulösen sind, ohne dass sich hieraus Ansprüche im Sinne von Aufwands- oder Schadensersatz zwischen den Planern oder gegenüber dem Auftraggeber ergeben. Wird dies nicht verbindlich geregelt, ist der Einsatz der Methode BIM in einem dezentral organisierten Projekt nicht sinnvoll möglich. Für weitere Aspekte zu vertraglichen Regelungen wird auf **Kapitel 2** in diesem Buch verwiesen.

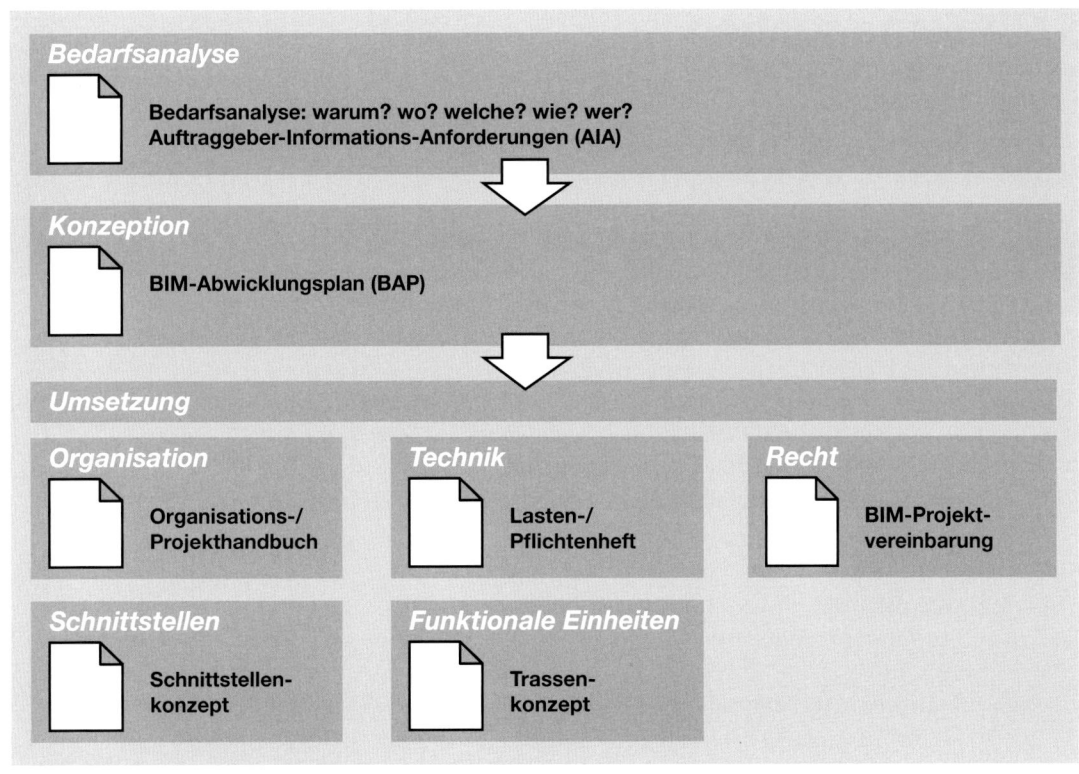

Abb. 1–35

Organisatorische, technische und vertragliche Umsetzung im Projekt.

7.4 Zum Leistungsbild des BIM-Planers

Das Leistungsbild des BIM-Planers, das sich aus BIM-Management und BIM-Engineering zusammensetzt, umfasst damit anschaulich alle Leistungen zur Umsetzung der BIM-Methode im Projekt. Der BIM-Planer ist verantwortlich für die Qualität, Bereitstellung, den Betrieb und die Verfügbarkeit des Datenmanagements, den Prozess der Qualitätsprüfung, die Einhaltung von Gestaltungs- und Entwicklungsvorgaben sowie letztlich für die Erstellung eines konsistenten, kollisionsfreien, vollumfänglichen und funktionsfähigen BIM-Modells nach Maßgabe der Auftraggeber-Informations-Anforderungen (AIA) bzw. des BIM-Abwicklungsplans (BAP).

Das Leistungsbild für BIM-Planungsleistungen, vgl. auch [84], kann beispielsweise nach AHO [85] in die fünf Abschnitte Projektvorbereitung, Planung, Ausführungsvorbereitung, Ausführung und Projektabschluss gegliedert werden. Das Thema Leistungsbilder wird im Zusammenhang mit der Vertragsgestaltung in **Kapitel 2** in diesem Buch ausführlich besprochen. Grundlage für die Formulierung von vertraglichen BIM-Leistungsbildern stellen Definitionen von Rollen und deren Aufgaben und Leistungen dar, die in **Abschnitt 4** im Detail vorgenommen wurden.

8 Literatur- und Quellenangaben

[1] K. Eschenbruch und J. Grüner, »BIM – Building Information Modeling: Neue Anforderungen an das Bauvertragsrecht durch eine neue Planungstechnologie,« NZBau, Bd. Heft 7, 2014.

[2] BMVi, »Stufenplan Digitales Planen und Bauen,« Bundesministerium für Verkehr und digitale Infrastruktur (BMVi), Berlin, 2015.

[3] A. Borrmann, M. König, C. Koch und J. Beetz, Building Information Modeling: Technologische Grundlagen und industrielle Praxis, Wiesbaden: Springer Vieweg, 2015.

[4] A. Heidemann, »Integrale Planung in der TGA,« in Integrale Planung in der Gebäudetechnik, Berlin, Heidelberg, VDI Springer Vieweg, 2014.

[5] NBIMS-US, »National BIM Standard United States Version 3,« National Institute of Building Sciences, Washington DC, USA, 2012. [Online]. Available: http://www.nationalbimstandard.org/. [Zugriff am 22 02 2016].

[6] S. Tuschy, »Building Information Modeling (BIM): Eine bisher weitgehend unbekannte Größe in der TGA,« BTGA-Almanach, p. 88–91, 2014.

[7] C. Eastman, D. Fisher, G. Lafue, J. Lividini, D. Stoker und C. Yessios, »An Outline of the Building Description System,« Institute of Physical Planning, Carnegie-Mellon University, 1974.

[8] R. Anderl und D. Trippner, STEP – Standard for the exchange of product model data, Teubner Verlag, 2000.

[9] C. van Treeck, Gebäudemodell-basierte Simulation von Raumluftströmungen, Dissertation, S. Verlag, Hrsg., München: Technische Universität München, 2004.

[10] Autodesk, »Building Information Modeling,« Autodesk, Inc., San Rafael, CA 94903, USA, 2003.

[11] BMVi, »Reformkommission Bau von Großprojekten – Endbericht,« Bundesministerium für Verkehr und digitale Infrastruktur, Berlin, 2015.

[12] Destatis, »Statistisches Bundesamt,« [Online]. Available: https://www.destatis.de/DE/Startseite.html. [Zugriff am 19 05 2016].

[13] Bundesstiftung Baukultur, »Baukultur Bericht – Gebaute Lebensräume der Zukunft, Fokus Stadt 2014/2015,« September 2015. [Online]. Available: http://www.bundesstiftung-baukultur.de/baukulturbericht/baukulturbericht-201415. [Zugriff am 19 05 2016].

[14] Bundesgesetzblatt Jahrgang 2013 Teil I Nr. 37, »Verordnung über die Honorare für Architekten- und Ingenieurleistungen (Honorarordnung für Architekten und Ingenieure – HOAI) in der Fassung vom 10.07.2013, in Kraft getreten am 17.07.2013,« [Online]. Available: http://www.hoai.de/. [Zugriff am 19 05 2016].

[15] M. Heße, »BIM in Europa: Erfolgsstory für europäische Wandbaustoffhersteller?,« BIM – Building Information Modeling, Ernst & Sohn Special, pp. 101–104, November 2015.

[16] BKI, »Baukosteninformationszentrum Deutscher Architektenkammern (BKI),« 2016. [Online]. Available: http://www.baukosten.de/. [Zugriff am 19 05 2016].

[17] H. Balzert, Lehrbuch der Objektmodellierung: Analyse und Entwurf, Heidelberg: Spektrum Akademischer Verlag, 1999.

[18] buildingSMART, »Technical Vision: OpenBIM,« [Online]. Available: http://buildingsmart.org/standards/technical-vision/. [Zugriff am 19 05 2016].

[19] J. Beetz, »Ordnungssysteme im Bauwesen: Terminologien, Klassifikationen, Taxonomien und Ontologien,« in Building Information Modeling: Technologische Grundlagen und industrielle Praxis, Wiesbaden, Springer Vieweg, 2015, pp. 163–176.

[20] Verein Deutscher Ingenieure, »VDI 3805 Richtlinienreihe Produktdatenaustausch in der Technischen Gebäudeausrüstung,« 2016. [Online]. Available: https://www.vdi.de/technik/fachthemen/bauen-und-gebaeudetechnik/fachbereiche/technische-gebaeudeausruestung/richtlinienarbeit/richtlinienreihe-vdi-3805-produktdatenaustausch-in-der-tga/. [Zugriff am 18 05 2016].

[21] International Organization for Standardization, »ISO 16757-1:2015 Data structures for electronic product catalogues for building services – Part 1: Concepts, architecture and model,« 2015. [Online]. Available: http://www.iso.org/. [Zugriff am 18 05 2016].

[22] Construction Project Information Committee, »UniClass2 (Development Release),« 2013. [Online]. Available: http://www.cpic.org.uk. [Zugriff am 18 05 2016].

[23] Deutsches Institut für Normung e.V., »DIN SPEC 91400:2015-01 Building Information Modeling (BIM) – Klassifikation nach STLB-Bau,« Beuth Verlag, Berlin, 2015.

[24] P. MacLeamy, »Collaboration, Integrated Information, and the Project Lifecycle in Building Design and Construction and Operation,« Construction User Roundtable WP-1202, 2004.

[25] M. Egger, K. Hausknecht, T. Liebich und J. Przybylo, BIM-Leitfaden für Deutschland. Information und Ratgeber, Endbericht, Forschungsprogramm ZukunftBAU, 1 Hrsg., Berlin: Bundesinstitut für Bau-, Stadt- und Raumforschung (BBSR) im Bundesamt für Bauwesen und Raumentwicklung (BBR), Bundesministerium für Verkehr, Bau und Stadtentwicklung (BMVBS), 2013.

[26] BIM Task Group, »Employer's Information Requirements,« 2013. [Online]. Available: http://www.bimtaskgroup.org/bim-eirs/. [Zugriff am 24 03 2016].

[27] Construction Industry Council, »AEC (UK) BIM Protocol: Project BIM Execution Plan, Version 2.0,« September 2012. [Online]. Available: https://aecuk.wordpress.com/documents/. [Zugriff am 26 03 2016].

[28] Construction Industry Council, »Building Information Model (BIM) Protocol – Standard Protocol for use in projects using Building Information Models,« 2013. [Online]. Available: http://www.bimtaskgroup.org/bim-protocol/. [Zugriff am 24 03 2016].

[29] F. Jernigan, Big BIM little BIM: The Practical Approach to Building Information Modeling: Integrated Practice Done the Right Way!, 2 Hrsg., Salisbury, MD, USA: 4 Site Press, 2008.

[30] M. Bew und M. Richards, »BIM Maturity Model, UK Government Construction Client Group (GCCG) report,« London, 2008.

[31] W. E. East, »Construction-Operations Building Information Exchange (COBie): Requirements Definition and Pilot Implementation Standard ERDC/CERL TR-07-30,« US Army Corps of Engineers, Construction Engineering Research Laboratory, August 2007.

[32] Deutsches Institut für Normung e.V., »DIN 18205:2015-11 Bedarfsplanung im Bauwesen (Entwurf),« Beuth Verlag, Berlin, 2015.

[33] Deutsches Institut für Normung e.V., »DIN 69901-5:2009 Projektmanagement, Projektmanagementsysteme – Teil 5: Begriffe,« Beuth Verlag, Berlin, 2009.

[34] Verein Deutscher Ingenieure e.V., »VDI 2519 Blatt 1 Vorgehensweise bei der Erstellung von Lasten/Pflichtenheften,« 2001. [Online]. Available: https://www.vdi.de/richtlinie/vdi_2519_blatt_1-vorgehensweise_bei_der_erstellung_von_lasten_pflichtenheften/. [Zugriff am 19 05 2016].

[35] K. Eschenbruch, A. Malkwitz, J. Grüner, A. Poloczek und C. K. Karl, »Maßnahmenkatalog zur Nutzung von BIM in der öffentlichen Bauverwaltung unter Berücksichtigung der rechtlichen und ordnungspolitischen Rahmenbedingungen, Endbericht 2014,« Bundesinstituts für Bau-, Stadt- und Raumforschung (BBSR), Bonn, 2014.

[36] British Standardization Institute, PAS 1192-2: Specification for Information Management for the Capital/Delivery Phase of Construction Projects Using Building Information Modeling, 2013.

[37] National Building Specification, »National BIM Library,« RIBA Enterprises Limited, [Online]. Available: http://www.nationalbimlibrary.com/. [Zugriff am 25 03 2016].

[38] K. Hausknecht und T. Liebich, »BIM Richtlinie für Architekten und Ingenieure, Qualitätsanforderungen an das virtuelle Gebäudemodell in den einzelnen Planungsphasen des Entwurfs- und Bauprozesses,« München, 2011.

[39] International Organization for Standardization, »ISO 16739:2013 Industry Foundation Classes (IFC) for data sharing in the construction and facility management industries,« 2013.

[40] buildingSMART, »Industry Foundation Classes Version 4 Addendum 1,« [Online]. Available: http://www.buildingsmart-tech.org/ifc/IFC4/Add1/html/. [Zugriff am 18 05 2016].

[41] A. Borrmann, J. Beetz, C. Koch und T. Liebich, »Industry Foundation Classes – Ein herstellerunabhängiges Datenmodell für den gesamten Lebenszyklus eines Bauwerks,« in Building Information Modeling: Technologische Grundlagen und industrielle Praxis, Wiesbaden, Springer Vieweg, 2015, pp. 83–128.

[42] International Standardization Organization, »ISO/TS 12911:2012 Framework for building information modelling (BIM) guidance,« 2012.

[43] International Standardization Organization, »ISO 29481-1:2016 Building information modelling – Information delivery manual – Part 1: Methodology and format,« 2016.

[44] M. König, »Prozessmodellierung,« in Building Information Modeling: Technologische Grundlagen und industrielle Praxis, Wiesbaden, Springer Vieweg, 2015, pp. 57–76.

[45] J. Beetz, A. Borrmann und M. Weise, »Prozessgestützte Definition von Modellinhalten,« in Building Information Modeling: Technologische Grundlagen und industrielle Praxis, Wiesbaden, Springer Vieweg, 2015, pp. 129–148.

[46] buildingSMART, »Model View Definition Summary,« 2016. [Online]. Available: http://www.buildingsmart-tech.org/specifications/ifc-view-definition. [Zugriff am 18 05 2016].

[47] buildingSMART, »BIM Collaboration Format 2.0, Technical Documentation,« 14 10 2013. [Online]. Available: https://github.com/BuildingSMART/BCF/tree/master/Documentation. [Zugriff am 31 03 2016].

[48] International Standardization Organization, »ISO/WD 19650 (under development) Organization of information about construction works – Information management using building information modelling,« 2016.

[49] OCCS Development Committee Secretariat, »OmniClass Construction Classification System,« 2016. [Online]. Available: www.omniclass.org/. [Zugriff am 18 05 2016].

[50] International Standardization Organization, »ISO 12006-3:2007 Building construction – Organization of information about construction works – Part 3: Framework for object-oriented information,« 2007.

[51] R. Steinmann, »VDI-BIM-Richtlinien, die BIM-Standards für Deutschland,« in 1. Münchner BIM Kongress, 22. Januar 2016, Oskar von Miller Forum, München, 2016.

[52] buildingSMART, »Software Certification Process,« [Online]. Available: http://www.buildingsmart.org/compliance/software-certification/. [Zugriff am 25 03 2016].

[53] R. Steinmann, »Zertifizierung von BIM-Software,« in Building Information Modeling: Technologische Grundlagen und industrielle Praxis, Wiesbaden, Springer Vieweg, 2015, pp. 149–161.

[54] Construction Industry Council, »AEC (UK) BIM Technology Protocol: Practical implementation of BIM for the UK Architectural, Engineering and Construction (AEC) industry, Version 2.1.1,« June 2015. [Online]. Available: https://aecuk.wordpress.com/documents/. [Zugriff am 26 03 2016].

[55] A. Damjanov, »3 Ratschläge und ein Dekalog: Von Qualitätstüren, Hygiene-Zyklen und offener Grammatik,« BIM – Building Information Modeling, Ernst & Sohn Special, pp. 44–47, November 2015.

[56] A. Laufkötter, »Gesamtplanungsintegration: Über 15 Jahre Erfahrung in der objektorientierten interdisziplinären Planung,« BIM – Building Information Modeling, Ernst & Sohn Special, pp. 74–75, November 2015.

[57] H. Leutner, »Schöne neue BIM-Welt,« BIM - Building Information Modeling, Ernst & Sohn Special, pp. 7–11, November 2015.

[58] A. Jost, M. Thumfart und M. Fleischmann, »BIM bei HENN,« in Building Information Modeling: Technologische Grundlagen und industrielle Praxis, Wiesbaden, Springer Vieweg, 2015, pp. 439–444.

[59] Bundesministerium für Justiz und Verbraucherschutz, »Verordnung über energiesparenden Wärmeschutz und energiesparende Anlagentechnik bei Gebäuden (Energieeinsparverordnung – EnEV), Energieeinsparverordnung vom 24. Juli 2007 (BGBl. I S. 1519), die zuletzt durch Artikel 3 der Verordnung vom 24. Oktober 2015, Bundesgesetzblatt, 2015.

[60] C. van Treeck, R. Wimmer und T. Maile, »BIM für die Energiebedarfsermittlung und Gebäudesimulation,« in Building Information Modeling: Technologische Grundlagen und industrielle Praxis, Wiesbaden, Springer Vieweg, 2015, pp. 293–304.

[61] Deutsches Institut für Normung e.V., »DIN V 18599:2013 Energetische Bewertung von Gebäuden – Berechnung des Nutz-, End- und Primärenergiebedarfs für Heizung, Kühlung, Lüftung, Trinkwarmwasser und Beleuchtung,« Beuth Verlag, Berlin, 2013.

[62] M. Thorade, J. Rädler, P. Remmen, T. Maile, R. Wimmer, J. Cao, M. Lauster, C. Nytsch-Geusen, D. Müller und C. van Treeck, »An Open Toolchain for Generating Modelica Code from Building Information Models,« in In: Proceedings of the 11th International Modelica Conference, September 21–23, Eds.: P. Fritzson and H. Elmqvist, Versailles, France, 2015.

[63] K. Axhausen, T. Fink, C. Katz, E. Rank, T. v. Verschuer und H. Werner, Die Programmkette SET-Berechnungen im konstruktiven Ingenieurbau, CAD-Bericht Kfk-CAD 174, Kernforschungszentrum Karlsruhe, 1980.

[64] F. Deinzer und A. Dariz, »Tragwerksplanung ohne Lücken und Improvisation,« BIM – Building Information Modeling, Ernst & Sohn Special, pp. 78–80, November 2015.

[65] T. Fink, »BIM für die Tragwerksplanung,« in Building Information Modeling: Technologische Grundlagen und industrielle Praxis, Wiesbaden, Springer Vieweg, 2015, pp. 283–291.

[66] A. Warkotsch, »AVA und Kostenplanung in Zeiten von BIM,« BIM - Building Information Modeling, Ernst & Sohn Special, pp. 138–141, November 2015.

[67] A. Häusler, »BIM und 5D Planung bei Fichtner Bauconsulting,« BIM – Building Information Modeling, Ernst & Sohn Special, pp. 56–59, November 2015.

[68] D. Bernert, »Die vernetzte Bauindustrie,« BIM – Building Information Modeling, Ernst & Sohn Special, pp. 18–21, November 2015.

[69] American Institute of Architects, »AIA Document E202, Building Information Modeling Protocol Exhibit,« 2008. [Online]. Available: http://www.aia.org. [Zugriff am 27 03 2016].

[70] NATSPEC, »NATSPEC National BIM Guide, Australien,« 2011. [Online]. Available: http://bim.natspec.org/documents/natspec-national-bim-guide. [Zugriff am 27 03 2016].

[71] Deutsches Institut für Normung e.V., »DIN 276-1:2009 Kosten im Bauwesen,« Beuth Verlag, Berlin, 2009.

[72] CAFM RING e.V. Branchenverband, »CAFM-Connect Version 2.0,« März 2015. [Online]. Available: http://katalog.cafm-connect.org/CC-Katalog/CAFM-ConnectFacilitiesViewTemplate.ifcxml. [Zugriff am 28 03 2016].

[73] K. Hausknecht und T. Liebich, BIM-Kompendium, Stuttgart: Fraunhofer IRB Verlag, 2016.

[74] Deutsches Institut für Normung e.V., »DIN 277:2016 Grundflächen und Rauminhalte im Bauwesen,« Beuth Verlag, Berlin, 2016.

[75] Jones Lang LaSalle, »OSCAR 2007: Büronebenkostenanalyse,« Düsseldorf und Hamburg, 2007.

[76] Verein Deutscher Ingenieure e.V., »VDI 6009 Blatt 1 Facility Management – Anwendungsbeispiele aus dem Gebäudemanagement,« Beuth Verlag, Berlin, 2002.

[77] Deutsches Institut für Normung e.V., »DIN 32736:2000-08 Gebäudemanagement – Begriffe und Leistungen,« Beuth Verlag, Berlin, 2000.

[78] Verein Deutscher Ingenieure e.V., »VDI 6026 Dokumentation in der Technischen Gebäudeausrüstung; Inhalte und Beschaffenheit von Planungs-, Ausführungs- und Revisionsunterlagen,« Beuth Verlag, Berlin, 2008.

[79] S.-E. Schapke, J. Beetz, M. König, C. Koch und A. Borrmann, »Kooperative Datenverwaltung,« in Building Information Modeling: Technologische Grundlagen und industrielle Praxis, Wiesbaden, Springer Vieweg, 2015, pp. 207–236.

[80] J. Beetz, »Bimserver.org – An Open Source IFC Model Server,« in Proc. CIB W78 2010: 27th International Conference, pp. 325–332, Cairo, Egypt, 2010.

[81] buildingSMART Tech., »Introduction to BCF,« 2014. [Online]. Available: http://www.buildingsmart-tech.org/specifications/bcf-releases. [Zugriff am 31 03 2016].

[82] A. Heidemann und P. Schmidt, Raumfunktionen. Ganzheitliche Konzeption und Integrationsplanung zeitgemäßer Gebäude, Stockach: TGA-Verlag, 2012.

[83] Verein Deutscher Ingenieure e.V., »VDI 3813:2011-05 Blatt 1 Gebäudeautomation (GA) – Grundlagen der Raumautomation,« 2011. [Online]. Available: https://www.vdi.de/richtlinie/vdi_3813_blatt_1-gebaeudeautomation_ga_grundlagen_der_raumautomation/. [Zugriff am 19 05 2016].

[84] K. Eschenbruch und R. Elixmann, »Das Leistungsbild des BIM-Managers,« Baurecht, Heft 5, pp. 745–753, 2015.

[85] AHO, »Leistungsbild und Honorierungen – Projektmanagementleistungen in der Bau- und Immobilienwirtschaft,« Heft 9 der AHO-Schriftenreihe, 4. Auflage, Ausschuss der Verbände und Kammern der Ingenieure und Architekten für die Honorarordnung e.V., pp. 1–62, Mai 2015.

9 Glossar

Begriff	Definition
Abstimmungs- und Koordinationsgrad (LoC)	Detaillierung des Abstimmungs- und Koordinationsgrades von Teilmodellen, Objekten oder Objektgruppen mit übergeordneten konzeptionellen Planungsmethoden (xx1x), der Kennzeichnung (xx2x) oder Behebung (xx3x) von Kollisionen und der Überprüfung der Übereinstimmung mit dem gebauten Zustand auf der Baustelle als Einzelkomponente (xx4x) oder hinsichtlich des systemtechnischen Zusammenwirkens (xx5x).
big closed BIM	Einsatz von Softwareprodukten eines einzelnen Herstellers und proprietärer Formate für den Datenaustausch. Durchgängige Nutzung von digitalen Gebäudemodellen über verschiedene Disziplinen und Lebenszyklusphasen.
big open BIM	Einsatz von Softwareprodukten verschiedener Hersteller und offener Formate für den Datenaustausch. Durchgängige Nutzung von digitalen Gebäudemodellen über verschiedene Disziplinen und Lebenszyklusphasen.
BIM	Building Information Modeling. Methode zur durchgängigen Nutzung eines digitalen Gebäudemodells über den gesamten Lebenszyklus eines Bauwerks. Definition gemäß Stufenplan für Deutschland (BMVi): »Kooperative Arbeitsmethodik, mit der auf der Grundlage digitaler Modelle eines Bauwerks die für seinen Lebenszyklus relevanten Informationen und Daten konsistent erfasst, verwaltet und in einer transparenten Kommunikation zwischen den Beteiligten ausgetauscht oder für die weitere Bearbeitung übergeben werden.«
BIM Level	Tiefe der BIM Implementierung. Unterscheidung von Level 0 bis 3. Level 0 = zeichnungsbasiertes Arbeiten mit CAD, Level 1 = Datei-basierte Zusammenarbeit in 2D oder 3D, Level 2 = Datei-basiertes Arbeiten mit proprietären BIM-Softwarelösungen, Level 3 = CAD-Hersteller-neutrale interoperable Zusammenarbeit über offene Datenaustauschformate unter Einsatz von Web-/Servertechnologien.
BIM-Cloud	Internet-basierte Datenbank mit Rollen-, Rechte- und Versionierungssystem mit Schnittstellen zu 3D-Planungswerkzeugen und Werkzeugen zur Termin- und Ablaufplanung zur Modellrevision, Modellprüfung und Änderungskommunikation.
BIM-Datenmanagement	Technische Lösung zur durchgängigen Verwendung von BIM für Zusammenarbeit und Koordinierung unter Verwendung eines Dokumentenmanagementsystems zur persistenten Speicherung und Verwaltung digitaler Teilmodelle und/oder einer Cloud-Lösung zur Zusammenführung, Koordination und Kommunikation von Modellen und deren Änderungen.
BIM-Elemente	Sämtliche Daten, Informationen und sonstige Objekte, die seitens der Planer und BIM-Planer nach Maßgabe von vertraglichen Bestimmungen für das BIM-Modell bzw. das Koordinationsmodell und/oder Zentralmodell zur Verfügung gestellt werden.
BIM-Engineer	Projektspezifische Rolle (in der Literatur auch als BIM-Koordinator bezeichnet). Aufgaben im Bereich der technischen Umsetzung und Qualitätssicherung und Änderungsmanagement.
BIM-Entwickler	Projektspezifische Rolle im Bereich Forschung und Entwicklung.
BIM-Konzept	Projektinternes Konzeptionspapier zur Definition der konkreten Anwendung und Umsetzung der Methode BIM in der integralen Planung, Bauausführung, Betriebs- und Nutzungsphase des Projektes. Das Dokument wird im Projekthandbuch, Lastenheft, Schnittstellenkonzept, Trassenkonzept und Verträgen bzw. einer zusätzlichen BIM-Projektvereinbarung umgesetzt und wird danach obsolet.
BIM-Manager	Projektspezifische Rolle, vollumfänglich verantwortlich für die Funktionsweise der Methode BIM im Projekt.
BIM-Modell	Logische Verknüpfung von verschiedenen Datenbanken als Menge von versionierten, koordinierten und untereinander referenzierten Objekten bzw. Fachmodellen als objektorientierte Gebäudedatenmodelle, dem digitalen Raumbuch und dem Termin- und Kostenplan, die mittels Dokumentenmanagementsystem bzw. Plattform oder Modellserver organisiert und verwaltet werden.
BIM-Modellierer	Projektspezifische Rolle, entspricht derjenigen eines Planers bzw. technischen Zeichners/Modellierers; bei ausführenden Firmen ggf. anderer Kontext.
BIM-Modellkoordinator	Projektspezifische (dem BIM-Planer vor Beginn der Planungstätigkeit vom Planer mitzuteilende) Rolle je Auftragnehmer (Planer und ausführende Firmen). Verantwortlich für Fachbereich bzw. Ausführungsumfang, insbesondere die fachspezifische Prüfung von Modellinhalten.
BIM-Planer	Projektspezifische Rolle, die sich aus den beiden Leistungsbildern BIM-Management und BIM-Engineering zusammensetzt.
BIM-Projektvereinbarung	Rechtliche, durch Juristen ausgearbeitete Vereinbarung zwischen Auftraggeber und Auftragnehmer als Vertragsgrundlage zur Zusammenarbeit und für reibungslosen Planungs- und Projektablauf.
BIM-Qualitätsmanagement	Übergeordnete projektspezifische Rolle zur Überwachung der Qualität der Methode BIM im Projekt unter Berücksichtigung der vorgegebenen Kosten- und Terminziele.
BIM-Qualitätsprüfung	Oberbegriff für qualitätsprüfende Elemente im BIM-Engineering hinsichtlich Qualitätsprüfung, Plausibilitätsprüfung, inhaltliche Modellprüfung bzgl. Attribuierung, Kollisions- und Anschlussprüfung und Mengenkonsistenzprüfung.
Business Process Modeling Notation (BPMN)	Grafische Notation zur Darstellung von Prozessen zur formalen und übersichtlichen Beschreibung von Aufgaben, Verantwortlichkeiten und Informationen in sogenannten »Swim-Lanes«.
CAD	Computer-Aided Design
CAFM	Computer-Aided Facility Management
Digitales Raumbuch	Relationale Datenbank als Teil des BIM-Modells mit raum- und objektbezogenen Daten und Attributen.
Dokumentenmanagementsystem	Datenbank mit Rollen-, Rechte- und Versionierungssystem als Projektplattform zur Ablage, Koordination, Zusammenführung und persistenten Speicherung und Verwaltung von digitalen Modellen und Dokumenten und deren Änderungen über den gesamten Lebenszyklus des Projektes. Als Projektplattform auch Einsatz als Terminplanungs- und Kommunikationssystem.
Fachplaner	Natürliche oder juristische Personen, die mit fachlichen Planungsaufgaben bzw. der Planung von Teilen des zu errichtenden Gebäudes wie Tragwerksplanung oder die Technische Gebäudeausrüstung beauftragt sind. Ein Objektplaner ist in diesem Sinne ein Planer, kein Fachplaner.

Begriff	Definition
Geometrischer Detaillierungsgrad (LoG)	Geometrischer Detaillierungsgrad eines Objektes, je nach LoD-Schema, von grob (100 bzw. 1xxx) bis detailliert (400 bzw. 4xxx) und herstellerspezifisch (5xxx) bzw. der Dokumentation des gebauten Zustands (500). Grobe Darstellung als Störkörper, feine Darstellung als Oberflächenmodell oder Volumenkörper. Enthält je nach Level zusätzliche Angaben zum Raumbedarf für Einbringen/Montage (Montageraum) und Betrieb/Reinigung (Wartungsraum).
Industry Foundation Classes (IFC)	Offener Standard ISO 16739 im Bauwesen zum Datenaustausch, erarbeitet von buildingSMART. Objektorientiertes Format zur digitalen Beschreibung von Gebäudemodellen. Physikalischer Austausch als Step-Datei (Express) oder als ifcXML.
Information Delivery Manual (IDM)	Formale Beschreibung eines Planungsprozesses, beispielsweise innerhalb einer Leistungsphase, in der Business Process Modeling Notation (BPMN).
Informationsgehalt (LoI)	Detaillierung des Informationsgehaltes eines Objektes, je nach LoD-Schema, von grob (100 bzw. x1xx) bis detailliert (400 bzw. x4xx) und herstellerspezifischen Angaben (x5xx) bzw. der Dokumentation des gebauten Zustands (500). Semantische Attribuierung hinsichtlich Eigenschaften und ggf. Methoden eines Objektes nach Regelwerk.
Inhaltliche Prüfung	Technische Prüfung auf technisch-funktionale Vollständigkeit und Baubarkeit einschließlich geometrischer Vollständigkeit (Hülle), durchgängige Attribuierung.
Kennzeichnungsschlüssel	Nicht standardisierte, zusammengesetzte Folge von alphanumerischen Zeichenketten zur objekt- und raumbezogenen Identifizierung von Bauobjekten technischen Systemen.
Kollisionsprüfung	Überprüfung eines Modells bzgl. Durchdringungen oder Überlappungen von geometrischen Körpern. Unterscheidung von fünf Kollisionsarten: Einzelkollisionen (Typ 1), Strangkollisionen (Typ 2), Modellentwicklungs-bedingt auftretende Kollisionen (Typ 3), weiche Kollisionen durch Überlappungen von Toleranzbereichen (Typ 4) sowie in Teilmodellen kongruent koexistierende Objekte verschiedener Fachmodelle (Typ 5).
Koordinationsgrad	siehe Abstimmungs- und Koordinationsgrad (LoC)
Koordinationsmodell	Zum Zweck der Qualitätsprüfung vom BIM-Planer in einer Cloud-Lösung bzw. in einem Dokumentenmanagementsystem bzw. auf einem Modellserver zusammengeführtes BIM-Modell.
Level of Development (LoD)	siehe Modellentwicklungsgrad
Level of Geometry (LoG)	siehe geometrischer Detaillierungsgrad (LoG)
Level of Information (LoI)	siehe Informationsgehalt (LoI)
little closed BIM	Einsatz von Softwareprodukten eines einzelnen Herstellers und proprietärer Formate für den Datenaustausch. BIM-Softwareprodukte werden als Insellösung zum Lösen einer spezifischen Aufgabe eingesetzt.
little open BIM	Einsatz von Softwareprodukten verschiedener Hersteller und offener Formate für den Datenaustausch. BIM-Softwareprodukte werden als Insellösung zum Lösen einer spezifischen Aufgabe eingesetzt.
Logistischer Entwicklungsgrad (LoL)	Detaillierung des logistischen Entwicklungsgrades eines Objektes von keine Verknüpfung (xxx0) über die Verknüpfung mit Terminelementen (xxx1) bis hin zur vollständigen Verküpfung mit der Terminplanung der Betriebs- und Nutzungsphase (xxx5) mit Elementen des FM.
Mengenkonsistenzprüfung	Überprüfung und Abgleich zwischen Ursprungsmodell und exportiertem Übergabemodell hinsichtlich Stückzahlen von Elementen und Bauteilen, geometrischen Abmessungen und berechneten Mengen auf Basis der Abmessungen.
Modellentwicklungsgrad	Gleichbedeutend mit Level of Development (LoD). Bezeichnet Modellierungstiefe der Daten im BIM-Modell hinsichtlich Geometrie (LoG) und Informationsgehalt (LoI) bzw. zusätzlich hinsichtlich Abstimmungs- und Koordinationsgrad (LoC) und logistischem Entwicklungsgrad (LoL). Unterscheidung der Level siehe Definitionen LoG, LoI, LoC und LoL.
Modellentwicklungsmatrix	Zuordnung von zu erfüllenden Modellentwicklungsgraden (LoD) nach Leistungsphasen und Kostengruppen.
Planer	Alle Objekt- und Fachplaner im Projekt.
Plausibilitätsprüfung	Nicht-automatisierte Überprüfung auf Richtigkeit der Modellierung, insbesondere bei der Zusammenführung von Teilmodellen hinsichtlich Skalierung, Dimensionierung, Koordinatenübereinstimmung sowie systemischen oder systematischen Darstellungsaspekten.
Produktdatenkatalog	Katalog mit Hersteller-Produktdaten. Beschreibung von Produktdaten hinsichtlich Geometrie in unterschiedlichem Detaillierungsgrad, Attributen, Eigenschaften und Methoden. Schema beispielsweise nach VDI 3805/ISO 16757.
Projekt	Zielgerichtetes Vorhaben, das aus abgestimmten, gelenkten Tätigkeiten mit Anfangs- und Endtermin besteht und durchgeführt wird, um unter Berücksichtigung von Zwängen bezüglich Zeit, Ressourcen und Qualität die im Lastenheft definierten Ziele zu erreichen (in Anlehnung an EN ISO 9000, modifiziert).
Projektspezifische BIM-Elemente	Als projektspezifische BIM-Elemente werden BIM-Elemente bezeichnet, die spezifisch für das Projekt beschafft oder erzeugt werden.
Qualitätsprüfung	Technische Prüfung von BIM-Modellen hinsichtlich Modellierungsart, Modellentwicklungsgrad, Attribuierung, Datenformat. Inhaltliche Prüfung bzgl. Umfänglichkeit, Geschossigkeit und Modellierung von Bauteilklassen.
Referenzierung von Fachmodellen	Bezug zwischen Fachmodell und Zentralmodell bzw. Modell eines anderen Fachplaners oder ausführenden Gewerks durch Referenzierung einer lokalen Kopie.
Zentralmodell	Vom BIM-Planer aus den bereitgestellten Fachmodellen zusammengeführtes BIM-Modell, das mittels Dokumentenmanagementsystem organisiert und verwaltet wird.

2 Die Auswirkungen von Building Information Modeling auf Planerverträge am Bau

R. Elixmann

Wenn Planer zukünftig unter Anwendung von Methoden des Building Information Modeling nicht mehr zweidimensionale Pläne austauschen, sondern die Projektkommunikation über digitale, dreidimensionale Modelle und mit diesen Modellen referenzierte Informationen erfolgt, verändert dies den bisherigen Planungsprozess.

In diesem Buchkapitel wird analysiert, welche Auswirkungen diese Veränderungen auf das vertragsrechtliche Gefüge der Planerbeauftragung haben.

Inhalt

1 **Einleitung**

2 **Vertragsgestaltung: Fallstricke bei der Beschreibung von BIM-Leistungen**
- 2.1 Umfassende Besprechung des geplanten BIM-Workflow mit allen Beteiligten vor Vertragsschluss 100
- 2.2 Definition widerspruchsfreier Projektrollen 102
- 2.3 Die Gefahr funktional beschriebener Modellanforderungen . . . 103

3 **Vergütung: BIM und HOAI**
- 3.1 Prinzipielle Anwendbarkeit der HOAI 104
- 3.2 Planung mit BIM generell »Besondere Leistung«? 105
- 3.3 Die Anwendbarkeit der HOAI auf ausgewählte BIM-Anwendungsfälle 107
  - 3.3.1 BIM-Koordination 107
  - 3.3.2 Kollisionskontrolle 109
  - 3.3.3 Regelprüfungen 109
  - 3.3.4 Modellbasierte Termin- und Kostensteuerung 110
  - 3.3.5 Fortschreibung der Ausführungsplanung zu einer as-built-Planung unter Berücksichtigung betriebsrelevanter Daten 110
  - 3.3.6 Reine 2D- in 3D-Transformation – Transformationsverträge . . 111
- 3.4 Honorarminderung in Ausnahmefällen nach § 7 Abs. 3 HOAI 111
- 3.5 Aufwandsverschiebungen in frühere Leistungsphasen 112

4 **Haftung**
- 4.1 Transparenz und Haftung 113
- 4.2 Zusammenarbeit und Haftung 115
  - 4.2.1 Auswirkungen detaillierterer Zusammenarbeitsregeln . . . 115
  - 4.2.2 Engere Zusammenarbeit = automatisch gemeinschaftliche Haftung? . 116
- 4.3 Software und Haftung 117
- 4.4 Kollisionskontrollen und Haftung 119

5 BIM-Management

- 5.1 Inhalte des BIM-Managements **122**
  - 5.1.1 BIM-Strategieberatung 122
  - 5.1.2 BIM-Projektcontrolling 122
  - 5.1.3 BIM-Koordination 123
  - 5.1.4 BIM-Administration 123
- 5.2 Organisatorische Einbindung des BIM-Managements. **123**
  - 5.2.1 Der externe BIM-Manager 124
  - 5.2.2 BIM-Management in der Bauherrenorganisation 124
  - 5.2.3 Der Objektplaner als BIM-Manager 125
  - 5.2.4 Der Bauunternehmer als BIM-Manager. 126
- 5.3 Die Rechtsnatur des BIM-Managervertrags **127**
  - 5.3.1 BIM-Strategieberatung 128
  - 5.3.2 BIM-Projektcontrolling 128
  - 5.3.3 BIM-Koordination 129
  - 5.3.4 BIM-Administration 129
- 5.4 Vergütung von BIM-Managerleistungen **130**

6 Fazit

7 Literatur- und Quellenangaben

1 Einleitung

Die Methode Building Information Modeling (BIM) wurde einleitend in diesem Buch von van Treek ausführlich dargestellt. BIM ist derzeit in Deutschland noch kein gängiger Branchenstandard für die Planung von Bauvorhaben. Das kann sich allerdings schnell ändern: Zu beobachten ist, dass das Thema BIM aktuell alle Bereiche der Wertschöpfungskette des Planens, Bauens und Betreibens elektrisiert. Die Anzahl der BIM-geplanten Bauvorhaben nimmt stetig zu. Durch die Verabschiedung des Stufenplans des Bundesministeriums für Verkehr und digitale Infrastruktur nimmt das Thema weiter an Fahrt auf. Dieser Stufenplan enthält die Selbstverpflichtung des Ministeriums, bei Verkehrsinfrastrukturbauvorhaben in seinem Zuständigkeitsbereich BIM als Planungsmethode ab 2020 verpflichtend vorzuschreiben. Auch im Beratungsmarkt für Baurecht ist das Thema BIM zunehmend spürbar. Es kann konstatiert werden, dass mittlerweile bei jedem großen Bauvorhaben zu Projektstart das Thema BIM zumindest diskutiert wird.

BIM verändert die Zusammenarbeit der Projektbeteiligten bei Bauvorhaben. Die rechtlichen Auswirkungen dieser Veränderungen sind bisher kaum untersucht. Eine Vielzahl ungeklärter Rechtsfragen hemmt viele Bauherren, Planer und Baufirmen, ihre Prozesse auf eine BIM-basierte Arbeitsweise umzustellen. Deshalb soll in diesem Kapitel ein Überblick über die Rechtsfragen gegeben werden, die sich bei der Vertragsgestaltung, Vergütung und Haftung in Bezug auf BIM-Leistungen stellen. Außerdem wird eine systematisierende Betrachtung der Inhalte des sog. BIM-Managements vorgenommen und die damit zusammenhängenden Fragen der Haftung und Vergütung behandelt.

2 Vertragsgestaltung: Fallstricke bei der Beschreibung von BIM-Leistungen

Den Kern eines Planervertrags bilden zwei Regelungen: Die Beschreibung der Leistung des Planers und die Vereinbarung des dafür geschuldeten Honorars. Der Planervertrag ist ein BGB-Werkvertrag.

Den Inhalt eines Werkvertrags umschreibt das BGB kurz und knapp wie folgt (§ 631 Abs. 1 BGB):

> »Durch den Werkvertrag wird der Unternehmer zur Herstellung des versprochenen Werkes, der Besteller zur Entrichtung der vereinbarten Vergütung verpflichtet.«

Über die Höhe des geschuldeten Honorars wird gerne ausgiebiger gefeilscht: Welche Honorarzone der HOAI wird zugrunde gelegt? Welcher Honorarsatz? Sind in dem Pauschal-Honorar Nebenkosten enthalten oder werden diese gesondert vergütet? Pauschal mit wie viel Prozent des Honorars oder auf Nachweis?

Planerverträge fassen sich allerdings oftmals nur sehr kurz, wenn es um die Beschreibung der geschuldeten Architekten- oder Fachingenieurleistungen geht. Die Verträge verweisen vielfach auf die in den Anhängen zur HOAI enthaltenen Leistungsbilder und listen lediglich stichpunktartig die übernommenen Leistungsphasen der Leistungsbilder auf:

> »Der AN erbringt die folgenden Leistungen: Alle Grundleistungen des Leistungsbilds Technische Gebäudeausrüstung gem. § 55 Abs. 3 i. V. m. Anl. 15 Nr. 15.1 HOAI der Leistungsphasen ...«

Diese Verweistechnik ist grundsätzlich nichts Schlechtes[1]. Die Leistungsbilder der HOAI sollen anhand ihrer Grundleistungen die zur Erfüllung des Planungsauftrags nach dem zugeordneten Leistungsbild im Allgemeinen erforderlichen Leistungen beschreiben (§ 3 Abs. 2 Satz 1 HOAI). Die Leistungsbilder sind allen Beteiligten am Bau geläufig. Sie haben sich als Branchenstandard etabliert[2].

Charakteristisch für die Art und Weise der Leistungsbeschreibung der HOAI-Leistungsbilder ist, dass die einzelnen Grundleistungen das geschuldete Leistungssoll abstrakt-funktional umschreiben, ohne die Methode der Zielerreichung, die Arbeitsweise, genauer vorzugeben.

---

[1] Kritisch hierzu aus Planersicht Häußermann, in: Kistemann et al., Gebäudetechnik für Trinkwasser, 347, 356.

[2] Wenngleich die Rechtsprechung betont, dass die HOAI kein gesetzliches Leitbild für den Inhalt eines Planervertrags ist, also nicht ohne weiteres zur Auslegung heranzuziehen ist, welche Leistungen die Parteien vereinbaren wollten, siehe BGH, Urt. v. 24.10.1996 – VII ZR 283/90, BauR 1996, 154, 155.

Ein Beispiel: Die Grundleistung a) der Leistungsphase 5 (Ausführungsplanung) des Leistungsbilds Technische Ausrüstung (§ 55 Abs. 3 i.V.m. Anlage 15 Nr. 15.1 HOAI) lautet schlicht:

»Erarbeiten der Ausführungsplanung auf Grundlage der Ergebnisse der Leistungsphasen 3 und 4 (stufenweise Erarbeitung und Darstellung der Lösung) unter Beachtung der durch die Objektplanung integrierten Fachplanungen bis zur ausführungsreifen Lösung.«

Die HOAI schweigt sich dazu aus, mit welchen technischen Hilfsmitteln (Zeichenbrett, CAD-Software) die Ausführungsplanung zu erstellen ist und in welcher Form (2D-Papierpläne oder digitale Plandaten in bestimmten Dateiformaten) Leistungsergebnisse abzuliefern sind.

Die Methode Building Information Modeling bezeichnet die Erbringung von Leistungen im Zusammenhang mit der Planung, Ausführung des Betriebs oder Rückbaus eines Bauwerks unter Zuhilfenahme digitaler Bauwerksmodelle. BIM revolutioniert derzeit den Bauplanungsprozess. Der Bauplanungsprozess ist in Deutschland von einer arbeitsteiligen Zusammenarbeit von Architekten und Fachingenieuren geprägt, bei der die Planungsbeteiligten darauf angewiesen sind, ihre Planungsbeiträge wiederholt abzugleichen und iterativ fortzuentwickeln, um zu einer insgesamt konsistenten Planung des Bauwerks zu gelangen. Bei BIM erfolgt der Austausch bauwerksbezogener Informationen über den Austausch von Bauwerksmodellen oder von aus Bauwerksmodellen abgeleiteten Daten.

Die Planungsmethode BIM ist neu. Daher ist es wichtig, dass die Beteiligten an dem Planungsprozess eines Bauwerks sich vor Vertragsschluss über die genaue Art und Weise der Zusammenarbeit explizit verständigen und regeln, wer, wann, in welcher Weise, welche Daten, in welcher Form, an wen zu senden hat. Im Vergleich zur heutigen Praxis es nicht damit getan, die von den einzelnen Planungsbeteiligten geschuldeten Leistungserfolge zu definieren, indem auf die Leistungsbilder der HOAI verwiesen wird, sondern es muss auch ein gemeinsames Verständnis von dem Prozess der Leistungserbringung und den geschuldeten Formaten der Leistungsergebnisse fixiert werden. Die Planungsbeteiligten müssen sich vertraglich dazu verpflichten, sich einem vorgegebenen Workflow unterzuordnen und entsprechend der Meilensteine und Regeln zur Abstimmung ihre Leistungsbeiträge beizusteuern.

Es ist also nicht damit getan, alleine den durch den Planer zu liefernden funktionalen Leistungserfolg vertraglich festzuschreiben (*»Erarbeiten der Ausführungsplanung«*), sondern es sollten präzisere Vorgaben zum Datenlieferprozess aufgestellt werden. Die Planungsbeiträge des Einzelnen sollen ja nicht nur in 2D ausgeplottet werden können, sondern in einer vom Computer interpretierbaren Fassung vorliegen, die die gewünschten BIM-Anwendungsfälle möglich macht. Hierbei ist auch zu prüfen, in welchem Umfang die in den HOAI-Grundleistungen zum Ausdruck kommenden funktionalen Leistungserfolge die gewünschten Planungsergebnisse unter BIM vollständig umfassen.

In der heutigen Projektpraxis in Deutschland erfolgt die Beschreibung der durch einen Planungsbeteiligten zu erbringenden BIM-Leistungen oftmals in der Weise, dass in dem Vertrag oder einem Leistungsbild als Anhang zum Vertrag funktional beschriebene Einzelleistungen entsprechend der HOAI-Leistungsbilder aufgeführt werden – genau so, wie bei einem konventionellen Bauprojekt auch. Das Leistungsbild wird in der Regel gegenüber einem Leistungsbild bei einem konventionell abgewickelten Bauprojekt unverändert gelassen: In dem Leistungsbild steht nur, dass der Planer eine Vorplanung, Entwurfsplanung und Ausführungsplanung zu erstellen hat. Sofern darüber hinaus weitere Leistungsergebnisse an den Bauherrn übergeben werden sollen, werden diese als Besondere Leistungen vereinbart.

Die Ausgestaltung des Planungsprozesses als solchen – also die Regelung der Zusammenarbeit für ein Entstehenlassen eines abgestimmten Entwurfs bzw. einer Ausführungsplanung – werden in BIM-Projekten in einem BIM-Abwicklungsplan, einem BIM-Implementierungskonzept, BIM-Lastenheft oder ähnlich bezeichnetem Dokument niedergelegt, welches zu einer weiteren Anlage des Planervertrages gemacht wird, ähnlich einem Projekthandbuch[3]. Diese Vorgehensweise ist grundsätzlich praktikabel.

Oftmals ist es darüber hinaus sinnvoll, ergänzende juristische Regelungen in die Verträge aufzunehmen, z.B. Vorrangregelungen (2D-Pläne oder digitales Modell maßgeblich?), Abrechnungsregeln (nach

---

[3] Eine sehr differenzierte Strukturierung der Vertragsdokumente stellt van Treeck in Kapitel 1, Ziff. 7.3, vor.

Abb. 2–1   Vertragsgestaltung

VOB/C oder tatsächliche Mengen aus dem Modell?), ergänzende Urheberrechtsklauseln, Haftungsregeln etc. Diese rein juristischen Themenstellungen werden sinnvollerweise getrennt von technischen Fragen entweder in dem Vertrag selber oder einer eigenen Vertragsanlage geregelt. Eine solche Vertragsanlage (Besondere Vertragsbedingungen BIM – BIM-BVB) wurden bereits veröffentlicht[4].

In diesem Abschnitt zur Vertragsgestaltung geht es um Fallstricke bei der (technischen) Leistungsbeschreibung von BIM-Leistungen. Auf die Vermeidung der folgenden Fallstricke sollte bei der Vertragsgestaltung besonders geachtet werden.

---

[4] Eschenbruch/Elixmann/Hömme, in: Eschenbruch/Leupertz, BIM und Recht, Anhang I.

2.1 Umfassende Besprechung des geplanten BIM-Workflow mit allen Beteiligten vor Vertragsschluss

Wenn ein BIM-Konzept umgesetzt werden soll, muss allen Planungsbeteiligten klar sein, worauf sie sich einlassen. Jeder Projektbeteiligte sollte vor Vertragsschluss verstanden haben, was von ihm im Rahmen der vertraglich vereinbarten Projektabwicklung gefordert sein wird und er sollte für sich reflektieren (können), ob er die gestellten Anforderungen erfüllen kann, insbesondere, ob er in der Lage ist, die Planungsergebnisse in den geforderten Dateiformaten und unter Berücksichtigung der Modellierungsvorgaben zu liefern.

Wenn Regelungen zum BIM-Datenaustausch erst nach Vertragsschluss besprochen werden, besteht aus Bauherrnsicht das Risiko, dass der vor Vertragsschluss für innovative Planungsmethoden sich offen zeigende Planer seine Bereitschaft verliert, von den in seinem Büro eingeübten Arbeitsweisen speziell für das Projekt abzuweichen. Umgekehrt besteht für den Planer das Risiko, dass der Bauherr nach Vertragsschluss auf einmal viel zu hohe und für die Realisierung des Bauvorhabens unzweckmäßige Modellierungsanforderungen stellt, die der Planer nicht bedienen will. In vielen Projekten nehmen Planer aufgrund von straffen Terminplänen ihre Leistungen auch ohne schriftlichen Vertrag auf und der Vertrag wird erst nachlaufend unterschrieben. Diese Vorgehensweise ist in einem BIM-Projekt risikoreicher als bei einem konventionellen Bauprojekt, weil in einem BIM-Projekt (derzeit) aufgrund fehlender Standards das Risiko von Missverständnissen über die gemeinsamen Vorstellungen der Zusammenarbeitsprozesse höher ist.

Die wesentlichen Inhalte der BIM-basierten Zusammenarbeit sollten mit Vertragsschluss bindend vereinbart werden.

Zu den vertraglichen Mindest-Anforderungen zählen

- die Beschreibung der durch den Planer zu liefernden Planungsergebnisse mit ihren Dateneigenschaften – sogenannte »Auftraggeber-Informations-Anforderungen« (AIA) – und Terminen und
- die Verpflichtung des Planers, auf Basis bestimmter Datenformate über eine vorgegebene Projektplattform Bauwerksmodelldaten mit den weiteren Planungsbeteiligten auszutauschen.

Auf dieser Vertragsgrundlage ist es rechtlich vertretbar, technische Konkretisierungen in der Ausgestaltung der vertraglich fixierten Leistungserfolge erst nach Vertragsschluss in Abstimmung mit allen Planungsbeteiligten vorzunehmen. Streitpotenzial wird allerdings von vornherein reduziert, wenn ein detaillierter BIM-Abwicklungsplan vor Vertragsunterzeichnung vorliegt und durchgesprochen wird.

Mustervertragsklauseln aus dem amerikanischen Rechtskreis sehen vor, dass sich die Parteien bei Vertragsschluss dazu verpflichten, erst innerhalb von 30 Tagen nach Vertragsschluss einen BIM-Abwicklungsplan gemeinsam zu verabschieden[5]. Diese Vorgehensweise ist mit erheblichen Risiken behaftet, wenn als Mindest-Anforderungen nicht wenigstens über die oben genannten Punkte eine Einigung erzielt wurde. Diese Situation kann mit der Verständigung von Bauvertragsparteien, einen Terminplan noch nach Vertragsschluss zu verhandeln, verglichen werden.

In Großbritannien wurde ein Referenzprozess für die Abwicklung eines BIM-basierten Bauprojekts entwickelt und als Norm der *British Standards Institution*, PAS 1192-2, verabschiedet[6]. PAS 1192-2 beschreibt einen Referenzprozess für die Zusammenarbeit im Rahmen der Planung und Ausführung eines Bauwerks und für den Austausch von Daten zwischen den Beteiligten in allgemein gehaltener Form. Es ist wahrscheinlich, dass der Referenzprozess nach PAS 1192-2 Vorbildcharakter für Bauvorhaben auch in Deutschland haben wird. Die dem Autor aus der Praxis bekannten BIM-Abwicklungspläne aus Deutschland lehnen sich oftmals an diesen Referenzprozess an. Großbritannien ist bemüht, den Referenzprozess nach PAS 1192-2 als ISO-Standard zu etablieren.

Dieser Referenzprozess sieht vor, dass der Bauherr zunächst die von ihm gewünschten Bauwerksmodelldaten im Rahmen von Auftraggeber-Informations-Anforderungen definiert und Bieter aufbauend darauf sich um den Planungsauftrag durch die Vorlage eines pre-contract BIM-execution plan bewer-

---

[5] ConsensusDocs 301 BIM-Addendum.
[6] British Standard Institution (BSI), PAS 1192-2, 2013.

ben, anhand dessen die Bieter dokumentieren, dass sie in der Lage sind, einen Planungsprozess umzusetzen, der geeignet ist, die Auftraggeber-Informations-Anforderungen zu erfüllen. Erst nach Vertragsschluss wird dann der eigentliche BIM-Abwicklungsplan erstellt (*post contract-award BIM-execution plan*)[7]. Nach PAS 1192-2 sind die Leistungsanforderungen anhand der Auftraggeber-Informations-Anforderungen und des pre-contract BIM-execution plan hinreichend klar vertraglich fixiert. In diesem Fall ist es vertretbar, eine endgültige Ausgestaltung des BIM-Abwicklungsplanes erst nach Vertragsschluss vorzunehmen.

Das *Bundesministerium für Verkehr und digitale Infrastruktur* (BMVI) treibt in seinen Zuständigkeitsbereichen – also bei Infrastrukturbauprojekten – die Einführung von BIM voran. Sukzessiv soll die BIM-Planungsmethode verbindlich vorgeschrieben werden für Bauinfrastrukturmaßnahmen im Zuständigkeitsbereich des BMVI. Schritte der BIM-Einführung sind in dem Stufenplan Digitales Planen und Bauen beschrieben[8]. Der Stufenplan Digitales Planen und Bauen beinhaltet die Selbstverpflichtung des BMVI – ab Mitte 2017 in einer erweiterten Pilotprojektphase und ab 2020 für alle Infrastrukturbauvorhaben – die Anwendung von BIM-Planungsmethoden in einer als Leistungsniveau 1 beschriebenen Implementierungstiefe verbindlich vorzuschreiben. Das Leistungsniveau 1 beschreibt hierbei eine Form der BIM-Umsetzung, die an den britischen Referenzprozess PAS 1192-2 angelehnt ist.

Abb. 2–2 Fallstricke

[7] Siehe Ziff. 5, 6 und 7 PAS 1192-2.
[8] Abrufbar über www.bmvi.de.

2.2 Definition widerspruchsfreier Projektrollen

Wenn der BIM-Planungsprozess in einem BIM-Abwicklungsplan beschrieben wird, der zur Anlage der jeweiligen Planerverträge gemacht wird, ist darauf zu achten, dass die sich aus dem BIM-Abwicklungsplan ergebenden Leistungspflichten mit den im Vertrag genannten Leistungspflichten decken. Der BIM-Abwicklungsplan sollte keine Leistungen der Beteiligten einfordern, zu denen die Beteiligten nach ihrem Vertrag nicht verpflichtet sind. Dieser Hinweis mag trivial klingen, Widersprüche zwischen BIM-Abwicklungsplan und vertraglich geschuldeten Leistungsumfang haben aber in der Praxis schon zu erheblichen Verstimmungen in Projekten geführt.

Solange die Zusammenarbeitsprozesse unter BIM in Deutschland noch nicht standardisiert und erprobt sind, müssen sich die Projektbeteiligten bei jedem Projekt auf einen neuen BIM-Abwicklungsplan einstellen und umgewöhnen. Dies schafft Effizienzverluste, die zu nicht kalkulierten Aufwandsmehrungen und damit zu Unfrieden im Projekt führen können. Wenn dann noch die Planungssoftware nicht so funktioniert wie gewünscht, ist es schon vorgekommen, dass Projektbeteiligte sich doch lieber den Koordinationsprozessen aus dem BIM-Abwicklungsplan entziehen und sich darauf fokussieren, eine mangelfreie, allerdings konventionell geplante Planung abzuliefern. In diesen Fällen wird der Vertrag nochmals sehr gründlich gelesen und darauf verwiesen (möglicherweise), dass der Vertrag eine Vorrangregelung des Vertragstexts gegenüber den Anlagen zum Vertrag enthält und der Vertrag selber keine Verpflichtung zur Teilnahme an Koordinationsprozessen, insbesondere keine terminliche Bindung an die Termine des BIM-Abwicklungsplans, enthält. Ob die juristische Auslegung im Einzelfall zutreffend ist oder ob nicht vielmehr der Vertrag als sinnvolles Ganzes auszulegen war und als Auslegungsergebnis eine Verpflichtung des Planers zur vollständigen Beachtung der Vorgaben des BIM-Abwicklungsplans bestand, mag dahinstehen. Vertragsklarheit ist in jedem Fall sinnvoll. Leidtragende sind in solchen Fällen des Ausscherens eines Projektbeteiligten dann nicht nur der Bauherr, sondern auch die übrigen Planungsbeteiligten, die sich auf einen funktionierenden Koordinationsprozess verlassen hatten.

2.3 Die Gefahr funktional beschriebener Modellanforderungen

Gefährlich kann es für den Planer sein, wenn BIM-Leistungsanforderungen nicht anhand konkreter technischer Spezifikationen, sondern in funktionaler Weise anhand der Nutzungseignung für bestimmte Zwecke beschrieben werden.

Eine – nicht zu empfehlende – funktional beschriebene BIM-Leistungsanforderung könnte etwa lauten:

> »Erstellung einer Ausführungsplanung in Form eines BIM-Modells, das der Generalunternehmer zur Angebotskalkulation verwenden kann.«

Der Bauherr, der eine solche Leistung ausschreibt, mag von den Vorteilen einer modellbasierten Angebotskalkulation gehört haben und stellt sich vor, dass die von ihm beauftragten Planer ein allgemein für jeden Generalunternehmer nutzbares Modell abliefern können, der damit wirbt, BIM-Methoden in seinen Arbeitsabläufen anzuwenden.

Der auf Basis dieser Leistungsbeschreibung beauftragte Planer interpretiert diese Leistungsanforderung dahingehend, dass er ein BIM-Modell der Detaillierungstiefe LoD 300 (LoD steht für Level of Detail oder Level of Development; eine im Kontext von BIM gebräuchliche Beschreibungsart des Detaillierungsgrads eines Bauwerksmodells[9]) als IFC-Datei abliefert. IFC ist ein offener Datenstandard für den Austausch von Bauwerksmodellen. Der Generalunternehmer wiegelt allerdings ab, als er das IFC-Datenmodell erhält, weil er die IFC-Daten nicht verlustfrei in die von ihm verwendete Planungs- oder Kalkulationssoftware konvertieren kann und entsprechend keine exakten Massen und Bauteilbeschreibungen aus dem Modell ziehen kann.

Der Planer befindet sich nun in dem Dilemma, dass die von ihm eingegangene vertragliche Verpflichtung durch ein Gericht in der Weise ausgelegt werden könnte, dass der Planer das Risiko der Verwendungstauglichkeit seines Bauwerksmodells durch einen Generalunternehmer übernommen hat. Am Maßstab dessen ist die von ihm erstellte Planung mangelhaft, weil sie sich eben nicht dafür eignet, dass der beauftragte Generalunternehmer aus dem Modell Massen und Qualitäten ziehen kann. Keine Rolle spielt es, dass das Leistungsversprechen des Planers, ein für (jeden!) Generalunternehmer verwendbares Bauwerksmodell liefern zu können, technisch nicht sinnvoll war, weil die Übertragung von Modelldaten in verlustfreier Weise wirklich sicher nur dann funktioniert, wenn die Datenschnittstelle zwischen Planer und Generalunternehmer aufeinander abgestimmt und näher spezifiziert wurde. Unmöglich war das Leistungsversprechen indessen nicht. Der Planer kann ja sein Datenmodell nach den Vorgaben des konkret beauftragten Generalunternehmers umarbeiten bzw. ein neues Modell aufbauen.

Kern des Werkvertrages ist, dass derjenige, der sich zu einem bestimmten Werkerfolg verpflichtet, auch das Risiko der Realisierung des Werkerfolges übernimmt und für dessen Eintritt verschuldensunabhängig einzustehen hat. Letztlich hat der Planer in dem vorgenannten Beispiel etwas versprochen, was er nicht versprechen wollte. Er wollte das von ihm im Rahmen der Planung erstellte Bauwerksmodell dem Bauherrn zur Verfügung stellen, nicht allerdings alleine zum Zweck der Vergabe der Generalunternehmerleistung ein zweites Bauwerksmodell nach den Spezifikationen des Generalunternehmers aufbauen. Der Planer wäre gut beraten gewesen, darauf hinzuwirken, dass der Leistungserfolg anhand der von ihm erstellten Daten beschrieben ist und nicht im Hinblick auf eine schwer zu versprechende Verwendungstauglichkeit.

---

[9] Vgl. Liebich et al., BIM-Leitfaden für Deutschland, Anhang D.

3 Vergütung: BIM und HOAI

Planer – insbesondere Architekten – zögern derzeit teilweise noch, die BIM-Planungsmethode in ihre eigenen Arbeitsprozesse zu integrieren und dafür erforderliche Investitionen in zusätzliche Software und Schulungen zu tätigen. Diese abwartende Haltung wird zum Teil mit Unsicherheiten über die sich aus der HOAI ergebenden preisrechtlichen Vorgaben für die Vergütung der BIM-Leistungen begründet[10]. Fraglich ist, ob und wenn ja, in welchem Umfang BIM-gestützten Planungsleistungen dem Preisrecht der HOAI unterliegen. Dem wird im Folgenden näher nachgegangen.

Abb. 2–3   Vergütung

3.1 Prinzipielle Anwendbarkeit der HOAI

Als Ausgangspunkt ist zunächst festzuhalten, dass die HOAI als reines Preisrecht die Vertragsautonomie der Parteien eines Planervertrags nur hinsichtlich der Vereinbarung der Höhe der Vergütung für die Planungsleistungen einschränkt (die Vergütungsseite), vorausgesetzt die vertraglich vereinbarten Planungsleistungen sind von der HOAI erfasst. Welche Planungsleistungen Gegenstand des Planervertrags sind, also über welche Leistungen die Parteien sich einigen, einen Vertrag zu schließen (die Leistungsseite), ist nicht Regelungsgegenstand des HOAI-Preisrechts. Die Freiheit des Auftraggebers, zu entscheiden, mit welchen Leistungen er einen Planer beauftragen will und die Freiheit des Planers, welche Leistungen er anbieten möchte, wird durch die HOAI nicht eingeschränkt.

Bei der HOAI handelt es sich um eine von der Bundesregierung erlassene Verordnung. Die Ermächtigungsgrundlage für die Befugnis der Bundesregierung zum Erlass der HOAI ergibt sich aus dem Gesetz zur Regelung von Ingenieur- und Architektenleistungen aus dem Jahr 1971[11].

---

[10] Eschenbruch et al., Maßnahmenkatalog zur Nutzung von BIM in der öffentlichen Bauverwaltung unter Berücksichtigung der rechtlichen ordnungspolitischen Rahmenbedingungen, 25.

[11] §§ 1 und 2 des Gesetzes zur Regelung von Ingenieur- und Architektenleistungen vom 4.11.1971, BGBl. I 1745, 1749, geändert durch Art. 10 des Gesetzes zur Verbesserung des Mietrechts und zur Begrenzung des Mietanstiegs sowie zur Regelung von Architekten- und Ingenieurleistungen v. 12.11.1984, BGBl. I 1337.

Die Verordnungsermächtigung ermächtigt die Bundesregierung zum Erlass einer Honorarordnung für Architekten und Ingenieure:

> »... für Leistungen [...] bei der Planung und Ausführung von Bauwerken und technischen Anlagen, bei der Ausschreibung und Vergabe von Bauleistungen sowie bei der Vorbereitung, Planung und Durchführung von städtebaulichen und verkehrstechnischen Maßnahmen.«

Soweit BIM-Leistungen auf die Planung und Ausführung von Bauwerken und technischen Anlagen gerichtet sind, bestehen mithin keine prinzipiellen Einwände gegen die Anwendbarkeit der HOAI auf diese Leistungen. Im Rahmen eines BIM-gestützten Planungsprozesses bedienen sich die Planungsbeteiligten anderer technischer Hilfsmittel, um im Ergebnis ein zu einem konventionellen Planungsprozess vergleichbares Ergebnis herzustellen. Planen mit BIM ist daher immer noch Planung im Wortsinn der Verordnungsermächtigung[12].

Zu beachten ist allerdings, dass das Preisrecht der HOAI nicht anwendbar ist auf Paketanbieter, die neben Ausführungsleistungen Planungsleistungen in untergeordnetem Umfang erbringen, also auf Verträge, bei denen der Schwerpunkt der vertraglich geschuldeten Leistungen nicht auf Planungsleistungen im Sinne der HOAI liegt – klassisches Beispiel: der mit der Ausführungsplanung beauftragte Generalunternehmer[13]. Außerdem beschränkt sich der Anwendungsbereich der HOAI auf Planungsleistungen von Büros mit Sitz innerhalb Deutschlands, soweit die Leistungen vom Inland aus erbracht werden[14].

3.2 Planung mit BIM generell »Besondere Leistung«?

In der rechtswissenschaftlichen Literatur wird zum Teil die Auffassung vertreten, dass die Erbringung von Planungsleistungen mit der BIM-Planungsmethode generell als Besondere Leistung zu qualifizieren sei und daher BIM-Planungsleistungen nicht dem zwingenden Preisrecht der HOAI unterliegen. Vertreter dieser Auffassung verfolgen zwei Argumentationslinien. Zum einen argumentieren sie auf Basis des Wortlauts und der Systematik der HOAI[15]. Zum anderen führen sie an, dass die Grundleistungen und ihre Zuordnung zu Leistungsphasen inhaltlich nicht zu einem BIM-gestützten Planungsprozess passten[16].

Die HOAI ist sprachlich und systematisch in Bezug auf BIM in der Tat unglücklich konzipiert. Zunächst einmal ist sie bindendes Preisrecht nur für die in den als Anlage zur HOAI beigefügten Leistungsbildern als Grundleistung ausgewiesenen Leistungen. Dies ergibt sich aus §1 HOAI, wonach die HOAI die Berechnung der Entgelte für die Grundleistungen der Architekten und Ingenieure regelt. Grundleistungen werden unter §3 Abs.2 HOAI als solche Leistungen definiert, die zur ordnungsgemäßen Erfüllung eines Auftrags im Allgemeinen erforderlich und in Leistungsbildern erfasst sind. In den Abschnitten zu den unterschiedlichen Planungsdisziplinen wird jeweils auf die Grundleistungen der in den Anlagen zur HOAI enthaltenen Leistungsbilder verwiesen – vgl. den Verweis auf Anlage 15.1 in § 55 Abs. 3 HOAI für das Leistungsbild Technische Ausrüstung. Die HOAI-Leistungsbilder enthalten bekanntlich neben Grundleistungen auch Besondere Leistungen, die keinen preisrechtlichen Beschränkungen unterliegen (§3 Abs.3 S.3 HOAI). Grundleistungen und Besondere Leistungen sind sich gegenseitig ausschließende Kategorien: Entweder ist die Leistung vom HOAI-Preisrecht erfasst oder eben nicht. § 3 Abs.3 S.2 HOAI regelt, dass eine in irgendeinem HOAI-Leistungsbild genannte Besondere Leistung auch in einem beliebigen anderen Leistungsbild unter einer anderen Leistungsphase vereinbart werden kann, soweit die Leistung dort keine Grundleistung bereits ist. Diese Regelung stellt auch nochmals klar, dass Grundleistungen und Besondere Leistungen zwei sich nicht überschneidende Leistungskategorien sind.

Die BIM-Planungsmethode findet ausdrücklich Erwähnung als Besondere Leistung der HOAI-Leistungsphase 2 des Leistungsbilds Gebäude und Innenräume.

Die Besondere Leistung lautet:

> »3D- oder 4D-Gebäudemodellbearbeitung (Building Information Modeling BIM)«.

---

[12] Eschenbruch/Lechner, in: Eschenbruch/Leupertz, BIM und Recht, Kap. 7 Rn. 20.

[13] BGH, Urt. v. 22.5.1997 – VII ZR 290/95, NJW 1997, 2329.

[14] Hintergrund dieser Einschränkung ist die europäische Dienstleistungsfreiheit, vgl. Art. 16 Abs. 2 Buchst. d und Abs. 3 Dienstleistungsrichtlinie – RL 2006/123/EG v. 12.12.2006, ABl. L 376.

[15] So Kemper, BauR 2016, 426, 427.

[16] Kemper, BauR 2016, 426, 427; Liebich/Schweer/Wernik, Die Auswirkungen von Building Information Modeling (BIM) auf die Leistungsbilder und Vergütungsstruktur für Architekten und Ingenieure sowie auf die Vertragsgestaltung, 21.

Vertreter der Ansicht, dass BIM-Planungsleistungen dem HOAI-Preisrecht vollständig entzogen seien, verweisen auf den Umstand, dass die BIM-Planungsmethode eben nur in einer Besonderen Leistung genannt ist[17]. Was ausdrücklich Besondere Leistung ist, könne nicht gleichzeitig Grundleistung sein.

Vertreter dieser Ansicht argumentieren ferner inhaltlich: Der in den HOAI-Leistungsbildern zum Ausdruck kommende, sequenzielle Planungsprozess passe nicht auf die Zusammenarbeitsprozesse auf Basis von BIM. BIM führe zu einer höheren Detaillierung in früheren Planungsphasen. Außerdem setze BIM eine strukturiertere Vorgehensweise als bisher schon in frühen Leistungsphasen voraus, weil schon in frühen Phasen die Fortentwicklung des Modells in späteren Leistungsphasen antizipiert und strukturell bei der Modellerstellung berücksichtigt werden müsse[18]. Die HOAI-Grundleistungen passten inhaltlich nicht, wenn im Rahmen des BIM-Planungsprozesses eine Verknüpfung mit kosten-, termin- und betriebsrelevanten Daten erfolge[19]. Ferner sei die leistungsphasenorientierte Ausrichtung der HOAI mit dem integrativen Ansatz der BIM-Planungsmethode nicht vereinbar[20].

Dieser Ansicht kann zunächst einmal entgegnet werden, dass die Methode BIM im Kern ein Hilfsmittel für die Bewältigung der gleichen Aufgaben ist, wie im konventionellen Planungsprozess: Planung und Ausführung eines Bauwerks. Dabei ist auch das BIM-Modell letztlich nichts anderes als eine visualisierte Abstraktion der im Kopf des Planers entwickelten Planung[21]. Auch lässt die BIM-Planungsmethode den Planungsablauf in seinen Grundsätzen unberührt, ungeachtet möglicher Leistungsverschiebungen im Einzelnen in der aktuellen Planungspraxis. Der Planungsprozess folgt auch unter BIM den sich aus der Planungsaufgabe ergebenden Zweckmäßigkeiten, die international zu einer ähnlichen Strukturierung des Planungsprozesses geführt haben: Zunächst hat eine Festlegung auf eine grobe Planungsidee zu erfolgen, die Planungsidee ist dann zu einem genehmigungsfähigen Konzept auszuarbeiten, welches dann zu einer ausführungsreifen Lösung fortentwickelt wird[22].

Ferner ist zu berücksichtigen, dass die Grundleistungen der HOAI-Leistungsbilder die jeweilige Grundleistung rein funktional – also vom Ergebnis gedacht – beschreiben, ohne eine Methode der Leistungserbringung vorzugeben. Die HOAI spricht z. B. schlicht von »*Erarbeiten der Entwurfsplanung*[23]« und überlässt es dem Planer, ob er die Entwurfsplanung am Zeichenbrett, mittels CAD-Software oder nach BIM-Methoden erbringt. Wenn daher mittels der BIM-Planungsmethode HOAI-Grundleistungen umgesetzt werden, spricht dies dafür, die mit BIM-Methoden erfolgende Grundleistungserbringung dem HOAI-Preisrecht zu unterwerfen[24], dem Sinn und Zweck der HOAI folgend, technikneutral ein Preisrecht für die im Allgemeinen erforderlichen Planungsleistungen zur Planung und Ausführung eines Bauwerks zu statuieren.

Die vollständige Herausnahme der HOAI-Grundleistungserbringung alleine aus dem Grund, weil die involvierten Planer methodisch die Planerstellung und die Zusammenarbeit über BIM-Modelle strukturieren, um jedoch letztlich als Einzelschritte die in den HOAI-Grundleistungen beschriebenen Leistungstungsziele umzusetzen, wäre ein Bruch mit der Logik der HOAI-Leistungsbilder in ihrer Gesamtschau, der das gesamte Preisrecht ad absurdum führte.

Eine sachgerechte Interpretation der HOAI als sinnvolles Ganzes führt daher zu dem Ergebnis, dass die Erbringung von als HOAI-Grundleistungen beschriebene Leistungen mit BIM-Methoden innerhalb der Mindest- und Höchstsätze der HOAI zu vergüten sind und alleine für Zusatzleistungen außerhalb der HOAI-Grundleistungen die Honorare frei vereinbar sind.

---

[17] So Kemper, BauR 2016, 426, 427.

[18] Kemper, BauR 2016, 426, 427; Liebich/Schweer/Wernik, die Auswirkungen von Building Information Modeling (BIM) auf die Leistungsbilder und Vergütungsstruktur für Architekten und Ingenieure sowie auf die Vertragsgestaltung, 21.

[19] Kemper, BauR 2016, 426, 427.

[20] Liebich/Schweer/Wernik, die Auswirkungen von Building Information Modeling (BIM) auf die Leistungsbilder und Vergütungsstruktur für Architekten und Ingenieure sowie auf die Vertragsgestaltung, 21.

[21] Eschenbruch/Lechner, in: Eschenbruch/Leupertz, BIM und Recht, Kap. 7 Rn. 6.

[22] Eschenbruch/Lechner, in: Eschenbruch/Leupertz, BIM und Recht, Kap. 7 Rn. 6.

[23] Vgl. etwa Grundleistung a) der Leistungsphase 3 des Leistungsbilds Gebäude und Innenräume, § 34 Abs. 4 i. V. m. Anl. 10.1 HOAI.

[24] Elixmann, in: Westphal/Hermann, Building Information Modeling, 92, 93.

Solche Zusatzleistungen können z. B. sein

- die Erstellung und Gliederung eines digitalen, mit einem Modell verknüpften Raumbuchs[25],
- die Entwicklung eines BIM-Abwicklungsplans unter Einbeziehung der Schnittstellen zum Bauherrn und der Projektsteuerung[26],
- die Erzeugung von 3D-Visualisierungen zu Vermarktungszwecken oder zur Herbeiführung von Entscheidungen von Investoren[27],
- die Verknüpfung einzelner Bauteile mit Kosten- und Termin-Informationen, die zu einer umfassenderen Kosten- und Terminkontrolle führt, als sie als Grundleistung von dem Planer geschuldet ist oder
- Modellsimulationen im Hinblick auf den Gebäudebetrieb[28].

Diese grundsätzlichen Ausführungen zur Systematik der HOAI ändern allerdings nichts daran, dass der Verordnungstext nur als missglückt bezeichnet werden kann, wenn er bereits die 3D- oder 4D-Gebäudemodellbearbeitung als Besondere Leistung ausweist. Nimmt man den Text ernst, ist bereits das dreidimensionale Modellieren nach BIM-Regeln eine besondere Leistung außerhalb des HOAI-Preisrechts. Zu der Formulierung der Besonderen Leistung, wie sie jetzt ist, ist es allerdings nach Auskunft von an dem Verordnungsgebungsverfahren Beteiligter nur gekommen, weil vor der HOAI-Novellierung 2013 zwar keine konkreten Vorstellungen über BIM bestanden, dennoch in den Leistungsbildern vorsorglich ein Auffangtatbestand geschaffen werden sollte, über den zu erwartende Mehraufwendungen von Planern im Zuge der Umstellung der Arbeitsweise auf BIM aufgefangen werden können. Eine Grundsatzdiskussion über die Anwendbarkeit der HOAI auf BIM-gestützte Planungsleistungen vor Erlass der HOAI (2013) wurde vermieden[29]. Es ist daher der gesetzgeberische Wille erkennbar, durch die Aufnahme der Besonderen Leistung zu BIM nicht das HOAI-Preisrecht abschaffen zu wollen, nur weil sich aufgrund des technischen Fortschritts die Planungsmethoden wandeln.

3.3 Die Anwendbarkeit der HOAI auf ausgewählte BIM-Anwendungsfälle

Es bleibt offen, wie die Rechtsprechung das Problem der Anwendbarkeit der HOAI auf BIM-Leistungen lösen wird. Von Gerichten entschiedene Streitfälle sind bisher nicht veröffentlicht. Im Folgenden gehen wir davon aus, dass nicht alleine die Anwendung der Werkzeuge eines BIM-Planungsprozesses eine generelle Unanwendbarkeit der HOAI zur Folge hat, sondern, dass BIM-Leistungen weiterhin dem HOAI-Preisrecht unterliegen, wenn es sich bei ihnen funktional um die Erbringung von HOAI-Grundleistungen handelt. Dann können die nachfolgenden Schlussfolgerungen über die Anwendbarkeit der HOAI auf einzelne BIM-Anwendungsfälle gezogen werden.

3.3.1 BIM-Koordination

BIM-Koordination bezeichnet die BIM-gestützte Koordination der Objektplanung mit der Fachplanung, also genauer: Die BIM-Planungskoordination[30]. Der Planungsprozess unter Verwendung der BIM-Planungsmethode ist von engzyklischeren Abgleichen der Planungsstände der Planungsbeteiligten und damit von einer engeren Zusammenarbeit im Planungsteam geprägt. In kürzeren Intervallen als bisher können Planungsstände unterschiedlicher Planungsbeteiligter zusammengeführt und Widersprüche zwischen den Planungsbeiträgen aufgedeckt, diskutiert und kurzfristig planerisch gelöst werden. Dies ermöglicht schnellere Planungszyklen, weniger Missverständnisse durch die Verwendung des Kommunikationsmediums 3D-Modell und insgesamt eine verbesserte Kontrolle und Übersicht über den Projektfortgang[31]. Dies erfordert klare Regelungen zum Informationsaustausch und eine strenge Disziplin zu deren Einhaltung[32].

---

[25] Vgl. die Besondere Leistung »Aufstellen eines Raumprogramms« der Leistungsphase 1 des Leistungsbilds Gebäude und Innenräume, § 34 Abs. 4 i. V. m. Anl. 10.1 HOAI.

[26] Vgl. die Besondere Leistung »Projektstrukturplanung« der Leistungsphase 1 des Leistungsbilds Gebäude und Innenräume, § 34 Abs. 4 i. V. m. Anl. 10.1 HOAI.

[27] Vgl. die Besondere Leistung »Anfertigen von besonderen Präsentationshilfen, die für die Klärung in der Vorentwurfsplanung nicht notwendig sind« der Leistungsphase 1 des Leistungsbilds Gebäude und Innenräume, § 34 Abs. 4 i. V. m. Anl. 10.1 HOAI.

[28] Hierzu auch Eschenbruch/Lechner, in: Eschenbruch/Leupertz, BIM und Recht, Kap. 7 Rn. 30.

[29] Eschenbruch/Lechner, in: Eschenbruch/Leupertz, BIM und Recht, Kap. 7 Rn. 24.

[30] Elixmann, in: Eschenbruch/Leupertz, BIM und Recht, Kap. 5 Rn. 3.

[31] Elixmann, in: Eschenbruch/Leupertz, BIM und Recht, Kap. 5 Rn. 2.

[32] Eschenbruch/Elixmann, in: Fuchs/Berger/Seifert, HOAI, Syst. K Rn. 15.

Die Objekt- und Fachplanungsleistungsbilder der HOAI definieren die Rolle des Objektplaners als Systemführer des Planungsteams[33]. Nach dem Rollenmodell der HOAI-Leistungsbilder bindet der Objektplaner die Fachplaner in den Planungsprozess in der Weise phasenspezifisch ein, indem er die Vorgaben für die Fachplaner definiert, die Fachplaner ihre Fachplanungsbeiträge danach ausrichten und die Fachplanungsergebnisse durch den Objektplaner in dessen Planung integriert werden[34]. Auch hinsichtlich technischer Grundsatzentscheidungen ist der Objektplaner federführend[35]. Dies alles ist Gegenstand der Koordinations- und Integrationsverpflichtung des Objektplaners nach dem Verständnis der HOAI.

Die HOAI sieht vor, dass der Objektplaner die Fachplaner in den Planungsprozess in der Weise phasenspezifisch einbindet, indem er

- zunächst den Fachplanern die äußeren Parameter für ihre Planungsbeiträge als deren Arbeitsgrundlage mitteilt:
  »Bereitstellen der Arbeitsergebnisse als Grundlage für die anderen an der Planung fachlich Beteiligten«[36],
- dann die Fachplanungsbeteiligten auf Basis des ihnen durch den Objektplaner gesteckten Rahmens ihre Planungsbeiträge erbringen:
  »[...] unter Beachtung der durch die Objektplanung integrierten Fachplanungen«[37] und
- dann die Planungsbeiträge der Fachplaner durch den Objektplaner unter Mitwirkung der Fachplaner koordiniert und in eine gesamthafte Planung integriert werden:
  »[...] Koordination und Integration von deren Leistungen«[38].

Die Koordinations- und Integrationspflichten der Planungsbeteiligten werden in der HOAI nur rudimentär-funktional beschrieben und geben Raum für unterschiedliche Ausgestaltungen des Planungskoordinationsprozesses. Bei der Koordination und Integration der Fachplanungsbeteiligten handelt es sich um einen dynamischen Prozess[39]. In der Praxis werden bei steigender Komplexität der Planungsaufgabe auch bei konventionellen Planungsprozessen regelmäßige Bearbeitungs- und Überarbeitungsrunden und eine iterative Durchdringung der Planungsaufgabe innerhalb einer Leistungsphase stattfinden[40].

Soweit es um die Koordination des Planungsprozesses als solchen geht – also die Koordination im Planungsteam zur Herstellung koordinierter und integrierter Planungsergebnisse mit BIM-Methoden – ist dieser Teil der BIM-Koordination Bestandteil der nach der HOAI geschuldeten Koordinations- und Integrationsleistungen des Architekten. Die geschuldeten Leistungen des mit einem HOAI-Vollauftrag ausgestatteten Objektplaners erstrecken sich auf das aktive Management des Planungsprozesses. Sie beschränken sich nicht auf die Zurverfügungstellung seiner aus der Objektplanung stammenden Vorgaben und eine passive Entgegennahme von Anweisungen eines den Planungsprozess steuernden BIM-Managers oder BIM-Engineers[41]. Die BIM-Koordination ist somit eine dem Preisrecht der HOAI unterliegende Grundleistung.

Nicht mehr HOAI-Grundleistung und daher nicht mehr vom HOAI-Preisrecht umfasst, ist die detaillierte Strukturierung des vollständigen BIM-Prozesses unter Einbeziehung möglicher Controlling-Strukturen mit Prüfzyklen unter Einbeziehung des Bauherrn oder eines von ihm beauftragten BIM-Managements bzw. BIM-Engineers und somit die Erarbeitung eines der Planung übergeordneten BIM-Referenzprozesses[42].

---

[33] Eschenbruch/Lechner, in: Eschenbruch/Leupertz, BIM und Recht, Kap. 7 Rn. 7.

[34] Im Einzelnen Elixmann, in: Eschenbruch/Leupertz, BIM und Recht, Kap. 5 Rn. 51 f.

[35] Eschenbruch/Lechner, in: Eschenbruch/Leupertz, BIM und Recht, Kap. 7 Rn. 7.

[36] Exemplarisch Grundleistung e) der Leistungsphase 2, Grundleistung b) der Leistungsphase 3 und Grundleistung c) der Leistungsphase 5 des Leistungsbilds Objektplanung für Gebäude und Innenräume, § 34 Abs. 4 i.V.m. Anl. 10.1 HOAI.

[37] Exemplarisch jeweils Grundleistung a) der Leistungsphase 3 und 5 des Leistungsbilds Technische Ausrüstung, § 55 Abs. 3 i.V.m. Anl. 15.1 HOAI.

[38] Exemplarisch wieder Grundleistung e) der Leistungsphase 2, Grundleistung b) der Leistungsphase 3 und Grundleistung c) der Leistungsphase 5 des Leistungsbilds Objektplanung für Gebäude und Innenräume, § 34 Abs. 4 i.V.m. Anl. 10.1 HOAI.

[39] Jochem/Kaufhold, HOAI, § 33 Rn. 80.

[40] Pott/Daholhoff/Kniffka/Rath, HOAI, § 33 Rn. 23.

[41] Elixmann, in: Eschenbruch/Leupertz, BIM und Recht, Kap. 5 Rn. 56. Ebenso Eschenbruch/Lechner, in: Eschenbruch/Leupertz, BIM und Recht, Kap. 7 Rn. 51.

[42] So auch Eschenbruch/Lechner, in: Eschenbruch/Leupertz, BIM und Recht, Kap. 7 Rn. 51. Einen Referenzprozess für die BIM-Projektabwicklung existiert in Deutschland noch nicht, allerdings ist die Notwendigkeit der Definition eines solchen allgemein anerkannt (vgl. Stufenplan digitales Planen und Bauen, 10) und ein solcher soll im Rahmen des Forschungsprojekts »BIMid« (http://www.BIMid.de, Aufruf 28.03.2016) entwickelt werden.

3.3.2 Kollisionskontrolle

Die Kollisionskontrolle dürfte der am weitesten verbreitete BIM-Anwendungsfall sein. Hierbei werden Fachmodelle in ein Analyseprogramm – auch: Model Checker (z. B. *solibri*) – geladen und durch das Programm automatisiert auf geometrische Kollisionen, also Inkongruenzen zwischen den modellierten Objekten, geprüft[43]. Der Kollisionskontrolle kommt eine Schlüsselrolle im Rahmen der BIM-Koordination zu. Sie ist das Arbeitsmedium, durch welches die Herstellung einer geometrisch konsistenten Planung vereinfacht wird. Eine Kollisionskontrolle wird immer dann durchgeführt, wenn Planungsergebnisse aus den verschiedenen Planungsbereichen zu einem bestimmten Meilenstein zusammengeführt und abgeglichen werden. In der BIM-Projektpraxis sind zum Beispiel in der Entwurfsphase wöchentliche Koordinationsbesprechungen zwischen Architekt, Haustechniker und Statiker gebräuchlich.

Der durch die Kollisionskontrolle erheblich vereinfachte Abgleich von Planungsständen trägt wesentlich zu der durch BIM erhofften Transparenz und Beschleunigung des Planungsprozesses bei. Kollisionskontrollen sind in einen geordneten Planungsprozess zu integrieren, der regelmäßige Kollisionsprüfungen und deren gemeinsame Auswertung in vorbereiteten Koordinationsbesprechungen, ein Kollisionsreporting, klare Abarbeitungsfristen sowie ein sinnvolles Änderungsmanagement beinhaltet, mithin die notwendigen Mechanismen enthält, die eine zeitnahe Korrektur der bei der Kollisionskontrolle erkannten Unstimmigkeiten ermöglicht[44].

Die Kollisionskontrolle ist integraler Bestandteil des nach der HOAI von allen Planern geschuldeten Koordinationsprozesses untereinander. Die Kollisionskontrolle ist zwar nur ein Bestandteil des nach der HOAI geschuldeten Koordinations- und Integrationsprozesses, weil die Kollisionskontrolle sich auf das Aufdecken der Planungskollisionen beschränkt und nicht die planerische Auflösung der Kollisionen umfasst. Die Kollisionskontrolle leistet allerdings eine wesentliche Teilaufgabe der nach der HOAI durch den Objektplaner geschuldeten Koordinations- und Integrationsleistungen und ist daher selbst HOAI-(Teil-)Grundleistung, die dem Preisrecht unterliegt[45].

3.3.3 Regelprüfungen

Eine Regelprüfung ist eine softwaregestützte Überprüfung eines Bauwerksmodells anhand computer-interpretierbarer Prüfparameter. Regelprüfungen setzen voraus, dass das zu prüfenden Modell für das Analyseprogramm lesbar ist, es also die für die Regelprüfung notwendigen Informationen in der für das Programm erforderlichen Form enthält[46]. Regelprüfungen können programmiert werden, um etwa die Einhaltung baurechtlicher Vorschriften oder anerkannter Regeln der Technik zu überprüfen[47]. Über eine Regelprüfung kann auch die Einhaltung der zu einem bestimmten Meilenstein geforderten Planungstiefe entsprechend des vorgegebenen Level of Detail (LoD) abgeprüft werden[48].

Wenn sich ein Planer regelbasierter Prüfroutinen bedient, als technisches Hilfsmittel für die Kontrolle darüber, ob er alle planerischen Vorgaben des Bauherrn eingehalten hat, betrifft dies ausschließlich seine vertragliche Werkleistung der Erstellung einer mangelfreien – in Einklang mit den Planungsvorgaben stehenden – Planung. Dies ist eine Grundleistung des jeweiligen Planers. Wenn allerdings Regelprüfungen zunächst aufwendig programmiert werden müssen und daher der regelbasierte Prüfprozess letztlich für den Planer aufwendiger ist, als wenn der Planer auf anderem Wege die Einhaltung der Vorgaben des Bauherrn prüft, ist die Frage durchaus berechtigt, ob ein solcher Regelprüfungsaufwand dann noch als (§ 3 Abs. 2 Satz 1 HOAI):

»... zur ordnungsgemäßen Erfüllung eines Auftrags in Allgemeinen erforderlich ...«

bezeichnet werden kann. Ein entsprechender Mehraufwand für die Programmierung und Durchführung von Regelprüfungen kann in Einzelfällen daher durchaus als Besondere Leistung qualifiziert werden, wenn sie durch den Bauherrn explizit eingefordert wird.

---

[43] Kurze Darstellung bei Elixmann, in: Eschenbruch/Leupertz, BIM und Recht, Kap. 5 Rn. 38 f.

[44] Chahrour, in: Motzko, Zukunftspotenzial Bauwirtschaft, 32, 35.

[45] Mit den Worten von Eschenbruch/Lechner, in: Eschenbruch/Leupertz, BIM und Recht, Kap. 7 Rn. 37: »*Kollisionskontrollen sind Grundleistungen aller HOAI-Fassungen und bereits der GOA davor! Die Planer schulden eine mangelfreie Planung, die von dem Objektplaner mit den Fachplanern integriert und koordiniert wurde. Dazu gehört zwingend die Beachtung des Grundprinzips der klassischen Physik: Wo ein Körper ist, kann kein anderer sein; dort wo im Objekt die Kabeltrasse liegt, kann nicht eine Kälteringleitung sein. Dies ist so eindeutig eine Grundleistung, dass dies eigentlich nicht gesondert erwähnt werden muss.*«

[46] Kurze Zusammenfassung bei Elixmann, in: Eschenbruch/Leupertz, BIM und Recht, Kap. 5 Rn. 41 f.

[47] Hierzu ausführlich Preidel et al., in: Borrmann et al., Building Information Modeling, 321 ff.

[48] Liebich, in: Eschenbruch/Leupertz, BIM und Recht, Kap. 3 am Ende des in Rn. 49 beginnenden Abschnitts über BIM-Qualitätsmanagement.

3.3.4 Modellbasierte Termin- und Kostensteuerung

Technisch möglich ist es, die einzelnen Objekte eines Bauwerksmodells mit Daten eines Terminplans zu verknüpfen und dadurch eine modellbasierte Terminplanung (sog. 4D)[49] zu ermöglichen oder Qualitäten als Attribute mit Objekten zu verbinden, sodass unter Einbeziehung der Volumina der Objekte eine modellbasierte Kostensteuerung (sog. 5D) durchgeführt werden kann[50].

Der Objektplaner schuldet nach den HOAI-Grundleistungen des Leistungsbilds Gebäude und Innenräume bereits eine Kosten- und Terminplanung. Die Verpflichtungen zur Termin- und Kostenkontrolle sind speziell mit der HOAI-Novellierung 2013 stark gestiegen und haben zu Überschneidungen mit den Leistungen des Projektsteuerers nach dem AHO-Leistungsbild Projektsteuerung[51] geführt[52].

Bereits in der Leistungsphase der Vorplanung schuldet der Objektplaner nach der HOAI die Erstellung eines Terminplans mit den wesentlichen Vorgängen des Planungs- und Bauablaufs sowie eine Kostenschätzung nach DIN 276. Die Terminplanung und die Kostenschätzung sind in den weiteren Leistungsphasen fortzuschreiben.

Sofern die Verknüpfung von Modellobjekten mit Terminen und Qualitäten in einer Detaillierungstiefe vereinbart wird wie sie nach den jeweiligen HOAI-Grundleistungen geschuldet ist, ist fraglich, worin der über die bloße Grundleistungserbringung hinausgehende Mehrwert liegen soll, der die Annahme einer Besonderen Leistung rechtfertige. Anderes gilt, wenn der Planer im Vergleich zu den HOAI-Grundleistungen eine deutlich erhöhte Verknüpfungsdichte zwischen Objekten und Terminen herstellen soll. In diesem Fall läge eine Besondere Leistung vor[53].

3.3.5 Fortschreibung der Ausführungsplanung zu einer as-built-Planung unter Berücksichtigung betriebsrelevanter Daten

Die Erarbeitung und Fortschreibung einer Ausführungsplanung ist Gegenstand der Grundleistungen der Leistungsbilder der Objektplanung Gebäude und Innenräume sowie der Planung der Technischen Ausrüstung nach HOAI in unterschiedlichem Umfang. Die HOAI-Leistungsphase 5 enthält neben dem Erarbeiten der Ausführungsplanung auf Grundlage der Ergebnisse der Leistungsphasen 3 und 4[54] für die technische Ausrüstung das Fortschreiben der Ausführungsplanung auf den Stand der Ausschreibungsergebnisse und der dann vorliegenden Ausführungsplanung des Objektplaners, Übergeben der fortgeschriebenen Ausführungsplanung an die ausführenden Unternehmen[55]. Für die Objektplanung sieht die HOAI ein Fortschreiben der Ausführungsplanung aufgrund der gewerkeorientierten Bearbeitung während der Objektausführung[56] vor. Eine fortgeschriebene Ausführungsplanung ist allerdings etwas anderes als eine as-built-Planung im gebräuchlichen Wortsinn. Eine Ausführungsplanung weist einen höheren Abstraktionsgrad auf als eine as-built-Planung nach Fertigstellung des Bauwerks. Ausführungspläne berücksichtigen etwa nicht die Werk- und Montagepläne der ausführenden Firmen. Wenn ein Bauherr wünscht, dass die Planer nach Abschluss der HOAI-Leistungsphase 8 den tatsächlichen Bautenstand als as-built-Modell nachmodellieren sollen, ist dies eine gesondert zu vergütende Besondere Leistung außerhalb des HOAI-Preisrechts.

---

[49] Tulke/Schaper, in: Borrmann et al., Building Information Modeling, 271, 272 f.

[50] Hanff/Wörter, in: Borrmann et al., Building Information Modeling, 333, 340 weisen darauf hin, dass aufgrund des Aufwands für die Verknüpfung der Objekte mit Qualitäten und die Modellierung der Objekte in der Regel eine modellbasierte Mengenermittlung nur für den Rohbau und ausgewählte Objekte des Innenausbaus durchgeführt wird.

[51] Leistungsbild Projektsteuerung gem. § 2 Leistungs- und Honorarordnung Projektmanagement für die Bau- und Immobilienwirtschaft, veröffentlicht in AHO-Heft Nr. 9, Projektmanagement Leistungen für die Bau- und Immobilienwirtschaft, 4. Auflage 2014.

[52] Im Detail Eschenbruch, Projektmanagement und Projektsteuerung für die Immobilien- und Bauwirtschaft, 4. Auflage, 2015, Rn. 1328 f.

[53] So wie hier Eschenbruch/Lechner, in: Eschenbruch/Leupertz, BIM und Recht, Kap. 7 Rn. 49.

[54] Grundleistung a) der Leistungsphase 5 des Leistungsbilds Technische Ausrüstung gem. § 55 Abs. 3 i. V. m. Anl. 15.1 HOAI.

[55] Grundleistung e) der Leistungsphase 5 des Leistungsbilds Technische Ausrüstung gem. § 55 Abs. 3 i. V. m. Anl. 15.1 HOAI.

[56] Grundleistung e) der Leistungsphase 5 des Leistungsbilds Gebäude und Innenräume gem. § 34 Abs. 4 i. V. m. Anl. 10.1 HOAI.

3.3.6 Reine 2D- in 3D-Transformation – Transformationsverträge

Projektumstände können es bedingen, dass ein Planungsbeteiligter die Umsetzung einer nicht von ihm erstellten 2D-Planung in ein 3D-Modell als Leistung übernimmt. Denkbar ist zum Beispiel die Konstellation, dass ein Planungsbeteiligter nicht willens und/oder in der Lage ist, BIM-basiert zu planen, dieser Planer allerdings für die Planung des Bauwerks trotzdem gesetzt ist – z.B., weil aufgrund seiner Urheberrechte an der Planung eines an- oder umzubauenden Bauwerks zu beteiligen ist oder weil er aufgrund besonderer Fachkenntnisse oder sonstiger Motive nicht austauschbar ist[54]. In einem solchen Fall wird der Bauherr nicht umhin kommen – wenn er das Bauvorhaben als BIM-Projekt planen lassen will – einen Planer damit zu beauftragen, die 2D-Planung des BIM-Verweigerers nachzumodellieren. Auch ist in der derzeitigen Übergangsphase die Konstellation denkbar, dass ein Bauvorhaben zwar konventionell geplant wird, allerdings ein Dienstleister parallel zum konventionellen Planungsprozess die 2D-Pläne in ein 3D-Modell überführt, weil der Bauherr das 3D-Modell für Zwecke des Facility-Managements nutzen will. Es gibt bereits Dienstleister, die sich auf die bloße Nachmodellierung einer 2D-Planung eines anderen spezialisieren.

Sofern sich die Transformationsleistung des Nachmodellierenden auf die bloße Umsetzung der Planung von 2D in 3D beschränkt – ohne dass hierbei Planungsergebnisse kontrolliert werden oder eine planerische Eigenleistung hinzugefügt wird – ist dies keine von dem Preisrecht der HOAI erfasste Grundleistung. Wenn allerdings im Rahmen der Transformation der Pläne ein eigener gestalterischer Spielraum verbleibt, wäre eine Anwendbarkeit des HOAI-Preisrechts denkbar. Dann wäre in jedem Einzelfall weiter zu prüfen, ob das dann dem Preisrecht unterliegende Honorar ausnahmsweise unterhalb der Mindestsätze gemäß §7 Abs.3 HOAI vereinbart werden kann[58].

3.4 Honorarminderung in Ausnahmefällen nach §7 Abs. 3 HOAI

Wenn aufgrund eines BIM-basierten Planungsprozesses Planungen in Form von auswertbaren Bauwerksmodellen ausgetauscht werden, ist theoretisch die Konstellation denkbar, dass ein Planer für eine Einzelleistung auf ein bereits durch einen anderen Planer erstelltes Modell zurückgreifen kann und er aus diesem Grund die von ihm verlangte Leistung mit deutlich geringerem Aufwand erbringen kann, als dies der Fall wäre, wenn er als Vorarbeit lediglich eine 2D-Planung übergeben bekommen hätte. Vorstellbar ist zum Beispiel, dass ein Planer zunächst nur bis zu dem Abschluss der Ausführungsplanung beauftragt wurde – z.B. im Wege eines stufenweisen Leistungsabrufs – und sich der Bauherr dann entscheidet, das Bauvorhaben mit einem anderen Planer fortzusetzen. Wenn sich der Bauherr die urheberrechtlichen Nutzungsrechte an dem Ausführungsplanungsmodell des zuerst beauftragten Planers vertraglich gesichert hat und sich aus dem Modell Massen und Qualitäten ableiten lassen, hätte der nachfolgende Planer möglicherweise deutlich weniger Aufwand mit der Leistungsverzeichniserstellung, wenn er hierfür das Modell nutzen kann.

Wenn einzelne Grundleistungen sich mit erheblich geringerem Aufwand im Vergleich zu dem als Regelfall gedachten konventionellen HOAI-Planungsprozess erbringen lassen, ist denkbar, dass dies eine HOAI-Mindestsatzunterschreitung gemäß §7 Abs.3 HOAI rechtfertigt. Nach §7 Abs.3 HOAI kann im Ausnahmefall ein unter den HOAI-Mindestsätzen liegendes Honorar vereinbart werden[59]. Ein solcher Ausnahmefall kann auch der Rechtsprechung des Bundesgerichtshofs dann vorliegen, wenn die Leistungserbringung nur einen außergewöhnlich geringen Aufwand erfordert[60].

Das hier gebildete Beispiel dürfte ein Extremfall sein. Es scheint sich bisher nicht abzuzeichnen, dass durch BIM der Planungsprozess insgesamt billiger wird. Rationalisierungseffekte in späteren Leistungsphasen aufgrund einer konsistenten Datenlage werden im Regelfall durch einen erhöhten Aufwand bei der Modellierung in früheren Leistungsphasen erkauft. Trotzdem mag es Einzelfälle geben, in denen für Einzelleistungen erhebliche Aufwandsminderungen eintreten und eine Mindestsatzunterschreitung zulässig ist.

---

[57] Eschenbruch/Elixmann, Baurecht 2015, 745, 749, Elixmann, in: Eschenbruch/Leupertz, BIM und Recht, Kap. 6 Rn. 49.
[58] Eschenbruch/Lechner, in: Eschenbruch/Leupertz, BIM und Recht, Kap. 7 Rn. 57.
[59] Eschenbruch/Elixmann, in: Borrmann et al., Building Information Modeling, 249, 260 f.
[60] BGH, Urt. v. 22.05.1997 – VII ZR 290/95.

3.5 Aufwandsverschiebungen in frühere Leistungsphasen

Es wird gemutmaßt, dass durch BIM sich der seit Einführung von CAD Mitte der 1980er Jahre begründete Trend fortsetzt, zunehmend mehr Planungsinformationen in frühere HOAI-Leistungsphasen zu verlagern. Ob generell eine Planung mit BIM zu mehr Aufwand in frühen Leistungsphasen führt, ist bisher nicht falsifiziert und sicherlich unterschiedlich zu bewerten, abhängig von den konkret vertraglich vereinbarten Modellierungsanforderungen.

BIM kann möglicherweise dazu verleiten, schon in frühen Leistungsphasen Modelle mit sehr vielen Informationen anzureichern. Im Hinblick auf die Änderungsanfälligkeit der Planung in frühen Leistungsphasen liegt es allerdings im Interesse aller Projektbeteiligten, auf eine angemessene Informationsdichte in den unterschiedlichen Phasen des Planungsprozesses zu achten[61]. Die Vorteile einer umfassender auswertbaren Planung zu einem frühen Zeitpunkt stehen nachteilig der Verteuerung früherer Leistungsphasen gegenüber[62]. Entsprechend betonen in der Praxis gebräuchliche BIM-Abwicklungspläne die Beachtung des Gebots der Datensparsamkeit bei der Modellerstellung. Auch empfiehlt der Stufenplan Digitales Planen und Bauen, die Informationsdichte auf das für die Projekterfordernisse Notwendige zu beschränken[63]. Es darf spekuliert werden, dass sich mittelfristig ein einheitliches Verständnis dazu etablieren wird, welche Modellierungstiefe in BIM in welcher HOAI-Leistungsphase erwartet werden darf, also welche geometrischen Informationen und Attributierungen in einem Bauwerksmodell vorhanden sein müssen zum Abschluss der unterschiedlichen HOAI-Leistungsphasen.

Aus Planersicht ist zu empfehlen, das vertragliche Leistungssoll darauf zu prüfen, inwiefern aufgrund vereinbarter Detaillierungsgrade nicht faktisch ein Vorziehen von Grundleistungen späterer Leistungsphasen eingefordert wird[64]. Einer aufwandsangemessenen Vergütung steht die HOAI in diesen Fällen nicht im Weg. Der Vorverlagerung einzelner Grundleistungen in frühere Leistungsphasen kann über die Bestimmung des § 8 Abs. 2 Satz 1 HOAI begegnet werden, die klarstellt, dass für teilweise übertragene Leistungsphasen ein anteiliges HOAI-Honorar geschuldet ist. Wenn also aufgrund vereinbarten Modellierungsauforderungen der Planer dazu verpflichtet ist, z. B. planerische Lösungen in der Leistungsphase Vorplanung zu liefern, die nach der HOAI eigentlich erst in der Entwurfsphase zu leisten sind, erlaubt § 8 Abs. 2 HOAI, Honorarvolumen aus der HOAI-Leistungsphase 3 in die HOAI-Leistungsphase 2 zu verschieben und den dortigen Preisrahmen zu erhöhen.

---

[61] Eschenbruch/Lechner, in: Eschenbruch/Leupertz, BIM und Recht, Kap. 7 Rn. 42.
[62] Eschenbruch/Lechner, in: Eschenbruch/Leupertz, BIM und Recht, Kap. 7 Rn. 42.
[63] Bundesministerium für Verkehr und digitale Infrastruktur, Stufenplan Digitales Planen und Bauen, 10.
[64] Elixmann, in: Herrmann/Westphal, Building Information Modelling/Management, 92, 93.

4 Haftung

Durch den Planervertrag verpflichtet sich der Planer zu der Erbringung der in dem Planervertrag spezifizierten Leistungen. Erbringt er die Leistungen nicht oder nicht in der vereinbarten Qualität, ist er Gewährleistungsansprüchen ausgesetzt. Erweist sich seine Planung als fehlerhaft, kann der Bauherr von ihm die Korrekturen an der Planung verlangen (Nacherfüllung).

Kommt der Planer einer Aufforderung des Bauherrn zur Nacherfüllung innerhalb der von dem Bauherrn gesetzten Frist nicht nach, kann der Bauherr

- den Planervertrag aus wichtigem Grund kündigen – wodurch eine Vertragsbeendigung zum Kündigungszeitpunkt eintritt,
- vom Vertrag ganz oder teilweise zurücktreten (eher selten) – wodurch der Vertrag rückwirkend aufgehoben wird,
- die Planungsfehler durch einen Dritten beseitigen lassen und dem Planer die Kosten in Rechnung stellen,
- das Planerhonorar mindern,
- Schadensersatz verlangen.

Wurde bereits auf Basis der Pläne des Planers gebaut oder geht es um die Verletzung von Objektüberwachungspflichten des Planers, kann der Bauherr sofort Schadensersatz verlangen oder eine Minderung erklären, ohne dass der Planer zuvor zur Nacherfüllung berechtigt ist[65].

4.1 Transparenz und Haftung

Baubeteiligte versprechen sich durch die Implementierung von BIM eine verbesserte Transparenz des Planungsprozesses[66]. Diesen Erwartungen können BIM-Planungsprozesse auch gerecht werden. Eine Steigerung der Planungstransparenz durch BIM setzt allerdings voraus, dass der Planungsprozess, die Verantwortlichkeiten, Zugriffsrechte, Meilensteine und Controlling-Strukturen klar definiert und eingehalten werden.

BIM ermöglicht es technisch, dass alle Planungsbeteiligten an einem Gesamtmodell auf einer Projektplattform arbeiten. Entsprechende BIM-Server werden von Planungssoftwareherstellern angeboten[67]. Eine gleichzeitige Planung an einem auf einer Projektplattform liegenden Gesamtmodell wird bisweilen über ein sog. Ticketsystem gesteuert. Das Ticketsystem erlaubt immer nur einem Nutzer zur gleichen Zeit, Änderungen an einem Bereich des Modells – z.B. einem Stockwerk – vornehmen zu können. Von derartigen Einschränkungen der gleichzeitigen Zugriffsmöglichkeit auf die gleichen Bauteilobjekte abgesehen, gewähren BIM-Server den Planungsbeteiligten erhebliche Freiheiten bei der Ausgestaltung der Zusammenarbeit an einem Bauwerksmodell.

Wenn jedoch eine Zusammenarbeit der Planungsbeteiligten in unstrukturierter Form über einen BIM-Server gepflegt wird, kann dies eine nachträglich Zuordnung, wer welche Leistungsbeiträge in dem Gesamtmodell erbracht hat, erheblich erschweren bis unmöglich machen. Das Ziel einer erhöhten Transparenz wird dann jedenfalls im Hinblick auf die Zuordnung von Leistungsbeiträgen zu einzelnen Autoren und deren Verantwortlichkeit nicht erreicht.

Unabhängig von Haftungsfragen ist zu hinterfragen, ob es nicht generell sinnvoll ist, die Zusammenarbeit der Projektbeteiligten so zu strukturieren, dass die Planungsbeteiligten an getrennten Fachmodellen arbeiten, die nur durch den jeweiligen Projektbeteiligten selbst bearbeitet werden und nur zu bestimmten Zeitpunkten koordiniert und zusammengeführt werden. Diese Vorgehensweise ist zweckmäßig, um einen Überblick über die Leistungen der Planungsbeteiligten zu behalten und den Zusammenarbeitsprozess insgesamt koordinieren zu können. Anderenfalls werden gerade in komplexeren Bauvorhaben die Informationsmengen schnell nicht mehr beherrschbar[68].

---

[65] Die Details sind hier allerdings umstritten, vertiefend Preussner, in: Fuchs/Berger/Seifert, HOAI, Syst. B Rn. 46 ff.
[66] Egger et al., BIM-Leitfaden für Deutschland, S. 25, 35, 49, 76 u.a.
[67] Vertiefend Schapke et al., in: Borrmann et al, Building Information Modeling, 207, 221.
[68] Darauf hinweisend Jost et al., in: Borrmann et al, Building Information Modeling, 439, 441.

Jost et al.[69] definieren als Erfolgsfaktoren für eine BIM-Planung daher
- eine BIM-Arbeitsweise, bei der jede Disziplin ein eigenes Planungsmodell führt,
- eine systematische Lösung für den Datenaustausch zwischen den Beteiligten zur Wahrung der Modellkonsistenz,
- eine Modellkonsistenz, die zu jedem Zeitpunkt prüfbar ist,
- die Nachvollziehbarkeit der Autorenschaft inklusive Änderungsmanagement.

Eine BIM-gestützte Zusammenarbeit mag auch bei Nichtbeachtung dieser Regeln funktionieren. Planungsteams präferieren bisweilen die Arbeit in einem Gesamtmodell anstelle der getrennten Arbeit in fachdisziplinenbezogenen Fachmodellen. Die Arbeit an einem Gesamtmodell kann z. B. funktionieren in eingespielten Planungsteams innerhalb der Unternehmensorganisation eines Generalplaners[70]. Die Arbeit an einem Gesamtmodell wird auch bisweilen im Rahmen einer unternehmensübergreifenden Zusammenarbeit praktiziert[71].

Ein BIM-Planungskoordinationsprozess, bei dem die unterschiedlichen Planungsbeteiligten in ihrer fachdisziplinspezifischen Planungssoftware in getrennten Fachmodellen arbeiten und zu bestimmten Zeitpunkten aus ihrer Planungssoftware ein Fachmodell extrahieren und dieses ausschließlich dem wechselseitigen Abgleich der Planungsstände zusammenspielen, erfüllt die vorgenannten Kriterien. Ein solcher BIM-Planungskoordinationsprozess ermöglicht auch eine klare haftungsrechtliche Zuordnung.

Bei einer getrennten Arbeit in Fachmodellen kann zudem schon sehr gut mit dem offenen Datenstandard IFC gearbeitet werden. Bei IFC handelt es sich um einen offenen, frei verfügbaren Datenstandard, der von den derzeit gängigen Planungssoftwareprodukten unterstützt wird – wenn auch oftmals nicht in der derzeit aktuellsten IFC-Version (Version 4). Die aus einer Planungssoftware extrahierte IFC-Datei kann in die Planungssoftware der anderen Projektbeteiligten oder in Analyseprogramme eingelesen werden. Was allerdings derzeit noch nicht ohne Datenverluste funktioniert, ist der verlustfreie Import eines als IFC-Datei exportierten Fachmodells in die jeweilige Autorensoftware eines anderen Planers, sodass dieser an dem Modell weiterarbeiten kann. Der Export eines IFC-Modells ist gewissermaßen noch eine Einbahnstraße.

Dies bedeutet für den IFC-basierten Planungsprozess, dass jeder Planungsbeteiligte ausschließlich nur in seinem eigenen Fachmodell mit seiner eigenen Fachsoftware arbeitet und der Austausch von IFC-Modellen alleine der Koordination der Planungsbeiträge und der Analyse der Beachtung der Planungsanforderungen dienen. Die aus der IFC-gestützten Modellkoordination erlangten Erkenntnisse müssen dann allerdings die Planungsbeteiligten in ihrem jeweiligen Fachmodell umsetzen. Die Zusammenarbeit auf Basis von offenen Datenstandards, insbesondere dem IFC-Standard, bezeichnet man auch als OpenBIM.

Um das Risiko von Datenverlusten durch das Umwandeln nativer Dateiformate in IFC-Dateien zu vermeiden, einigen sich die Projektbeteiligten derzeit bei der Mehrzahl der Projekte von vornherein auf die einheitliche Verwendung von Softwareprodukten eines Herstellers für alle Planungsbeteiligten. Wenn der Datenaustausch zwischen den Planungsbeteiligten in dem Dateiformat des von allen Planungsbeteiligten verwendeten Softwareherstellers vollzogen wird, ist theoretische eine schnittstellenlose Weiterbearbeitung von Planungsbeiträgen anderer Planungsbeteiligter technisch möglich. Im Interesse eines strukturierten Planungsprozesses ist es allerdings auch bei der Verwendung der Produkte der gleichen Softwarefamilie durch alle Planungsbeteiligten zweckmäßig, einen an den IFC-gestützten Planungsprozess angelehnten Workflow zu etablieren.

Wenn die Planungsmethode BIM im Rahmen eines strukturierten Implementierungskonzepts umgesetzt wird, bestehen berechtigte Hoffnungen, die Transparenz innerhalb des Planungsprozesses steigern zu können. Durch die technischen Möglichkeiten, insbesondere durch Kollisionskontrollen und Regelprüfungen, können Planungsfehler wesentlich einfacher als früher erkannt und beseitigt werden. Das Risiko, dass Kollisionen – z. B. zwischen der Planung der technischen Ausrüstung und der Objektplanung – erst während der Bauausführung festgestellt werden, kann spürbar reduziert werden.

---

[69] Jost et al., in: Borrmann et al., Building Information Modeling, 439, 441.
[70] Ryll, in: Westphal/Herrmann, BIM, 32 f. (ATP architekten ingenieure).
[71] Ryll, in: Westphal/Herrmann, BIM, 96 f. (Wolff & Müller).

Was bedeutet der Gewinn an Transparenz nun für die Haftungsrisiken des Planers?
BIM ist in erster Linie ein technisches Hilfsmittel des Planers für dessen Leistungserbringung. BIM hat daher das Potenzial, Haftungsrisiken der Planer durch eine technische Unterstützung der Analyse des eigenen Planungsbeitrags und der Koordination und Integration mit den Planungsbeiträgen der anderen Planungsbeteiligten zu reduzieren, indem Kollisionen noch während des Planungsprozesses einfacher als bisher erkannt und beseitigt werden können, ehe es überhaupt zu einem Planungsfehler kommt[72]. BIM beinhaltet daher aus Sicht der Planer eine große Chance, noch effizienter als bisher hochwertige Planungsergebnisse abliefern zu können.

Im Rahmen eines transparenteren Planungsprozesses fällt es natürlich auch früher auf, wenn ein einzelner Planer mit der ihm gestellten Planungsaufgabe überfordert ist. Dies ermöglicht dem Bauherrn frühzeitigere Gegensteuerungsmaßnahmen bis hin zum Austausch des nicht leistenden Planungsbeteiligten. Die in Großprojekten bisweilen anzutreffende Vorgehensweise manches (überforderten) Planers, Planlieferfristen bis sprichwörtlich kurz vor Zwölf auszureizen und auf einen Schlag eine Vielzahl von nicht digital auswertbaren, allerdings nur halbfertigen Planungsunterlagen auf die Projektplattform hochzuladen und nur offensichtliche Planungsfehler nachträglich noch auszubessern[73], wird erschwert. Ein sauber strukturierter BIM-Prozess kann des Weiteren eine gerichtsfeste Dokumentation des gesamten Planungsprozesses liefern und somit die Beweislage für den Bauherrn bei der Inanspruchnahme des Planers für Planungsfehler verbessern.

Entscheidend ist allerdings, dass die in dem BIM-Konzept definierten Prozessschritte auch strikt beachtet werden und nicht unter dem Termindruck im laufenden Projekt aufgegeben werden. Es erfordert einen nicht unerheblichen Steuerungsaufwand und eine gewisse Disziplin, vereinbarte Workflows und Controlling-Mechanismen im laufenden Projekt unter Berücksichtigung der typischerweise auftretenden Störungen aufrechtzuerhalten.

4.2 Zusammenarbeit und Haftung

4.2.1 Auswirkungen detaillierterer Zusammenarbeitsregeln

Die BIM-Planungsmethode fordert und fördert eine engere Zusammenarbeit der Planungsbeteiligten. Bauwerksmodelldaten können deutlich engzyklischer als in konventionellen Planungsprozessen ausgetauscht und in Planungskoordinationsbesprechungen aufeinander abgestimmt werden. Die BIM-Planungsmethode ist davon geprägt, dass die Datenlieferprozesse (Wer macht wann was) deutlich detaillierter als in konventionellen Planungsprozessen ausgearbeitet werden. Damit gewinnt der Zusammenarbeitsprozess im Bereich der Planung an Komplexität.

Wenn im Rahmen eines BIM-Abwicklungsplans präziser als bisher geregelt ist, wann genau, welcher Planungsbeteiligte welche Planungsergebnisse zu liefern hat und auf welchen Planungsergebnissen er aufbauen kann, liegt darin nicht nur eine Präzisierung der Leistungspflichten des einzelnen Planers, sondern auch – aus der Perspektive des Planers – eine Präzisierung der Mitwirkungspflichten des Bauherrn, wann der Planungsbeteiligte die für seine eigenen Leistungen erforderlichen planerischen Vorleistungen (erbracht durch die anderen Planungsbeteiligten als Erfüllungsgehilfe des Bauherrn) erwarten darf[74]. Ähnlich wie bei einem gestörten Bauablauf kann der Planer Behinderung anzeigen, wenn die detaillierte BIM-Abwicklungsplan-Taktung aufgrund von Störungen durch den Bauherrn selbst oder andere Planer aus dem Takt gerät. Die Behinderungsanzeige ist ein aus Planersicht zu berücksichtigendes Instrument, um eigene Vertragstermine und Vertragsstrafen auszuhebeln. Gleichzeitig sieht sich der die Störung des Planungsprozesses hervorrufende Planer einem gesteigerten Haftungsrisiko ausgesetzt, wenn durch den Verzug der eigenen Leistungen der BIM-Planungsprozess insgesamt ins Stocken gerät[75].

---

[72] Bodden, in: Eschenbruch/Leupertz, BIM und Recht, 162, 164.
[73] Siehe hierzu Eschenbruch, in: Festschrift Jochem, 308, 309.
[74] Bodden, in: Eschenbruch/Leupertz, BIM und Recht, 162, 169.
[75] Bodden, in: Eschenbruch/Leupertz, BIM und Recht, 162, 169.

4.2.2 Engere Zusammenarbeit = automatisch gemeinschaftliche Haftung?

Die stärkere Verzahnung der Leistungen der Projektbeteiligten und integrativere Herangehensweise an den Planungsprozess führt nicht automatisch zu einer gemeinschaftlichen Haftung für Planungsfehler innerhalb eines koordinierten Bauwerkmodells, wenn die Planer jeweils einzeln beauftragt werden. Es bleibt auch unter BIM dabei, dass jeder Planer spiegelbildlich zu dem Umfang der von ihm übernommenen Leistungspflichten haftet. Wenn Planungsfehler nachträglich den Leistungspflichten eines Planers zugeordnet werden können, dann haftet auch nur dieser gegenüber dem Bauherrn für die aus dem Planungsfehler resultierenden Schäden. Lässt sich im Nachhinein eine Zuordnung der Fehlerursache zu einem Planungsbeteiligten nicht mehr beweisen, geht dieses Beweisrisiko zulasten des Bauherren, der dann unter Umständen auf seinem Schaden sitzen bleibt, wenn er keinem Projektbeteiligten eine Pflichtverletzung nachweisen kann.

Eine gemeinschaftliche Haftung mehrerer Planungsbeteiligter kommt dann in Betracht, wenn mehreren Planern individuelle Pflichtverletzungen nachgewiesen werden können. Dies kann z. B. der Fall sein, wenn ein Planungsbeteiligter ein mangelhaftes Bauwerksmodell in den Planungsprozess einbrachte und ein anderer Planungsbeteiligter, dessen Leistungen auf dem Planungsbeitrag des ersten aufbauen, im Rahmen der ihn treffenden Prüfpflichten bezüglich der Vorleistung des anderen Planers die Fehlerhaftigkeit hätte auffallen müssen nach Maßgabe seines Erkenntnisvermögens. Abzustellen ist hierbei auf die objektiven Fachkenntnisse eines Berufsangehörigen der Planungsdisziplin, dem der Planer angehört. Hier gilt nichts anderes als für das Haftungsverhältnis – z. B. zwischen dem Objektplaner und dem Fachplaner, die im Rahmen konventionell geplanter Bauvorhaben wechselseitig Pläne austauschen[76].

Eine gemeinschaftliche Haftung kann auch zwischen einem Planer und der in dem Projekt vorgesehenen Controlling-Instanz (z. B. BIM-Engineer oder BIM-Manager) entstehen, wenn der Überwacher im Rahmen seiner Überprüfungsleistungen den Planungsfehler des Planers nicht hätte übersehen dürfen. Die Überprüfungsfunktion kann in einem Projekt durch einen Projektsteuerer ausgeübt werden. Im Zusammenhang mit der BIM-Planungsmethode bilden sich auch neue Rollen aus, die bisher noch nicht standardisiert sind. Manche definieren den BIM-Manager als eine den Planungsprozess überwachende Instanz. In Kapitel 1 dieses Buchs wird die Rolle des BIM-Engineers beschrieben (Ziff. 4.2.6). Dem BIM-Engineer kommt nach diesem Konzept die Funktion einer Controlling-Instanz in einem BIM-Projekt zu, indem er folgende Leistungen erbringt

- die Qualitätsprüfung hinsichtlich der Erfüllung des Modellreifegrades (engl. Level of Development, kurz LoD) hinsichtlich Geometrie, Informationsgehalt, Koordination und Logistik,
- die allgemeine Plausibilitätsprüfung beim Zusammenführen der seitens der BIM-Modellkoordinatoren geprüften Teilmodelle,
- die inhaltliche Prüfung hinsichtlich der Attribuierung nach erweiterten Merkmalsdefinitionen,
- die Kollisions- und Anschlussprüfung und
- die Prüfung der Mengenkonsistenz.

In gewissen Grenzen kommen nach dem von van Treek vorgestellten BIM-Konzept auch dem sog. BIM-QM gewisse Controlling-Verpflichtungen zu, die zu einer gemeinschaftlichen Haftung neben Planer und BIM-Engineer führen können.

In den zuvor beschriebenen Fällen der Pflichtverletzungen von gleichzeitig mehreren an dem BIM-Planungsprozess Beteiligten haften diese gegenüber dem Bauherrn als sog. Gesamtschuldner gemeinschaftlich. Ein Gesamtschuldverhältnis liegt vor, wenn die Verpflichtungen der Schuldner nach der maßgeblichen Interessenlage des Gläubigers grundsätzlich inhaltsgleich sind. Dies ist in der Regel dann der Fall, wenn die jeweilige Schuld demselben Zweck dient, wenn also der Schuldner auf seine Art für die Beseitigung desselben Schadens einzustehen hat, den der Auftraggeber dadurch erleidet, dass jeder von ihnen seine vertraglich geschuldeten Pflichten mangelhaft erfüllt hat[77]. Sowohl die Leistungen der Planungsbeteiligten als auch die Überprüfungsleistungen einer den Planungsprozess begleitenden Überprüfungsinstanz (z. B. Projektsteuerer, BIM-Manager) dienen dem Zweck der Erstel-

---

[76] Vgl. OLG Celle, Urt. v. 19.08.2009 – 7 U 257/08, NJW-RR 2010, 238.
[77] Kniffka, BauR 2005, 274.

Abb. 2–4 Haftung

lung einer am Maßstab der mit dem Bauherrn abgestimmten Planungsziele mangelfreien Planung. Die Annahme einer Gesamtschuld hat zur Folge, dass der Bauherr jeden Gesamtschuldner auf den vollen Schaden in Anspruch nehmen kann und der in Anspruch genommene Gesamtschuldner sich nachlaufend mit dem anderen, nicht in Anspruch genommenen Gesamtschuldner, auseinandersetzen muss über die quotale Teilung des Schadens. Eine gemeinschaftliche Haftung für Planungsfehler kommt ferner dann in Betracht, wenn gemeinschaftliche Leistungspflichten übernommen wurden, z. B. in dem sich Planungsbeteiligte zu einer Planungs-Arbeitsgemeinschaft zusammenschließen und damit einheitlich gegenüber dem Bauherrn als Generalplaner auftreten (Generalplaner-ARGE).

4.3 Software und Haftung

Software gewinnt als ein technisches Hilfsmittel unter BIM eine noch größere Bedeutung im Planungsprozess. Der technologische Schritt von bisherigen CAD-Zeichentools zu einer digitalen, ausführungsorientierten und bauteilbezogenen Modellierung nach BIM-Regeln wird verglichen mit dem technologischen Sprung vom Zeichenbrett zu CAD[78]. Durch die zunehmende Digitalisierung steigt die technische Abhängigkeit im Projekt. Mit der zunehmenden Digitalisierung der Bauplanung rückt die Frage, wer für durch Software verursachte Fehler haftet, in den Vordergrund.

Im Ausgangspunkt gilt, dass der Planer das Risiko für die Verwendungstauglichkeit der von ihm verwendeten Werkzeuge trägt. Die von ihm in seinem Planungsbüro verwendete Software ist letztlich ein technisches Hilfsmittel, ein Werkzeug, dessen sich der Planer für die Erbringung seiner Werkleistung bedient. Daraus folgt, dass er sicherzustellen hat, dass er mit der von ihm eingesetzten Software eine fehlerfreie Planung, nach den vertraglichen Anforderungen zu den vorgesehenen Datenübergabepunkten, übergeben kann. Dies beinhaltet, dass er sich im Vorfeld vergewissern muss, ob die von ihm verwendete Software überhaupt ermöglicht, die vereinbarte Planung in dem geschuldeten Dateiformat zu erstellen.

[78] Eschenbruch/Grüner, NZBau 2014, 402.

Wenn etwa der Austausch von IFC-Dateien vorgesehen ist, muss der Planer sicherstellen, dass die von ihm eingesetzte Software ohne Datenverluste die Planungsergebnisse in der richtigen IFC-Version extrahieren kann. Wenn vertraglich vorgesehen ist, dass der Planer seine digitale Planung bestimmten Softwareanalysen unterzieht, ist es auch an ihm, vor Vertragsschluss zu klären, ob er die vertraglich vorgesehenen Analysen mit der von ihm verwendeten Software fahren kann. Wenn allerdings der Bauherr die Verwendung bestimmter Softwareprogramme vertraglich vorgibt, fällt es in dessen Risikosphäre, wenn sich die vorgegebene Software als nicht hinreichend leistungsfähig für die Erreichung des mit dem Planer vereinbarten Werkerfolgs erweist. Mit Vertragsschluss trifft allerdings auch den Planer zunächst die Verpflichtung, die vertraglichen Vorgaben des Bauherrn für die Erbringung der Planerleistung darauf hin zu überprüfen, ob sie geeignet sind, eine mangelfreie Planungsleistung erstellen zu können[79]. Dies beinhaltet, dass der Planer auf Basis des objektiv von ihm zu erwartenden Fachwissens in einem ihm zumutbaren Umfang prüft und ggf. Erkundigungen einholt, ob die durch den Bauherrn vorgegebene Software die von dem Bauherrn gewünschten Funktionalitäten bedienen kann[80]. Wenn der Planer nicht hätte erkennen können, dass die vorgegebene Software nicht für die gestellte Planungsaufgabe geeignet ist, ist der Planer nicht gewährleistungspflichtig, wenn er die vertraglich vereinbarten Funktionalitäten mit der ihm vorgegebenen Software nicht erreichen kann. Einen etwaigen Mehraufwand des Planers für einen Wechsel der vorgegebenen Software im Projekt kann er zusätzlich vergütet verlangen, wenn sich die Unzulänglichkeiten der vorgegebenen Software im Laufe des Projekts herausstellt, er den Bauherrn darauf hinweist und der Bauherr einen Softwarewechsel anordnet[81].

Sofern der Planer softwaregestützte Berechnungen mithilfe seiner eigenen Software vornimmt und die Berechnungen aufgrund eines Softwarefehlers fehlerhaft sind und trotz ordnungsgemäßer Bedienung auftreten, ist er den verschuldensunabhängigen Gewährleistungsansprüchen des Bauherrn (Nacherfüllung, Kündigung, Rücktritt, Minderung) ausgesetzt, denn der Planer trägt das Risiko von Fehlfunktionen der von ihm als Hilfsmittel eingesetzten Software. Wenn er die Unzulänglichkeiten der Software fahrlässig nicht erkannte, haftet er zudem auch für etwaige Schäden des Bauherrn auf Schadensersatz.

Im Mittelpunkt der Planungsmethode BIM steht das bauteilobjektbasierte Modellieren von Bauwerksmodellen[82]. Es ist technisch möglich, dass Planer die digitalen Bauteilobjekte für ihr Bauwerksmodell oder Bauteileigenschaften (Schallschutz-, Wärmedämmeigenschaften) als Datei von den Bauprodukteherstellern beziehen und auf diese Weise mit wenigen Klicks Bauteilobjekte mit detaillierten Informationen im Modell hinterlegen können[83]. Für einen öffentlichen Auftraggeber wird es regelmäßig keine sinvolle Vorgehensweise darstellen, die Planer dazu zu verpflichten, im Rahmen ihrer Planung detaillierte Bauteilinformationen von Bauprodukteherstellern einzubeziehen. Produktspezifische Bauteilinformationen im Modell benötigt der öffentliche Auftraggeber in der Regel nicht, wenn das Modell als Grundlage für die Erstellung von Leistungsverzeichnissen für ausführende Firmen verwendet werden soll, denn der öffentliche Auftraggeber ist zu einer produktneutralen Ausschreibung vergaberechtlich gehalten (§ 7 Abs. 8 VOB/A). Der private Auftraggeber unterliegt jedoch keinen vergaberechtlichen Beschränkungen und kann daher in rechtlich zulässiger Weise durch den Planer bereits konkrete Bauproduktdaten in die digitale Planung einbinden von den zu vereinbarenden Bauprodukten. Wenn Planer digitale Bauteilobjekte aus solchen Bauteilbibliotheken übernehmen, haften sie für die inhaltliche Richtigkeit der von ihnen übernommenen Daten in dem gleichen Umfang, wie auch bisher schon für aus Papier-Bauteilkatalogen abgeschriebene Daten gehaftet wurde. Das bedeutet, dass der Planer bei einer Unrichtigkeit der Daten den verschuldensunabhängigen Gewährleistungsansprüchen ausgesetzt ist und darüber hinaus Schadensersatzansprüche bestehen können, wenn der Planer schuldhaft fehlerhafte Informationen in das Bauwerksmodell einpflegte. Ein Verschulden ist dann anzunehmen, wenn der Planer nach den Durchschnittskenntnissen eines seiner Branche Angehörigen die Fehlerhaftigkeit hätte erkennen können.

---

[79] Von Rintelen/Jansen, in: Kniffka, IBR-Online-Kommentar Bauvertragsrecht, Stand: 28.07.2015, § 631 Rn. 190.

[80] BGH, Urt. v. 08.11.2007 – VII ZR 183/05, NZBau 2008, 109 (Tz. 24).

[81] Vgl. BGH, Urt. v. 08.11.2007 – VII ZR 183/05, NZBau 2008, 109 (Tz. 19).

[82] Kritisch ist in diesem Zusammenhang das vergaberechtliche Gebot der produktneutralen Ausschreibung, vgl. § 7 Abs. 8 VOB/A. Nicht außer Acht bleiben darf in diesem Zusammenhang allerdings auch die von der Rechtsprechung dem öffentlichen Auftraggeber zugebilligte Freiheit in der Definition seines Beschaffungsbedarfs. Nach OLG Düsseldorf, Beschl. v. 01.08.2012 – Verg 10/12, ZfBR 2013, 63, ist auch eine den Wettbewerb einschränkende Beschaffungsentscheidung auf ein bestimmtes Produkt oder Verfahren zulässig, sofern (1.) die Bestimmung durch den Auftraggeber sachlich gerechtfertigt ist, (2.) vom Auftraggeber dafür nachvollziehbare objektive und auftragsbezogene Gründe angegeben worden sind und die Bestimmung folglich Werte frei getroffen worden ist, (3.) solche Gründe tatsächlich vorhanden (festzustellen und notfalls erwiesen) sind und (4.) die Bestimmung andere Wirtschaftsteilnehmer nichts diskriminiert. In diesen Grenzen darf die Beschaffung theoretisch soweit spezifiziert werden, dass sogar nur noch ein Monopolanbieter in Betracht kommt.

[83] Vgl. die Bauteilbibliothek der Softwarefirma liNear unter: https://www.linear.eu/de/downloads/ (Abruf 25.03.2016). Die Zurverfügungstellung von Bauproduktinformationen ist allerdings noch in der Entwicklung. Eine Umfrage von BauInfoConsult ergab, dass viele Bauproduktehersteller noch im Unklaren sind über die BIM-Bedürfnisse ihrer Kunden, vgl. IBRNews 21912, Black-Box-Kunde? Bei den BIM-Bedürfnissen sind viele Hersteller überfragt.

4.4 Kollisionskontrollen und Haftung

Die Durchführung der Kollisionskontrolle setzt derzeit eine gewisse Erfahrung und IT-Kompetenz voraus[84]. Zwar liefern entsprechende Analyseprogramme zur Kollisionskontrolle auf Knopfdruck eine Liste mit erkannten Kollisionen zwischen den Fachmodellen, die in einem sich aus den Fachmodellen zusammengesetzten Koordinationsmodell angezeigt werden, allerdings bedürfen die gefundenen Kollisionen in der Regel einer händischen Aufbereitung und Strukturierung, bevor sie in einer Koordinationsbesprechung abgearbeitet werden können[85]. Die durch das Analyseprogramm gefundenen Kollisionen entpuppen sich unter Umständen bei näherer Betrachtung zum Teil als Scheinkonflikte, die keiner Besprechung bedürfen – z. B. Leitungen der Technischen Gebäudeausrüstung kollidieren mit einer modellierten Gipskartonwand. Andere Kollisionen – z. B. sog. »Strang-Kollisionen« – ergeben sich aus einer Vielzahl von Kollisionen einer ungünstig angeordneten Leitung mit verschiedensten Bauteilen, die allesamt durch eine Verlegung der Leitung behoben werden können, weshalb die entsprechenden Kollisionen sinnvollerweise gebündelt besprochen werden. Ferner empfiehlt es sich, Kollisionen gewerkeweise und/oder bauabschnittsweise zu gliedern[86].

Die aufgezeigten Komplexitäten der computergestützten Kollisionskontrolle führen in der derzeitigen Praxis in Deutschland dazu, dass die Kollisionskontrolle in BIM-Projekten bisweilen einem Sonderfachmann überantwortet wird. Teilweise wird diese Projektrolle als »BIM-Manager« bezeichnet. Teilweise wird das BIM-Management auch auf eine strategische Beraterrolle außerhalb des operativen Planungsprozesses reduziert und die Prüfung der Planungsergebnisse der Planungsbeteiligten einem weiteren Sonderfachmann überantwortet[87].

Alle Projektbeteiligten, die sich vertraglich dazu verpflichten, sicherzustellen, dass im Rahmen des Planungsprozesses eine koordinierte und in sich konsistente Gesamtplanung erstellt wird, haften auch gegenüber dem Bauherrn, wenn sich später – z. B. in der Bauausführung – herausstellt, dass die Fachplanungen mangelhaft aufeinander abgestimmt sind. Haften könnte daher in erster Linie der Objektplaner und der BIM-Manager. Soweit ein anderer Planungsbeteiligter Koordinations- und Integrationspflichten hinsichtlich der Planung Dritter übernimmt, haftet er ebenfalls für eine mangelhafte Koordinierung innerhalb des von ihm verantworteten Bereichs. Der Fachplaner – z. B. Statiker, Fachplaner der Technischen Ausrüstung – schuldet nach dem Rollenmodell der HOAI nur ein Mitwirken an der Integration seiner Leistung in die Gesamtplanung[88]. Er ist daher nur eingeschränkt für Koordinierungsfehler haftbar. Im Folgenden wird auf die mögliche Koordinierungs- und Integrationsverpflichtung des Objektplaners und des BIM-Managers näher eingegangen.

Wie bereits ausgeführt, schuldet der Objektplaner nach dem Verständnis der HOAI die Koordination und Integration der Fachplanungen. Dem Objektplaner kommt nach der HOAI eine Schlüsselrolle im Planungsprozess zu. Die geschuldeten Leistungen des mit einem HOAI-Vollauftrag ausgestatteten Objektplaners beschränken sich mithin nicht auf die Zurverfügungstellung seiner aus der Objektplanung stammenden Vorgaben und eine passive Entgegennahme von Anweisungen über den sich aus dem Prüfbericht einer Kollisionskontrolle ergebenden Anpassungsbedarf, sondern auf das aktive Management des Planungsprozesses.

Dies hat zur Folge, dass der Objektplaner für die mangelfreie Integration der Fachplanungsbeiträge in seine Objektplanung einzustehen hat, wenn sich sein Beauftragungsumfang an die Leistungsbilder Objektplanung der HOAI anlehnt, d. h., dass er auch für eine mangelfrei integrierte Gesamtplanung ein

---

[84] Preidel et al., Borrmann et al., in: Building Information Modeling, 321 f.
[85] Hierzu und zum Folgenden Elixmann, in: Eschenbruch/Leupertz, BIM und Recht, Kapitel 5 Rn. 38 f.
[86] Tulke/Schaper, in: Borrmann et al., Building Information Modeling, 271, 272 f.
[87] Im Einzelnen unten im Abschnitt zum BIM-Management.
[88] Grundleistung a) der Leistungsphase 2 des Leistungsbilds Technische Ausrüstung gem. § 55 Abs. 3 i. V. m. Anl. 15.1 HOAI) bzw. die Erarbeitung einer Planung »neuster Beachtung der durch die Objektplanung integrierten Fachplanungen« (Fußnote: Grundleistung a) der Leistungsphase 3 des Leistungsbilds Technische Ausrüstung gem. § 55 Abs. 3 i. V. m. Anl. 15.1 HOAI.

zustehen hat, wenn im Rahmen eines BIM-gestützten Planungsprozesses Kollisionskontrollen mittels entsprechender Analyseprogramme durchgeführt werden und diese Programme allerdings keine Kollision anzeigen. Auch wird der Objektplaner nicht dadurch von seiner Haftung frei, dass nach dem vereinbarten Planungskoordinationsprozess ein anderer Planungsbeteiligter (z. B. ein BIM-Manager) den Planungskoordinationsprozesses in der Weise führt, dass er die digitalen Planungsergebnisse aller Fachplaner einschließlich des Objektplaners entgegennimmt, Kollisionskontrollen durchführt und den Prozess der Abarbeitung der Kollisionen führt.

Aus Sicht des Objektplaners, dem als Kollisionskontrollergebnis mitgeteilt wird, dass die Kollisionskontrolle keine Kollisionen ergab, folgt daraus nicht etwa, dass der Bauherr vertreten durch den die Kollisionskontrolle führenden Projektbeteiligten eine (Teil-)Abnahme der Planungsleistung erklärt oder das Planungsergebnis als zu diesem Zwischenstand vertragsgemäß anerkennt. Es ist allgemein anerkannt, dass Planfreigaben durch den Auftraggeber im Rahmen der Projektabwicklung generell nicht die Einstandspflicht des Planers für die mangelfreie Werkerstellung mangelfrei einschränken[89].

Wenn nun der BIM-Planungsprozess in der Weise in einem BIM-Abwicklungsplan strukturiert ist, dass der Objektplaner wie ein Fachplaner darauf beschränkt ist, sein Fachmodell Objektplanung an einen BIM-Manager zu übergeben und ihm eine eigenständige Durchführung von Kollisionskontrollen oder sonstigen Prüfroutinen, die der BIM-Manager durchführt, aufgrund der Fokussierung des Planungsprozesses auf den BIM-Manager nicht möglich ist, kann sich für den Objektplaner die Lage ergeben, dass er nach seinem vertraglichen Leistungsumfang eine koordinierte und integrierte Planungsleistungen schuldet, ihm aber faktisch aufgrund der vorgegebenen Koordinationsprozesse über den BIM-Manager eine eigenständige Koordinationsleistung gar nicht möglich ist. In einer solchen Situation obliegt es dem Objektplaner, den Bauherrn auf seine eingeschränkten Einwirkungsmöglichkeiten auf den Planungsprozess hinzuweisen[90]. Tut er dies, ist er nicht mehr für eine koordinierte Gesamtplanung verantwortlich, soweit der Koordinationsprozess seiner Einwirkungsmöglichkeiten entzogen ist. Unterlässt er diesen Hinweis, bleibt er in der Verantwortung.

Wenn ein BIM-Manager eigenständig die Verantwortung für die Kollisionsfreiheit der Planungsbeiträge übernommen hat, neben einem ebenfalls verantwortlichen Objektplaner, liegt strenggenommen eine Doppelbeauftragung von Leistungen vor. BIM-Manager und Objektplaner haften in diesem Fall für übersehene Kollisionen gemeinsam als Gesamtschuldner. Sowohl die Koordinations- und Integrationspflichten des Objektplaners nach der HOAI, als auch die durch den BIM-Manager übernommenen Leistungen der Kollisionskontrolle, dienen dem Zweck der Erstellung einer am Maßstab der mit dem Bauherrn abgestimmten Planungsziele mangelfreien Planung. Das Haftungsverhältnis zwischen dem BIM-Manager und dem Objektplaner ist in dieser Konstellation vergleichbar mit dem Haftungsverhältnis zwischen dem Objektplaner und einem Fachplaner – z. B. einem Planer der Technischen Ausrüstung, soweit es um die Pflicht des Fachplaners geht, die ihm übergebenen Planung des Objektplaners aus seiner fachspezifischen Perspektive auf eine Umsetzungsfähigkeit hin zu prüfen. Denn auch in dieser Konstellation werden Objektplanungsleistungen einem mit Planungsverantwortung ausgestatteten Fachplaner übergeben, der eine vollumfängliche Prüfung aus seiner fachspezifischen Sicht schuldet. Entscheidend ist hierbei allerdings immer, dass der Fachplaner den Planungsfehler auch mit seinem Erkenntnisvermögen hätte erkennen müssen[91].

---

[89] Bodden, in: Eschenbruch/Leupertz, BIM und Recht, Kapitel 8 Rn. 49.
[90] Zu den Prüf- und Hinweispflichten des Werkunternehmers instruktiv BGH, Urt. v. 08.11.2007 – VII ZR 183/05, NJW 2008,511.
[91] OLG Celle, Urt. v. 27.06.2014 – I 17 U 5/14, NJW-RR 1010,644.

5 BIM-Management

Die BIM-Planungsmethode fordert neben Fähigkeiten im Umgang mit den dafür eingesetzten Softwareprogrammen ein Überdenken der Zusammenarbeitsprozesse der Projektbeteiligten und der damit zusammenhängenden Datenlieferprozesse, grundsätzliche strategische Überlegungen zu den Zielen der digitalisierten Leistungserbringung, ein Konzept zur Sicherstellung der gewünschten Datenqualität und die Klärung vieler weiterer Fragen. Aufgrund der Neuheit der BIM-Planungsmethode ist das Wissen über diese Themen bei Bauherren, Planern, Bauausführenden und Projektsteuerern in der Regel nicht in dem erforderlichen Umfang vorhanden. Deshalb wird bei BIM-Projekten derzeit oftmals ein neuer Sonderfachmann hinzugezogen: Der BIM-Manager[92]. Der BIM-Manager soll nach allgemeinem Marktverständnis Hilfestellungen bei der Implementierung und dem Einsatz der BIM-Planungsmethode in einem Bauprojekt geben, ohne selbst zu planen[93]. Die Rolle des BIM-Managers innerhalb der Projektstruktur ist von Projekt zu Projekt unterschiedlich. Ein einheitliches Branchenverständnis über das typische Leistungsbild des BIM-Managers existiert nicht. Die Begriffsbezeichnung BIM-Manager oder BIM-Management ist nicht geschützt. Die derzeit im deutschen Markt als BIM-Management angebotenen Dienstleistungen variieren stark voneinander. Was der eine Marktbeteiligte als BIM-Management versteht, untergliedert der andere in mehrere Projektrollen.

Abb. 2–5   BIM-Management

---

[92] Ein Leistungsbild des BIM-Managers ist veröffentlicht von Eschenbruch/Elixmann in BauR 2015, 745.
[93] Vgl. Tulke/Scharper, in: Borrmann et al., Building Information Modeling, 237, 243.

5.1 Inhalte des BIM-Managements

Abstrakt betrachtet haben sich die folgenden Leistungsbereiche als Tätigkeitsschwerpunkte von unter der Überschrift BIM-Manager erbrachter Leistungen herausgebildet

- Strategische BIM-Auftraggeberberatung –
BIM-Strategieberatung,
- Kontroll-, Mitwirkungs- und Beratungsleistungen in der BIM-gestützten Projektdurchführung –
BIM-Projektcontrolling,
- Leistungen der BIM-Planungskoordination –
BIM-Koordination und
- Aufgaben der Daten- und Projektplattformverwaltung –
BIM-Administration[94].

Hinter diesen Leistungsbereichen verbergen sich die nachfolgend beschriebenen Leistungsinhalte.

5.1.1 BIM-Strategieberatung

Unter dem Schlagwort BIM-Strategieberatung können Leistungen zusammengefasst werden, die die strategische Ausrichtung eines Bauherrn in Bezug auf BIM betreffen. Die Beratung des Bauherrn zu seiner BIM-Strategie kann bezogen sein auf ein konkretes Bauvorhaben. Dann setzt die Beratung idealerweise noch vor der Ausschreibung der Planungsleistungen an. Die Beratung kann auch losgelöst von einem konkreten Einzelprojekt die projektübergreifende BIM-Unternehmensstrategie betreffen. Bei der BIM-Strategieberatung geht es etwa um die Analyse der BIM-relevanten Projekt- oder Unternehmensumstände, die gewünschten BIM-Anwendungsfälle und die Entwicklung einer entsprechenden, daran angepassten BIM-Strategie und eines BIM-Implementierungskonzepts. Leistungen aus dem Bereich der BIM-Strategieberatung sind also abstrakter Natur und betreffen nicht die fortlaufende Begleitung eines konkreten Bauprojekts[95]. Eine auf die BIM-Strategieberatung beschränkte Projektrolle wird zum Teil auch als »BIM-Champion« bezeichnet[96].

5.1.2 BIM-Projektcontrolling

Projektcontrolling beschreibt Maßnahmen zur Sicherung des Erreichens der Projektziele und zur Unterstützung der Planungs- und Abwicklungssteuerung[97]. BIM-Projektcontrolling erfasst Überprüfungs-, Mitwirkungs- und Beratungsleistungen während der Projektabwicklung in Bezug auf die BIM-Prozesse. Inhaltlich geht es im Wesentlichen um Maßnahmen zur Sicherung des Erreichens der Projektziele in der laufenden Projektabwicklung. Dies beinhaltet ein Überprüfen der BIM-Leistungsergebnisse und die Erstellung von Soll-/Ist-Abgleichen, das Vorschlagen möglicher Gegenmaßnahmen bei Zielabweichungen einschließlich erforderlicher Anpassungen der Strukturen und Ziele[98].

Mit Überprüfen ist eine stichprobenhafte Kontrolle gemeint, also keine vollumfängliche Prüfung. Der mit dem BIM-Projektcontrolling beauftragte BIM-Manager haftet entsprechend auch nur für die ordnungsgemäße Erbringung seiner Überprüfungsleistung. Die Kontrolldichte der Überprüfung richtet sich insbesondere nach der Fehleranfälligkeit und dem Schadensrisiko der zu kontrollierenden Modellbereiche. Gute Definitionen der Begrifflichkeiten Prüfen, Überprüfen oder Mitwirken enthält die Leistungs- und Honorarordnung Projektmanagement des AHO/DVP, auf die in diesem Kapitel Bezug genommen wird[99]. In Abgrenzung von der BIM-Strategieberatung bezieht sich das BIM-Projektcontrolling somit auf eine operative Unterstützung laufender Planungs- und Ausführungsprozesse. Statt von BIM-Projektcontrolling kann auch von BIM-Qualitätsmanagement gesprochen werden.

Derzeit beschränkt sich das BIM-Projektcontrolling durch einen BIM-Manager oftmals auf ein Controlling der Zusammenarbeitsprozesse während der Planungsphase, weil ein durchgängiger BIM-Prozess von der Planung über die Ausführungsvorbereitung, der Ausführung bis hin zum Betrieb selten etabliert wird[100]. Das BIM-Projektcontrolling beinhaltet dann hauptsächlich die Kontrolle der Einhaltung des vereinbarten Workflow und der vorgegebenen Modellqualitäten, die Änderung dieser bei Bedarf und das Vorschlagen von Maßnahmen, wenn die Datenlieferprozesse gestört sind.

---

[94] Zu den Kategorien ebenfalls im Einzelnen Elixmann, in: Eschenbruch/Leupertz, BIM und Recht, Kap. 6 Rn. 2 f.

[95] Das AEC (UK) BIM-Technology Protocol, Version 2.1.1, Zff. 3, ordnet dem BIM-Management z. B. den Aufgabenbereich »Strategic« mit den Aufgaben »Corporate Objectives«, »Research«, »Pro-cess+Workflow«, »Standards«, »Implementation« und »Training« zu.

[96] Küpper, Vortrag an der Universität Siegen am 18.02.2016 (vrame consult).

[97] Eschenbruch, Projektmanagement und Projektsteuerung für die Bau- und Immobilienwirtschaft, Rn. 371.

[98] Eschenbruch, Projektmanagement und Projektsteuerung für die Bau- und Immobilienwirtschaft, Rn. 371.

[99] Vgl. § 2 Abs. 4 lit. g Leistungs- und Honorarordnung und Projektmanagement (veröffentlicht in: AHO-Heft Nr. 9: Projektmanagement Leistungen für die Bau- und Immobilienwirtschaft).

[100] Elixmann, in: Eschenbruch/Leupertz, BIM und Recht, Kap. 6 Rn. 8 f.

5.1.3 BIM-Koordination

BIM-Koordination meint die Koordination und Integration der BIM-gestützten Planung, also die Koordination der Planungsbeiträge der einzelnen Planungsbeteiligten – auch bezeichnet als BIM-Planungskoordination[101]. BIM-Manager, die Leistungen der BIM-Koordination erbringen, stehen nicht als zusätzliche Controlling-Instanz neben dem eigentlichen Planungsprozess, sondern sind Teil dessen, indem sie einen für einen Planungskoordinationsprozess notwendigen Beitrag leisten. Die BIM-Koordination umfasst üblicherweise die BIM-Anwendungsfälle der Kollisionskontrolle (Prüfung der Planungsbeiträge auf geometrische Kollisionen) und der Durchführung von Regelprüfungen, die die Einhaltung von Planungsvorgaben abprüfen. Diese BIM-Anwendungsfälle erfüllen allein den Zweck, eine mangelfreie, koordinierte Planung entstehen zu lassen.

Wenn man die für die BIM-Koordination eingesetzten Tools und Methoden abstrahiert und alleine auf die funktionale Zielstellung der BIM-Koordination abstellt, ist, wie bereits ausgeführt, festzuhalten, dass es in der Sache letztlich alleine darum geht, eine koordinierte und integrierte Planung aus den unterschiedlichen Planungsbeiträgen zu erstellen. Die softwaregestützten Kollisionskontrollen und Regelprüfungen ersetzen das Ausdrucken und Übereinanderlegen von Plänen, dienen aber dem gleichen Zweck. Koordination und Integration sind nach dem Rollenverständnis der Leistungsbilder der HOAI Aufgaben, die dem Objektplaner (als verantwortlich Führender) und dem Fachplaner (als Mitwirkender) als Grundleistungen zugewiesen sind.

Wenn dem BIM-Manager in dem BIM-Projektabwicklungskonzept nicht lediglich Überprüfungsleistungen im Sinne eines BIM-Projektcontrolling, sondern vollumfängliche Prüfungsleistungen für die BIM-Planungsergebnisse zugewiesen sind, er mithin aktiv an Planungsbesprechungen teilnimmt und somit eine verantwortliche Rolle im Planungsprozess wahrnimmt, übernimmt er Leistungen der BIM-Koordination.

5.1.4 BIM-Administration

Als BIM-Manager wird bisweilen auch die Stelle bezeichnet, die verantwortlich für die Einrichtung und administrativ-technische Betreuung der eingesetzten Projektplattform ist. Eine elektronische Projektplattform zur Speicherung und zum Austausch der im BIM-Prozess erzeugten Daten (Common Data Environment) ist essentiell für eine BIM basierte Zusammenarbeit[102]. Leistungen der BIM-Administration umfassen die Verwaltung und Protokollierung von Zugriffen auf die Projektplattform einschließlich der Vergabe von Zugriffsrechten, die Versionierung, die Backup-Verwaltung und die Unterstützung der Projektbeteiligten bei Zugriffsschwierigkeiten[103]. Gerade im Ausland gebräuchliche Vertragsmuster sehen den BIM-Manager bzw. Information Manager im Schwerpunkt eher als IT-Administrator[104].

5.2 Organisatorische Einbindung des BIM-Managements

Die zuvor beschriebenen Leistungen des BIM-Managements können in einem Projekt verschiedenen Projektbeteiligten, gebündelt oder aufgeteilt, übertragen werden. Sie können als Aufgaben beim Bauherrn verbleiben oder bei einem Planer, einem Bauunternehmer, einem Projektsteuerer oder einem externen BIM-Manager eingekauft werden. Ob und in welcher Form Leistungen des BIM-Managements beauftragt werden, kann einzelfallbezogen nach Zweckmäßigkeit entschieden werden. Rechtliche Vorgaben bestehen insofern nicht. Mit den unterschiedlichen Rollenzuweisungen sind Vor- und Nachteile verbunden, die im Folgenden dargestellt werden[105].

---

[101] Elixmann, in: Eschenbruch/Leupertz, BIM und Recht, Kap. 5 Rn. 3.

[102] Dies betonend auch das Bundesministerium für Verkehr und digitale Infrastruktur, Stufenplan Digitales Planen und Bauen, 10.

[103] Der Versicherungsmakler UNIT versichert explizit die Tätigkeit als »BIM-Manager« und versteht unter dieser Tätigkeit ein Leistungsbündel aus IT-Administration, Programmierung und Implementierung von Software, vgl. DVP-Newsletter IV/15.

[104] Vgl. Ziff. 3 ConsensusDOCS 301 BIM Addendum; § 4.8 AIA Document E203-2013; CIC BIM Protocol mit Verweis auf die Leistungsbeschreibung Outline Scope of Service for the Role of Information Management.

[105] Zum Folgenden ebenfalls Elixmann, in: Eschenbruch/Leupertz, BIM und Recht, Kap. 6 Rn. 16 f.; ferner Eschenbruch/Elixmann, BauR 2015, 745, 747.

5.2.1 Der externe BIM-Manager

Die zuvor beschriebenen Inhalte des BIM-Managements werden derzeit häufig durch einen oder mehrere externe Consultants erbracht. Es bleibt abzuwarten, ob sich das Berufsbild eines BIM-Managers dauerhaft etablieren wird (wie z. B. das Berufsbild des Sicherheits- und Gesundheitsschutz-Koordinators) oder, ob die derzeit durch einen BIM-Manager erbrachten Leistungen langfristig in den Leistungsbildern der bekannten Projektbeteiligten (Planer/Projektsteuerer/Baufirma) aufgehen werden. In Arbeitskreisen des AHO und des DVP werden derzeit Anpassungen bzw. Ergänzungen der bisherigen Leistungsbilder für Planung und Projektsteuerung diskutiert. Ergebnisse liegen noch nicht vor. Solange allgemeine Standards für die Planung mit BIM nicht etabliert sind und diesbezügliche Kenntnisse nicht in der Breite vorhanden sind, ist die Beauftragung eines eigenständigen BIM-Managers naheliegend.

5.2.2 BIM-Management in der Bauherrenorganisation

Teilweise werden die zuvor beschriebenen Leistungsbereiche des BIM-Managements durch institutionelle Mehrfachauftraggeber selbst abgedeckt. Große Bauauftraggeber verfügen oftmals über eigene Baufachabteilungen und beteiligten sich in unterschiedlicher Intensität auch bei konventionellen Bauvorhaben schon im Planungsprozess, indem sie sich z. B. sämtliche Ausführungspläne zur Freizeichnung vorlegen lassen, Projektsteuerungsleistungen selbst erbringen oder alle mit der Kostenverfolgung zusammenhängenden Leistungen des Architekten (einschließlich der Erstellung der Kostenschätzung und der Kostenberechnung) auf eigene Fachabteilungen verlagern. Motive für eine Übernahme von Projektsteuerungs- und Planungsleistungen durch den Auftraggeber können das Qualitätsmanagement und damit zusammenhängend die Minimierung von Projektrisiken sowie die bessere Verzahnung der Planungs- und Ausführungsprozesse bzw. die Etablierung projektübergreifend standardisierter Workflows sein.

Der Bedarf für eine externe BIM-Strategieberatung des Bauherrn dürfte sich mittelfristig reduzieren. Es ist absehbar, dass sich Standard-Leistungsbeschreibungen auch für BIM-Leistungen etablieren werden und ein Bauherr, der bereits einige BIM-Projekte umgesetzt hat, aus den standardisierten BIM-Anwendungsfällen selbstständig die für sein Projekt sinnvollen ohne Hilfe Dritter auswählen und beauftragen kann, bzw. er sich hierbei durch einen Projektsteuerer im Rahmen dessen heutigen Standard-Leistungsumfangs[106] ohne Mehrkosten beraten lassen kann.

Die Deutsche Bahn verfügt z. B. über eine eigene Fachabteilung, die die BIM-Beratung für Baumaßnahmen bei kleinen und mittleren Bahnhöfen übernimmt[107]. Eine spezifische BIM-Strategieberatung durch einen externen Consultant dürfte mittelfristig weiter nachgefragt werden für komplexe Großprojekte, die Umsetzung nicht standardisierter BIM-Anwendungsfälle (insbesondere für die Betriebsphase) oder die Entwicklung von projektübergreifenden BIM-Unternehmensstrategien[108].

Bei der Anwendung der BIM-Planungsmethode werden derzeit in einigen Projekten Aufgaben der BIM-Planungskoordination dem Objektplaner entzogen und einem anderen Projektbeteiligten übertragen. Dies kann ein externer BIM-Manager sein, denkbar ist allerdings auch, dass ein Auftraggeber Leistungen der BIM-Planungskoordination durch eigene Mitarbeiter erbringen lässt. In einigen Projekten ist zu beobachten, dass der Bauherr die BIM-Koordination selbst übernimmt. Diese Vorgehensweise erscheint derzeit oftmals zweckmäßig, weil der Objektplaner aufgrund nicht hinreichender BIM-Erfahrung bisweilen noch mit der Koordinierung der Datenlieferprozesse überfordert ist.

Derartigen Workflows liegen vielfach Adaptierungen ausländischer BIM-Abwicklungspläne zugrunde. Außerhalb Deutschlands ist die Leistung des Architekten oftmals auf den kreativen Entwurfsprozess beschränkt; die Fortentwicklung des Entwurfs zu einer ausführungsreifen Planung, die Ausschreibung und Vergabe der Bauleistungen und die Objektüberwachung liegt in der Verantwortung von Baufirmen oder Projekt- und Baumanagementfirmen. Der Architekt tritt nicht, wie nach dem Leitbild der HOAI, als gewissermaßen Systemverantwortlicher für die gesamte Planung und Ausführung hervor. Ohne die Existenz eines allgemein anerkannten Leistungskanons wie die HOAI liegt es näher, originäre Planungsleistungen auf einen Sonderfachmann oder eine Fachabteilung der Bauherrenorganisation zu verlagern.

---

[106] Sehr verbreitet ist das Leistungsbild Projektsteuerung nach AHO-Heft Nr. 9: Projektmanagementleistungen für die Bau- und Immobilienwirtschaft.

[107] Dies ist die Fachabteilung I.SBB(3), vgl. DB Station&Service AG, BIM – Digitales Planen und Bauen, 23.

[108] Elixmann, in: Eschenbruch/Leupertz, BIM und Recht, Kap. 6 Rn. 18.

Durch die Führung des Planungskoordinationsprozesses wäre der Bauherr besonders nahe an der Planung und könnte im Falle von Störungen des Planungsprozesses – z.B. durch einen mangelhaft leistenden Planer – schnell reagieren. Die Deutsche Bahn bietet Planern von kleinen oder mittleren Bahnhöfen handfeste Unterstützungsleistungen für die Planung durch ein eigens für die Planung von Kleinbahnhöfen konzipiertes Software-Tool an. In dem Programm »ice BIM rail« geben die Planer diverse Planungsparameter an (Art des Bahnsteigs, Gleistrassendaten, etc.) und das Programm erstellt dann auf Knopfdruck automatisiert einen Standard-Bahnsteig als sinnvolle Komposition der Einzelbauteile (wie Bahnsteigkante, Bahnsteigbelag, Blindenleitsystem, Bahnsteigentwässerung und Bahnsteigabschluss)[109].

Für das bauherrenseitige BIM-Projektcontrolling sind die gleichen Zweckmäßigkeitserwägungen anzustellen, die für eine auftraggeberinterne Projektsteuerung angeführt werden können. So wie auch heute schon einzelne Bauherren Bauprojekte selbst steuern, ist auch denkbar, dass ein Auftraggeber das BIM-Projektcontrolling zukünftig selbst übernimmt, wenn er hierfür die unternehmensinternen Ressourcen bereitstellen kann und will.

5.2.3 Der Objektplaner als BIM-Manager

Mittelfristig werden die Architekten, besonders bei kleineren und mittelgroßen Projekten, sicherlich auch unter Anwendung der Methode BIM Bauprojekte ohne Beteiligung von Projektsteuerern oder BIM-Managern eigenständig realisieren und hierbei die erforderlichen BIM-Managementleistungen mit übernehmen.

Die BIM-Koordination ist, wie bereits ausgeführt, jedenfalls nach dem Verständnis der HOAI ohnehin eine Grundleistung des Objektplaners. Daher ist es naheliegend, dass die BIM-Koordination, wenn der Objektplaner über ausreichende eigene BIM-Kompetenz verfügt, auch von diesem wahrgenommen wird. Solange dies allerdings nicht so ist und überdies die BIM-Koordination aufgrund fehlender Standardisierung der Datenlieferprozesse mit erheblichen technischen Hürden verbunden ist, kann es unter Berücksichtigung der geringeren BIM-Erfahrungen der beauftragten Planer aus Sicht des Bauherrn zweckmäßig sein, die BIM-Koordination in die Hand eines darauf spezialisierten Experten zu legen.

Ebenso ist es denkbar, dass der Architekt die BIM-Administration und damit die Verwaltung der eingesetzten Projektplattform insgesamt übernimmt. Bei größeren Projekten erfolgt die Administration der Projektplattform oftmals durch den Plattformanbieter selbst, der entweder durch den Bauherren direkt beauftragt wird oder als Nachunternehmer dem Objektplaner oder dem Projektsteuerer nachgeordnet ist. Unter BIM erlangt die Projektplattform als Kommunikationsmedium für den Austausch von Leistungsbeiträgen im Planungsprozess eine noch größere Bedeutung. Sog. »BIM-Server« ermöglichen über die gängigen Kommunikations- und Managementfunktionen hinaus die Bearbeitung und Visualisierung von BIM-Modellen in der Cloud. Dies spricht dafür, dass in der Zukunft die Verwaltung der Projektplattform einschließlich der BIM-Administration durch den Objektplaner erfolgt. Die von dem amerikanischen Architektenverband (*American Institute of Architects*) herausgegebenen BIM-Vertragszusatzbedingungen sehen als Regelfall vor, dass die Datenaustauschplattform für den Austausch der BIM-Modelle durch den Objektplaner administriert wird[110].

Die BIM-Strategieberatung und das BIM-Projektcontrolling weisen eine Nähe zu den klassischen Aufgabenfeldern der Projektsteuerung auf[111]. Die Leistungsbilder der HOAI 2013 sollten nach dem Willen des Verordnungsgebers darauf ausgerichtet sein, Bauprojekte innerhalb der HOAI-Tafelwerte alleine auf Basis der Objekt- und Fachplanerbeauftragungen ohne externe Projektsteuerung realisieren zu können[112]. Es ist wahrscheinlich, dass jedenfalls in kleineren und mittelgroßen Projekten in der Zukunft der Objektplaner den Auftraggeber im Hinblick auf dessen BIM-Strategie beraten wird. Der Objektplaner schuldet nach der Rechtsprechung des BGH[113] und dem (landesspezifischen) Berufsrecht der Architekten[114] dem Bauherrn ohnehin eine umfassende Beratung zu dessen Leistungsbedarf. Dies ergibt sich auch aus den Leistungsbildern der Objektplanung der HOAI, wenn die darin enthaltenen

---

[109] hartman technologies, ice BIM rail Referenzhandbuch, 21 ff.
[110] § 4.8.1 AIA Document E203-2013.
[111] Tulke/Schaper, in: Borrmann et al., Building Information Modeling, 237, 244; Eschenbruch/Elixmann, BauR 2015, 745, 747.
[112] Eschenbruch, Projektmanagement und Projektsteuerung für die Immobilien- und Bauwirtschaft, Rn. 204.
[113] BGH, Urt. v. 08.01.1998 – VII ZR 141-97, NJW-RR 1998, 668.
[114] Vgl. § 1 Abs. 5 BaukammerG NW.

Leistungen vereinbart sind[115]. Die hiernach gegebene Beratungspflicht erstreckt sich auch auf die Beratung zu einer erforderlichen Beauftragung von Sonderfachleuten[116]. Ein solcher Sonderfachmann kann auch ein BIM-Manager sein.

Falls der Objektplaner über eine besondere Erfahrung in der Abwicklung von BIM-Projekten verfügt, kann es zweckmäßig sein, diese Erfahrung in das Projekt dadurch einzubringen, den Objektplaner mit zusätzlichen Leistungen des BIM-Projektcontrollings zu beauftragen[117]. Naheliegend ist dies insbesondere dann, wenn der Objektplaner bereits als Generalplaner ohnehin die Steuerung aller Planungsbeteiligten (seiner Subplaner) schuldet[118]. Durch die Bündelung von Planung und BIM-Strategieberatung sowie BIM-Projektcontrolling bei einem Generalplaner können Schnittstellen zwischen Objektplanung, Fachplanungen und Projektsteuerung vermieden werden. Gegen die Bündelung von Steuerungsleistungen (BIM-Strategieberatung, BIM-Projektcontrolling) und Planungsleistungen dürften indessen oftmals auftraggeberseitige Anforderungen an das Qualitätsmanagement sprechen[119] (Stichwort: 4-Augen-Prinzip).

5.2.4 Der Bauunternehmer als BIM-Manager

Es ist derzeit zu beobachten, dass speziell große Baufirmen erhebliche BIM-Kompetenzen aufbauen. Durch die Nachmodellierung übergebener 2D-Pläne in der Angebotsphase versuchen Baufirmen, Planungsrisiken frühzeitig zu erkennen. Die als General- oder Totalunternehmer am Markt auftretenden Baufirmen erhoffen sich des Weiteren von BIM eine Optimierung ihrer unternehmensinternen Prozesse einschließlich ihrer Zusammenarbeit mit Nachunternehmern.

Im Falle der Anwendung von BIM alleine innerhalb der Prozesse des General- oder Totalunternehmer hat der Auftraggeber in der Regel kein Interesse in die unternehmensinternen Prozesse des General- oder Totalunternehmer durch ein eigenes BIM-Management einzugreifen. Wie sich der GU/TU intern organisiert, bleibt ihm überlassen.

Zu berücksichtigen sind allerdings auch zunehmende Tendenzen der Baufirmen, sich stärker in den Planungsprozess einbinden zu wollen. Baufirmen sehen erhebliche Kosteneinsparungs-Potenziale, wenn sie in der Ausführung auf qualitativ hochwertigere Ausführungspläne als bisher zurückgreifen und dadurch Risiken für Bauablaufstörungen minimiert werden können. Moderne Partnering-Vertragsmodelle setzen auch die frühzeitige Einbeziehung des späteren Generalunternehmers bereits in der Planung voraus, sodass unter Einbeziehung des Know-how des Generalunternehmers eine Ausführungsplanung erstellt werden kann, die eine höhere Kostensicherheit liefert. Derartige Strukturen liegen auch den seit längerem bekannten GMP-Vertragsmodellen (Guaranteed Maximum Price) zugrunde[120].
Neue Mehrparteienvertragssysteme aus Großbritannien greifen diese auf[121]. Es existiert des Weiteren eine erste Baukostenversicherung auf dem Markt, die Baukostenüberschreitungen versichert, allerdings eine frühzeitige Einbeziehung des Ausführenden in den Planungsprozess fordert[122]. Wenn der spätere Generalunternehmer (oder Teil-GU) in den Planungsprozess einbezogen ist oder alle Planungs- und Bauleistungen als Totalunternehmer übernimmt, kann es zweckmäßig sein, dass dieser auch das BIM-Management übernimmt.

---

[115] Grundleistung c) der Leistungsphase 1 des Leistungsbilds Gebäude und Innenräume, § 34 Abs. 4 i. V. m. Anl. 10.1 HOAI: »Beraten zum gesamten Leistungs- und Untersuchungsbedarf«.

[116] Seifert/Fuchs, in: Fuchs/Berger/Seifert, HOAI, § 34 Rn. 36; Korbion, in: Korbion/Mantscheff/Vygen, HOAI, § 34 Rn. 69 m. w. N.

[117] Eschenbruch/Elixmann, BauR 2015, 745, 747.

[118] Eschenbruch/Elixmann, BauR 2015, 745, 747; vgl. auch Eschenbruch, Projektmanagement und Projektsteuerung für die Immobilien- und Bauwirtschaft, Rn. 359.

[119] Eschenbruch/Elixmann, BauR 2015, 745, 747.

[120] Dazu Thierau, in: Kapellmann/Messerschmidt, VOB, 5. Aufl., Anhang Baubeteiligte und Unternehmereinsatzformen, Rn. 42.

[121] Z. B. das Vertragsmuster PPC2000 Project Alliance Contract; dazu Leupertz, in: Eschenbruch/Leupertz, BIM und Recht, Kap. 13.

[122] Sog. iTWO Projektkosten Versicherung der Munich Re.

5.3 Die Rechtsnatur des BIM-Managervertrags

Es ist Aufgabe des Juristen, Verträge den unterschiedlichen Vertragstypen des BGB zuzuordnen. Das BGB sieht für unterschiedliche Vertragstypen unterschiedliche Leistungspflichten, Risikozuweisungen, Verjährungsfristen etc. vor, die ergänzend zu den ausdrücklich vereinbarten Regelungen des jeweiligen Vertrags den Vertragsinhalt mitbestimmen. Daher kann die Zuordnung eines Vertrags in die Kategorien der BGB-Verträge weitreichende Folgen haben. BIM-Managerverträge sind in ihrem Kern entweder als Dienstvertrag (§§ 611 ff. BGB) oder als Werkvertrag (§§ 633 ff. BGB) rechtlich einzuordnen. Ob jemand eine Dienstleistung zu leisten oder ein Werkerfolg zu erbringen hat, beeinflusst Fragen der Vergütung, Gefahrtragung, Haftung und Kündigung.

- **Vergütung**
  Der Vergütungsanspruch für erbrachte Dienste ist ohne weitere Voraussetzungen nach Leistungserbringung oder nach Zeitabschnitten fällig (§ 614 BGB). Der werkvertragliche Vergütungsanspruch setzt allerdings weitergehend voraus, dass der Besteller auch die Abnahme der Werkleistung erklärt, also zu erkennen gibt, dass er die erbrachte Leistung als im Wesentlichen vertragsgemäß akzeptiert und entgegennimmt (§ 641 BGB); Einzelfälle, in denen die Abnahme entbehrlich ist oder durch andere Tatbestände ersetzt wird, werden hier nicht näher thematisiert.

- **Gefahrtragung**
  Der Dienstverpflichtete, der seine Leistung anbietet, die der Dienstberechtigte nicht bzw. nicht rechtzeitig entgegennimmt, kann seine volle Vergütung abzüglich ersparter Aufwendungen und anderweitigen Erwerb verlangen (§ 615 BGB). Der Werkunternehmer erhält für den Zeitraum des Annahmeverzuges des Bestellers lediglich eine Entschädigung (§ 642 BGB), die Wagnis und Gewinn nach der Rechtsprechung des BGH[123] nicht beinhaltet.

- **Haftung**
  Bei Schlechterfüllung verweist das Dienstvertragsrecht alleine auf das allgemeine Schuldrecht (§§ 280 ff. BGB). Das bedeutet, dass Haftungsansprüche des Dienstberechtigten gegen den Dienstverpflichteten nur bei schuldhaften Pflichtverletzungen in Betracht kommen, also bei vorsätzlichem oder fahrlässigem Handeln. Das Werkvertragsrecht enthält hingegen verschuldensunabhängige Gewährleistungsrechte (§§ 634 ff. BGB).

- **Verjährung**
  Haftungsansprüche verjähren im Dienstvertragsrecht innerhalb der Regelverjährung von drei Jahren (§ 195 BGB). Die Verjährung für werkvertragliche Mängelansprüche für Planungs- oder Überwachungsleistungen bei einem Bauwerk verjähren allerdings erst nach fünf Jahren nach Abnahme der Werkleistung (§ 634a Abs. 1 Nr. 2, Abs. 2 BGB).

- **Kündigung**
  Der Dienstvertrag kann unter Beachtung von Kündigungsfristen frei gekündigt werden, ohne dass der Dienstverpflichtete Anspruch auf entgangenen Gewinn hat (§ 631 BGB). Der Werkvertrag kann jederzeit frei gekündigt werden, allerdings ist dann die Vergütung für die nicht mehr erbrachten Leistungen (die eigentlich noch erforderlich wären, um den geschuldeten Werkerfolg zu erreichen, allerdings kündigungsbedingt jetzt entfallen) abzüglich der kündigungsbedingt ersparten Aufwendungen und anderweitigen Erwerb voll zu zahlen (§ 649 BGB).

Für die Bestimmung der Rechtsnatur eines Vertrags kommt es nicht auf die von den Vertragsparteien verwendete Bezeichnung des Vertrags an, sondern entscheidend ist alleine dessen tatsächlicher Inhalt, also die den Vertrag bestimmenden Leistungspflichten. Da die Leistungspflichten des BIM-Managers von BIM-Managervertrag zu BIM-Managervertrag unterschiedlich sein können – schließlich gibt es ja noch kein standardisiertes Leistungsbild, ist für jeden BIM-Managervertrag durch Auslegung neu zu ermitteln, ob dieser eher als Dienstvertrag oder als Werkvertrag einzuordnen ist. Das Werkvertragsrecht bestimmt in Ergänzung zu den vereinbarten Vertragsinhalten die wechselseitigen Rechte und

---

[123] BGH, Urt. v. 21.10.1999 – VII ZR 185/98, NZBau 2000, 187 (189).

Pflichten der Vertragsparteien des BIM-Managervertrags, wenn der BIM-Manager durch seine vertragliche Leistung einen Werkerfolg im Sinne des § 631 Abs. 2 BGB schuldet. Wenn der BIM-Manager ein Bündel von teils erfolgsbezogenen und teils dienstleistungsbezogenen Leistungen übernommen hat, unterliegt der BIM-Managervertrag dem Rechtsregime des Werkvertragsrechts, wenn die erfolgsorientierten Aufgaben dermaßen überwiegen, dass sie den Schwerpunkt des Vertrags bilden und ihn insoweit prägen[124].

Das Wesen des Werkvertrags ist, dass sich der Unternehmer zur Herstellung und Verschaffung eines Werks verpflichtet und für dessen im Wesentlichen vertragsgemäße Erstellung gemäß §§ 634 ff. BGB einstehen will. Je größer die mit der Tätigkeit verbundenen Unwägbarkeiten sind, umso ferner wird es aber auch aus Sicht eines verständigen Bestellers liegen, dass der Unternehmer das Erfolgsrisiko dennoch übernehmen will. Ein Erfolgsrisiko trifft denjenigen, der im Rahmen eines Dienstvertrags tätig wird, nicht. Er hat nicht für den Erfolg seiner Tätigkeit einzustehen, sondern ist allein verpflichtet, die versprochenen Dienste mit Sorgfalt zu leisten.

Einfach gesagt: Der Werkunternehmer hat »ohne Wenn und Aber« eine bestimmte Leistung abzuliefern und es bleibt ihm – in der Reinform des Werkvertrags – unbenommen, wie lange er für die Leistung braucht und wie er seinen Prozess zur Erstellung der Leistung strukturiert. Er wird an seinem Arbeitsergebnis gemessen. Der Dienstverpflichtete muss sich hingegen lediglich bemühen und (üblicherweise) seine Arbeitszeit als Kenngrößen seiner Vergütungen dokumentieren. Ein typisches Beispiel für eine Werkleistung ist die Erstellung einer Fachplanung. Wenn diese in der vereinbarten Qualität vorliegt, ist der Werkerfolg erbracht. Ein Beispiel für eine Dienstleistung ist die Prozessvertretung des Rechtsanwalts. Der Rechtsanwalt tut das ihm Mögliche, um die Interessen des Mandanten bestmöglich vor Gericht zu vertreten, er schuldet allerdings keinen Erfolg – z. B. Gewinn des Prozesses.

Die zuvor beschriebenen Leistungsbereiche der BIM-Managertätigkeit werden typischerweise zum Teil als Werkvertrag, zum Teil aber auch als Dienstvertrag vereinbart.

5.3.1 BIM-Strategieberatung

BIM-Managerverträge, die im Schwerpunkt Leistungen der BIM-Strategieberatung betreffen, haben derzeit häufig eine punktuelle, anlassbezogene und in sich abgeschlossene Beratungsleistung mit klar definierten Beratungsauftrag zum Gegenstand: Geschuldet wird regelmäßig die Übergabe eines BIM-Implementierungskonzepts, BIM-Organisationshandbuchs, BIM-Abwicklungsplans oder eines ähnlichen Dokuments. Auf derartige Leistungsergebnisse ausgerichtete Verträge sind typische Werkverträge. Sie sind vergleichbar einem Gutachtenauftrag, der auch werkvertraglich einzuordnen ist[125].

Denkbar ist auch, dass ein BIM-Manager lediglich zu Einzelfragen auf Stundenhonorarbasis konsultiert wird und kein in sich geschlossenes Konzept entwickeln soll. Wenn solche Beratungsleistungen den Schwerpunkt des BIM-Managervertrages bilden, spricht dies für die Anwendung von Dienstvertragsrecht.

5.3.2 BIM-Projektcontrolling

Leistungen mit einem Schwerpunkt im Rahmen eines BIM-Projektcontrollings sind nicht so einfach rechtlich einzuordnen. Die Abgrenzung von Dienst- und Werkvertrag ist bei Verträgen über Steuerungs- oder Controllingleistungen schwierig und die Abgrenzungskriterien sind im Detail umstritten[126]. Wenn der BIM-Manager als Schwerpunkt seiner BIM-Managertätigkeit die Überprüfung von Leistungen anderer am Bau Beteiligter übernommen hat, spricht dies für die Einordnung des Vertrags als Werkvertrag[127]. Der BIM-Manager hat in diesem Fall mit dafür zu sorgen, dass das Bauvorhaben mangelfrei realisiert wird. Seine Leistung ist auf den Zweck ausgerichtet, das Bauwerk mangelfrei entstehen zu lassen. Dieser Zweck sei der werkvertragliche Erfolg der Leistung. Mit dieser Argumentation hat der BGH den Werkvertragscharakter eines Projektsteuerungsvertrags, der Prüf- und Kontrollleistungen auf einer Baustelle zum Inhalt hatte, unter Bezugnahme auf seine Rechtsprechung zur werkvertraglichen Einordnung des Architektenvertrags über Objektüberwachungsleistungen[128] begründet[129]. Die Zweckgerichtetheit der Leistung, auf die der BGH abstellt, ist allerdings für sich genommen kein trennscharfes

---

[124] Sog. Schwerpunkttheorie des BGH, vgl. BGH, Urt. v. 10.06.1999 – VII ZR 185/98, NJW 1999, 3118 mit weiteren Nachweisen.

[125] BGH, Urt. v. 10.01.1994 – III ZR 50/94, NJW 1995, 392.

[126] Umfassende Aufarbeitung von Abgrenzungskriterien am Beispiel von Beauftragungsformen von Projektsteuerungsleistungen bei Eschenbruch, Projektmanagement und Projektsteuerung in der Bau- und Immobilienwirtschaft, Rn. 1103 ff.

[127] Vgl. für einen Projektsteuerungsvertrag mit überwiegend Prüfungs- und Überprüfungsleistungen BGH, Urt. v. 10.06.1999 – VII ZR 215/98, NJW 1999, 3118; OLG Frankfurt, Urt. v. 24. 4. 2006 – 8 U 131/05, NJOZ 2007, 3901.

[128] BGH, Urt. v. 22.10.1981 – VII ZR 310/79, NJW 1982, 438.

[129] BGH, Urt. v. 10.06.1999 – VII ZR 215/98, NJW 1999, 3118.

Kriterium in Fällen, in denen die maßgebliche Leistung einen Beitrag zur Erbringung des Werks eines anderen darstellt. Ein solcher Fall liegt bei der arbeitsteiligen Erbringung von Planungs- und Ausführungsleistungen am Bau vor. In diesen Fällen ist enger zu fordern, dass der einzelne im Fokus stehende Leistungsbeitrag seinerseits erfolgsbezogen vereinbart sein muss, damit er werkvertraglich zu qualifizieren ist, denn nur diese Leistung liegt im Einflussbereich des Leistenden, nur um diese Leistung kann es gehen[130]. Für die Einordnung der durch einen BIM-Manager übernommenen Überprüfungsleistungen als Werkvertrag spricht daher insbesondere, dass der BIM-Manager aus objektiver Empfängersicht als Arbeitsergebnis das Durchlaufen der für eine Überprüfung einer bestimmten Leistung eines Baubeteiligten erforderlichen Schritte schuldet, unabhängig davon, welcher Aufwand der Überprüfungsauftrag für ihn aufgrund der dabei anzutreffenden Schwierigkeiten bedeutet. Dieser Aufwand kann bei einem gut laufenden Bauprojekt sehr gering sein. Er kann aber dann deutlich erhöht sein, wenn die zu überprüfenden Leistungen des Projektbeteiligten stark mangelhaft sind. Diese Unsicherheit ist ein wesenstypisches Risiko des Werkvertrags.

Je weniger deutlich ein geschuldeter Leistungserfolg erkennbar ist und ein allgemeines, nicht auf einen Leistungserfolg ausgerichtetes Tätigwerden im Vordergrund steht, desto eher spricht dies für eine Anwendung des Dienstvertragsrechts.

5.3.3 BIM-Koordination

Der BIM-Manager, der im Schwerpunkt Leistungen der BIM-Koordination erbringt, übernimmt typischerweise die Erfolgshaftung für ein konkretes Leistungsergebnis, nämlich die Durchführung der Kollisionskontrolle oder Regelprüfungen und als Arbeitsergebnis eine Handlungsanweisung an die Planungsbeteiligten, in welchem Umfang Kollisionen vorliegen.
Leistungserschwernisse (z.B., weil die zu koordinierenden Planungsleistungen erheblich voneinander abweichen, die Modellierungsvorschriften nicht einhalten oder aus sonstigen Gründen mangelhaft sind) und in gewissem Umfang erwartbare Risiken, die die Leistungsverpflichtung des BIM-Managers unberührt lassen. BIM-Managerverträge, deren Schwerpunkt Leistungen nach BIM-Koordination bilden, sind daher als Werkvertrag einzuordnen.

5.3.4 BIM-Administration

Verträge über die Verwaltung von Datenplattformen lassen sich ebenfalls nicht so leicht rechtlich klassifizieren. Daher ist es auch nicht so eindeutig, wie BIM-Managerverträge einzuordnen sind, die im Schwerpunkt Leistungen der BIM-Administration zum Inhalt haben.

Der BGH nimmt bei Verträgen über die Wartung und Pflege von Online-Plattformen die Abgrenzung zwischen Dienst- und Werkvertrag wie folgt vor:

> »Verträge über die „Wartung" oder „Pflege" von Software, EDV-Programmen oder Websites sind als Werkverträge einzuordnen, soweit sie auf die Aufrechterhaltung der Funktionsfähigkeit und die Beseitigung von Störungen (und somit: auf einen Tätigkeitserfolg) gerichtet sind, wohingegen ihre Qualifizierung als Dienstvertrag naheliegt, wenn es an einer solchen Erfolgsausrichtung fehlt und die laufende Serviceleistung (Tätigkeit) als solche geschuldet ist [...].«[131]

Die in amerikanischen BIM-Vertragszusatzbedingungen definierten Leistungen des Model Management haben den Charakter einer fortlaufenden Dienstleistung, denn sie fokussieren eher auf die Verwaltung der auf der Projektplattform abgelegten Daten[132]. Andere Anbieter von BIM-Administrationsleistungen verfügen hingegen über eigene, komplexe Softwareprogramme zur Baudatenverwaltung, die mitunter individuell auf das jeweilige (Groß-)Projekt zugeschnitten werden und sehr spezifische BIM-Anwendungsfälle ermöglichen sollen. Im Mittelpunkt kann hier die Bereitstellung und Aufrechterhaltung einer Systemlandschaft mit bestimmten Funktionalitäten stehen. Dies spricht dann für eine werkvertragliche Einordnung der BIM-Managerleistung. Soweit die BIM-Administrationsleistungen hin gegen eher den Charakter eines Hilfsmittels für die Erbringung einer laufenden Beratungsleistung hat, spricht dies für eine Einordnung des Vertragsverhältnisses als Dienstvertrag.

---

[130] Sprau, in: Palandt, BGB, 73. Auflage, Einf. v. § 631 Rn. 1.
[131] BGH, Urt. v. 04.03.2010 – III ZR 79/09, NJW 2010, 1449, 1450 [Tz. 17].
[132] Vgl. § 4.8.3 AIA Document E203-2013.

5.4 Vergütung von BIM-Managerleistungen

Die Vergütung von BIM-Managerleistungen unterliegt im Regelfall keinen gesetzlichen Vorgaben. Je nach konkreter Ausgestaltung der Leistungspflichten und der Rechtsnatur des Vertrags als Dienst- oder Werkvertrag liegt es nahe, eine aufwandsbezogene Vergütung für in sich abgeschlossene Leistungsteile zu vereinbaren – z. B. nach Arbeitsstunden, Manntagen, Zeiten der Verfügbarkeit von Onlinediensten oder Pauschalsätze.

Bei näherer Betrachtung ist streng genommen alleine die BIM-Koordination eine Teilleistung der Koordinations- und Integrationsleistungen der Leistungsbilder der Objektplanung nach den Anlagen der HOAI. Deshalb kann die HOAI prinzipiell auf diesen Leistungsbereich angewendet werden. Dabei ist es auch unerheblich, ob der BIM-Manager ein Architekt oder Ingenieur ist, denn die HOAI ist keine berufsständische Vergütungsregelung[133].

Im Regelfall wird der BIM-Manager allerdings Leistungen der BIM-Koordination in einem Leistungsbündel mit weiteren Leistungen erbringen. Dann ist allerdings auch die Anwendbarkeit der HOAI fraglich[134].

6 Fazit

Es ist derzeit noch offen, wie schnell und in welchem Umfang die Methode Building Information Modeling zu einer Veränderung der Art und Weise, wie Bauwerke zukünftig geplant werden, führen wird. Die Ausführungen in diesem Buchkapitel zeigen, dass das Recht für unterschiedliche Anwendungsformen von BIM in einem Bauprojekt Lösungen für eine faire Verteilung von Verantwortung und eine angemessene und marktgerechte Vergütung bietet. Mit dem BIM-Management tritt ein neues Aufgabenfeld hinzu, das in das hergebrachte Verantwortungsgefüge an Planern, Anführenden, Projektsteuerung und Bauherrn eingefügt werden muss und auch eingefügt werden kann. Rechtliche Risiken stehen daher der Einführung von BIM-Planungsmethoden nicht entgegen. Es liegt an den Planern, die Chancen einer BIM-gestützen Planung zu ergreifen.

---

[133] Eschenbruch, Projektmanagement und Projektsteuerung für die Immobilien- und Bauwirtschaft, Rn. 1311.
[134] Vertiefend Elixmann, in: Eschenbruch/Leupertz, BIM und Recht, Kap. 6 Rn. 42 ff.

7 Literatur- und Quellenangaben

AHO-Heft Nr. 9, Projektmanagement Leistungen für die Bau- und Immobilienwirtschaft, 4. Auflage 2014.

AIA Document E203-2013, Building Information Modeling and Digital Data Exhibit, 2013.

Bodden, Haftung beim BIM-Einsatz, in: Eschenbruch/Leupertz (Hrsg.), BIM und Recht, 2016, S. 164 f.

British Standard Institution (BSI), PAS 1192-2, PAS 1192-2 specifies requirements for achieving building information modelling (BIM) Level 2, 2013.

Bundesministerium für Verkehr und digitale Infrastruktur (Hrsg.), Stufenplan Digitales Planen und Bauen, 2015.

Chahrour, BIM – Anwendungen und Perspektiven für das Bauprojektmanagement, in: Motzko (Hrsg.), Zukunftspotenzial Bauwirtschaft, 2013, S. 32 f.

ConsensusDocs 301 BIM-Addendum.

DB Station & Service AG, BIM – Digitales Planen und Bauen, 2016.

Elixmann, BIM- Koordination, in: Eschenbruch/Leupertz (Hrsg.), BIM und Recht, 2016, S. 96 ff.

Elixmann, Der BIM-Manager, in: Eschenbruch/Leupertz (Hrsg.), BIM und Recht, 2016, S. 96 ff.

Elixmann, BIM und HOAI, in: Westphal/Hermann (Hrsg.), Building Information Modeling/ Management, 2015, S. 32 f.

Eschenbruch, Projektmanagement und Projektsteuerung für die Immobilien- und Bauwirtschaft, 4. Aufl., 2015.

Eschenbruch/Elixmann, Das Leistungsbild des BIM-Managers, BauR, 2015, 745.

Eschenbruch/Elixmann, Auswirkungen auf das Bauvertragsrecht, in Borrmann/König/Koch/Beetz (Hrsg.), Building Information Modeling, 2015, S. 249 f.

Eschenbruch/Elixmann, Teil K: Building Information Modeling, in: Fuchs/Berger/Seifert (Hrsg.), Beck'scher HOAI- und Architektenrechts-Kommentar, 2016, S. 731 f.

Eschenbruch/Elixmann/Hömme/Kappes, Anlage I: Besondere Vertragsbedingungen BIM, in: Eschenbruch/Leupertz (Hrsg.), BIM und Recht, 2016, S. 313 f.

Eschenbruch/Lechner, BIM und HOAI, in: Eschenbruch/Leupertz (Hrsg.), BIM und Recht, 2016, S. 144 f.

Eschenbruch/Malkwitz/Grüner/Poloczek/Karl, Maßnahmenkatalog zur Nutzung von BIM in der öffentlichen Bauverwaltung unter Berücksichtigung der rechtlichen ordnungspolitischen Rahmenbedingungen, 2014.

Eschenbruch, Die Stellung des Architekten im komplexen Projektmanagement bei Großbauvorhaben, in: Ganten (Hrsg.), Festschrift Jochem, 2014, S. 355 f.

Hanff/Wörter, BIM für die Mengenermittlung, in: Borrmann/König/Koch/Beetz (Hrsg.), Building Information Modeling, 2015, S. 333 f.

hartmann technologies, ice BIM rail Referenzhandbuch, S. 21 ff.

Häußermann, Recht/Ausschreibung, in: Kistemann et al., Gebäudetechnik für Trinkwasser, 2012, S. 349 f.

Jochem/Kaufhold, HOAI-Kommentar, 2009.

Jost/Thumfart/Fleischmann, BIM bei HENN, in: Borrmann/König/Koch/Beetz (Hrsg.), Building Information Modeling, 2015, 439, 441.

Kemper, BIM und HOAI, BauR 2016, 426.

Kniffka, Gesamtschuldnerausgleich im Baurecht, BauR 2005, 275.

Korbion, in: Korbion/Mantscheff/Vygen (Hrsg.), HOAI, 2016, § 34 Rn. 69.

Liebich, Leistungsbeschreibung von BIM-Leistungen: das Lasten- und Pflichtenheft für Auftraggeber und Auftragnehmer bei der Projektabwicklung mit BIM, in: Eschenbruch/Leupertz (Hrsg.), BIM und Recht, 2016, S. 38 f.

Egger/Liebich/Hausknecht/Przybylo , BIM-Leitfaden für Deutschland, 2013.

Liebich/Schweer/Wernik, Die Auswirkungen von Building Information Modeling (BIM) auf die Leistungsbilder und Vergütungsstruktur für Architekten und Ingenieure sowie auf die Vertragsgestaltung, 2011.

Leupertz, Die Vertragsabwicklung mit BIM-Mehrparteienverträgen, in: Eschenbruch/Leupertz (Hrsg.), BIM und Recht, 2016, S. 288 f.

Pott/Dahlhoff/Kniffka/Rath, HOAI-Kommentar, 2009.

Preidel/Borrmann/Beetz, BIM-gestützte Prüfung von Normen und Richtlinien, in: Borrmann/König/Koch/Beetz (Hrsg.), Building Information Modeling, 2015.

Preussner, Teil 1 B: Haftung der Architekten und Ingenieure, in: Fuchs/Berger/Seifert (Hrsg.), Beck'scher HOAI- und Architektenrechts-Kommentar, HOAI, 2016, 395 ff.

Ryll, Integrale Planung ist Kopfsache, Wir erwarten eine Effektivitätssteigerung von mindestens zehn Prozent, in: Westphal/Herrmann (Hrsg.), BIM Building Information Modeling/Management, 2015, 32 f. und 96 f.

von Rintelen/Jansen, in: Kniffka, IBR-Online-Kommentar Bauvertragsrecht, Stand 28.07.2015, §§ 631, 632.

Schapke/Beetz/König/Koch/Borrmann, Kooperative Datenverwaltung, in: Borrmann/König/Koch/Beetz (Hrsg.), Building Information Modeling, 2015, S. 207 f.

Seifert/Fuchs, in: Fuchs/Berger/Seifert (Hrsg.), Beck'scher HOAI- und Architektenrechts-Kommentar, HOAI, 2016, §§ 33, 34.

Sprau, in: Palandt, BGB, 73. Auflage 2014, Einf. v. § 631 Rn. 1.

Thierau, in: Kapellmann/Messerschmidt (Hrsg.), VOB, 5. Aufl., Anhang Baubeteiligte und Unternehmereinsatzformel, 2015, Rn. 42.

Tulke/Schaper, BIM-Manager, in: Borrmann/König/Koch/Beetz (Hrsg.), Building Information Modeling, 2015, S. 237 f.

3 BIM für die Trinkwasser-Installation – Quo Vadis Systemauslegung?

K. Rudat

Die integrierte Planungsmethode BIM macht es erforderlich, sämtliche Fachplanungen und die daraus resultierenden detaillierten Bauteilinformationen zusammenzuführen. Die Konsequenzen dieser Vorgehensweise sind die sorgfältige Auslegung der Bauteile einer Trinkwasser-Installation und die exakte Beschreibung der Bauteileigenschaften – z. B. für Armaturen und Spülsysteme – damit die im Raumbuch festgelegten Bedarfe auch gedeckt werden können. Hinzu kommen die sich verschärfenden Anforderungen an die Hygiene, den Komfort und eine nachhaltige Anlagenkonzeption.

All dies lässt sich nur realisieren durch eine sorgfältige, vielfach modellbasierte Systemauslegung und ein den gesamten Prozess umfassendes digitales Informationsmanagement.

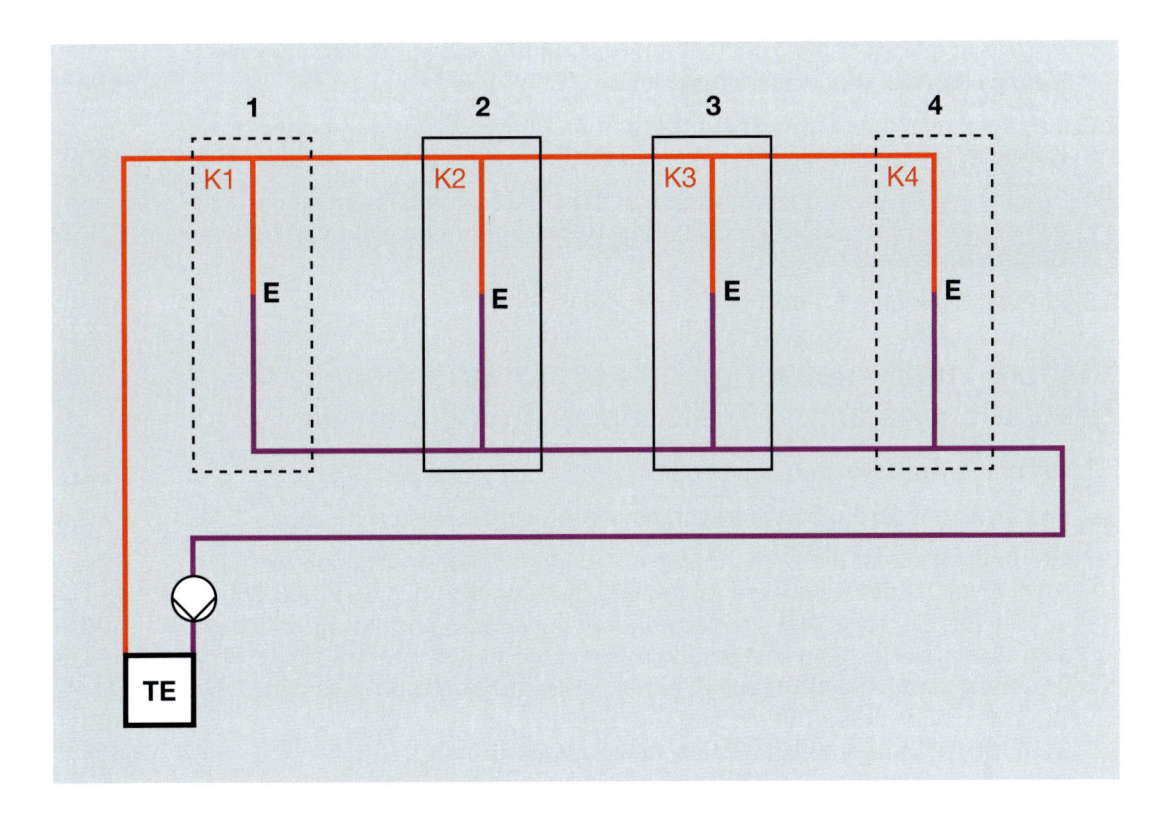

Inhalt

Vorwort

1 Bemessung von Trinkwasser-Leitungen kalt/warm – neue Entwicklungen

1.1 Einführung 140
1.2 Bisherige Arbeiten 142
1.3 Beispielhafte Entwicklung eines Betriebsmodells für ein Wohngebäude mit 48 Wohnungen 144
1.4 Möglichkeiten des Betriebsmodells 150

2 Beispiele für die Nutzung des Betriebsmodells zur Validierung der bisherigen Berechnungsansätze für die Bemessung von Trinkwasser-Leitungen kalt (PWC) und warm (PWH)

2.1 Bemessungsansatz nach DIN 1988-300 für PWC- und PWH-Leitungen bei zentraler Trinkwasser-Erwärmung korrekt? 151
2.2 Auswirkungen des Einsatzes von Fittings mit hohen Zeta-Werten auf die Nennweiten der Trinkwasser-Installation 162
2.3 Der Austausch von Entnahmearmaturen im Bestand – Auswirkungen auf den Komfort? 165
2.4 Druck- und Temperaturänderungen an der Duscharmatur beim Öffnen von Armaturen an benachbarten Entnahmestellen in Abhängigkeit von der Bemessungsstrategie 168
2.5 Probleme mit dem Berechnungsdurchfluss 176

3 Ansätze zur Bemessung von asymmetrischen Zirkulationsnetzen in Trinkwasser-Installationen

3.1 Definition von asymmetrischen Netzen 183
3.2 Probleme bei der Berechnung von asymmetrischen Netzen . . . 185
3.3 Lösungsansatz für die Berechnung von asymmetrischen Zirkulationsnetzen . 190
    3.3.1 DVGW W 553-Rechenverfahren und Berechnung nach DIN 1988-300 (ohne Beimischung) nicht anwendbar bei asymmetrischer Rohrführung . 190
    3.3.2 Modifiziertes Beimischverfahren 191
    3.3.3 Temperaturmängel und Fehler bei der Berechnung von asymmetrischen Netzen mit dem DVGW W 553-Verfahren 196
    3.3.4 Besonderheiten beim Tichelmann-System 198

S. Hiller

4 Die digitale Bemessung vermaschter Trinkwasser-Rohrsysteme

- 4.1 Einführung . . . 202
  - 4.1.1 Zweck und Ziel . . . 202
  - 4.1.2 Hygienelösungen: Stand der Technik . . . 202
  - 4.1.3 Aktuelle und zukünftige gesellschaftliche Entwicklungen . . . 203
  - 4.1.4 Anwendungen von vermaschten Rohrsystemen . . . 203
    - Vermaschte Rohrnetze in der öffentlichen Trinkwasser-Versorgung . . . 204
    - Vermaschte Rohrnetze in Sprinkleranlagen . . . 206
- 4.2 Grundlagen zur hydraulischen Analyse von vermaschten Trinkwasser-Rohrsystemen . . . 207
  - 4.2.1 Beschreibung der Strömung in Rohrleitungssystemen mittels Stromfadentheorie . . . 208
  - 4.2.2 Die hydraulischen Widerstände im Trinkwasser-System . . . 210
    - Hydraulischer Widerstand: Die Rohrleitung . . . 211
    - Hydraulischer Widerstand: Formteile und Armaturen über Widerstandsbeiwerte . . . 213
    - Hydraulischer Widerstand: Armaturen und Apparate über Durchflussbeiwerte . . . 214
    - Hydraulischer Widerstand: Armaturen mit besonderer Kennlinie . . . 214
    - Konstante Druckverluste und das vermaschte Netz . . . 215
  - 4.2.3 Das vermaschte Trinkwasser-Netzwerk . . . 216
  - 4.2.4 Netzwerkanalyse mit dem Zweigstromverfahren . . . 217
  - 4.2.5 Lösung des nichtlinearen Gleichungssystems . . . 220
    - Sequentielles Lösungsverfahren . . . 220
    - Simultanes Lösungsverfahren . . . 220
- 4.3 Bemessung der vermaschten Trinkwasser-Rohrsysteme . . . 222
  - 4.3.1 Unterschied zwischen Verteilungs- und Zapfsimulation . . . 222
  - 4.3.2 Bemessung und Druckbilanzierung . . . 223
  - 4.3.3 Bemessung unter Berücksichtigung der Gleichzeitigkeit . . . 225
  - 4.3.4 Anforderung an den hydraulischen Nachweis und Qualitätssicherung . . . 230
    - Die Fließwege im vermaschten Trinkwasser-Netzwerk . . . 231
    - Hinreichende Anforderungen an die Dokumentation . . . 232
    - Qualitätssicherung . . . 232
- 4.4 Anwendung . . . 233
  - 4.4.1 Stockwerks-Wasserzähler versus Vollvermaschung . . . 234
  - 4.4.2 Vermaschung in Verbindung mit Trinkwasser-Erwärmung und Zirkulation . . . 235
    - Dezentrale Trinkwasser-Erwärmung . . . 235
    - Zentrale Trinkwasser-Erwärmung . . . 235
- 4.5 Zusammenfassung . . . 237

5 Literatur- und Quellenangaben

Vorwort

Im Jahre 2012 erschien die für eine Systemauslegung der Trinkwasser-Installation in Deutschland maßgebende Anerkannte Regel der Technik DIN 1988-300 »Ermittlung der Rohrdurchmesser«. Darin wird ein differenziertes Verfahren zur Berechnung der Rohrdurchmesser für Trinkwasser-Leitungen kalt (PWC) und warm (PWH) beschrieben, das eine hinreichende Auslegung der Trinkwasser-Leitungen unter Berücksichtigung fundamentaler Anforderungen [1] – hoher Komfort, gesicherte Hygiene, geringe Kosten und Nachhaltigkeit – ermöglicht.

Darüber hinaus findet sich in der gleichen Norm ein Berechnungsverfahren zur Bemessung der relevanten Bauteile von Zirkulationssystemen – Zirkulationsleitungen (PWH-C), Zirkulationspumpen und Zirkulationsregulierventilen (ZRV).

Es ist vom Rechenkern her nahezu identisch mit dem sog. »Differenzierten Rechengang« nach DVGW-Arbeitsblatt W 553 [2] und schließt somit dieses Verfahren mit marginalen Veränderungen ein. Wer also eine »vertraute« – nicht unbedingt überzeugende – Volumenstromverteilung analog zu W 553 haben möchte, kann dies mit dem Verfahren nach DIN 1988-300 sehr einfach durch die Wahl eines Beimischgrades von $\eta = 0$ realisieren.

Aber seit 2012 besteht darüber hinaus die Möglichkeit, das Zirkulationssystem zu optimieren durch die Wahl eines Beimischgrades, der größer als Null ist – bevorzugt $\eta = 1{,}0$.

Die Vorteile dieser Vorgehensweise sind hinreichend belegt [3] [4] [5] [6] [7] und es wird im Folgenden nachgewiesen, dass es Zirkulationsnetze besonderer Ausprägung (und das nicht selten!) gibt, die nur mit dem Beimischverfahren hygienesicher ausgelegt werden können.

Vier Jahre sind seit der Herausgabe der DIN 1988-300 vergangen und inzwischen gibt es neue Erkenntnisse, die insbesondere aus der Untersuchung des Betriebsverhaltens von PWC- und PWH-Systemen – also der Analyse von konkreten Entnahmesituationen im System – gewonnen werden können.
Darum wird es in den folgenden Kapiteln 1 und 2 gehen.

Darüber hinaus wird im Kapitel 3 diskutiert, welche Probleme bei der Auslegung von sog. »Asymmetrischen Zirkulationssystemen« auftreten und wie die Lösungen aussehen könnten.

1 Bemessung von Trinkwasser-Leitungen kalt/warm – neue Entwicklungen

1.1 Einführung

Trinkwasser-Systeme werden nach den Anerkannten Regeln der Technik so ausgelegt, dass bei einer Spitzenbelastung der Anlage die vom Nutzer gewünschten Mindest-Durchflüsse[1] an den Entnahmestellen auch an den hydraulisch am ungünstigsten gelegenen Orten zu jeder Zeit des Tages entnommen werden können. Dazu werden nach DIN 1988-300 [8] (in der EN 806-3 [9] ist das anders geregelt) mit Hilfe des sogenannten »Spitzenvolumenstroms« und des mittleren verfügbaren Druckgefälles für die Rohrreibung alle Nennweiten der Kalt- und Warmwasserleitungen sowie vieler Einbauteile – z.B. Rohrleitungsarmaturen – bestimmt.

Je nachdem, welche Eingangsparameter der Berechnung zugrunde gelegt werden, erhält man als Ergebnis unterschiedlich große Nennweiten für die Bauteile der Installation. Beispielsweise werden höhere Mindest-Fließdrücke (als die Richtwerte nach DIN 1988-300) der Entnahmearmaturen, kleinere Wasserzähler oder Einzelwiderstände mit sehr hohen Verlustbeiwerten bei der Bemessung für den Auslegungszustand zu größeren Nennweiten führen mit dem Ergebnis, dass die Anlage teurer wird und größere Wasserinhalte aufweist mit den bekannten Folgen für die Hygiene.

Frage ist, ob dieses Vorgehen in jedem Falle notwendig ist oder ob es nicht Alternativen dazu gibt mit dem Ziel, die Auslegung zu optimieren. Diese Fragestellung ist schon beim Neubau wichtig, hat aber insbesondere im Gebäudebestand eine große Bedeutung.

In der Schweiz werden Fragen nach der optimalen Bemessung einer Trinkwasser-Installation schon länger diskutiert – nach den Quellen [10] [11] seit 2004 –, insbesondere, weil in der Praxis in Einzelfällen nicht gewünschte Druck- und Temperaturänderungen gemessen wurden, die zu einer erheblichen Komforteinbuße beim Duschen geführt haben. Dabei werden aufgrund des damaligen Kenntnisstandes als wichtigste Ursachen angegeben

- separate Druckreduzierventile im Kalt- und Warmwassersystem[2],
- Vorrichtungen zum Wassersparen am Auslauf von Mischarmaturen,
- unterschiedliche Druckverluste in den Kalt- und Warmwasserverteilleitungen.

Die Druckreduzierventile stellen je nach Leistungsanforderung durch den Benutzer (Gleichzeitigkeit der Wasserentnahme) unterschiedliche Drücke nach dem Druckminderer ein und das soll nachweislich zu spürbaren Temperaturänderungen führen [10].

Bei den Mischarmaturen sind es insbesondere Einhebelmischer und Zweigriff-Mischbatterien, die nach Einstellung einer gewünschten Duschtemperatur bei einer Änderung der Druckverhältnisse aufgrund von Zapfungen an anderen Entnahmestellen im System nur mit Temperatursprüngen reagieren können, die beim Duschen wegen der hohen Empfindlichkeit schnell wahrgenommen werden. Dagegen können thermostatisch gesteuerte Mischarmaturen guter Qualität in relativ kurzer Zeit die Temperaturänderung im Wesentlichen rückgängig machen, mit dem Ergebnis, dass die duschende Person nicht eingreifen muss.

Zudem wird vermutet, dass die unterschiedlichen Druckverluste in den Kalt- und Warmwasserverteilleitungen – abhängig vom Benutzerverhalten – die Höhe der Temperatursprünge entscheidend beeinflussen.

---

[1] Intendiert ist die Deckung der Mindest-Durchflüsse, allerdings werden bei der Dimensionierung nach DIN 1988-300 die Berechnungsdurchflüsse berücksichtigt, da der Spitzenvolumenstrom in der Einzelanschlussleitung dem Berechnungsdurchfluss gleichgesetzt wird.

[2] In Deutschland unüblich, da die Versorgungsdrücke im Regelfall nach oben hin begrenzt werden.

Seit 2010 beschäftigt sich der Autor der vorliegenden Untersuchung mit der Entwicklung eines Modells zur Abbildung der tatsächlichen Betriebsbedingungen mit dem Ziel, die in der Praxis zahlreich auftauchenden Fragen zu beantworten.

Beispielhaft einige konkrete Fragestellungen zur Systemauslegung und den damit verbundenen Problemen.

- Angenommen, die Trinkwasser-Installation eines Gebäudes soll weitere Entnahmestellen versorgen, dann würde eine reine Auslegungsberechnung dazu führen, dass entweder bestimmte Bauteile vergrößert werden müssten oder im Extremfall eine Druckerhöhungsanlage vorzusehen ist. Es kann aber auch die Frage gestellt werden: Wie groß wären die Druckeinbußen, wenn aufgrund der höheren Spitzenbelastung der Druck an den hydraulisch ungünstigen Entnahmestellen absinkt? Mit dem o. g. Betriebsmodell kann im Einzelfall nachgewiesen werden, was noch wie (also: unter welchen Voraussetzungen) geht und was nicht mehr.

- Was mit den derzeitigen Angeboten der Softwarehersteller für die Rohrnetzberechnung auch nicht untersucht werden kann, ist die Auswirkung einer Veränderung der Auslegungsparameter und damit der Konstruktion auf den tatsächlichen Betrieb.
  Was passiert beispielsweise in der Anlage unter konkreten Belastungsbedingungen (Durchfluss < Spitzenvolumenstrom, Durchfluss = Spitzenvolumenstrom = Auslegungsfall oder gar: Durchfluss > Spitzenvolumenstrom, alle drei Zustände durch die Öffnung von einzelnen Entnahmearmaturen im Modell realisiert), wenn

  – Nennweiten der Rohrleitungen verändert werden?
  Beispielsweise im Stockwerk eher geringere Nennweiten, dafür in der Kellerverteilung eher größere.

  – Entnahmearmaturen eingesetzt/ausgetauscht werden sollen, die relativ hohe Mindest-Fließdrücke benötigen?
  Hier kann der Planer verantwortlich eine Aussage machen, wenn beispielsweise in einem Sanierungsvorhaben das Rohrnetz unverändert bleibt, die neu vorgesehenen Entnahmearmaturen aber deutlich größere Mindest-Fließdrücke erfordern.
  Mit einem Auslegungsprogramm kann die Frage nach den zu erwartenden Durchflusseinschränkungen nicht beantwortet werden,

  – das Wasserversorgungsunternehmen beabsichtigt, aus abrechnungstechnischen Gründen einen kleineren Wasserzähler oder eine andere Zählerbauart vorzusehen?

  – die vorhandene Installation erweitert wird, ohne die Querschnitte beispielsweise der Verteilleitungen zu vergrößern?

Weiterhin wird auch in naher Zukunft diskutiert werden, ob und wie weit im konkreten Einzelfall der Spitzenvolumenstrom für die Auslegung abgesenkt werden kann, ohne, dass unzulässige Druckabsenkungen bei der Spitzenbelastung zu erwarten sind. Auch hier können mit dem Betriebsmodell die Grenzen bei Variation der o. g. Eingangsparameter vom Planer oder Ausführenden ausgelotet werden.

Darüber hinaus kann auch der Einfluss der Zapfvorgänge auf die Mischtemperatur an der Entnahmestelle bei wechselnden Belastungen im System untersucht werden – und das bei abweichenden Größen für die Eingangsparameter.

Beispiel: Wie wirkt sich die Vergrößerung/Verringerung der Nennweite der Einzelanschlussleitung einer Stockwerksverteilung auf die Änderung der Mischwassertemperaturen beim Duschen aus, wenn die Belastung in der Steigleitung durch weitere Entnahmen gesteigert wird?

1.2 Bisherige Arbeiten

Komfort
Sichtweise Deutschland
DIN 1988-300

In Deutschland wird das Thema »Komfort« bei der Wasserentnahme mit den Implikationen für die optimale Auslegung von Trinkwasser-Installationen nicht diskutiert. Lediglich der Einfluss von hohen Druckverlustbeiwerten ζ – aufgrund von Fittingkonstruktionen, die den Querschnitt stark reduzieren – auf die Systemauslegung ist thematisiert worden und wurde in der DIN 1988-300 berücksichtigt, indem nur noch die differenzierte Bemessung der Trinkwasser-Leitungen zugelassen wird – für PWC, PWH und auch (!) PWH-C.

Komfort
Sichtweise Schweiz
Merkblatt TPW 2004/1

Anders in der Schweiz: Dort wurde bereits vor 2011 über Beschwerden von Nutzern berichtet, die im Zusammenhang mit Druckschwankungsproblemen und den damit verbundenen Temperaturveränderungen beim Duschen stehen [10] [11] (s. Kapitel 1.1).

Im Merkblatt TPW 2004/1 [10] werden die Probleme dargestellt und im Wesentlichen folgende Handlungsempfehlungen formuliert:

1. Keine separaten Druckreduzierventile (DRV) in der PWC- und PWH-Leitung, sondern ein zentrales DRV vorsehen.
   Folge: Die Mischwassertemperaturen bleiben relativ konstant. Leider werden die Randbedingungen der Messergebnisse nicht erläutert; in den Publikationen ist erkennbar, dass bei Anordnung separater Druckminderer maximale Temperaturänderungen von ca. 8 K aufgetreten sind und das ist erheblich!

2. Es wird dringend abgeraten, Vorrichtungen zum Wassersparen mit starker Einschränkung des Auslaufvolumenstroms nachzurüsten.

Im Zirkular 17d [11] (2008) wird darauf hingewiesen, dass aufgrund der neuen Fittingkonstruktionen und der Veränderungen in der Leitungsverlegung die bislang durchgeführte Rohrweitenbestimmung nach der Belastungswertmethode (nach SVGW W3 von 1992) nur noch eingeschränkt anwendbar ist. Es wird entschieden, dass Inhaber einer SVGW-Zertifizierung für ein Trinkwasser-Verteilsystem die Druckverluste ausweisen müssen.

Zudem wird erwähnt, dass auch die Wohnungswasserzähler und die Druckverluste der Entnahmearmaturen Probleme beim Komfort hervorrufen können.

Im Zirkular 14d [12] (2009) werden die Konsequenzen gezogen (Zitat):

> »Für den Installateur ist es daher zwingend, bei seinem Lieferanten oder Hersteller Unterlagen zu verlangen, welche es erlauben, die exakten Werte für die Druckverluste der geplanten Installation zu ermitteln.«

Das mündet in die Empfehlung:

> »... generell bei Trinkwasser-Verteil-Systemen mit Kunststoff- oder Pressmessingverbinder und/oder für Verbinder mit Stützkörper eine Nachrechnung vorzunehmen [13] ...«.

Danach ist nachzuweisen, dass der max. Druckverlust von 1500 mbar für die gesamte Anlage nicht überschritten wird – ab T-Stück-Steigleitung inklusive Wasserzähler und sämtliche in den Anschlussleitungen enthaltenen Rohre, Formstücke und Armaturen. Für die Wohnungsverteilung allein werden 1000 mbar empfohlen.

Die Gründe für diese Handlungsempfehlungen sind leider nicht nachvollziehbar!

Murchini [14] zeigt an einem Versuchsstand gemessene Temperaturen am Auslauf eines Einhebelmischers für die Dusche für den Fall, dass weitere Entnahmearmaturen betätigt werden.

Leider werden auch hier keine relevanten Details angegeben – außer, dass PE-Xc-Rohre und Fittings aus PPSU[3] verwendet wurden.

Die gemessenen Temperaturdifferenzen liegen bei ca. 2–8 K und damit zum Teil zu hoch.

---

[3] PPSU = Polyphenylsulfon

In der Bachelor-Diplomarbeit von Nyffenegger und Wattinger [15] [16] [17] werden systematisch die Temperaturschwankungen in Trinkwasser-Installationen untersucht.

Die Ergebnisse lassen sich wie folgt zusammenfassen:

1. Die Höhe der Temperaturschwankung am Auslauf einer Dusche bei einer PWC-Zapfung an einer weiteren Entnahmearmatur (z. B. am WC) wird maßgebend von der Relation der Druckverluste in der gemeinsamen Leitung zu den Druckverlusten der Anschlussleitung bestimmt:

$$\Delta \vartheta \approx f\left(\frac{\Delta p_{VL}}{\Delta p_{AL}}\right) \qquad (1) \quad \text{Temperaturschwankung}$$

worin

Δp_{VL} Druckverlust durch Reibung und Einzelwiderstände in der **gemeinsamen** Leitung
– gemeint ist der gesamte Leitungszug von der Versorgungsleitung bis zum Abgang der Einzelanschlussleitung in der Stockwerksverteilung, auch als Verteilleitung beschrieben –
Index »VL«.

Δp_{AL} Druckverlust durch Reibung und Einzelwiderstände in der **Einzel**anschlussleitung
– z. B. zur Dusche – Index »AL«.

Beispielhaft wird bei einer Messung beim Zapfen eine Duschtemperatur von 37 °C eingestellt und anschließend in der Nachbarwohnung kaltes Trinkwasser mit einem Durchfluss von 0,48 l/s entnommen. Der sich ergebende Temperatursprung von 12 K ist beträchtlich, allerdings ist der PWC-Volumenstrom des weiteren Abnehmers auch relativ hoch und in Wohngebäuden praxisfern!

Außerdem wird dargestellt, wie sich eine unterschiedliche Bemessung der Anschluss- und Verteilungsleitungen auf die jeweiligen Druckverluste auswirkt.

Für ein konkretes Beispiel werden abhängig von der Nennweite (DN 12 oder DN 20) der Einzelanschlussleitung an die Dusche bei einer zusätzlichen WC-Spülung (Volumenstrom unbekannt!) deutlich kleinere Temperaturdifferenzen als in dem o. g. Beispiel gemessen.

Bei relativ geringer Nennweite (DN 12) ergeben sich die kleinsten Temperaturdifferenzen beim Duschen – sie liegen bei < 0,5 K.

Bei größeren Nennweiten der Einzelanschlussleitungen werden Differenzen bis zu 3,5 K angegeben.

2. Ab einem Stockwerksverteiler sind Einzelzuleitungen gegenüber Schlaufungen (Reihenleitungen) und Ringleitungen vorzuziehen.
Bei T-Stück-Verteilungen muss die Dusche auf jeden Fall als erster Verbraucher – oder noch besser separat – angeschlossen werden. Es wird sogar geschlossen (Zitat):

»Diese Verlegetechnik (T-Stück-Verteilung) ist für den Anschluss von Duschen nicht zu empfehlen.«

3. Wohnungswasserzähler sind mitverantwortlich für Druck- und Temperaturschwankungen. An einem Beispiel wird bei einer zusätzlichen WC-Spülung mit installiertem Zähler eine Duschtemperaturänderung von 6,7 K gemessen, ohne Zähler 4,8 K – Details können der vorliegenden Fassung der Abschlussarbeit nicht entnommen werden.

4. Die Druckverluste der Entnahmearmatur wirken sich positiv auf die Druck- und Temperaturschwankungen aus, allerdings sind (Zitat)
»... Widerstände nach der Mischkammer zu vermeiden (Wassersparrdüsen) ...«[4].

---

[4] In zwei weiteren Untersuchungen an der FH Luzern wird der Einfluss der Entnahmearmatur erforscht.

In die gleiche Richtung wirkt eine Drosselung der Duscharmatur durch den Nutzer.

Beispiel: Temperaturschwankung von 0,6 K bei Teillast statt 4,1 K bei Volllast (Dusche läuft, Entnahmearmatur des benachbarten Waschtisches wird geöffnet – auch hier sind keine weiteren Daten verfügbar). Auch eine Vordrosselung im Eckventil des Einhebelmischers reduziert die Temperaturschwankungen.

Es sind Zweifel geäußert worden [18], ob die Ergebnisse stimmen. Leider können die Resultate nicht überprüft werden, weil keine lückenlose Dokumentation der Versuchsdaten vorliegt. Mit dem vom Autor entwickelten Modell können die in der Arbeit von Nyffenegger und Wattinger angeführten Parametervariationen vorgenommen werden – Ergebnisse und Bewertung s. Kapitel 2.4.

1.3 Beispielhafte Entwicklung eines Betriebsmodells für ein Wohngebäude mit 48 Wohnungen

Das Simulationsmodell ist mit EXCEL eigens entwickelt worden, weil für das Betriebsmodell geeignete, kommerziell erhältliche Programme (z. B. MATLAB) nicht zu übersehende Nachteile haben.

EXCEL-Simulationsmodell
Bewertung von Volumenströmen und Druckbedarfen

Das entwickelte EXCEL-Programm wertet die Bilanzgleichungen für die Volumenströme und die Druckbedarfe in jedem Knotenpunkt der Trinkwasser-Installation aus. Vorausgesetzt werden stationäre Strömungsbedingungen, aber das reicht für die nachfolgend zu untersuchenden Fälle aus, weil sich Druckänderungen durch veränderte Entnahmesituationen schlagartig im System ausbreiten.

Beispielhaft wird ein Wohngebäude gewählt mit 12 Steigsträngen und 4 Etagen, Rohrwerkstoff Kupfer. An jedem Strang sind 4 Wohnungen angeschlossen, deren Entnahmestellen für die Systemauslegung nach DIN 1988-300 über eine klassische T-Stück-Verteilung (T-Verteilung) versorgt werden.

In **Tab. 3–1** sind die relevanten Daten für die Auslegung aufgelistet.

Ein Ausschnitt aus dem Strangschema für die PWC-Verteilung ist in den **Abb. 3–1** (Hausanschluss und Strang 1) und **Abb. 3–2** (Strang 12 als hydraulisch ungünstigster Strang) dargestellt.

Die T-Stück-Stockwerksverteilung (T-Verteilung) in **Abb. 3–3** enthält weitere Informationen. Die Öffnung der einzelnen Zapfstellen ist so vorgenommen worden, dass sich entlang des hydraulisch ungünstigsten Strömungsweges die nach DIN 1988-300 ermittelten Spitzenvolumenströme in den einzelnen Teilstrecken (TS) einstellen und der an der hydraulisch ungünstigsten Entnahmestelle geforderte Mindest-Fließdruck von 1000 hPa (Modell: 984 hPa, siehe **Abb. 3–3**) mit dem geforderten Spitzendurchfluss in der Einzelanschlussleitung zur Dusche (für PWC: 0,15 l/s, Modell: 0,149 l/s, siehe **Abb. 3–3**) vorhanden ist.

In zwei weiteren Schemata sind die Auslegungszustände für das gleiche Gebäude, aber für andere Stockwerksverteilungen dargestellt:
Abb. 3–4 zeigt ein System mit Reihenleitung (R-Verteilung) und
Abb. 3–5 zeigt ein System mit Einzelanschlussleitungen (E-Verteilung),

jeweils mit den Auslegungsdaten und einer Entnahmesituation, die angenähert die Auslegungssituation abbildet.

Tab. 3–1   Voraussetzungen für die Auslegung des 12-Strang-Systems, T-Stück-Verteilung (T-Verteilung)

	Symbol	Einheit	Kommentar
Mindest-Versorgungsdruck	p_{minV}	hPa	Eingabe[1], Auslegung[2]: 4250 hPa
Wasserzähler			
Nenngröße	Q_n	m³/h	Eingabe, Auslegung: 6 m³/h
Druckverlust bei maximalem Durchfluss	Δp_{max}	hPa	Eingabe, Auslegung: 1000 hPa
Rückflussverhinderer	Δp_A	hPa	Ansprechdruck bei $\dot{V}=0$, Auslegung: 80 hPa
Filter			
Größe	Q_{FIL}	m³/h	Eingabe, Auslegung: 10 m³/h (bei 200 hPa)
Druckverlust bei Q_FIL	Δp_{FIL}	hPa	Eingabe, Auslegung: 200 hPa
Geodätische Höhen	h_{geo}	m	Eingabe am letzten Strang in den senkrechten Teilstrecken (auch gleich Länge der Teilstrecke), Auslegung: 3 m
Für jede Teilstrecke			
Nennweite	DN		
Länge	l		Eingabe, Auslegung: s. Abb. 3–1 bis 3–5
Summe der ζ-Werte	–		
Wohnungs-Wasserzähler – PWC/PWH			
Nenngröße	Q_n	m³/h	Eingabe, Auslegung: 1,5 m³/h
Druckverlust bei maximalem Durchfluss	Δp_{max}	hPa	Eingabe, Auslegung: 1000 hPa
Entnahmearmatur – PWC/PWH			
Mindest-Fließdruck	p_{minFl}		Eingabe, Auslegung: s. Abb. 3–3 bis 3–5
Berechnungsdurchfluss	$\dot{V}_R$		

[1] Meint: Kann ins Modell eingegeben werden.
[2] Meint: Mit den genannten Werten ist das Modellbeispiel ausgelegt worden.

Legende für Strangschemata – Abb. 3–1 bis Abb. 3–40

Eingabe	
Auslegungsdurchfluss PWC	l/s
Auslegungsdurchfluss PWH	l/s
Berechneter Durchfluss PWC	l/s
Berechneter Durchfluss PWH	l/s
Berechneter Fließdruck	hPa
Apparatedruckverluste	hPa
Berechnete Strömungsgeschwindigkeit	m/s
Wassertemperatur	°C

1	PWC geöffnet für Auslegungszustand
1	PWH geöffnet für Auslegungszustand
0	PWC geschlossen
0	PWH geschlossen

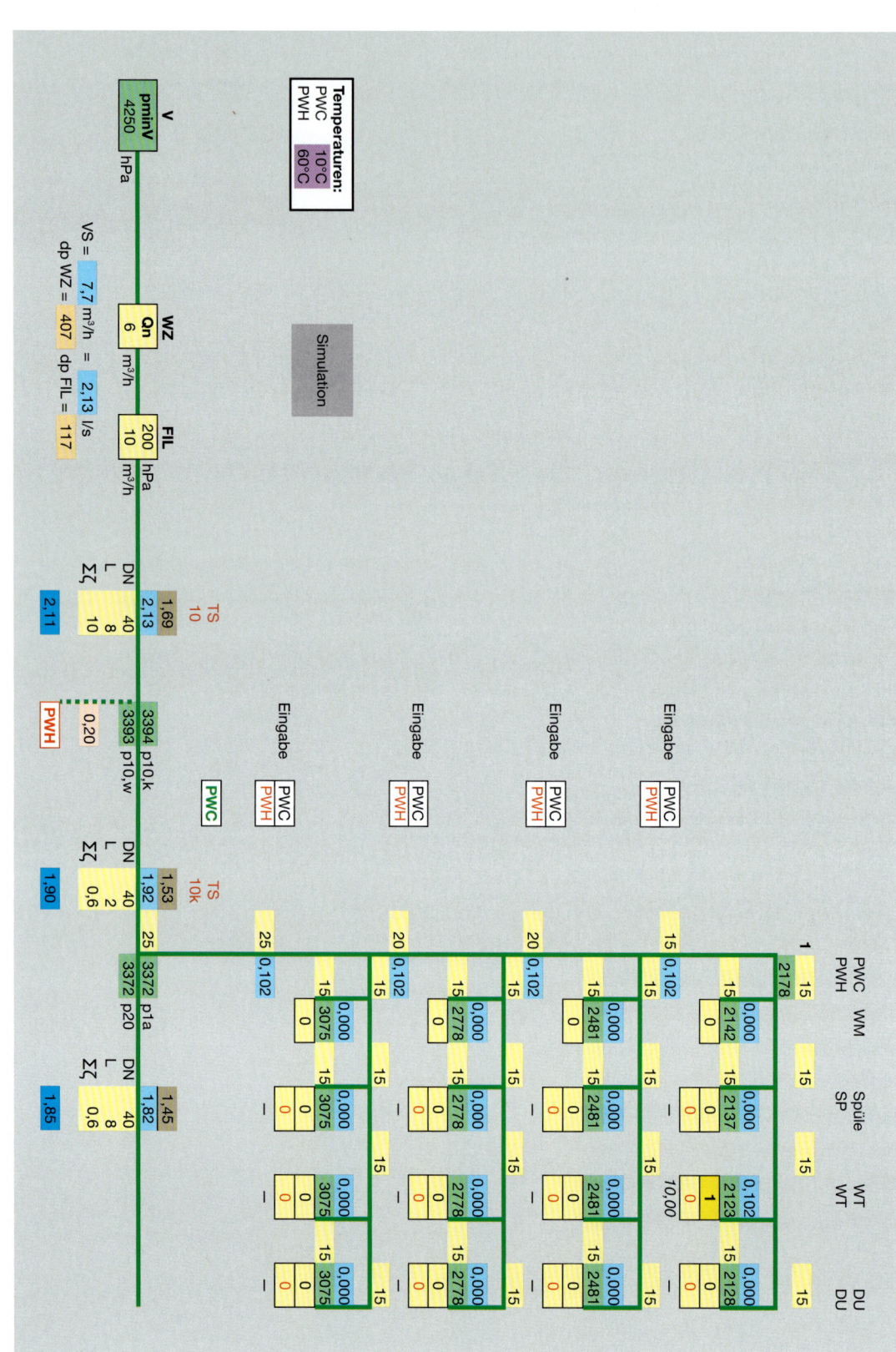

Abb. 3–1

Ausschnitt aus Strangschema Gesamtsystem – vereinfachte Darstellung Hausanschluss und Strang 1.

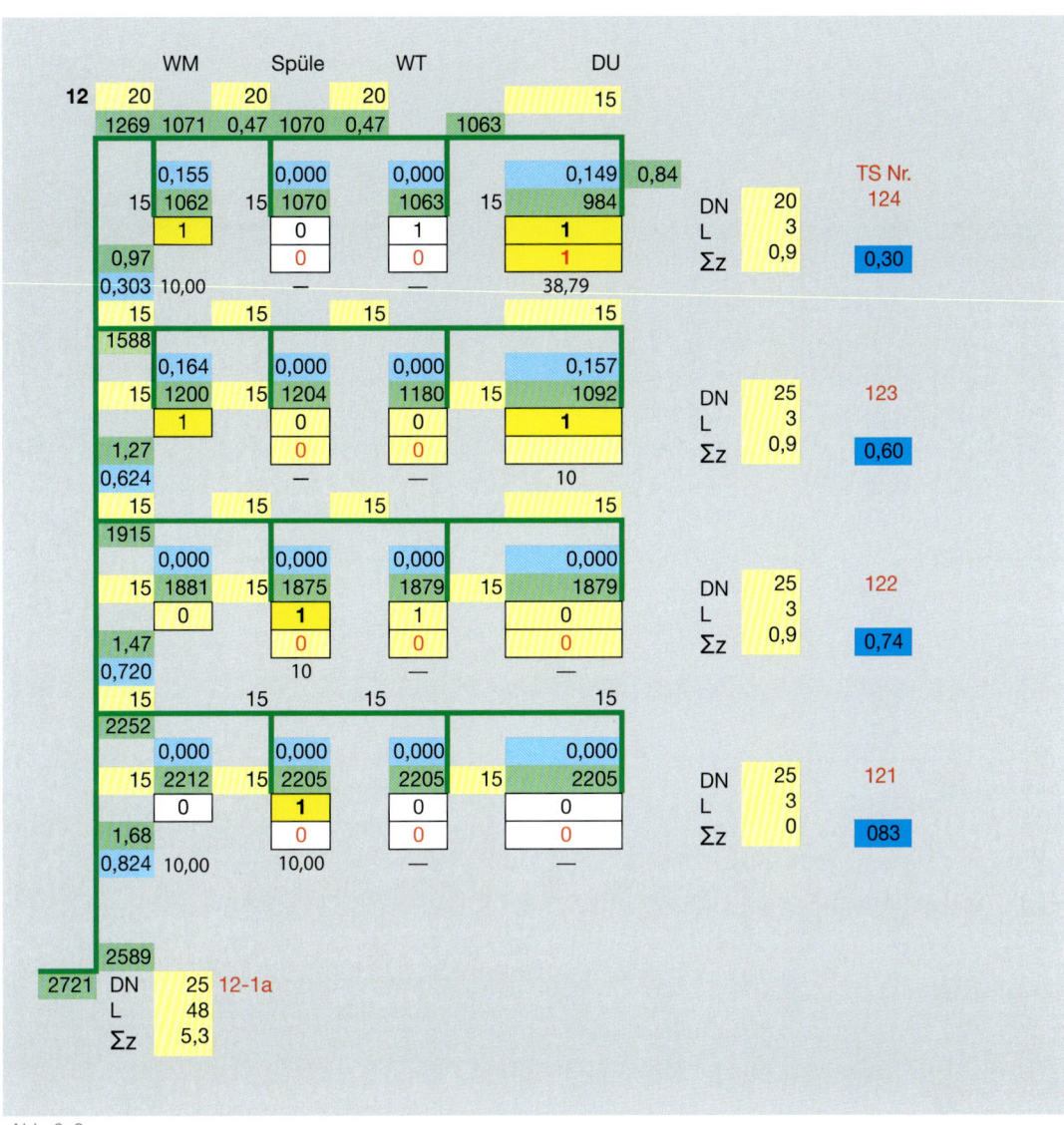

Abb. 3–2

Ausschnitt aus Strangschema Gesamtsystem –
vereinfachte Darstellung des Stranges 12 (hydraulisch ungünstigster Strang).

Bemessung von Trinkwasser-Leitungen kalt / warm – neue Entwicklungen

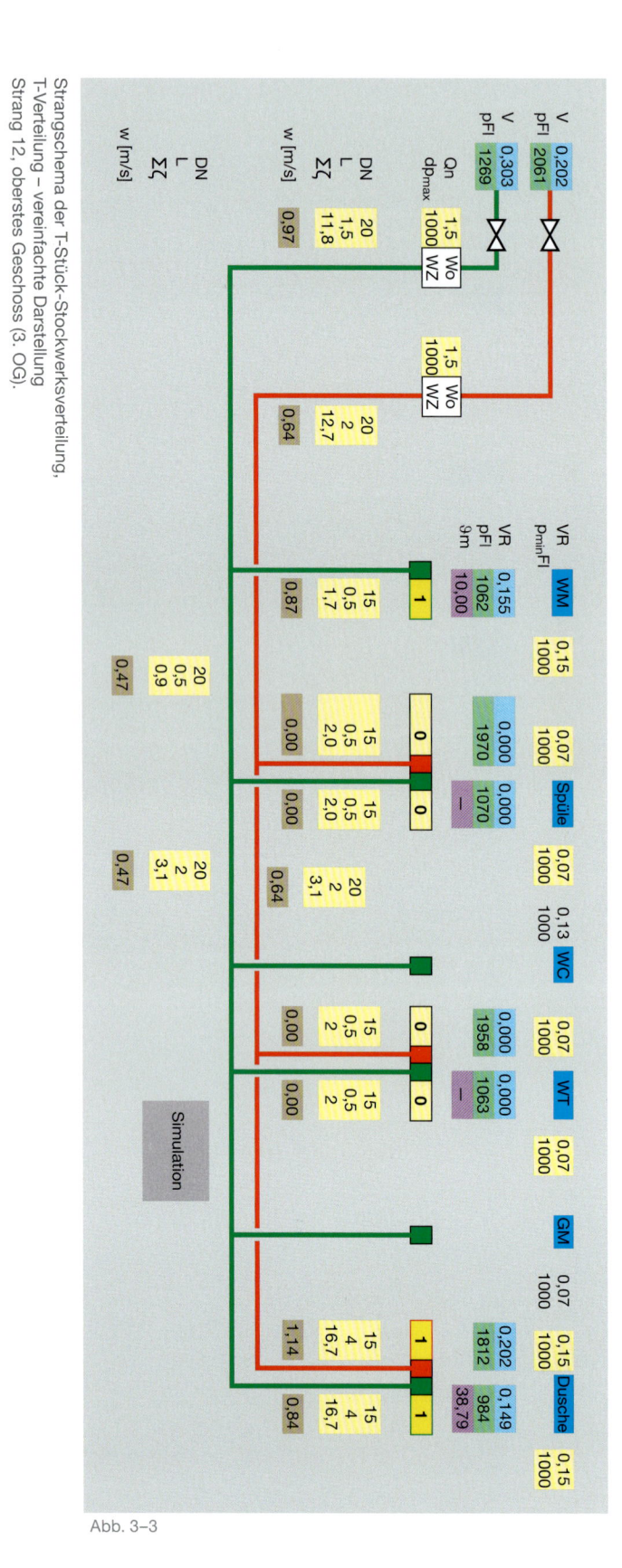

Abb. 3–3

Strangschema der T-Stück-Stockwerksverteilung, T-Verteilung – vereinfachte Darstellung, Strang 12, oberstes Geschoss (3. OG).

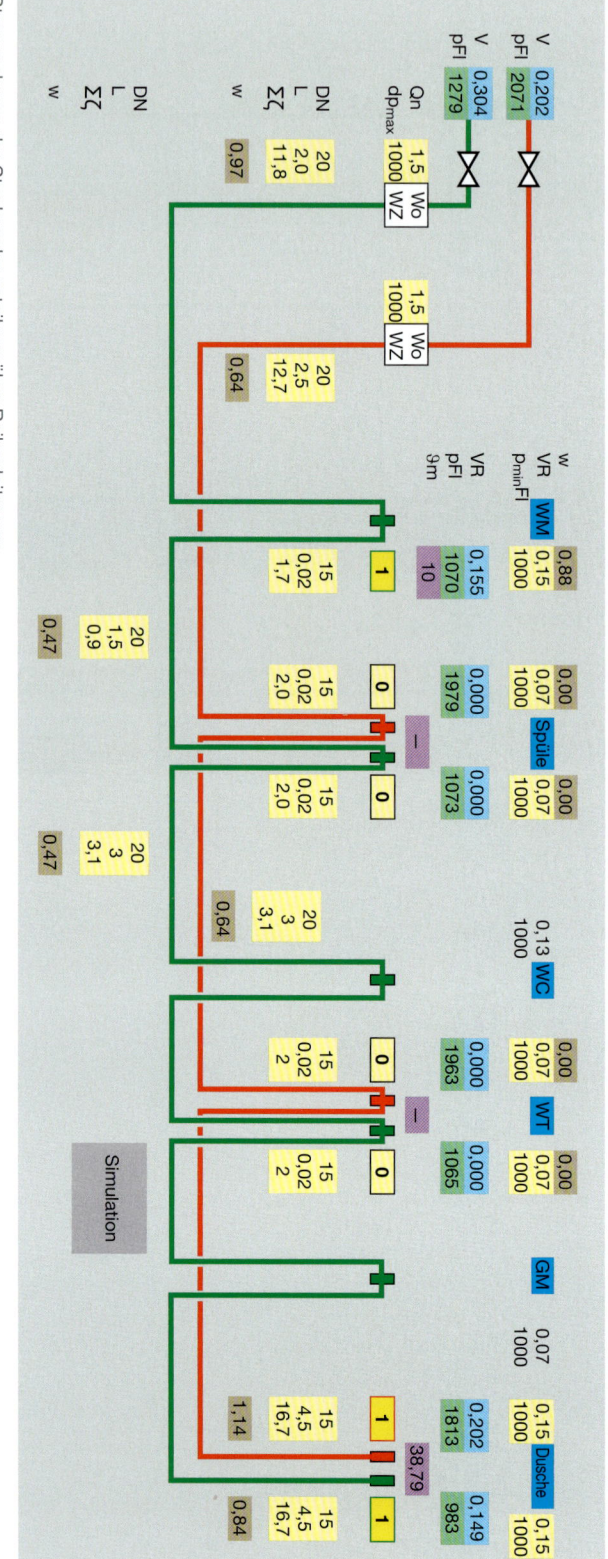

Abb. 3–4

Strangschema der Stockwerksverteilung über Reihenleitungen, R-Verteilung – vereinfachte Darstellung.

Abb. 3–5 Strangschema der Stockwerksverteilung über Verteiler und Einzelanschlussleitungen E-Verteilung – vereinfachte Darstellung.

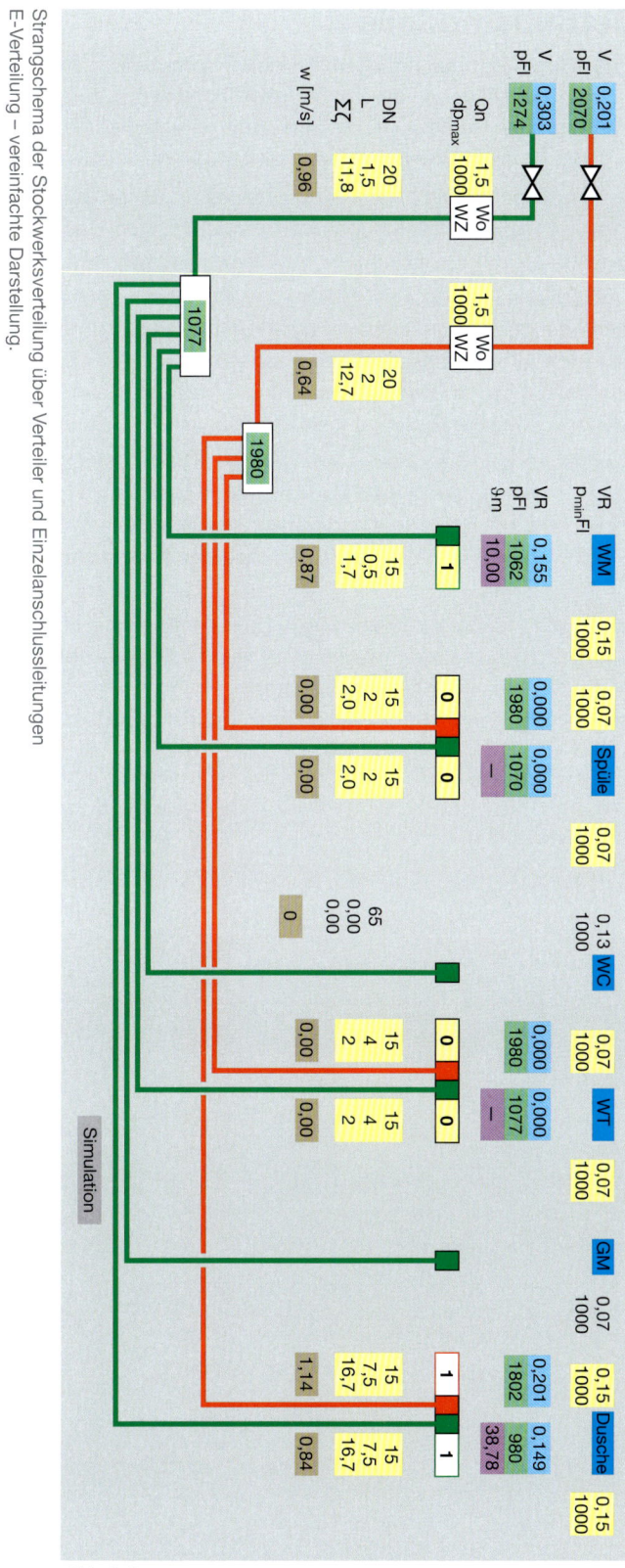

1.4 Möglichkeiten des Betriebsmodells

Mit diesem Simulationsmodell wird über alle am Markt befindlichen Auslegungsprogramme hinaus die Möglichkeit geboten, die tatsächlichen Betriebszustände in der Trinkwasser-Installation und die damit verbundenen Auswirkungen auf die Auslegung, den Betrieb und die Sanierung zu untersuchen und die Ergebnisse der Parameter-Variationen bei der Konzeption von Trinkwasser-Systemen umzusetzen.

Das alles kann mit dem Ziel erfolgen, bei Spitzenbelastung in der Anlage die gewünschten Durchflüsse und Temperaturen mit den nunmehr bestimmbaren Abweichungen zu erreichen, und das bei den kleinstmöglichen Nennweiten für die Bauteile und damit verbunden größtmöglicher Hygiene.

Die Simulationsrechnungen mit diesem Modell erlauben es sich im Detail anzuschauen, welche hydraulischen Konsequenzen planerische Entscheidungen haben. Insbesondere können die getroffenen Aussagen quantifiziert werden und damit ist man in der Lage, sich von eher sehr allgemein gehaltenen (qualitativen) Einschätzungen zu verabschieden. Es kann sehr genau Auskunft gegeben werden, wie leistungsfähig eine Anlage bei den jeweiligen Belastungsbedingungen ist.

Weiterhin kann untersucht werden, ob die bisherigen Rechenansätze der DIN 1988-300 aufgrund der Analyse der realen Strömungsverhältnisse im Betrieb einer Modifikation unterzogen werden müssen. Hier sind insbesondere die Vorgehensweise über die Berechnungsdurchflüsse (Definition und Verwendung sinnvoll?) und die Bemessung von PWC- und PWH-Leitungen bei zentraler Trinkwasser-Erwärmung zu überprüfen.

Im nachfolgenden Kapitel 2 soll – jeweils ausgehend von konkreten Fragen aus der Praxis – anhand des Beispielmodells aufgezeigt werden, welche Ergebnisse zu erwarten sind, wie diese bewertet werden können und welche Schlussfolgerungen für die Planungspraxis zu ziehen sind.

Darüber hinaus ist grundsätzlich zu fragen, ob nicht auch die derzeitige Auslegungsnorm DIN 1988-300 in einigen Punkten zu überarbeiten ist.

2 Beispiele für die Nutzung des Betriebsmodells zur Validierung der bisherigen Berechnungsansätze für die Bemessung von Trinkwasser-Leitungen kalt (PWC) und warm (PWH)

2.1 Bemessungsansatz nach DIN 1988-300 für PWC- und PWH-Leitungen bei zentraler Trinkwasser-Erwärmung korrekt?

Bei Durchführung der Rohrnetzberechnung nach DIN 1988-300 erhält man unter den in **Tab. 3–2** genannten Systemvoraussetzungen die ausschnittweise in **Abb. 3–1** bis **Abb. 3–3** dargestellten Nennweiten für die PWC- und PWH-Leitungen[5].

Tab. 3–2 Voraussetzungen für die Auslegung des 12-Strang-Systems, T-Stück-Verteilung (T-Verteilung)
Zahlenwerte im Fettdruck: gegenüber Tab. 3–1 geänderte Werte für Beispiel in Kapitel 2.1

	Symbol	Einheit	Kommentar
Mindest-Versorgungsdruck	p_{minV}	hPa	Eingabe[1], Auslegung[2]: **4000** hPa
Wasserzähler			
Nenngröße	Q_n	m³/h	Eingabe, Auslegung: **10** m³/h
Druckverlust bei maximalem Durchfluss	Δp_{max}	hPa	Eingabe, Auslegung: 1000 hPa
Rückflussverhinderer	Δp_A	hPa	Ansprechdruck bei $\dot V = 0$, Auslegung: 80 hPa
Filter			
Größe	Q_{FIL}	m³/h	Eingabe, Auslegung: 10 m³/h (bei 200 hPa)
Druckverlust bei Q_FIL	Δp_{FIL}	hPa	Eingabe, Auslegung: 200 hPa
Geodätische Höhen	h_{geo}	m	Eingabe am letzten Strang in den senkrechten Teilstrecken (auch gleich Länge der Teilstrecke), Auslegung: 3 m
Für jede Teilstrecke			
Nennweite	DN		Eingabe, Auslegung: s. Abb. 3–8 bis 3–11
Länge	l		
Summe der ζ-Werte	–		
Wohnungs-Wasserzähler – PWC / PWH			
Nenngröße	Q_n	m³/h	Eingabe, Auslegung: 1,5 m³/h
Druckverlust bei maximalem Durchfluss	Δp_{max}	hPa	Eingabe, Auslegung: 1000 hPa
Entnahmearmatur – PWC / PWH			
Mindest-Fließdruck	p_{minFl}		Eingabe, Auslegung: s. Abb. 3–9 bis 3–11
Berechnungsdurchfluss	$\dot V_R$		

[1] Meint: Kann ins Modell eingegeben werden.
[2] Meint: Mit den genannten Werten ist das Modellbeispiel ausgelegt worden.

---

[5] Abweichend von **Abb. 3–1** ist bei den Überlegungen im Kapitel 2.1 der Mindest-Versorgungsdruck 4000 (statt 4250 hPa in **Abb. 3–1** bzw. **Tab. 3–1**) und der Hauswasserzähler hat eine Nenngröße von 10 m³/h (statt 6 in **Abb. 3–1** bzw. **Tab. 3–1**). Im Ergebnis gibt das aber die gleichen Nennweiten für die Trinkwasser-Installation, nur ist in diesem Beispiel der WZ mit einer Nenngröße 10 relativ groß bemessen. Das ist aber in Bezug auf die im vorliegenden Kapitel 2.1 gezogenen Schlussfolgerungen unbedeutend.

Die Vorgehensweise ist in der Fachliteratur hinreichend beschrieben [1] [19]. Die Nennweiten sind per Handrechnung ermittelt und mit den Ergebnissen einer mit einer handelsüblichen Software durchgeführten Berechnung verglichen worden – es gibt eine gute Übereinstimmung.

Die Durchmesser in den Steigleitungen und in den Stockwerksverteilungen werden – wie in DIN 1988-300 erläutert – abgeglichen.

Mit dem Modell wird jetzt der Versuch unternommen, einen realen Betrieb so zu simulieren, dass die Entnahmestellen in der Weise geöffnet werden, dass sich die Spitzenvolumenströme nach DIN 1988-300 in allen Teilstrecken des hydraulisch ungünstigsten Fließweges einstellen und dabei an der Entnahmestelle – hier: Dusche, Beispiel T-Verteilung – der Mindest-Fließdruck zum Erreichen des notwendigen Berechnungsdurchflusses[6] sichergestellt wird.

Also, um bei der Dusche im 3. OG zu bleiben und mit dem ungünstigsten PWC-Weg beginnend:

$\dot{V}_{S,k,DU} = 0{,}15\,l/s$ und $p_{minFl,k,DU} = 1000\,hPa$.

Weiterhin werden entgegen Fließrichtung weitere Entnahmearmaturen so geöffnet, dass die realen Durchflüsse (hellblaue Felder) und die Spitzendurchflüsse (dunkelblaue Felder) ungefähr übereinstimmen – exakt ist das nicht möglich, aber auch nicht notwendig für die Analyse. In **Tab. 3-3** sind diese Durchflusswerte zusammenfassend gegenübergestellt und der **Abb. 3-3** kann für die Entnahmestelle auf der PWC-Seite der Dusche ein Volumenstrom von 0,149 l/s bei einem Fließdruck von 983 hPa entnommen werden. Zudem zeigt ein Vergleich der Summen der Druckverluste durch Reibung und Einzelwiderstände entlang des Fließweges eine gute Übereinstimmung der Auslegungsdaten mit den Modellrechnungen – Auslegung PWC-Seite: 1317 hPa, Ist bzw. real PWC-Seite: 1322 hPa[7].

$\dot{V}_{S,k,DIN}$
Nach DIN 1988-300 ermittelt

$\dot{V}_{S,k,real}$
Durch geöffnete Entnahmearmaturen mit dem Modell simuliert

Tab. 3-3	Spitzenvolumenströme im hydraulisch ungünstigsten PWC-Leitungsweg	
TS	$\dot{V}_{S,k,DIN}$	$\dot{V}_{S,k,real}$
	l/s	l/s
43	0,15	0,15
41	0,30	0,15
44	0,30	0,15
47	0,30	0,30
124	0,30	0,30
123	0,60	0,63
122	0,74	0,72
121	0,83	0,83
121a	0,83	0,83
120	0,83	0,83
110	1,08	1,04
100	1,24	1,22
90	1,36	1,33
80	1,46	1,44
70	1,55	1,53
60	1,62	1,63
50	1,69	1,73
40	1,75	1,73
30	1,80	1,83
20	1,85	1,83
10k	1,90	1,93
10	2,11	2,13

Nun darf aber die PWC-Seite nicht isoliert betrachtet werden, sondern zur Erreichung des Spitzenvolumenstroms in der Hausanschlussleitung (TS 10) muss eine bestimmte Entnahme auf der PWH-Seite vorausgesetzt werden. Die darf aber nur sehr klein sein, weil die Differenz zwischen den Auslegungs-Spitzenvolumenströmen – ermittelt aus dem jeweiligen Summendurchfluss und der Gleichung für den Spitzendurchfluss nach DIN 1988-300 – der TS 10 (2,11 l/s) und TS 10k (1,90 l/s) – s. **Tab. 3-3** und **Abb. 3-6** (Werte dunkelblau unterlegt = Auslegungsvolumenströme nach DIN 1988-300) – nur 0,20 l/s beträgt.

Das kann hier nur erreicht werden durch Öffnung **einer einzigen** PWH-Entnahmearmatur – hier als Beispiel: Strang 12, 3. OG, Dusche DU[8].

Die Folgen sind irreal und müssen dazu führen, das Berechnungsverfahren zu korrigieren. Warum?

Nach vielen Versuchen, die realen Zustände beim Betrieb der Anlage korrekt abzubilden und das wiederum als Auslegungsprämisse zu formulieren, hat sich der Knotenpunkt der Teilstrecken 10 / 10k / 10w – wo die PWC-Zuleitung zum zentralen Trinkwasser-Erwärmer TE von der (hier) Kellerverteilungsleitung abzweigt – als der kritische Punkt erwiesen. Hier kann einfach die Volumenstrombilanz nach DIN 1988-300 nicht stimmen.

---

[6] Dieser Ansatz ist umstritten! Einerseits gibt der Mindest-Fließdruck den notwendigen Druck vor der Entnahmearmatur beim Mindest-Durchfluss an, andererseits wird der Berechnungsdurchfluss für die Bemessung der Einzelzuleitung herangezogen. Weiteres dazu siehe Kapitel 2.5.

[7] Die Differenz von 5 hPa ist verschieden von der Differenz Mindest-Fließdruck (1000 hPa) minus sich einstellendem Fließdruck (988 hPa), weil bei letzterem auch die Abweichungen für die Wasserzähler, den Filter usw. eingehen.

[8] Damit dadurch noch der größte Druck durch Reibung und Einzelwiderstände entlang des PWH-Fließweges abgebaut wird.

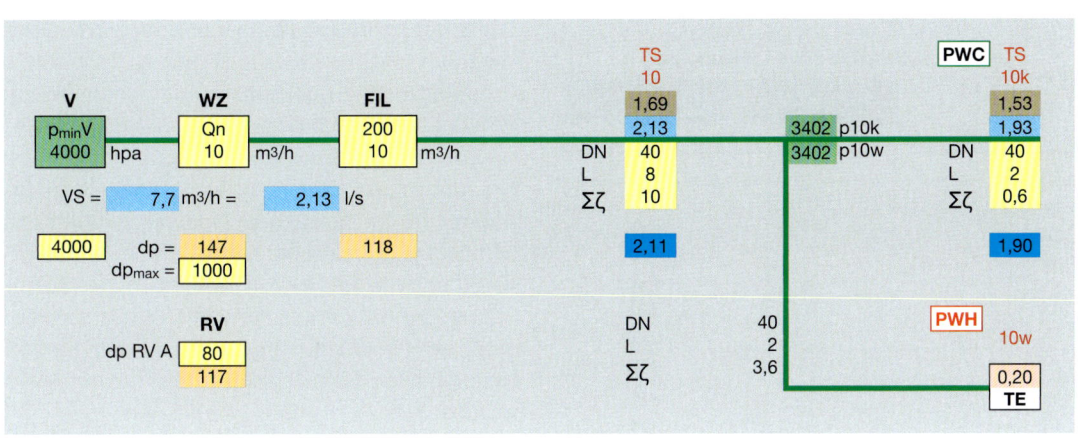

Abb. 3–6

Ausschnitt aus Strangschema des Gesamtsystems – vergleichbar Abb. 1.
Versorgungsdruck und Wasserzählergröße abweichend.

Im realen Betrieb müssen sich ja in diesem Knotenpunkt die Spitzenvolumenströme addieren – bei der hier durchgeführten Simulation geschieht das auch:
1,93 (PWC) + 0,20 (PWH) = 2,13 l/s / hellblau unterlegte Werte in **Abb. 3–6**,

im Auslegungsfall tun sie das nicht:
Summendurchfluss auf der PWC-Seite im Knotenpunkt $\Sigma \dot{V}_{R,k} = 30{,}72$ l/s,
damit rechnerischer Spitzendurchfluss nach DIN 1988-300 $\dot{V}_{S,k} = 1{,}90$ l/s und
Summendurchfluss auf der PWH-Seite im Knotenpunkt $\Sigma \dot{V}_{R,w} = 13{,}92$ l/s,
damit rechnerischer Spitzendurchfluss nach DIN 1988-300 $\dot{V}_{S,w} = 1{,}50$ l/s,

ergäbe zusammen für die Hausanschlussleitung einen Spitzenvolumenstrom von $\dot{V}_{S,k} = 3{,}4$ l/s und damit deutlich höher als nach DIN 1988-300 anzusetzen ist – beim Summendurchfluss von 30,72 + 13,92 = 44,64 l/s ergibt sich der o. g. Spitzendurchfluss von 2,11 l/s.

Hinzu kommt – wenn auf diese Weise der Versuch gemacht wird, den Spitzendurchfluss von 2,11 l/s gemäß DIN 1988-300 in der Hausanschlussleitung »zu halten« –, dass der Vordruck mangels Druckabbau in der gesamten Zuleitung zur PWH-Seite der Dusche, Strang 12, 3. OG unrealistisch hoch ist für eine Spitzenentnahme im Gebäude. Er beträgt in diesem Fall (s. **Abb. 3–3**) 1812 hPa, verglichen mit dem gewünschten Mindest-Fließdruck von 1000 hPa nach Auslegung. Der Zapfvolumenstrom wäre mit 0,202 l/s deutlich höher als der der Auslegung für die PWH-Einzelzuleitung gewünschte Durchfluss von 0,15 l/s.

Der Simulationsversuch, entlang des PWH-Weges durch Öffnen der PWH-Seite bestimmter Entnahmearmaturen eine praxisnahe Gleichheit der Spitzenströme – Auslegungsspitzendurchfluss = realer Spitzendurchfluss – herzustellen, verbessert die Situation nicht, wie **Abb. 3–8** ausweist.

Es ist das gleiche System wie zuvor und hier zeigen sich folgende Verhältnisse:
Zunächst eine analoge (vergl. **Tab. 3–3**) Übersicht der Spitzenvolumenströme – Auslegung im Vergleich zur Simulation – entlang des PWH-Weges, s. **Tab. 3–4**: Die relativ gute Übereinstimmung ist zu erkennen.

Bei dieser Simulation beträgt der Fließdruck auf der PWH-Seite ca. 970 hPa und der Volumenstrom ergibt sich gerundet zu 0,15 l/s (»genau« = 0,148), s. **Abb. 3–9**.

Außerdem zeigt ein Vergleich der Summen der Druckverluste durch Reibung und Einzelwiderstände entlang des Fließweges eine akzeptable Übereinstimmung der Auslegungsdaten mit den Modellrechnungen – Auslegung PWH: 1283 hPa, Ist bzw. real PWH: 1318 hPa[9].

---

[9] Die Abweichungen ergeben sich allein durch die Abweichungen (DIN und real) der Spitzendurchflüsse in den einzelnen Teilstrecken. Können durch eine alternative Entnahmesituation die Ströme besser angepasst werden, wird auch die Differenz der Druckverluste kleiner werden. Die Unterschiede haben nichts mit den Näherungsansätzen für die Rohrreibung zu tun.

$\dot{V}_{S,k,DIN}$
Nach DIN 1988-300 ermittelt

$\dot{V}_{S,k,real}$
Durch geöffnete Entnahmearmaturen mit dem Modell simuliert

Tab. 3–4 Spitzenvolumenströme im hydraulisch ungünstigsten PWH-Leitungsweg

TS	$\dot{V}_{S,k,DIN}$	$\dot{V}_{S,k,real}$
	l/s	l/s
43	0,15	0,15
41	0,22	0,15
44	0,22	0,22
47	0,22	0,22
124	0,22	0,22
123	0,39	0,38
122	0,50	0,48
121	0,58	0,58
121a	0,58	0,58
120	0,58	0,58
110	0,80	0,83
100	0,94	0,94
90	1,04	1,05
80	1,13	1,16
70	1,20	1,25
60	1,26	1,25
50	1,32	1,37
40	1,37	1,37
30	1,42	1,48
20	1,46	1,48
10w	1,50	1,48
10	2,11	2,09

Wie sieht es in diesem Fall auf der PWC-Seite aus?

Um bilanzmäßig den Spitzenvolumenstrom von 2,11 l/s (2,09 l/s nach Simulationsrechnung) herzustellen, darf in der PWC-Leitung (TS 10k) nach der Abzweigung zum zentralen Trinkwasser-Erwärmer TE nur der Differenzvolumenstrom durch Öffnen von Armaturen auf der PWC-Seite entnommen werden. In der Simulation beträgt er 2,09 (in der HAL) – 1,48 (am TE) = 0,61 l/s und liegt damit um ⅔ niedriger als der nach DIN 1988-300 anzusetzende Spitzenvolumenstrom von 1,90 l/s (s. **Abb. 3–8**).

Auch das trifft die zu erwartende Entnahmerealität nicht, denn die Wasserverbräuche an den einzelnen Entnahmestellen lassen eine andere Relation der Spitzendurchflüsse $\dot{V}_{S,k}/\dot{V}_{S,HAL}$ bzw. $\dot{V}_{S,w}/\dot{V}_{S,HAL}$ erwarten.

Um das herauszubekommen, könnte die Wasserabgabe – differenziert nach Anteilen an den einzelnen Entnahmestellen – zugrunde gelegt werden.

Nach einer Statistik des bdew[10] ergibt sich für das Jahr 2013 eine Verteilung auf die einzelnen Entnahmesituationen, wie sie in **Abb. 3–7 [20]** dargestellt ist.

Um die PWC- und PWH-Anteile für die Haushalte zu bestimmen, müssen diese Angaben bereinigt werden:

Trinkwasser-Verwendung im Haushalt 2013
Durchschnittswerte bezogen auf die Wasserabgabe an Haushalte und Kleingewerbe

(Quelle: bdew)

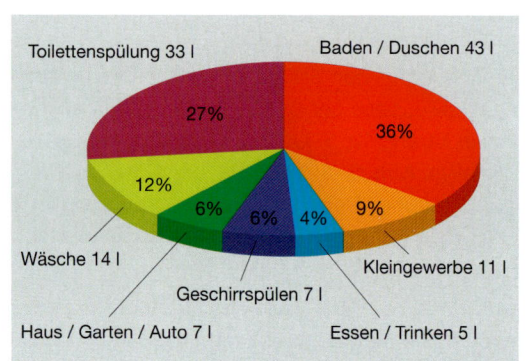

Toilettenspülung 33 l — 27%
Baden / Duschen 43 l — 36%
Wäsche 14 l — 12%
Geschirrspülen 7 l — 6%
Haus / Garten / Auto 7 l — 6%
Essen / Trinken 5 l — 4%
Kleingewerbe 11 l — 9%

Abb. 3–7

Für den Haushalt allein beträgt der tägliche Wasserbedarf – Kleingewerbe herausgenommen – 43 + 5 + 7 + 7 + 14 + 33 = 109 l/(E·d). Ausgehend von einer Mischwassertemperatur von 38 °C beim Duschen und Waschen (Waschtisch) und einer PWH-Temperatur von 60 °C und einem Warmwasseranteil für die Raumreinigung und das Geschirrspülen von 7 l/(E·d) beträgt der PWH-Anteil:

$V_w = (38 - 10)/(60 - 10) \cdot (43 + 7) = 28 \text{ l/(E·d)}$

und damit anteilig:

$a_w = 28/109 = 0,26$ bzw. 26 %.

---
[10] Bundesverband er Energie- und Wasserwirtschaft.

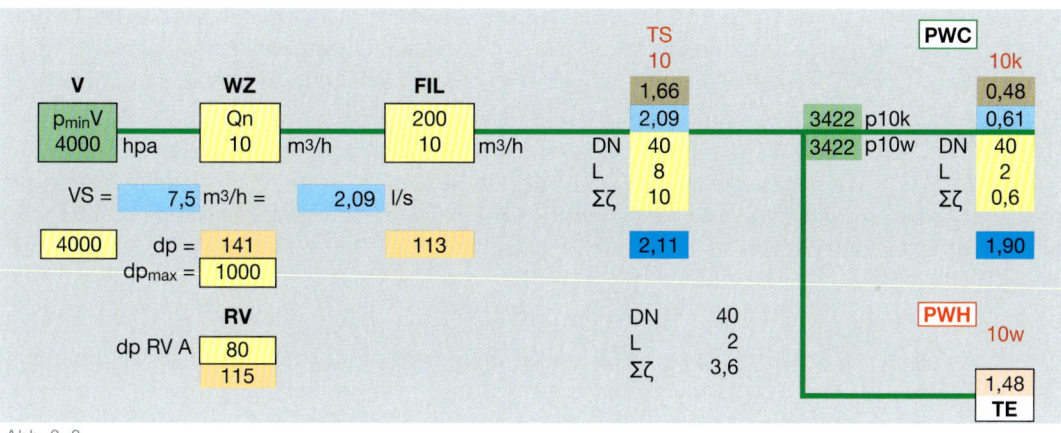

Abb. 3–8

Ausschnitt aus Strangschema des Gesamtsystems – vergleichbar Abb. 1, anderer Wasserzähler und Versorgungsdruck. Allerdings sind in diesem Fall die PWH-Leitungen für den Spitzendurchfluss von 1,50 l/s ausgelegt (Simulation: 1,48 l/s in TS 10w) und im PWC-Weg bei der Simulation nur so wenige Armaturen geöffnet, dass der geforderte $\dot{V}_{S,PWC}$ von 2,11 l/s in der HAL ungefähr erreicht wird (Simulation: 2,09 in TS 10k).

Abb. 3–9

Strangschema für die Stockwerksverteilung im 3. OG des Stranges 12 (hydraulisch ungünstigste Verteilung), vereinfachte Darstellung.

Leider liegen keine repräsentativen Messungen darüber vor, aber unterstellt, dass sich auch die Spitzenvolumenströme gleichermaßen aufteilen, ergäbe sich bei einem Spitzendurchfluss (simuliert[11]) von 2,13 l/s anteilig für PWC ein Spitzendurchfluss von 0,74·2,13 = 1,58 l/s und für PWH 2,13−1,58 = 0,55 l/s.

Vor dem Hintergrund, dass bislang nahezu ausschließlich Spitzenvolumenströme im Bereich des zentralen Zählers (also in der HAL) gemessen wurden und diese Ströme als Grundlage für die Auslegung in DIN 1988-3 [21] und abgesenkt auch in DIN 1988-300 verwendet wurden und werden, können nur diese für die Auslegung der »reinen«[12] PWC- und PWH-Leitungen herangezogen werden. Dabei muss aus Bilanzgründen die Addition der Anteile für PWC und PWH den Spitzendurchfluss in der HAL ergeben.

In der Modellanlage ergeben sich also die folgenden Spitzenvolumenströme im Knotenpunkt TS 10/10k/10w:

a) nach DIN 1988-300 (s. **Abb. 3–10**)

Hausanschlussleitung (HAL), TS 10	$\Sigma \dot{V}_{R,k,w}$ = 44,64 l/s, damit $\dot{V}_{S,k,w} = 1{,}48 \cdot (\Sigma \dot{V}_{R,k,w})^{0{,}19} - 0{,}94 = 2{,}11$ l/s
PWC-Verteilungsleitung, TS 10k	$\Sigma \dot{V}_{R,k,w}$ = 30,72 l/s, damit $\dot{V}_{S,k} = 1{,}48 \cdot (\Sigma \dot{V}_{R,k})^{0{,}19} - 0{,}94 = 1{,}90$ l/s
PWC-Leitung zum TE, TS 10w	$\Sigma \dot{V}_{R,k,w}$ = 13,92 l/s, damit $\dot{V}_{S,w} = 1{,}48 \cdot (\Sigma \dot{V}_{R,w})^{0{,}19} - 0{,}94 = 1{,}50$ l/s

Die Bilanz am Knotenpunkt geht bei einer Spitzenbelastung nicht auf, weil:

$$\dot{V}_{S,k,w} = 2{,}11 \text{ l/s} \neq \dot{V}_{S,k} + \dot{V}_{S,w} = 1{,}90 + 1{,}50 = 3{,}40 \text{ l/s}.$$

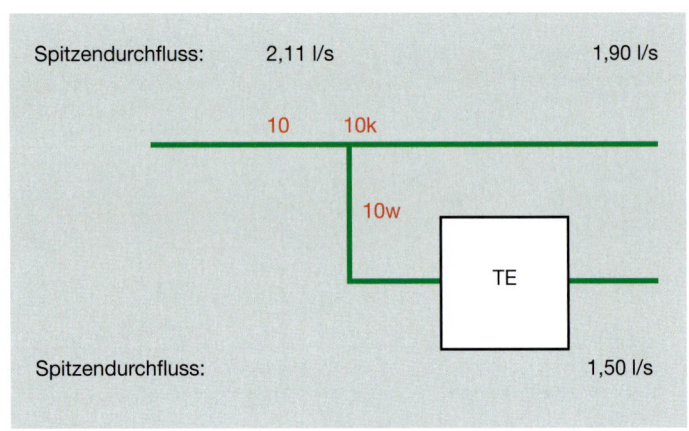

Abb. 3–10
Spitzenvolumenströme nach **DIN 1988-300** am Knotenpunkt TS 10/10k/10w.
Strombilanz im Knotenpunkt **nicht** korrekt: 1,90 + 1,50 ≠ 2,11 l/s.

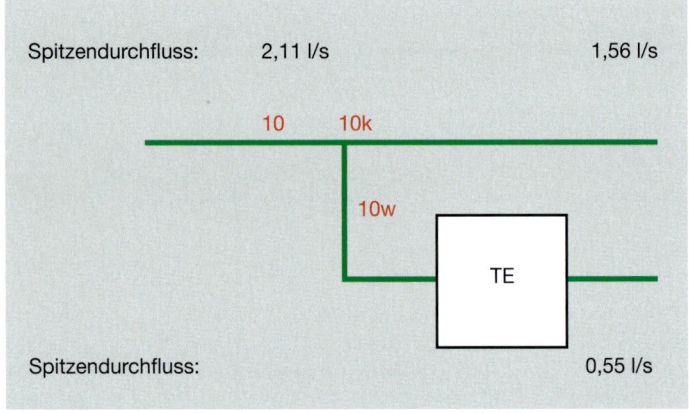

Abb. 3–11
Modifizierte Spitzenvolumenströme nach DIN 1988-300 am Knotenpunkt TS 10/10k/10w.
Strombilanz im Knotenpunkt **korrekt**: 1,56 + 0,55 = 2,11 l/s.

---

[11] Auslegung: 2,11 l/s.

[12] »rein« meint in diesem Zusammenhang Leitungsabschnitte, die ausschließlich PWC- oder PWH-Entnahmestellen oder bei Mischarmaturen nur die jeweilige Anschlussseite versorgen. Dazu zählen also nicht die HAL und die PWC-Verteilungsleitung bis zur Abzweigung für die zentrale Trinkwasser-Erwärmung.

b) modifizierter Ansatz für die Spitzendurchflüsse

Der Volumenstrom von 2,11 l/s in der Hausanschlussleitung bleibt – dieser Spitzenvolumenstrom ist »verifiziert«[13].

Die beiden anderen werden in folgender Weise geändert:

In der Nutzungseinheit selber bleibt es in allen Teilstrecken bei dem Spitzendurchfluss nach DIN 1988-300.

Danach (ab TS 123) werden in Fließrichtung die rechnerischen Spitzendurchflüsse nach der genannten Norm mit Hilfe eines Korrekturfaktors μ_i reduziert, der sich nach folgender Gleichung ergibt:

$$\mu_i = \frac{\dot{V}_{S,TSi,DIN}}{\dot{V}_{S,max,DIN}} \quad (2)$$

Korrekturfaktor Spitzendurchfluss

worin

$\dot{V}_{S,TSi,DIN}$ Spitzendurchfluss nach DIN 1988-300 der i-ten TS

$\dot{V}_{S,max,DIN}$ Maximaler Spitzendurchfluss nach DIN 1988-300 im Knotenpunkt PWC/PWH.

Der neue (modifizierte) Spitzendurchfluss $\dot{V}_{S,TSi,mod}$ ergibt sich dann zu:

Der neue Spitzendurchfluss $\dot{V}_{S,TSi,DIN}$ ergibt sich dann zu:

$$\dot{V}_{S,TSi,mod} = \mu_i \dot{V}_{S,max,mod} \quad (3)$$

Spitzendurchfluss korrigiert

worin

$\dot{V}_{S,max,mod}$ Verbrauchsabhängiger, modifizierter Spitzendurchfluss im Knotenpunkt PWC/PWH

Beispiel für die PWC-Teilstrecke i = 123:

$\dot{V}_{S,k,TS123,DIN}$ = 0,60 l/s (s. **Abb. 3–2**)

$\dot{V}_{S,k,max,DIN}$ = 1,90 l/s (TS 10k), damit Gleichzeitigkeitsfaktor μ_{123} = 0,6/1,9 = 0,316

und schließlich

$\dot{V}_{S,k,TS123,mod}$ = 0,316 · 1,56 = 0,49 l/s.

Bei der modifizierten Berechnung werden also für TS 10k (PWC) statt der ursprünglich 1,90 nur 1,56 l/s und für TS 10w (PWH) statt der 1,50 nur 0,55 l/s berücksichtigt, s. **Abb. 3–11**.

In den **Tab. 3–5** (für PWC) und **Tab. 3–6** (für PWH) sind die Werte für alle Leitungswege der hydraulisch ungünstigsten Leitungswege zusammengestellt. Mit den in der letzten Spalte angegebenen Spitzenvolumenströmen kann die Rohrnetzberechnung durchgeführt werden und bei einer Betriebssimulation sind das die einzustellenden Spitzendurchflüsse.

Die modifizierte Bestimmung der Nennweiten führt zu Verkleinerungen der Rohrdurchmesser – im PWC-Weg eher moderat. Im PWH-Weg allerdings, werden im hydraulisch ungünstigsten Strömungsweg, bis auf die Einzelanschlussleitung, **alle** Nennweiten um bis zu zwei Stufen verringert – das ist beträchtlich.

In **Tab. 3–7** sind die Nennweitenänderungen für den gesamten Weg bis zur hydraulisch ungünstigsten Entnahmestelle für PWC und PWH aufgelistet.

---

[13] »verifiziert« meint, dass es ein in DIN 1988-300 festgelegter Spitzendurchfluss bei dem hier vorliegenden Summendurchfluss ist. Die Anführungsstriche beziehen sich darauf, dass noch keine neueren, repräsentativen Messungen vorliegen.

Tab. 3–5 Gleichzeitigkeitsfaktoren, Spitzendurchflüsse PWC nach DIN 1988-300 und modifizierte Spitzenvolumenströme

TS	$\dot{V}_{S,k,TSi,DIN}$ l/s	μ_i –	$\dot{V}_{S,k,TSi,mod}$ l/s
43	0,15	0,079	0,15
41	0,30	0,158	0,30
44	0,30	0,158	0,30
47	0,30	0,158	0,30
124	0,30	0,158	0,30
123	0,60	0,316	0,49
122	0,74	0,388	0,60
121	0,83	0,437	0,68
121a	0,83	0,437	0,68
120	0,83	0,437	0,68
110	1,08	0,568	0,89
100	1,24	0,654	1,02
90	1,36	0,718	1,12
80	1,46	0,771	1,20
70	1,55	0,815	1,27
60	1,62	0,854	1,33
50	1,69	0,889	1,39
40	1,75	0,920	1,44
30	1,80	0,949	1,48
20	1,85	0,975	1,52
10k	1,90	1,000	1,56
10	2,11	1,000	2,11

Tab. 3–6 Gleichzeitigkeitsfaktoren, Spitzendurchflüsse PWH nach DIN 1988-300 und modifizierte Spitzenvolumenströme

TS	$\dot{V}_{S,k,TSi,DIN}$ l/s	μ_i –	$\dot{V}_{S,k,TSi,mod}$ l/s
43	0,15	0,100	0,15
41	0,22	0,147	0,22
44	0,22	0,147	0,22
47	0,22	0,147	0,22
124	0,22	0,147	0,22
123	0,39	0,263	0,29[1]
122	0,50	0,334	0,29[1]
121	0,58	0,388	0,29[1]
121a	0,58	0,388	0,29[1]
120	0,58	0,388	0,29[1]
110	0,80	0,531	0,29
100	0,94	0,623	0,34
90	1,04	0,694	0,38
80	1,13	0,751	0,41
70	1,20	0,799	0,44
60	1,26	0,842	0,46
50	1,32	0,879	0,48
40	1,37	0,913	0,50
30	1,42	0,945	0,52
20	1,46	0,973	0,54
10w	1,50	1,000	0,55
10	2,11	1,000	2,11

[1] Bei der zweiten Nutzungseinheit wird für die Spitzenbelastung eine Waschtischarmatur dazu genommen, da mit der Gleichung zu kleine Spitzenströme ermittelt werden.
Ab TS 110 (entgegen Fließrichtung), werden die mit der Gleichung berechneten Spitzendurchflüsse berücksichtigt.

Änderungen gelb markiert

Tab. 3–7 Änderungen (gelb) der Nennweiten in hydraulisch ungünstigsten Leitungswegen

PWC TS	DN alt	DN neu	PWH TS	DN alt	DN neu
43	15	15	43	15	15
41	20	20	41	20	15
44	20	20	44	20	15
47	20	20	47	20	15
124	20	20	124	20	15
123	25	25	123	20	15
122	25	25	122	20	20
121	25	25	121	25	20
121a	25	25	121a	25	20
120	32	25	120	25	20
110	32	32	110	25	20
100	32	32	100	32	20
90	32	32	90	32	20
80	40	32	80	32	20
70	40	32	70	32	25
60	40	32	60	32	25
50	40	32	50	32	25
40	40	40	40	40	25
30	40	40	30	40	25
20	40	40	20	40	25
10k	40	40	10w	40	25
10	40	40	10	40	40

Die Auswirkungen sind nicht unerheblich: Der Wasserinhalt insbesondere des Leitungssystems für das erwärmte Trinkwasser wird deutlich verkleinert und damit steigen – gleichen Warmwasserverbrauch vorausgesetzt – die Wasseraustauschraten im System deutlich.

Hinzu kommt die Reduktion der Kosten für das Rohrsystem. Zusammenfassend kann festgestellt werden, dass der Berechnungsansatz der DIN 1988-300 nicht korrekt ist. Es muss davon ausgegangen werden, dass der Spitzenvolumenstrom in der Hausanschlussleitung seit den 80er Jahren die Grundlage für die Bemessung der Trinkwasser-Leitungen war und ist. Es wurde in vielen Gebäuden gemessen [22], aber stets im Bereich des Wasserzählers und nie in der Peripherie der Trinkwasser-Installation des Gebäudes.

Logischerweise müssen sich, von dem gemessenen Volumenstrom in der HAL ausgehend, bei Systemen mit zentraler Trinkwasser-Erwärmung (und das sind auch heute die in Mehrfamilienhäusern am meisten installierten und in der Planung vorgesehenen Systeme, auch wenn Alternativen – nicht in jedem Fall überzeugend – zunehmend ins Auge gefasst werden, z. B. sog. »Frischwasserstationen«) auch bei der Auslegungs- und damit Spitzenbelastung die Volumenströme im PWC-Knotenpunkt an der Abzweigung zur zentralen Trinkwasser-Erwärmung addieren. Daran gibt es keinen Zweifel und die Folge kann nur sein, dass in dem in Fließrichtung des Trinkwassers folgenden Leitungssystem – für PWC **und** PWH – die für die Bemessung anzunehmenden Spitzendurchflüsse zum Teil deutlich kleiner sein müssen als nach DIN 1988-300.

Bleibt es bei den nach dieser Norm bemessenen Rohrdurchmessern, führt das unter den tatsächlichen Belastungsbedingungen zu unnötig hohen Vordrücken an den Entnahmestellen mit dem Ergebnis von Wasserverschwendung, sofern der Nutzer an der Entnahmearmatur nicht manuell eindrosselt, s. **Abb. 3–12** (Ausschnitt aus Gesamtschema im Bereich der HAL) und **Abb. 3–13** (hydraulisch ungünstigste Stockwerksverteilung im obersten Geschoss des Stranges 12).

Es ist erkennbar, dass der Fließdruck vor der Dusche auf der PWC-Seite noch relativ moderat mit 1104 hPa über dem gewünschten Fließdruck von 1000 hPa liegt, auf der PWH-Seite aber mit 1521 hPa immer noch erheblich über den ebenfalls 1000 hPa liegt und damit auch der auslegungsgemäß gewünschte Volumenstrom von 0,15 l/s mit 0,185 l/s deutlich überschritten wird (23 %). Und dieser Anstieg ist an allen Entnahmearmaturen mindestens zu verzeichnen.

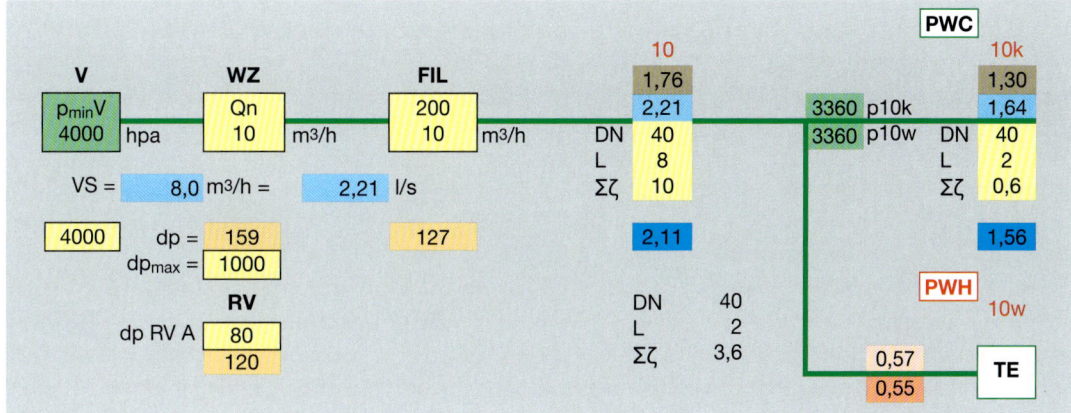

Abb. 3–12

Druck- und Volumenstromverhältnisse in der Trinkwasser-Installation bei Auslegung nach DIN 1988-300, **nicht** modifizierten Rohrdurchmessern und einer Spitzenbelastung, bei der im PWC-Knotenpunkt zur TE eine korrekte Addition der Spitzendurchflüsse simuliert wird.

Die Ergebnisse der Simulation für das modifizierte Rohrnetz zeigen die **Abb. 3–14** und **Abb. 3–15**.

Der **Abb. 3–14** können die durch Simulation ermittelten Durchflüsse und Druckverhältnisse im Bereich der HAL bei den modifizierten Rohrdurchmessern entnommen werden.

Besser zu erkennen ist das am Beispiel der hydraulisch ungünstigsten Stockwerksverteilung in **Abb. 3–15**. Dort stimmen die Volumenströme und Drücke mit den Vorgaben für den Berechnungsdurchfluss und den Mindest-Fließdruck gut überein (Dusche kalt: Durchfluss 0,147 ≈ 0,15 l/s beim Fließdruck von 964 hPa; warm: Durchfluss 0,152 ≈ 0,15 l/s beim Fließdruck von 1031 hPa), während in **Abb. 3–13** wegen der hohen Vordrücke an den Entnahmearmaturen die Zapfströme zu groß sind.

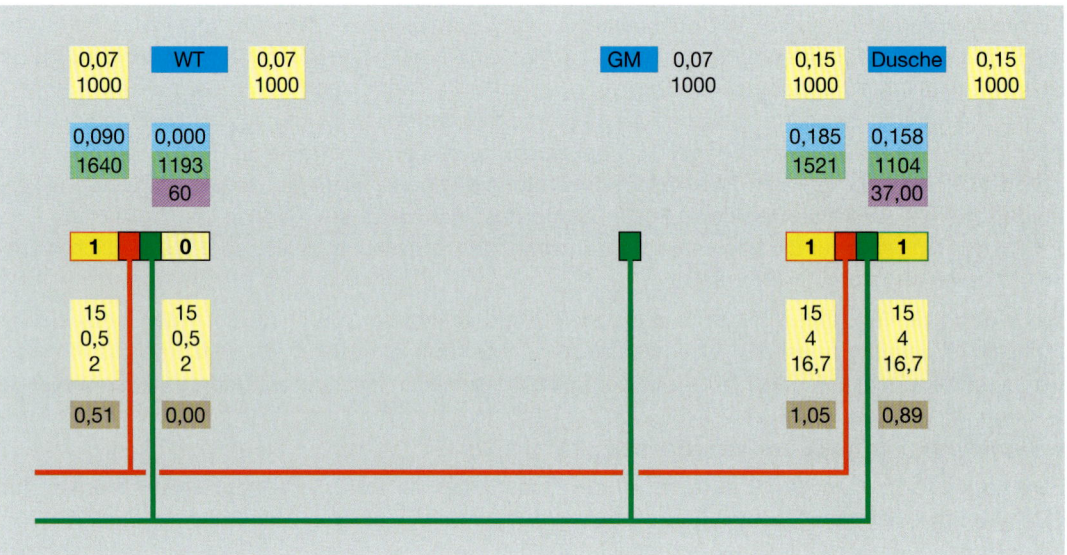

Abb. 3–13

Druck- und Volumenstromverhältnisse in der Trinkwasser-Installation bei Auslegung nach DIN 1988-300, **nicht** modifizierten Rohrdurchmessern und einer Spitzenbelastung, bei der im PWC-Knotenpunkt zur TE eine korrekte Addition der Spitzendurchflüsse simuliert wird.

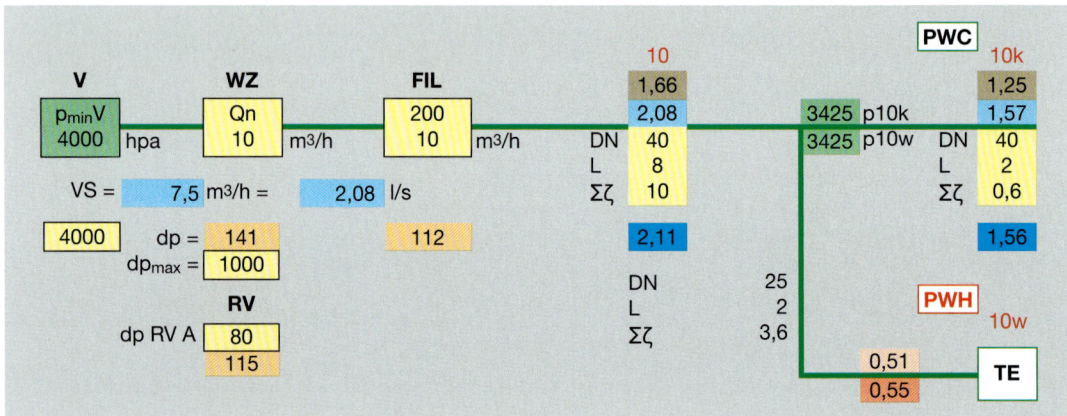

Abb. 3–14

Druck- und Volumenstromverhältnisse in der Trinkwasser-Installation bei Auslegung nach DIN 1988-300, **mit** modifizierten Rohrdurchmessern und einer Spitzenbelastung, bei der im PWC-Knotenpunkt zur TE eine korrekte Addition der Spitzendurchflüsse simuliert wird.

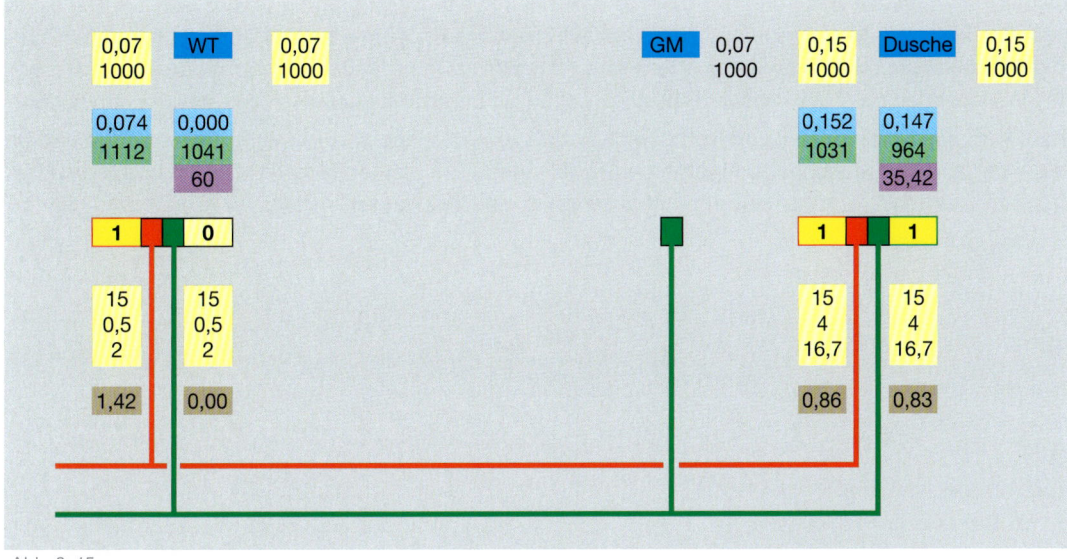

Abb. 3–15

Druck- und Volumenstromverhältnisse in der Trinkwasser-Installation bei Auslegung nach DIN 1988-300, **mit** modifizierten Rohrdurchmessern und einer Spitzenbelastung, bei der im PWC-Knotenpunkt zur TE eine korrekte Addition der Spitzendurchflüsse simuliert wird.
Hydraulisch ungünstigste Stockwerksverteilung im 3. OG des Strangs 12.

2.2 Auswirkungen des Einsatzes von Fittings mit hohen Zeta-Werten auf die Nennweiten der Trinkwasser-Installation

Die Diskussion über den Einfluss der Zeta-Werte auf die Rohrdurchmesser einer Trinkwasser-Installation wird schon seit über 30 Jahren[23] geführt, ist aber durch neue Werkstoffe und Technologien, einem zunehmenden Kostendruck und dem verstärkten Einsatz von Kunststoffrohren und -fittings (statt z.B. Rotgussfittings) so richtig in Schwung gekommen [24] bis [33].

Folgender Zusammenhang ist klar und eindeutig: Werden anstatt strömungsgünstigen, Fittings mit relativ hohen Zeta-Werten vorgesehen, verbleibt für die Rohrreibung allein nur eine verhältnismäßig kleine Druckdifferenz übrig und das führt zu einer Nennweitenvergrößerung. In der fachlichen Diskussion wird stets nur der vorgenannte Trend ausgeführt, ohne die Auswirkungen zu quantifizieren. Nachfolgend sollen die Auswirkungen des Anteils a_E der Einzelwiderstände auf die Rohrdurchmesser und den Wasserinhalt der Trinkwasser-Installation anhand des Auslegungsbeispiels abgeschätzt werden.

Dazu wird nicht eine Unzahl von Rohrnetzberechnungen durchgeführt (Anteil a_E variierend), sondern folgender aus den Auslegungs-Algorithmen abzuleitende Zusammenhang für den Innendurchmesser der j-ten Teilstrecke und den gesamten Wasserinhalt der Trinkwasser-Installation verwendet:

Innendurchmesser:

Innendurchmesser TW-Teilstrecke (4)
$$d_{i,j} = \left(\frac{8 \cdot \rho}{\pi^2 \cdot R_v} \lambda_j \cdot \dot{V}_{S,j}^2 \right)^{\frac{1}{5}}$$

mit

- d_i Innendurchmesser des Rohres
- ρ Dichte des Trinkwassers
- R_v verfügbares Druckgefälle für die Rohrreibung
- λ Rohrreibungszahl (-beiwert)
- $\dot{V}_S$ Spitzenvolumenstrom,

Wasserinhalt:

Gesamter Wasserinhalt (5)
$$V = \sum_{j=1}^{n} V_j = \sum_{j=1}^{n} \left(d_{i,j}^2 \frac{\pi}{4} \cdot l_j \right) = \frac{\pi}{4} \sum_{j=1}^{n} l_j \left(\frac{8 \cdot \rho \cdot \lambda_j}{\pi^2 \cdot R_v} \dot{V}_{S,j}^2 \right)^{\frac{2}{5}}$$

mit

- l Länge der Rohrleitung.

Um herauszubekommen, wie sich der Innendurchmesser in der gesamten Trinkwasser-Installation verändert, wird die Gleichung für den Innendurchmesser weiter vereinfacht. Dabei wird der in Fließrichtung abnehmende Rohrdurchmesser als ein mittlerer Rohrdurchmesser abgebildet und darüber hinaus für alle Teilstrecken die gleiche Länge angenommen. Das erleichtert die Berechnungen erheblich, ohne dass es Einbußen bezüglich der Aussagekraft gibt. Zudem soll nur der hydraulisch ungünstigste Weg betrachtet werden, weil dadurch die Berechnung weiter vereinfacht wird und die damit gewonnenen Erkenntnisse auch auf alle anderen Strömungswege übertragen werden können[14].

---

[14] Das wäre eine gute Aufgabe für eine Bachelorarbeit, eine differenzierte Parametervariation zu untersuchen.

Für den mittleren Durchmesser des hydraulisch ungünstigsten Weges ergibt sich, abhängig von der verfügbaren Druckdifferenz für die Reibung und die Einzelwiderstände $\Delta p_{ges,v}$ einer mittleren Rohrreibungszahl λ_m der Gesamtlänge l_{ges} des hydraulisch ungünstigsten Weges, dem Einzelwiderstandsanteil a_E und einem mittleren Spitzenvolumenstrom $(\dot{V}_{S,WZ} + \dot{V}_{S,EA})/2$, folgender Zusammenhang:

$$d_{i,m} = \left(\frac{32 \cdot \rho}{\pi^2 \cdot \frac{\Delta p_{ges,v}}{l_{ges}}(1 - a_E)} \cdot \lambda_m \cdot (\dot{V}_{S,WZ} + \dot{V}_{S,EA})^2 \right)^{\frac{1}{5}} \quad (6)$$

Mittlerer Durchmesser TW-Installation

mit
Index WZ Am Wasserzähler
Index EA An der Entnahmearmatur

Das mittlere Wasservolumen (Wasserinhalt der Trinkwasser-Installation) berechnet sich dann einfach nach folgender Gleichung:

$$V_m = d_{i,m}^2 \cdot \frac{\pi}{4} \cdot l_{ges} \quad (7)$$

Mittleres Wasservolumen TW-Installation

mit
Index m Wasservolumen

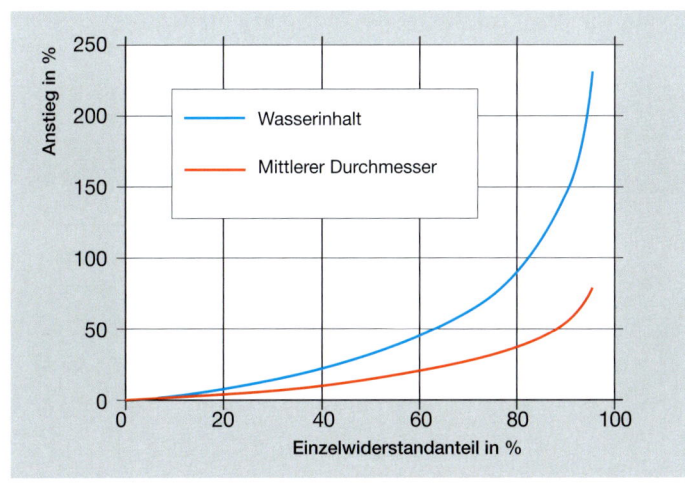

Abb. 3–16
Anstieg der Innendurchmesser und des Wasserinhalts der Trinkwasser-Installation bei zunehmendem Anteil der Druckverluste der Einzelwiderstände.

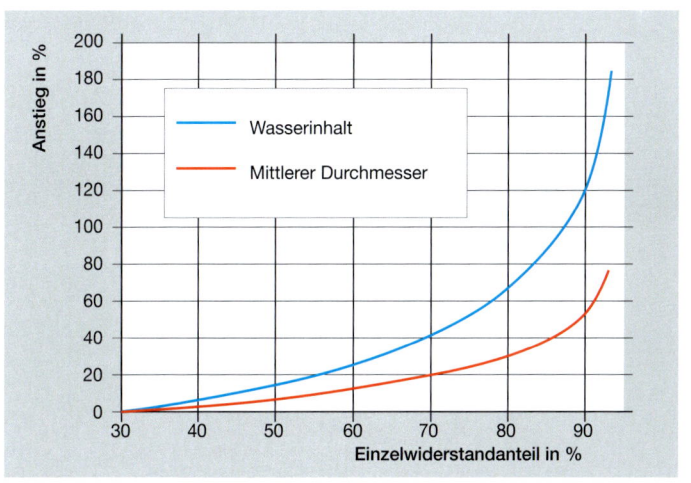

Abb. 3–17
Anstieg der Innendurchmesser und des Wasserinhalts der Trinkwasser-Installation bei zunehmendem Anteil der Druckverluste der Einzelwiderstände, ausgehend von einem in der Praxis minimalen Anteil von 30 %.

Ausgehend von einem (theoretischen) Einzelwiderstandsanteil von $a_E = 0$ können die Anstiege der Innendurchmesser und der Wasserinhalte normiert werden und es ergibt sich der in **Abb. 3–16** dargestellte Zusammenhang.

Um es an einem Beispiel klarzumachen:

Werden bei einer Trinkwasser-Installation strömungsgünstige Leitungsarmaturen und Formstücke verwendet und der Einzelwiderstandsanteil liegt dann bei $a_E = 30\,\%$, dann hat sich gegenüber einem Anteil von $a_E = 0\,\%$ der mittlere Rohrdurchmesser um 7 % und der Wasserinhalt der Anlage um 15 % erhöht. Angenommen, durch den Einsatz strömungs**ungünstiger** Bauteile erhöht sich a_E auf 70 %, dann liegen die Werte für den Rohrdurchmesser (s. **Abb. 3–16**) bei 27 % und für den Wasserinhalt bei 62 %. Bezogen auf die strömungsgünstige Variante ($a_E = 30\,\%$) haben sich der mittlere Rohrdurchmesser um 18 %[15] und der Wasserinhalt um 40 % erhöht, in **Abb. 3–17** ist das für diese Variante direkt ablesbar.

Die Wasseraustauschrate – und das ist hygienerelevant – sinkt (auf das gesamte System bezogen[16]) auf $1/1{,}4 \approx 0{,}7$, also um ca. 30 %.

Die Erhöhung der Rohrdurchmesser verursacht auch höhere Investitionskosten, nicht nur für die Rohrleitungen allein, sondern auch für die Leitungsarmaturen und Formstücke. Die Steigerung wird hier nicht weiter quantifiziert, ist aber mit Kenntnis der Preise ermittelbar.

---

[15] Nicht Prozentpunkte!

[16] Lokal in den einzelnen Teilstrecken ist das von der Verteilung der Entnahme abhängig.

2.3 Der Austausch von Entnahmearmaturen im Bestand – Auswirkungen auf den Komfort?

Mit der Steigerung der Komfortansprüche in einem modernen Bad werden zunehmend Entnahmearmaturen für die Dusche eingesetzt, die deutlich – von den Referenzwerten der DIN 1988-300 – nach oben abweichende Volumenströme und Fließdrücke erfordern. Wenn im Bestand modernisiert und im Bad lediglich der »sichtbare« Bereich (sanitäre Einrichtungsgegenstände, Entnahmearmaturen, Raumoberflächen, ggf. noch die Vorwand-Installation) erneuert wird und es weitgehend bei dem »alten« Rohrsystem bleibt, muss geprüft werden, ob die Kapazitäten der Trinkwasser-Leitungen für Duscharmaturen ausreichen.

Dem Autor sind Fälle bekannt, bei denen alte Entnahmearmaturen durch komfortable Armaturen ersetzt worden sind und der erwartete Duschkomfort nicht oder nur sehr mangelhaft erreicht wurde.

Mit dem Simulationsmodell kann die Prüfung über die Veränderung der Eingangsparameter Mindest-Fließdruck und Berechnungsdurchfluss für jede Entnahmearmatur leicht vollzogen werden, wenn die Hersteller die notwendigen Auslegungsdaten in ihren technischen Unterlagen präzise angeben. Die Referenzwerte für die Dusche liegen nach DIN 1988-300 bei 0,15 l/s für die PWC- und PWH-Anschlussleitung an die Mischbatterie bei einem Mindest-Fließdruck von 0,1 MPa.

Nachfolgend soll für das 12-Strang-System, welches mithilfe der Referenzwerte dimensioniert worden ist (s. **Abb. 3–1** und **Abb. 3–2** – Ausschnitt aus dem Gesamtschema und **Abb. 3–3** – Schema der Stockwerksverteilung), ein Austausch der Duscharmaturen simuliert werden. Der klassische Einhebelmischer mit Handbrause wird durch eine sog. »Regendusche« ersetzt, die mit einer sog. »1-strahligen Kopfbrause« nicht einmal einen Extremfall darstellt. Für eine Regendusche sollen übliche technische Angaben der Armaturenhersteller verwendet werden.

Austausch-Simulation
Handbrause vs. Regendusche

Die Duscharmatur besteht beispielsweise aus der Aufputz-Mischarmatur, einer Kopfdusche und einer Handdusche. Die Durchflussdiagramme des Herstellers könnten so aussehen, wie es in der **Abb. 3–18** (Kopfdusche) und **Abb. 3–19** (Handdusche) dargestellt ist.

Die Kopfdusche erfordert die höheren k_v-Werte und deshalb wird für sie die Simulation durchgeführt. Eingegeben wird aber nicht der k_v-Wert, sondern analog zum Vorgehen nach DIN 1988-300 werden (auf der PWC- und PWH-Seite) die beiden Größen »Berechnungsdurchfluss« und »Mindest-Fließdruck« berücksichtigt. Der Berechnungsdurchfluss ist leider häufig beim Hersteller nicht zu finden, er kann aber aus den angegebenen Daten berechnet werden.

Durchflussdiagramme
Herstellerangaben für Duschen

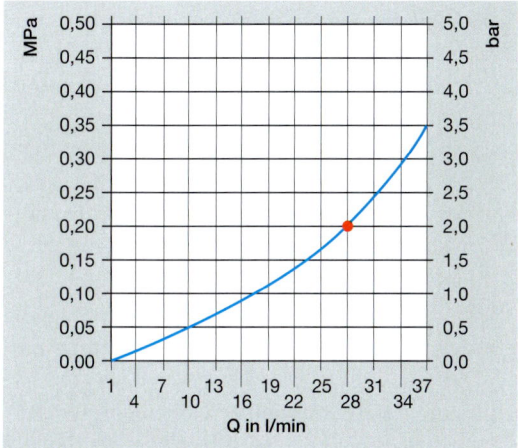

Abb. 3–18

Hersteller-Durchflussdiagramm für die Kopfbrause einer Regendusche.

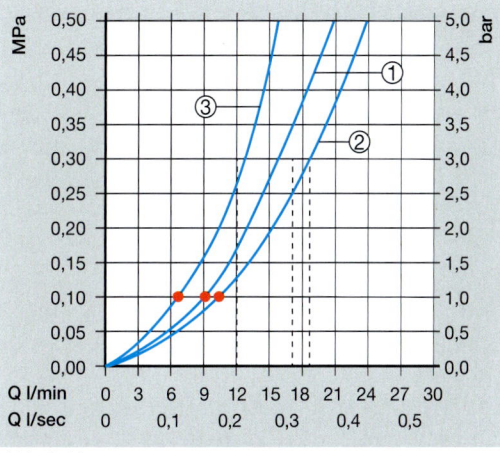

Abb. 3–19

Hersteller-Durchflussdiagramm für die Handbrause der Regendusche – mit Duscheinstellungen ① – ③.

In **Abb. 3–18** wird beim Mindest-Fließdruck[17] von 0,2 MPa ein Mindest-Mischwasserdurchfluss von 28 l/min gefordert und damit ergeben sich die Berechnungsdurchflüsse:

PWC-seitig:

Berechnungsdurchfluss PWC (8)
$$\dot{V}_{R,k} = \frac{(\vartheta_m - \vartheta_k)}{2(\vartheta_w - \vartheta_k)} \dot{V}_{min,PW\,M} \left(1 + \sqrt{\frac{p_{Fl,k}}{p_{minFl}}}\right)$$

= 0,36 l/s[18] und

PWH-seitig:

Berechnungsdurchfluss PWH (9)
$$\dot{V}_{R,w} = \frac{1}{2}\left[1 - \frac{(\vartheta_m - \vartheta_k)}{(\vartheta_w - \vartheta_k)}\right] \dot{V}_{min,PW\,M} \left(1 + \sqrt{\frac{p_{Fl,k}}{p_{minFl}}}\right)$$

= 0,21 l/s

worin

ϑ_m Mischwassertemperatur – 38 °C
ϑ_k PWC-Temperatur – 10 °C
ϑ_w PWH-Temperatur – 60 °C
$\dot{V}_{min,PWM}$ Mindest-Mischwasserdurchfluss
$p_{Fl,k}$ Kennzeichnender Fließdruck nach DIN 1988-300
$p_{min,Fl}$ Mindest-Fließdruck nach DIN 1988-300

Bei diesen Durchflüssen und einem Mindest-Fließdruck von 2000 hPa ergibt sich auf der PWC-Seite ein Durchfluss von 0,207 l/s (statt 0,36) und auf der PWH-Seite aufgrund des hohen Vordruckes[19] ein Volumenstrom von 0,25 l/s (s. **Abb. 3–20**), der immer noch unter den geforderten 0,28 l/s für den Berechnungsdurchfluss liegt.

In **Abb. 3–21** sind die Soll- und Ist-Durchflüsse für die Regendusche vergleichend dargestellt. Damit werden die nach DIN 1988-300 anzusetzenden Berechnungsdurchflüsse in den PWC- und PWH-Einzelanschlussleitungen zur Dusche nicht erreicht und somit die vom Hersteller geforderten Mindest-Anforderungen nicht erfüllt mit der Folge, dass die Dusche nicht über die gewünschte Leistungsfähigkeit verfügt. Die Absenkungen der Durchflüsse betragen auf der PWC-Seite 42,5 % und auf der PWH-Seite 11 %, Letzteres aber nur, weil aus bilanztechnischen Gründen (s. Kapitel 2.1) warmwasserseitig nur eine Dusche in dem Modell in Betrieb gesetzt wird und damit der PWH-seitige Vordruck an dieser Dusche relativ hoch ist. Die Absenkung wird deutlich höher sein bei einer modifizierten Volumenstromverteilung zwischen Kalt- und Warmwasser.

Allerdings muss hier eine grundsätzliche Frage diskutiert werden: Ist der Berechnungsdurchfluss die richtige Größe für die Diskussion über die Mindest-Anforderungen an die Durchflüsse der Entnahmearmaturen?

Es ist zu bezweifeln, dass für die Einzelanschlussleitungen der Spitzendurchfluss gleich dem Berechnungsdurchfluss gesetzt werden muss. Dann käme es in dem vorliegenden Beispiel eindeutig zu einer Unterversorgung. Werden die Mindest-Durchflüsse herangezogen, ergibt sich nur auf der Kaltwasserseite eine Unterversorgung (0,207 statt 0,26 l/s), auf der PWH-Seite würde es reichen (0,25 l/s bei notwendigen 0,205 l/s). Weiteres zu diesem Thema findet sich im Kapitel 2.5.

---

[17] Ab dem • in der Grafik ist die Funktion gewährleistet, d. h. bei einem Mindest-Mischwasserdurchfluss von 28 l/min und einem Mindest-Fließdruck von 0,2 MPa ist ein einwandfreier Betrieb gewährleistet.

[18] Temperaturen: PWC 10 °C, PWH 60 °C, Duschtemperatur 38 °C.

[19] Wie oben beschrieben, resultiert der hohe Vordruck auf der PWH-Seite aus der Problematik, die Volumenströme im Knotenpunkt zur Trinkwasser-Erwärmung bilanztechnisch abzugleichen. Das hat in der Simulation die Folge, dass im gesamten PWH-Weg nur die Entnahmestelle an der Dusche des Stranges 12 im 3. OG geöffnet ist und damit der rechnerische Druckabbau nach DIN 1988-300 nicht stattfinden kann.

Wie dargestellt, kann in dem Modell durch Änderung der Eingangsdaten für jede Entnahmearmatur (Berechnungsdurchfluss und Mindest-Fließdruck nach Herstellerangaben) sofort überprüft werden, ob die Funktionsfähigkeit der Duscharmatur noch gewährleistet ist. Entscheidend dabei sind die vom Hersteller geforderten Mindest-Werte, weil im Fall der Duscharmatur nur damit das gewünschte Sprühbild erzielt wird und der intendierte Komfort gesichert werden kann.

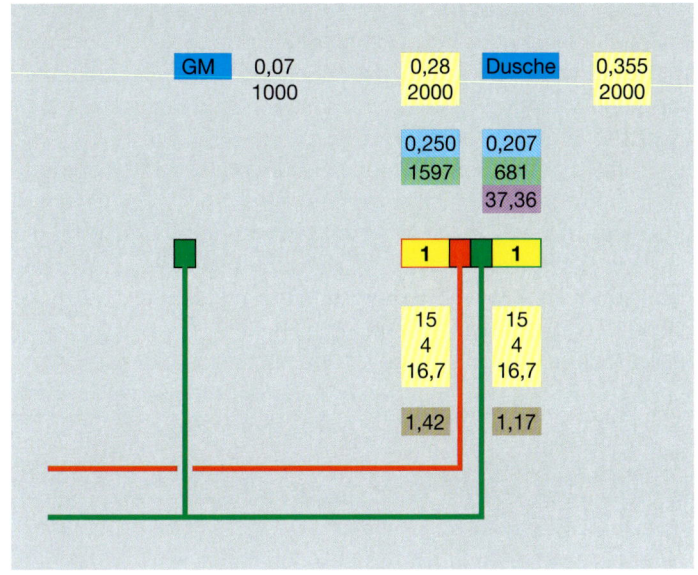

Abb. 3–20
Absenkung der Fließdrücke an der Dusche durch Austausch einer Standardarmatur durch eine Regendusche.

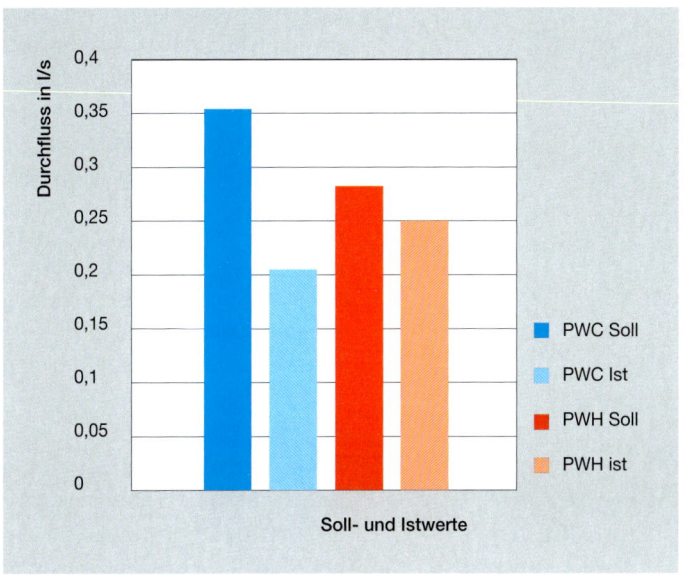

Abb. 3–21
Soll- und Ist-Berechnungsdurchflüsse an der Regendusche.

2.4 Druck- und Temperaturänderungen an der Duscharmatur beim Öffnen von Armaturen an benachbarten Entnahmestellen in Abhängigkeit von der Bemessungsstrategie

Jede Öffnung einer Entnahmearmatur führt zu einer Absenkung der Fließdrücke im gesamten System und damit werden sich an allen anderen Entnahmearmaturen die Durchflüsse schlagartig verringern mit dem Ergebnis, dass sich beispielsweise auch die bei Duscharmaturen eingestellten Mischtemperaturen verändern. Das zielt direkt auf den Komfort der Wasserentnahme, insbesondere dann, wenn keine thermostatischen Mischbatterien – und das ist der Regelfall – eingesetzt werden.

Im Fachschrifttum [13] [15] [34] werden Änderungen in der Mischtemperatur von bis zu 12 K angegeben, je nach Struktur und Eingangsbedingungen des Rohrnetzes und das muss unmittelbar dazu führen, dass der Duschvorgang temporär ausgesetzt wird. Das ist eine starke Komforteinschränkung, der auch mit einer Neueinregulierung[20] nur schwer beizukommen ist. In der dafür benötigten Zeit treten häufig weitere Fließdruckänderungen ein, sodass der Versuch einer Korrektur nur sehr unzureichend erfolgen kann. Das geht einher mit Wasser- und Energieverschwendung.

Grundsätzlich sind die Druckänderungen unvermeidlich, die Frage ist aber, ob durch eine veränderte Dimensionierung der Trinkwasser-Installation die Höhe der Temperaturänderungen reduziert werden kann.

Hierzu gab es bereits Untersuchungen und darin wurde die These aufgestellt [35], dass die Temperaturschwankungen abgemindert werden können, wenn bei der Auslegung die Verteilungs- und Steigleitungen (»gemeinsame Leitung«) relativ groß und die Anschlussleitungen[21] zu den einzelnen Entnahmestellen relativ klein bemessen werden. Es wird damit begründet, dass die von mehreren Verbrauchern genutzten Leitungsabschnitte möglichst strömungsgünstig auszuführen sind, damit beim »Zu- und Abschalten« von Entnahmearmaturen die dabei entstehenden Druckverluste minimiert werden.

Es wird behauptet [34], dass die Temperaturschwankung an einer Duscharmatur (z. B. Einhebelmischer[22]) direkt proportional zur Relation der Druckverluste der »gemeinsamen Leitung« zur »Anschlussleitung« sei, also:

Temperaturschwankung Mischtemperatur (10)

$$\Delta \vartheta_{EA} \approx f\left(\frac{\Delta p_{gemeinsame\ Leitung}}{\Delta p_{Anschlussleitung}}\right)$$

worin
$\Delta \vartheta_A$ = (Misch-) Temperaturänderung an der Entnahmearmatur (EA), z. B. der Dusche.

Im Folgenden sollen drei Fragen beantwortet werden:
1. Wie hoch sind an einer Duscharmatur die Temperaturschwankungen bei Zapfvorgängen in der Stockwerksverteilung, wenn das System nach DIN 1988-300 ausgelegt worden ist?
2. Kann bestätigt werden, dass die Temperaturschwankungen abnehmen, wenn die (Keller-) Verteilungs- und die Steigleitungen großzügiger bemessen werden und im Gegenzug die Stockwerks-[23] und Einzelanschlussleitungen (möglicherweise nur diese!) relativ kleine Nennweiten erhalten?
3. Welchen Einfluss hat die Art der Stockwerksverteilung (T-Stück-Installation, Reihenleitung, Einzelanschlussleitungen mit Stockwerksverteiler) auf die Höhe der Temperaturschwankungen?

---

[20] Ausnahme: Thermostatische Mischbatterien.

[21] Es ist zu vermuten, dass es sich um die Einzelanschlussleitungen an die jeweilige Entnahmearmatur handelt. Bei Anordnung eines Verteilers zu Beginn der Stockwerksverteilung ist das offensichtlich, allerdings wird in den Untersuchungen bei einer T-Stück-Installation oder bei einer Reihenleitung nicht klar, ob die Stockwerksleitungsabschnitte, die mehr als eine Entnahmestelle versorgen, zur Anschlussleitung dazugehören.

[22] Diese werden vorwiegend bei Duschen eingesetzt, thermostatische Mischbatterien haben einen deutlich kleineren Anteil. Sie sind allerdings in der Lage, mit einem geeigneten Dehnstoffkörper die Temperaturschwankungen relativ schnell auszuregeln.

[23] Eine Stockwerksleitung beginnt an der Abzweigung von der Steigleitung und endet an einer Einzelanschlussleitung (EAL). An eine Stockwerksleitung sind also immer mindestens zwei Entnahmestellen angeschlossen.

Zu 1. Auslegung nach DIN 1988-300

Die Temperaturänderung an der Duscharmatur wird nicht nur von der Struktur des Rohrnetzes abhängen, sondern ganz maßgeblich auch davon, welcher Volumenstrom an der benachbarten Entnahmestelle entnommen wird. Deshalb soll dieser variiert werden im Bereich von 0,05 bis 0,3 l/s – einer Bandbreite, die im Wohnungsbau üblich ist.

Weiterhin sollen für den jeweiligen Volumenstrom vier Fälle unterschieden werden

- **Fall 1**:
  Es liegt die Spitzenbelastung nach DIN 1988-300 im System vor und eine weitere Armatur wird geöffnet – Überlastzustand.
- **Fall 2**:
  Der Lastfall im System liegt zunächst unterhalb der Auslegungsbedingungen und nach dem Öffnen der Armatur wird die Spitzenbelastung teilweise (stromabhängig) überschritten – d. h. der Mindest-Fließdruck an der Dusche wird nicht mehr gewährleistet.
- **Fall 3**:
  Dieser Lastfall im System liegt im hydraulisch ungünstigsten Strang unterhalb der Auslegungsbedingungen (im Strang 12 ist nur die Dusche im obersten OG geöffnet) und beim Öffnen einer benachbarten Armatur wird der Mindest-Fließdruck an der Dusche nicht unterschritten.
- **Fall 4**:
  Die minimale Belastung an der ungünstigsten Entnahmestelle: Bis auf die Dusche im obersten Geschoss des Stranges 12 sind alle Armaturen geschlossen und eine unmittelbar benachbarte Armatur (Stellvertretend im Schema: Spüle) wird geöffnet.

Abb. 3–22 zeigt die Ergebnisse:
Die Duschtemperatur steigt eindeutig mit dem Volumenstrom einer zusätzlich geöffneten Entnahmearmatur und ist stark davon abhängig, in welchem Lastzustand sich das System befindet. Wird beispielsweise bei Spitzenbelastung eine Armatur mit einem Volumenstrom von 0,15 l/s geöffnet, beträgt die Temperaturdifferenz etwa 4,5 K (Fall 1); ist das System dagegen im Strang 12 stark unterbelastet (Fall 3), wird unter sonst gleichen Bedingungen (0,15 l/s an der benachbarten Armatur) dagegen nur eine Temperaturänderung von ca. 1,2 K eintreten. Diese Temperaturdifferenz erhöht sich auf 3,5 K, wenn der Volumenstrom an der zusätzlich geöffneten Armatur auf etwa 0,28 l/s erhöht wird. In diesem Fall kann an der Dusche gerade noch der Mindest-Fließdruck gewährleistet werden. Bei der minimal möglichen Belastung im Gebäude (Fall 4) beträgt die Temperaturänderung an der Dusche unter sonst gleichen Bedingungen (bei 0,15 l/s an der zusätzlich geöffneten Armatur) etwa 0,8 K.

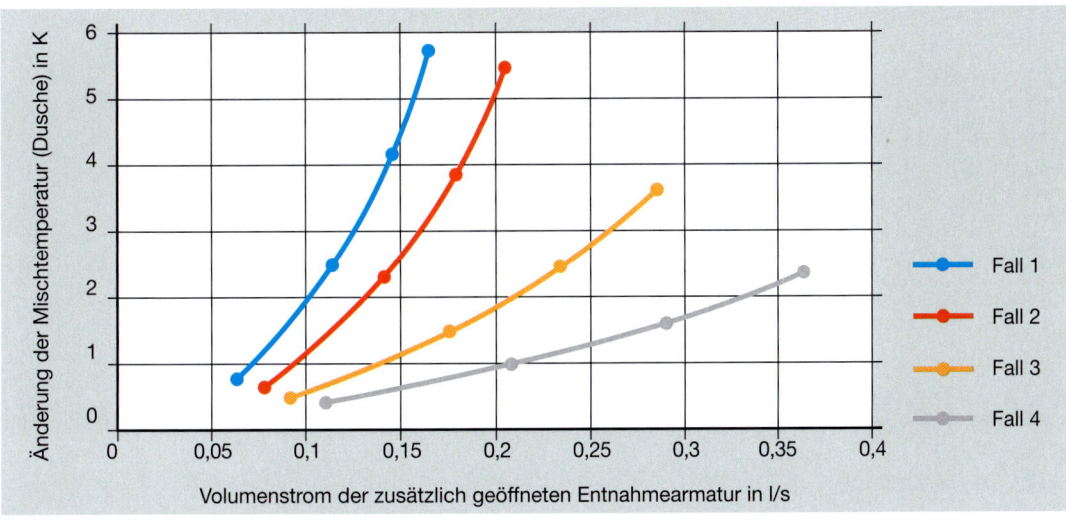

Abb. 3–22

Temperaturänderungen an der Dusche

am hydraulisch ungünstigsten Weg
in Abhängigkeit vom Volumenstrom und vom Lastzustand – Fall 1 bis 4

Dimensionierung nach DIN 1988-300

T-Stück-Installation

Im Fachschrifttum gezeigte Temperaturänderungen von bis zu 12 K können nur bei sehr hohen Volumenströmen an der weiteren Zapfstelle auftreten, siehe Kapitel 2.2, **Abb. 3–5**. Dort sind 0,48 l/s gezapft geworden, ein für Entnahmestellen in Wohngebäuden unwahrscheinlicher Volumenstrom. Druckspüler (Berechnungsdurchfluss: 1,0 l/s) werden in diesen Gebäuden nicht mehr eingesetzt, lediglich bei mit Druckspüler ausgestatteten Urinalen wäre das in einem unteren Geschoss nahe am zentralen Zähler möglich.

Übrigens ist die Höhe der Temperaturänderung von 12 K bei diesem relativ großen Volumenstrom mit dem vorliegenden Modell gut nachvollziehbar. In **Abb. 3–23** (Spüle geschlossen) und **Abb. 3–24** (Spüle geöffnet) ist bei einer mittleren Belastung im System der Volumenstrom an der Spüle (kann irgendeine andere, beliebige Entnahmearmatur, z. B. Druckspüler sein) auf ca. 0,48 l/s erhöht (**Abb. 3–24**, 0,477 l/s – hellblau unterlegt) worden und der Temperatursprung an der Dusche liegt in diesem Fall bei 49,32 – 35,36 ≈ 14 K.

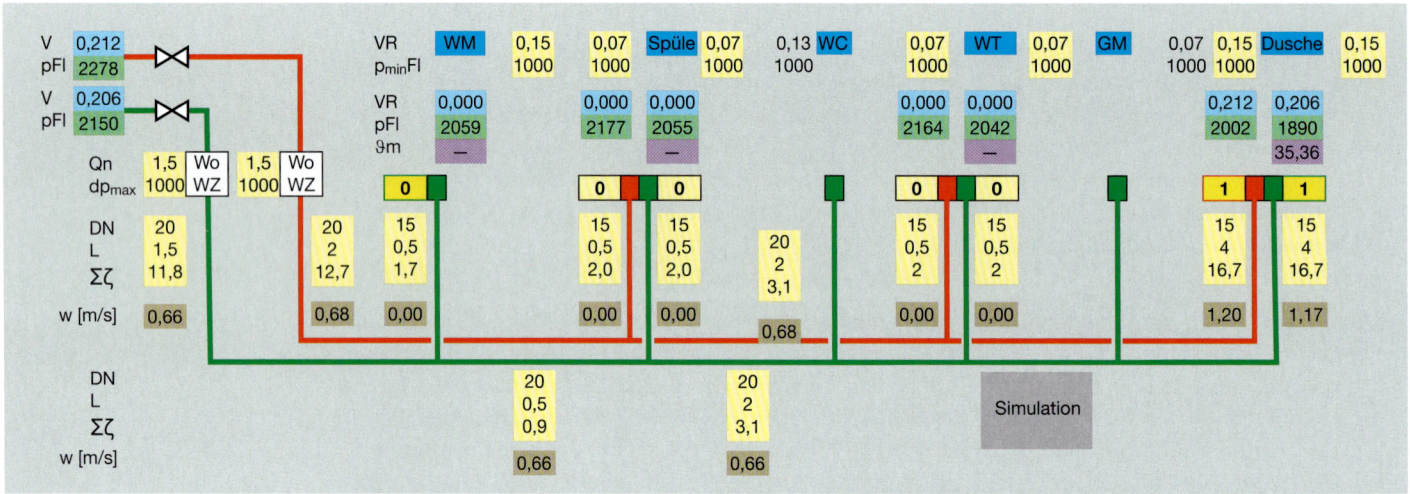

Abb. 3–23

Temperaturänderung an der Dusche von >10 K bei hohen Durchflüssen an einer benachbarten Entnahmestelle, Spüle geschlossen, Duschtemperatur: 35,4 °C.

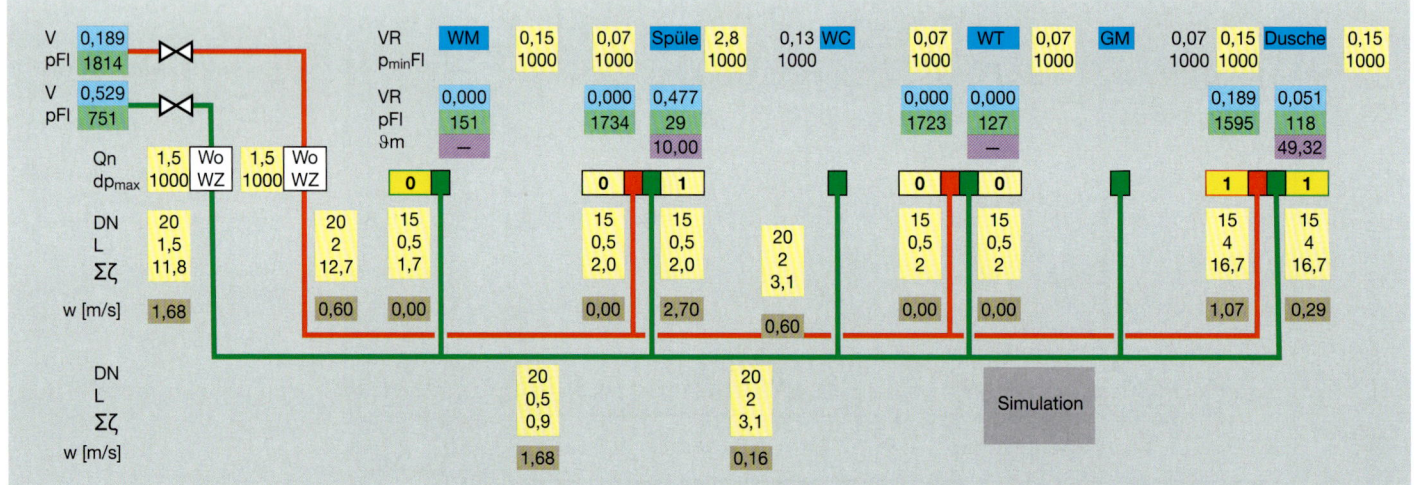

Abb. 3–24

Situation wie **Abb. 3–23** aber:
Armatur an Spüle mit hohem kV-Wert geöffnet, Durchfluss = 0,477 l/s, Duschtemperatur: 49,3 °C.

Es ist allerdings zu erkennen, dass dabei in dem vorliegenden 12-Strang-System der Kaltwasserstrom an der Dusche eingebrochen ist (von ursprünglich ca. 0,2 l/s auf ca. 0,05 l/s), weil im System bei den im Gebäude insgesamt geöffneten Entnahmearmaturen ein Überlastzustand (> Auslegungsfall) eingetreten ist.

Deshalb muss bei der Angabe von Temperaturänderungen an der Dusche in den Publikationen jeweils angegeben werden, wie der Lastzustand in der Trinkwasser-Installation insgesamt ist, damit belastbare Schlüsse gezogen werden können. Hierin liegt der Grund, die oben genannten Fälle 1 bis 3 zu unterscheiden.

Zu 2. Modifizierte Auslegung für T-Stück-Installation

Üblicherweise werden sämtliche Rohrdurchmesser für die PWC- und PWH-Leitungen mit Hilfe des jeweiligen Spitzendurchflusses und dem entlang des betrachteten Strömungsweges mittleren verfügbaren Rohrreibungsdruckgefälles ermittelt. Das führt entlang dieses Weges zu kontinuierlich (nicht exakt, weil die Nennweiten Sprünge aufweisen) abnehmenden Nennweiten bis hin zu den Einzelanschlussleitungen, die die kleinste Nennweite aufweisen. Ziel der Berechnung ist es, die verfügbare Druckdifferenz für Reibung und Einzelwiderstände aufzubrauchen, damit kleinstmögliche Rohrdurchmesser (Wirtschaftlichkeit) bei rechnerisch maximalem Wasserwechsel (Hygiene) erreicht werden.

Nun soll die in diesem Kapitel eingangs erwähnte Strategie verfolgt werden, die Verteilungs- und Steigleitungen eher größer zu bemessen und die Stockwerks- sowie Einzelanschlussleitungen relativ klein zu dimensionieren, mit dem Ziel, die Auswirkungen auf den Komfort der Wasserentnahme beim Duschen zu untersuchen.

Tab. 3–8 Änderung (gelb) der Rohrdurchmesser – Optimierung des Komforts an Duschen

PWC TS	DN nach DIN 1988-300	DN nach Variante A	DN nach Variante B
43	15	12[1]	12[1]
41	20	15[1]	25
44	20	15[1]	25
47	20	15[1]	25
124	20	32	25
123	25	32	25
122	25	32	32
121	25	32	32
121a	25	32	32
120	32	32	32
110	32	40	32
100	32	40	32
90	32	40	32
80	40	40	40
70	40	40	40
60	40	40	40
50	40	40	40
40	40	40	40
30	40	40	40
20	40	40	40
10k	40	40	40
10	40	40	40

[1] PWC und PWH

Allerdings sind die Durchmesseränderungen so vorzunehmen, dass auch hier für den Spitzenlastfall die verfügbare Druckdifferenz aufgebraucht wird (Wirtschaftlichkeit, Hygiene). Das hat zur Folge, dass die Verteilungs- und Steigleitungen nicht beliebig vergrößert werden können, weil im Stockwerksbereich der dabei gewonnene Druck durch die Begrenzung auf die Mindest-Nennweiten und die noch zulässigen Strömungsgeschwindigkeiten nicht mehr abgebaut werden kann. Das System wäre überdimensioniert. Deshalb können bei dem vorliegenden 12-Strang-System nur moderate Änderungen vorgenommen werden, wie die **Tab. 3–8** ausweist.

Dabei werden zwei Varianten unterschieden:
Bei Variante A werden die Nennweiten sämtlicher Stockwerksleitungen[24] und der Einzelanschlussleitung (EAL[24]) zur Dusche verringert – bei gleichzeitiger Vergrößerung von Nennweiten in den Verteilungs- und Steigleitungen.

Bei der Variante B wird nur die EAL[24] verringert – dafür Abschnitte in den anderen Leitungsarten erhöht (s. **Tab. 3–8**). Im Bereich der Verteilungs- und Steigleitungen werden nur die PWC-Nennweiten vergrößert, weil warmwasserseitig im Auslegungsfall ohnehin größere Vordrücke an den Entnahmearmaturen herrschen.

Tabelle

Variante A

Teilweise Vergrößerung der Nennweiten (PWC) der Verteilungs- und Steigleitungen bei Verringerung der Nennweiten für die Stockwerksleitungen – einschließlich Einzelanschlussleitung EAL zur Dusche.

Variante B

Teilweise Vergrößerung der Nennweiten der Verteilungs-, Steig- und Stockwerksleitungen (PWC) bei Verringerung der Nennweite (nur!) der Einzelanschlussleitung EAL zur Dusche.

[24] PWC und PWH

Die **Abb. 3–25** und **Abb. 3–26** zeigen die sich ergebenden Temperaturanstiege beim Öffnen der PWC-Seite einer zusätzlichen Armatur für die o. g. vier Fälle.

Die Anpassung der Rohrdurchmesser ergibt tatsächlich eine Verringerung der Temperaturunterschiede, die für die besonders interessierende Variante B in der **Abb. 3–27** im Vergleich dargestellt wird.

Es besteht kein Zweifel: Der Komfort ließe sich – den Auslegungsfall betrachtet – mit der Variante B verbessern, allerdings ist der dafür notwendige Einsatz erheblich, wie die DN-Änderungen in **Tab. 3–8** ausweisen. Die Steigleitungs- und Stockwerksnennweiten müssten zum Teil erheblich vergrößert werden und das scheint angesichts der geringen Verbesserungen im Temperaturanstieg nicht gerechtfertigt. Bei einem PWC-Volumenstrom von 0,15 l/s an der zusätzlich geöffneten Entnahmearmatur ergibt sich eine Minderung des Temperaturanstiegs gegenüber einem nach DIN 1988-300 ausgelegten Rohrnetz für den interessierenden Fall 2^{25} von 2,6 auf 1,8 und für den Fall 3^{26} von 1,2 auf 0,8 K – das sind 30–35 % weniger. Diese prozentuale Änderung wirkt groß, allerdings sind die absoluten Temperaturänderungen von 0,4–0,8 K relativ klein und werden auf diesem Niveau vom Nutzer höchstwahrscheinlich akzeptiert [10] [36]. Danach werden Temperaturänderungen < 2 K als »keine störenden Schwankungen« eingestuft, liegen sie < 1 K, wird von einer »konstanten« Temperatur gesprochen.

Interessant wäre noch in diesem Zusammenhang (modifizierte Rohrdurchmesser), welche vergleichbaren Temperaturanstiege sich ergeben, wenn die Entnahme weit entfernt von der Dusche im hydraulisch ungünstigsten Weg erfolgt. Also beispielsweise: Die Dusche im obersten Geschoss des ungünstigsten Stranges ist geöffnet und eine Entnahmestelle im obersten Geschoss des Stranges 1 (also ganz in der Nähe zum Hauswasserzähler) wird zusätzlich geöffnet. Es werden nur die beiden Extreme der Belastung, Fall 1 und Fall 4, im Vergleich betrachtet und dabei ergeben sich die Temperaturanstiege wie in **Abb. 3–28** dargestellt. Die Kurven für die »nahe« zusätzlich geöffnete Entnahmestelle sind mit denen in **Abb. 3–26** identisch, die für die »entfernte« geöffnete Entnahmestelle weist deutlich kleinere Temperaturdifferenzen auf.

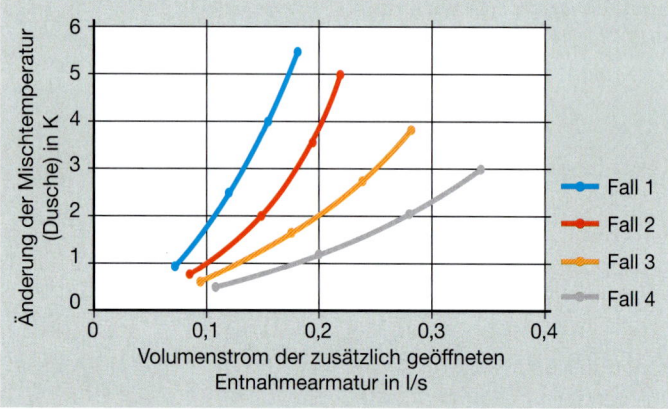

Abb. 3–25

Temperaturänderungen an der Dusche des hydraulisch ungünstigsten Weges in Abhängigkeit vom Volumenstrom und vom Lastzustand – Fall 1–4.
Variante A: Nennweiten der Verteilungs- und Steigleitungen relativ groß. Nennweiten der **Stockwerksleitungen einschließlich der EAL** (DN 12 statt DN 15) jedoch relativ klein. T-Stück-Installation.

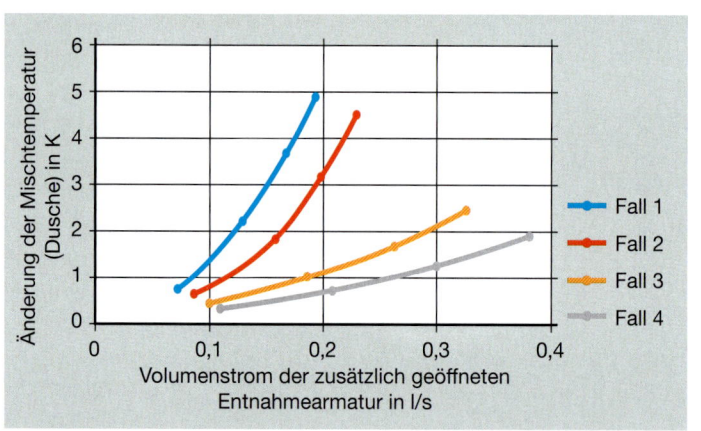

Abb. 3–26

Temperaturänderungen an der Dusche des hydraulisch ungünstigsten Weges in Abhängigkeit vom Volumenstrom und vom Lastzustand – Fall 1–4.
Variante B: Nennweiten der Verteilungs- und Steigleitungen sowie der Stockwerksleitungen relativ groß.
Die EAL zur Dusche mit DN 12 relativ klein. T-Stück-Installation.

---

[25] Belastung kann bei Öffnung der weiteren Entnahmestelle zum Absinken des Fließdruckes an der Dusche unter den Mindest-Fließdruck führen.

[26] Hier wurden Belastungen simuliert, die nach Öffnung einer weiteren Entnahmearmatur im Regelfall keine Überlast erzeugen, also den Mindest-Fließdruck an der ungünstigsten Dusche nicht unterschreiten.

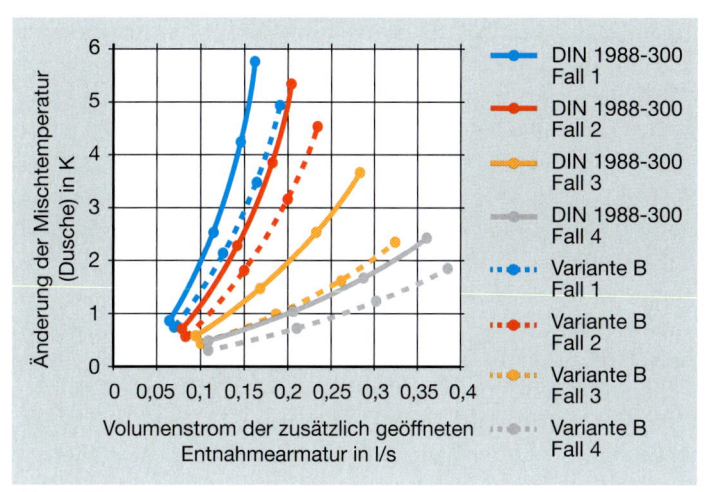

Abb. 3–27

Temperaturänderungen an der Dusche des hydraulisch ungünstigsten Weges in Abhängigkeit vom Volumenstrom und dem Lastzustand – Fall 1–3.

DIN 1988-300
Auslegung der Nennweiten nach DIN 1988-300.

Variante B
Teilweise Vergrößerung der Nennweiten der Verteilungs-, Steig- und Stockwerksleitungen (PWC) bei Verringerung der Nennweite (**nur!**) der Einzelanschlussleitung EAL zur Dusche.

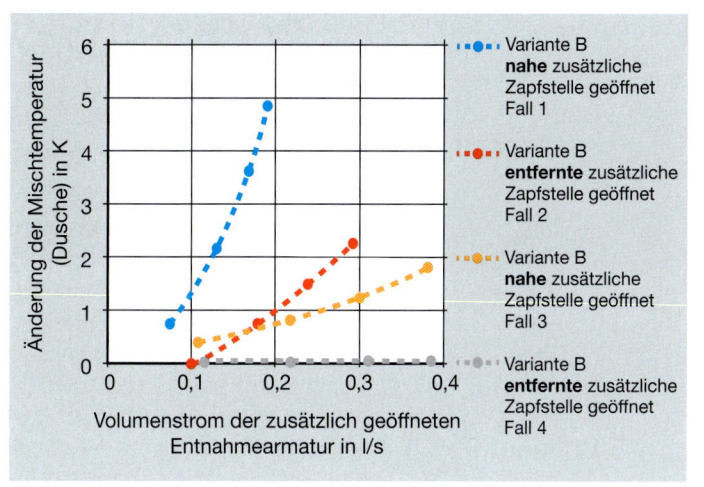

Abb. 3–28

Temperaturänderungen an der Dusche des hydraulisch ungünstigsten Weges in Abhängigkeit vom Volumenstrom und dem Lastzustand – Fall 1–3.

Variante B
Modifizierte Auslegung des ungünstigsten Leitungsweges, eine Entnahmestelle im obersten Geschoss des Stranges 12 in unmittelbarer Nähe zur Dusche (»**nahe**«) wird zusätzlich geöffnet.
Fall 1: Überlastzustand
Fall 4: minimaler Lastzustand

Variante B
Modifizierte Auslegung des ungünstigsten Leitungsweges, eine Entnahmestelle im obersten Geschoss des Stranges 1 (also ganz in der Nähe zum Hauswasserzähler) und damit weit entfernt (»**entfernte**«) von der Dusche wird geöffnet.

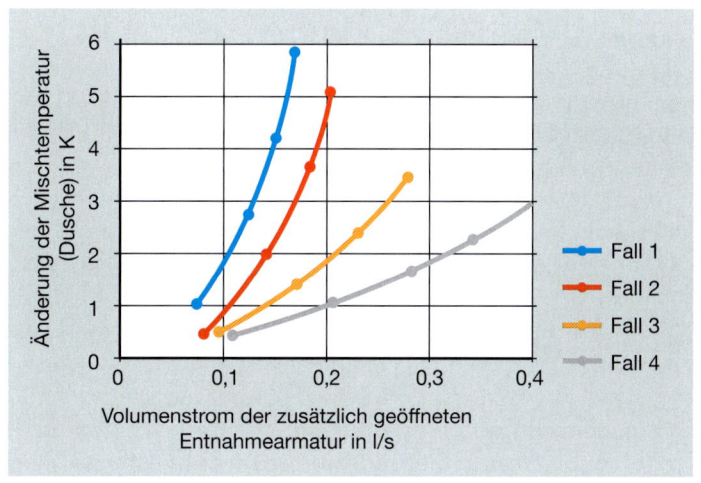

Abb. 3–29

Temperaturänderungen an der Dusche des hydraulisch ungünstigsten Weges in Abhängigkeit vom Volumenstrom und vom Lastzustand –
Fall 1–4 im nach DIN 1988-300 dimensionierten Trinkwasser-System.
Installation mit **EAL ab Verteiler**.

Wie **Abb. 3–28** ausweist, werden die Bedingungen bei Teillastzuständen wesentlich besser: Die Temperaturanstiege liegen bei unmittelbarer Nähe der zusätzlich geöffneten Armatur mit z. B. 0,15 l/s Zapfstrom und hoher Belastung (Fall 1) bei 3,0 K. Wenn die Armatur sehr weit weg ist von der Duscharmatur wird der Temperaturanstieg bei der gleichen Belastung nur bei 0,5 K liegen. Bei den minimalen Lastzuständen (Fall 4) wird das Zapfen an einer entfernten Zapfstelle nicht mehr wahrgenommen; es gibt keinen Temperaturanstieg, wie **Abb. 3–28** zeigt.

Ob die Temperaturschwankung direkt proportional der Relation der Druckverluste der EAL zu den übrigen (Verteilungs-, Steig- und restliche Stockwerksleitungen) ist, dazu müssten weitere Untersuchungen mit dem vorliegenden Modell gemacht werden. Für die in **Abb. 3–22** und **Abb. 3–26** dargestellten Fälle ergeben sich für die Relationen der Druckverluste die Werte 15,5 (DIN 1988-300) und 4,9 (modifizierte DN); die Temperaturschwankung selber reduziert sich bei modifizierter Auslegung je Systembelastung und nach Zapfvolumenstrom der benachbarten Entnahmestelle, wie die **Abb. 3–26** ausweist. Beträgt dieser 0,15 l/s, dann beträgt die Absenkung je nach Lastfall ca. 30–35 % (s. o.). Diese Werte zeigen, dass man sehr viel differenzierter vorgehen muss, um einen Zusammenhang zwischen des Anteiles der Druckverluste in der EAL zu den übrigen Druckverlusten und der dadurch entstehenden Temperaturschwankung herzustellen.

Klar ist, dass (relativ) größer dimensionierte (Sammel-[27])Leitungen bis zum Anschluss der Einzelanschlussleitung und (relativ) kleiner dimensionierte Einzelanschlussleitungen zu einer Absenkung der Temperaturanstiege an z. B. einer Dusche beim Zapfen durch benachbarte Abnehmer führen muss, weil die dabei entstehende Druckverlustzunahme in den Sammelleitungen geringer ausfällt als bei den Leitungsquerschnitten, die sich bei konsequenter[28] Anwendung der DIN 1988-300 ergeben.

Nur ist zu bedenken, dass die erzielbaren Reduzierungen der Temperaturänderungen teuer erkauft werden müssen. Insbesondere im Stockwerksleitungsbereich führen die größeren Nennweiten der Stockwerksleitungen (die Einzelzuleitungen werden ja kleiner bemessen) zu Problemen, z. B. erhöht sich der Platzbedarf und im vorliegenden Fall hat das UPV eine Nennweite von DN 25. Hier sollten weitere Untersuchungen durchgeführt werden, um in anschließenden Diskussionen geeigneter Fachkreise zu einer abschließenden Beurteilung kommen zu können.

**Zu 3. Temperaturunterschiede für andere Stockwerksverteilungen,
Beispiel: Einzelanschlussleitungen (EAL) über einen zentralen Stockwerksverteiler**

Zunächst werden die Temperatursteigerungen für ein nach DIN 1988-300 bemessenes System untersucht und mit den Ergebnissen für die T-Stück-Installation verglichen.

Abb. 3–29 zeigt die Temperaturänderungen an der Dusche des hydraulisch ungünstigsten Weges in Abhängigkeit vom Volumenstrom des unmittelbar benachbarten Abnehmers. Im Vergleich zu den Ergebnissen bei der T-Stück-Installation (s. **Abb. 3–22**) ergeben sich kaum Änderungen für die besonders interessierenden Fälle 2 und 3 (s. o.). Im direkten Vergleich (s. **Abb. 3–30**) ist gut erkennbar, dass die Abweichungen vernachlässigbar sind.

Wie sieht es nun aus, wenn auch bei dem System mit Stockwerksverteilern die Nennweiten anders verteilt werden – also die EAL **kleiner** (DN 12 statt DN 15) und die übrigen Leitungen zum Teil **größer** bemessen werden?

Die Nennweitenänderungen sind so vorgenommen worden wie in **Tab. 3–8** (nach Variante B[29]).
Abb. 3–31 zeigt die Temperaturänderungen, sie nehmen in allen Fällen ab und in den besonders interessierenden Fällen 2 und 3 sind die Verhältnisse in **Abb. 3–32** vergleichend dargestellt. Auch hier liegt – wie schon bei der T-Stück-Installation – die Reduzierung der Temperaturschwankungen gegenüber einer Auslegung nach DIN 1988-300 bei 25–30 %.

---

[27] Sammelleitung: Verteilungs-, Steig- und Stockwerksleitungsabschnitt, an dem mindestens zwei Entnahmestellen angeschlossen sind.

[28] »konsequent« meint: Die Nennweite wird ausschließlich vom Spitzenvolumenstrom und vom mittleren Rohrreibungsdruckgefälle abhängig gemacht.

[29] Teilstrecke 41 und 44 existieren bei dieser Stockwerksverteilung nicht!

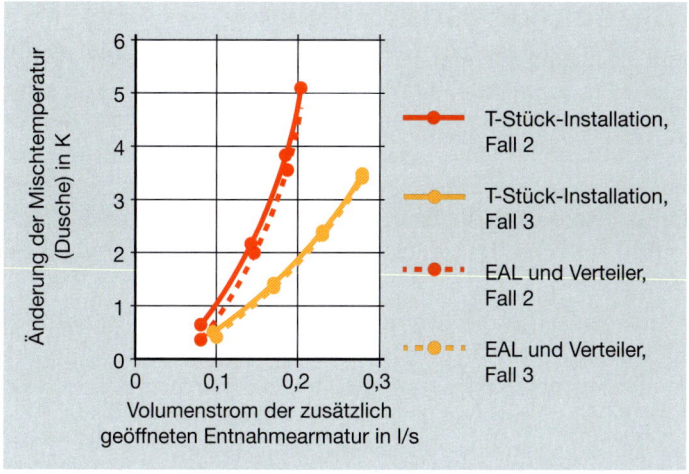

Abb. 3–30

Temperaturänderungen an der Dusche des hydraulisch ungünstigsten Weges in Abhängigkeit vom Volumenstrom und von der Art der Stockwerksinstallation im **nach DIN 1988-300** dimensionierten Trinkwasser-System im direkten Vergleich.
Zusätzliche Entnahmestelle nahe der Dusche.

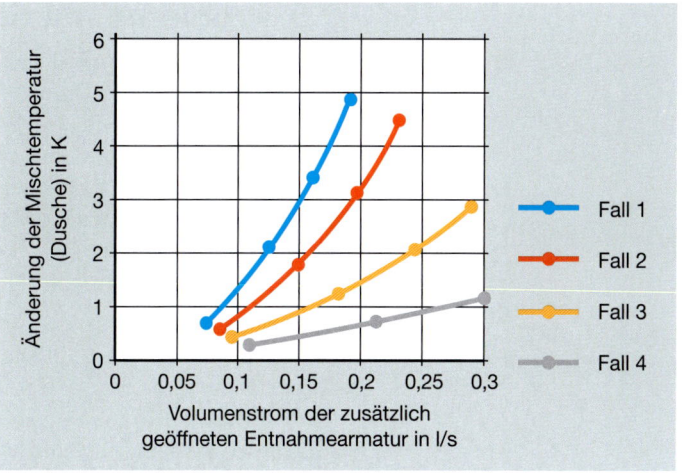

Abb. 3–31

Temperaturänderungen an der Dusche des hydraulisch ungünstigsten Weges in Abhängigkeit vom Volumenstrom und vom Lastzustand – Fall 1–4.
Nennweiten der Verteilungs- und Steigleitungen sowie der Stockwerksleitung zum Verteiler relativ groß, nur die EAL zur Dusche mit DN 12 relativ klein.
Installation mit EAL ab Verteiler.
Zapfung an einer Entnahmestelle in derselben Stockwerksverteilung.

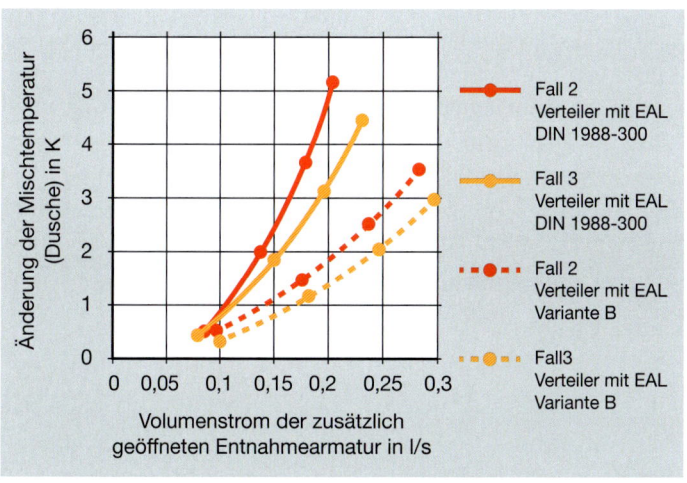

Abb. 3–32

Temperaturänderungen an der Dusche des hydraulisch ungünstigsten Weges in Abhängigkeit vom Volumenstrom für die Fälle 2 und 3.

Variante B
Nennweiten der Verteilungs- und Steigleitungen sowie der Stockwerksleitung zum Verteiler relativ groß, nur die EAL zur Dusche mit DN 12 relativ klein.
DIN 1988-300: Nach dieser Norm ausgelegt.
Installation mit EAL ab Verteiler.

2.5 Probleme mit dem Berechnungsdurchfluss

Schon in der alten DIN 1988-3 **[37]** ist für die Entnahmearmaturen ein sog. Berechnungsdurchfluss $\dot{V}_R$ definiert worden, der bei den in der Regel nicht abgeglichenen Trinkwasser-Installationen berücksichtigen soll, dass an den hydraulisch günstiger gelegenen Entnahmestellen ein höherer Fließdruck vorliegt und damit auch ein über den Mindest-Durchfluss hinausgehender Volumenstrom gezapft wird. Jede Entnahmearmatur benötigt für die Gebrauchstauglichkeit nur den Mindest-Durchfluss, allerdings ging und geht man davon aus[30], dass aus einer Auslegung des Systems mit einem Spitzenvolumenstrom, der sich aus dem mit den Mindest-Durchflüssen gebildeten Summendurchfluss ergibt, eine Unterdimensionierung resultiert.

Ein kleines Beispiel aus dem Simulationsmodell soll die Größenordnung der höheren Durchflüsse demonstrieren, s. **Abb. 3–33** und **Abb. 3–34**.

Dargestellt sind die Stockwerksverteilungen im obersten (Fall 1 – **Abb. 3–33**) und untersten Geschoss (Fall 2 – **Abb. 3–34**) des Stranges 12 mit den relevanten Daten bei einer Spitzenbelastung.

In beiden Geschossen ist der Anschluss zur Haushaltswaschmaschine (WM) geöffnet.

Die Auslegungsdaten für die Maschine sind
- Mindest-Fließdruck = 1000 hPa
- Mindest-Durchfluss nach DIN 1988-300 = 0,11 l/s – beim Berechnungsdurchfluss von 0,15 l/s [31]

Bei der konkreten Belastungssituation wird im obersten Geschoss etwa der Mindest-Durchfluss beim Mindest-Fließdruck (0,111 l/s bei 1012 hPa) entnommen, im EG aber wegen der günstigeren Druckverhältnisse ein höherer Volumenstrom – 0,155 l/s bei knapp 2 bar, rechnerisch 1982 hPa.

Bei dieser Simulation ist auch die Waschmaschine im EG des Stranges 1 (!) geöffnet und da beträgt der Volumenstrom gar 0,189 l/s bei einem Vordruck von 2954 hPa, eine Steigerung von rund 70 % gegenüber dem Mindest-Durchfluss.

Deshalb war und ist man der Auffassung gewesen, man müsse einen Berechnungsdurchfluss definieren, der diesen Anstieg der Zapfströme kompensiert. Der Einfachheit halber ging man von der Überlegung aus, dass die maximalen Fließdrücke vor einer Entnahmearmatur in der Praxis im Bereich von 0,3 MPa liegen dürften und da dies auch der den Schallpegel kennzeichnende Fließdruck nach DIN EN ISO 3822-2 **[38]** ist, hat man den zugehörigen sog. »oberen Durchfluss« für die Definition des Berechnungsdurchflusses herangezogen, siehe Gleichung (8) in DIN 1988-300.

Aber bei Lichte betrachtet ist man noch einen Schritt weiter gegangen: Der Spitzendurchfluss in einer Einzelanschlussleitung wird gleich dem Berechnungsdurchfluss angenommen, also:

$$(11) \qquad \dot{V}_{S,EAL} = \dot{V}_{R,EA}$$

mit

Index EAL Einzelanschlussleitung
Index EA Entnahmearmatur

In sämtlichen Berechnungsbeispielen (auch schon in der »alten« DIN 1988-3 im Beiblatt **[39]**), die in der relevanten Fachliteratur aufgeführt sind, wird mit diesem Berechnungsansatz gearbeitet **[40] [41] [42]**, ebenso in den (dem Autor bekannten) einschlägigen Auslegungsprogrammen der kommerziellen Anbieter.

Diese Vorgehensweise hat auch für die Druckverluste erhebliche Konsequenzen, steigt doch der Druckbedarf mit dem Quadrat des Volumenstroms. Das bedeutet beispielsweise für eine EAL im hydraulisch ungünstigsten Weg, dass bei dem Ansatz mit dem Berechnungsdurchfluss (= Spitzendurchfluss) ein um ca. 85 % höherer Druckverlust berücksichtigt wird.

---

[30] Das ist auch in der aktuellen DIN 1988-300 der Fall!

[31] $\dot{V}_{min} = \dfrac{2 \times \dot{V}_R}{1 + \sqrt{\dfrac{p_{0\,Fl}}{p_{minFl}}}}$

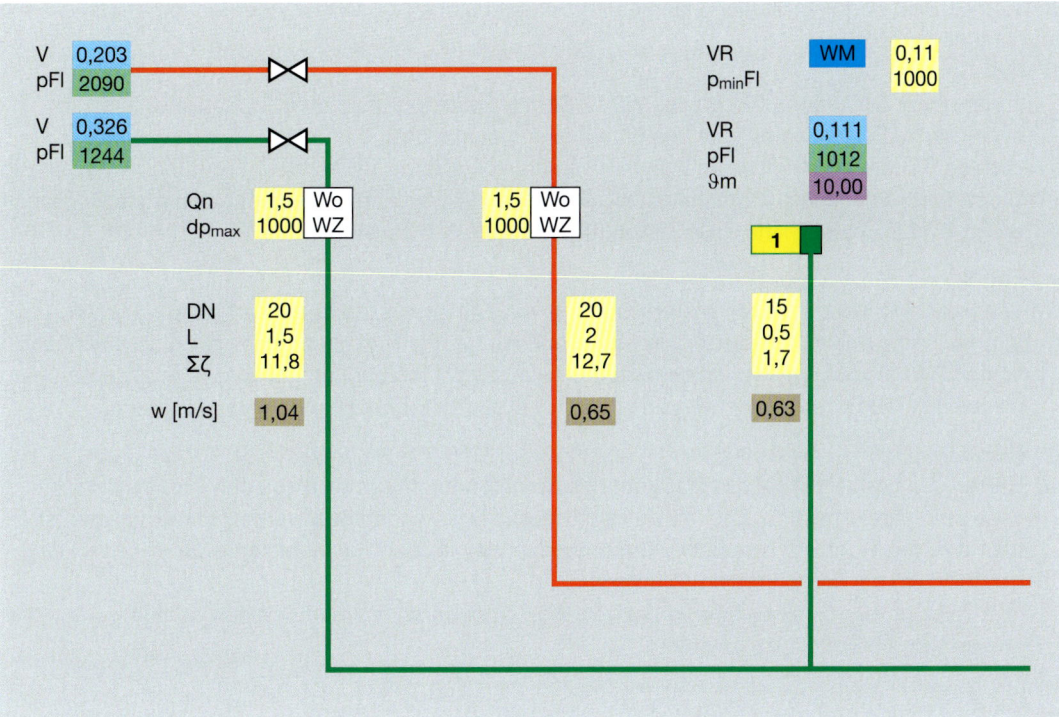

Abb. 3-33

Fall 1
Oberstes Geschoss (3. OG), Strang 12, Zapfung an der Waschmaschine.

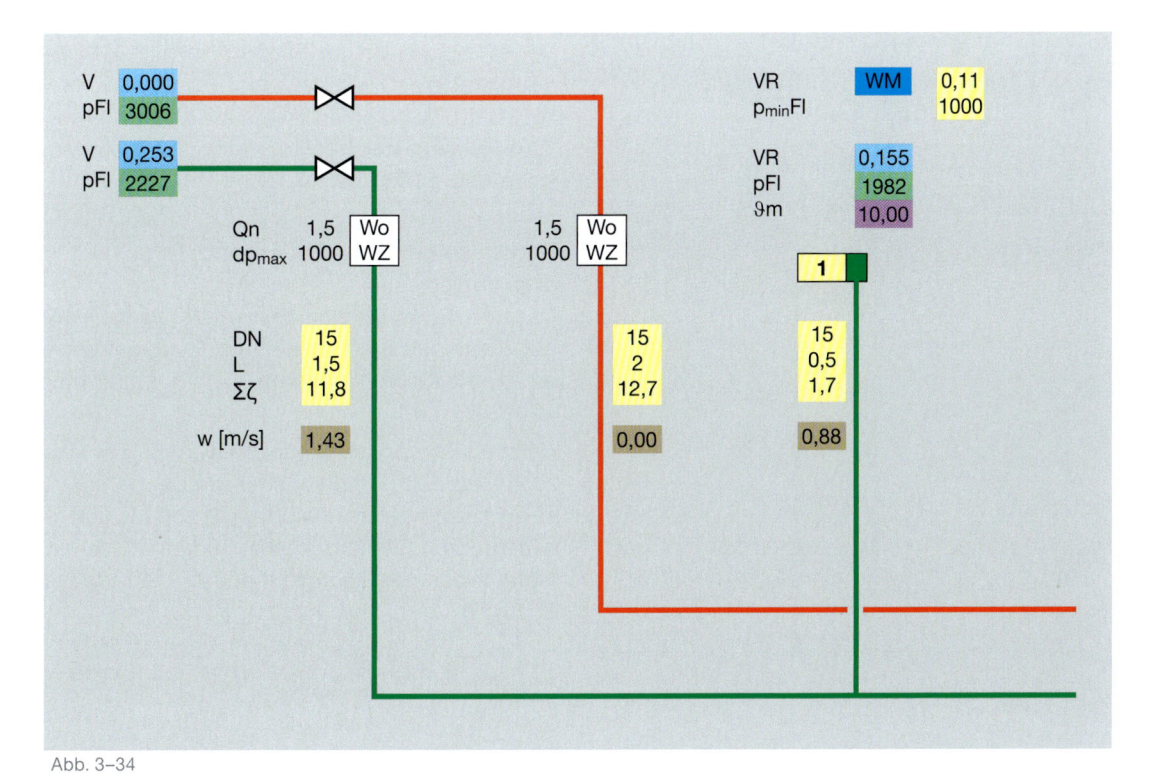

Abb. 3-34

Fall 2
Unterstes Geschoss (EG), Strang 12, Zapfung an der Waschmaschine.

Vergleich der Zapfströme im obersten und untersten Geschoss an einer Haushaltswaschmaschine bei einer Spitzenbelastung in der Trinkwasser-Installation.

Validierung der bisherigen Berechnungsansätze für die Bemessung von Trinkwasser-Leitungen PWC/PWH

Um sich ein Bild über die Situation im Gesamtsystem machen zu können, werden folgende Fälle mit dem Modell simuliert:

■ **Fall A**

In dem nach DIN 1988-300 bemessenen 12-Strang-System (s. **Abb. 3–1** bis **Abb. 3–3**) wird als hydraulische Eingangsgröße bei den Entnahmearmaturen nicht der Berechnungsdurchfluss, sondern der Mindest-Durchfluss – zusammen mit dem unveränderten Mindest-Fließdruck – verwendet. Die im Modell geöffneten Entnahmestellen basieren auf dem Berechnungsdurchfluss als Eingangsgröße, sind also die gleichen, wie in **Abb. 3–1** bis **Abb. 3–3** dargestellt.

■ **Fall B**

Wie Fall A, nur werden durch weitere Öffnung von Entnahmearmaturen die Spitzenvolumenströme für die Auslegung wiederhergestellt und die Nennweiten entlang des hydraulisch ungünstigsten PWC-Fließweges so verkleinert, dass sich an der am ungünstigsten gelegenen Entnahmestelle gerade noch der notwendige Mindest-Fließdruck einstellt (Auslegungszustand!).

■ **Fall C**

Der für den Spitzendurchfluss maßgebende Summendurchfluss wird aus der Summe der Mindest-Durchflüsse gebildet und mit den sich daraus ergebenden geänderten Spitzenvolumenströmen wird das Rohrnetz bemessen. Dann werden die gleichen Entnahmearmaturen wie im Fall B geöffnet, um die Auswirkungen zu untersuchen.

In der Praxis wird die Frage häufig gestellt: Wozu den Berechnungsdurchfluss nehmen, wenn die Mindest-Durchflüsse ausreichen?

Zu Fall A

Bei dieser Variante werden an allen zur Simulation einer Spitzenentnahme geöffneten Entnahmestellen (s. **Abb. 3–1** bis **Abb. 3–3**) die notwendigen Mindest-Durchflüsse erreicht, wie **Abb. 3–35** beispielsweise für die hydraulisch am ungünstigsten gelegene Dusche ausweist.

Fall A
Volumenströme und Drücke an der (33a) hydraulisch ungünstigsten Entnahmestelle (Strang 12, oberstes OG) und in der (33b) Hausanschlussleitung

Dabei liegt an ihr der Fließdruck mit 1491 hPa deutlich über dem Mindest-Fließdruck von 1000 hPa. Hier könnten in diesem Strömungsweg noch kleinere Rohrdurchmesser gewählt werden, siehe **Abb. 3–35**.

Allerdings werden entlang des gesamten Fließweges die Spitzendurchflüsse nach DIN 1988-300 nicht erreicht.

Das ist z. B. im Bereich der HAL (s. **Abb. 3–36**) gut erkennbar: Statt für die Auslegung gefordertem Spitzendurchfluss von 2,11 l/s fließen nur 1,73 l/s.

Nun muss davon ausgegangen werden, dass die 2,11 l/s korrekt[32] und zudem normativ gefordert sind. Das lässt sich im Modell nur adäquat nachbilden durch Öffnung weiterer Entnahmestellen entlang des hydraulisch ungünstigsten Weges (s. Fall B).

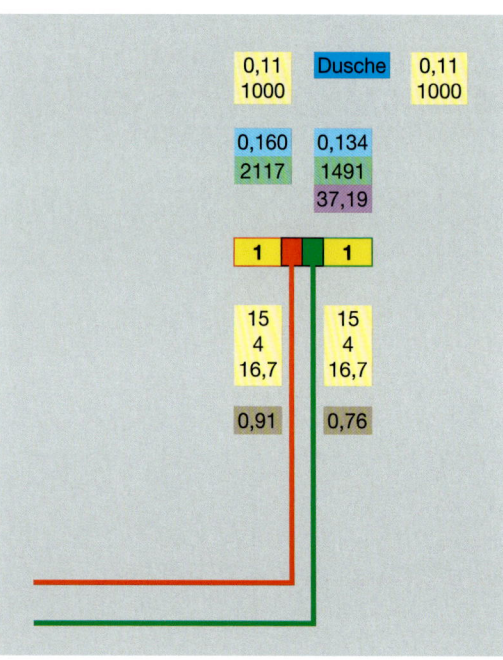

Abb. 3–35

---

[32] Solange nicht neue Messungen nachweisen, dass mit kleineren Spitzvolumenströmen gerechnet werden kann.

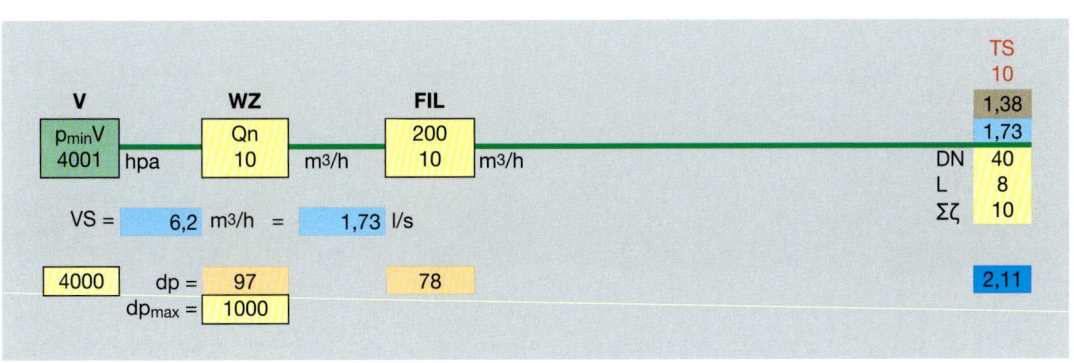

Abb. 3–36

Fall A
Bereich der Hausanschlussleitung

Zu Fall B

Bei der ursprünglichen Auslegung nach DIN 1988-300 mussten insgesamt 16 PWC-Entnahmestellen im Gebäude geöffnet werden, um die Auslegungssituation im Modell nachzubilden (s. **Abb. 3–1** bis **Abb. 3–3**). Mit den veränderten k_v-Werten für die Entnahmearmaturen müssen weitere 6 Entnahmestellen geöffnet werden, um in dem hydraulisch relevanten Weg halbwegs auf die Spitzenströme nach der Norm zu kommen. Wird das durchgeführt, ist an der ungünstigsten Entnahmearmatur immer noch ein zu hoher Fließdruck (knapp 1200 hPa), so dass noch Potenzial besteht, die Nennweiten entlang dieses Weges zu reduzieren.

Tab. 3–9 Änderung (gelb) der Rohrdurchmesser im hydraulisch ungünstigsten PWC-Weg zur Erreichung des Mindest-Fließdruckes an der Dusche

	TS	DN nach DIN 1988-300	DN geändert
PWC	43	15	15
	41	20	15
	44	20	15
	47	20	15
	124	20	15
	123	25	20
	122	25	25
	121	25	25
PWH[1]	43	15	15
	41	20	15
	44	20	15
	47	20	15
	124	20	15
	40	40	32

[1] Auch die PWH-Leitungen wurden angepasst, obwohl die Auslegung zweifelhaft ist – s. Kapitel 5.

Werden die in **Tab. 3–9** angegebenen Änderungen der Nennweiten vorgenommen, ergeben sich für die entfernteste Stockwerksverteilung und beispielsweise den Bereich der Hausanschlussleitung die in **Abb. 3–37** und **Abb. 3–38** dargestellten Durchfluss- und Druckverhältnisse.

Der Mindest-Durchfluss an der hydraulisch ungünstigsten Entnahmearmatur ist gesichert (0,11 l/s, s. **Abb. 3–37**) und das bei den nach DIN 1988-300 geforderten Spitzenbelastungen entlang des gesamten PWC-Weges zu dieser Entnahmestelle (z. B. in der HAL mit 2,12 l/s bei geforderten 2,11 l/s, s. **Abb. 3–38**); die Abweichungen (Auslegung und Simulation) sind marginal.

Mit anderen Worten: Werden die Mindest-Durchflüsse an den Entnahmestellen berücksichtigt und eine Entnahmesituation gemäß DIN 1988-300 hergestellt (durch gleiche Spitzendurchflüsse in nahezu allen TS des hydraulisch ungünstigsten Weges[33]), dann könnten weitere DN-Verkleinerungen vorgenommen werden und dies insbesondere in den Stockwerksverteilungen. Hier müssen dann allerdings die peripheren Leitungsabschnitte (insbesondere in den Stockwerksverteilungen) mit Spitzendurchflüssen basierend auf den Mindest-Durchflüssen der Entnahmearmaturen bemessen werden, siehe **Tab. 3–10**.

---

[33] Bis auf die peripheren Teilstrecken in der Steigleitung des Stranges 12 (TS 122 bis 124) und der obersten Stockwerksverteilung des Stranges 12 (TS 47, 44, 41 und 43), dort sind für den Spitzenvolumenstrom die geforderten Mindest-Durchflüsse in den Nutzungseinheiten maßgebend, siehe Tab. 10.

Fall B
Volumenströme und Drücke
a) hydraulisch ungünstigste
Entnahmestellen – Strang 12,
oberstes OG

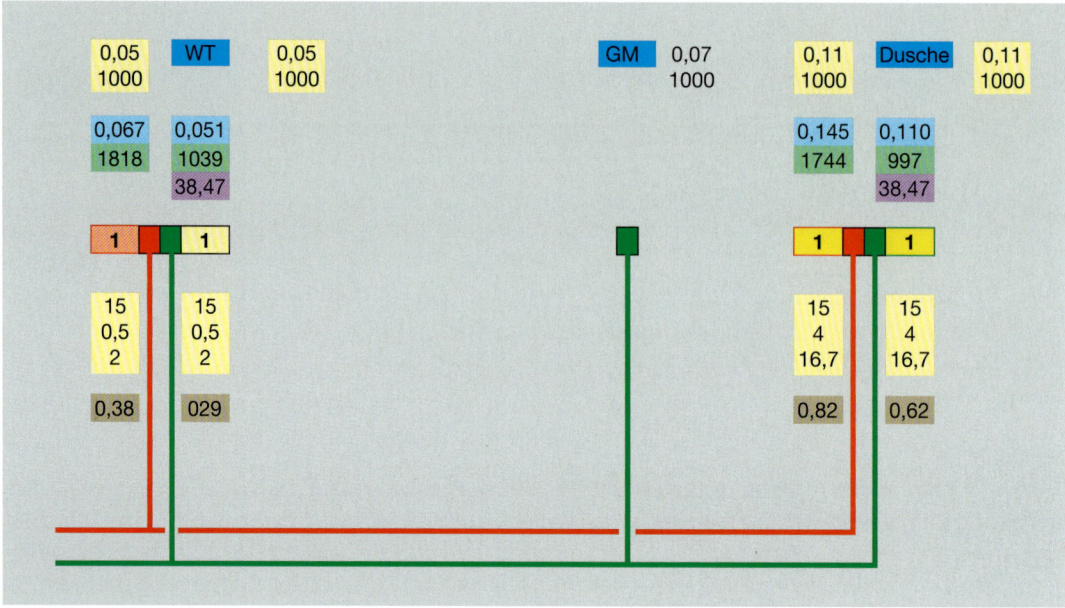

Abb. 3–37

Fall B
b) Bereich der
Hausanschlussleitung

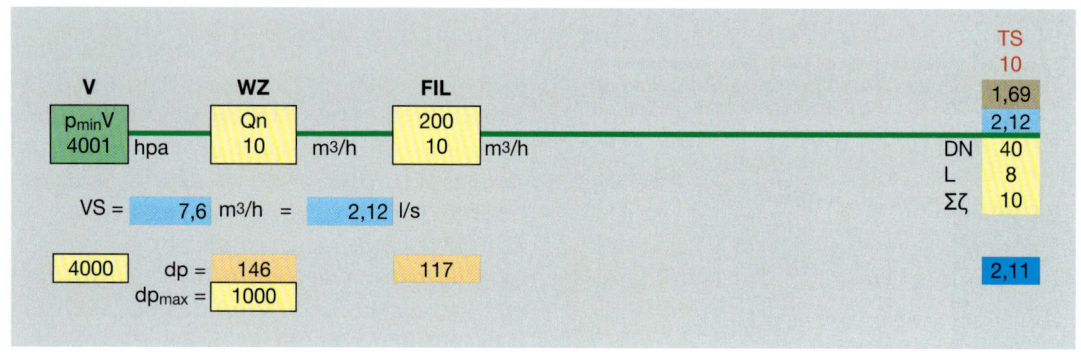

Abb. 3–38

Tab. 3–10 Korrigierte Spitzendurchflüsse in den peripheren Leitungsabschnitten – an den Entnahmearmaturen wird für den »Fall B« $\dot{V}_{min}$ statt $\dot{V}_R$ berücksichtigt

TS	Summe $\dot{V}_R$ l/s	$\dot{V}_S$ mit Gleichung[1] l/s	$\dot{V}_S$ über NE ermittelt[2] l/s
43	0,15	0,09	**0,11**
41	0,37	0,29	**0,16**
44	0,5	0,36	**0,21**
47	0,64	0,42	**0,22**
124	0,64	0,42	**0,22**
123	1,28	0,61	**0,44**
122	1,92	0,74	**0,66**
121	2,56	0,83[3]	0,88

[1] Gleichung (9) der DIN 1988-300 für Wohngebäude.
[2] In den Nutzungseinheiten werden max. zwei Entnahmestellen je Nutzungseinheit mit dem Mindest-Durchfluss (statt dem Berechnungsdurchfluss!) angesetzt.
[3] Nach Gleichung (9) der DIN 1988-300 berücksichtigen, da kleiner als $\dot{V}_S$ über NE ermittelt!

Zu Fall C

Wird der Summendurchfluss für alle Teilstrecken aus der Summe der Mindest-Durchflüsse der angeschlossenen Entnahmearmaturen berechnet und für die Ermittlung des Spitzenvolumenstroms verwendet, müssen sich kleinere Spitzendurchflüsse für die Auslegung ergeben.

Statt des bislang angenommenen Spitzenvolumenstroms von 2,11 l/s in der HAL, ergibt sich nunmehr ein Wert von 1,93 l/s, siehe **Abb. 3–39** (dunkelblau unterlegt).

Damit könnten auch die Nennweiten entlang des hydraulisch ungünstigsten Weges für den Fall C geändert werden – wie **Tab. 3–11** ausweist.

Tab. 3–11 Änderung (gelb) der Rohrdurchmesser im hydraulisch ungünstigsten PWC-Weg des Summendurchflusses aus der Summe der Mindest-Durchflüsse der Entnahmearmaturen

	TS	DN nach DIN 1988-300	DN nach Variante C
PWC	43	15	15
	41	20	15
	44	20	15
	47	20	20
	124	20	20
	123	25	25
	122	25	25
	121	25	25
	121a	25	25
	120	32	25
	110	32	32
	100	32	32
	90	32	32
	80	40	32
	70	40	32
	60	40	32
	50	40	40
	40	40	40
	30	40	40
	20	40	40
	10k	40	40
	10	40	40

Wird nun mit dem Modell eine Wasserentnahme wie im Fall C simuliert, dann ist bei dieser Spitzenbelastung zu erkennen, dass beispielsweise in der HAL der Auslegungsdurchfluss (Sollwert) von 1,93 l/s überschritten wird; der Istwert beträgt 2,05 l/s (s. **Abb. 3–39**). Das muss an der ungünstigsten Entnahmestelle zu einer Absenkung des Fließdrucks unter den Mindest-Fließdruck führen und genau das ist für dieses Beispiel in der **Abb. 3–40** zu sehen. Statt der 1000 hPa werden rechnerisch nur 870 hPa erreicht, mit der Folge, dass auch der Mindest-Durchfluss von 0,11 l/s nicht entnommen werden kann. In diesem Fall ist die Abweichung freilich relativ gering[34], allerdings wird in der HAL auch nicht der Spitzendurchfluss nach DIN 1988-300 erreicht.

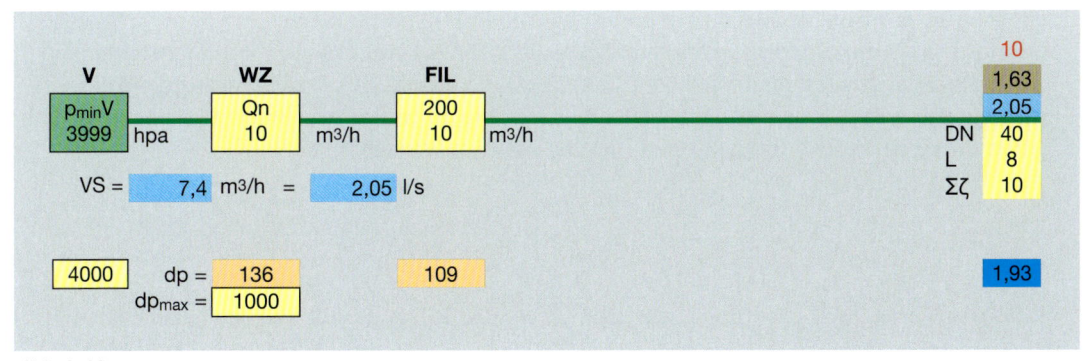

Abb. 3–39

Fall C
Volumenströme und Drücke in der Hausanschlussleitung

---

[34] Hier könnte eine umfängliche Diskussion angeschoben werden mit der Fragestellung: Welche Einbußen können bei einer Spitzenbelastung wie oft im Jahr hingenommen werden?
Und daraus ableitend die Frage: Wie wirkt sich das Ergebnis der Beantwortung auf die Auslegung von Trinkwasser-Systemen aus? Hier soll zunächst im Weiteren immer davon ausgegangen werden, dass die Mindest-Anforderungen immer erfüllt werden.

Fall C
Volumenströme und Drücke an den beiden hydraulisch ungünstigsten Entnahmestellen – Strang 12, oberstes OG

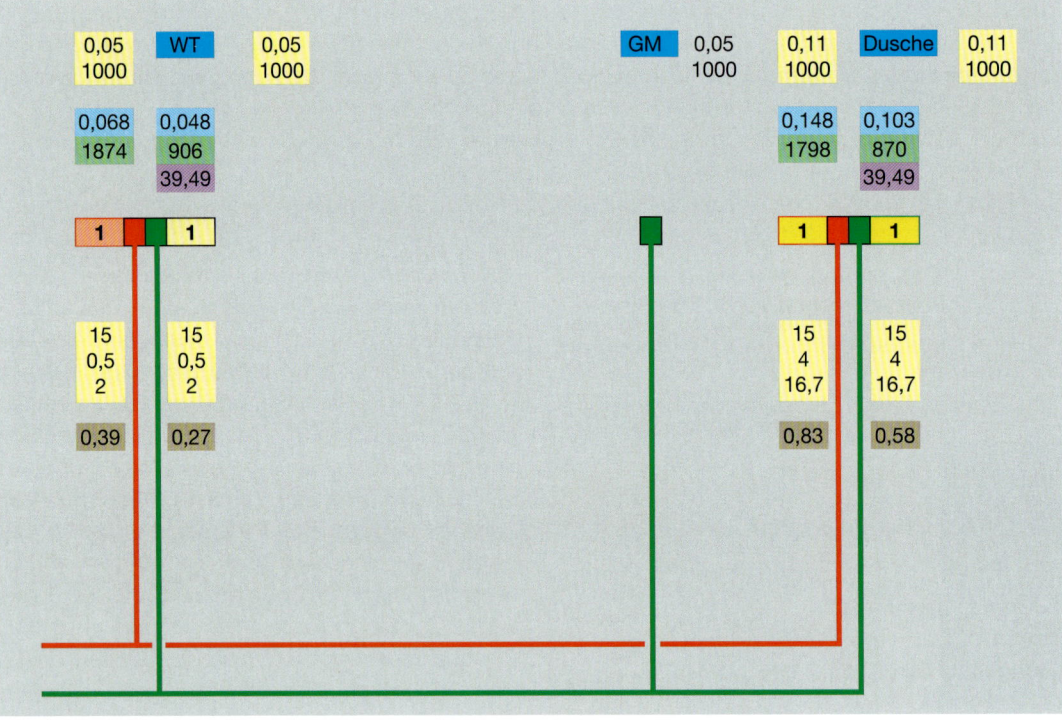

Abb. 3–40

Schlussfolgerungen

1. Die Vorgehensweise, die Einzelanschlussleitungen und in der Folge auch weitere periphere Teilstrecken mit dem Berechnungsdurchfluss der Entnahmearmaturen zu bemessen, ist nicht korrekt und führt zu einer Überdimensionierung sämtlicher Stockwerksverteilungen und auch von Leitungsabschnitten in der hydraulisch ungünstigsten Steigleitung.

2. Die Mindest-Durchflüsse der Entnahmearmaturen zur Berechnung der Spitzendurchflüsse **aller** Teilstrecken heranzuziehen erweist sich als fehlerhaft. Dies lässt sich durch Simulation einer Entnahmesituation für die Auslegung nachweisen. Die geforderte Durchflusskapazität nach DIN 1988-300 wird z. B. in der HAL nicht erreicht.
Richtig ist vielmehr, nur in den peripheren Leitungsabschnitten – besonders in den Stockwerksverteilungen – den Spitzendurchfluss mit Hilfe der Mindest-Durchflüsse unter Zugrundelegung des Gleichzeitigkeitsalgorithmus' der DIN 1988-300 zu bestimmen. Damit werden die Wasserinhalte in der Anlage kleiner und die Wasseraustauschraten größer, ein – wenn auch kleiner – Beitrag zur Verbesserung der Hygiene in Trinkwasser-Installationen.

3 Ansätze zur Bemessung von asymmetrischen Zirkulationsnetzen in Trinkwasser-Installationen

3.1 Definition von asymmetrischen Netzen

Wie sehen symmetrische Zirkulationsnetze aus?

Klassischerweise werden die PWH-C-Leitungen (Zirkulationsleitungen) parallel zu den PWH-Leitungen (Warmwasserleitungen[35]) geführt und die sich dabei an den Knotenpunkten einstellenden Temperaturdifferenzen sind in den bisher bekannten Berechnungsverfahren für die Zirkulationssysteme herangezogen worden, sowohl im DVGW-Arbeitsblatt W 553 [2] wie in der DIN 1988-300 [8]. Diese Rohrführung führt zu einem sog. »symmetrischen Netz« und hat zur Folge, dass in den jeweils parallel geführten PWH- und PWH-C-Leitungen die Volumenströme gleich groß werden, unabhängig davon, ob die Auslegung ohne oder mit Beimischung von höher temperiertem PWH-C-Wasser erfolgt. **Abb. 3–41** zeigt vereinfacht für ein komplexes Zirkulationssystem mit 10 »Strängen« die klassische Rohrführung. Zwischen den Knotenpunkten K und auch in jedem Strang wird der Volumenstrom in der PWH-Leitung und in der PWH-C-Leitung gleich groß sein.

Kennzeichen für ein **symmetrisches** Netz ist also, dass in einem »vollständigen« Knotenpunkt (z. B. K4 in **Abb. 3–41**) die durchgeführten PWH-Verteilungs- und die PWH-C-Sammelleitungen jeweils eine Abzweigung haben, die im Bereich der Entnahmestellen zusammengeführt wird und die dafür ausgelegten, korrespondierenden Volumenströme gleich groß sind.

Symmetrisches Netz
Definition

Übrigens: Auch wenn die Rohrführung bei einer oberen Verteilung anders aussieht und die Warmwasser- und Zirkulationsleitungen **nicht** parallel geführt werden, erfolgt die Auslegung wie bei einem symmetrischen System mit unterer Verteilung. Das hat damit zu tun, dass jeweils in den Leitungsabschnitten zwischen zwei Knotenpunkten und in allen Strängen der Volumenstrom in der PWH-Leitung genau so groß ist wie in der PWH-C-Leitung, s. **Abb. 3–42**.

Wie sehen nun asymmetrische Netze aus?

Im gesamten System gibt es einen oder mehrere »unvollständige« Knotenpunkte, an denen eine der beiden Leitungen (PWH oder PWH-C) »einfach« durchgeführt wird – z. B. bei der in **Abb. 3–43** dargestellten unteren Verteilung die PWH-C-Leitung im Knotenpunkt K4 –, also keine Verzweigung hat[36]. Jeder unvollständige Knotenpunkt (also K4 in **Abb. 3–43**) muss einen korrespondierenden unvollständigen Knotenpunkt (K4k in **Abb. 3–43**) haben, bei dem die andere Leitung (in **Abb. 3–43** ist es die PWH-Leitung) einfach durchgeführt wird.

Asymmetrisches Netz
Definition

In der Praxis werden diese Fälle bei Neuanlagen eher selten zu finden sein, es sei denn, die Rohrführung erfolgt mit dem sog. »Tichelmann-System«; hingegen wird bei Anlagen im Bestand im Sanierungsfall schon sehr häufig eine asymmetrische Rohrführung vorgenommen, wenn sich die Installation dadurch vereinfacht – z. B. Vermeidung von Kreuzungen, Durchführungen oder aus Platzgründen – oder kostengünstiger gestaltet werden kann.

---

[35] Genauer: Leitungen für erwärmtes Trinkwasser.

[36] Gegenüber Abb. 38 ist das System an dieser Stelle marginal verändert worden, die Auswirkungen auf die Auslegung sind aber erheblich!

Rohrführung bei symmetrischem Zirkulationssystem

Mit »unterer« Verteilung – z. B. im KG

Korrespondierende Volumenströme:

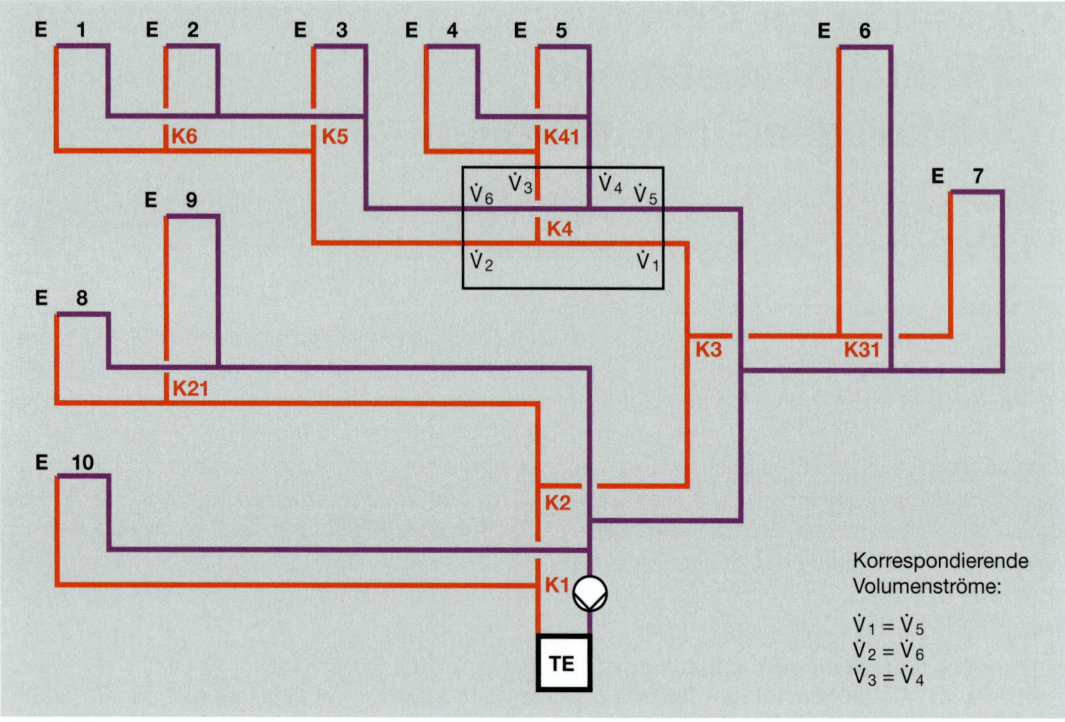

$\dot{V}_1 = \dot{V}_5$
$\dot{V}_2 = \dot{V}_6$
$\dot{V}_3 = \dot{V}_4$

Abb. 3–41

Rohrführung bei symmetrischem Zirkulationssystem

Mit einer sog. »oberen« Verteilung – vereinfachtes Strangschema

Korrespondierende Volumenströme:

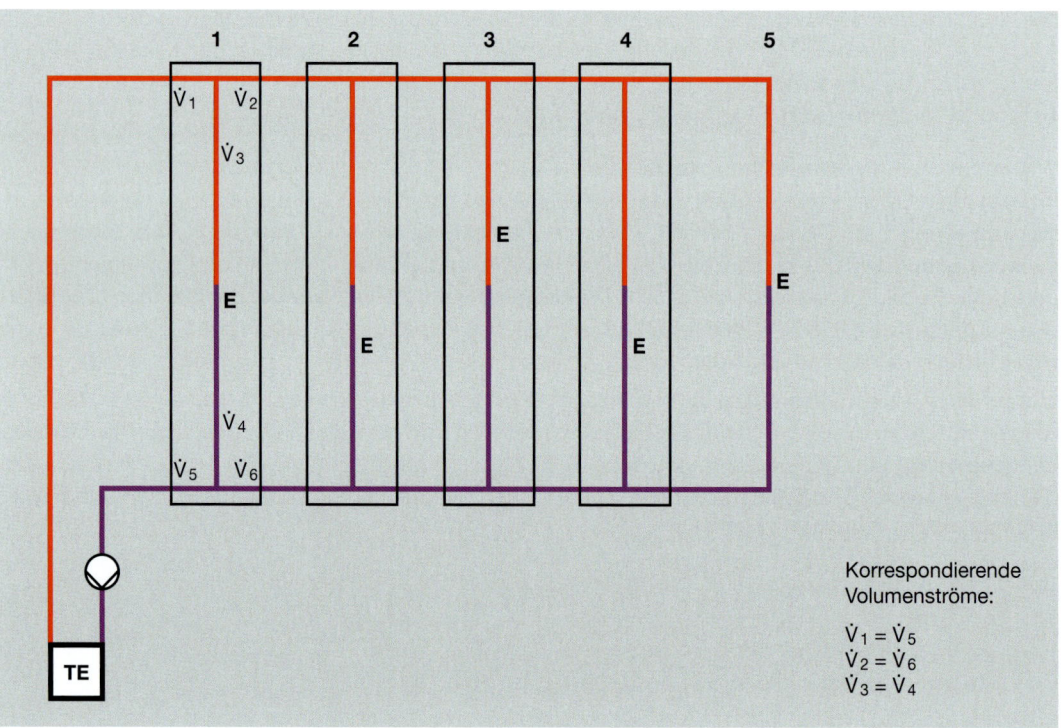

$\dot{V}_1 = \dot{V}_5$
$\dot{V}_2 = \dot{V}_6$
$\dot{V}_3 = \dot{V}_4$

Abb. 3–42

Beide Abbildungen

TE	Trinkwasser-Erwärmer
E	Entnahmestellen im Bereich des Abgangs der PWH-C von der PWH-Leitung
K	Knotenpunkt
1–10	Strangnummern

Farbkennzeichnung

Schwarz: »vollständiger« Knotenpunkt; rot: PWH; Violett: PWH-C
Schwarz gestrichelt: »unvollständiger« Knotenpunkt
Strang inkl. Pumpe; Armaturen und Zapfstellen nicht abgebildet

3.2 Probleme bei der Berechnung von asymmetrischen Netzen

In asymmetrischen Netzen muss im Regelfall davon ausgegangen werden, dass die Wärmeabgaben der »korrespondierenden« PWH-Verteilungs- bzw. -Strangleitungen und der PWH-C-Sammel- bzw. -Strangleitungen stark voneinander abweichen können[37].

Schon bei einer sehr einfach aufgebauten unteren Verteilung nach dem Tichelmann-System ist das sofort erkennbar (s. **Abb. 3–44**): Die TS 1 und TS 1k haben allein durch die unterschiedlichen Längen deutlich andere Wärmeabgaben, abgesehen davon, dass durch unterschiedliche Nennweiten der PWH- und der zugehörigen PWH-C-Leitungen die U_R-Werte auch differieren werden. Werden die Rechenansätze nach DIN 1988-300 oder gar nach dem noch gültigen DVGW-Arbeitsblatt W 553 für asymmetrische Netze verwendet, muss im Netz mit unzulässigen Temperaturen < 55 °C gerechnet werden, auch wenn der Pumpenförderstrom richtig ausgelegt und die Auslegungstemperaturdifferenz von beispielsweise 5,0 K am Trinkwasser-Erwärmer eingehalten wird.

Beispiel:

In **Abb. 3–45** ist ein **symmetrisches** Netz mit 4 Strängen vereinfacht dargestellt und es wird angenommen, dass die Wärmeverluste (Zahlenwerte in W: schwarz, ebenso wie die Strangnummern) der parallel geführten PWH- und PWH-C-Leitungen gleich groß sind. Dann ergeben sich **ohne Beimischung** (nach DVGW W 553 bzw. DIN 1988-300 mit einem Beimischgrad $\eta = 0$) die blau dargestellten Volumenströme in l/h in den einzelnen Teilstrecken bei einer Gesamtspreizung von 5 K am Trinkwasser-Erwärmer. In den Knotenpunkten der Sammelleitungen herrschen die gleichen Temperaturen (rot) an den Eintrittstellen (und damit auch an den Austritten aus den Knoten) und bei gleichen U_R-Werten für die parallel geführten PWH- und PWH-C-Leitungen auch gleiche Temperaturen am Strangkopf (57,5 °C).

Bei Auslegung **mit Beimischung** (nach dem Beimischverfahren BMV) mit einem Beimischgrad von $\eta = 1,0$ ergeben sich die Volumenströme nach **Abb. 3–46**. Im Sammelleitungseintritt in den Knotenpunkt und am Eintritt der Zirkulation in den TE beträgt die Temperatur auslegungsgemäß 55 °C (Gesamtspreizung am TE wird mit 5,0 K angenommen), gelb markiert. Die Temperaturen am Strangkopf nehmen mit der Entfernung vom Trinkwasser-Erwärmer ab (58,3 °C – 56,8 °C) und insbesondere der entfernteste Strang weist einen deutlich (gewünschten) kleineren Volumenstrom auf (96 l/h) als beim DVGW W 553-Verfahren (142 l/h, s. **Abb. 3–45**).

Wird nun die Leitungsführung so verändert, dass die Anschlüsse nach Tichelmann erfolgen, erhält man ein **asymmetrisches** Netz und werden jetzt die Auslegungsvolumenströme nach DVGW W 553 oder DIN 1988-300 (ohne Beimischung) herangezogen (s. **Abb. 3–47**), dann ist mit Temperaturen unter 55 °C zu rechnen (in diesem Fall mit rechnerisch bis runter auf 53,6 °C – fett rot bzw. violett dargestellt und gelb markiert – nur minimal unter der Grenztemperatur, das kann nachweisbar in anderen Fällen deutlich darunter liegen, siehe Kapitel 3.3.3).

Asymmetrisches Netz
Durch Leitungsführung nach Tichelmann-System

Werden bei diesem asymmetrischen Netz nach Tichelmann die mit dem **BMV** ermittelten Volumenströme aus **Abb. 3–46** berücksichtigt, können trotz des angenommenen maximalen Beimischgrades $\eta = 1,0$ die gewünschten Temperaturen von exakt[38] 55,0 °C beim Eintritt der PWH-C-Sammelleitung in jeden Knotenpunkt nicht erreicht werden (s. **Abb. 3–48**, sie betragen von 55 °C abweichend: 56,1 / 55,6 / 55,4 °C), sondern nur am Eintritt in den TE. Letzteres muss aber auch so sein! Die Ziele des BMV werden aber nicht erzielt, deshalb ist auch diese Vorgehensweise – obwohl im System alle Temperaturen ≥ 55 °C sind – keine optimale Lösung.

---

[37] Auch bei symmetrischen Netzen weichen in den parallel geführten, gleich langen PWH- und PWH-C-Leitungen die Wärmeabgaben voneinander ab, wenn – das ist der Regelfall – die Nennweiten unterschiedlich sind (UR-Werte differieren). Allerdings sind die Abweichungen relativ gering.

[38] Muss bei korrekter Auslegung erreicht werden. Ausnahme: bei sekundärer Beimischung, da wird die Temperatur > 55 °C sein!

Rohrführung bei asymmetrischem Zirkulationssystem
Mit unterer Verteilung

K4 und K4k als korrespondierende Knotenpunkte

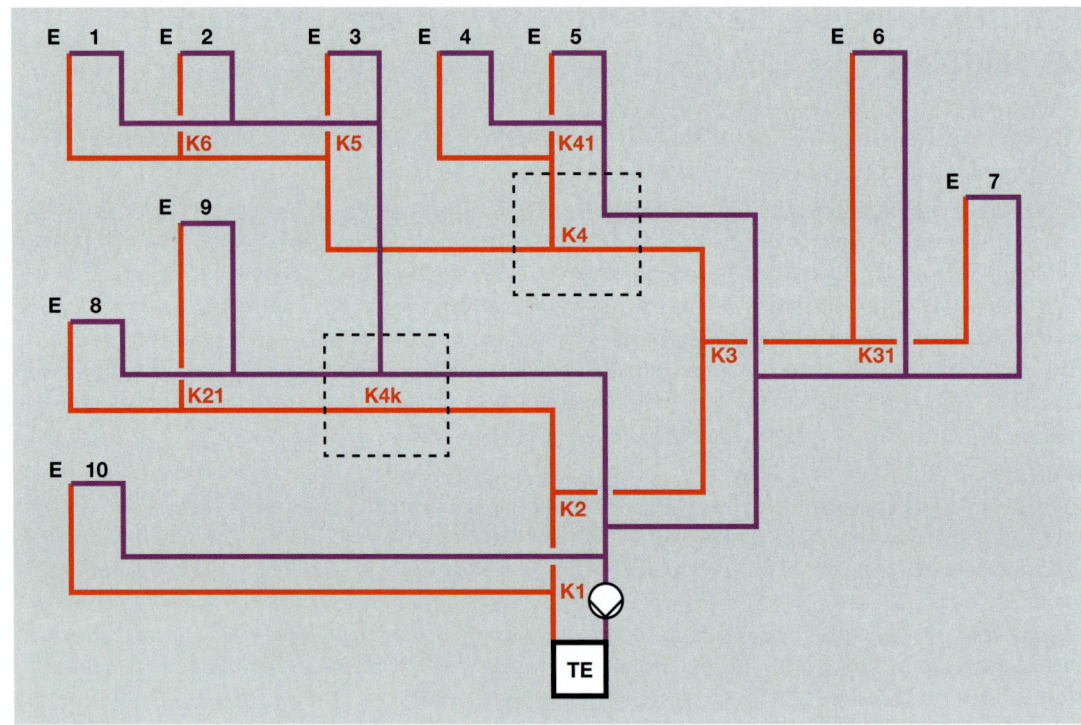

Abb. 3–43

Rohrführung bei asymmetrischem Zirkulationssystem
Mit unterer Verteilung, nach Tichelmann

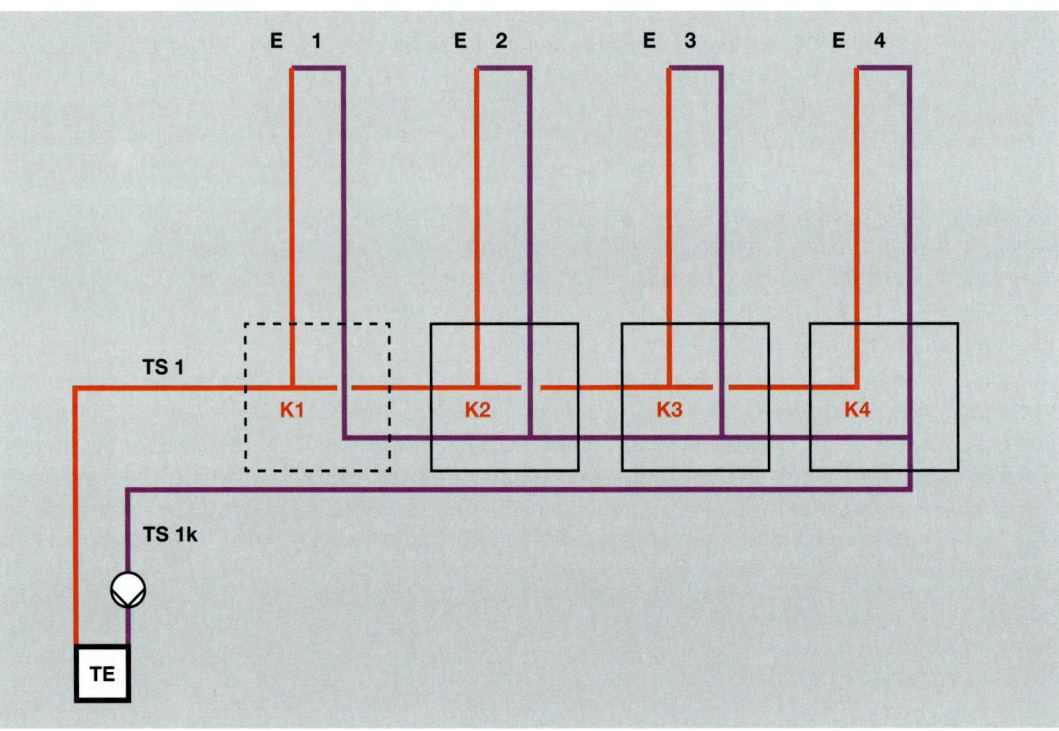

Abb. 3–44

Beide Abbildungen
TE   Trinkwasser-Erwärmer
E   Entnahmestellen im Bereich des Abgangs der PWH-C von der PWH-Leitung
K   Knotenpunkt
1–10   Strangnummern

Farbkennzeichnung
Schwarz: »vollständiger« Knotenpunkt;   rot: PWH;   Violett: PWH-C
Schwarz gestrichelt: »unvollständiger« Knotenpunkt
Strang inkl. Pumpe; Armaturen und Zapfstellen nicht abgebildet

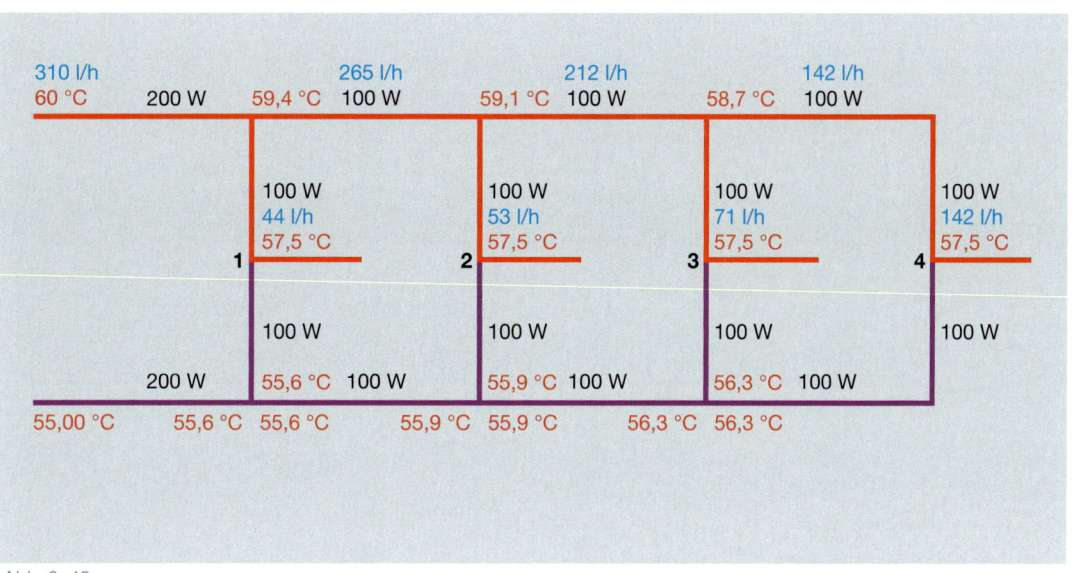

Abb. 3–45

PWH-Austritt am TE	oben links
PWH-C-Eintritt am TE	unten links
TE	Trinkwasser-Erwärmer

Farbkennzeichnung der Zahlenwerte

Rot	Temperaturen in °C
Blau	Volumenströme in l/h
Schwarz	Wärmeströme in W

Pumpe, Armaturen und Zapfstellen nicht abgebildet

Rohrführung bei symmetrischem Zirkulationssystem

Mit unterer Verteilung

Berechnung nach DVGW

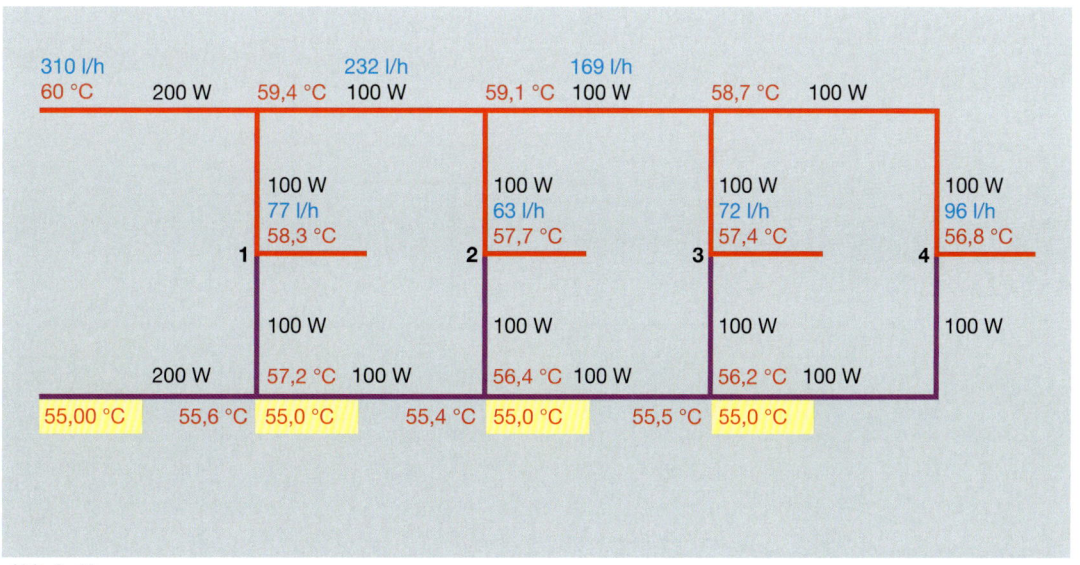

Abb. 3–46

Farbkennzeichnung der Zahlenwerte

Rot	Temperaturen in °C
Blau	Volumenströme in l/h
Schwarz	Wärmeströme in W
Gelb unterlegt	gewünschte Temperaturen – 55 °C

Pumpe, Armaturen und Zapfstellen nicht abgebildet

Rohrführung bei symmetrischem Zirkulationssystem

Mit unterer Verteilung

Berechnung **mit Beimischung** – nach Beimischverfahren (**BMV**), $\eta = 1{,}0$

Ansätze zur Bemessung von asymmetrischen Zirkulationsnetzen in Trinkwasser-Installationen

Rohrführung bei asymmetrischem Zirkulationssystem

Mit unterer Verteilung, nach Tichelmann,

Berechnung nach DVGW,

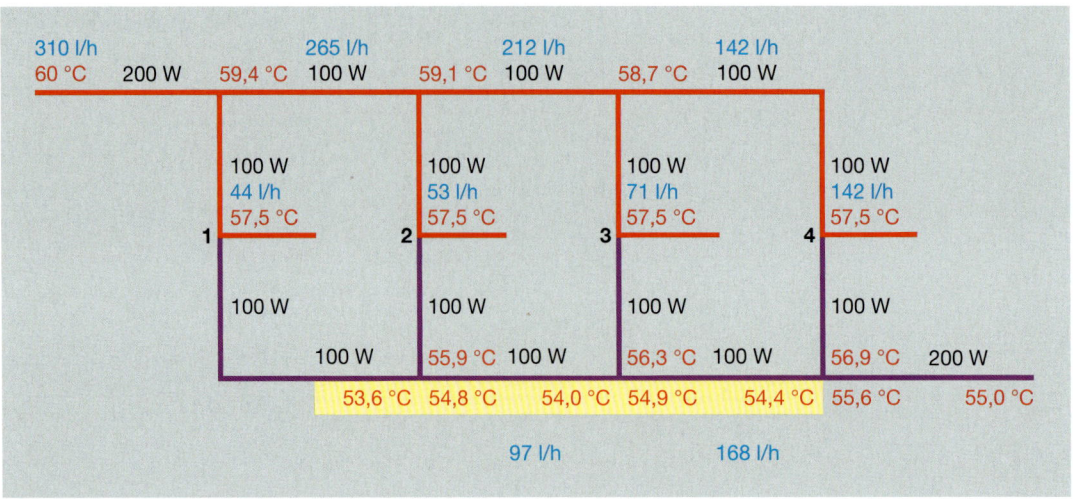

```
310 l/h        265 l/h         212 l/h         142 l/h
60 °C   200 W  59,4 °C  100 W  59,1 °C  100 W  58,7 °C  100 W

        100 W          100 W          100 W          100 W
        44 l/h         53 l/h         71 l/h         142 l/h
        57,5 °C        57,5 °C        57,5 °C        57,5 °C
     1              2              3              4

        100 W          100 W          100 W          100 W

                100 W  55,9 °C 100 W  56,3 °C 100 W  56,9 °C  200 W
        53,6 °C 54,8 °C  54,0 °C 54,9 °C  54,4 °C 55,6 °C   55,0 °C

                       97 l/h          168 l/h
```

Abb. 3–47

Volumenströme wie in **Abb. 3–45**

Farbkennzeichnung der Zahlenwerte
Rot   Temperaturen in °C
Blau   Volumenströme in l/h
Schwarz   Wärmeströme in W

Pumpe, Armaturen und Zapfstellen nicht abgebildet

Rohrführung bei asymmetrischem Zirkulationssystem

Mit unterer Verteilung, nach Tichelmann

Berechnung **mit Beimischung** – nach Beimischverfahren **(BMV)**

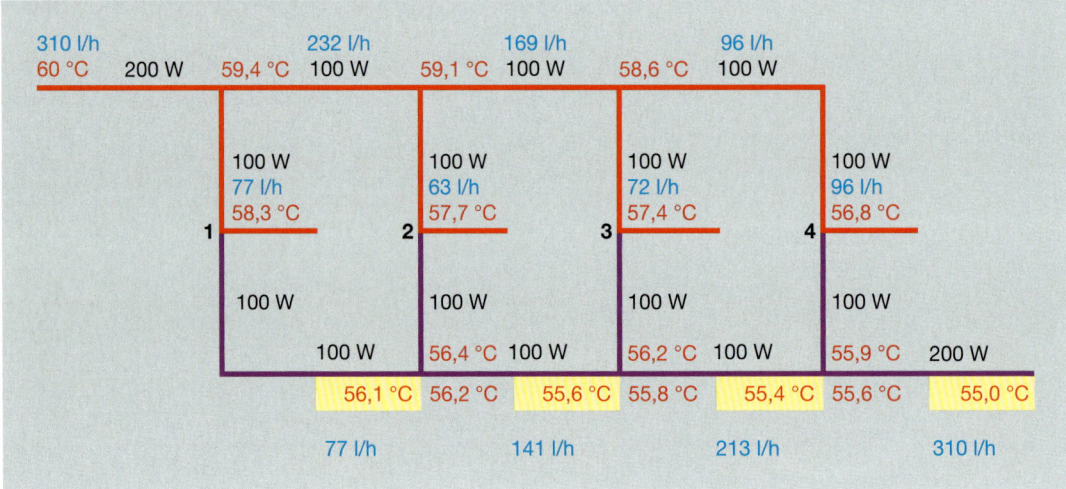

```
310 l/h        232 l/h         169 l/h         96 l/h
60 °C   200 W  59,4 °C  100 W  59,1 °C  100 W  58,6 °C  100 W

        100 W          100 W          100 W          100 W
        77 l/h         63 l/h         72 l/h         96 l/h
        58,3 °C        57,7 °C        57,4 °C        56,8 °C
     1              2              3              4

        100 W          100 W          100 W          100 W

                100 W  56,4 °C 100 W  56,2 °C 100 W  55,9 °C  200 W
        56,1 °C 56,2 °C  55,6 °C 55,8 °C  55,4 °C 55,6 °C   55,0 °C

        77 l/h         141 l/h         213 l/h         310 l/h
```

Abb. 3–48

Volumenströme wie in **Abb. 3–38**

Farbkennzeichnung der Zahlenwerte
Rot   Temperaturen in °C
Blau   Volumenströme in l/h
Schwarz   Wärmeströme in W
Gelb unterlegt   von den gewünschten 55 °C abweichende Temperaturen

Pumpe, Armaturen und Zapfstellen nicht abgebildet

Übrigens können bei solchen Netzen auch die korrespondierenden Teilstrecken der Verteilungs- und Sammelleitungen in den **vollständigen** Knotenpunkten des Systems mit unterer Verteilung (s. z. B. **Abb. 3–44**, K2 und K3) unterschiedliche Volumenströme aufweisen.

Das betrifft auch Systeme mit oberer Verteilung, wenn sie nach Tichelmann angeschlossen werden – beispielsweise für die Knotenpunkte K2 und K3 in **Abb. 3–49**.

Grundsätzlich gilt: Bereits **ein** unvollständiger Knotenpunkt im Zirkulationssystem führt zu abweichenden Volumenströmen der korrespondierenden Verteilungs- und Sammelleitungen in vielen (nicht allen!) anderen Knotenpunkten des Systems, unabhängig von der Art des Knotenpunktes, also auch bei vollständigen Knotenpunkten.

Anhand einer kleinen, aber komplexen Verteilung (s. **Abb. 3–43**), die alle potenziellen Probleme bei der Berechnung enthält – also z. B. auch die einer sekundären Beimischung, wenn das BMV angewendet wird –, soll nachfolgend aufgezeigt werden, welcher Art die Probleme bei der Berechnung sind und wie diese mit einem geeigneten Ansatz – dem sog. »Modifizierten Beimischverfahren« – gelöst werden können.

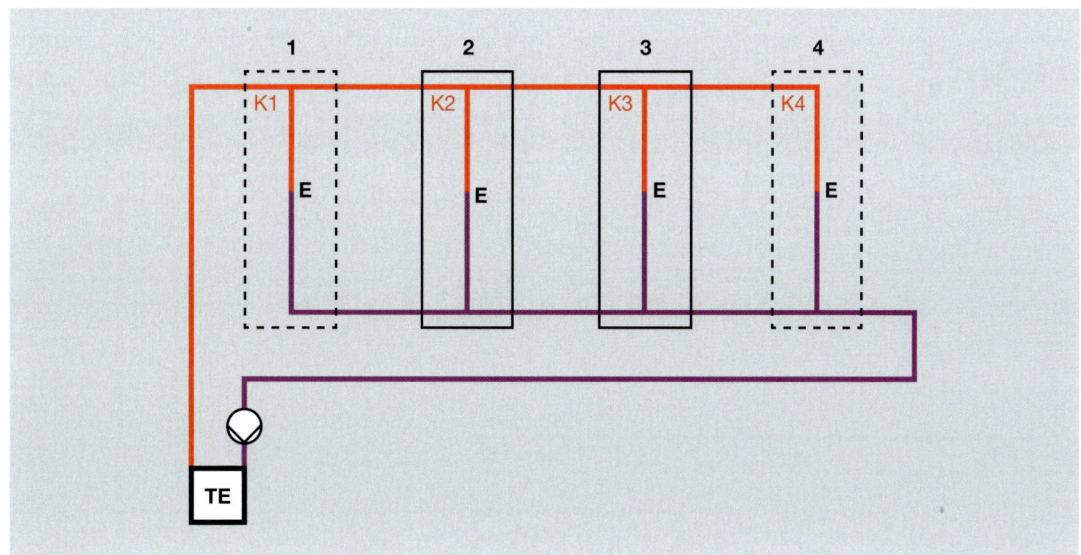

Rohrführung bei asymmetrischem Zirkulationssystem

Mit oberer Verteilung, nach Tichelmann

Abb. 3–49

TE	Trinkwasser-Erwärmer
E	Entnahmestellen im Bereich des Abgangs der PWH-C-Leitung von der PWH-Leitung

Farbkennzeichnung
Violett — PWH-C
Rot — PWH
Schwarz — »vollständiger« Knotenpunkt
Schwarz gestrichelt — »unvollständiger« Knotenpunkt
Armaturen und Zapfstellen nicht abgebildet

3.3 Lösungsansatz für die Berechnung von asymmetrischen Zirkulationsnetzen

3.3.1 DVGW W 553-Rechenverfahren und Berechnung nach DIN 1988-300 (ohne Beimischung) nicht anwendbar bei asymmetrischer Rohrführung

Zahlreiche Versuche, bei asymmetrischen Netzen die Auslegung mit dem W 553-Verfahren oder dem Verfahren nach DIN 1988-300 (ohne Beimischung)[39] durchzuführen, sind daran gescheitert, dass nicht in allen Knotenpunkten der Sammelleitungen gleiche Temperaturen in den ankommenden Zirkulationsvolumenströmen erreicht werden konnten. Mit anderen Worten: Es wird immer Knotenpunkte geben müssen, bei denen eine Beimischung erfolgen muss.

Hinzu kommt, dass schon bei einfach aufgebauten asymmetrischen Netzen die »unvollständige« Berechnung nach DVGW W 553 nur iterativ und damit sehr aufwendig möglich ist, weil nicht in **allen** Knotenpunkten gleiche Temperaturen in den ankommenden Zirkulationsströmen rechnerisch herstellbar sind. Das soll an einem einfachen Beispiel mit 3 Strängen gezeigt werden, wobei Strang 3 asymmetrisch angeschlossen wird (s. **Abb. 3–50**). Im Knotenpunkt K1 konnten noch identische Temperaturen erreicht werden (56,31 °C), nicht aber im Knotenpunkt K2 (55,19 – 55,27 °C). Diese Abweichungen mögen akademisch aussehen, aber bei größeren Netzen fallen die Differenzen größer aus und damit auch die jeweilige (bei »W 553« oder »DIN 1988-300, ohne Beimischung« **nicht** intendierte) Beimischung.

Deshalb **müssen** asymmetrische Netze immer mit dem Beimischverfahren berechnet werden, allerdings in der nachfolgend dargestellten, modifizierten Form. Dabei werden die Teilströme im System nicht über die in den Gleichungen (18) bis (20) der DIN 1988-300 aufgeführten Wärmeleistungsverhältnisse ermittelt, weil bei asymmetrischen Systemen naturgemäß die Abgrenzung von Wärmeabgaben im Abzweig- und Durchgangsweg bei unvollständigen Knotenpunkten in der Sammelleitung niemals eindeutig erfolgen kann.

Rohrführung bei asymmetrischem Zirkulationssystem
Mit unterer Verteilung

Berechnung nach DVGW – ohne Beimischung

Knotenpunkt K2: keine gleichen Temperaturen

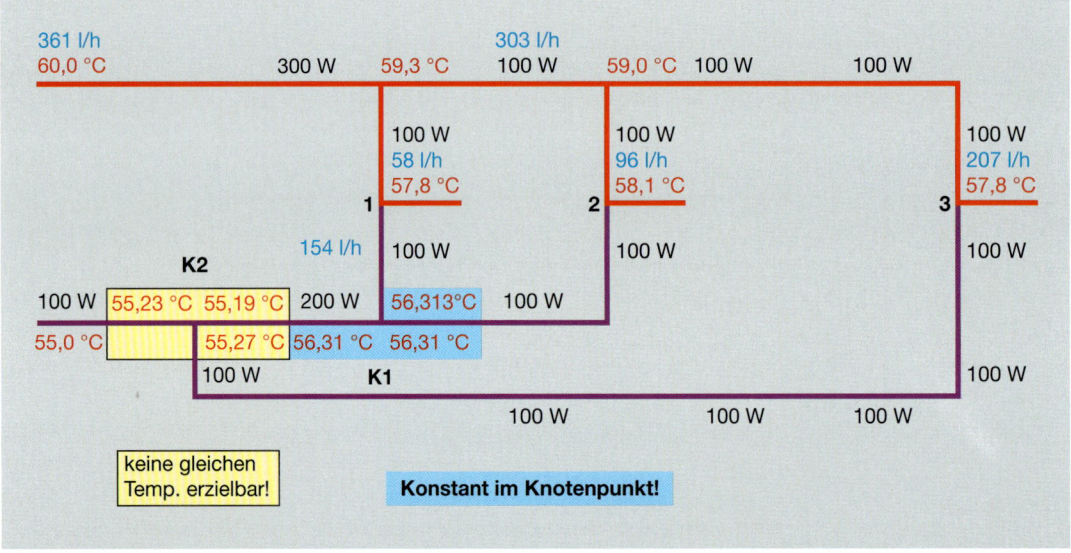

Abb. 3–50

Farbkennzeichnung der Zahlenwerte
Rot Temperaturen in °C
Blau Volumenströme in l/h
Schwarz Wärmeströme in W

Pumpe, Armaturen und Zapfstellen nicht dargestellt

[39] Die beiden Rechenverfahren »DVGW W 553« und »DIN 1988-300, ohne Beimischung« unterscheiden sich elementar und die Ergebnisse sind nur dann gleich, wenn symmetrische Netze berechnet werden und die Wärmeabgaben der »korrespondierenden« (bei unterer Verteilung parallel geführten) Leitungen gleich groß sind. Beim W 553-Verfahren werden bei der Berechnung der Durchgangs- und Abzweigvolumenströme **nur die Wärmeverluste der PWH-Leitungen** berücksichtigt, während in DIN 1988-300 auch die Wärmeverluste der PWH-C-Leitungen erfasst werden – unabhängig davon, ob **mit** oder **ohne** Beimischung.
Übrigens kann erst durch die Vorgehensweise nach DIN 1988-300 eine vorgegebene Spreizung am Trinkwasser-Erwärmer (z. B. 5,0 K) rechnerisch erreicht werden. Beim DVGW W 553-Verfahren hat sich – je nach Struktur des Zirkulationssystems irgendeine Temperatur ergeben, die aber in jedem Fall sicher über 55 °C lag.

3.3.2 Modifiziertes Beimischverfahren

Anhand der asymmetrischen Verteilung nach **Abb. 3–43** wird nachfolgend das modifizierte Beimischverfahren erläutert und im Anschluss daran aufgezeigt, wie bei einer Verteilung der Volumenströme nach »W 553-Verfahren« die Temperaturen in Teilbereichen stark absinken können und diese Berechnung sogar zu unsinnigen Ergebnissen führen kann, obwohl der Förderstrom der Zirkulationspumpe genügend groß gewählt worden ist, also auch die Eintrittstemperatur des Zirkulationswassers von 55 °C am Trinkwasser-Erwärmer erreicht wird.

In **Abb. 3–51** sind die relevanten Ergebnisse für das **asymmetrische** Zirkulationsnetz nach **Abb. 3–43** dargestellt.

Eine Auslegung mit dem Beimischverfahren erfordert die Kenntnis sämtlicher Wärmeverluste der Zirkulationsleitungen. Da die Nennweiten der PWH-C-Leitungen zu Beginn der Berechnung nicht bekannt sind und damit auch nicht deren Wärmeverluste, müssen in einem ersten Schritt die spezifischen Wärmeleistungen angenommen werden. Bei den üblichen Werten (DIN 1988-300) für die Temperatur von +10 °C im unbeheizten Keller und +25 °C im Schacht oder der Vorwand sowie einem mittleren Wärmedurchgangskoeffizienten von $U_R = 0{,}2$ W/(m K) erhält man als spezifische Wärmeverluste je Meter gedämmte PWH-C-Leitung:

im Schacht: $\dot{q}_{Z,S} = 7$ W/m und im unbeheizten Keller: $\dot{q}_{Z,K} = 10$ W/m.

Mit der Länge der Leitung kann dann für jede PWH-C-Teilstrecke der Wärmeverlust $\dot{Q}_Z$ berechnet werden; die Wärmeverluste $\dot{Q}_W$ der PWH-Teilstrecken sind problemlos über die tatsächlichen U_R-Werte zu bestimmen, da die Nennweiten nach dem Spitzenvolumenstrom ausgelegt werden und damit zu Beginn der Zirkulationsberechnung bekannt sind.

Abweichend von DIN 1988-300 kann jetzt der vorläufige Förderstrom $\dot{V}_P$ der Zirkulationspumpe bestimmt werden:

$$\dot{V}_P = \frac{\Sigma(\dot{Q}_W + \dot{Q}_Z)}{\rho \, c_p \, \Delta\vartheta_{TE}} \tag{12}$$

Zirkulationspumpe
Förderstrom vorläufig

Mit der Gesamtwärmeabgabe für das System in **Abb. 3–51** von 11 700 W und einer Temperaturdifferenz von $\Delta\vartheta_E = 5$ K am Trinkwasser-Erwärmer (TE) ergibt sich ein Förderstrom für die Zirkulationspumpe von 2 012 l/h (Dichte: 1,0 l/kg).

Bei der Berechnung der Teilströme ist nun zu beachten, dass das Ziel des BMV ist, im längsten Zirkulationsweg der Sammelleitung und bei komplexen Systemen auch in den längsten Zirkulationsteilwegen der Sammelleitung, die Temperaturen sägezahnförmig auf in diesem Beispiel 55 °C (allgemein auf 60-$\Delta\vartheta_E$) abzukühlen. Die jeweils notwendige Aufheizung wird durch den Beimischstrom übernommen.

Wird das Beimischverfahren so modifiziert, dass nicht mit den Wärmeleistungsverhältnissen, sondern mit den gewünschten, sägezahnförmig vorzusehenden Temperaturverläufen in den längsten PWH-C-Haupt- und Nebenwegen gearbeitet wird, lassen sich die Teilströme leicht berechnen.

Nach Festlegung der längsten Haupt- und Nebenwege können mit nur fünf Gleichungen sämtliche Volumenströme im System exakt berechnet werden:

Förderstrom der Zirkulationspumpe:

Zirkulationspumpe Förderstrom exakt (13)
$$\dot{V}_P = \frac{\Sigma(\dot{Q}_w + \dot{Q}_z)}{\rho \, c_p \, \Delta\vartheta_{TE}}$$

Temperatur der PWH-Leitung im Knotenpunkt (x-1: Knotenpunkt davor):

Temperatur PWH-Leitung (14)
$$\vartheta_{w,x} = \vartheta_{w,x-1} - \frac{\dot{Q}_w}{\dot{V}_{W,x} \cdot \rho \cdot c}$$

Volumenstrom eines Stranges oder einer PWH-Verteilungsleitung (bei Gesamtabkühlung am TE: 5,0 K)

a) **Mit** Beimischung:

Volumenstrom eines Stranges Mit Beimischung (15)
$$\dot{V}_{W,x} = \frac{\Sigma(\dot{Q}_w + \dot{Q}_z)_{Strang} + \dot{Q}_{z,Beimischung}}{\rho \, c_p (\vartheta_{W,x} - 55)}$$

worin
$\dot{Q}_{Z,Beimischung}$ Wärmeverlust in der Zirkulationsstrecke nach dem Mischpunkt (s. DIN 1988-300, Bild 3)

b) **Ohne** Beimischung:

Volumenstrom eines Stranges Ohne Beimischung (16)
$$\dot{V}_{W,x} = \frac{\Sigma(\dot{Q}_w + \dot{Q}_z)_{Strang}}{\rho \, c_p (\vartheta_{W,x} - 55)}$$

Oder über die Volumenstrombilanz im Knotenpunkt (Input = Output):

Volumenstrombilanz (17)
$$\dot{V}_{W,x} = \Sigma(\dot{V}_w)$$

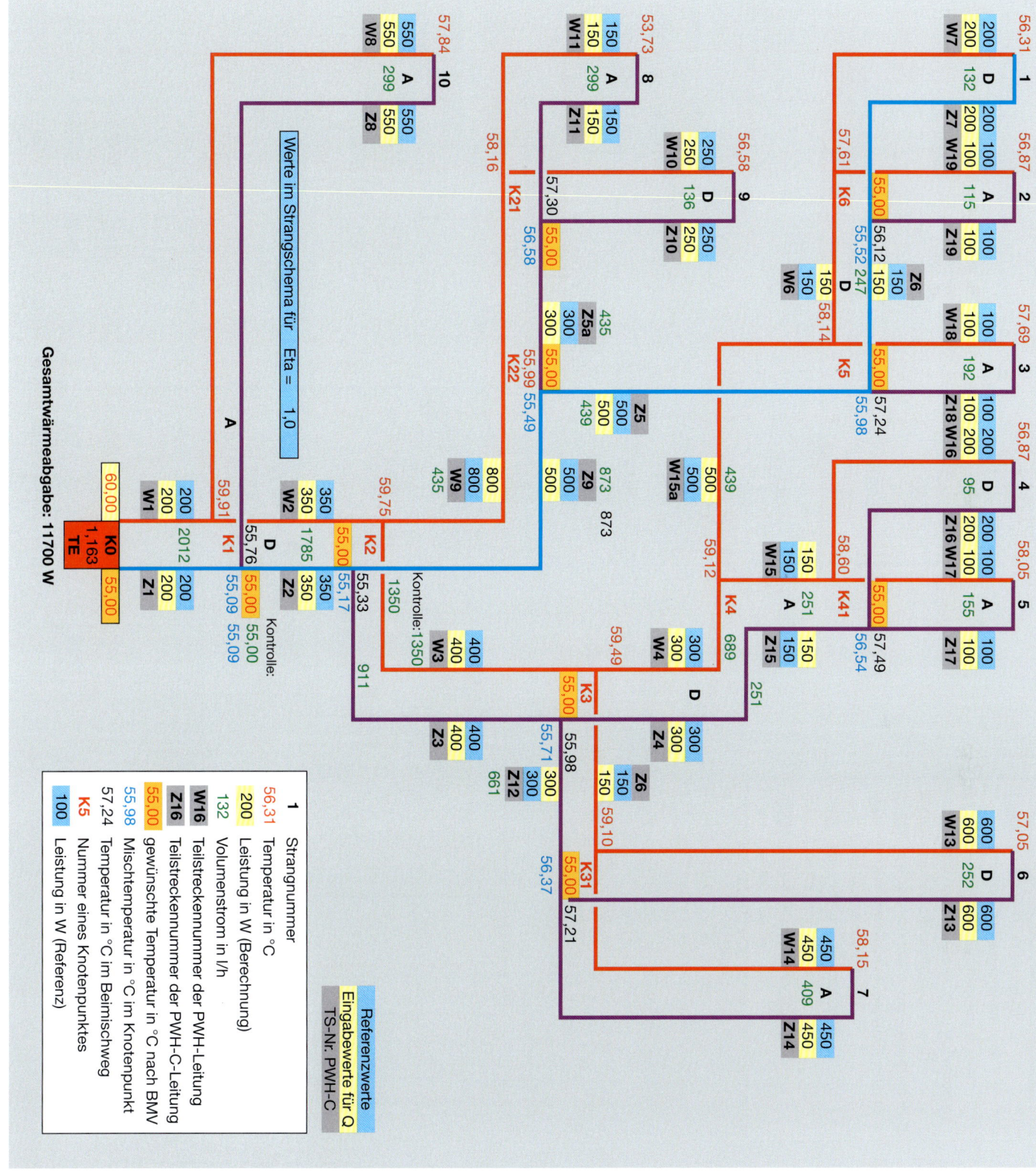

Abb. 3–51

Berechnungsergebnisse mit modifizierten Beimischverfahren
Temperaturen werden planmäßig erreicht – an keiner Stelle <55 °C

Gewünschte Temperaturen von 55,00 °C nach BMV

Beimischgrad: 1,0

Blaue Zirkulationsleitung: Hydraulisch ungünstigster Weg

Ansätze zur Bemessung von asymmetrischen Zirkulationsnetzen in Trinkwasser-Installationen

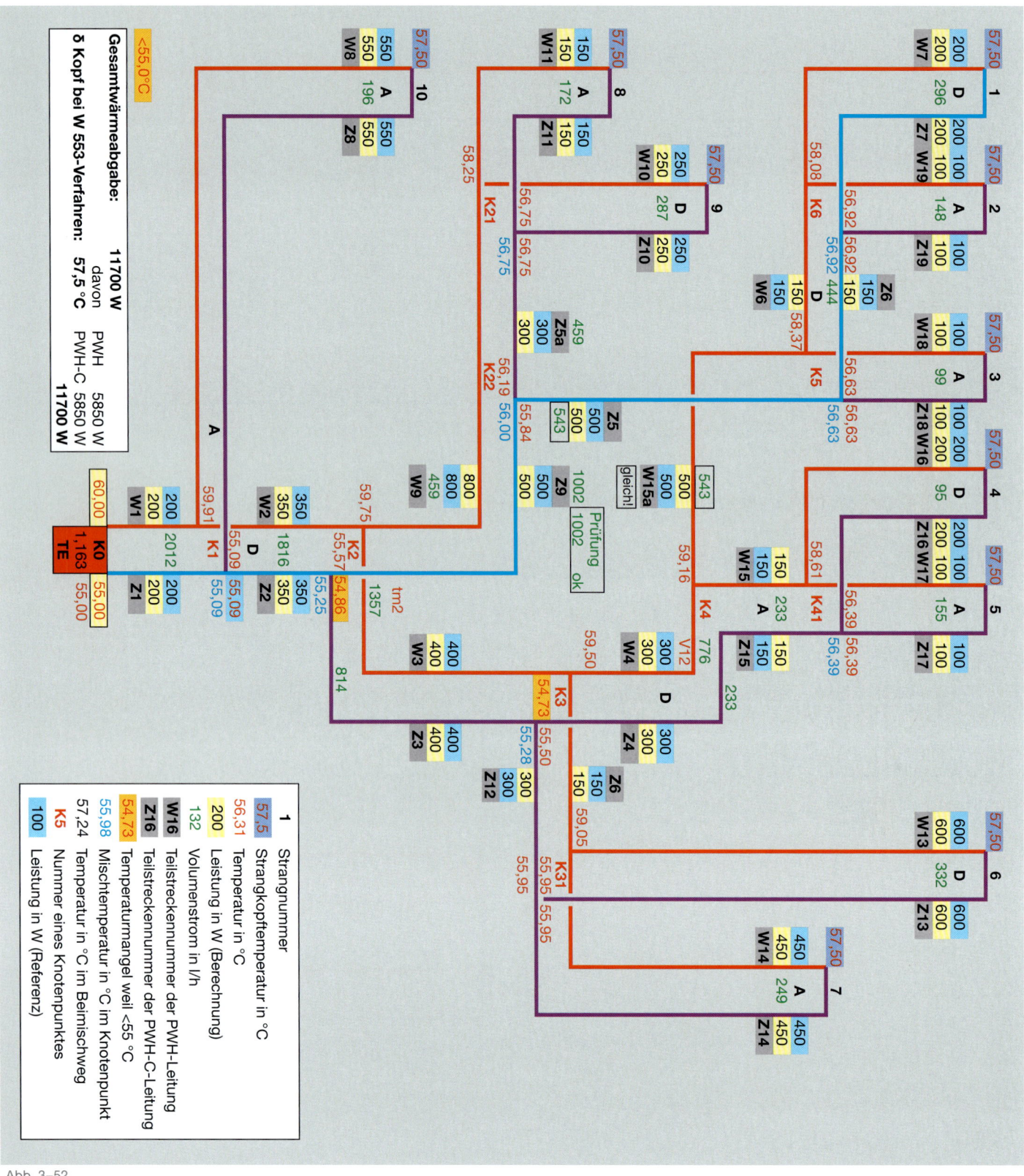

Abb. 3–52

Temperaturmängel – weil < 55 °C bei der Berechnung nach DVGW W 553

Kopftemperaturen bei allen Strängen: 57,5 °C
= 60 − 5,0/2

Gleiche Wärmeabgaben der parallel geführten PWH- und PWH-C-Leitungen

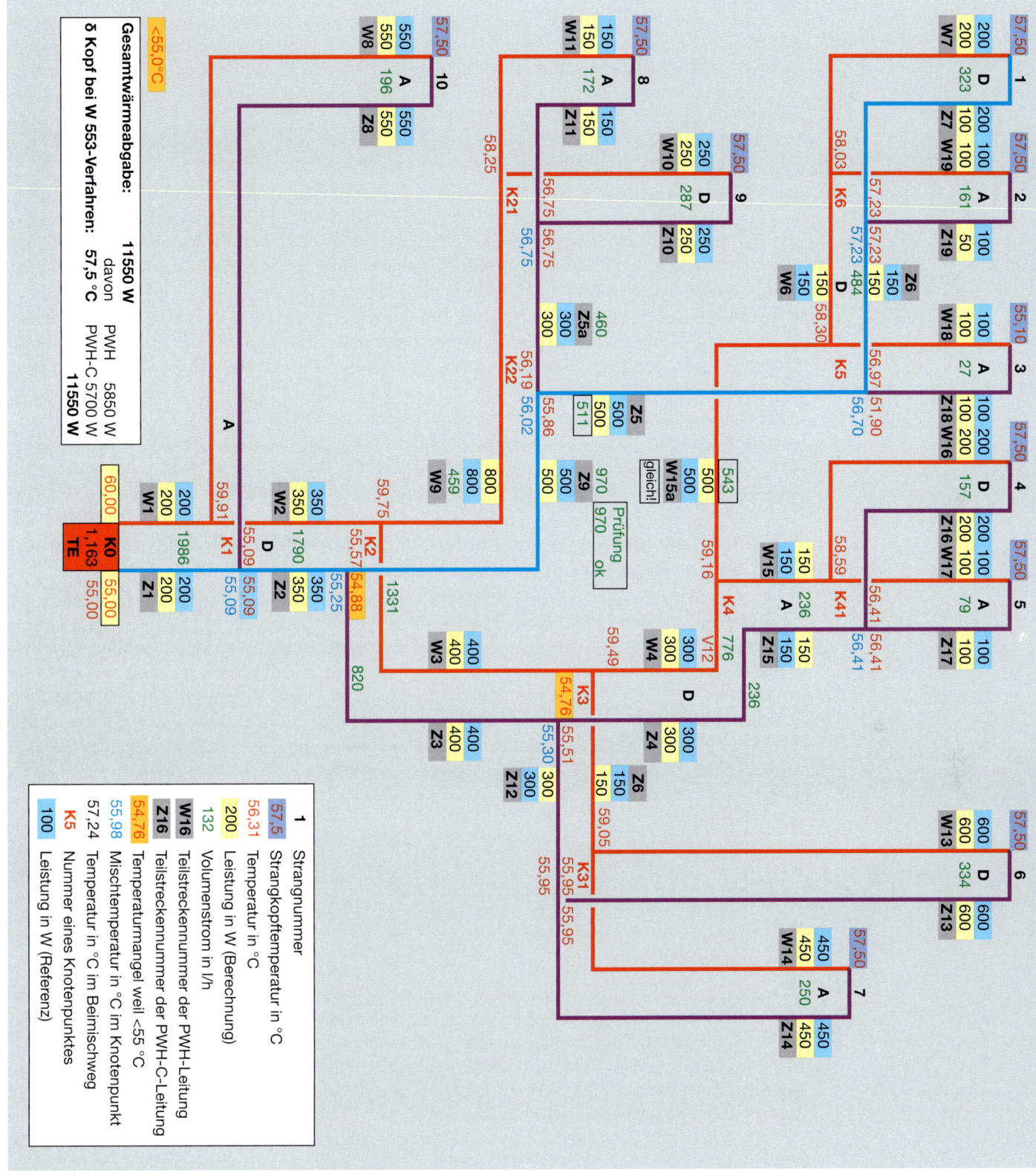

Abb. 3–53

Temperaturmängel im Strang 3 bei der Berechnung nach DVGW W 553

Ungleiche Wärmeabgaben der parallel geführten PWH- und PWH-C-Leitungen der Stränge 1 und 2

Kopftemperatur Strang 3: 55,1 °C < 57,5 °C

Fußtemperatur Strang 3: 51,9 °C < 55,0 °C unzulässig!

Hydraulisch ungünstigster Weg
hellblau eingefärbt

Ansätze zur Bemessung von asymmetrischen Zirkulationsnetzen in Trinkwasser-Installationen

Nach vollständiger Bestimmung der Volumenstromverteilung können mit den in DIN 1988-300 empfohlenen Geschwindigkeiten die Rohrdurchmesser für die Zirkulationsleitungen gewählt werden. Damit liegen die endgültigen Dämmdicken fest und mit den exakten U_R-Werten können nun die die Wärmeverluste der PWH-C-Leitungen differenziert berechnet werden, ebenso der daraus resultierende neue Pumpenförderstrom als Startwert für einen weiteren Iterationsvorgang. Am Ende dieser Rechnung werden aller Voraussicht nach keine weiteren Schleifen nötig sein.

Werden auf diese Weise mit dem modifizierten Beimischverfahren die Teilströme ermittelt, erhält man für das in **Abb. 3–51** dargestellte System die dort in grün angegebenen Werte in l/h.

Die Schwierigkeit liegt darin, jeweils zu erkennen, welche Wärmeströme in den Bilanzen zu berücksichtigen sind. Deshalb müssen zunächst die »Sägezahnwege« für die Zirkulationssammelleitungen in einer von der Netzstruktur abhängigen Weise festgelegt werden. Dann sind die Temperaturen und Volumenströme, unter Beachtung der bei komplexen Systemen immer auftretenden Sekundärbeimischungen, mit den obigen fünf Gleichungen (13) bis (17) einfach berechenbar.

Ein Sonderfall soll im Punkt 3.3.4 untersucht werden: Anschluss der PWH-C-Leitungen mit dem sog. »Tichelmann-System«. Die Besonderheit besteht darin, dass alle Zirkulationsumlaufwege (aus hydraulischen Gründen: gewünscht!) **gleich lang** sind. Da entscheiden Optimierungsgesichtspunkte darüber, wie die Beimischung zu erfolgen hat.

Zuvor wird im Punkt 3.3.3 an dem mit dem modifizierten Beimischverfahren berechneten Zirkulationssystem nach **Abb. 3–51** als Warnung gezeigt, welche unzulässigen Temperaturen bei einer DVGW W 553-Berechnung im System auftreten können. Der Planer ist gut beraten, wenn er bei asymmetrischen Netzen das Rechenverfahren nach dem DVGW-Arbeitsblatt **nicht** anwendet!

3.3.3 Temperaturmängel und Fehler bei der Berechnung von asymmetrischen Netzen mit dem DVGW W 553-Verfahren

Im Kapitel 3.1 wird darauf hingewiesen, dass eine Berechnung asymmetrischer Netze nach DVGW W 553 zu erheblichen Temperaturmängeln und Fehlern führen kann. Da bei der Berechnung der Teilströme die Wärmeverluste der PWH-C-Leitungen unberücksichtigt bleiben und ein Kennzeichen von asymmetrischen Netzen häufig die deutlich längeren Zirkulationsleitungen mit der daraus folgenden höheren Wärmeübertragung sind, wird unmittelbar klar, dass sehr schnell Temperaturen < 55 °C im Zirkulationssystem auftreten können.

Auch die mögliche Abhilfe, nach DIN 1988-300 ohne Beimischung eine »DVGW-Verteilung« hinzubekommen, kann a priori nicht gelingen, weil in den Knotenpunkten K4 und K22 die Verhältnisse der Wärmeströme:

Wärmestrom-Verhältnis   (18)
$$\frac{\dot{Q}_a}{\dot{Q}_a + \dot{Q}_d} = \frac{\dot{Q}_{w,a} + \dot{Q}_{z,a}}{\dot{Q}_{w,a} + \dot{Q}_{z,a} + \dot{Q}_{w,d} + \dot{Q}_{z,d}}$$

nicht bestimmt werden können.

Deshalb wird in **Abb. 3–52** zunächst der Förderstrom der Pumpe aus den Gesamtwärmeverlusten (PWH und PWH-C) der Zirkulationsleitungen und der maximal möglichen Abkühlung von 5,0 K am Trinkwasser-Erwärmer berechnet – wie beim modifizierten Beimischverfahren – (Beispiel s. Kapitel 3.2). Das sichert in jedem Fall eine PWH-C-Eintrittstemperatur von 55 °C am zentralen Trinkwasser-Erwärmer.

Allerdings wird nun die Volumenstromverteilung in Anlehnung an DVGW W 553[40] so vorgenommen, dass in allen Strängen eine Kopftemperatur von 60 - 5/2 = 57,5 °C erreicht wird (s. Strangkopftemperaturen in **Abb. 3–52**, grau unterlegt), weil eine Verteilung nach DIN 1988-300 (Fall: **ohne** Beimischung) über die Wärmestromverhältnisse nach Gleichung (18) definitiv nicht möglich ist.

---

[40] In Arbeitsblatt DVGW W 553 ist man von einer Kopftemperatur von 60 - 4/2 = 58 °C ausgegangen, hat also sicherheitshalber die größtmögliche Spreizung von 5,0 K nach DVGW W 551 nicht ausgereizt – sondern nur 4,0 K.

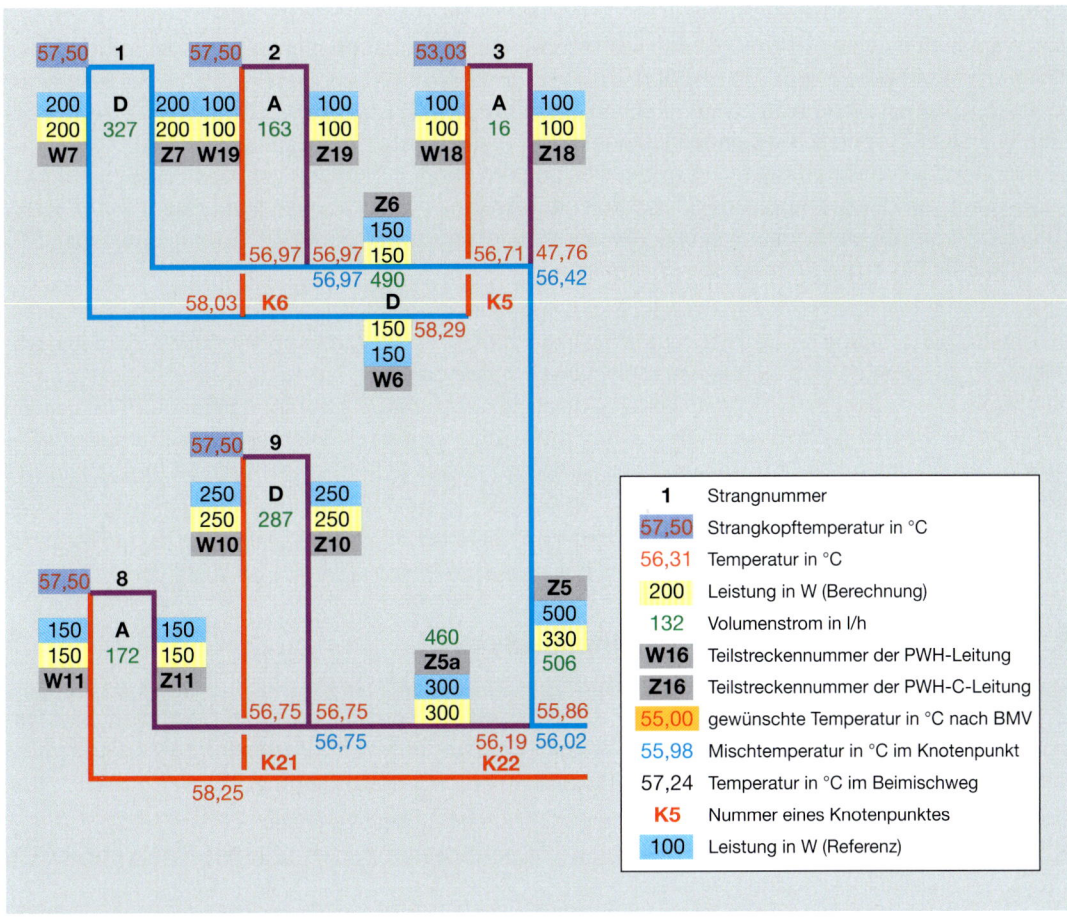

Abb. 3–54

Temperaturmängel im Strang 3
Leitungsführung wie Abb. 3–43

Berechnung nach DVGW W 553

Wärmeabgabe der TS Z5 von 500 auf 330 W abgesenkt

Unzulässige Temperaturen
Kopf Strang 3:   53,03 °C < 55,0 °C

Fuß Strang 3:   47,76 °C (!) < 55,0 °C

Geht man zunächst von **gleichen** Wärmeverlusten in den parallel geführten PWH- und PWH-C-Leitungen aus, sind im System schon niedrigere Temperaturen als 55,0 °C zu verzeichnen (Knotenpunkte K2 und K3, ockerfarben markiert). Und das, obwohl am Eintritt in den Trinkwasser-Erwärmer die gewünschte Temperatur von 55 °C erzielt wird[41].

Zunächst könnte man vermuten, dass diese Ergebnisse durchaus akzeptabel und insbesondere auch die Temperaturen (bis auf zwei Ausnahmen) in Ordnung sind. Schaut man sich die Ergebnisse genauer an, indem praxisnah unterschiedliche Wärmeabgaben für die parallel geführten PWH- und PWH-C-Leitungen angenommen werden, wird deutlich, dass wesentlich kleinere Temperaturen möglich sind.

[41] Der Gesamtvolumenstrom (Pumpe) ist korrekt, aber die Verteilung der Volumenströme auf die einzelnen Teilstrecken ist falsch, wenn nach DVGW W 553 gerechnet wird.

Abb. 3–53 zeigt ein einfaches Beispiel:

Die Wärmeverluste der PWH-C-Leitungen werden kleiner angenommen als die der zugehörigen PWH-Leitungen der Stränge 1 (von 200 auf 100 W) und 2 (von 100 auf 50 W) – z. B., weil diese einen anderen, kürzeren Weg benötigen, und schon ergibt sich am Strangkopf des Stranges 3 eine Temperatur von 55,1 °C[42] und schließlich am Fußpunkt eine von knapp 52 °C (rechnerisch: 51,9).

Grund: Der Volumenstrom ist im Strang deutlich abgesunken auf 27 l/h, obwohl das Volumenstromangebot durch die Zirkulationspumpe für die jetzt um zusammen 150 W abgesenkte Leitung von 11 550 W für alle Umlaufleitungen korrekt bemessen worden ist – erkennbar an der PWH-C-Temperatur von 55 °C am Wiedereintritt in den Trinkwasser-Erwärmer[43].

Hinzu kommt, dass bei stark asymmetrischen Ausprägungen des Netzes – trotz richtig bemessenem Förderstrom der Pumpe bei der hier vorgeschlagenen DVGW W 553-Methode mit exakter Förderstrombestimmung – starke Volumenstromverschiebungen stattfinden.

Ist beispielsweise die TS Z5 (PWH-C-Leitung) deutlich kürzer als die korrespondierende PWH-Leitung (TS W15a[44]), werden die Volumenströme in Strang 3 noch geringer mit entsprechenden Temperaturabsenkungen auf unter 50 °C am Fußpunkt des Stranges (genau: 47,76 °C), s. **Abb. 3–54** (Ausschnitt aus **Abb. 3–51**).

Zahlreiche Simulationsrechnungen dieser Art zeigen, dass eine korrekte Bemessung asymmetrischer Systeme **nur** mit dem **Modifizierten Beimischverfahren** erfolgen kann (s. Kapitel 3.3.2).

3.3.4 Besonderheiten beim Tichelmann-System

In den **Abb. 3–55** bis **Abb. 3–57** ist in drei Varianten (unterschiedliche Beimischungen) vereinfacht ein Zirkulationssystem dargestellt, dessen PWH-C-Leitungen nach dem Tichelmann-System angeschlossen werden. Die Umlaufwege (Austritt Trinkwasser-Erwärmer bis zum Wiedereintritt) sind alle gleich lang – jeweils links oben: PWH-Austritt aus TE, rechts unten: PWH-C-Eintritt in TE.

Die Auslegung erfolgt mit dem Beimischverfahren auf unterschiedliche Weise:

a) Die Temperaturen im längsten PWH-C-Weg (nicht Umlaufweg!) werden sägezahnförmig abgesenkt, d. h. die Stränge 2–4 mischen jeweils bei.

b) Bis auf Strang 1 werden in den Strängen die Temperaturen am Fußpunkt auf den minimalen Wert von 55,0 °C abgesenkt und der Strang 1 übernimmt die gesamte Beimischung.

c) Hier wird ein Mix der Beimischungen nach a) und b) realisiert, bei dem die Stränge 2 und 4 auf die minimal mögliche Temperatur abgekühlt werden und die Stränge 1 und 3 Aufgaben der Beimischung übernehmen.

Die Frage ist: Welche der drei Varianten zu einem wirtschaftlichen Optimum führen und gleichzeitig die geringsten Wasserinhalte in dem PWH-C-Netz erzeugen?

Zur Beantwortung wird eine Größe (Volumenkennwert) $\varepsilon_{i,H-C}$ ermittelt, die direkt proportional dem Wasserinhalt der Anlage ist. Sie berechnet sich mit den Volumenströmen $\dot{V}_i$ in allen PWH-C-Leitungen und deren Längen l zu

Volumenkennwert (19)
$$\varepsilon_{i,PWH-C} = \Sigma(\dot{V}_i \cdot l_i)$$

Die Ergebnisse sind in **Abb. 3–55** angegeben und werden die Werte normiert – in diesem Fall auf den maximalen Wert bezogen: $\phi_{i,H-C}$ = bezogener Volumenkennwert –, zeigt sich, dass die Variante a) den kleinsten Wert aufweist, also die kleinsten Wasserinhalte im Umlaufnetz hat.

Geht man vereinfachend davon aus, dass auch die Investitionskosten direkt proportional zum Wasserinhalt sind, dann wird das Zirkulationssystem zu a) auch das kostengünstigste sein.

---

[42] 57,5 °C sollten es sein!

[43] Die niedrigeren (um 150 W) Wärmeverluste der PWH-C-Leitungen führen zu einem korrekt bemessenen, aber kleineren Pumpenförderstrom (1986 statt 2012 l/h) mit der Folge, dass bei unveränderten Wärmeverlusten der PWH-Leitungen in diesen Leitungen eine Unterdeckung stattfinden muss. Der Volumenstrom für die entfernteren Stränge (hier 1, 2 und 3) ist zu knapp bemessen und kann dann je nach Verteilung des unzureichenden Volumenstroms auf diese drei Stränge zu einem sehr starken und unzulässigen Temperaturabfall führen.

[44] Wärmeverluste sinken beispielsweise von 500 auf 330 W.

Damit steht die Strategie für die optimale Auslegung eines Zirkulationssystems mit einem Anschluss Tichelmann fest: Auch hier wird entlang des längsten Zirkulationsweges eine sägezahnförmige Abkühlung auf die gewünschte Temperatur – 55,0 oder 56,0 °C, je nach Wahl der Spreizung am Trinkwasser-Erwärmer – festgelegt, wie schon bei komplexen Netzen, deren Zirkulationsleitungen »klassisch« angeschlossen werden.

Varianten beim Anschluss eines 4-Strang-Systems nach dem Tichelmannsystem
Alle Umlaufwege sind gleich lang

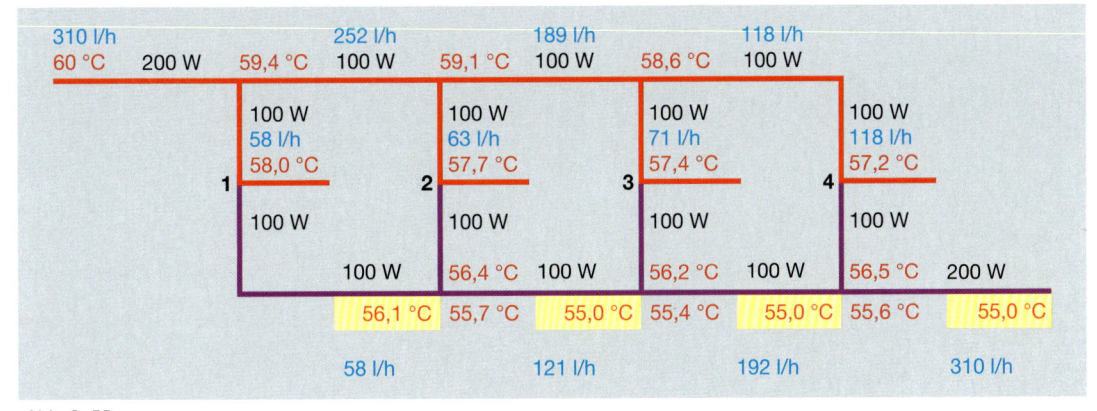

Abb. 3–55

a) Stränge 2, 3 und 4 versorgen die TWZ-Sammelleitungen

$\varepsilon_{1,PWH-C} = 990 / \phi_{1,PWH-C} = 0{,}85$

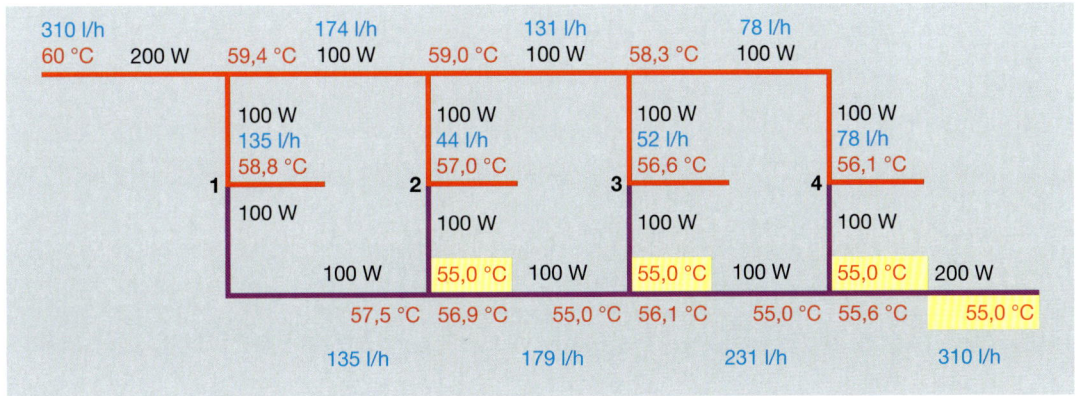

Abb. 3–56

b) Strang 1 versorgt alle TWZ-Sammelleitungen

$\varepsilon_{2,PWH-C} = 1165 / \phi_{2,PWH-C} = 1{,}0$

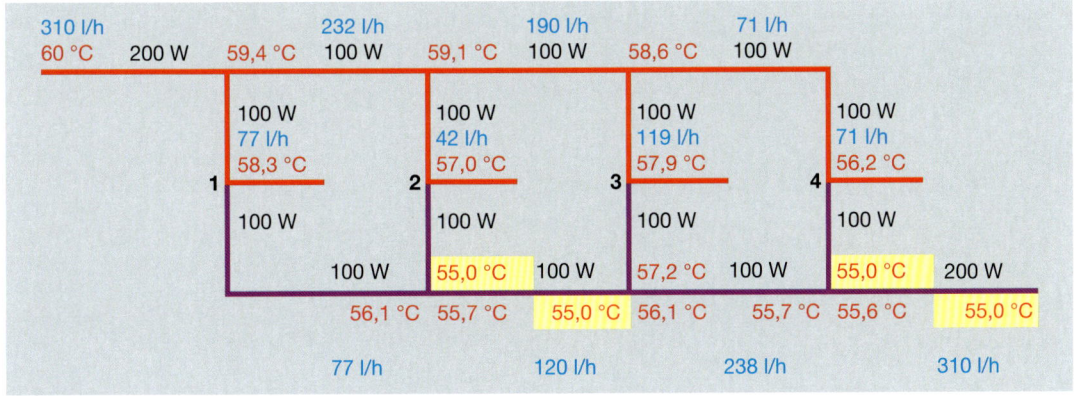

Abb. 3–57

c) Stränge 1 und 3 versorgen alle TWZ-Sammelleitungen

$\varepsilon_{3,PWH-C} = 1054 / \phi_{3,PWH-C} = 0{,}91$

Trinkwasser

S. Hiller

Gebäude. Technik. Digital.

Die digitale Bemessung vermaschter Trinkwasser-Rohrsysteme in Gebäuden auf Basis des nutzerorientierten Trinkwasser-Bedarfs und der Verteilungs-Simulation.
Ein Ausblick auf eine mögliche Zukunft der DIN 1988-300.

S. Hiller

4 Die digitale Bemessung vermaschter Trinkwasser-Rohrsysteme

4.1 Einführung

4.1.1 Zweck und Ziel

Die Trinkwasser-Hygiene in Gebäuden ist aktuell und zukünftig ein wichtiges Thema in der Gebäudebewirtschaftung. Die Gefahr der Verkeimung der Trinkwasser-Anlage während der Nutzungsphase eines Gebäudes birgt ein Gesundheitsrisiko für den Menschen und ein finanzielles Risiko für den Betreiber aufgrund einer möglicherweise mehrfach notwendigen Desinfektion mit anschließender Sanierung der Trinkwasser-Anlage. Eine Stagnation des Trinkwassers in Verbindung mit einem Temperaturbereich, der hinsichtlich der Hygiene problematisch ist, gilt es grundsätzlich zu vermeiden.

Das Grundprinzip zur Lösung lautet: Wasser muss fließen.

Insbesondere seit der Novellierung der Trinkwasserverordnung im Jahr 2011 [68] liegt die Verantwortung der Trinkwasser-Hygiene bei gewerblicher Nutzung noch deutlicher beim Betreiber des Gebäudes.

In Bezug auf diese Thematik werden in dieser Abhandlung die Bemessung der vermaschten Trinkwasser-Rohrnetze im Gebäude, deren Vor- und Nachteile sowie Grenzen beschrieben. Es erfolgen eine Darstellung der aktuell verfügbaren technischen Hygienelösungen und ein Aufzeigen von Bereichen, in denen sich die Anwendung von vermaschten Rohrsystemen bereits bewährt hat. Neben den notwendigen Grundlagen für die praktische Bemessung werden Beispiele mit einem hydraulischen Analyse-Programm gezeigt, das zum Testen der verschiedenen Lösungsmethoden und vor allem zur plastischen Visualisierung der Ergebnisse durch den Autor parallel zu diesem Buchkapitel mit der Programmiersprache C++/CLI/.Net Framework implementiert wurde.

4.1.2 Hygienelösungen: Stand der Technik

Es gibt aktuell diverse Lösungskonzepte zur Sicherstellung des Wasseraustauschs und somit der Hygiene in der Trinkwasser-Installation. Dabei kommen Spülstationen mit Temperatursensoren, Durchflusssensoren oder Zeitsteuerungen zum Einsatz, um einen Bestimmungsgemäßen Betrieb in Abwesenheit der Nutzer zu ermöglichen. Stockwerk-Ringleitungen gewährleisten den Wasseraustausch auf der Etage bereits, wenn eine angeschlossene Entnahmestelle betätigt wird.

Selten genutzte Entnahmestellen, wie ein Auslaufventil zur Gartenbewässerung, werden beispielsweise über eine Ringleitungs-Installation in Kombination mit einer Venturi-Düse im Hauptstrang angeschlossen. Das Wasser in der Ringleitung bis zu dieser Entnahmestelle wird aufgrund des Durchflusses im Hauptstrang ausgetauscht. Dieser Durchfluss verursacht eine statische Druckdifferenz über einer Venturi-Düse, den man auch als »Wirkdruck« [53] bezeichnet. Der Wirkdruck hat seine Ursache in der Beschleunigung des Wassers aufgrund der geometrischen Querschnittverengung in der Düse. Der Wirkdruck (Druckgewinn) steht im Gleichgewicht mit den Druckverlusten, die in der Ringleitung zur Bewegung des Trinkwassers entstehen.

Eine der wichtigsten Hygienelösungen ist jedoch der Bestimmungsgemäße Betrieb durch den Menschen, als Nutzer der Trinkwasser-Anlage im Gebäude. Diese Thematik wird im folgenden Abschnitt betrachtet.

4.1.3 Aktuelle und zukünftige gesellschaftliche Entwicklungen

Die Gesellschaft in Deutschland wandelt sich immer mehr zu einer Dienstleistungsgesellschaft – die klassischen hierarchischen und örtlich stationären Arbeitsstrukturen verlieren dabei ihren Stellenwert. Für einen Dienstleister dreht sich alles um ein Projekt oder einen Prozess, den er begleitet. Dabei stehen zunehmend die Ortsunabhängigkeit und die Flexibilität im Vordergrund. Der Wunsch des Menschen nach individueller Entfaltung und kreativer Arbeit führt so auch zu neuen Arbeitsmodellen. Es werden z. B. Bürogebäude betrieben, in denen sich Menschen aus verschiedenen Branchen treffen, um gemeinsam zu arbeiten, aber vor allem, um Networking zu betreiben. Der fachliche und kreative Wissenstransfer ist dabei ein hoch geschätzter Aspekt. Als Freiberufler oder als Unternehmen kann man sich einen Arbeitsplatz zeitlich befristet mieten und die entsprechende Infrastruktur (Konferenzraum, Drucker, Kaffee-Automat, usw.) des Hauses benutzen. Weiterhin legen private Unternehmen, Betreiber von Produktionsstätten oder auch öffentliche Einrichtungen wie Krankenhäuser heute sehr viel Wert auf die Möglichkeit der einfachen Nutzungsänderung von Funktionsbereichen, um den steigenden wirtschaftlichen Anforderungen auf dem Markt zu entsprechen.

Aufgrund des gestiegenen Stellenwerts der Flexibilität in der heutigen Wirtschaft, werden häufig in zu errichtenden gewerblichen Gebäuden versetzbare Paneel-Wände installiert oder die Modul-Bauweise angestrebt. Hier können u. a. ganze Nasszellen als Module im Gebäude verschoben werden. Die Räume sind nach kurzer Umbauphase in Anzahl und Größe veränderlich. Das Ziel ist die dynamische Änderung, je nach Anforderung des Nutzers, während der Betriebsphase des Gebäudes zu ermöglichen.

Die Anforderung der Nutzer bestimmt also maßgeblich die Gestaltung eines Gebäudes und somit auch den Trinkwasser-Bedarf. Ändert sich diese innerhalb des Lebenszyklus des Gebäudes, so ist es möglich, dass die ursprüngliche Planung nicht mehr zum neuen Konzept passt.

Um eine flexible Gebäudenutzung in Zukunft zu ermöglichen, kann der Einsatz von vermaschten Trinkwasser-Rohrnetzen eine technisch einfache und hygienisch vorteilhafte Lösung bieten.

4.1.4 Anwendungen von vermaschten Rohrsystemen

In den folgenden Abschnitten werden technische Anwendungen dargestellt, in denen vermaschte Rohrnetze bereits angewendet werden und sich bewährt haben.

Zuvor soll ein Prinzip aus der Natur beschrieben werden – Der Blutkreislauf des Menschen.

Das geschlossene Blutkreislaufsystem führt das Blut vom Herz über die Arterien in die Körperregionen und deren Kapillaren. Die feinen Kapillaren weisen untereinander zahlreiche Vermaschungen auf. Die Anastomosen bilden dabei die Querverbindungen zwischen den Kapillaren. Fällt eine Kapillare aufgrund von Verletzung oder Thrombose aus, können benachbarte Kapillaren (Kollaterale) die überlebenswichtige Versorgung des Gewebes übernehmen. Die Versorgungssicherheit stellt offensichtlich einen wichtigen Aspekt in der Natur dar, den man auch in der Technik nutzen kann.

Vermaschte Rohrnetze in der öffentlichen Trinkwasser-Versorgung

Die Städteplanung und die öffentliche Wasserversorgung bilden ein gegenseitig abhängiges Gefüge. Eine Ortserweiterung oder gravierende Nutzungsänderungen bedingen die Anpassung des Trinkwasser-Netzes, gleichzeitig gibt es ohne eine Trinkwasser-Versorgung kaum eine Ortserweiterung. Die Planung bzw. Erfassung des Trinkwasser-Netzes bis zu den Hausanschlüssen geschieht dabei über ein »Netzinformationssystem« (NIS) in Verbindung mit einem »Geografischen Informationssystem« (GIS). Das NIS wird repräsentiert durch eine oder mehrere Client-Applikationen innerhalb des Wasserversorgungsunternehmens mit Anbindung an eine gemeinsame Datenbank. Das NIS wird zur Datenbankpflege und zur Visualisierung der topologischen Positions- und Niveauverhältnisse der Wasserversorgungsanlage benutzt. Hier werden alle wichtigen Informationen rund um das Leitungsnetz und dessen Verlauf bis zum einzelnen Absperrschieber nicht nur während der Errichtungsphase, sondern auch in der Nutzungsphase fortlaufend verwaltet. Weitere Planungen, bauliche Veränderungen sowie Auslegungen und Simulationen von Betriebszuständen werden auf Basis dieses Werkzeugs und der dazugehörigen Datenbank durchgeführt. Insofern gibt es Ähnlichkeiten zur Anwendung von »Building Information Modeling« (BIM), das im Lebenszyklus eines Gebäudes für die Planung, Erstellung und den Betrieb bis zum Rückbau eingesetzt wird.

NIS
Netzinformationssystem

GIS
Geografisches Informationssystem

BIM
Building Information Modeling

Das Ziel der Wasserversorgung ist vorrangig den Haushalten Trinkwasser als Lebensmittel nach den Grundsätzen der DIN 2000 [50] zur Verfügung zu stellen. Ein weiteres Ziel ist die Löschwasserversorgung zur örtlichen Brandbekämpfung. Dabei wird das Trinkwasser in Deutschland vorrangig über Grund- und Quellwasser gewonnen – z. B. aus Aquiferen. An zweiter Stelle wird Trinkwasser aus Oberflächenwasser (Talsperren) aufbereitet. Ein geringer Anteil wird über das Uferfiltrat aus Brunnen neben Flüssen entnommen. Das Wasser durchläuft eine Wasseraufbereitung um den hohen chemischen und hygienischen Qualitätsanforderungen an das Lebensmittel Trinkwasser zu genügen. Danach wird das Trinkwasser, je nach Entfernung von Quelle zur Siedlung, über eine Trinkwasser-Fernleitung zur Ortschaft geführt und in das Ortsnetz eingeleitet. In der Regel sind dazu Förderpumpen notwendig. Anschließend erfolgt eine Zwischenlagerung des Trinkwassers in Speichern. Die Aufgabe der Speicher ist es Bedarfsspitzen auszugleichen und einen Löschwasservorrat zur Verfügung zu stellen. Die Speicher werden oft als Hochbehälter ausgeführt, um die potenzielle Energie für die Druckhaltung bereitzustellen.

Die Aufgaben des Trinkwasser-Netzes sind, wie bereits erläutert, zunächst die hygienische Trinkwasser-Versorgung der Haushalte und die Bereitstellung des Löschwassers für den Brandfall. Dazu werden die Trinkwasser-Leitungen in ausreichender Tiefe mit einer Erdüberdeckung i. d. R. 1,2–1,5 m verlegt. Damit ist die Frostfreiheit sichergestellt und zusätzlich liegen die zu erwartenden Temperaturen, bei einer Jahresmitteltemperatur von etwa 10 °C [56], dauerhaft in einem hygienisch günstigen Temperaturintervall mit geringer Schwankung. Die Druck- und Versorgungssicherheit (Redundanz) sowie wirtschaftliche Gesichtspunkte sind weitere Grundsätze, die bei der Planung eine Rolle spielen.

Die Grundlagen zur Bemessung der öffentlichen Trinkwasser-Netze stellt der »Deutsche Verein des Gas- und Wasserfaches« (DVGW) bereit. Die Arbeitsblätter DVGW W 400-1 [54] und 2 [55] sind die entsprechenden Planungs- und Ausführungsregeln. Das Arbeitsblatt DVGW W 410 [57] definiert die Grundlagen der Spitzendurchflüsse. Die hydraulischen Grundlagen für verästelte und vermaschte Rohrnetze (Knoten-, Maschenregel und Widerstandsgesetz) werden mittlerweile für öffentliche Gas- und Trinkwasser-Rohrnetze zusammengefasst durch das DVGW Regelwerk GW 303-1 [58] und 2 [59] beschrieben.

Bemessungs-Randbedingungen

Die Fließgeschwindigkeit im Verteilungsnetz innerhalb einer Druckzone sollte generell 2 m/s nicht überschreiten, damit dynamische Druckänderungen nicht zu stark ausfallen. In Hausanschlussleitungen dürfen max. 2,5 m/s bei kurzzeitiger Entnahme nicht überschritten werden. Der Druck im Versorgungsnetz sollte aufgrund von Entnahme höchstens um 0,2 MPa (2 bar) schwanken. Weiterhin müssen bestimmte Mindest-Versorgungsdrücke (SP) am Hausanschluss in Abhängigkeit von der Gebäudehöhe eingehalten werden. Es sollte mindestens ein Abstand von 0,2 MPa (2 bar) zwischen maximalem zulässigen Druck (MDP) und höchstem planmäßigen Betriebsdruck (MOP) vorgesehen werden – als Reserve für dynamische Druckänderungen.

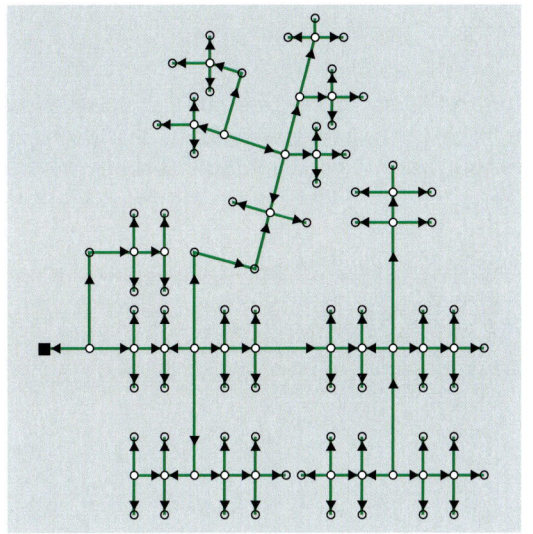

Abb. 3-58

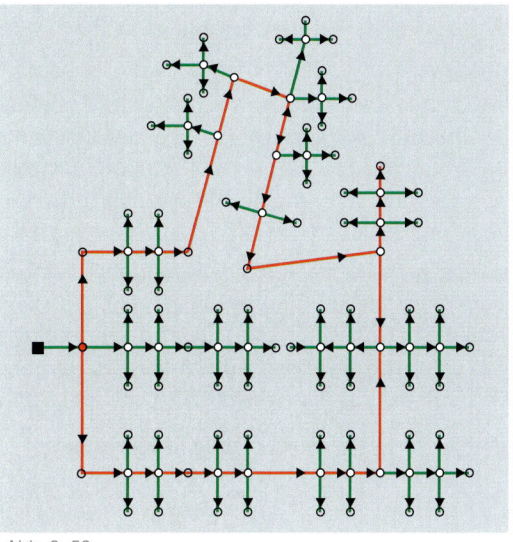

Abb. 3-59

Abb. 3–58
Trinkwasser-Netz
Verästelt

Abb. 3–59
Trinkwasser-Netz
Ringleitung

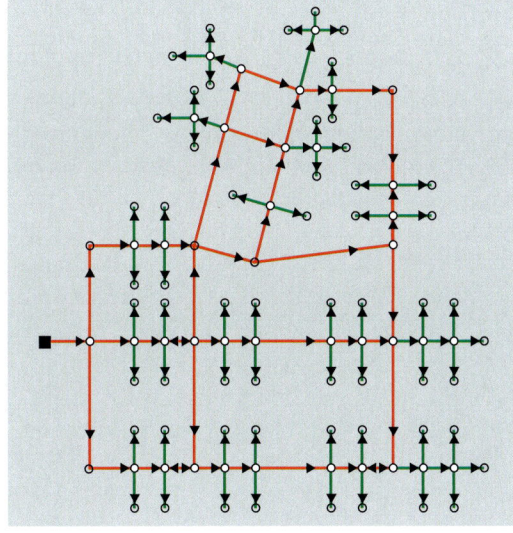

Abb. 3-60

Abb. 3–60
Trinkwasser-Netz
Vermascht

Anhand der **Abb. 3–58**, **Abb. 3–59** und **Abb. 3–60** werden im Folgenden die unterschiedlichen Netzformen charakterisiert.

Abb. 3–58 zeigt ein »rein verästeltes« System. Die Zuführung des Trinkwassers zu den Verbrauchern erfolgt stets in eindeutiger Weise über die Zweige.

Abb. 3–59 zeigt ein System mit einer »Ringleitung« (rot). Es handelt sich hierbei um einen Sonderfall eines vermaschten Systems mit nur einer Masche. Bei den Hausanschlüssen, die über eine Ringleitung versorgt werden, wird das Trinkwasser über zwei Wege der Ringleitung zugeführt. Alternativ können auch mehrere nicht zusammenhängende Ringleitungen innerhalb eines Versorgungsnetzes existieren.

Abb. 3–60 zeigt ein »vermaschtes Trinkwasser-Rohrnetz«. Mehrere Ringleitungen haben gemeinsame Trinkwasser-Zweige – sind also miteinander gekoppelt. Die Zuleitung des Trinkwassers von der Einspeisung bis zum Hausanschluss über das vermaschte Teilnetz erfolgt über mindestens zwei Wege.

Die vermaschten Trinkwasser-Versorgungssysteme verfügen stets über Zweige mit eindeutiger Zuleitung (Verästelung). Das bedeutet, dass ein vermaschtes Trinkwasser-Netz grundsätzlich aus einem oder mehreren verästelten und vermaschten Teilnetzen besteht.

Beispiele dafür sind die Zweige zwischen zwei Druckzonen (Druckerhöhung, Druckminderung). Weiterhin trifft das auf die notwendigerweise eindeutigen Einspeisungen oder Übergabestellen (Wasserzähler) zu.

So enthalten die Netze in **Abb. 3–59** und **Abb. 3–60** neben den markierten Maschen (rot) auch Verästelungszweige (grün).

Für Siedlungsgebiete, die aufgrund von Demografie und Ansiedlung erweitert werden müssen, sind Ringleitungen bzw. vermaschte Rohrnetze unerlässlich geworden. Dem reinen Verästelungssystem sind bezüglich der Ausbaufähigkeit Grenzen gesetzt.

Beispiel

Werden Neubaugebiete am Rande einer Ortschaft erschlossen, kommt das bestehende Verästelungsnetz im Ortskern aufgrund seiner eindeutigen Zuleitungswege schnell an hydraulische Grenzen. Eine Erhöhung der Transportkapazität wäre nur noch unter unzulässig hohem Druckverlust zu erreichen. Neben dem neu zu bauenden Netz der Ansiedlung, müssten die Rohrquerschnitte des bestehenden Ortsnetzes erweitert oder parallel neben den alten Leitungen neue Leitungen verlegt werden.

In diesem Fall sollte durch die Verbindung von Teilnetzen das verästelte Netz zu mindestens einer Ringleitung erschlossen werden. Durch die geschickte Anordnung von weiteren Verbindungszweigen zwischen den verästelten Leitungsteilen lässt sich das Netzwerk zu einem vermaschten System umformen (s. auch. **Abb. 3–58** bis **Abb. 3–60**) und ermöglicht wesentlich höhere Transportkapazität ohne eine Vergrößerung der bestehenden Rohrleitungsquerschnitte.

Vermaschte Rohrnetze in Sprinkleranlagen

Vermaschte Rohrsysteme kommen auch bei Sprinkleranlagen zum Einsatz.

Zu den Berechnungsvorschriften in Deutschland zählen die DIN EN 12845 [63] und VDS CEA 4001 [62]. Die DIN EN 12845 weist bezüglich der Rohrleitungsbemessung im Vergleich zur VDS CEA 4001 in vielen Punkten signifikante Übereinstimmungen auf. Eine deutliche Ausnahme ist die Formulierung, dass vorbemessene Rohrsysteme nach VDS CEA 4001 generell nicht zulässig sind.

Die Gründe für den Einsatz vermaschter Netze sind die hohe Druckstabilität und somit die Versorgungssicherheit im Brandfall.

Weiterhin können die Rohrleitungsdurchmesser in den oft räumlich limitierten Zwischendecken kleiner ausgeführt werden als mit einem verästelten Verteilungssystem. In Bezug auf bauliche Veränderungen in der Nutzungsphase sind vermaschte Systeme flexibler. Für die vermaschten Rohrsysteme in Sprinkleranlagen werden an späterer Stelle noch Konzepte aus der Bemessung aufgegriffen.

4.2 Grundlagen zur hydraulischen Analyse von vermaschten Trinkwasser-Rohrsystemen

Zur Beschreibung der stationären Rohrströmung in Rohrleitungssystemen wird allgemein ein »Modell der Potenzialströmung« angewandt. Eine Potenzialdifferenz zwischen zwei miteinander verbundenen Orten in einem fließfähigen Kontinuum führt zu einem Fluss, sofern ein endlich großer Widerstand zwischen den Orten existiert.

Dieser Modellansatz der Physik eignet sich zur Beschreibung vieler Naturphänomene.
Einige davon sind in der folgenden Tabelle abgebildet.

Tab. 3–12   Anwendungen der Potenzialtheorie

Physikalisches Phänomen	Potenzialdifferenz	Fluss
Wärmeleitung	Temperaturdifferenz	Wärmestrom
Elektrische Stromleitung	Spannungspotenzialdifferenz	Elektrischer Strom
Fluidströmung	Druckdifferenz	Fluidstrom
Diffusion (Stofftransport)	Konzentrationsdifferenz	Diffusionsstrom

Als Widerspruch zur Potenzialtheorie könnte die turbulente Strömung wahrgenommen werden.

Mikroskopisch betrachtet ist das turbulente Strömungsbild stets instationär und aufgrund seines chaotischen, zufälligen Verhaltens nicht exakt vorhersagbar. In der Potenzialtheorie folgt der Fluss dem negativen Gradienten des Potenzialfelds und bewegt sich daher von einem hohen Potenzial zu einem niedrigeren. Der Fluss in einem Potenzialfeld ist per Definition wirbelfrei. Die turbulente Strömung ist dagegen eindeutig wirbelbehaftet. Die letztere Aussage steht eindeutig im Widerspruch zur Potenzialtheorie, was aber lediglich an der Perspektive liegt. Sofern eine ausreichende Rohrlänge bei der Messung zur Verfügung steht, ist ein kaum vorhersagbarer einzelner Turbulenzballen nicht mehr relevant. Es treten in dieser Rohrleitung statistisch sehr viele Turbulenzen auf, die im integralen Mittel zu einer immer wiederkehrend messbaren und somit vorhersagbaren Druckänderung des Rohrleitungsabschnitts führen. Die relevante Perspektive auf die Rohrleitungssysteme ist also die makroskopische Betrachtungsweise. Somit kann das Modell der Potenzialströmung in der Hydraulik als legitimiert angesehen werden.

4.2.1 Beschreibung der Strömung in Rohrleitungssystemen mittels Stromfadentheorie

In der Modellvorstellung der »stationären Stromfadentheorie« wird eine zusammenhängende Strömung entlang der Stromröhren-Mittellinie zusammengefasst betrachtet. Die Druck- und Geschwindigkeitsverteilungen im Querschnitt der Rohrleitungsbauteile spielen dabei keine Rolle und werden als konzentriert und integral gemittelt im Stromfaden behandelt. Die Modellvorstellung entspricht einer eindimensionalen Betrachtung entlang der Rohrmittelachse und ist für die hydraulische Beschreibung der Rohrsysteme hinreichend genau. Das Modell ist umso präziser, je größer das Verhältnis aus charakteristischer Leitungslänge zum charakteristischen Rohrinnendurchmesser ist. Das gilt für Fernwasserleitungen genauso wie für Trinkwasser-Rohrleitungssysteme in Gebäuden.

Stromfaden
Verlustbehaftete Energiegleichung

Zur Klärung der einzelnen Druckbegriffe entlang eines allgemeinen, geschlossenen Stromfadens von einem Ortspunkt 1 in Richtung eines Ortspunkts 2 wird die »Erweiterte Energiegleichung« [43] für reale, stationäre Strömung in der Formulierung Energie je Zeiteinheit in Gleichung (1) verwendet. Das ist die ideale Energiegleichung nach Bernoulli, erweitert um den »Dissipationsterm« $\Delta \dot{E}_{diss,12}$.

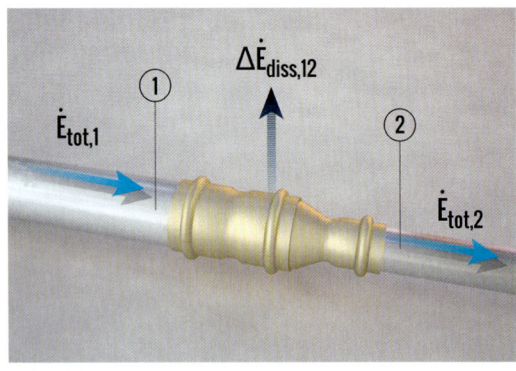

Abb. 3–61

Erweiterte Energiegleichung (1)

$$\underbrace{\dot{E}_{stat,1} + \dot{E}_{kin,1} + \dot{E}_{geo,1}}_{\dot{E}_{tot,1}} = \underbrace{\dot{E}_{stat,2} + \dot{E}_{kin,2} + \dot{E}_{geo,2}}_{\dot{E}_{tot,2}} + \Delta \dot{E}_{diss,12}$$

Die drei Terme $\dot{E}_{stat}$, $\dot{E}_{kin}$ und $\dot{E}_{geo}$ entsprechen dem statischen, dem kinetischen und dem geodätischen Energiestrom am jeweiligen Bezugspunkt.

Die linke Seite der Gleichung stellt die Energie im Punkt 1, die rechte Seite der Gleichung die des Punktes 2 dar.

Der angefügte Dissipationsterm $\Delta \dot{E}_{diss,12}$ auf der rechten Seite charakterisiert den hydraulischen Energieverlust je Zeiteinheit einer stationären, realen Strömung aufgrund von Fluid- und Wandreibung zwischen den beiden Orten.

Der Term korrigiert die Verminderung der Totalenergie im Punkt 2 aufgrund der zwischen den Bezugspunkten auftretenden, irreversiblen Energieumwandlung von Exergie in Reibungs- bzw. dissipativer Energie. Er ist aufgrund der definierten Strömungsrichtung von 1 nach 2 stets positiv, da ein negativer Term einer Energiezufuhr entspricht.

Bei diesem Modell geht gemäß **Abb. 3–61** der Energiestrom als nicht weiter nutzbare Energie über die Bilanzgrenze Rohrwand »verloren«.

Genau betrachtet wird diese Verlustenergie im Fluid vorwiegend in Reibungswärme umgewandelt. Das führt zu einer geringen Erhöhung der Fluidtemperatur und somit zu einer minimalen Dichteänderung. Die Änderungen sind jedoch für die technische Anwendung in der Trinkwasser-Rohrnetzbemessung unbedeutend, sodass konstante Dichte und somit raumbeständige Strömung gewährleistet sind. Ausformuliert lautet Gleichung (1):

$$\frac{\dot{m}}{\rho}p_{stat,1} + \frac{\dot{m}}{2}\overline{w}_1^2 + \dot{m}gz_1 = \frac{\dot{m}}{\rho}p_{stat,2} + \frac{\dot{m}}{2}\overline{w}_2^2 + \dot{m}gz_2 + \frac{\dot{m}}{\rho}\Delta p_{diss,12} \qquad (2)$$

Dividiert man Gleichung (2) durch den Volumenstrom $Q = \dot{m}/\rho$, erhält man die »Erweiterte Energiegleichung« in der Druckformulierung (3). Der statische Druck und der kinetische Druck sind jeweils für sich betrachtet Funktionen der Höhenlage und der Geschwindigkeit am Ortspunkt entlang des kontinuierlichen, geschlossenen Fluid-Stromfadens. Sie sind durch den Druckverlust nicht beeinflussbar. Auftretende Druckverluste vermindern daher ausschließlich den statischen Druck im Verlauf des zusammenhängenden Fluid-Stromfadens.

$$p_{stat,1} + \frac{\rho}{2}\overline{w}_1^2 + \rho g z_1 = p_{stat,2} + \frac{\rho}{2}\overline{w}_2^2 + \rho g z_2 + \Delta p_{diss,12} \qquad (3)$$

Die potenziellen und kinetischen Drücke am jeweiligen Ort werden zusammengefasst als »Totaldruck«[1] bezeichnet. Die Differenz der beiden Drücke nennt man auch »Totaldruckänderung«. Der dissipative Druckverlust entspricht vom Betrag her der Totaldruckänderung zwischen den beiden Ortspunkten.

$$p_{tot,1} = p_{tot,2} + \Delta p_{diss,12} \qquad (4)$$

Totaldruckänderung

Die Quintessenz an dieser Stelle: Die Drücke in der »Erweiterten Energiegleichung« sind Proportionalitätsfaktoren des örtlichen Energiepotenzials. Als Druckdifferenz umformuliert stellen sie Indikatoren für die Energieumwandlung dar.

Beispiel zur Messung der Druckverluste

Um die Druckverlust-Kennlinie einer Armatur, eines Rohres oder eines Formteils im Labor zu messen, ist der Versuchsstand möglichst so aufzubauen, dass die Druckmessgeräte auf gleicher geodätischer Höhe ($z_1 = z_2$) angeordnet sind.

Die Drucksensoren sollten unter Berücksichtigung von genügender Ein- und Auslaufstrecke platziert werden. Im Fall einer Querschnittsänderung muss die dynamische Druckdifferenz nach der Messung berücksichtigt werden.

---

1 Die allgemeine Fachliteratur ist bzgl. der Definition des Totaldrucks nicht eindeutig. Der geodätische Druck wird nicht immer als im Totaldruck enthalten dargestellt. Die Bezeichnung »Totaldruck« [43] kommt vermutlich aus der Thermodynamik im Zusammenhang mit dem 1. Hauptsatz der Thermodynamik für offene Systeme und dem Begriff »Totalenthalpie«.

In DIN 1988-300 wird zur Bemessung von Rohrleitungssystemen der Term der »kinetischen Druckänderung« vernachlässigt. Diese Vereinfachung ist insbesondere dann gerechtfertigt, wenn die aufzuwendende Druckdifferenz zur Beschleunigung des Fluids im Verhältnis zu der insgesamt betrachteten Totaldruckänderung klein ist.

Beispiel

Am Trinkwasser-Hausanschluss (Punkt 1) liegt ein Druck von 4000 hPa vor, die geodätische Höhe der höchsten Entnahmestelle (Punkt 2) beträgt 10 m über dem Hausanschluss. Damit beträgt der Schweredruck der Wassersäule etwa 1000 hPa. Die insgesamt zur Verfügung stehende Potenzialdifferenz zur Bemessung des Systems zwischen Hausanschluss und Atmosphärendruck an der Entnahmestelle ergibt sich also zu 4000 hPa - 1000 hPa = 3000 hPa.

Nehmen wir weiterhin an, dass am Hausanschluss (Punkt 1) eine verschwindend geringe Strömungsgeschwindigkeit von annähernd 0 m/s vorliegt und am Auslauf der Entnahmestelle (Punkt 2) etwa 3 m/s. Somit beträgt die zusätzlich benötigte Druckdifferenz zur Beschleunigung des Trinkwassers:

$$\Delta p_{kin,12} = \frac{\rho}{2}(\overline{w}_2^2 - \overline{w}_1^2) = 500 \frac{kg}{m^3}(3^2 - 0^2)\frac{m^2}{s^2} = 4500\ Pa = 45\ hPa$$

Diese starke Geschwindigkeitsänderung ist bewusst gewählt, um die kinetische Druckdifferenz in einem besonderen ungünstigen Fall zu konstruieren. Es zeigt sich somit, dass der zusätzliche Druckbedarf von 45 hPa – im Verhältnis zur insgesamt zur Verfügung stehenden Druckdifferenz von 3000 hPa – mit 1,5 % Anteil als gering und sich daher als vernachlässigbar für den Bemessungsfall herausstellt.

Die kinetische Druckänderung kann man allerdings nicht in jedem technischen Anwendungsfall vernachlässigen – nicht z. B. bei der Druckdifferenzmessung einer verlustarmen Querschnittsreduzierung.

4.2.2 Die hydraulischen Widerstände im Trinkwasser-System

Um die Druck- bzw. Energieverluste des strömenden Trinkwassers im Rohrnetz allgemein zu beschreiben, müssen die Druckverlustkennlinien aller Bauteile bekannt sein. Der wesentliche Unterschied zwischen einem verästelten- und einem vermaschten Netz, liegt darin, dass sich die Strömungsrichtung je nach Belastungsfall umkehrt. Man benötigt daher Kennlinien, die auch bei negativem Volumenstrom den Druckverlust korrekt beschreiben. Daher haben die Flüsse und auch Druckverluste, spätestens bei der hydraulischen Bilanzierung und dem Bemessungsnachweis für die einzelnen Ringleitungsteilstrecken, neben positiven Vorzeichen auch negative Vorzeichen.

Im weiteren Verlauf dieser Abhandlung werden diese Punkte sukzessive behandelt.

Bei der folgenden Charakterisierung der Bauteil-Druckverluste als Indikatoren der dissipativen Reibungsenergieverluste wird die Indizierung »diss« als bekannt vorausgesetzt und weggelassen.

Hydraulischer Widerstand: Die Rohrleitung

Die Rohrleitung ist eines der wichtigsten Bauteile einer Trinkwasser-Anlage. Der Anteil an Rohren ist groß, daher ist die Qualität der Beschreibung der charakteristischen Druckverluste signifikant für die Genauigkeit der Bemessungs- und Simulations-Aussagen.

Die vorzeichenbehaftete »Druckverlust-Kennlinie« einer kreisrunden Rohrleitung nach Darcy-Weisbach lautet bei raumbeständiger Fortleitung:

$$\Delta p_{Rohr,12} = sgn(\bar{w}) \lambda \frac{l}{d} \frac{\rho}{2} \bar{w}^2 \qquad (5)$$

Darcy-Weisbach Druckverlust-Kennlinie

Unter Verwendung des Kontinuitätsgesetzes $\bar{w} = Q/A$ ergibt sich nach Umformung das »Widerstandsgesetz der Hydraulik«.

Festlegung: Für positive Flüsse ist der Druckverlust positiv.

Das Vorzeichen wird sichergestellt durch die »unstetige Signum-Funktion« (sgn). Bei Geschwindigkeiten <0 liefert die Funktion den Wert -1, bei Geschwindigkeiten >0 den Wert +1.

Druckgewinne – z. B. durch Pumpen – sind daher bei positiven Flüssen negativ anzusetzen.

Das hydraulische Widerstandsgesetz lautet:

$$\Delta p_{Rohr,12} = sgn(Q) C_{Rohr} Q^2 \qquad (6)$$

Hydraulisches Widerstandsgesetz

Der hydraulische Widerstand beträgt:

$$C_{Rohr} = \lambda \frac{l}{d^5} \frac{\rho}{\pi^2} 8 \qquad (7)$$

Hydraulischer Widerstand

Hans Roos et al. [44] haben bereits diese Formulierung in Analogie zum Ohm'schen Gesetz der Elektrotechnik genannt. Wesentlich ist hierbei, dass der Druckverlust proportional zum Quadrat des Volumenstroms ist und die Beschreibung der Rohr- und Fluideigenschaften über den hydraulischen Widerstand »C« erfolgt. Die Nicht-Linearität wird uns im weiteren Verlauf der Abhandlung noch beschäftigen. Im amerikanischen Raum wird auch eine ähnliche Formulierung mit der »Hazen-Williams-Gleichung« benutzt. Dabei wird »C« als konstant und unabhängig von der Strömung (Reynolds-Zahl) betrachtet und ist lediglich für Wasser gültig. Die Temperatur und die Viskosität sind in diesem Ansatz nicht variabel. Der Exponent des Volumenstroms wird mit 1,85 angesetzt und ist damit geringer als der quadratische Ansatz. Diese Gleichung liefert für den hydraulischen Übergangsbereich praktisch gute Ergebnisse und wird u. a. bei der Bemessung von vermaschten und verästelten Sprinkleranlagen auch in Deutschland nach VDS CEA 4001 [62] und DIN EN 12845 [63] verwendet. Es gilt die Einschränkung, dass die maximal zulässige Geschwindigkeit auf 10 m/s limitiert ist und es sich um reines Wasser ohne Zusätze handelt. Wenn die zuvor genannten Grenzen nicht eingehalten werden – wie z. B. bei Anlagen mit Wasser-Glykol-Füllung oder Hochdruck-Sprinkleranlagen – so ist stets der allgemeinere »Darcy-Weisbach-Ansatz« zu verwenden.

Da die heutige Planung auf leistungsfähigen Rechnern durchgeführt wird, sollte aus Sicht des Autors die hydraulische Bemessung von Rohrleitungssystemen ohne Näherungsansätze in den Regelwerken durchgeführt werden. Die Ansätze zur Vereinfachung waren sinnvoll, als die Kalkulationen noch per Hand durchgeführt wurden bzw. die Rechner noch nicht so leistungsfähig waren. Die Kenntnis von Näherungsansätzen kann jedoch bei der Durchführung von überschlägigen Kalkulationen sehr nützlich sein.

Da in der Versorgungstechnik allgemein die Gleichung nach Darcy-Weisbach sowie die Ansätze für den Rohrreibungsbeiwert nach Prandtl-Colebrook (turbulente Strömung) und Hagen-Poiseuille (laminare Strömung) eine hohe Genauigkeit bei der Beschreibung von Druckverlusten in Rohren mit Gas- und Flüssigkeitsströmung (Newton-Fluide) aufweisen, werden diese Ansätze im weiteren Verlauf beschrieben.

Die Strömung in Rohren für Gase und Flüssigkeiten lässt sich über die »Reynolds-Zahl« in Gleichung (8) charakterisieren. Sie ist eine Ähnlichkeitszahl und beschreibt das normierte Verhältnis von Trägheits- und Reibungskräften. Als charakteristische Länge gilt der Rohrinnendurchmesser »d«.

Reynolds-Zahl (8)
$$Re = \frac{|\bar{w}|d}{v}$$

Ist die Reynolds-Zahl kleiner als 2320, liegt »laminare Strömung« vor – diese Reynolds-Zahl wird auch als die »kritische Reynolds-Zahl« bezeichnet.
Es sei anzumerken, dass die kritische Reynolds-Zahl nur bei Rohren 2320 beträgt. Armaturen und Rohrleitungsformteile haben ihren Umschlagspunkt bei anderen Reynolds-Zahlen.

Im laminaren Strömungsbild gibt es keine Ablösung von chaotischen, instationären Turbulenz-Wirbeln quer und entgegen der Stromrichtung. Die Rohrströmung gleitet in konzentrischen Schichten rund um die Rohrachse aufeinander stromabwärts. Die Geschwindigkeit erreicht ihr Maximum im Mittelpunkt der Rohrachse, fällt schnell radial zur Wand hin ab und erreicht an der Rohrwandung den Wert Null. In diesem Fall gilt die Gleichung nach Hagen-Poiseuille (9).
Die Gleichung nach Hagen-Poiseuille ergibt nach dem Einsetzen in die Darcy-Weisbach-Gleichung im laminaren Fall eine proportionale Anhängigkeit von Strömung und Volumenstrom.

Hagen-Poiseuille (9)
$$\lambda = \frac{64}{Re}$$

Für den turbulenten Bereich Reynolds ab 2320 gilt die Gleichung nach Prandtl-Colebrook (10), die auch als »Colebrook-White-Gleichung« bezeichnet wird. Hier wird ferner unterschieden zwischen dem Übergangsbereich und dem vollständig rauen Bereich der »turbulenten Strömung«. Die Gleichung ist implizit und kann in ihrer dargestellten Form direkt zur Fixpunktiteration verwendet werden. Dabei wird der Startwert mit $X = 1/\sqrt{\lambda_0}$ geschätzt oder angenommen, bei technisch sinnvollem k/d-Parameter und je nach Genauigkeitsschranke wird eine schnelle Konvergenz innerhalb von ca. 5 bis 10 Iterationen erreicht.

Prandtl-Colebrook (10)
$$\frac{1}{\sqrt{\lambda}} = -2\,log_{10}\left(\frac{2{,}51}{Re\sqrt{\lambda}} + \frac{k}{3{,}71\,d}\right)$$

Der Bereich der Strömung zwischen 2320 und 4000 wird bei Sigloch et al. **[43]** als »instabiler« bzw. »kritischer« Bereich im Moody-Diagramm ausgewiesen. Für die Berechnung der hydraulischen Widerstände sollte für dieses Intervall ein ungünstiger Ansatz gewählt werden, um die Unstetigkeit in der Druckverlust-Kennlinie zu beheben.

Einen Ansatz liefert Zanke mit seinem »gewichteten Instabilitäts-Übergang«, dargestellt bei Horlacher [45]. Wenn die Reynolds-Zahl in der »Prandtl-Colebrook-Gleichung« sehr groß wird, verschwindet der Term mit der Reynolds-Zahl im Argument des »dekadischen Logarithmus«. Der Rohrreibungsbeiwert konvergiert asymptotisch gegen einen konstanten Wert und beschreibt damit den vollständig rauen Bereich der Rohrströmung.

Hydraulischer Widerstand: Formteile und Armaturen über Widerstandsbeiwerte

Die Beschreibung des Druckverlustes von Formteilen erfolgt über deren Widerstandsbeiwerte (ζ-Werte) – z. B. für Bögen, T-Stücke, Verteiler, Reduzierstücke etc. Die DIN 1988-300 [51] stellt für Rohrleitungssysteme aus Metall und Kunststoff ungünstige Zeta-Werte in Form von Tabellen bereit.

Noch präziser und i. d. R. günstiger sind die durch den Hersteller gemessenen Zeta-Werte. Die Berechnung erfolgt entsprechend DVGW-Arbeitsblatt W 575 aus den exakt ermittelten Messwerten »Druckverlust« und »Durchfluss« bei vorgegebener Fließgeschwindigkeit.

Der Ansatz zur Beschreibung der Druckverluste ist ähnlich dem der Rohrleitung.

$$\Delta p_{Fitting,12} = \text{sgn}(\overline{w}) \zeta \frac{\rho}{2} \overline{w}^2 \qquad (11)$$

Druckverlust Formteile

Die Widerstandskennlinie lautet somit:

$$\Delta p_{Fitting,12} = \text{sgn}(Q) \, C_{Fitting} \, Q^2 \qquad (12)$$

Widerstandskennlinie Formteile

Der hydraulische Widerstand beträgt:

$$C_{Fitting} = \zeta \frac{\rho}{d^4} \frac{8}{\pi^2} \qquad (13)$$

Hydraulischer Widerstand Formteile

Genau genommen ist der ζ-Wert auch eine Funktion der Reynolds-Zahl. Die Abhängigkeit von dieser ist bei verlustarmen Armaturen sogar recht hoch, jedoch wird der laminare Bereich in der Praxis oft vernachlässigt. Andererseits gibt es auch Armaturen, bei denen der Druckverlust so hoch ist, dass durch starke Turbulenz, Strömungsumlenkung und Ablösungen ein vollständig raues Verhalten vorliegt und sich der Widerstandsbeiwert als nahezu konstant erweist.

In vermaschten Rohrnetzen kann sich z. B. ein Reduzierstück je nach Strömungsrichtung wie eine Düse oder ein Diffusor verhalten. Da ein Diffusor höhere Druckverluste aufweist als eine Düse, sind in diesem Fall andere Widerstandsbeiwerte als nach DIN 1988-300 zu verwenden. Die zuvor genannten Ausführungen lassen sich auch auf das T-Stück und weitere Bauteile übertragen.

Zusätzlicher Nachteil des Widerstandsbeiwerts: Der Druckverlust des Widerstands wird nur richtig wiedergegeben, wenn der korrekte Bezugsquerschnitt zur Ermittlung der Geschwindigkeit verwendet wird. Der Bezugsquerschnitt ändert sich u. a. bei T-Stücken durch die Variabilität der Strömungsrichtung in vermaschten Netzen während Belastungsuntersuchungen.

Hydraulischer Widerstand: Armaturen und Apparate über Durchflussbeiwerte

Im Gegensatz zu dem oben behandelten Widerstandsbeiwert ist der Durchflussbeiwert, auch k_v-Wert genannt, nicht proportional zum hydraulischen Widerstand. Die Hersteller geben diese Kennwerte für ihre Armaturen-Reihen oft in den technischen Datenblättern an. Die Druckverlust-Beschreibung diverser Armaturentypen in der VDI 3805-17 [49] geschieht ebenfalls über den Durchflussbeiwert.

Der Durchflussbeiwert stellt analog zur Elektrotechnik einen Leitwert dar. Je größer der Wert eines Bauteils, desto geringer ist der Widerstand. Der k_v-Wert ist zunächst nur ein Volumenstrom. Durch die Festlegung, dass bei diesem Volumenstrom der Druckverlust des Bauteils $\Delta p_0 = 1000\,\text{hPa}$ beträgt und Wasser bei einer Dichte von $\rho_0 = 1000\,\text{kg/m}^3$ verwendet wird, ist ein Punkt der Druckverlustkennlinie und somit der hydraulische Widerstand (15) eindeutig bestimmt.

Es lässt sich über die Gleichung auch jeder andere Punkt der Druckverlust-Kennlinie ermitteln.

Druckverlust (14)
$$\Delta p_{\text{Armatur},12} = \text{sgn}(Q)\, C_{\text{Armatur}} Q^2$$

Der hydraulische Widerstand beträgt demnach:

Hydraulischer Widerstand (15)
$$C_{\text{Armatur}} = \frac{\rho}{\rho_0} \frac{\Delta p_0}{K_v^{\,2}}$$

Die Ermittlung des Durchflussbeiwerts wird in VDI/VDE 2173 [48] geregelt. Wenn ein Hersteller für seine Armatur einen anderen Druckverlust und Volumenstrom als Betriebspunkt angibt oder eine Druckverlust-Kennlinie als Diagramm vorliegt, so kann das Wertepaar in die Widerstandsformulierung (15) anstelle von Δp_0 und k_v zur Ermittlung des hydraulischen Widerstands eingesetzt werden.

Beispiele für derartige Armaturen sind Wasserzähler, Filter und Entnahmearmaturen.

Hydraulischer Widerstand: Armaturen mit besonderer Kennlinie

Es gibt über die oben beschriebenen hydraulischen Widerstände hinaus noch Bauteile mit besonderer Druckverlust-Charakteristik: Armaturen, die eine Richtungsabhängigkeit aufweisen – z. B. Schrägsitzventile. Diese haben in der beabsichtigten Durchflussrichtung einen bestimmten Durchflusswert, wo hingegen der Durchflussbeiwert entgegen der planmäßigen Stromrichtung oft sehr viel kleiner ist und dem Planer normalerweise auch nicht zur Verfügung steht. Es ist nicht beabsichtigt diese Armaturen in der entgegengesetzten Durchflussrichtung zu betreiben, da es unter anderem zu unerwünschter Geräuschbildung kommen kann.

Als weitere Armaturen sind Sicherungsarmaturen zu nennen, wie z. B. Rückflussverhinderer oder Rohrtrenner. Bedingt durch die Schließfeder, haben diese Bauteile die Eigenschaft, ihren Strömungsquerschnitt erst ab einem gewissen Druck freizugeben, um ein unerwünschtes Rückfließen zu verhindern. Dieser Druck liegt je Armatur zwischen ca. 50–150 hPa. Eine Strömung entgegen der Fließrichtung wäre auch bei hoher Druckdifferenz sehr gering. Diese Bauteile entsprechen in etwa dem Verhalten einer Diode in der Elektrotechnik. Hydraulische Bauteile wie eine Druckerhöhungsanlage oder ein Druckminderer sind aufgrund ihrer Druckregelaufgabe nur für das verästelte Teilnetz des vermaschten Systems sinnvoll.

Der Wasserzähler ist nicht für den Einsatz innerhalb vermaschter Netze vorgesehen, da er nicht für eine umgekehrte Fließrichtung konzipiert ist. Selbst wenn es einen derartigen Zähler gäbe, müsste bei einem Einbau in einer einfachen Ringleitungsinstallation mindestens ein weiterer Wasserzähler installiert werden. Das führt zu einer Differenzmessung und ist nach der Heizkostenverordnung [68] bzw. einem BGH-Urteil von 2008 [69] nicht zulässig.

Daher gilt für den Einsatz der zuvor genannten Armaturen grundsätzlich, dass die Installation und der Betrieb im vermaschten Rohrnetz nicht sachgerecht bezüglich ihrer Aufgabe sind.

Konstante Druckverluste und das vermaschte Netz

Es ist in der Praxis durchaus üblich einen sogenannten pauschalen Druckverlust in der Auslegung von Trinkwasser-Systemen zu benutzen. Dieser sogenannte »Apparate-Druckverlust« ist invariant bezüglich des Durchflusses. Der Ansatz ist bei bekanntem und eindeutigem Spitzenvolumenstrom in verästelten Systemen praktikabel, da das Bauteil zur Bemessung im Trinkwasser-Rohrnetz nur aufgrund eines einzigen Spitzenvolumenstroms untersucht wird.

In den Zweigen eines vermaschten Systems ist kein eindeutiger Spitzenvolumenstrom angebbar. Vielmehr wird das vermaschte Netz auf diverse Bedarfsvolumenstrom-Szenarien untersucht bzw. getestet. Dabei stellen sich je nach Betriebszustand andere Volumenströme am untersuchten Bauteil ein. Der Druckverlustfehler wird dabei umso größer, je mehr der tatsächliche Volumenstrom vom planmäßigen Volumenstrom abweicht.

Grenzbetrachtung: Ein Netz ist im Ruhezustand – d. h. es werden keine Entnahmestellen betätigt.

Ein konstanter Druckverlust von z. B. 100 hPa wird an einem Bauteil vereinbart, das innerhalb des vermaschten Teilnetzes installiert ist. Da der Druckverlust bei einem Durchfluss von Null immer noch 100 hPa beträgt, wirkt das Bauteil im vermaschten Teilnetz wie eine Umwälzpumpe mit Konstantdruck-Kennlinie, die in diesem Fall unnatürliche Durchflüsse in den Maschen des Netzes erzeugt.

Fazit: Es müssen stets die natürlichen Druckverlust-Kennlinien in Abhängigkeit des Volumenstroms benutzt werden, sonst sind keine korrekten Ergebnisse der hydraulischen Analyse zu erwarten. Mit dem Druckverlust und einem Bezugsvolumenstrom kann z. B. der hydraulische Widerstand analog Gleichung (15) formuliert werden.

Voraussetzung dafür ist, dass die Kennlinie in etwa der Proportionalität $\Delta p \sim Q^2$ folgt.

4.2.3 Das vermaschte Trinkwasser-Netzwerk

Zum besseren Verständnis der folgenden Kapitel werden noch einige grundlegende und notwendige Begriffe rund um das Netzwerk erläutert.

In **Abb. 3–62** ist ein einfaches vermaschtes Netzwerk als »Graph« dargestellt. Ein Graph besteht aus einer definierten Menge von Knoten und Kanten. Die in der »Graphentheorie« **[61]** verwendete abstrakte Nomenklatur »Kante«, »Knoten«, »Zyklus« und »Baum« wird ersetzt durch technisch verständlichere Begriffe wie »Zweig«, »Knoten«, »Masche« und »Netzwerk« im Sinne der Hydraulik.

Beispiel-Netzwerk
Nennweiten und Entnahmedurchflüsse [l/s]

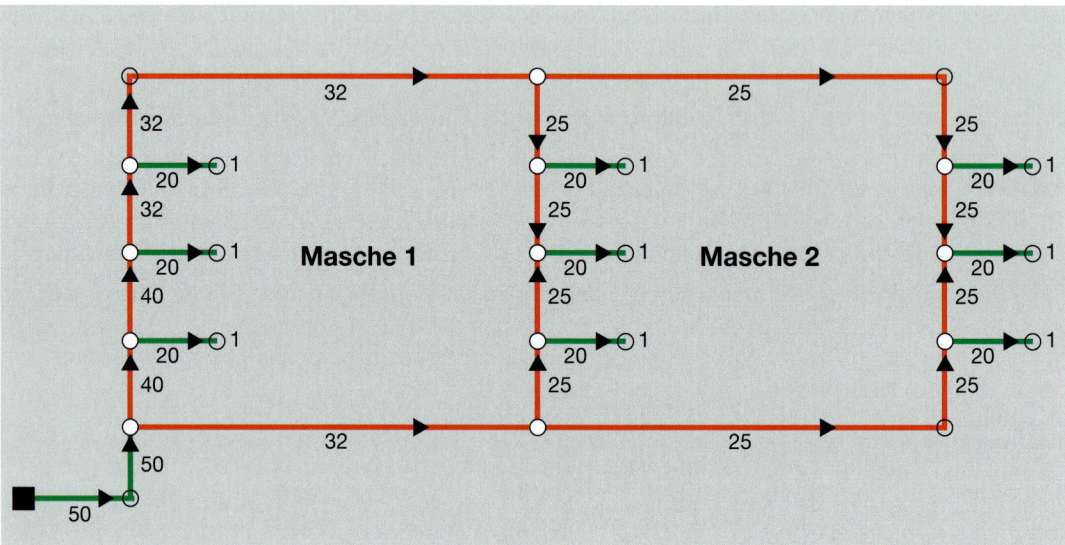

Abb. 3–62

Knoten

Ein Knoten wird gemäß **Abb. 3–62** als Kreis oder Rechteck-Symbol mit oder ohne Farbfüllung dargestellt und dient der Verbindung der Zweige.

Knoten mit nur einem angeschlossenen Zweig fungieren entweder als Quelle oder als Senke des Netzwerks. Der Einspeiseknoten (z. B. Hausanschluss) stellt die eindeutige Quelle des Netzwerks dar und wird rechteckig gefüllt dargestellt. Alle anderen Knoten mit nur einem Zweig sind Senken (z. B. Entnahmestellen). Weitere Knoten, die nur zwei Zweige miteinander verbinden, dienen als Behelfsknoten zur Darstellung von Richtungsänderungen und sind in diesem Sinne keine echten Knoten. Die übrigen Knoten in **Abb. 3–62** sind die kreisrunden, weiß gefüllten Knoten mit jeweils mindestens drei Zweigen. Diese Knoten stellen hydraulische Verzweigungs- oder Vereinigungspunkte dar und werden im weiteren Verlauf als »Verzweigungsknoten« bezeichnet. Die Knoten repräsentieren z. B. T-Stücke, Verteiler aber auch Mischarmaturen und Trinkwasser-Erwärmer.

Zweig

Ein Zweig besteht aus in Reihe geschalteten hydraulischen Widerständen – z. B. Rohrleitungen, Formteilen oder Armaturen.

Ein Zweig enthält mindestens eine oder mehrere Teilstrecken und ist stets an zwei Knoten angeschlossen. Der Grund dafür liegt darin, dass die Teilstrecken-Segmentierung nach DIN 1988-300 auf Basis von Volumenstromverzweigung, Nennweitenänderung oder Materialänderung erfolgt.

Die Zweigsegmentierung erfolgt nur anhand der Volumenstromverzweigung.

Masche

Die Zweige der beiden Maschen sind in **Abb. 3–62** farbig hervorgehoben. Die Maschen sind Bestandteile des Netzwerks und bestehen aus den markierten Zweigen und den angeschlossenen Knoten. Sie beginnen an einem Verzweigungs-Knoten (weiß), führen über mindestens einen – in regulären Trinkwasser-Netzen über mehrere Zweige – zum selben Knoten zurück. Sofern wir in einem Netzwerk einen solchen Zyklus gefunden haben, gilt das Netzwerk als vermascht. Die Maschen sind in dieser Abbildung eindeutig identifizierbar. In einem größeren dreidimensionalen Trinkwasser-Netzwerk sind diese Maschen nicht mehr so leicht zu erkennen. Die Graphentheorie stellt dazu Werkzeuge zur Verfügung – wie z. B. den »Algorithmus von Dijkstra« zur Auffindung der kürzesten Wege durch das Netzwerk – der u. a. auch mit einer Modifizierung zur Ermittlung des Spannbaums geeignet ist. Der Spannbaum ist ein vollständiges Gerüst des Netzwerks bestehend aus Zweigen und Knoten und weist selbst keine Vermaschung (Zyklen) auf. Ausgehend von den Zweigen des Netzwerks, die nicht im Spannbaum enthalten sind, lassen sich die Maschen des Netzwerks leicht auffinden.

Netzwerk

Ein Trinkwasser-Netzwerk mit seiner Menge an Zweigen und Knoten ist formal ein sogenannter »ungerichteter Multigraph« [61].

Ungerichtet ist er, da der Fluss im Zweig grundsätzlich in beiden Richtungen möglich ist. Ein Multigraph ist er, da es auch zwei Zweige geben kann, die jeweils an einem Ende an denselben Knoten gekoppelt sind. Eine typische Anwendung aus der Praxis ist eine Leitung innerhalb der Zwischendecke, die aus Platzgründen mit zwei Leitungsstrecken in kleinerer Nennweite ausgeführt wird. Das Netzwerk kann vermascht sein und kann weiterhin aus mehreren verästelten und vermaschten Teilnetzen bestehen. Zwei benachbarte vermaschte Teilnetze sind über einen speziellen Zweig, in der Graphentheorie als Brücke bezeichnet, miteinander verbunden. Das Kennzeichen des Brückenzweigs ist, dass man bei Entfernung dieses Zweigs, das Netzwerk in zwei unabhängige vermaschte Netzwerke zerlegt. Ein Brückenzweig ist u. a. bei Einsatz eines Wasserzählers oder der Eröffnung einer neuen Druckzone notwendig. Diese Zweige gehören aufgrund der eindeutigen Verbindung zu den nachfolgenden Entnahmestellen zum verästelten Teil des Netzwerks.

4.2.4 Netzwerkanalyse mit dem Zweigstromverfahren

Es gibt in der Elektrotechnik bei Weißgerber et al. [47] diverse Verfahren zur Lösung von Gleichstrom-Netzwerken. Davon funktionieren einige über das physikalische Prinzip der »Superposition«. Bei der Superposition werden zunächst mehrere Einwirkungen auf ein System separiert, dann das System mit jeweils einer Einzel-Einwirkung gelöst und anschließend die Einzellösungen mittels linearer Überlagerung zur Gesamtlösung aufsummiert. Die Superposition funktioniert per Definition nur für lineare Systeme. Die Potenzialdifferenz muss dazu in linearem Zusammenhang mit der Wirkung, also dem Fluss stehen. Das gilt für viele Gleichstrom-Anwendungen. Für die Hydraulik wäre das nur zutreffend, wenn stets das laminare Strömungsbild in den Rohrleitungen und Armaturen vorliegen würde. Da das grundsätzlich nicht der Fall ist, sind diese Lösungsverfahren für die Hydraulik nicht anwendbar.

Das nachfolgend dargestellte Zweigstromverfahren basiert auf allgemeineren Gesetzen und kann daher auch auf Netzwerke mit nichtlinearen Widerstandsgesetzen angewandt werden. Es gibt daneben noch die »Maschenmethode« und die »Knotenpotenzialmethode«, die an dieser Stelle der Vollständigkeit halber erwähnt, aber nicht weiter beschrieben werden. Das Zweigstromverfahren basiert auf der gekoppelten Lösung der sogenannten »Maschen- und Knotenbilanzen« als Gleichgewichtsbedingung. Um die stationären Gleichgewichtsbedingungen eines hydraulischen Systems zu beschreiben, werden die Energie- und Massenerhaltungssätze formuliert.

Das 1. Kirchhoff-Gesetz der Hydraulik lautet:
»*Die Summe der vorzeichenbehafteten Flüsse der Zweige eines Knotens ist Null.*«

Knotenregel (16)
$$\sum_{i=1}^{z_k} Q_i = 0$$

Knoten
Volumenströme im stationären Zustand

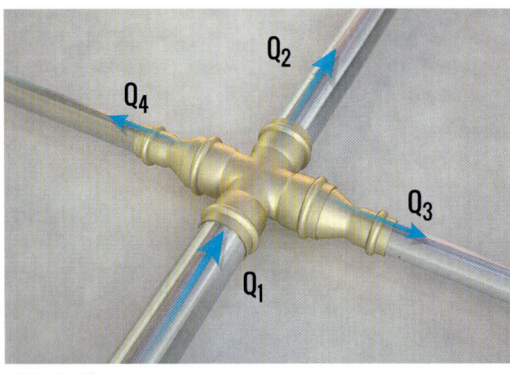

Abb. 3–63

Es handelt sich bei dem Gesetz um die sogenannte »Knotenregel« und in diesem Fall um einen »Volumenstromerhaltungssatz« analog der **Abb. 3–63**. Die Verwendung der Massenströme anstatt der Volumenströme wäre physikalisch präziser. Wir orientieren uns im Folgenden jedoch an DIN 1988-300, da der Volumenstromerhaltungssatz für Bemessungszwecke hinreichend genau ist. Die Dichte im Trinkwasser-System ändert sich aufgrund von Temperaturänderungen – z.B. am Trinkwasser-Erwärmer – nur geringfügig. Für eine höhere Genauigkeit – z.B. für Simulationszwecke – ist die Verwendung des Massenstroms zu empfehlen.

Das 2. Kirchhoff-Gesetz der Hydraulik lautet:
»*Die Summe aller vorzeichenbehafteten Totaldruckdifferenzen – bzw. Druckverluste entlang der Zweige innerhalb einer Masche – ist Null.*«

Maschenregel (17)
$$\sum_{i=1}^{z_m} \Delta p_{tot,i} = 0$$

Masche
Totaldruckverlauf im stationären Zustand

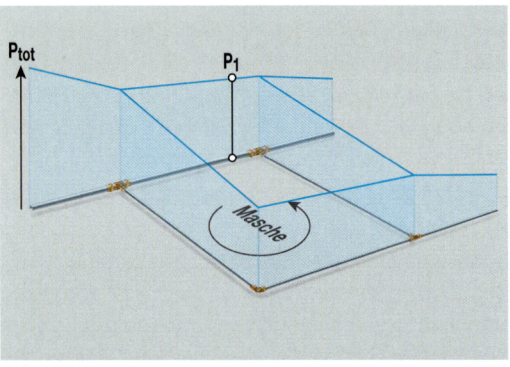

Abb. 3–64

Bei diesem Gesetz handelt es sich um die sogenannte »Maschenregel«. Diese ist entgegen der Knotenregel zunächst nicht so leicht nachvollziehbar – im Focus steht hier die Energieerhaltung.

Man stelle sich folgendes Gedankenexperiment vor: Es liegt eine stationäre Strömung im Netz vor und man startet von dem (beliebigen) Punkt 1 in **Abb. 3–64** in der Masche, merkt sich den Totaldruck in diesem Punkt und addiert dann die vorzeichenbehafteten Totaldruckdifferenzen (oder Druckverluste) entlang der Maschenzweige.

Nach dem zweiten Kirchhoff'schen Satz muss man im Verlauf der Summation am Ende auf dem gleichen Totaldruck am Punkt 1 enden. Die Energievorstellung ist an dieser Stelle sehr abstrakt, wohingegend der Total-Druckverlauf als Indikator der Energieänderung die Maschenregel einfacher verdeutlicht. Die Knoten- und Maschenregel können als technisch und physikalisch exakt bewertet werden.

Die Qualität der Netzanalyse und deren Lösung im Abgleich mit der Realität hängen maßgeblich von der Güte der hydraulischen Widerstände, insbesondere von den Parametern: »Widerstandsbeiwert«, »Durchflussbeiwert« und »Rauheit« ab.

Der graphentheoretische Zusammenhang zwischen der Anzahl der Zweige (z), Knoten (k) und Maschen (m) wird durch die »Eulersche Polyedergleichung« [61] beschrieben und lautet in einer modifizierten Formulierung für die hydraulischen Netzwerke:

$$z = m + k - 1 \tag{18}$$

Modifizierte Eulersche Polyedergleichung

Die Gleichung (18) besagt, dass die Anzahl der Zweige gleich der Anzahl der Maschen und Knoten minus 1 ist.

Da die Anzahl der Zweige auch der Anzahl der unbekannten Zweigvolumenströme entspricht, benötigt man zur eindeutigen Beschreibung »m« Maschenbedingungen und »k-1« Knotenbedingungen.

Die Knoten und Maschenbedingungen müssen weiterhin linear unabhängig sein, damit das Gleichungssystem eindeutig lösbar ist.

Bei den Maschen kann fast jeder beliebige Umlauf für die Bilanz gewählt werden, aber nicht erlaubt ist der mehrfach gleiche Umlauf. Letzteres gilt ebenfalls bei den Knoten: Ein Knoten darf nur einmal in der Bilanz berücksichtigt werden. Ein Knoten aus dem Netzwerk braucht nicht berücksichtigt zu werden, da sonst das Gleichungssystem überbestimmt ist. Wie an späterer Stelle noch ausgeführt wird, ist es vorteilhaft die kleinsten Maschen zu finden.

Es ist sogar möglich, mitten in einen Zweig einen Hilfsknoten einzufügen, da an dieser Stelle z. B. der statische Druck von Interesse ist. Ein Praxisfall könnte der Druckregler und dessen Ausgangsdruck sein. Durch das Einfügen eines Knotens bleibt die Beziehung (18) weiter identisch, da auf beiden Seiten der Gleichung je ein Knoten und ein Zweig hinzugefügt wird.

Beispiel

Das Netzwerk des Trinkwasser-Rohrsystems in **Abb. 3–62** soll bemessen werden.

Die farbig hervorgehobenen Zweige stellen den vermaschten Teil des Netzwerks dar, somit sind dessen Zweigvolumenströme unbekannt und zu ermitteln. Die grünen Zweige gehören zum verästelten Teilnetz. Die Bedarfsvolumenströme sind bekannt und dem verästeltem System aufgrund der Eindeutigkeit des Flusses zuzuordnen. Die 9 Senken haben einen Bedarf von 1 l/s bei 100 % Gleichzeitigkeit. Damit fließen durch den Zweig am Quellknoten 9 l/s.

Es müssen nun die unbekannten Zweigströme in den rot hervorgehobenen Zweigen ermittelt werden. Es sind 2 Maschen und 12 Verzweigungsknoten im Netzwerk vorhanden. Somit ist die Anzahl der Zweige zwischen den Knoten: z = m + k – 1 = 2 + 12 – 1 = 13

Für die Bemessung ist ein Gleichungssystem für die 13 unbekannten Zweigvolumenströme aufzustellen. Es können 2 Maschenbilanzen und 11 Knotenbilanzen aufgestellt werden.

Das resultierende Gleichungssystem (19) besteht somit aus den nichtlinearen Maschenbilanz-Gleichungen wegen der annähernden Proportionalität zu Q^2 bei turbulenter Strömung und den linearen Knotenbilanz-Gleichungen.

$$\begin{aligned} F_1(Q_1, Q_2, \cdots Q_{13}) &= 0 \\ F_2(Q_1, Q_2, \cdots Q_{13}) &= 0 \\ &\vdots \\ F_{13}(Q_1, Q_2, \cdots Q_{13}) &= 0 \end{aligned} \tag{19}$$

Der folgende Abschnitt erläutert die Vorgehensweise zur Lösung des nichtlinearen Gleichungssystems.

4.2.5 Lösung des nichtlinearen Gleichungssystems

Die Lösungsverfahren für die nichtlinearen Gleichungssysteme der hydraulischen Netzwerke stammen aus dem Bereich der klassischen Mathematik- und Ingenieurwissenschaften. Es sind zwei grundlegend verschiedene Ansätze zu nennen: Das »sequentielle« und das »simultane« Lösungsverfahren. Alle Verfahren beinhalten aufgrund des nichtlinearen Charakters der beschreibenden Gleichungen eine iterative Vorgehensweise.

Die nachfolgend beschriebenen Verfahren beruhen auf dem Prinzip der »Linearisierung« und der »näherungsweisen Lösung« der linearisierten Gleichungen, um der Lösung des nichtlinearen Systems einen Schritt näher zu kommen. Mit der neu gewonnenen approximativen Lösung wird die Rechnung so lange wiederholt, bis das Ergebnis (Lösung) vorliegt. Für den ersten Berechnungsdurchlauf werden initiale Volumenströme benötigt, die z. B. geschätzt werden.

Sequentielles Lösungsverfahren

Das sequentielle Verfahren nach Hardy-Cross [45] wird oft im Bereich der Ingenieurwissenschaften gelehrt, da es relativ einfach zu kalkulieren ist. Angewandt auf eine Masche innerhalb eines vermaschten Netzwerks wird eine Volumenstromkorrektur ermittelt, die zu neuen Zweig-Volumenströmen führt. Nach sequentieller und wiederkehrender Anwendung auf alle Maschen des Systems führt die Vorgehensweise sukzessive zu einer Lösung. Die Lösung gilt als gefunden, wenn die Volumenstromkorrekturen unterhalb einer numerischen Toleranz liegen und/oder die Maschen- und Knotenbilanzen unterhalb eines definierten Fehlers liegen. Das Verfahren ist einfach zu implementieren und konvergiert gut gegen die Lösung, sofern die Abhängigkeit – d. h. die Kopplung der Maschen des Netzwerks untereinander – schwach ist.

Simultanes Lösungsverfahren

Als ein wichtiges »Fixpunktiterations-Verfahren« ist das Verfahren nach Newton-Raphson [46] zu benennen. Anstatt der sequentiellen Lösung jeder Masche wird das nichtlineare Gleichungssystem mittels »Taylorreihen-Entwicklung« linearisiert und diese Approximation in einem Schritt simultan gelöst. Dabei kommen die bekannten Verfahren zur Lösung von linearen Gleichungssystemen zur Anwendung. Der Aufwand zur Implementation dieses Verfahrens ist gegenüber dem sequentiellen Verfahren wesentlich höher. Der Vorteil ist eine generell gute bis sehr gute Konvergenz auch bei schwierigen Netzwerken. Im Allgemeinen benötigt man wenige Wiederholungen, um die unbekannten Durchflüsse eines Netzwerks ausreichend genau zu ermitteln. Ein weiterer Vorteil liegt darin, dass die Anzahl der Iterationen im Gegensatz zum sequentiellen Verfahren mit der Netzgröße (Anzahl Maschen, Knoten, Zweige) kaum ansteigt. Diese Erkenntnis wurde auch von Horlacher [45] bestätigt. Das allgemeine Newton-Raphson Verfahren angewandt auf das Zweigstromverfahren mit z-Zweigen lautet im i-ten Iterationsschritt:

Newton-Raphson-Verfahren mit Jacobi-Matrix (20)

$$\begin{pmatrix} \frac{\partial F_1}{\partial Q_1} & \frac{\partial F_1}{\partial Q_2} & \cdots & \frac{\partial F_1}{\partial Q_z} \\ \frac{\partial F_2}{\partial Q_1} & \frac{\partial F_2}{\partial Q_2} & \cdots & \frac{\partial F_2}{\partial Q_z} \\ \vdots & & \ddots & \\ \frac{\partial F_z}{\partial Q_1} & \frac{\partial F_z}{\partial Q_2} & \cdots & \frac{\partial F_z}{\partial Q_z} \end{pmatrix}_i \begin{pmatrix} \Delta Q_1 \\ \Delta Q_2 \\ \vdots \\ \Delta Q_z \end{pmatrix}_i = - \begin{pmatrix} F_1(Q_1 \cdots Q_z) \\ F_2(Q_1 \cdots Q_z) \\ \vdots \\ F_z(Q_1 \cdots Q_z) \end{pmatrix}_i$$

(21)
$$\vec{Q}_{i+1} = \vec{Q}_i + r\overrightarrow{\Delta Q}_i \qquad i = 1,2,3\ldots$$

Dabei wird die Matrix der partiellen Ableitungen in Gleichung (20) als Jacobi-Matrix bezeichnet. Sie stellt die linearisierte System-Matrix dar.

Die rechte Seite der Gleichung ist ein Maß für das Ungleichgewicht des Systems.

Die Lösung des Gleichungssystems in jedem Iterationsschritt beinhaltet die Volumenstrom-Änderungen gegenüber dem alten Volumenstromvektor. Der neue Volumenstromvektor wird aus den bisherigen Volumenströmen über Gleichung [21] bestimmt. Dabei kann der Relaxationsfaktor »r« auch zur Dämpfung der Volumenstromänderung eingesetzt werden. Bei der Verwendung eines Relaxationsfaktors <1 nennt man das Verfahren auch »gedämpftes Newton-Raphson-Verfahren«. Der Skalar dient zur Verbesserung des Verfahrens bei schwieriger Lösungssuche.

Die Ableitungen der Jacobi-Matrix können entweder auf numerischem Weg oder mittels Differenzierung ermittelt werden. Bei der numerischen Ermittlung der Ableitungen wird das Verfahren auch als »Sekantenverfahren« bezeichnet.

Mit zunehmender Annäherung an die Lösung korreliert die rechte Seite gegen den Nullvektor und wird auch als »Residuum« bezeichnet. Das Residuum in Form einer Vektornorm dient auch als Maß zur Bewertung der Lösung. Geeignete Vektornormen sind z. B. die »euklidische Norm« und die »Maximum-Norm«. Die Norm entspricht als skalare Kennzahl dem Ungleichgewicht des Gleichungssystems der Maschen- und Knotengleichungen, deren Residuen im Idealfall verschwinden sollen. Aufgrund der Rechnung durch den Computer mit endlicher Zahlengenauigkeit bleibt stets ein Restfehler bestehen. Die Abbruchbedingungen werden allgemein sehr unterschiedlich über absolute oder relative Fehler formuliert. Eine technische und somit hinreichende Lösungsbedingung aus der Perspektive der Bemessungs-Anforderungen an die Ergebnisse kann mit der folgenden Maximum-Norm [46] benannt werden:

$$|\vec{F}(Q_{i+1})| < \varepsilon \qquad (22)$$

Maximum-Norm

Dabei sollte »ε« aufgrund der Zahlen und Einheiten nach Maschen- und Knotengleichungen separiert werden. Eine Anforderung für kleine bis mittlere Systeme an den absoluten Fehler für die Maschengleichungen könnte $\varepsilon_m < 0{,}1$ hPa und die der Knotengleichungen $\varepsilon_k < 0{,}005$ l/s lauten. Ähnliche Anforderungen an die Lösung werden u. a. in den Normen und Richtlinien zur Bemessung von Sprinkleranlagen benannt. Eine relative Fehlerbewertung ist dann empfehlenswert, wenn besonders große und besonders kleine Volumenströme in sehr großen, weit verzweigten Trinkwasser-Systemen ermittelt werden müssen.

Volumenströme

Verteilung im hydraulischen Netzwerk

Angaben [l/s]

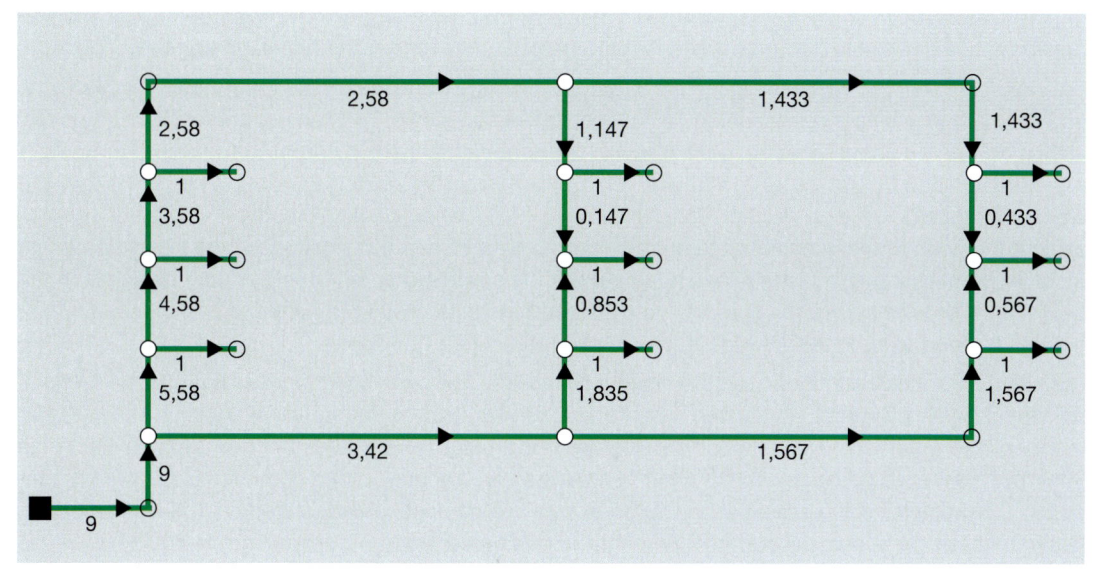

Abb. 3–65

Das Newton-Raphson-Verfahren zählt zu den lokal quadratisch konvergenten Methoden. Wenn die Volumenströme bereits in der Umgebung der Lösung liegen, dann verdoppelt sich die Anzahl der korrekten Nachkommastellen in jedem Iterationsschritt. Es existieren weiterhin zahlreiche Varianten des Verfahrens, deren Ausführungen im Rahmen dieses Aufsatzes nicht mehr erläutert werden. Die ermittelten Volumenströme des bereits weiter oben verwendeten Beispiel-Trinkwasser-Systems sind in Abbildung **Abb. 3–65** mit der resultierenden Flussrichtung dargestellt.

Der größte Fehler (Maximum-Norm) der Kirchhoff-Gleichungen dieses Netzwerks liegt mit den iterativ gefundenen Volumenströmen nach erfolgreicher Konvergenz und Abbruch der Iteration bei etwa $\varepsilon_k = 10^{-6}$ l/s sowie $\varepsilon_m = 10^{-10}$ Pa und stellt aus technischer Sicht eine exakte Lösung dar.

4.3 Bemessung der vermaschten Trinkwasser-Rohrsysteme

Um die Bemessung eines vermaschten Trinkwasser-Netzes durchzuführen benötigt man zunächst die Kenntnis des Trinkwasser-Bedarfs und die Verteilung der Bedarfsflüsse im hydraulischen Netzwerk. Das ist die erste Voraussetzung für die Druckbilanzierung und somit für die Bemessung. Bei der Bemessung eines rein verästelten Netzes sind diese Durchflüsse aufgrund der stets eindeutigen Zuleitung des Summenvolumenstroms in jedem Zweig mit einfacher Summation der Bedarfsvolumenströme aller angeschlossenen Entnahmestellen leicht ermittelbar. Der Spitzenvolumenstrom zur Bemessung kann sofort aus dem Summenvolumenstrom über die Gleichzeitigkeitsansätze der DIN 1988-300 kalkuliert werden. Diese Vorgehensweise ist auf vermaschte Netze nicht übertragbar. Die Flüsse und insbesondere deren diffizile Verteilung im System richten sich nach der Benutzung der Entnahmestellen und nach den natürlichen hydraulischen Gleichgewichtsbedingungen des vermaschten Netzwerks.

Der Ansatz zur stationären hydraulischen Analyse mittels der hydraulischen Gleichgewichts- und Widerstandsgesetze wird auch als »Simulation« bezeichnet. Da der Begriff Simulation für sehr viele mathematisch-physikalische Modellansätze und deren Lösungen benutzt wird, lohnt es sich im folgenden Abschnitt etwas genauer zu differenzieren.

4.3.1 Unterschied zwischen Verteilungs- und Zapfsimulation

Für die Bemessung stehen die Bedarfsvolumenströme anhand der im Gebäude zu positionierenden Entnahmestellen fest. Die Volumenströme hängen von der Art der Entnahmestelle nach DIN 1988-300 sowie deren Nutzung (Nutzungseinheit) ab. Ferner wird noch festgelegt, ob es sich um eine Dauerentnahme handelt oder ob die Entnahmestelle überhaupt berücksichtigt wird. Es werden ausgehend von den Entnahmestellen die Bedarfsvolumenströme gezapft oder, sofern so festgelegt, eben nicht gezapft.

Die Notwendigkeit bei der Bemessung ein hydraulisches Analyseverfahren zu verwenden hat ihre Ursache darin, dass in einem vermaschten Netzwerk die Flüsse von der Position der zapfenden Entnahmestelle und dem Gleichgewicht im hydraulischen Netzwerk abhängen. Aufgrund der möglichen Entnahme-Konstellationen gibt es eine Vielzahl von Durchflussverteilungen. Es stellt sich die Frage, mit welcher Entnahmestelle an welcher Position gezapft wird. Dabei spielen sowohl die Menge der gleichzeitig zapfenden Entnahmestellen als auch die kombinatorischen Möglichkeiten eine Rolle. Dieses ist insofern bemessungstechnisch relevant, da die Duchflussverteilung die Druckverluste beeinflusst und umgekehrt. Es wird eine oder sogar mehrere Zapfstellen-Konstellationen geben, die zu einem ungünstigen Fall bezogen auf die Fließweg-Druckverluste führen.

Die »Zapfsimulation« hingegen stellt einen möglichst realen Fall einer bestehenden Trinkwasser-Installation im realen Nutzungsbetrieb dar und wurde im Kapitel von Prof. Rudat bereits ausführlich erläutert. Der maßgebliche Unterschied gegenüber der »Verteilungssimulation« ist, dass bei der Zapfsimulation die Volumenströme des gesamten Trinkwasser-Netzwerks unbekannt sind und somit auf Basis der vorhandenen Druckpotenzialdifferenz zwischen Versorgungs- und Atmosphärendruck ermittelt werden müssen. Dabei müssen die vorhandenen Rohrquerschnitte des bestehenden Trinkwasser-Netzes berücksichtigt werden. Die sich aus der Zapfsimulation ergebenden Volumenströme können zwar in der Nähe der Bemessungsdurchflüsse liegen, stimmen aber normalerweise nicht mit ihnen überein.

Die Zapfsimulation hat weiterhin erhöhte Anforderungen in Bezug auf die in Kapitel 2.2 erläuterten Widerstandskennlinien: Für die Zapfsimulation müssen die detaillierten Druckdifferenz-Kennlinien aller Bauteile des zu betrachtenden Netzwerks bekannt sein (Wasserzähler, Apparate, Venturidüsen, Rohrtrenner, Rückflussverhinderer, DEA, Druckminderer, usw.).

Eine Herausforderung besteht u. a. darin, dass diese Daten überhaupt oder in der notwendigen Qualität vorliegen – z. B. über die Schnittstelle für den Produktdatenaustausch nach VDI 3805-17. Das hat sich aus der Erfahrung des Autors bereits bei der Implementierung eines Programms zur Zirkulationssimulation als (überwindbare) Hürde erwiesen.

Die Verteilungssimulation ist also notwendig für die Bemessung des vermaschten Teilnetzes innerhalb eines Trinkwasser-Rohrnetzes. In den verästelten Zweigen außerhalb des vermaschten Teilnetzes stehen die Entnahme-Volumenströme für jede Entnahme-Konstellation eindeutig fest.

In der aktuellen DIN 1988-300 wird bereits die Bemessung von Stockwerks-Ringleitungen beschrieben. Dabei wird vorausgesetzt, dass die Druckverluste der Ringleitung im Fließweg berücksichtigt werden. Einige Programme zur Bemessung von Trinkwasser-Rohrsystemen nach DIN 1988-300 – wie u. a. »Viptool Engineering« [65] und »liNear Analyse Potable Water« [66] – enthalten bereits die Bemessung von Stockwerks-Ringleitungen unter Berücksichtigung von Nutzungseinheiten.

4.3.2 Bemessung und Druckbilanzierung

Zur Erläuterung des Bemessungsvorgangs wird zunächst vereinfacht ein fiktives Sondergebäude mit Kaltwasser-Entnahmestellen benutzt.

- An allen 90 Entnahmestellen beträgt der
  – Berechnungsvolumenstrom 0,1 l/s
  – Mindest-Fließdruck 1000 hPa.
- Der Mindest-Versorgungsdruck nach dem Wasserzähler beträgt 5000 hPa.
- Das Rohrsystem besteht aus Kupferrohr mit einer Rauheit von 0,0015 mm.
- Die Rohrleitungsformteile werden vereinfacht mit einem Längenzuschlag von 20 % angesetzt – nach DIN 1988-300 würde man im Gegensatz zu diesem Beispiel eine differenzierte Berechnung der Einzelwiderstände vornehmen.
- Druckverluste durch Apparate liegen nicht vor bzw. sind in den Zuschlägen enthalten.
- Die Gleichzeitigkeit beträgt 100 % – damit die Verhältnisse zunächst einfach bleiben.
- Der höchste Spitzendurchfluss im Trinkwasser-Rohrnetz beträgt 90 · 0,1 l/s = 9 l/s.

Die Nennweiten des Rohrnetzes werden nun sukzessive ausgehend von der kleinsten Nennweite (hier DN 12) solange erhöht, bis die Nennweiten unter Einhaltung der Druck- und Geschwindigkeitsgrenzen gefunden sind. Daher wird nach jedem Bemessungsschritt eine Untersuchung bezüglicher zulässigen Druck- und Geschwindigkeits-Limits durchgeführt. Aufgrund der Größe des Netzwerks werden nur ⅔ davon in **Abb. 3–66** dargestellt. Das Rohrnetz ist jedoch in Bezug auf den Einspeisezweig in DN 65, der in das vermaschte Teilnetz einmündet, symmetrisch aufgebaut.

Die abgebildeten Nennweiten in **Abb. 3–66** stellen eine gefundene Bemessungslösung für das System bei der geforderten Gleichzeitigkeit von 100 % dar. Der Fließweg mit dem geringsten Restdruck ist auch gleichzeitig der ungünstigste Fließweg und in **Abb. 3–67** farbig hervorgehoben dargestellt.

Da das Gebäude und die Trinkwasser-Anlage symmetrisch aufgebaut sind, sind die Volumenströme und Fließdrücke ebenfalls symmetrisch verteilt. Der ungünstigste Fließweg hat den geringsten Fließdruck von 1016 hPa an der Entnahmestelle bei den geforderten Bedarfsvolumenströmen. Da der Mindest-Fließdruck von 1000 hPa an keiner Entnahmestelle des Systems unterschritten wird, gilt das System als positiv bemessen.

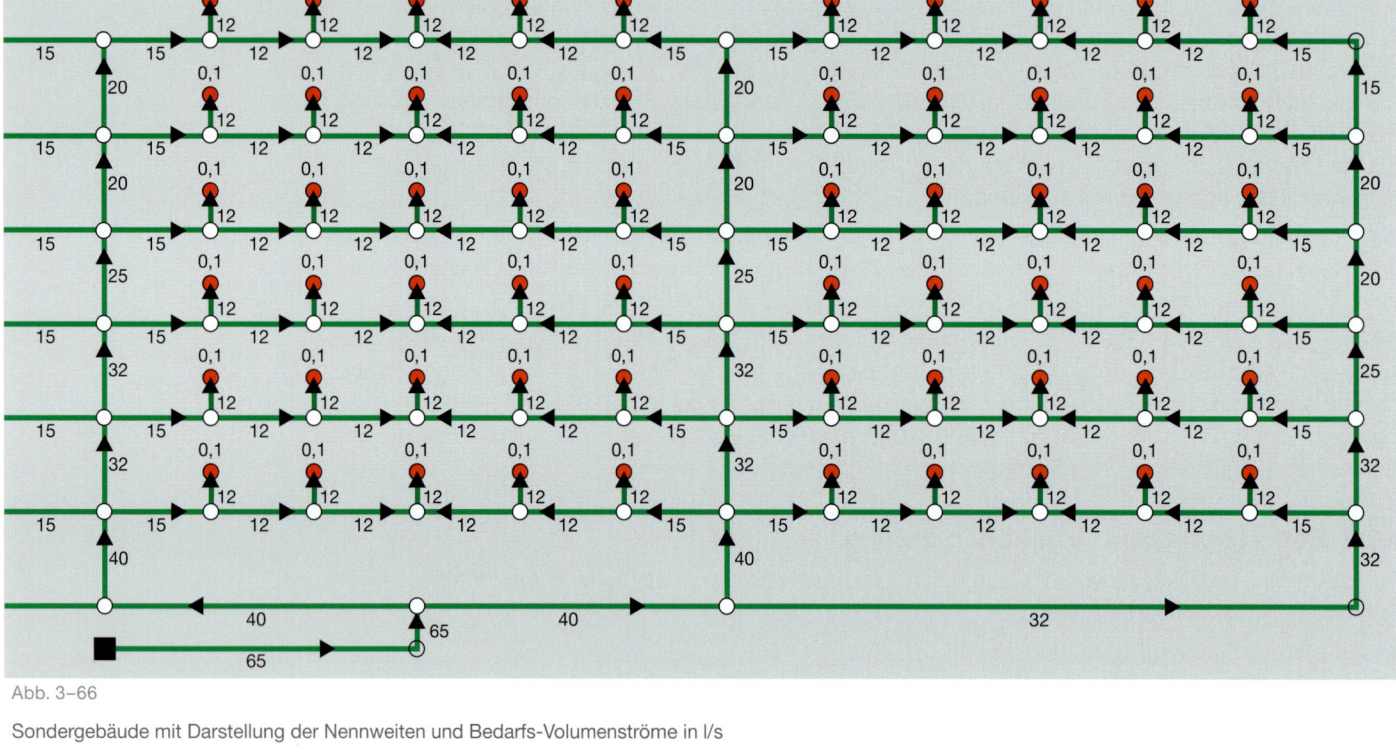

Abb. 3–66
Sondergebäude mit Darstellung der Nennweiten und Bedarfs-Volumenströme in l/s

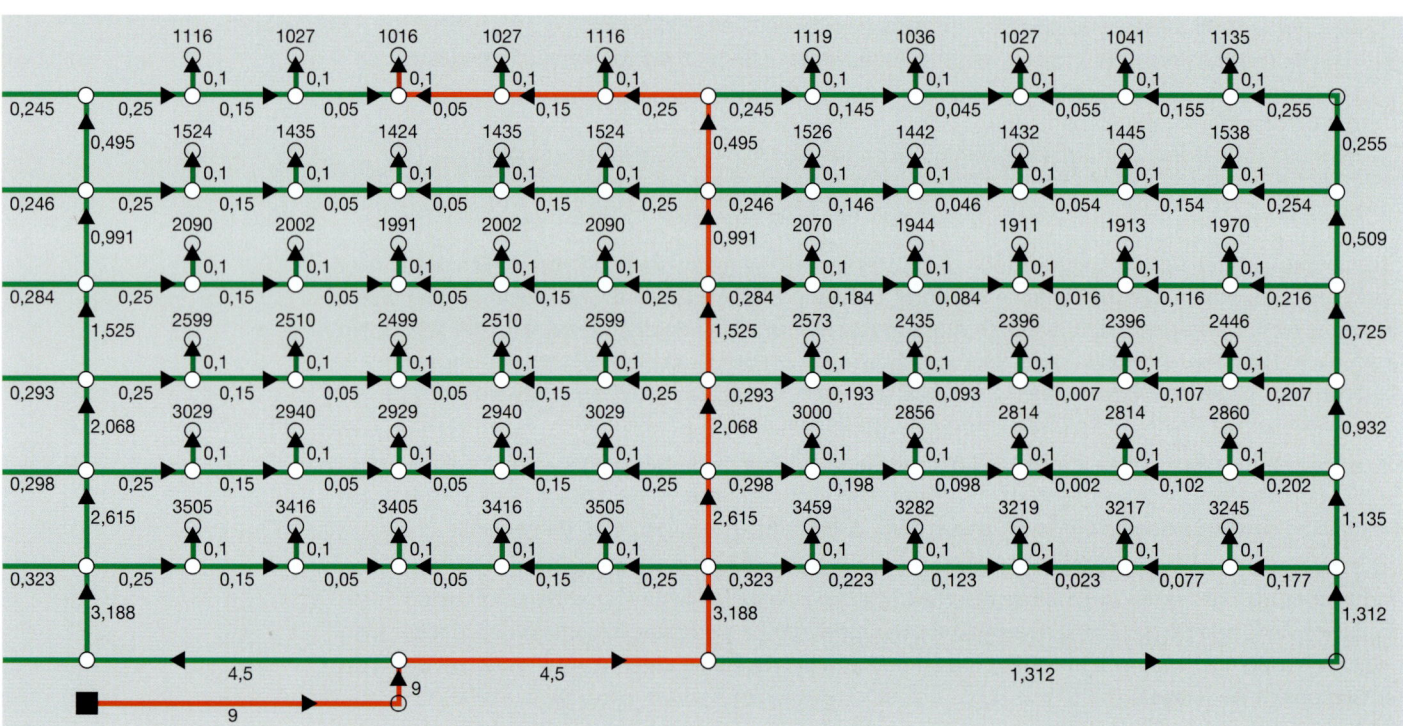

Abb. 3–67
Sondergebäude mit Darstellung der Durchflüsse in l/s und Fließdrücke in hPa

4.3.3 Bemessung unter Berücksichtigung der Gleichzeitigkeit

Das vorige Bemessungsbeispiel ist bewusst mit 100 % Gleichzeitigkeit gewählt worden, um die Vorgänge einfach und klar zu beschreiben. Da natürliche Gleichgewichtsbedingungen gefordert werden, müssen für die Bemessung stets die Bedarfs-Entnahmen ausgehend von Nutzer bzw. Entnahmestelle im System betrachtet werden. Dabei wird immer nur der binäre Zustand der Entnahmestellen untersucht, um eine weitere Erhöhung der Kombinationsmöglichkeiten zu vermeiden. Der Bedarfsvolumenstrom fließt zu 100 % an einer Entnahmestelle, oder er fließt eben nicht.

Bei 100 % Gleichzeitigkeit gibt es lediglich einen hydraulischen Fall zu untersuchen. Die Anzahl der notwendigen hydraulischen Untersuchungen »U« ergibt sich aus der Kombinatorik über den Binomialkoeffizienten:

$$U(E,e) = \binom{E}{e} = \frac{E!}{e! \cdot (E-e)!} \qquad (23)$$

Anzahl der notwendigen hydraulischen Untersuchungen

Die Anzahl aller Entnahmestellen der Trinkwasser-Anlage werden mit »E«, die max. gleichzeitig zapfenden Entnahmestellen mit »e« bezeichnet.

Für das zuvor genannte Beispiel mit E = 90 Fließwegen und e = 90 gleichzeitig zapfenden Entnahmestellen beträgt die notwendige Anzahl der Untersuchungen U(90, 90) = 1.

Ein weiterer Grenzfall: Es wird die Annahme getroffen, dass das oben beschriebene Netz über eine nutzerorientierte Gleichzeitigkeit verfügt, so dass maximal eine Zapfstelle von insgesamt 90 Stück gleichzeitig betätigt wird. Dann ist die Anzahl der notwendigen hydraulischen Untersuchungen U(90, 1) = 90. Es gibt also nicht mehr als 90 Möglichkeiten, wenn nur eine einzige Entnahmestelle gleichzeitig Trinkwasser entnehmen darf.

Für die weiteren Ausführungen wird das oben beschriebene Sondergebäude ab jetzt als Bürogebäude betrachtet. Der Spitzenvolumenstrom im Zweig des Hauswasserzählers beträgt bei Büro- und Verwaltungsgebäuden nach DIN 1988-300 in Abhängigkeit vom Summendurchfluss von 9 l/s demnach 1,42 l/s.

Da an den Entnahmestellen ein Berechnungsvolumenstrom von 0,1 l/s vereinbart ist, entspricht das einer gleichzeitigen Entnahme von e = 1,42 / 0,1 = 14,2 Entnahmestellen.

Da die Entnahmestellen nur dem binären Betriebszustand unterliegen sollen, wird sinngemäß auf ungünstigere 15 Entnahmestellen aufgerundet. Das entspricht einer Gleichzeitigkeit von ca. 15/90 = 16,7 %. Die hydraulischen Untersuchungen des Netzwerks betragen in jedem Bemessungsschritt aufgrund der Kombinationsmöglichkeit etwa $U(90, 15) = 4{,}58 \cdot 10^{16}$. Dieser extrem große Wert stellt die maximal möglichen Entnahme-Kombinationen dar.

In Abbildung **Abb. 3–68** wurde das Bürogebäude stichprobenartig hinsichtlich der 15 gleichzeitigen Entnahmestellen im Obergeschoss untersucht. Es lässt sich in diesem einfachen Beispiel jedoch bereits vermuten, dass sich die ungünstigsten Entnahmestellen mit der größten Leitungsentfernung und höchsten geodätischen Höhe, bezogen auf die Einspeisung, im Obergeschoss befinden. Daher ist die Untersuchung von mehr als 10^{16} Möglichkeiten nicht notwendig. Das neue Bemessungsergebnis weist aufgrund der verringerten Anzahl der aktiven Entnahmestellen bereits deutlich geringeren Nennweiten im Gegensatz zum zuvor betrachteten Sondergebäude mit 100 % Gleichzeitigkeit auf.

Die Abbildung **Abb. 3–68** zeigt weiterhin alle Fließdrücke vor den Entnahmestellen, die mindestens 1000 hPa betragen. Aufgrund der symmetrischen Entnahme im Obergeschoss sind die Volumenströme auch symmetrisch im Netz verteilt. Im mittleren Gebäudeteil sind in den unteren Geschossen die Zweigvolumenströme aufgrund symmetrischer Druckverteilung und nicht erfolgter Entnahme in diesem Fall sogar Null.

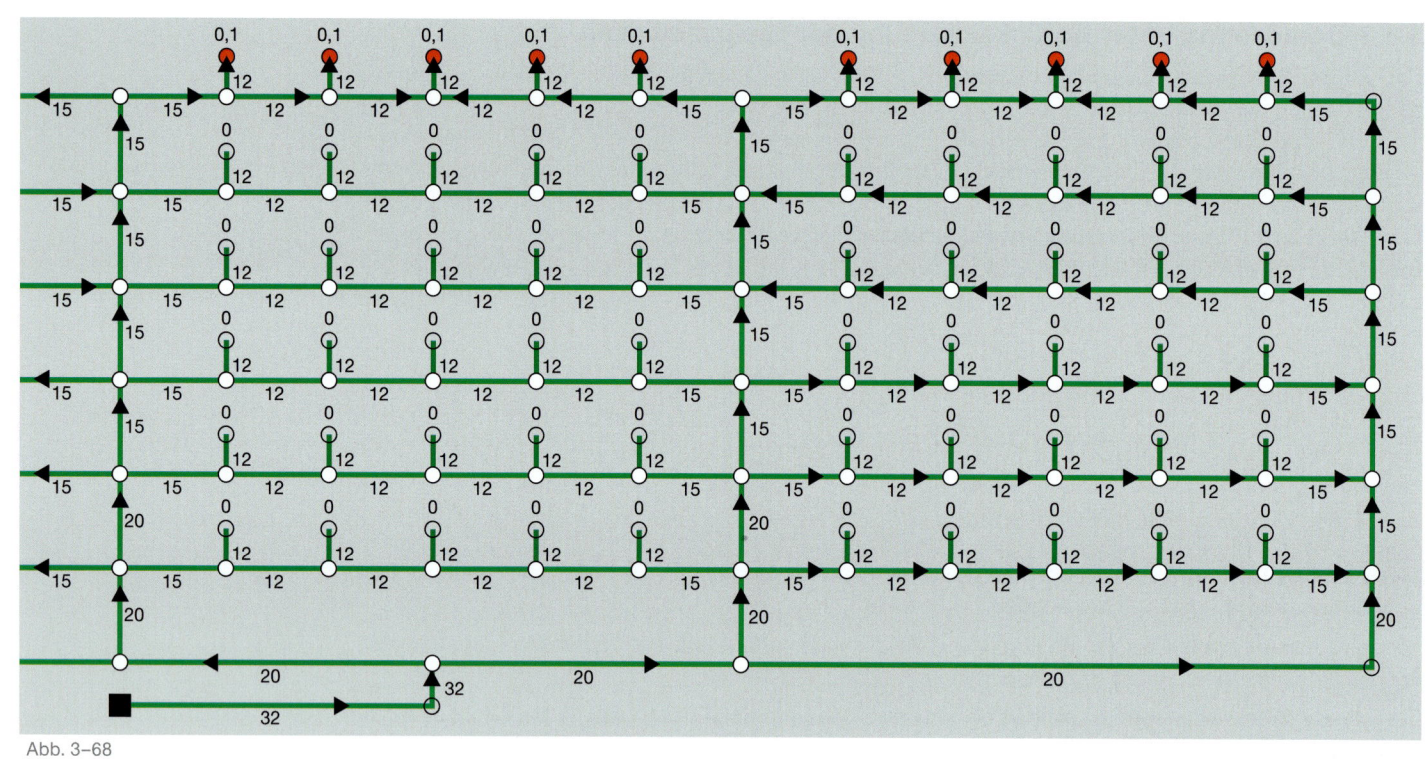

Abb. 3–68
Bürogebäude mit Darstellung der Nennweiten und Bedarfs-Volumenströme in l/s

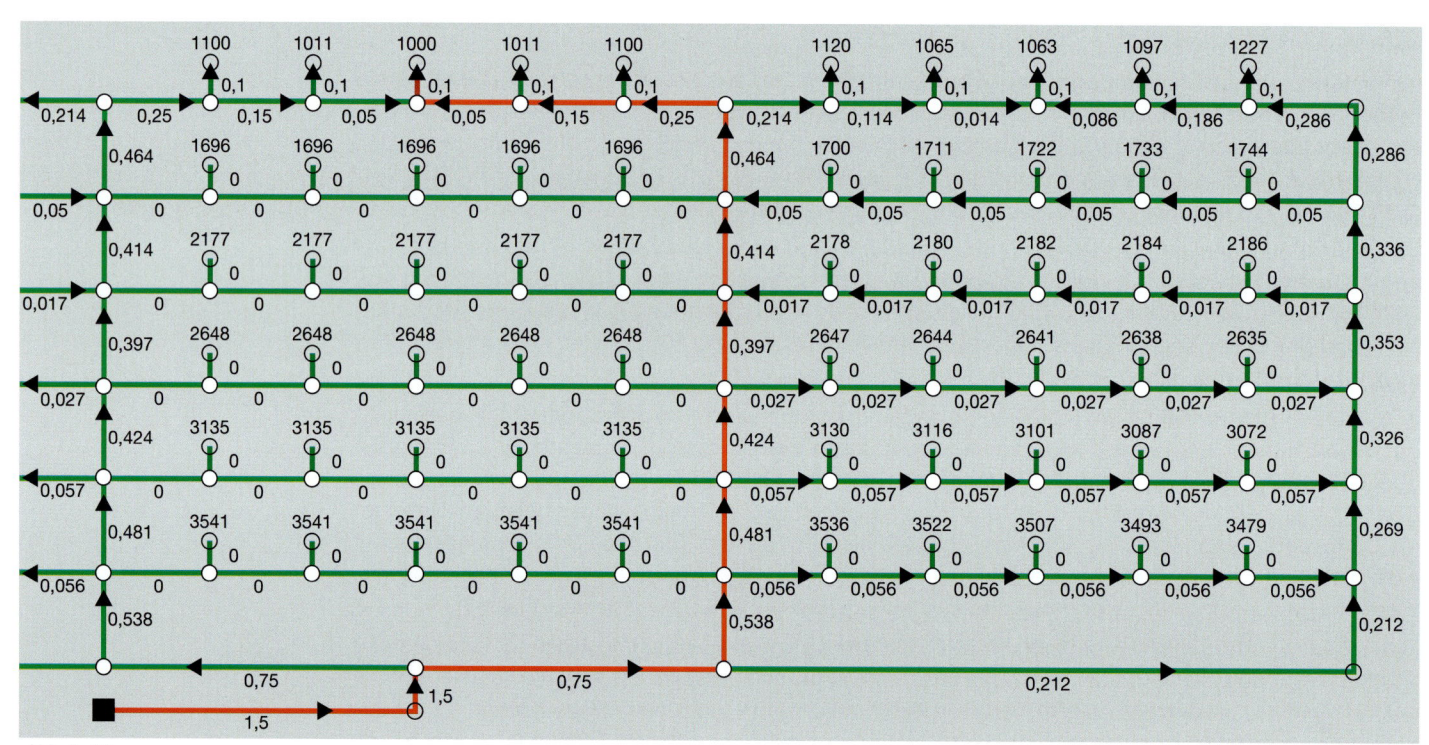

Abb. 3–69
Bürogebäude mit Darstellung der Durchflüsse in l/s und Fließdrücke in hPa

Diese ungünstige Bemessungskombination mit den sehr dicht beieinanderliegenden Entnahmestellen im obersten Geschoss ist in diesem Fall dadurch bedingt, dass jede Entnahmestelle mit jeder beliebigen kombiniert werden darf. Eine solche Entnahmestellen-Anhäufung ist in unserem Bürogebäude aufgrund der Anzahl der Nutzer der Sanitärräume höchst unwahrscheinlich. Es müssen zusätzliche Bedingungen gefunden werden, um die hohe Entnahmestellendichte zu vermeiden. Diese Bedingungen müssen von der maximalen Anzahl aktiver Entnahmestellen, also den Nutzern in den Räumlichkeiten ausgehen, damit die Anzahl der notwendigen hydraulischen Untersuchungen reduziert werden kann.

Hilfreich ist an dieser Stelle die bereits normativ verankerte Nutzungseinheit (NE). Diese besagt in der Definition nach DIN 1988-300, dass in einem sanitären Raum maximal zwei Entnahmestellen und somit zwei Nutzer gleichzeitig Trinkwasser entnehmen. Dabei werden die größten Einzeldurchflüsse zur Bemessung verwendet. Mit der Nutzungseinheit werden die in dem oben beschriebenen Beispiel dicht beieinanderliegender Anhäufungen aktiver Entnahmestellen vermieden. Die Entnahmestellen werden zunächst räumlich gruppiert und aufgrund der Nutzungsvereinbarung bzgl. der gleichzeitigen Entnahme begrenzt. Diese Definition sollte zukünftig auch für eine beliebige Nutzeranzahl vorgesehen werden, da sich dadurch eine größere Bandbreite an Nutzungen vereinbaren lässt. Zusätzlich muss für das verästelte System die Bedingung gelten, dass der Spitzenvolumenstrom in den Teilstrecken mit nachfolgend angeschlossenen Nutzungseinheiten nicht geringer sein kann als der höchste Nutzungseinheit-Volumenstrom aus der Menge der nachgeschalteten Nutzungseinheiten.

Durch diese zusätzliche Randbedingung werden im Bezug auf das obige Beispiel die Nennweiten der Zweige im Steigestrang und auf den Etagen noch weiter reduziert.

Die Definition der Nutzungseinheiten wendet man auf die sanitären Räume der Stockwerke an. Mit dem Bauherrn bzw. Betreiber dieses Beispiel-Bürogebäudes wird vereinbart, dass die Nutzungseinheiten von maximal zwei Nutzern gleichzeitig benutzt werden. In **Abb. 3–70** ist exemplarisch eine Nutzungseinheit dargestellt. Die Nutzungseinheiten sind symmetrisch im Gebäude verteilt. Nach der Gleichzeitigkeit für Bürogebäude wurde zuvor berechnet, dass 15 Entnahmestellen aktiv sind. Wir lassen in diesem Bemessungsbeispiel zwei Entnahmestellen in jeder Nutzungseinheit den Bedarfsvolumenstrom entnehmen. Das führt dazu, dass mindestens 8 Nutzungseinheiten mit sinngemäß aufgerundeten 16 Entnahmestellen gleichzeitig aktiv zapfen. Der Spitzenvolumenstrom am Hausanschluss steigt daher von 1,5 auf 1,6 l/s.

Man erkennt, dass die Entnahmestellen und deren Volumenströme im Gebäude räumlich breiter verteilt sind; es bilden sich also keine Anhäufungen von gleichzeitig aktiven Entnahmestellen mehr. Die Entnahmestellendichte ist reduziert und die Nennweiten können somit noch einmal deutlich reduziert werden.

Das Bemessungsbeispiel gibt bereits eindrucksvoll einen Hinweis auf die Größenordnungen der Leitungsnennweiten, die durch Vermaschungen zu erwarten sind. Es ist auch noch festzuhalten, dass 1,8 Zapfstellen mehr benutzt werden, als es notwendig wäre.

In **Abb. 3–71** ist der Vollständigkeit halber der visuelle hydraulische Nachweis der Bemessung aufgrund der Mindest-Fließdrücke größer 1000 hPa zu erkennen.

Zusammengefasst kann man festhalten, dass zur Bemessung von vermaschten Systemen eine bestimmte kombinatorische Anzahl von hydraulischen Untersuchungen durchzuführen ist. Die Anzahl der Untersuchungen und die räumliche Zapfdichte können mit Hilfe der Nutzungseinheit deutlich reduziert werden.

Für die Bemessung des Trinkwasser-Netzwerks ist aber weiter eine bestimmte Anzahl an hydraulischen Tests notwendig, um die ungünstigsten Entnahme-Konstellationen für jede Region des Netzwerks zu ermitteln. Über die Gruppierung von Entnahmestellen reduziert sich deren lokale Dichte. Bei der Bemessung eines Gebäudes mit 100 Nutzungseinheiten müsste man aufgrund der Kombinatorik weiterhin mehrere Millionen Untersuchungen vornehmen.

Das Problem der großen Anzahl hydraulischer Untersuchungen ist von der Anzahl der Entnahmestellen auf die Anzahl der Nutzungseinheiten verlagert, aber nicht gelöst worden.

Abb. 3–70

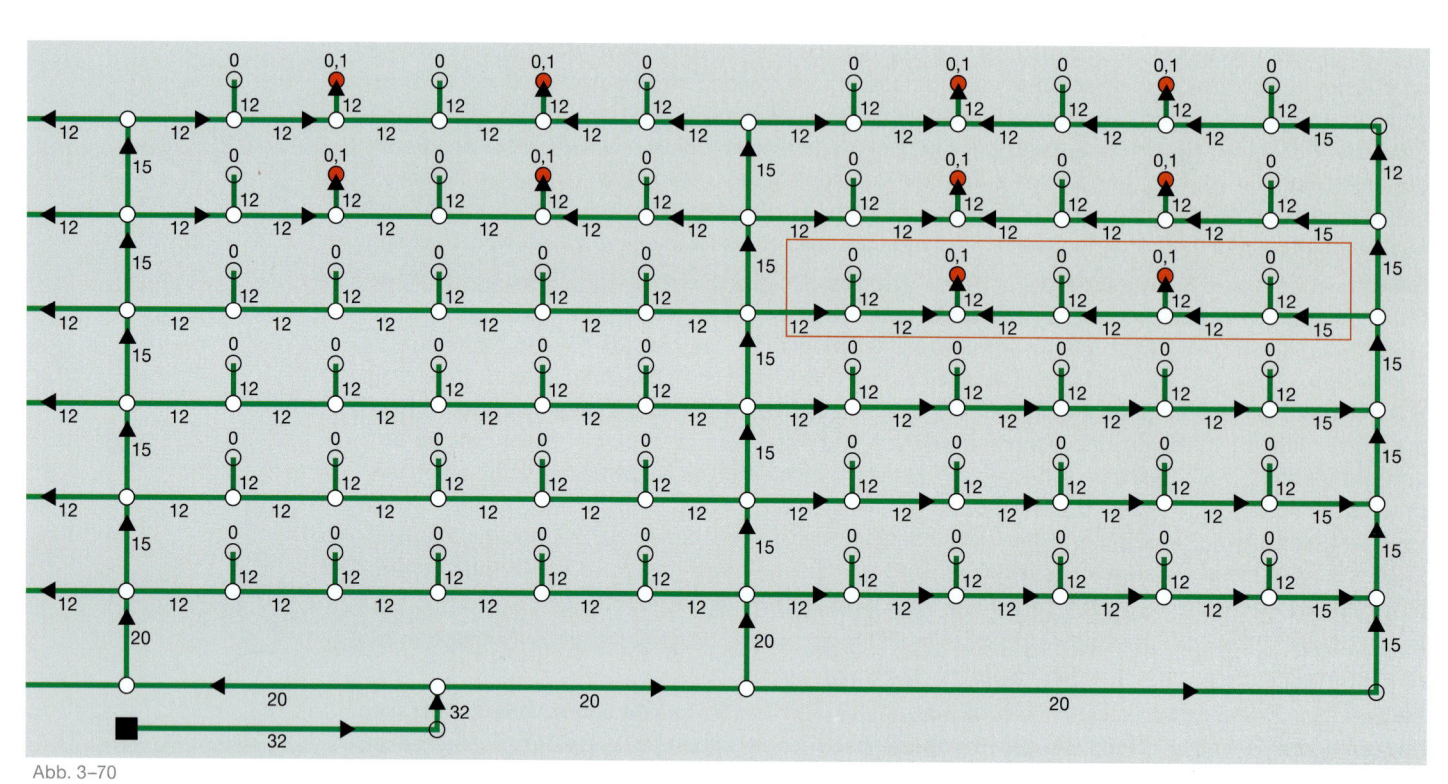

Bürogebäude (NE) mit Darstellung der Nennweiten, Nutzungseinheiten und Bedarfs-Volumenströme in l/s

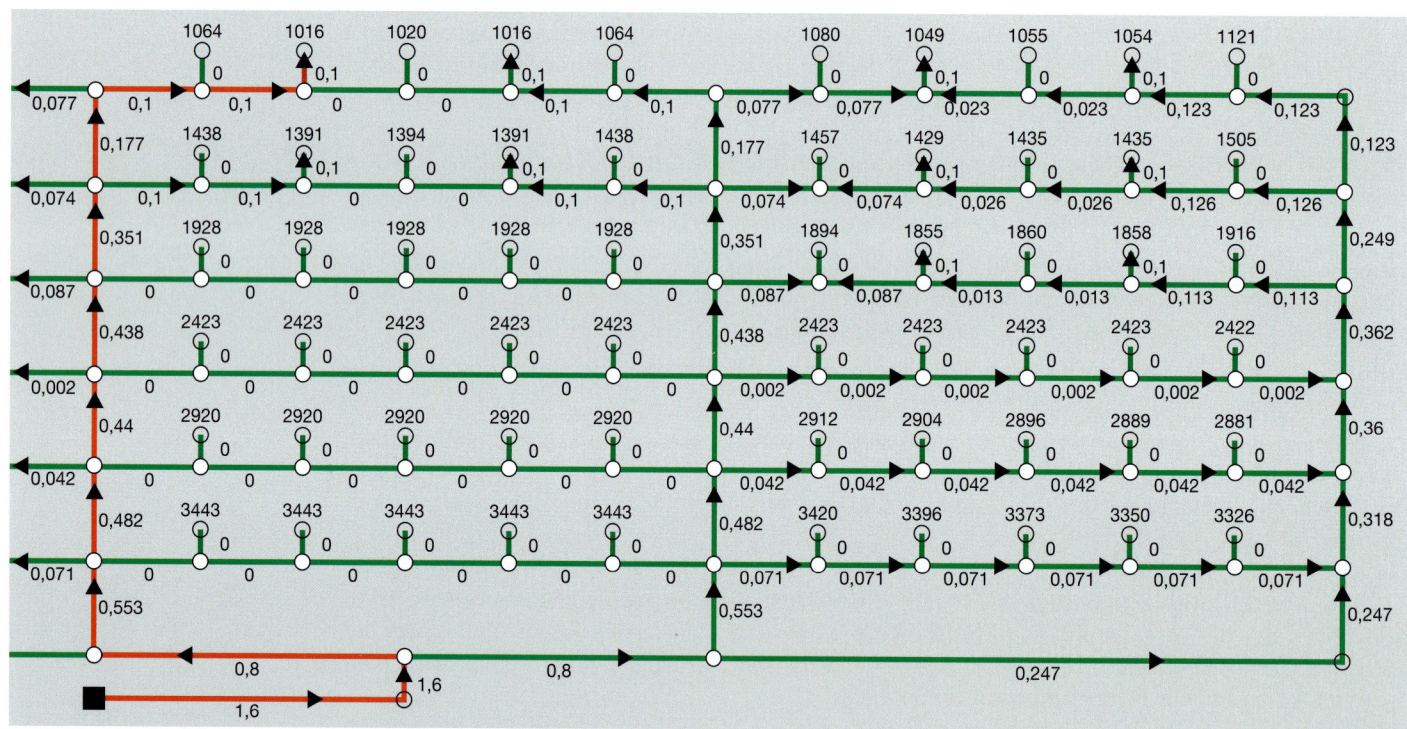

Abb. 3–71

Bürogebäude (NE) mit Darstellung der Durchflüsse in l/s und Fließdrücke in hPa

Die Anzahl der hydraulischen Untersuchungen kann durch eine weitere Bedingung stark reduziert werden: Es werden nur über den Leitungsverbund zusammenhängende, also räumlich angrenzende Nutzungseinheiten (NE-Cluster) analog dem Netz in **Abb. 3–70** zueinander untersucht.

Ein möglicher Ansatz wäre – ausgehend vom obersten Geschoss und einer entfernten Ecke eines Gebäudes – einen initialen NE-Cluster zu bilden.

Danach werden die enthaltenden Nutzungseinheiten als bearbeitet markiert und angrenzend weitere freie NE-Cluster gesucht, bis die Etage vollkommen erschlossen ist. Dabei sind Überschneidungen von NE-Clustern durchaus möglich. Reicht die Anzahl der NE-Cluster auf einer Etage nicht aus, bezieht man aus der darunterliegenden Etage weitere Nutzungseinheiten ein. Die NE-Cluster werden also translativ in der Etagenebene gesammelt. Mit allen anderen Etagen wird ebenso vorgegangen. Diese Cluster führen aufgrund ihres örtlichen und geodätischen Zusammenhangs zu einer lokal hohen Entnahmedichte von Bedarfsvolumenströmen und stellen jeweils einen ungünstigen Testfall des vermaschten Rohrnetzes für die gewählte Gebäuderegion dar.

Die Anzahl der notwendigen hydraulischen Untersuchungen ergibt sich aufgrund der räumlichen Anordnung daher schätzungsweise als in der 3. Potenz proportional zu der Anzahl der Nutzungseinheiten-Cluster:

$$U \sim N_{Cluster}^3 \tag{24}$$

Dieses Szenario erscheint im Gegensatz zu den bisher dargestellten Größenordnungen von notwendigen hydraulischen Untersuchungen auch bei mittleren bis größeren Gebäuden als zeitlich bewältigbar und gleichzeitig technisch hinreichend.

Es gibt auf jeden Fall einen Grund zur Annahme, dass die Anwendung des Clusterings von Nutzungseinheiten generell zu hygienisch kleinen Nennweiten führt. Um diese These hinreichend zu bestätigen sollten noch weitere wissenschaftliche Beispielrechnungen durchgeführt werden.

Ferner könnte noch behauptet werden, dass die aktiven Nutzungseinheiten in solchen lokalen Anhäufungen unwahrscheinlich sind, um das Ergebnis in Form der Nennweiten noch weiter zu minimieren. Wenn sich die Nennweiten des Systems bei der Anhäufung bereits als so gering darstellen wie in dem letzten Beispiel, dann stellt sich die Frage, ob Untersuchungen in eine derartige Richtung überhaupt notwendig sind und eine evtl. erhöhte Transportkapazität des Netzes – z.B. aus Gründen der Flexibilität bezüglich zukünftiger Nutzungsänderungen im Gebäude – in Kauf genommen werden sollte. Für kleinere bis mittlere Gebäude erscheint das auch hinreichend.

Bei sehr großen Gebäuden ist zu vermuten, dass eine sehr viel höhere notwendige Anzahl von gleichzeitig aktiven Nutzungseinheiten zu einer lokalen Anhäufung von Nutzungseinheiten in einem Gebäudeteil zu vermeidbar hohen Nennweiten führen würde.

Lösbar wäre das durch geeignete Sektionierung des Gebäudes, so, dass die Menge der gleichzeitig aktiven NE-Cluster gleichförmig auf diese Gebäudesektionen verteilt wird.

Weitere wissenschaftliche Untersuchungen in diese Richtungen sind generell zu empfehlen.

Bei der Bemessung von vermaschten Sprinkler-Rohrsystemen wird analog des NE-Clusterings in ähnlicher Form mit der hydraulischen Wirkfläche argumentiert. Über diesen Weg werden die günstigste und die ungünstige Wirkfläche für den Bemessungsnachweis gesucht.

Dazu wird die Wirkfläche bestehend aus einer gewissen Menge an Sprinklern entlang des Leitungsverlaufs zusammenhängend (Sprinkler-Cluster) verschoben. Anschließend führt man die Verteilungssimulation durch, um das vermaschte Sprinkler-Rohrsystem zu bemessen und für den hydraulischen Nachweis zu testen.

Für die allgemeine Bemessung eines Trinkwasser-Systems sei noch erwähnt, dass einzelne Entnahmestellen mit einer Dauerdurchfluss-Vereinbarung oder 100 % Gleichzeitigkeit in allen Testfällen stets aktiv sein müssen. Das heißt, bei jeder hydraulischen Untersuchung muss der Bedarfsvolumenstrom entnommen werden.

Weiterhin können in Trinkwasser-Rohrsystemen aufgrund von Brandschutzanforderungen auch Wandhydranten vom Typ S (Selbsthilfe) mit max. 24 l/min und 2 000 hPa Mindest-Fließdruck gemäß DIN 1988-600 [52] installiert werden. Für die hydraulische Leitungsbemessung sind davon max. 2 Stück gleichzeitig aktiv. Es wird unterstellt, dass kein Trinkwasser im Brandfall entnommen wird. Daher sind die Wandhydranten Typ S im vermaschten Netz in einer separaten hydraulischen Untersuchung zu testen.

4.3.4 Anforderung an den hydraulischen Nachweis und Qualitätssicherung

Der hydraulische Bemessungsnachweis ist wichtig zur Feststellung, ob die Bemessung des Rohrleitungssystems mit allen enthaltenen Armaturen und Apparaten gemäß des Trinkwasser-Bedarfs unter Berücksichtigung der Gleichzeitigkeit erfolgreich nachgewiesen ist.

Zentrales Element nach DIN 1988-300 ist die Dokumentation der Druckbilanzierung aller Fließwege, vom Hauswasserzähler bis zu den Entnahmestellen. Von besonderem Interesse ist der ungünstigste Fließweg des Trinkwasser-Rohrnetzes des Gebäudes. Der ungünstigste Fließweg ist dadurch gekennzeichnet, dass er das kleinste verfügbare Rohrreibungsdruckgefälle aufweist, also den größten hydraulischen Rohrquerschnitt bezogen auf die benachbarten Fließwege erfordert. Das ist oft die am höchsten gelegene Entnahmestelle in Verbindung mit dem längsten Fließweg im Rohrsystem. Das verfügbare Druckpotenzial zur Bemessung der Rohrleitungen ist bei ihm am geringsten.

Der hydraulische Nachweis dient der Qualitätssicherung in der Planung und Ausführung von Trinkwasser-Rohrnetzen. Der hydraulische Bemessungsnachweis wird als planerische Leistung vom Planungsbüro in den Leistungsphasen nach der Honorarordnung für Architekten und Ingenieure [64] erbracht. Das ausführende Unternehmen muss die vorliegende Planung prüfen und insbesondere bei Änderungen gegenüber der Planung den Nachweis erbringen, dass die Bemessung weiterhin ausreichend ist. Ferner muss in einigen Fällen neben dem Hausanschlussplan auch der hydraulische Nachweis den regionalen Wasserversorgungsunternehmen zur Durchsicht vorgelegt werden.

Allgemein besteht der hydraulische Nachweis aus einem Rohrleitungsschema des gesamten abgewickelten Trinkwasser-Rohrnetzes. In dem Plan werden alle Fließwege und Teilstrecken eindeutig nummeriert sowie Durchflüsse und Druckverluste dargestellt. Weiterhin werden auch Grundrisspläne und Hausanschlusspläne erstellt.

Die Dokumentation des Trinkwasser-Netzes enthält u. a. Angaben zu
- Entnahmestellen mit den vereinbarten Durchflüssen und Mindest-Fließdrücken
- Nutzungseinheiten – optional
- Fließweg-Druckbilanzen – besonders detailliert die des ungünstigsten Fließweges
- Allen Teilstrecken, wie
    - Nennweiten
    - Längen
    - Werkstoffen
    - Strömungsgeschwindigkeiten
    - Widerstandsbeiwerten
    - Rohrreibungsdruckverlusten
    - Druckverlust

Durch die Nummerierung kann die Teilstrecke im Schema über die Dokumentation referenziert werden.

Die Fließwege im vermaschten Trinkwasser-Netzwerk

Im verästelten Trinkwasser-Rohrnetz hat der Fließweg stets einen eindeutigen Pfad über alle Teilstrecken zur Entnahmestelle. Das ist in einem vermaschten Rohrnetz nicht mehr der Fall. In den Abbildungen zuvor wurde jeweils der ungünstigste Fließweg hervorgehoben dargestellt. Über das vermaschte Netzwerk lassen sich aufgrund der vielen möglichen Zweigkombinationen sehr viele Strömungspfade zu dieser ungünstigen Entnahmestelle finden. Daher stellt sich die Frage, ob alle möglichen Strömungswege zu jeder Entnahmestelle des Trinkwasser-Netzes gefunden werden müssen. Um eine vollständige Dokumentation der Druckbilanzierung zu erhalten ist das glücklicherweise nicht erforderlich.

Man benötigt lediglich einen exemplarischen Strömungspfad durch das Netzwerk, denn alle möglichen Strömungswege zur selben Entnahmestelle müssen in Summe den gleichen Fließweg-Druckverlust aufweisen. Diese Folgerung ergibt sich aus den beiden Kirchhoff-Gesetzen. Da im gesamten Netzwerk die Durchflüsse der konservativen Massenerhaltung und den Widerstandsgesetzen folgen, muss im stationären Gleichgewicht die Total-Druckdifferenz zwischen Hausanschluss- und Entnahmestellen-Knoten dem Druckverlust vom Betrag entsprechen.

Daher gelten für alle Trinkwasser-Rohrsysteme, dass die Anzahl der Fließwege gleich der Anzahl der Entnahmestellen ist. Die notwendige Bedingung besteht in der Druckbilanzierung zu jeder Entnahmestelle und kann auf einen beliebig ausgewählten Strömungspfad durch das vermaschte Netz durchgeführt werden. Zusätzlich sind, wie weiter unten ausführlich beschrieben wird, noch weitere spezielle Fließwege erforderlich, die man als Maschen-Fließwege bezeichnet.

Obwohl der Verlauf des Fließwegs durch das Netzwerk wie zuvor beschrieben beliebig ist, ist es sinnvoll den kürzesten Fließweg zur Entnahmestelle durch das vermaschte Netzwerk und die kürzesten Maschen-Fließwege für die Berechnung und Dokumentation zu finden.

Die Gründe dafür lauten

- Die Dokumentation der Druckverluste aller Fließwege und Maschen-Fließwege enthält so die wenigsten Teilstrecken – die bereits aufwendige Dokumentation bei vermaschten Systemen reduziert sich.

- Es wird insgesamt weniger Arbeitsspeicher für die Verwaltung des Netzwerks bei der Bemessung durch die Software auf dem Computer beansprucht.

- Die Jacobi-Matrix muss am geringsten (dünn) mit Einträgen ungleich Null besiedelt werden, daher ist der Aufwand zur Aktualisierung der Jacobi-Matrix in jedem Iterationsschritt am geringsten.

- Die geringste Kopplung jeder Maschengleichung an die lediglich notwendigen angrenzenden Maschen hat insgesamt einen günstigen Effekt, bezogen auf die iterative Lösungsfindung.

Hinreichende Anforderungen an die Dokumentation

Um den hydraulischen Nachweis der Bemessung eines vermaschten Trinkwasser-Rohrnetzes zu dokumentieren, sind mehr Angaben erforderlich als bei einem konventionellen verästelten Rohrnetz. Es ist jedoch ausreichend, das vermaschte Rohrsystem mit dem für die Bemessung ungünstigsten aktiven NE-Cluster als exemplarische Stichprobe der hydraulischen Untersuchungen zu dokumentieren.

Für die hydraulische Bemessung ist zusätzlich eine hinreichende Bedingung erforderlich. Diese besteht in dem Nachweis, dass bei der Verteilungssimulation auch die Lösung gefunden wurde. Es darf keinen ungünstigeren Fließweg durch das vermaschte Netzwerk geben, weil die Lösung der Verteilungssimulation nicht oder nicht ausreichend gefunden wurde. Der Nachweis dazu ist erbracht, wenn zusätzlich alle Maschen- und Knotenbilanzen der vermaschten Teile des Trinkwasser-Netzwerks ausgegeben werden.

Dazu werden alle Maschen-Fließwege des Netzwerks benötigt. Diese enthalten alle Zweige und somit alle Teilstrecken mit allen vorzeichenbehafteten Druckverlusten. Die Summe aller Druckverluste muss Null ergeben. Weil das numerisch nie ganz möglich ist, wird ein Residuum unterhalb einer zulässigen Toleranz gefordert. Parallel dazu kann in der Zeichnung für den hydraulisch untersuchten Fall die Richtung des Durchflusses mit einem Richtungspfeil gekennzeichnet werden.

Weiterhin sind alle Verzweigungsknoten des vermaschten Teilsystems mit allen angeschlossenen Teilstrecken zu dokumentieren. Auch hier ist die vorzeichenbehaftete Summe aller ein- und ausströmenden Durchflüsse zu bilden. Die Summe muss ebenso unterhalb einer zulässigen Toleranz liegen.
Eine zusätzliche Ausgabe der Zweige ist nicht erforderlich.

Qualitätssicherung

Der Fachplaner muss die beschriebenen Algorithmen nicht im Detail beherrschen, um die grundlegende Bemessung von vermaschten Trinkwasser-Rohrsystemen durchzuführen. Die Bemessung von vermaschten Rohrsystemen kann mittels Handrechnung nicht mehr in vertretbarer Zeit gelöst werden und ist nur noch mittels einer Bemessungs- und Analysesoftware wirtschaftlich möglich. Der grundlegende Gedanke der Entnahme von Bedarfsvolumenströmen aus aktiven Nutzungseinheiten und den diversen hydraulischen Untersuchungen des Netzes (Tests) auf die hinreichende Druckbilanz ermöglichen ein grundlegendes Verständnis.

Die mathematischen Verfahren, die zur Lösung der Verteilungssimulation verwendet werden, sind im Grunde frei wählbar. Die Bewertung des Ergebnisses lässt sich stets auf die hydraulischen Kirchhoff-Sätze und das Widerstandsgesetz zurückführen. Der Planer kann die Bilanzierung einfach überprüfen, indem die Summen für Druckverluste und Volumenströme im gesamten System jeweils Null ergeben. Der Druckverlust und der Volumenstrom im Zweig sind über das hydraulische Widerstandsgesetz miteinander gekoppelt. Eine stichprobenartige Überprüfung der Druckverluste – z. B. mittels eines geeigneten Sanitär-Tabellenbuchs – gibt Aufschluss über die insgesamt korrekte Bemessung.

4.4 Anwendung

Die Ansätze zur Bemessung der Rohrnetze in der öffentlichen Trinkwasser-Versorgung sind abgesehen von der Gleichzeitigkeit weitestgehend auf die Trinkwasser-Installation im Gebäude übertragbar.

Gegenüber dem verästelten System hat die Anwendung von vermaschten Trinkwasser-Rohrnetzen einen deutlichen hygienischen Vorteil bezogen auf den Wasseraustausch, insbesondere wenn bereits vorhersehbar ist, dass sich die Nutzung ändern kann oder auch einmal partieller Leerstand zu befürchten ist. Das vermaschte Rohrleitungssystem zeichnet sich durch seine technische Einfachheit aus und ist als äußerst wartungsarm gegenüber anderen Hygienelösungen zu bewerten. Es ist ebenso wesentlich toleranter gegenüber Nutzungsänderungen – z. B. wenn ein bedarfsintensiver Funktionsbereich in einem bestehenden Gebäude nachimplementiert werden soll. Bei der bisherigen Betrachtung wurde aus der Perspektive des Einsatzes im Nichtwohngebäude argumentiert. Der Einsatz von vermaschten Systemen ist generell auch in Wohngebäuden möglich. Als Nachteil sind die höheren Installationskosten zu nennen.

Neben der inhaltlichen Ergänzung der zukünftigen DIN 1988-300, bezüglich der vermaschten Rohrnetze, ist zur Konsolidierung in der Praxis die handwerkliche Ausbildung auf die spezifischen Besonderheiten der Vermaschungen in der Trinkwasser-Installation vorzubereiten. Diese liegen im Einsatz von bidirektional zulässigen Strangabsperrarmaturen oder der durchaus kleiner ausfallenden Nennweite der Ringleitung gegenüber den Entnahmeleitungen. Aber auch in der nicht zu unterschätzenden Kennzeichnung der Rohrleitungen gemäß **Abb. 3–72**, damit die Wartbarkeit der Trinkwasser-Installation in der Nutzungsphase gewährleistet ist. Weiterhin sind bei der Installation Leitungsverläufe zu vermeiden, die sich nicht selbstständig entlüften können.

Spätestens bei der Planung und Ausführung von vermaschten Systemen wird man mit Fragestellungen bezüglich Stockwerks-Wasserzählern und der Trinkwasser-Erwärmung konfrontiert, die zur Vollständigkeit in den folgenden Abschnitten behandelt werden.

Rohrleitungskennzeichnung
Gekennzeichnete TW-Ringleitung

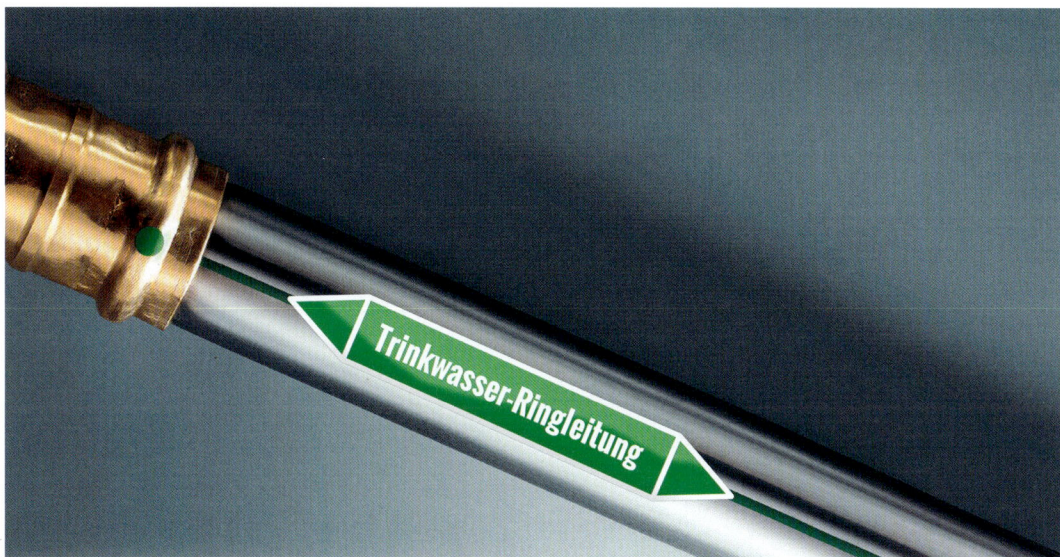

Abb. 3–72

4.4.1 Stockwerks-Wasserzähler versus Vollvermaschung

In den bisher ausgeführten Beispielen sind die Entnahmestellen einer Nutzungseinheit (NE) direkt an die Maschen angeschlossen. Das Wasser kann über mindestens zwei Zuleitungswege zur Entnahmestelle gelangen. Wenn über einen längeren Zeitraum die Entnahmestellen dieser NE nicht mehr betrieben werden, so wird durch die Entnahme von Trinkwasser in den benachbarten Nutzungseinheiten das Wasser in den Leitungen der betrachteten NE ausgetauscht. Diese Reziprozität wird im Verlauf als »hygienischer Mitnahmeeffekt« der vermaschten Rohrsysteme bezeichnet. Der Wasseraustausch bis kurz vor die Entnahmestelle wird insbesondere durch diese Anschlussart sichergestellt. Das Rohrnetz in dieser Art wird im weiteren Verlauf als »vollvermascht« bezeichnet.

Wenn die Trinkwasser-Entnahmemenge aus Abrechnungsgründen dezentral auf dem Stockwerk gezählt werden soll, so ist die Eindeutigkeit der Zuleitung (Stichwort »Brückenzweig«) als technische Voraussetzung nach heutigem Stand der Technik zu gewährleisten. Hinter dem Wasserzähler kann bei Bedarf wieder eine Stockwerks-Ringleitung eröffnet werden. Das hinter dem Wasserzähler folgende Netz ist jedoch von den Vorteilen des Wasseraustauschs über die Entnahme von Trinkwasser aus anderen Nutzungseinheiten grundsätzlich entkoppelt. Die Trinkwasser-Hygiene dieser NE müsste durch den Nutzer oder automatisiert über Spülstationen sichergestellt werden.
Eine mögliche Lösung sind Zähler, die direkt an den Entnahmestellen zum Einsatz kommen. Das ist allerdings aus technischen-, optischen- und Kostengründen oft nicht realisierbar.

Da die Differenzmessung aufgrund von Messfehlern technisch und rechtlich untersagt ist, ist es heute noch nicht möglich die Vollvermaschung auf jedes Gebäude zu übertragen. Im Bereich der Wasserzähler sind Flügelradzähler aus Kostengründen immer noch Stand der Technik. Durch den technischen Fortschritt kommen aber auch vermehrt druckverlustarme und zuverlässige Ultraschall-Wasserzähler zum Einsatz. Die Messgenauigkeit ist bei diesen Zählern deutlich höher als bei Flügelradzählern.
Ein Ausblick in die Zukunft: Die Zählrichtung der Zähler ist zumindest theoretisch bidirektional denkbar.

These: Da sich aufgrund neuer Anforderungen auch oft neue technische Lösungen in Form von Produkten ergeben, könnte in der Zukunft die Differenzmessung aufgrund neuer und präziserer Technologien ermöglicht werden.

Fazit: Grundsätzlich sind Vermaschungen in Rohrnetzen auf jedes Gebäude anwendbar. Der Einsatz muss allerdings im Hinblick auf Kosten und Nutzen und in Verbindung mit Wasserzählern abgewogen oder eingeschränkt werden. Insbesondere ist die Vollvermaschung bis in die Nutzungseinheiten nach heutigem Stand aufgrund von dezentraler Wassermengenmessung nicht in jedem Fall möglich.

4.4.2 Vermaschung in Verbindung mit Trinkwasser-Erwärmung und Zirkulation

In den Ausführungen zur Bemessung von vermaschten Rohrnetzen wurde bisher nicht auf die Trinkwarmwasser-Versorgung eingegangen. Es werden grundsätzlich zwei Trinkwasser-Erwärmungssysteme unterschieden: die »zentrale« und die »dezentrale«.
Weiterhin werden diese nach Speicher- und Durchflussprinzip unterschieden.

Dezentrale Trinkwasser-Erwärmung

Die dezentrale Trinkwasser-Erwärmung (TWE) geschieht in der Regel auf dem Stockwerk in der Nähe der Entnahmestellen. Das Trinkwasser wird normalerweise im Durchlaufprinzip über elektrische Durchlauferhitzer, dezentrale Frischwasserstationen, Wohnungsstationen oder Kombiwasserheizer (KWH) erwärmt. Ferner gibt es die KWH auch mit kleinen Speichern.

Dezentrale Trinkwasser-Erwärmer auf Basis des Durchlaufprinzips werden seit der Trinkwasserverordnung von 2011 [67] vermehrt eingesetzt, da diese bei Einhaltung der 3-Liter-Regel insbesondere bei gewerblicher Gebäudenutzung als Kleinanlagen bewertet werden und somit nicht beim Gesundheitsamt angezeigt und auch keiner regelmäßigen Trinkwasser-Beprobung unterzogen werden müssen. Diese Entwicklung kann als Tendenz zur Minimierung des Betreiberrisikos bewertet werden. Ob die dezentrale TWE gegenüber der zentralen TWE hygienischer ist, kann jedenfalls nicht eindeutig dargelegt werden.

Zentrale Trinkwasser-Erwärmung

Die zentrale Trinkwasser-Erwärmung wird z. B. über Trinkwasser-Speicher mit integriertem oder externem Wärmeübertrager betrieben. Weiterhin gibt es zentrale Frischwasserstationen, die aus einem Wärmeübertrager mit Ladepumpe und einem Heizungs-Pufferspeicher bestehen. Das Trinkwasser wird bei Bedarf im Durchfluss erwärmt.

Die vermaschten Rohrsysteme können in beiden Fällen angewandt werden. Im dezentralen Fall kann das gesamte Kaltwassernetz bis unmittelbar vor die TWE als vermaschtes Netz ausgeführt werden. Ähnlich wie bei dem Stockwerks-Wasserzähler muss das Trinkwasser den TWE zur Erwärmung in eindeutiger Weise passieren. Das ist zumindest für das Warmwassernetz hinter dem TWE bezüglich des hygienischen Mitnahmeeffekts nachteilig.

Bei dezentralen TWE kann gegenüber der Senkung des Betreiberrisikos die Fließdruck-Asymmetrie zwischen Kalt- und Warmwasserseite an der Entnahmearmatur als Nachteil gewertet werden. Die Asymmetrie hat ihre Ursache darin, dass das kalte Trinkwasser (PWC) aufgrund der Ringleitungszuführung bei Entnahme äußerst stabil bezogen auf den Fließdruck ist, während bei dem warmen Trinkwasser (PWH) ein deutlicher Druckabfall durch die eindeutige Zuleitung über den Wärmeübertrager zu verzeichnen ist. Weitere Untersuchungen dazu könnten anhand von Zapfsimulationen durchgeführt werden.

Bei zentralen TWE kann die Vollvermaschung in vielen Fällen angewendet werden. Wie zuvor beschrieben, ist der Einsatz von Stockwerks-Wasserzählern problematisch. Die Eindeutigkeit der Zuleitung ist technisch gesehen erst am zentralen TWE notwendig. Diese Position ist aufgrund beliebiger Entnahme von warmem Trinkwasser im Gebäude mit einem geringeren Stagnationsrisiko behaftet als die Nutzungseinheiten.

Auswirkungen auf die Zirkulation

Wenn es Änderungen bezüglich der Warmwasserverteilung gibt, hat das immer Auswirkungen auf das Trinkwasser-Zirkulationssystem. Es gilt die grundsätzliche Anforderung: Das Trinkwasser darf im stationären Fließfall, ohne Entnahme von Trinkwasser, im gesamten Zirkulationssystem 55 °C nicht unterschreiten. Das ist thermisch und hydraulisch nachzuweisen. Das Nachweisverfahren für vermaschte Systeme ist mittels hydraulischer und thermischer Verteilungssimulation durchzuführen. Dazu ist die Ergänzung weiterer Algorithmen und Randbedingungen in einer zukünftigen DIN 1988-300 notwendig.

Bezüglich des Fließdrucks ist das vollvermaschte PWC- und PWH-Rohrsystem gegenüber den anderen TWE-Systemen als äußerst stabil zu bezeichnen. Die Druck-Asymmetrie an der Entnahmestelle zwischen PWC und PWH ist bei Verwendung von Speichersystemen als sehr gering gegenüber den Durchlaufsystemen zu bewerten.

Die zentrale TWE-Lösung kann man mit der Vollvermaschung als vollständige Hygienelösung bezeichnen, da alle Leitungen des Netzes bis vor die Entnahmestellen durch Einzelentnahmen gespült werden. Als Nachteile sind der höhere Leitungsaufwand (Kosten) und der damit verbundene höhere Leitungswärmeverlust der warmgehenden Leitungen zu nennen.

Es ist auch nicht zu verschweigen, dass in einem herkömmlichen verästelten PWH-System mit Zirkulationsnetz ebenfalls eine Art von Vermaschung vorliegt. Der hygienische Mitnahmeeffekt kommt bei diesem Netz über die erzwungene Konvektion der Zirkulationspumpe in Verbindung mit vereinzelter Entnahme von PWH zustande. Die Hygiene innerhalb des zirkulierenden Systems kann bei Einhaltung der bestimmungsgemäßen Temperaturen als gut bezeichnet werden. Bei PWH-Entnahme erfolgt die Zuführung des Trinkwassers jedoch aufgrund des zentralen Rückflussverhinderers in der Zirkulation ausschließlich über die eindeutige Leitungsführung des verästelten PWH-Systems. Daher hat es hinsichtlich der Versorgungssicherheit und Fließdruckstabilität Nachteile gegenüber dem vollvermaschten PWH-System.

4.5 Zusammenfassung

In diesem Aufsatz wurde die allgemeine Bemessung von vermaschten Trinkwasser-Rohrsystemen über den nutzerorientierten Trinkwasser-Bedarf in Verbindung mit der Verteilungssimulation beschrieben. Die Ausführungen zielen auf die zukünftigen Bemessungsregeln in der DIN 1988-300.

Die Grundlagen zur Bemessung einschließlich der Übertragbarkeit elektrischer Analogien auf die Hydraulik und auch die Einschränkungen beim Einsatz von zweckfremden Armaturen in vermaschten Rohrleitungen sind dargestellt worden.

Zur Bemessung ist die Verteilungssimulation nur ein Baustein in einem an sich iterativen Bemessungsvorgang. Es wurde gezeigt, dass das Netz aufgrund einer Vielzahl von möglichen Entnahme-Konstellationen hydraulisch getestet werden muss, um den ungünstigsten Testfall zu finden. Diese hydraulischen Untersuchungen ließen sich unter Anwendung der Nutzungseinheit und weitere topologische Randbedingungen deutlich reduzieren.

Der hydraulische Nachweis sowie die Erörterung der Entnahme- und Maschen-Fließwege des vermaschten Netzwerks wurden erarbeitet.

Im letzten Abschnitt erfolgte die Erläuterung des Einsatzes der vermaschten Trinkwasser-Systeme im Zusammenspiel mit Wasserzählern und der Trinkwasser-Erwärmung sowie der Vor- und Nachteile des vermaschten Rohrsystems.

Das vermaschte Rohrsystem lässt sich abschließend durch folgende Eigenschaften charakterisieren

- Hygienischer Wasseraustausch bei Entnahme
- Versorgungssicherheit
- Druckstabilität
- Flexibilität bezüglich eines veränderlichen Bedarfs
- Höhere Installationskosten

Der Vorteil der Weiterverwendbarkeit der Daten des Gebäudes und der Gebäudetechnik aus dem Planungsbüro (Planung) heraus über die IFC-Schnittstelle (OpenBIM) an das ausführende Unternehmen (Erstellung) und weiter an den Betreiber des Gebäudes (Nutzung) erlaubt eine ähnliche Vorgehensweise wie in der öffentlichen Trinkwasser-Versorgung. In der Nutzungsphase könnten Umbaumaßnahmen oder auch hydraulische Untersuchungen aufgrund von Nutzungs- oder Bedarfsänderungen einfach anhand der Daten aus der Planungs- und Errichtungsphase durchgeführt werden.

Zum Schluss ein persönliches Wort des Autors: Das Themenfeld ist außerordentlich interessant und es ergeben sich nach Beantwortung einer Frage aufgrund der systemischen Zusammenhänge sofort weitere Fragestellungen, die noch zu bearbeiten sind. Über ein Analyse-Programm lassen sich diese sehr viel leichter beantworten als in einem realen Gebäude über aufwändige Messungen.

Diese Ausführungen sollen zu einer durchaus beabsichtigten Diskussion bei Planern, Ausführern und Betreibern führen.

5 Literatur- und Quellenangaben

K. Rudat

[1] Kistemann, T., Schulte, W., Rudat, K. u. a.: Gebäudetechnik für Trinkwasser. Berlin, Heidelberg: Springer Vieweg, 2012.

[2] DVGW-Arbeitsblatt W 553: Bemessung von Zirkulationssystemen in zentralen Trinkwassererwärmungsanlagen. DVGW, Bonn, 1998.

[3] Fraaß, M.: Zirkulationsauslegung nach dem Beimischprinzip. HLH Bd. 61 (2010), Heft 5.

[4] Fraaß, M.: Energetische Optimierung von Zirkulationsnetzen durch Ausschöpfen des Beimischpotentials. HLH Bd. 62 (2011), Heft 7.

[5] Rudat, K.: Zum Stand der Diskussion – Zukünftige Regeln für die Bemessung von Installationen (Teil 1). Sanitär- und Heizungstechnik 75 (2010), Heft 1, S. 56-60.

[6] Rudat, K.: Zum Stand der Diskussion – Zukünftige Regeln für die Bemessung von Installationen (Teil 2). Sanitär- und Heizungstechnik 75 (2010), Heft 2, S. 26-29.

[7] Rudat, K.: Neue Ansätze zur Bemessung von Trinkwasser-Installationen. Energie-/Wasserpraxis, Heft 4, 2011.

[8] DIN 1988-300: Technische Regeln für Trinkwasserinstallationen – Teil 300: Ermittlung der Rohrdurchmesser. Berlin: Beuth, 2012.

[9] DIN EN 806-3: Technische Regeln für Trinkwasser-Installationen – Teil 3: Berechnung der Rohrinnendurchmesser – Vereinfachtes Verfahren; Deutsche Fassung EN 806-3:2006. Berlin: Beuth, 2006.

[10] Schweizerischer Verein des Gas- und Wasserfaches (SVGW): Merkblatt TPW 2004/1 – Druck- und Temperaturänderungen. Zürich: SVGW, 2004.

[11] Schweizerischer Verein des Gas- und Wasserfaches (SVGW): Zirkulare Nr.: 2008/17 d – Stellungnahme zur Problematik »Druck- und Temperaturänderungen« bei Rohrweitenbestimmung nach der Belastungswertmethode für Trinkwasserverteilsysteme. Zürich: SVGW, 2008.

[12] Schweizerischer Verein des Gas- und Wasserfaches (SVGW): Zirkulare Nr.: 2009/14 d – Druckverlust in Trinkwasserverteilsystemen von Hausinstallationen. Zürich: SVGW, 27. April 2008.

[13] suissetec info Nr. 1: Druck- und Temperaturschwankungen in Trinkwasser-Verteilsystemen. Zürich: suissetec, Juni 2009.

[14] Murchini, S.: Planungsprozesse im Fokus – Eine Untersuchung über Systeme, Materialien und Kosten. NN, Sanitärtagung 2009 (Präsentation).

[15] Nyffenegger, L., Wattinger, T.: Optimierte Leitungsdispositionen für Trinkwasserinstallationen. Bachelor-Diplomarbeit an der Hochschule Luzern, 10.06.2011.

[16] Nyffenegger, Wattinger, T.: Neue Ansätze zur Dimensionierung von Trinkwasserinstallationen in Wohngebäuden. planer+installateur, Heft 2, 2012.

[17] Nyffenegger, Wattinger, T.: Neue Erkenntnisse für die Dimensionierung. Haustech, Heft 3, 2012

[18] Tinner, H.: Richtlinie W3 verzögert sich. planer+installateur, Heft 9, 2011.

[19] Heinrichs, F.-J., Kasperkowiak, F., Klement, J. u. a.: Ermittlung und Berechnung der Rohrdurchmesser. Berlin: Beuth, 2013.

[20] http://www.google.de/imgres?imgurl=http%3A%2F%2Fwww.heizsparer.de%2Fwp-content%2Fuploads%2Fimages%2Finfografiken%2Fwasser-verwendung-bdew.jpg&imgrefurl=http%3A%2F%2Fwww.heizsparer.de%2Fspartipps%2Fwasser-spa-ren%2F-wasserverbrauch&h=365&w=520&tbnid=PeBcEM57jOUibM%3A&docid=cRClJGMmjow4nM&ei=wozIVaesE4mhsgH4tL-oBQ&tbm=isch&iact=rc&uact=3&dur=4878&page=1&start=0&ndsp=34&ved=0CC0QrQMwBGoVChMIp5XArraexwIViZAsCh142g9V.

[21] DIN 1988-3: Technische Regeln für Trinkwasser-Installationen (TRWI); Ermittlung der Rohrdurchmesser; Technische Regel des DVGW. Berlin: Beuth, 1988.

[22] DVGW-Forschungsbericht: Ermittlung des Wasserbedarfs als Planungsgrundlage zur Bemessung von Wasserversorgungsanlagen. Eschborn: DVGW, 1983 – 1988.

[23] Knoblauch, H.-J.: Kritisches zur Erfassung von Einzelwiderständen in Druckverlustberechnungen für Trinkwasser- und Abwasserleitungen. IKZ-Haustechnik, Teil 1, Heft 6 und Teil 2 Heft 7/1995.

[24] Zirkular Nr. 2008/17d: Stellungnahme zur Problematik »Druck- und Temperaturveränderungen« bei Rohrweitenbestimmung nach der Belastungswertmethode für Trinkwasserverteilsysteme. Zürich: SVGW, Juni 2008.

[25] Hochschule Luzern HSLU T&A, Prüfstelle HLK: Prüfmodell zur Messung des Strömungswiderstandes an T-Stücken mit Wasser als Prüfmedium. Luzern, Juli 2008.

[26] Zirkular Nr. 2009 / 14d: Druckverlust in Trinkwasserverteilsystemen von Hausinstallationen. Zürich: SVGW, April 2009.

[27] Fiedler, E.: Über die Druckverlustberechnung, insbesondere aus Simulationsergebnissen. Bauphysik 31 (2009), Heft 6.

[28] Haag, J.: Worauf muss bei der Dimensionierung von haustechnischen Trinkwasserverteilsystemen geachtet werden? planer+installateur 2009, Heft 10.

[29] O. Hernandez Aragon: Auslegung mit realen Zeta-Werten erhöht Wirtschaftlichkeit und Hygiene. HLH Bd. 61 (2010), Nr. 1.

[30] Medienmitteilung von GEBERIT zum Geberit Planerforum 2010. Pfullendorf, März 2010.

[31] Zeiter, P.: Korrekte Ermittlung von Zeta-Werten – einwandfreie Dimensionierung von Trinkwasser-Installationen. gwa 2010, Heft 10.

[32] Haag, J.: Korrekte Dimensionierung von Trinkwasser-Verteilsystemen. planer+installateur 2010, Heft 11.

[33] Kasperkowiak, F.: Die Relevanz von Zeta-Werten in der Praxis am Beispiel einer Stockwerksverteilung. HLH Bd. 64 (2013) Nr. 10.

[34] SVGW-Messstudie Temperaturschwankungen: Bachelorarbeit gab den Anstoss. HK-Gebäudetechnik, Heft 3, 2013.

[35] Mitteilung der Hochschule Luzern vom 7. Juni 2011: Diplomarbeit zum Thema Druck- und Temperaturschwankungen – Neue Ansätze zur Dimensionierung von Trinkwasserinstallationen in Wohngebäuden. Horw (Schweiz), 2011.

[36] Ruesch, F., Frank, E.: Untersuchung und Bewertung angepasster Lösungen zur Trinkwarmwasser-Bereitstellung. Bundesamt für Energie BFE (Schweiz), 2011.

[37] DIN 1988-3: Technische Regeln für Trinkwasser-Installationen (TRWI); Ermittlung der Rohrdurchmesser. Berlin: Beuth, 1988.

[38] DIN EN ISO 3822-2: Akustik – Prüfung des Geräuschverhaltens von Armaturen und Geräten der Wasserinstallation im Laboratorium – Teil 2: Anschluss- und Betriebsbedingungen für Auslaufventile und für Mischbatterien. Berlin: Beuth, 1995.

[39] Beiblatt 1 zu DIN 1988-3: Technische Regeln für Trinkwasser-Installationen (TRWI); Berechnungsbeispiele. Berlin: Beuth, 1988.

[40] Heinrichs, F.-J., Kasperkowiak, F., Klement, J. u. a.: Ermittlung und Berechnung der Rohrdurchmesser – Differenziertes und vereinfachtes Verfahren – Kommentar zu DIN 1988-300 und DIN EN 806-3. Berlin, Wien, Zürich: Beuth, 2013.

[41] Kistemann, T., Schulte, W., Rudat, K. u. a.: Gebäudetechnik für Trinkwasser. Berlin, Heidelberg: Springer, 2012.

[42] Uponor GmbH (Hg.): Praxishandbuch der technischen Gebäudeausrüstung (TGA) Band 2 – Gebäudezertifizierung, Raumluft- und Klimatechnik, Energiekonzepte mit thermisch aktiven Bauteilsystemen, geplante Trinkwasser-Hygiene. Berlin, Wien, Zürich: Beuth, 2013.

S. Hiller

[43] Technische Fluidmechanik, H. Sigloch, 5. Auflage, S.98 ff.
[44] Hydraulik der Wasserheizung, H. Roos, 2. Auflage, S.14 ff.
[45] Strömungsberechnung für Rohrsysteme, H. B. Horlacher, 2. Auflage, S.4 f.
[46] Numerik für Ingenieure und Naturwissenschaftler, W. Dahmen, 1. Auflage, S.159 ff.
[47] Elektrotechnik für Ingenieure, 4. Auflage, W. Weißgerber, S.80 ff.
[48] VDI/VDE-Richtlinie 2173, Strömungstechnische Kenngrößen von Stellventilen und deren Bestimmung.
[49] VDI 3805-17, Produktdatenaustausch in der technischen Gebäudeausrüstung - Armaturen für die Trinkwasserinstallation, 2016.
[50] DIN 2000, Leitsätze für Anforderungen an Trinkwasser, Planung, Bau, Betrieb und Instandhaltung der Versorgungsanlagen, 2000.
[51] DIN 1988-300, Technische Regeln der Rohrinstallation, Ermittlung der Rohrdurchmesser, 2012.
[52] DIN 1988-600, Trinkwasser-Installationen in Verbindung mit Feuerlösch- und Brandschutzanlagen, 2010.
[53] DIN EN ISO 5167-1, Durchflussmessung von Fluiden mit Drosselgeräten in voll durchströmten Leitungen mit Kreisquerschnitt, Teil 1: Allgemeine Grundlagen und Anforderungen, 2004.
[54] DVGW 400-1, Technische Regeln Wasserverteilungsanlagen, Teil 1: Planung, 2015.
[55] DVGW 400-2, Technische Regeln Wasserverteilungsanlagen, Teil 2: Bau und Prüfung, 2004.
[56] DIN EN 12831, Beiblatt 1, Verfahren zur Berechnung der Norm-Heizlast, 2008.
[57] DVGW W 410, Wasserbedarf – Kennwerte und Einflussgrößen, 2008.
[58] DVGW GW 303-1, Berechnung von Gas- und Wasserrohrnetzen, Teil 1: Hydraulische Grundlagen, Netzmodellierung und Berechnung, 2006.
[59] DVGW GW 303-2, Berechnung von Gas- und Wasserrohrnetzen, Teil 2: GIS-gestützte Rohrnetzberechnung, 2006.
[60] DVGW W 575, Ermittlung von Widerstandsbeiwerten für Form- und Verbindungsstücke in der Trinkwasser-Installation, 2012.
[61] Graphen an allen Ecken und Kanten, Skript, L. Volkmann, RWTH Aachen, 2. Version.
[62] VDS CEA 4001, Richtlinie für Sprinkleranlagen, Planung und Einbau, 2014.
[63] DIN EN 12845, Ortsfeste Brandbekämpfungsanlagen - Automatische Sprinkleranlagen – Planung, Installation und Instandhaltung, 2016.
[64] Honorarordnung für Architekten und Ingenieure 2013, 30. Auflage, DTV, Anlage 15, ff.
[65] Software Viptool Engineering, www.viega.de.
[66] Software liNear Analyse Potable Water, www.liNear.eu.
[67] Trinkwasserverordnung TrinkwV 2001/Novellierung 2011, www.gesetze-im-internet.de.
[68] Verordnung über die verbrauchsabhängige Abrechnung der Heiz- und Warmwasserkosten, HeizkostenV, www.gesetze-im-internet.de.
[69] BGH, Urteil vom 16. 7. 2008 – VIII ZR 57/07, LG Mannheim.

4 Energie – Gebäudeperformance in Planung und Betrieb optimieren

S. Herkel, B. Köhler, D. Kalz

Die gesetzlichen und normativen Anforderungen an den Energieverbrauch, sowie die Anforderungen an die Behaglichkeit in Gebäuden nehmen stetig zu. Umso wichtiger ist es dem Thema Energie im Rahmen der integralen Planung hocheffizienter Gebäude entsprechende Aufmerksamkeit zu widmen.

In diesem Kapitel werden die Grundlagen der Energiekonzepterstellung, entscheidende Einflussfaktoren und Schnittstellen, sowie innovative und hocheffiziente Lösungen für die Energieversorgung in Gebäuden bei gleichzeitiger Gewährleistung höchster Komfortansprüche erläutert. Dabei wird auch die Betriebsphase des Gebäudes nicht außer Acht gelassen; die Einführung eines Energiemanagements, einem umfangreichen Monitoring und die Optimierung der Betriebsführung haben einen entscheidenden Einfluss auf die Energieeffizienz des Gebäudes.

Inhalt

Vorwort

1 Grundlagen

1.1 Energiewirtschaftliche und politische Randbedingungen 248

1.2 Normative Grundlagen 249

1.3 Nullenergie 251

2 Energie im integralen Planungsprozess

2.1 Prozesse – Aufgaben – Qualitätssicherung in Planung und Betrieb . . . 254

2.2 Zieldefinition und Lastenheft 254

2.3 Komfort 255
    2.3.1 Thermischer Komfort 255
    2.3.2 Akustischer Komfort 257
    2.3.3 Visueller Komfort 259

2.4 Energiekonzept 260
    2.4.1 Standortanalyse 262
    2.4.2 Klima 263

2.5 Werkzeuge in der Energieplanung 267

2.6 Inbetriebnahme und Gebäudebetrieb 270

3 Gebäudehülle

3.1 Winterlicher Wärmeschutz 272

3.2 Sommerlicher Wärmeschutz 273

3.3 Passive Kühlung 275

3.4 Tageslichtnutzung und Beleuchtung 276

4 Technologien und Systeme für die Wärme-, Kälte- und Stromversorgung

    4.1 Thermoaktive Bauteilsysteme (TABS) 280

    4.2 Lüftung 290

    4.3 Verteilung und Speicherung 293

    4.4 Trinkwarmwasser 296

    4.5 Wärme- und Kälteerzeuger 296
        4.5.1 Wärmepumpen 296
        4.5.2 Blockheizkraftwerke 301
        4.5.3 Kühlung 301

    4.6 Photovoltaik 304

    4.7 Batteriespeichersysteme 307

5 Energiemanagement, Monitoring und Betriebsführung

    5.1 Energiemanagement 308

    5.2 Messkonzept und Datenhaltung 311
        5.2.1 Messkonzepte erstellen 311
        5.2.2 Umfang und Auflösung der erfassten Messdaten 313
        5.2.3 Kennzeichnungssysteme und einheitliche Datenpunktbezeichnung . 314
        5.2.4 Datenauswertung und Datenhaltung 315
        5.2.5 Visualisierungsmöglichkeiten für Verbrauchsdaten . . . 315

    5.3 Betriebsüberwachung und Fehlererkennung 319
        5.3.1 Betriebsüberwachung 319
        5.3.2 Referenzwerte 320
        5.3.3 Fehler – kontinuierliche Verschlechterung – Optimierungspotenziale . . 321

    5.4 Optimimerung und Lastmanagement 323
        5.4.1 Optimierung 323
        5.4.2 Netzdienliche Gebäude und Lastmanagement 325

6 Literatur- und Quellenangaben

Vorwort

Energieverbrauch und -versorgung werden von nahezu allen Gewerken beeinflusst und/oder beeinflussen diese. Darüber hinaus hat das Thema Energie über den gesamten Lebenszyklus eines Gebäudes sowohl auf die Kosten und damit die Wirtschaftlichkeit des Gebäudes, als auch auf die gesamten Umweltwirkungen – Stichwort Lebenszyklus(kosten)analyse – einen entscheidenden Einfluss; eine genaue und integrale Planung der Energieversorgung ist damit essentiell für die Gesamtperformance eines Gebäudes. Eine zentrale Methode für die Gewährleistung, dass alle relevanten Aspekte der Planung, Ausführung und des Betriebs berücksichtigt werden, ist das sogenannte »Building Information Modeling« (BIM). Dabei werden mit Hilfe von Softwaretools alle relevanten Gebäudedaten digitalisiert, kombiniert und vernetzt, wodurch alle relevanten Parameter und Gewerke visualisiert und ihre gegenseitige Beeinflussung anschaulich von Anfang an berücksichtigt werden können.

In diesem Kapitel wird das Thema »Energie« insbesondere mit Blick auf die Nutzungsphase des Gebäudes betrachtet. Neben den gesetzlichen Grundlagen, die Mindest-Standards für die Gebäudehülle und maximale Energieverbrauchswerte festlegen, wird die Einbindung und Berücksichtigung der Energieversorgung im integralen Planungsprozess beschrieben.

Die Gestaltung und Ausführung der Gebäudehülle bestimmt, welchen Energieverbrauch ein Gebäude haben wird und wie diese Energie effizient bereitgestellt werden kann, um die steigenden Komfortansprüche ohne großen Energieaufwand zu gewährleisten. Die Effizienz der Energieversorgung kann darüber hinaus durch den Einsatz innovativer Wärme- und Kälteerzeuger auf Basis erneuerbarer Energien sowie effizienter Flächenheiz- und Kühlsysteme gesteigert werden.

Neben der sorgfältigen Planung und Ausführung der Energieversorgung unter Berücksichtigung sämtlicher Gewerke und Einflussparameter gewinnt die Betriebsphase des Gebäudes zunehmend an Bedeutung und Aufmerksamkeit. Durch ein kontinuierliches Monitoring der Energieversorgung und des Komforts werden Fehler im Betrieb schnell erkannt und können behoben werden. Die Verfügbarkeit von Messdaten ist darüber hinaus Grundvoraussetzung für die Implementierung von Betriebsführungs-Algorithmen, die Fehler im System automatisch erkennen und ggf. beheben können, sowie für die Optimierung des Gesamtsystems; die genannten Aspekte sind Teil eines umfangreichen Energiemanagements, das in immer mehr Betrieben eingeführt wird und auch von Seiten der Politik gefordert und gefördert wird.

Die Ausführungen in diesem Kapitel beruhen auf zahlreichen Forschungsprojekten und Publikationen, wodurch eine Verbindung zwischen Theorie und Praxis erreicht wird. Die zahlreichen Literaturangaben und Verweise sollen die Leserinnen und Leser darüber hinaus dazu animieren sich intensiver mit der Materie zu befassen.

1 Grundlagen

1.1 Energiewirtschaftliche und politische Randbedingungen

Der energiewirtschaftliche und politische Rahmen des energieeffizienten Bauens in Deutschland wird immer stärker von internationalen und Europäischen Zielsetzungen beeinflusst. International und übergeordnet werden die Ziele zur Energieeffizienz und dem Einsatz erneuerbarer Energien durch die internationale Klimaschutzpolitik beeinflusst, die vor allem eine maximale globale Erwärmung und damit maximale Treibhausgas-Emissionen vorschreibt. Bei der Klimakonferenz in Paris im Jahr 2015 wurde festgelegt, dass eine maximale globale Erwärmung um 1,5 Kelvin angestrebt, die Erwärmung aber auf keinen Fall mehr als 2 Kelvin betragen soll. Welche Konsequenzen das Ziel einer maximalen Erwärmung um 1,5 Kelvin für die Treibhausgas-Emissionen weltweit und insbesondere in den Industrieländern hat, wird derzeit in einer Studie des IPCC untersucht. Fest steht aber, dass die globalen Treibhausgas-Emissionen und damit insbesondere die Emissionen in Industrieländern drastisch gesenkt werden müssen. Der derzeitige politische und energiewirtschaftliche Rahmen basiert noch auf den Klimaschutzzielen früherer internationaler Klimaschutzabkommen. Insbesondere das Kyoto-Protokoll und dessen Fortschreibung bis zu einem neuen Klimaschutzabkommen legen die bis 2050 zu erzielenden Treibhausgasemissionsminderungen fest.

Auf europäischer Ebene wird der Rahmen für den Energieverbrauch und die Energieeffizienz in Gebäuden durch die Richtlinie 2010/31/EU zur Gesamtenergieeffizienz von Gebäuden (Energy Performance of Buildings Directive EPBD) [1] definiert. Die Richtlinie enthält erstmals eine Definition für »Niedrigstenergiegebäude« – oder auch »nahezu Nullenergiegebäude«:

> *»Der fast bei Null liegende oder sehr geringe Energiebedarf sollte zu einem ganz wesentlichen Teil durch Energie aus erneuerbaren Quellen – einschließlich Energie aus erneuerbaren Quellen, die am Standort oder in der Nähe erzeugt wird – gedeckt werden.«* [1]

Die genaue Bedeutung von Formulierungen wie »fast bei Null liegende oder sehr geringe Energiebedarf« oder »zu einem ganz wesentlichen Teil durch Energie aus erneuerbaren Quellen gedeckt werden« ist noch nicht definiert und muss im Rahmen der Implementierung der Richtlinie auf nationaler Ebene konkretisiert werden. Dies geschieht in Deutschland im Rahmen der Neufassung der Energieeinsparverordnung EnEV, die für das Jahr 2017 erwartet wird. Die Anforderung, dass neue Gebäude als Niedrigstenergiegebäude ausgeführt werden müssen, gilt für öffentliche Gebäude ab 2018 und für alle Gebäude ab 2020. Neben den Vorgaben für die Energieeffizienz der Gebäude enthält die Direktive Berechnungsmethoden für ein kostenoptimales energetisches Niveau bei Sanierungen und Neubauten sowie Anforderungen für ein Kontrollsystem für Energieausweise. Die derzeitigen gesetzlichen und normativen Anforderungen in Deutschland basieren im Wesentlichen auf der derzeit gültigen Fassung der EPBD und werden in den folgenden Kapiteln näher beschrieben.

In Deutschland wird die Senkung des Energieverbrauchs durch den »Nationalen Aktionsplan Energieeffizienz« begleitet [2], der auf dem Energiekonzept der Bundesregierung aus dem Jahr 2010 basiert.

Die Eckpfeiler des Plans sind nach [2]:
1. Energieeffizienz in Gebäuden voranbringen
2. Energieeffizienz als Rendite- und Geschäftsmodell entwickeln
3. Eigenverantwortlichkeit erhöhen.

Der Aktionsplan soll damit dazu beitragen den Energiebedarf in Gebäuden nachhaltig zu senken. Dabei werden nicht nur regulatorische Vorgaben gemacht, sondern auch Rahmenbedingungen verbessert oder geschaffen, die helfen sollen einen Markt für Energieeffizienz zu etablieren. Der Plan betrachtet dabei verschiedene Zeithorizonte und enthält neben Sofortmaßnahmen auch mittel- bis langfristige strategische Ziele, wie z. B. die Senkung des Primärenergieverbrauchs um 50 % gegenüber 2008.

Die Umsetzung des Aktionsplans Energieeffizienz baut auf bestehenden Mechanismen auf. Er setzt auf Anreize durch Förderprogramme, ordnungsrechtliche Vorgaben, Preisimpulse und Anreizmechanismen. Zusätzlich wird die Forschung unterstützt, um Deutschland auf dem Gebiet der Energieeffizienz(technologien) zu einem weltweiten Vorreiter zu machen.

1.2 Normative Grundlagen

Grundlage für die Gesetzgebung in Deutschland sind die auf EU-Ebene beschlossenen energetischen Anforderungen an Gebäude. Die zentrale Richtlinie ist die Richtlinie des Europäischen Parlaments und des Rates über die Gesamtenergieeffizienz von Gebäuden vom 19. Mai 2010 [1], in der Anforderungen an »Niedrigstenergiegebäude« erstmalig formuliert sind. Niedrigstenergiegebäude sind demnach Gebäude, die eine sehr hohe Gesamtenergieeffizienz aufweisen und deren fast bei Null liegender oder sehr geringer Energiebedarf zu einem ganz wesentlichen Teil durch Energie aus Erneuerbaren Energien am Standort oder in unmittelbarer Nähe gedeckt wird. Neue Gebäude müssen ab 2020 die Anforderungen eines Niedrigstenergiegebäudes erfüllen; öffentliche Gebäude schon ab 2018. Eine quantitative Definition des Niedrigstenergiegebäudes wird in der Verordnung allerdings nicht geliefert.

Die genannte EU-Verordnung ist die Grundlage für die vergangenen und kommenden Anpassungen der Energieeinsparverordnung EnEV in Deutschland, welche die zentrale Verordnung für die energetischen Anforderungen an Gebäude in Deutschland darstellt. Eine genaue Definition eines Niedrigstenergiegebäudes ist allerdings auch in der derzeit gültigen Fassung noch nicht enthalten; es wird darauf hingewiesen, dass im Rahmen von Vereinfachungen und Zusammenführungen relevanter Gesetze und Verordnungen die Anforderungen an solche Gebäude genauer definiert werden sollen (s. EnEV, § 1, Absatz 1 [3]). Es wird erwartet, dass eine überarbeitete Version der EnEV, in der die entsprechenden Festlegungen enthalten sind, im Januar 2017 in Kraft tritt. Im Gegensatz zur europäischen Gebäuderichtlinie sind in der EnEV auch Anforderungen für die Sanierung von Bestandsgebäuden definiert.

In der EnEV werden Mindest-Anforderungen an die Gebäudehülle (U-Werte etc.) für Neubauten und Sanierungen festgelegt. Darüber hinaus werden Anforderungen an die Effizienz gebäudetechnischer Anlagen definiert. Übergreifend ist der Jahresprimärenergiebedarf von Gebäuden begrenzt und es wird auf die anzuwendenden Bilanzierungsverfahren verwiesen (Nichtwohngebäude: DIN V 18599 [4], Wohngebäude entweder DIN V 18599 oder wenn keine mechanische Kühlung vorhanden ist DIN V 4108-6 [5] und DIN V 4701-10 [6] in der jeweils gültigen Fassung).

Bei der Energiebilanzierung in Wohngebäuden wird der Energiebedarf für Heizung, Warmwasser und – wenn vorhanden – Lüftung und Kühlung berücksichtigt. In Nichtwohngebäuden wird zusätzlich der Bedarf für die Beleuchtung bilanziert [7]. Die EnEV definiert darüber hinaus Verfahren zur Anrechnung von lokal erzeugter Erneuerbarer Energien.

Die zentrale Norm, in der die Energiebilanzierung und die Berechnung des Primärenergiebedarfs definiert sind, ist die DIN V 18599. Die Energiebilanz wird dabei auf monatlicher Basis für ein Jahr gebildet. Entsprechend wird die lokale Erzeugung Erneuerbarer Energien auf Monatsbasis angerechnet. Lokale Erzeugung kann allerdings nur bis zur Höhe des rechnerisch ermittelten monatlichen Strombedarfs für den Gebäudebetrieb berücksichtigt werden. Anforderungen an den sommerlichen Wärmeschutz sind in der DIN 4108-2 [8] festgeschrieben. Durch die Einhaltung der Anforderungen sollen zu hohe sommerliche Wärmeeinträge in das Gebäude vermieden und damit der Kühlenergiebedarf minimiert werden.

Neben der EnEV gibt es noch weitere Gesetze und Verordnungen, die den Energiebedarf und die Energiebereitstellung sowie die Verbindung zu den Energienetzen regeln und beeinflussen.

Dies sind in erster Linie

- **Erneuerbare-Energien-Wärmegesetz** – EEWärmeG
  Erhöhung des Anteils Erneuerbarer Energien an der Wärmebereitstellung in Gebäuden

- **Kraft-Wärme-Kopplungsgesetz** – KWKG
  Förderung und Regulierung der kombinierten Erzeugung von Strom und Wärme in zentralen und dezentralen Anlagen

- **Energieeinsparungsgesetz** – EnEG
  es regelt den Erlass von Verordnungen zur Reduktion des Energieverbrauchs in Gebäuden. Es ist die Übertragung der EU-Richtlinie zur Gesamtenergieeffizienz von Gebäuden in nationales Recht und bildet den gesetzlichen Rahmen u. a. für die Energieeinsparverordnung EnEV.

- **Erneuerbare-Energien-Gesetz** – EEG
  Förderung und Ausbau erneuerbarer Energien; insbesondere für die erneuerbare Stromerzeugung und damit für die Installation kleiner PV- und Windenergie-Anlagen an und auf Gebäuden relevant

- **Energiewirtschaftsgesetz** – EnWG

- **Stromnetzzugangsverordnung** – StromNZV
  Anschluss an Energieversorgungsnetze; insbesondere bei der lokalen Stromerzeugung und der Stromeinspeisung in öffentliche Netze relevant

Im engen Zusammenhang mit der energetischen Betrachtung von Gebäuden sind bei der Planung und dem Bau weitere Rahmenbedingungen zu beachten. Diese beziehen sich in erster Linie auf den thermischen und visuellen Komfort sowie die Lufthygiene. Die Anforderungen an den thermischen Komfort sind in der europäischen Norm EN 15251 [9], die an den visuellen Komfort in der deutschen Norm DIN 5034-1 [10] festgelegt. Mindest-Anforderungen an den Luftwechsel in Nutzungszonen von Gebäuden und damit an die Lufthygiene sind in der DIN EN 13779 [1] und DIN V 18599-10 [12] zu finden. Darüber hinaus werden in der Ökodesign-Richtlinie EU 1253/2014 [13] und der EnEV Mindest-Anforderungen an den Wärmerückgewinnungsgrad (η_t entsprechend EN 308 > 80 % [14]) von maschinellen Lüftungsanlagen sowie an die Effizienz der Luftförderung (SFP < 1650 W/m^{3}s) definiert.

1.3 Nullenergie

Neue Gebäude müssen entsprechend der Richtlinie des Europäischen Parlaments und des Rates über die Gesamtenergieeffizienz von Gebäuden vom 19. Mai 2010 [1] in Deutschland und Europa ab dem Jahr 2020 als »nahezu Nullenergiegebäude« ausgeführt sein; für öffentliche Gebäude gilt dies schon ab dem Jahr 2018.

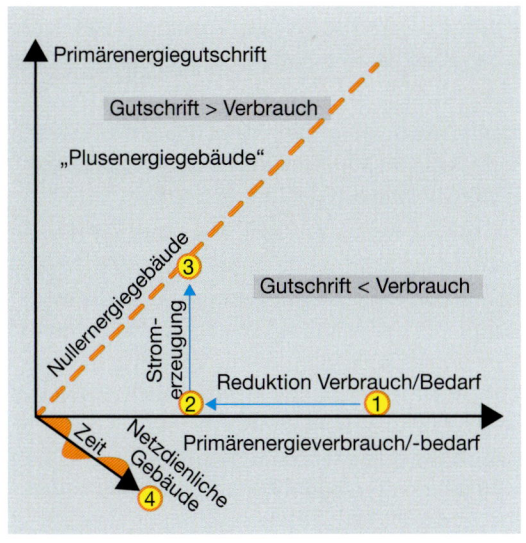

Abb. 4–1

Bilanzierungsprinzip Null- und Plusenergiegebäude:
1 → 2   Bedarfs-/Verbrauchsreduktion
2 → 3   Eigenerzeugung
3   Ausgeglichene Energiebilanz → Nullenergiegebäude
4   Lastmanagement zur Unterstützung des Stromnetzes (zeitliche Komponente).

Dies bedeutet, dass der Energiebedarf neuer Gebäude auf ein Minimum reduziert und der verbleibende Endenergiebedarf zu einem großen Teil aus lokal erzeugten Erneuerbaren Energien gedeckt werden muss.

Die Bedarfsdeckung muss dabei nicht zu jeder Stunde des Jahres durch lokale Erneuerbare Energien gewährleistet sein. Es erfolgt der bilanzielle Ausgleich über einen definierten Zeitraum (i.d.R. ein Jahr). Dabei sind autarke Gebäude von »Netto-Nullenergiegebäuden« zu unterscheiden. Autarke Gebäude müssen ihren Energiebedarf vollständig und jederzeit durch Umweltenergiequellen vor Ort decken, wofür große Speicher zum Ausgleich von tages- und saisonalen Schwankungen benötigt werden. Netto-Nullenergiegebäude haben hingegen einen Anschluss an die Versorgungsnetze, welche die Funktion eines Speichers übernehmen. In **Abb. 4–1** ist das Prinzip der Nullenergiebilanz grafisch dargestellt: der Energiebezug (input) wird mit Gutschriften (Eigendeckung, Einspeisung) verrechnet; entsprechen die Gutschriften dem Bedarf, ist die Nullenergiebilanz erfüllt, bei einem Überschuss spricht man von einem »Plusenergiegebäude«. Bei der Bewertung können verschiedene Indikatoren, räumliche und zeitliche Bilanzgrenzen sowie Bilanzierungsverfahren angewendet werden, die im Folgenden beschrieben werden.

Indikatoren

Nullenergiegebäude werden auf der Primärenergieebene (nicht erneuerbarer Anteil) bewertet. Endenergieflüsse werden dabei mit Primärenergiefaktoren (PEF) entsprechend den geltenden Normen und Verordnungen (insbesondere der EnEV) oder anderer Quellen wie dem GEMIS (Globales Emissions-Modell integrierter Systeme) bewertet. Entscheidend für die Primärenergiebilanz ist dabei der nicht erneuerbare Primärenergiebedarf sowie die primärenergetisch bewertete Einspeisung von Energie aus erneuerbaren Quellen.

Für die primärenergetische Bewertung von Energieflüssen bei (nahezu) Nullenergiegebäuden gibt es unterschiedliche Ansätze. Zum einen besteht die Möglichkeit den Energiemix und den damit verbundenen Primärenergiefaktor für Strom – und in Zukunft möglicherweise auch Gas – des lokalen Versorgers zugrunde zu legen oder aber den deutschlandweiten Energiemix als Basis zu wählen. Der lokale Energiemix und damit der PEF für Strom können erheblich vom deutschlandweiten Mix abweichen, vor allem in Regionen mit einer hohen installierten Leistung erneuerbarer Energien.

In der aktuell gültigen Fassung der EnEV ist ein PEF für Strom von 1,8 angegeben. Es ist aber zu erwarten, dass durch den weiteren Ausbau erneuerbarer Energien der PEF für Strom in Zukunft weiter sinken wird. Ab 2020 wird ein PEF für Strom von unter 1,68 erwartet. Die Wahl des anzusetzenden PEF für

Strom hat einen erheblichen Einfluss auf die Bewertung von GebäudeEnergie-Konzepten in der Planungsphase und im Betrieb auf die Erreichung des Ziels eines Nullenergiegebäudes. Es muss daher schon in der Planungsphase festgelegt werden, ob bei der Primärenergiebilanz die zur Zeit der Planung gültigen oder die in der Betriebsphase erwarteten PEFs angesetzt werden.

Neben lokalen Unterschieden im PEF für Strom gibt es auch zeitliche Unterschiede, die in erster Linie auf die fluktuierende Einspeisung erneuerbarer Energien zurückzuführen sind. Für die primärenergetische Bewertung der Energieflüsse – insbesondere von Strom – kann sowohl ein konstanter PEF (Jahresdurchschnitt) als auch ein dynamischer PEF (z. B. Tageswerte, Stundenwerte) angesetzt werden (vgl. u. a. [15]).

Energieträger können darüber hinaus auch unterschiedlich bewertet werden, je nachdem ob sie bezogen oder in ein Netz eingespeist werden. Die PEFs können zum einen für Bezug und Einspeisung gleich (symmetrisch) oder unterschiedlich (asymmetrisch; PEF für Verdrängungsstrommix) sein.

Um die Bewertung von biogenen Brennstoffen gibt es eine intensiv geführte Debatte, auf die der Gesetzgeber bei der Festlegung der PEF für die EnEV reagiert hat. Zum einen ist bei der Bewertung von biogenen Brennstoffen der Energiebedarf der Bereitstellung zu beachten. Zum anderen sind die biogenen Ressourcen in Deutschland begrenzt, so dass politisch die Verwendung vor allem in Sektoren wie dem Verkehr oder als industrieller Rohstoff gewünscht wird. Infolge dessen wird Biomasse in der EnEV bei reiner Verbrennung wie ein fossiler Energieträger behandelt. Wird Biogas in einem BHKW genutzt, besteht die Möglichkeit, entweder die aus Kraft-Wärme-Kopplung bereitgestellte Wärme mit dem PEF von Null zu bewerten und keine Stromgutschrift anzurechnen oder den Endenergieträger (Gas) wie einen fossilen Brennstoff zu behandeln, dafür aber Stromgutschriften aus KWK anzurechnen.

Funktionale Bilanz

Normativ werden bei der Gebäudeenergiebilanz (Nichtwohngebäude) der Energiebedarf für Heizung, Kühlung, Lüftung, Warmwasserbereitung, Beleuchtung sowie der damit verbundene Hilfsenergiebedarf bilanziert. Außerhalb der Bilanzgrenze sind demnach nutzungsspezifische Energieverbräuche. Dies sind unter anderem der Energieverbrauch von Arbeitsgeräten, PCs/EDV, Präsentationstechnik und technischen Einrichtung wie Aufzügen und Technik für Brandschutzeinrichtungen. Diese können bis zu 50 % des gesamten Energiebedarfs ausmachen.

Bezüglich der Bilanzierung von Nullenergiegebäuden gibt es noch keine eindeutige Definition in Normen und Verordnungen. In der wissenschaftlichen Diskussion (s. u. a. [15] [16]) ist die Ansicht allerdings weit verbreitet, dass bei Nullenergiegebäuden sämtliche Energieverbräuche bilanziert werden sollten, also auch der nutzungsspezifische Energieverbrauch. Dadurch entfällt auch die Notwendigkeit zusätzlicher Energiezähler zur Überprüfung der Zielerreichung.

Räumliche Bilanz

Neben der Definition der Indikatoren und der Bilanzgrenze hat auch die Festlegung des Bilanzraums einen entscheidenden Einfluss auf die Energiebilanz. Eine Bilanzierung nach EnEV schließt ausschließlich das entsprechende Gebäude ein, also nur die direkt mit dem Gebäude verbundenen Energieverbräuche und die dortige Erzeugung. Mit einbezogen werden kann die Energieerzeugung auf demselben Grundstück des Gebäudes.

In der wissenschaftlichen Diskussion werden darüber hinaus verschiedene Bilanzräume und deren Grenzen diskutiert [15]:

1. **Physikalische Gebäudegrenze**
   Es werden nur der Energiebedarf des Gebäudes und die Energieerzeugung in, auf oder an dem Gebäude bilanziert – z. B. PV auf dem Dach oder integriert in die Fassade. Die Berücksichtigung von Erzeugern auf Vordächern oder vom Gebäude entfernten Garagen oder Carports ist nicht möglich.

2. **Grundstück**

   Es werden die gesamte Energieerzeugung und der gesamte Energiebedarf auf dem Grundstück, auf dem das betrachtete Gebäude steht, bilanziert. Bei diesem Ansatz können auch PV-Anlagen bilanziert werden – z. B. auf Carports oder kleine Windenergieanlagen in Gärten.

3. **Energiezähler**

   Es werden alle Energieflüsse durch einen zentralen Zähler (pro Energieträger), an dem das Gebäude mit dem Energienetz verbunden ist, bilanziert.

4. **Grenze eines Gebäudeclusters**

   Dieser Ansatz wird gewählt, wenn mehrere Gebäude zusammen betrachtet werden. Bei diesem Ansatz können z. B. Plusenergiegebäude den höheren Bedarf von Gebäuden, die nicht als Nullenergiegebäude ausgeführt werden können, ausgleichen.

Die Berücksichtigung von eingekauftem »grünen Strom« oder die Beteiligung an Wind- oder Solarparks kann in der Gebäudeenergiebilanz nicht berücksichtigt werden.

Zeitliche Bilanz

Es können grundsätzlich zwei Bilanzzeiträume unterschieden werden

- Die Bilanz über den Gebäudebetrieb
- Die Bilanz über die gesamte Nutzungsphase – Lebenszyklus

Bei der Bilanzierung des Betriebs wird ausschließlich der Energiebedarf für den Betrieb selbst bilanziert. Bei der Betrachtung des gesamten Lebenszyklus eines Gebäudes werden darüber hinaus auch die Energieaufwendungen für die Gebäudeerstellung, -instandhaltung und -entsorgung einschließlich der sogenannten »grauen Energie« berücksichtigt. Es werden dabei auch alle während der Betriebsphase nötigen Erneuerungs- und Ersatzmaßnahmen erfasst – z. B. Austausch gebäudetechnischer Anlagen, Sanierung der Gebäudehülle. Für die Erfüllung der Nullenergiebilanz müssen die Überschüsse aus der Energieerzeugung vor Ort die Energieaufwendungen für Herstellung, Instandhaltung und ggf. auch der Entsorgung bilanziell ausgleichen.

Bilanzierungsverfahren

Die Bilanzierung von Energieaufwendungen in Gebäuden sollte entsprechend der Anforderungen der EnEV erfolgen. Dabei können Energieerträge aus erneuerbaren Quellen der Gebäudeenergiebilanz angerechnet werden. Voraussetzungen hierfür sind, dass die Stromerzeugung in unmittelbarem räumlichen Zusammenhang mit dem Gebäude erfolgt, der erzeugte Strom vorrangig zur Eigenbedarfsdeckung genutzt wird und nur Stromüberschüsse ins Netz eingespeist werden. Die Bilanzierung erfolgt mit einem Monatsbilanzverfahren für ein Jahr. Die erzeugte Strommenge wird maximal in Höhe des berechneten Endenergiebedarfs des jeweiligen Monats angerechnet, Überschüsse werden nicht angerechnet. Es werden bei der Energiebilanzierung entsprechend der EnEV nur Energiebedarfe für Heizen, Kühlen, Lüften, Beleuchten und Warmwasser, sowie der damit verbundene Hilfsenergiebedarf bilanziert. In der Praxis führt dies dazu, dass fluktuierende erneuerbare Energien mit einem ausgeprägten saisonalen Profil – wie die Photovoltaik – für den Sommerzeitraum mit einem niedrigen Anteil an eigen genutztem Strom bewertet werden, obwohl der lokal produzierte Strom selber für die Arbeitshilfen genutzt werden kann. Bei der Nullenergiebilanz gibt es zwei grundsätzliche Ansätze. Es können zum einen der Energiebedarf und die Energieerzeugung bilanziert werden, zum anderen gibt es den Ansatz den Energiebezug der Energieeinspeisung gegenüberzustellen.

Bei der Planung von Nullenergiegebäuden sollte trotz der unterschiedlichen Ansätze zur Bilanzierung in der wissenschaftlichen Diskussion darauf geachtet werden, dass alle in der EnEV, dem EnEG und dem EEWärmeG geforderten Nachweise geführt werden. Da es für Nullenergiegebäude noch kein vorgeschriebenes Bilanzierungsverfahren gibt, sollte das Bilanzierungsverfahren EnEV-konform sein und die Anrechnung von lokal erzeugter erneuerbarer Energie im Rahmen der EnEV-Nachweisführung erfolgen.

2 Energie im integralen Planungsprozess

2.1 Prozesse – Aufgaben – Qualitätssicherung in Planung und Betrieb

Das Thema Energie spielt im Lebenszyklus eines Gebäudes durchgehend eine Rolle, insbesondere in der Betriebsphase sind Energiekosten ein wichtiger Teil der laufenden Kosten. Der erste wichtige Schritt vor Beginn der Planung ist die Definition von Zielen, die ein Gebäude oder eine Liegenschaft im Betrieb erreichen soll – z. B. Anforderungen an den thermischen, akustischen und visuellen Komfort sowie den Primärenergieverbrauch. Daraus abgeleitet können konkrete Ziele der Energieperformance von Gebäudehülle und technischer Gebäudeausrüstung in Bezug auf die Wärme-, Kälte- und Stromversorgung definiert werden. Die Formulierung dieser Anforderungen erfolgt in enger Abstimmung mit den Bauherren – z. B. in Form eines Lastenheftes, das Grundlage der Planung und später des Betriebes wird.

Im Lebenszyklus können die Phasen Zieldefinition, Konzeption, Planung, Inbetriebnahme, Betrieb, Umnutzung und Rückbau unterschieden werden. Dabei gilt es die in den jeweiligen Phasen definierten Qualitäten kontinuierlich zu überprüfen. Hierzu ist eine eindeutige, einheitliche und aussagekräftige Dokumentation notwendig, die sich in einem Building Information Model realisieren lässt.

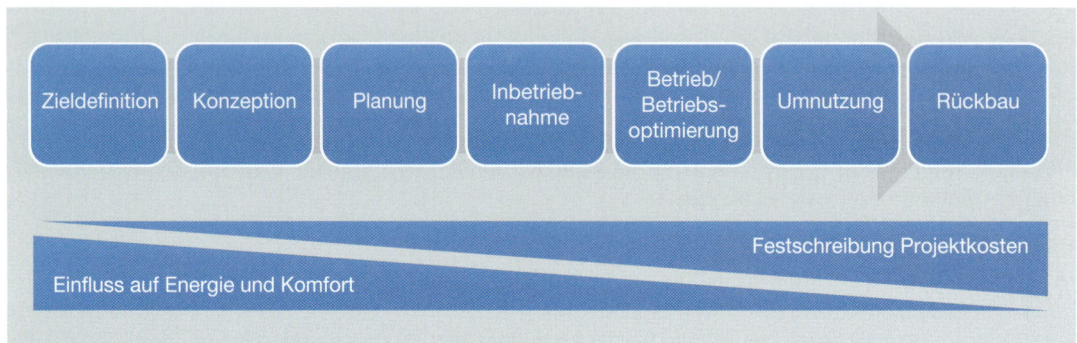

Abb. 4–2

Planungsprozess und Lebenszyklusphasen einer Liegenschaft.

2.2 Zieldefinition und Lastenheft

Energetische Ziele

Die Mindest-Anforderung an die energetische Performance eines Gebäudes wird in der Energieeinsparverordnung durch die Festlegung des Primärenergiebedarfs an nicht erneuerbaren Energien für das jeweilige Referenzgebäude vorgegeben. Darüber hinausgehende Anforderungen werden dann formuliert, wenn aus Gründen der Nachhaltigkeit ein Ziel wie zum Beispiel eine ausgeglichene Jahresenergiebilanz erreicht werden soll (s. auch Kapitel 1.3 »Nullenergie«). Eine andere Motivation sind geringere Lebenszykluskosten bei niedrigerem Energieverbrauch, Reduktion der energiebedingten CO_2-Emissionen oder Vorgaben, die sich durch Inanspruchnahme von Fördermitteln oder durch eine Zertifizierung ergeben. Empfehlenswert ist es, sich auch für die Verbraucher Ziele im Hinblick auf den Energiebedarf zu setzen, die nicht von der Energieeinsparverordnung adressiert werden. Dies sind zum Beispiel Arbeitshilfen, Produktionsanlagen, Büroausstattung oder die IT-Infrastruktur.

Weitere konkrete Vorgaben sollten für die thermische Qualität der Gebäudehülle und ihre Luftdichtheit, die Übergabe-, Verteil- und Speicherverluste der Wärmeverteilung, den Strombedarf für die Lüftung und Pumpen sowie die Effizienz der Wärme- und Kälteerzeuger gemacht werden. Um Produkte zu vergleichen, gibt es inzwischen für viele Produktgruppen das ERP-Label, das die energetische Performance in einem festgelegten Betriebspunkt definiert. In **Tab. 4–1** sind beispielhaft energetische Ziele und Anforderungen aufgelistet, die vor Beginn der Planung oder in einem Lastenheft definiert werden sollten [17].

Tab. 4–1 Beispiel für die Anforderungen in einem Lastenheft

Gewerk	Anforderung	Wert (Beispiel)
Gebäudehülle	U-Werte Dach, Wand, …	<0,5 W/m²K
	g-Werte Verglasung/Sonnenschutz	0,6/0,15
	Vermeidung Wärmebrücken	ΔUWB ≤ 0,01 W/(m²K)
	Luftdichtheit	n50 < 0,6 h-1
Tageslichtversorgung und Blendschutz	Tageslichtautonomie	80 %
Kunstlicht	Reflexionsgrade Oberflächen	>70 %
	Lichtausbeute Leuchtmittel	80 lm/W
	spezifische installierte Leistung	1,5 W/m²/100 lux
Wärme- und Kälteverteilung	Druckverluste Sekundärkreis	300 Pa/m
	Sekundärpumpen	<20 Wel/kW$_{therm}$
Übergabesysteme	Temperaturniveau	<35 °C bei Wärmepumpensystemen
Wärmerückgewinnung	Wärmerückgewinnungsgrad	ηt entsprechend EN 308 > 80 % [14]
Luftförderung Richtlinie EU 1253/2014 Ecodesign-Richtlinie EU 1253/2014	Spezifische Ventilatorleistung – SFP: specific fan power	SFP < 1650 W/m³s – gesamte Zu- und Abluft
Wärmepumpen	Luft/Wasserwärmepumpe	JAZ > 3,5
	Geothermie	JAZ > 4,0

2.3 Komfort

2.3.1 Thermischer Komfort

Im Kontext der Regeln zur Energieeinsparung und thermischen Behaglichkeit muss bei der Planung eines Gebäudes als rechtsverbindlich anzuwendende Vorschrift für alle Räume mit einer üblichen Innenraumtemperatur > 19 °C der Nachweis eines ausreichenden sommerlichen Wärmeschutzes geführt werden (EnEV 2014, § 3 Absatz 4) [3], der in DIN 4108-2 [8] festgelegt ist. Das Nachweisverfahren der DIN 4108-2 sichert die Mindest-Anforderungen an den sommerlichen Wärmschutz von Gebäuden unter standardisierten Nutzungsbedingungen, garantiert aber nicht, dass ein unkritisches sommerliches Temperaturverhalten in allen Teilen eines Gebäudes erwartet werden kann. Die Norm weist explizit darauf hin, dass Berechnungsergebnisse aufgrund standardisierter Randbedingungen nur bedingt Rückschlüsse auf tatsächliche Überschreitungshäufigkeiten erlauben. Eine kritische Überprüfung der Nutzungsbedingungen des Gebäudes hinsichtlich der Übereinstimmung mit den Bedingungen im normativen Nachweisverfahren muss daher Bestandteil der Planung sein.

Die Europäische Norm DIN EN 15251 [9] stellt mit zwei Komfortmodellen verbindliche Vergleichskriterien zur Bewertung des thermischen Komforts in der Heiz- und Kühlperiode zur Verfügung. Das erlaubt eine Klassifizierung der Räume in unterschiedliche Komfortklassen. Damit kann über die Anforderungen nach DIN 4108-2 hinaus ein planerisches Ziel definiert werden. Anforderungen an die lokale thermische Behaglichkeit, wie zum Beispiel Zugluft, vertikale Temperaturgradienten, Oberflächentemperaturen und Strahlungsasymmetrie, werden in DIN EN ISO 7730 beschrieben [18].

Die Bewertung des thermischen Komforts in der Heiz- und Kühlperiode erfolgt mit verbindlichen Vergleichskriterien nach der Europäischen Norm EN 15251 [9]. Für jeweils drei Komfortklassen werden für die Heiz- und Kühlperiode minimal und maximal zulässige Raumtemperatursollwerte definiert. Während der Heizperiode wird eine Raumtemperatur von 22 °C mit einem Komfortband von ±2,0 K festgelegt. Im Sommer werden Anforderungen an den thermischen Komfort gemäß des im Gebäude implementierten Kühlkonzeptes nach zwei Komfortmodellen definiert – dem adaptiven und dem PMV-Modell.

Adaptives Komfortmodell
Gebäude ohne maschinelle Kühlung – d. h. mit ausschließlich passiven Maßnahmen zum sommerlichen Wärmeschutz und freier Lüftung – werden mit einem adaptiven Komfortmodell bewertet, welches sowohl Änderungen des Außenklimas als auch die Einflussnahme der Nutzer auf ihre unmittelbare Umgebung berücksichtigt. Der geforderte Sollwert für die operative Raumtemperatur (ORT) bestimmt sich in Abhängigkeit des exponentiell gewichteten gleitenden Tagesmittels der Außenlufttemperatur als operative Raumtemperatur mit einem Komfortband von ±3 K für Komfortkategorie II.

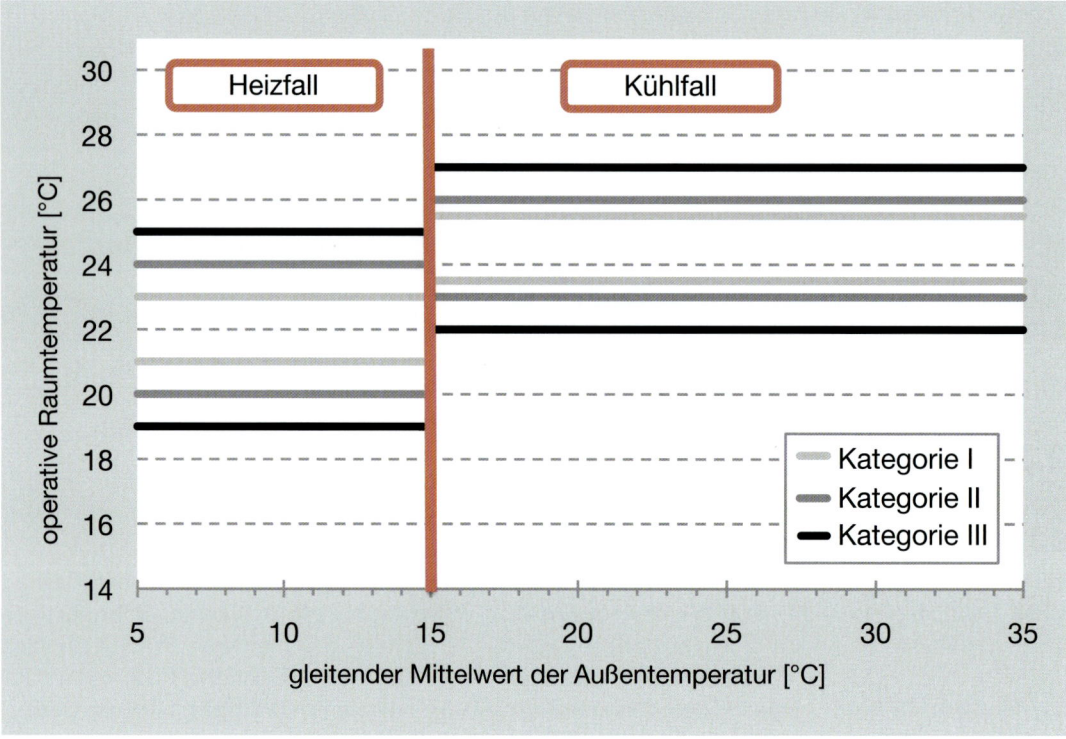

Abb. 4–3

Komfortgrenzen des PMV-Modells nach [9] mit festgelegten Temperaturgrenzen für die Komfortklassen I bis III unabhängig von den vorherrschenden Außentemperaturbedingungen.

PMV-Komfortmodell

Gebäude, die durch eine maschinelle Kühlung aktiv konditioniert werden, sollten festgelegte Raumtemperatur-Sollwerte einhalten, unabhängig von den vorherrschenden Außentemperatur-Bedingungen: Sollwert für die operativere Raumtemperatur von 24,5 °C und einem Komfortband von ± 1,5 K für Komfortklasse II. Dieses Modell kommt bei den meisten neu zu errichtenden Gebäuden, insbesondere bei Nichtwohngebäuden zur Anwendung. »Maschinelle Kühlung« wird dabei in der Norm EN 15251 in Abhängigkeit der Erwartung der Nutzer an die Raumtemperatur im Sommer wie folgt definiert:

> »Zuluftkühlung, Umluftkühlung, Kühlung von Raumumschließungsflächen (TABS), jede Form der maschinellen Lüftung.«

Das Öffnen von Fenstern wird dabei ausdrücklich nicht als maschinelle Kühlung gewertet. In Anhang A der EN 15251 sind die empfohlenen Kriterien für das thermische Raumklima beschrieben. Für die Auslegung maschinell gekühlter und geheizter Gebäude werden die in **Tab. 4–2** aufgelisteten Komfortkategorien und Temperaturbereiche empfohlen. In **Abb. 4–3** sind die Komfortkategorien für den Heiz- und Kühlfall grafisch dargestellt.

Zusätzlich zu den normativen Anforderungen müssen bei einer gewünschten Zertifizierung des Gebäudes die Anforderungen an den thermischen Komfort nach dem entsprechenden Zertifizierungssystem – z. B. DGNB (Deutsche Gesellschaft für Nachhaltiges Bauen)-Zertifizierungssystem – berücksichtigt werden. In der Regel wird die Einhaltung der Komfort-Kategorie II zu mindestens 95 % der Anwesenheit angestrebt. Die Zertifizierung nach DGNB fordert die Einhaltung der Komfortkategorie I nach EN 15251 zu mindestens 97 % während der Anwesenheit, um die höchstmögliche Punktzahl bezüglich des thermischen Komforts zu erreichen. Dies bedeutet für den Kühlfall eine Solltemperatur im Gebäude von 24 °C und eine Maximaltemperatur von 25,5 °C.

Es wird darauf hingewiesen, dass Bereiche mit unterschiedlichen Nutzungen und besonders hohen internen Lasten separat betrachtet und bewertet werden müssen.

Tab. 4–2 Empfohlene Komfortkategorien für Gebäude mit maschineller Kühlung und Heizung nach EN 15251, Anhang A

Kategorie	Thermischer Zustand des Körpers insgesamt		Temperaturbereiche [°C]	
	PPD [%]	Vorausgesagtes mittleres Votum (PMV)	Heizfall	Kühlfall
I	<6	−0,2 < PMV < +0,2	21,0–23,0	23,5–25,5
II	<10	−0,5 < PMV < +0,5	20,0–24,0	23,0–26,0
III	<15	−0,7 < PMV < +0,7	19,0–25,0	22,0–27,0
IV	>15	PMV < −0,7 oder +0,7 < PMV	<19,0 / >25,0	<22,0 / >27,0

2.3.2 Akustischer Komfort

Die zentrale Norm, in der Anforderungen an den akustischen Raumkomfort definiert sind, ist DIN 18041 [19]. In der Norm sind Räume in Abhängigkeit ihrer Größe und Nutzung klassifiziert. Büroräume werden demnach in Kategorie B (Akustische Qualität über kurze Distanzen) klassifiziert; Großraumbüros, Seminar- oder Ausstellungsräume nach Kategorie A (Akustische Qualität über mittlere und lange Distanzen). In der Norm sind unter anderem Werte für die äquivalente Absorptionsfläche empfohlen (in Räumen der Kategorie B zwischen 60 % und 85 % der Grundfläche des Raumes). Raumakustische Parameter sind für Räume der Kategorie A, nicht jedoch für Räume der Kategorie B, empfohlen. Ein zentraler Parameter ist die Nachhallzeit T_{req}, welche in Abhängigkeit des Raumvolumens berechnet werden kann. Normativ ist eine Spanne von ± 20 % um den angestrebten Wert erlaubt.

Besondere Herausforderungen an den akustischen Komfort ergeben sich insbesondere in großen, offenen Räumen mit wenig Absorptionsfläche sowie in Gebäuden, die durch thermisch aktive Bauteilsysteme (TABS) konditioniert werden. Um angemessene und normativ geforderte akustische Bedingungen einzuhalten ist oftmals die Installation zusätzlicher Absorptionsflächen nötig. Hierfür gibt es verschiedene Optionen

- Integration von Absorptionsflächen/schallschluckenden Elementen in die Wände
- Installation von abgehängten Akustik-Paneelen an der Decke
- Anpassung des Bodenbelags – z. B. Teppichboden statt Parkett
- Raum-in-Raum-Systeme, in denen Schall und akustisch wirksame Elemente integriert sind

Die Integration dieser Elemente an massive Innenwände kann einen Teil dieser thermisch von den jeweiligen Räumen abkoppeln, was an manchen Tagen insbesondere in den Sommermonaten zu einem schnellen Aufheizen der Räume führen kann, da interne und solare Lasten nicht mehr in der thermischen Gebäudemasse gespeichert werden können und der Temperaturanstieg im Raum damit nicht »abgepuffert« werden kann.

Insbesondere die Installation von Akustik-Paneelen unter der Decke stellt in durch TABS konditionierten Räumen eine Herausforderung dar, da durch die Paneele die Heiz- und/oder Kühlleistung zum großen Teil nicht wirksam wird, wenn keine ausreichende Luftzirkulation ermöglicht wird und eine zu große Deckenfläche mit Paneelen belegt ist. Eine mögliche Lösung stellt die Integration thermisch aktiver Flächen in Paneele dar, die zur Unterstützung träger Heiz- und Kühlsysteme wie TABS an Decken installiert werden können. Die Kombination von TABS mit derartigen thermisch-akustischen Paneelen gewährleistet einen guten thermischen Komfort und gleichzeitig gute akustische Konditionen in Räumen. In **Abb. 4–4** ist eine Kombination von thermischen und akustischen Elementen schematisch dargestellt. **Abb. 4–5** zeigt die Installation akustischer Paneele in einem durch TABS konditionierten Büroraum, bei der durch ausreichende Luftzirkulation und angemessene Deckenbelegung ein guter thermischer und akustischer Komfort erreicht wird. Durch den Aufbau sollen hohe Anforderungen an den thermischen und akustischen Komfort gewährleistet sein.

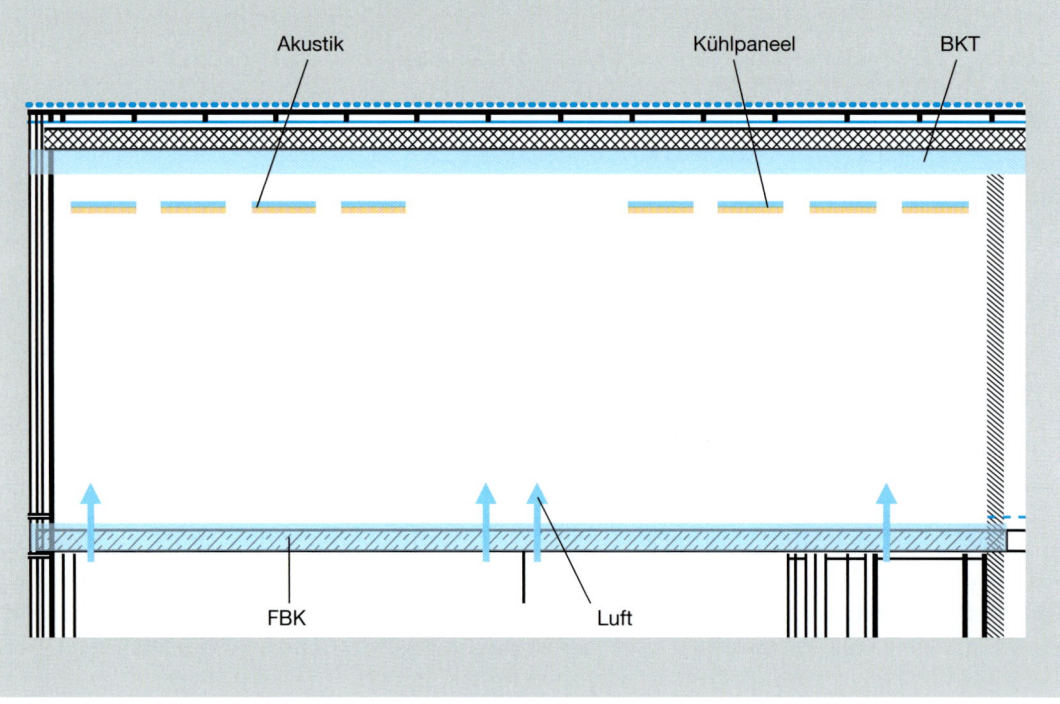

Abb. 4–4

Kombination aus Betonkerntemperierung (BKT), Fußbodenkühlung (FBK) und abgehängten thermisch-akustischen Paneelen zur Spitzenlastabdeckung im Kühlfall.

Abb. 4–5

Installation akustischer Paneele in einem durch TABS konditionierten Büroraum. Durch den Abstand zur Decke und eine angemessene Deckenbelegung wird ein guter akustischer und thermischer Komfort erreicht.

2.3.3 Visueller Komfort

Normativ sind die Anforderungen an das Tageslicht in Innenräumen in DIN 5034-1 [1] definiert. Ergänzende Anforderungen an den visuellen Komfort können sich aus der angestrebten Zertifizierung des Gebäudes ergeben – z. B. nach DGNB. Sie beziehen sich in erster Linie auf die Anforderungen an den Sonnen- und Blendschutz hinsichtlich des Sichtkontakts nach außen und der Blendfreiheit bei Tageslicht.

Tageslicht wird dabei unter verschiedenen Aspekten betrachtet

- **Psychische Wirkung**
  Helligkeitseindruck (subjektiv) sowie Sichtverbindung nach außen
- **Sehbedingungen**
  Angemessene Beleuchtungsstärke und Vermeidung von Blendung
- **Biologische Wirkung**
  Einfluss auf die Leistungsfähigkeit, die Gesundheit und das Wohlbefinden
- **Thermische Behaglichkeit**
  Vermeidung zu großer Strahlungs- und Wärmebelastung – v. a. im Sommer
- **Energieeffizienz**
  Erhöhung der Tageslichtnutzung und damit Senkung des Gebäudeenergiebedarfs. Bei seitlichem Tageslichteinfall darf die Beleuchtungsstärke 60 % des in [20] angegebenen Wartungswertes der Beleuchtungsstärke betragen, allerdings wird dies von vielen Nutzern als zu gering wahrgenommen.

Für die exakte Berücksichtigung der Beleuchtung bei Entwicklung eines Energie-Konzeptes ist es empfehlenswert, ein möglichst detailliertes Beleuchtungskonzept zu einem sehr frühen Zeitpunkt im Planungsprozess zu erstellen. Die Rückkopplung der durch die Beleuchtung verursachten internen Lasten in modernen Gebäuden kann einen erheblichen Anteil an den gesamten internen Lasten und damit auf den Heiz- und Kühlenergiebedarf haben.

An den Sonnen- und Blendschutz besteht die Anforderung, die Blendung durch Tageslicht durch eine adäquate Abschattung zu vermeiden (vgl. [20]). Dabei ist in erster Linie der Sichtkontakt zur Sonne zu unterbrechen. Gleichzeitig muss die Aussicht zur Umgebung gewährleistet sein und die Sonnen- und

---

1 Vergleiche Dissertation von C. Moosmann: »Visueller Komfort und Tageslicht am Büroarbeitsplatz. Eine Felduntersuchung in neun Gebäuden«, verfügbar unter https://www.baufachinformation.de/dissertation/Visueller-Komfort-und-Tageslicht-am-B%C3%BCroarbeitsplatz/2015059004285

Blendschutz-Vorrichtungen sollten individuell bedienbar sein. Nach der Berufsgenossenschaftlichen Information (BGI) »Sonnenschutz im Büro« [21] sollte die mittlere Leuchtdichte von Sonnenschutzvorrichtungen im seitlichen Gesichtsfeld eine Höhe von 2000 bis 4000 cd/m² nicht überschreiten. Dabei muss darauf geachtet werden, dass sich einfallendes Sonnenlicht bzw. die Fenster nicht in den Bildschirmen an den Arbeitsplätzen spiegeln. Können sich die Fenster in den Bildschirmen spiegeln, sollte die mittlere Leuchtdichte 200–1000 cd/m² nicht überschreiten.

2.4 Energiekonzept

Ein Energiekonzept verfolgt vier wesentliche Ziele

- Erreichen des definierten **Nutzerkomforts** im Betrieb des Gebäudes
- Erreichen der Qualitäten im Hinblick auf **Nachhaltigkeit**
  So kann zum Beispiel das Ziel definiert werden ein **nachhaltiges Gebäude** mit einer ausgeglichenen Jahres-Energiebilanz – d.h. ein Nullenergiegebäude, zu erreichen.
  Voraussetzung hierfür ist eine **hohe Energieeffizienz** verbunden mit einer weitgehenden Versorgung aus **erneuerbaren Energien**.
- Gewährleistung einer hohen **Versorgungssicherheit**
- Sicherstellen der **Wirtschaftlichkeit**

Ein Energiekonzept enthält nachhaltige, gewerkeübergreifende und am Lebenszyklus orientierte technische Lösungen für Architektur (Flächen/Kubatur/Fassaden etc.), Bauphysik (Transmissionsverluste, unkontrollierte Lüftungsverluste) sowie Energieerzeugung, -speicherung, -verteilung und -übergabe an die Nutzung.

Ausgehend von den Anforderungen an die primärenergetische Qualität des Gebäudes lässt sich ein Energiekonzept systematisch gut entlang der Energiebilanz eines Gebäudes entwickeln – und auch dessen Umsetzung sowohl in der Planung als auch im Betrieb gut überwachen. **Abb. 4–6** zeigt die unterschiedlichen Grenzen der Energiebilanz eines Gebäudes.

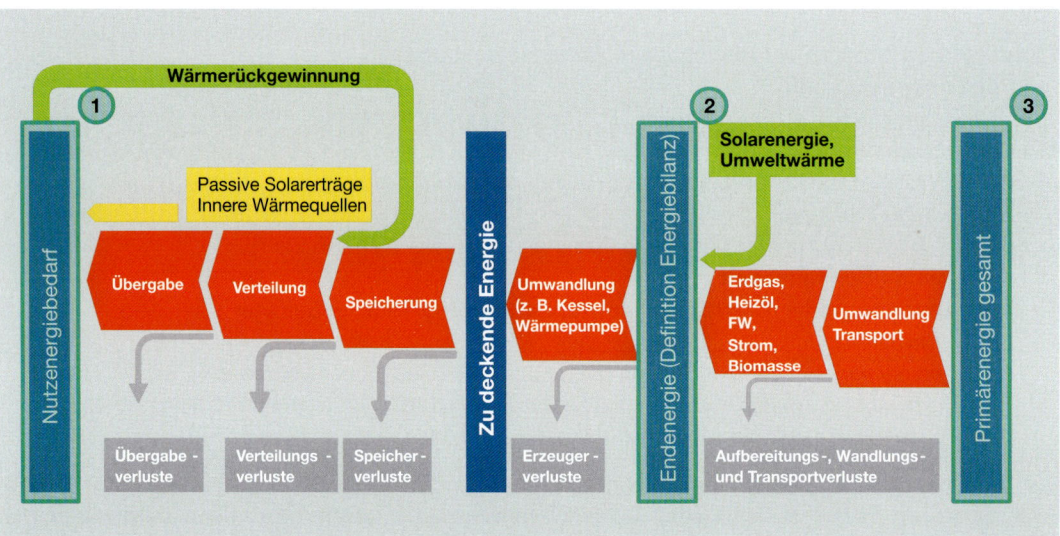

Abb. 4–6

Bilanz des Gebäudes mit den Bilanzgrenzen (1) Nutzenergie, (2) Endenergie und (3) Primärenergie.

Die Energieperformance in Bezug auf die erste Bilanzgrenze Nutzenergiebedarf wird vor allem durch Architektur, bauphysikalische Eigenschaften der Gebäudehülle sowie die Nutzungsprozesse bestimmt. Die Endenergie wird im Wesentlichen durch die Effizienz der Energieversorgung im Gebäude bestimmt, durch die Wärme- und Kälteübergabesysteme, die Verteilung, Speicherung und Verluste bei der Energiewandlung – z. B. dem COP einer Wärmepumpe. Der Primärenergieaufwand als dritte Bilanzgrenze hängt neben der Endenergie von den auf der Liegenschaft vorhandenen Potenzialen für erneuerbare Energien (Solarwärme und Photovoltaik), der Umweltenergie (Geothermie, Außenluft und Abwärme) und der gewählten Energieträger ab. **Abb. 4–7** zeigt die technischen Gewerke, für die entlang der drei Bilanzgrenzen im Rahmen eines Energie-Konzeptes Lösungen erarbeitet werden.

	NUTZENERGIE [Gebäude]	ENDENERGIE [Energieträgerbezug]	PRIMÄRENERGIE [Einbezug Quartier und PEF]
ARCHITEKTUR	❖ Gebäude ❖ Orientierung ❖ Raumorganisation ❖ Fassade		❖ PV-Integration Fassade ❖ PV-Integration Dach ❖ PV-Integration Nachbargebäude
BAUPHYSIK	❖ Fassade ❖ Wärmeschutz ❖ Solarenergienutzung ❖ Raumakustik ❖ Lüftung/Luftdichtheit		
NUTZER	❖ Anforderungen Komfort ❖ Anwesenheit/Nutzungsprofile ❖ Ausstattung ❖ Raumakustik ❖ Tageslicht/Beleuchtung		
TGA	❖ Lüftung	**Raumklima** ❖ Wärme ❖ Kälte ❖ Be-/Entfeuchtung ❖ Lüftung ❖ Kunstlicht	**Versorgung** ❖ Wärme/Kälte ❖ Lüftung ❖ Trinkwarmwasser ❖ Strom ❖ Gebäudeautomation	**Versorgung** ❖ Umweltwärme ❖ Erneuerbare Energie ❖ Gebäude vs. Campus ❖ Synergien am Standort ❖ Smart-Grid-Ready
ERGEBNIS	❖ Nutzwärme/-kälte ❖ Last (intern/extern) ❖ Konzept Beleuchtung ❖ Konzept Ausstattung ❖ Nachweis Komfort DIN 15251 ❖ Nachweis DIN 4108	❖ Endenergie für alle Verbraucher ❖ Hilfsenergie ❖ Nachweis Zielwerte ❖ Nachweis EnEV, EEWärmeG, EnEG ❖ Versorgungskonzept ❖ Wirtschaftlichkeitsbewertung	❖ Nullenergie-/Plusenergiebilanz ❖ Auslegung lokaler Stromerzeugung

Abb. 4–7

Matrix der Aufgaben bei der Entwicklung eines Energie-Konzeptes – Akteure und deren Zuordnung zu den Bilanzgrenzen.

2.4.1 Standortanalyse

Ein Gebäude muss mit seinem Energiekonzept und technischen Eigenschaften auf die konkrete Standortsituation mit den spezifischen Randbedingungen der Umgebung abgestimmt sein. Die klimatischen und geologischen Bedingungen am Gebäudestandort sowie gegebenenfalls die vorhandene Infrastruktur einer Bestandsliegenschaft müssen im Rahmen des Energie-Konzeptes detailliert erhoben und bewertet werden. Solch eine Standortanalyse bildet damit die Grundlage für die energetische Bilanzierung und Bewertung des Versorgungskonzeptes.

Im Rahmen einer Standortanalyse sind hinsichtlich des Energie-Konzeptes folgende Punkte zu prüfen und zu bewerten

- **Mikro- und Makroklima**
  Die Berücksichtigung der derzeitigen und insbesondere künftigen Auswirkungen eines bereits einsetzenden Klimawandels führt zu Konsequenzen für die Planung, Bewirtschaftung und Analyse von Gebäuden. Diese reichen von der Anpassung der Berechnungsgrundlagen – z. B. Klimadaten – über die Weiterentwicklung von Anforderungen an den sommerlichen Wärmeschutz und an das Verhalten sämtlicher Nutzer bis hin zu Fragen der Vergleichbarkeit von derzeitigen und künftigen Energieverbrauchskennwerten [22].

- **Oberflächennahe Geothermie**
  Der Verzicht bzw. die Reduktion konventioneller, fossiler Energieträger zu Gunsten von oberflächennaher Geothermie als natürliche Wärmequelle und -senke am Gebäudestandort kann entscheidend zu einer nachhaltigen, umweltverträglichen und CO_2-emissionsarmen Wärme- und Kälteversorgung beitragen. Dabei bestimmen die geologischen Eigenschaften am Gebäudestandort die Nutzung und die Wirtschaftlichkeit der oberflächennahen Geothermie.

- **Integration in Bestandsliegenschaften**
  Werden bestehende Liegenschaften oder Gebäudeverbünde um neue Gebäude erweitert oder werden Gebäude energetisch saniert, ist eine effiziente Integration des Neubaus in die bestehende Versorgungsstruktur technisch und wirtschaftlich zu prüfen, um z. B. mögliche Abwärme- und Speicherpotenziale zu erschließen, um bestehende Wärme- und Kälteerzeuger für die komplette oder redundante Versorgung zu nutzen und um neue Gebäude in ein gesamtes Versorgungs- und Energiemanagement einzubinden. Oft ist eine technische Ankopplung an Bestandsliegenschaft auch wirtschaftlich günstig, da keine oder nur eine teilweise neue dezentrale Erzeugung-, Speicher- und Hauptverteilerstruktur aufgebaut werden muss.

- **Energiekosten von Versorgern**
  Die Liberalisierung des Strom- und Gasmarktes ermöglicht es mittlerweile den Energieversorger frei zu wählen und für Großkunden auch individuelle Konditionen auszuhandeln. Voraussetzung ist das Vorhandensein der entsprechenden Energienetze. Anders ist die Situation, wenn der Anschluss an ein Wärme- oder Kältenetz möglich ist. Die Kosten für Fernwärme/-kälte sind in hohem Maße vom Standort abhängig. Eine genaue Analyse der Energiekosten und deren Berücksichtigung bei der Bewertung der Wirtschaftlichkeit haben einen großen Einfluss auf die Wahl der Versorgungstechnik und damit die Wahl des Energieträgers.

2.4.2 Klima

Mikro- und Makroklima

Frei verfügbare Klima-Datensätze, die für die Verwendung als äußere Klima-Randbedingung in Simulationsrechnungen angesetzt werden können, sind die sogenannten »Testreferenzjahre« (TRY) des Deutschen Wetterdienstes (DWD). Testreferenzjahre (TRY) sind speziell zusammengestellte Datensätze, die für jede Stunde eines Jahres verschiedene meteorologische Daten enthalten [23]. Aufgrund der regionalen Unterschiede in Bezug auf die klimatischen Verhältnisse wird das Gebiet der Bundesrepublik Deutschland durch den DWD in 15 Klimaregionen eingeteilt und für jede dieser Regionen werden individuelle TRY-Datensätze zur Verfügung gestellt. Die aktuell gültigen Testreferenzjahre [24] sind seit Frühjahr 2011 verfügbar und ersetzen die bis dato gültigen Testreferenzjahre aus dem Jahr 2004 [24] [25] [26]. Der Deutsche Wetterdienst stellt für die Testreferenzjahre zwei Wetterdatensätze zur Verfügung, das sogenannte »normale« Jahr mit einem mittleren aber für das Jahr typischen Witterungsverlauf und das »extreme« Jahr mit einem ausgeprägten heißen und lang anhaltenden Sommer- und sehr kalten Winterhalbjahr. Um die klimatischen Anforderungen an Gebäude und haustechnische Anlagen auch für den Zeitraum einer längeren Betriebsdauer und sich verändernden klimatischen Randbedingungen berücksichtigen zu können, wurden vom Deutschen Wetterdienst zusätzlich Testreferenzjahre auf Basis von bis zu 12 regionalen Klimamodellen für den Zeitraum 2031 bis 2060 entwickelt. Diese Zukunfts-Testreferenzjahre sind mit dem Aufbau der übrigen TRY-Datensätze identisch [23]. Neben den Testreferenzjahr-Klimadatensätzen liegen für viele Wetterstationen in Deutschland Messwerte in hoher zeitlicher Auflösung (in der Regel Stundenwerte) vor [27].

Die Robustheit eines Gebäude- und Energie-Konzeptes – insbesondere für das Kühlkonzept im Sommer – sollte mit gemessenen Wetterdaten oder mit den Daten der Testreferenzjahre für den Zeitraum 2030 bewertet werden. Dieses Vorgehen gewinnt vor dem Hintergrund tendenziell steigender Temperaturen in den vergangenen Jahren und den sogenannten Wärmeinseln im innerstädtischen Bereich zunehmend an Bedeutung. Ziel ist es, dass ein Gebäude auch bei hohen Außentemperaturen und einer entsprechenden solaren Einstrahlung die vom Nutzer gesetzten Anforderungen an den thermischen Komfort erfüllen kann, ohne Ersatzmaßnahmen – z. B. Tischventilatoren oder Umluftkühler – oder Erweiterungen der Erzeuger- und Übergabesysteme nachträglich nach der Inbetriebnahme des Gebäudes umzusetzen.

Werden schon in der Konzept- und Planungsphase eines Gebäudes unterschiedliche Wetterdaten zugrunde gelegt, können verschiedene Bedingungen während des Gebäudebetriebs ausreichend genau abgebildet und Parameterstudien zur Prüfung der Robustheit eines Gebäudeentwurfs speziell unter den sommerlichen Bedingungen durchgeführt werden. Dafür stehen neben den Daten des Deutschen Wetterdienstes für zukünftige Jahre auch Klimadaten mit zusätzlichen Funktionalitäten wie der Bewertung des Stadteinflusses zur Verfügung.

Zusätzlich sind Belastungen durch die mikroklimatischen Verhältnisse speziell an der Gebäudefassade zu beachten. Dies betrifft die Analyse des Standortes hinsichtlich Verschattung durch Nachbargebäude oder Pflanzen, Windverhältnisse und damit Anströmung der Fassade sowie ggf. sich in Gebäudenähe befindende Abwärmequellen. Dies beeinflusst z. B. das Potenzial und die Auslegung von freien Tag- und Nachtlüftungskonzepten, bei denen die Luftnachströmung ins Gebäude über Fenster oder Lüftungsklappen erfolgt, aber auch den Standort für die Ansaugung von Frischluft bei Zu- und Abluftanlagen. Eine genaue quantitative Beurteilung des Einflusses des Mikroklimas am Gebäude lässt sich nur mit einer detaillierten thermisch-dynamischen Simulation untersuchen. Bei exponierten Gebäudestandorten müssen Windverhältnisse durch ein gesondertes Gutachten bewertet werden.

In **Abb. 4–8** ist exemplarisch für den Standort Lennestadt bei Attendorn ein Vergleich von gemessenen Wetterdaten und denen der Testreferenzjahre für ein normales und ein sog. »sommerheißes« Jahr dargestellt. Gezeigt wird die Anzahl der Tage mit mittleren Außentemperaturen über 20 °C und über 25 °C sowie der Jahresmittelwert der Außentemperatur. Die gemessenen Jahresmittelwerte der Außentemperatur am Standort Lennestadt lagen zwischen 2007 und 2014 fast immer oberhalb des Mittelwertes des Standardwetterdatensatzes des Testreferenzjahres (Ausnahme 2010). Zudem gab es zwischen 2007 und 2014 mehr Tage mit Außentemperaturen über 20 °C als in den Testreferenzjahr-Datensätzen. Die Unterschiede der Außentemperatur in den verschiedenen vorliegenden Wetterdatensätzen werden auch durch die Jahresdauerlinien (800 wärmste Stunden des Jahres) **Abb. 4–9** deutlich.

Vergleich der Klimadaten (Außentemperatur (AT) des Standortes Lennestadt bei Attendorn mit dem für den Standort repräsentativen Datensatz des Testreferenzjahres.

Quelle:
(1) Messwerte Deutscher Wetterdienst (DWD), 2007-2014 Standort Lennestadt [28],
(2) Werte Testreferenz-Jahr TRY06 des DWD für ein typisches und ein Jahr mit heißem Sommer [24].
Im Mittel, lag an 22 Tagen die Tagesmitteltemperatur über 25 °C und an 78 Tagen über 20 °C.

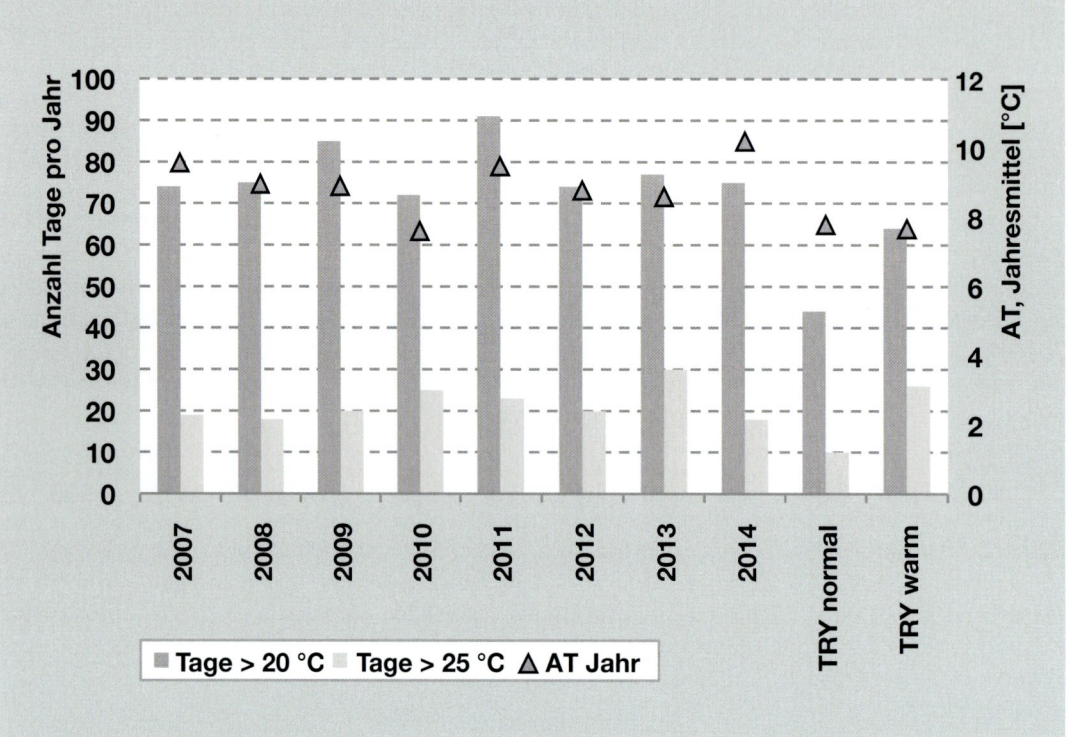

Abb. 4–8

Dauerlinien der gemessenen Außentemperatur (AT) [°C] des Standorts Lennestadt bei Attendorn für die Jahre 2007 bis 2014 und der Daten des Testreferenzjahres für ein typisches und ein sommerheißes Jahr. Dargestellt sind die wärmsten 800 Stunden des Jahres.

Quelle:
[24] [28] – eigene Darstellung.

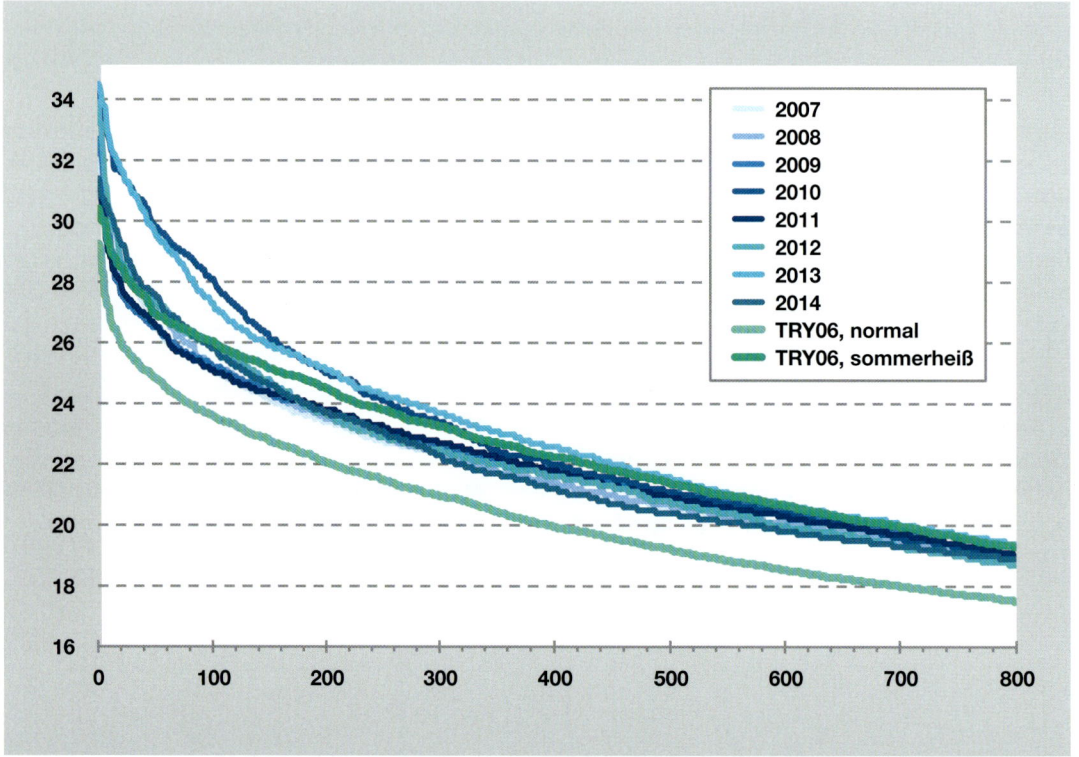

Abb. 4–9

Die Solarstrahlung ist der Wetterparameter, der im Zusammenspiel mit den Gebäudeöffnungen, der Transmission der Verglasung und der Sonnenschutzanlage die externe Wärmelast weitaus deutlicher als die Lufttemperatur beeinflussen kann [29]. Hier spielt das lokale Strahlungsangebot eine geringere Rolle, die Gebäudeeigenschaften bestimmen den Wärmeeintrag viel stärker. Der monatliche Verlauf der Einstrahlungsanteile auf die verschiedenen Gebäudeflächen variiert deutlich mit der Flächen- bzw. Fassadenorientierung. Die höchste Einstrahlung auf die horizontale Ebene tritt zwischen Mai und Juli auf.

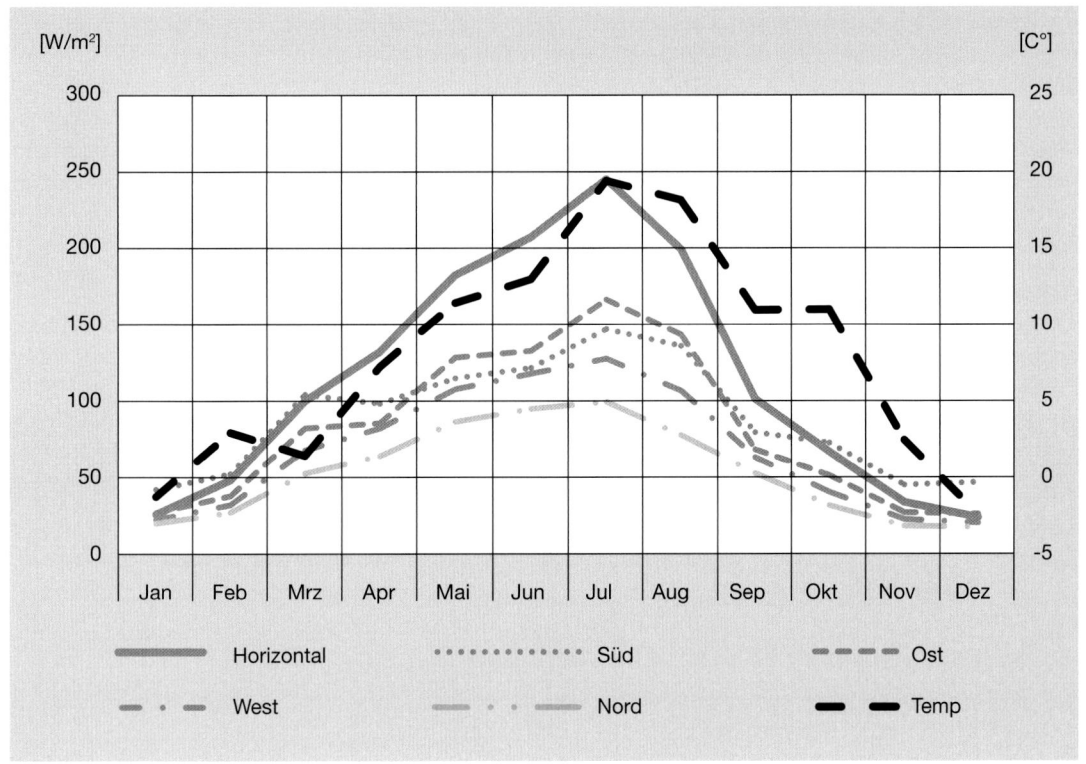

Abb. 4–10

Mittlere Einstrahlungswerte und Temperaturen des Klimadatensatzes des Testreferenzjahres TRY06 für ein Jahr mit heißem Sommer. Eigene Darstellung nach [24].

Wind

Da unter sommerlichen Bedingungen die Temperaturunterschiede zwischen der Raumluft und der Umgebung verglichen mit dem Winter eher gering ausfallen, sind der freien Lüftung mit Hilfe von Thermik engere Grenzen gesetzt. Alternativ können Druckunterschiede aufgrund von Windanströmung eines Gebäudes zur Durchlüftung genutzt werden [29]. Die Wetterdaten des Testreferenzjahres und des Deutschen Wetterdienstes sind für den Parameter »Wind« nicht immer vollständig (keine bzw. keine durchgängige Messung) bzw. im Falle der Testreferenzjahre aufgrund von Messungen am Stadtrand oder außerhalb der städtischen Lage für die Bewertung am Gebäudestandort nicht immer geeignet. Dann müssen die lokalen Windverhältnisse durch ein Windgutachten gesondert bewertet werden.

Geologie

Bei der thermischen Nutzung des Untergrunds zum Heizen und Kühlen wird im saisonalen Wechsel Wärme aus dem Untergrund entzogen bzw. in den Untergrund eingetragen. Aktiviert werden oberflächennahe Erdschichten bis zu einer Tiefe von maximal 120 m. Das Potenzial oberflächennaher Geothermie für die Wärme- und Kälteversorgung, d. h. Wärmeentzugs- und -einspeiseleistung, Jahresheiz-

und Kühlarbeit, wird entscheidend von den geologischen und thermophysikalischen Eigenschaften am Gebäudestandort bestimmt. Die wesentlichen Parameter sind Wärmeleitfähigkeit, Wärmekapazität, Wassergehalt und Vorhandensein von Grundwasserleitern. Pro Meter Schichtdicke leisten dabei Gesteine mit hoher Leitfähigkeit einen höheren Beitrag als Gesteine mit geringer Leitfähigkeit. Da eine Erdwärmesonde in aller Regel mehrere weitgehend horizontale Gesteinsschichten durchdringt, liefern diese Schichten je nach physikalischen Eigenschaften und Mächtigkeiten unterschiedliche Anteile der gesamten Wärmeleistung (Entzugsleistung) der Sonde.

Die geologischen Eigenschaften werden durch Messungen mittels eines Thermal-Response-Tests (TRT) vorab quantifiziert und für die Nutzung einer Erdwärmesondenanlage bewertet. Der TRT ist ein anerkanntes Verfahren zum in-situ-Nachweis der thermophysikalischen Untergrundparameter, insbesondere der effektiven Wärmeleitfähigkeit der am Standort vorherrschenden geologischen Schichten und des Nachweises von ggf. vorhandenen Grundwasserschichten. Weiterhin ermittelt werden die mittlere Temperatur des ungestörten Erdreiches und der thermische Bohrlochwiderstand von Erdwärmesonden. Der Bohrlochwiderstand ist eine zentrale Kenngröße bei der Dimensionierung des jeweiligen Erdwärmeübertragers (Erdwärmesonde, Energiepfähle).

Ankopplung an eine Bestandsliegenschaft

Gebäude werden in der Regel in räumlicher Nähe zu bestehenden Gebäuden und Liegenschaften oder auch auf demselben Areal errichtet. Darüber hinaus befinden sich auch zu renovierende Gebäude meist in räumlicher Nähe zu weiteren Gebäuden. Die Nutzung der vorhandenen Wärme- und Kälteversorgungsinfrastrukturen oder von Abwärme aus benachbarten Gebäuden und Produktionsstätten für neue oder zu renovierende Gebäude kann eine wirtschaftliche und effiziente Option sein.

Potenzielle Wärmequellen und -senken, insbesondere Abwärmequellen, sind nach [30] [31]

- Abgas/-luft
- Brüden – bei Trocknungsprozessen entstehende, mit Wasserdampf gesättigte Luft
- Dämpfe, Kühl-/Prozesswasser
- Kühlöl

Entscheidende Faktoren für die Ankopplung an bestehende Liegenschaften sind

- der Energiebedarf des betrachteten Gebäudes,
- die im Bestand verfügbaren Energiemengen und Leistungen,
- das Temperaturniveau der (Ab-)wärmequellen und
- das Medium und dessen Verschmutzung sowie die zeitliche Verfügbarkeit.

Je nach Parametern kann anfallende Abwärme z. B. für Raumwärme- und Trinkwarmwasserbereitung, die Kühlung oder auch für die Prozesswärmebereitstellung und Stromerzeugung genutzt werden [31]. Neben der direkten Energiebereitstellung sind darüber hinaus auch zusätzliche Speicher- und Flexibilitätspotenziale mit der Vernetzung mehrerer Gebäude verbunden und können dadurch nutzbar gemacht werden.

Bei der Nutzung von Abwärme sollte darauf geachtet werden, dass die Abgabe an Dritte als letzte Option gelten sollte – nach der Verminderung des Abwärmeanfalls, der Reintegration in Prozesse (Wärmerückgewinnung), der betriebs-/liegenschaftsinternen Abwärmenutzung oder der Transformation in andere Nutzenergieformen [31].

Die Anbindung an Bestandsliegenschaften ist von vielen verschiedenen Faktoren abhängig. Die lokalen Möglichkeiten sollten in einer Detailanalyse immer untersucht und forciert werden; Wärme, die ohnehin anfällt, stellt eine ökologisch sinnvolle und oftmals wirtschaftlich umsetzbare Option für die Wärme- und Kältebereitstellung dar.

2.5 Werkzeuge in der Energieplanung

Die Digitalisierung des Bauens fand in der Energieplanung schon sehr früh statt. Die ersten Werkzeuge zur Planung, Bewertung und Analyse des bauphysikalischen Verhaltens und der Anlagentechnik wurden in den siebziger Jahren des letzten Jahrhunderts entwickelt und fanden mit der Einführung der Personal Computer Einzug in den Planungsalltag – etwa zeitgleich mit der Einführung der ersten CAD-Systeme [32] [33]. Der Einsatz von Werkzeugen in der energetischen Planung des Gebäudes ist bis heute im Wesentlichen nur in der Genehmigungsplanung verpflichtend – es ist der Nachweis, dass das geplante Gebäude die Vorgaben der Energieeinsparverordnung erfüllt. Hinzu kommen bauphysikalische Nachweise zum winterlichen und sommerlichen Wärmeschutz sowie zur Einhaltung der gesetzten thermischen und visuellen Komfortziele.

In der Planung von Niedrigst- und Niedrigenergiegebäuden hat sich bis heute keine einheitliche Planungsmethodik herausgebildet. Zwar ist den meisten Planungsprojekten gemein, dass eine integrale Planungsumgebung geschaffen wird. Dieser Planungsumgebung liegt aber selten eine geschlossene Methodik zugrunde. Vielmehr scheinen erfahrene Planungsbüros ihre jeweils eigene Herangehensweise etabliert zu haben. Dementsprechend kann heute auf kein Programm, Programmpaket oder eine Kombination von bestimmten Programmen zurückgegriffen werden, wenn eine Gesamtbilanzierung des Gebäudes nach DIN V 18599 vorzulegen ist.

Dennoch ist es möglich eine Kombination von Programmen zu beschreiben, die die Anforderungen an eine Gesamtbilanzierung erfüllen.

Diese Programme folgen dabei in der Regel der Energieumwandlungskette

- **Nutzenergie – Heizung, Kühlung und Lüftung**
  Grundsätzlich sind Monatsbilanzverfahren (z. B. PHPP oder validierte Umsetzung der DIN EN ISO 13790) oder thermische Gebäudesimulation (z. B. TRNSYS, EnergyPlus, IDA-ICE, ESP-r oder validierte Umsetzung der DIN EN ISO 13790 oder vergleichbar) gleichwertig. Allerdings wird in anspruchsvollen Planungsverfahren ohnehin eine thermische Gebäudesimulation zum Einsatz kommen. Hier ist insbesondere die Modellierung von Flächentemperiersystemen, Sonnenschutzkonzepten und Lüftungsstrategien kritisch zu bewerten. Simulationen sind gut geeignet, um Variantenrechnungen durchzuführen.

- **Nutzenergie – Beleuchten**
  Hier ist eine fundierte Lichtplanung ebenso zulässig wie eine Lichtsimulation (z. B. DaySim mit RADIANCE, DIALUX oder RELUX).

- **Endenergie – Heizen, Kühlen, Lüften und Beleuchten, inkl. Hilfsenergie**
  Simulationsumgebungen wie TRNSYS, EnergyPlus, IDA-ICE und MODELICA bieten die Möglichkeit, eine komplette anlagentechnische Simulation aufbauend auf oder gemeinsam mit der Gebäudesimulation durchzuführen. Hier ist die Detaillierungstiefe sehr stark von den implementierten Modellen abhängig. In den meisten Projekten beschränkt sich die numerische Abbildung der Gebäudetechnik auf Sonderprobleme, z. B. Speichertechnik, Wärme-/Kälteverbund, mehrere Erzeuger, unterschiedliche Wärme-/Kälte-Übergabesysteme, Nutzung von Umweltenergie zum Heizen und Kühlen oder Lastverschiebung. Sobald Simulationsmodelle auf einfache Kennzahlenmodelle reduziert werden, sind diese einem Wirkungsgradmodell nicht überlegen. Demnach sollte das Verfahren zur Bestimmung des Endenergiebedarfs offen gehalten werden. Wichtiger erscheint hier, eine klare Nachvollziehbarkeit zu gewährleisten.

- **Primärenergie**
  Sobald die zum Betrieb des Gebäudes erforderliche Endenergie vorliegt, kann mit den Primärenergiefaktoren direkt der Primärenergiebedarf bestimmt werden. Hier unterscheiden sich die Programmansätze nicht.

Im Folgenden wird zwischen Programmen, die in der Planung eingesetzt werden, und Programmen, die im Rahmen von Nachweisverfahren genutzt werden unterschieden.

Programme, die in der Planung genutzt werden

In der Planung werden in der Regel mehrere Algorithmen und Programme für verschiedene Aufgaben genutzt.

Hier sind in erster Linie statische Verfahren bzw. Kennzahlverfahren, Bilanzierungsverfahren und Simulationsprogramme zu nennen

- **Statische Verfahren, Bilanzierungsverfahren und Kennzahlverfahren**
  Leitfaden Elektrische Energie LEE, PHPP, Auslegungsdaten und Erfahrungswerte aus der Fachliteratur, vereinfachte Auslegungsregeln auf Basis der gängigen Normen und Erfahrungswerte und TEK-Tool. Wichtige Werkzeuge sind EnerCalc, das als Forschungs- und Lehrwerkzeug entwickelt wurde [26].

- **Simulationsprogramme**
  Im Bereich der thermischen Anlagen- und Gebäudesimulation werden in Deutschland überwiegend TRNSYS, ESP-r, EnergyPlus, TAS, Modelica, Wufi und IDA-ICE verwendet. Diese Programmpakete bieten grundsätzlich die Möglichkeit einer gekoppelten Gebäude- und Anlagensimulation. Diese Kopplung ist heute aber eher im Forschungsbereich und weniger in der Planungspraxis zu finden. Die Gründe dafür sind vielfältig und reichen von der numerischen Instabilität komplexer Simulationen bis hin zu unvollständigen Komponentenbibliotheken. Daneben gibt es eine Vielzahl von Simulationsprogrammen, die ebenfalls vereinzelt zum Einsatz kommen. In ausgewählten Projekten wird eine (Tages-)Lichtsimulation mit RELUX, DIALUX oder RADIANCE (in Kombination mit DaySim) eingesetzt.

Abb. 4–11

Screenshot der Eingabemaske des Werkzeugs »EnerCalc«.

Programme für Nachweisverfahren

Programme für Nachweisverfahren setzen die entsprechenden Normen DIN V 18599 bzw. DIN V 4108-6/DIN V 4701-10 um. Hier stehen dem Planer viele kommerzielle Produkte (auch in Verbindung mit Software zur Energieberatung) zur Verfügung. Eine Liste von Produkten lässt sich im Portal des BMUB nachhaltiges-bauen.de finden.

Tab. 4-3 Gängige Softwarelösungen für normative Nachweisverfahren und die energetische Bewertung von Gebäuden und Anlagen

Softwarehersteller	Software	IFC
Baukosteninformationszentrum BKI	Energieplaner	
BMZ Software GmbH	Bautherm 18599	
ESS-AX3000	AX3000 – Energieausweis	
ennovatis	EnEV+	
ENVISYS	EVEBI	
Heilmann Software	IBP:18599	
Hottgenroth Software GmbH & Co. KG	Energieberater Professional	X
Fraunhofer-Institut für Bauphysik IBP	IBP18599kernel	
INGENIEURBÜRO LEUCHTER	EVA – die Energieberaterin	
KERN ingenieurkonzepte	Dämmwerk 2011	X
ROWA-Soft	W+D Version 12.01	
SSS Software-Special-Service GmbH	SSS2000	
SOLARCOMPUTER	B55 Energieeffizienz Gebäude	X
VISIONWORLD GmbH	EnEV-Pro	
WEKA Media	WEKA EnEV	
ZUB Systems	Epass-Helena	

Nachhaltigkeitsbewertung

Zu der Bewertung der energetischen Eigenschaften sind in den letzten Jahren weitere Kriterien entwickelt worden, die die Nachhaltigkeit eines Gebäudes beschreiben. Dazu gehören u. a. die Zertifizierungssysteme DGNB (Deutsches Gütesiegel für Nachhaltiges Bauen) und BNB (Bewertungssystem Nachhaltiges Bauen des Bundes).

Derartige Zertifizierungssysteme stellen Instrumente der Qualitätssicherung in der Planung, Ausführung und im Betrieb von Gebäuden dar. Im Gegensatz zu einer reinen Energiebilanzierung in der Betriebsphase eines Gebäudes wird i. d. R. der gesamte Lebenszyklus betrachtet. Dabei werden sowohl ökologische, als auch ökonomische und soziokulturelle Faktoren und damit alle drei Säulen der Nachhaltigkeit betrachtet und bewertet.

Die Zertifizierungssysteme bieten damit eine standardisierte und umfangreiche Bewertungsmethodik für Gebäude während des gesamten Lebenszyklus dar, erlauben die Vergleichbarkeit von Gebäuden untereinander und tragen zur Einhaltung von Mindest-Standards bezüglich der Nachhaltigkeit von Gebäuden bei.

BIM in der Energieplanung

Eine Herausforderung bei der Entwicklung von Energie-Konzepten und dem Einsatz digitaler Methoden ist die Notwendigkeit, bereits in einer frühen Planungsphase, der Leistungsphase 2, zum Teil recht detaillierte Annahmen zur Gebäudegeometrie und Nutzung treffen zu müssen, um Varianten sowohl bei der Gestaltung der Gebäudehülle als auch bei der Technischen Gebäudeausrüstung entwickeln und evaluieren zu können. In späteren Leistungsphasen ist die Nutzung von BIM-basierten Planungsmethoden für energierelevante Gewerke wie z. B. der Fassade oder der Wärmeversorgung und hydraulischen Verteilung leichter.

Beispiele aus Forschung und Entwicklung für die Entwicklung von einheitlichen Standards zur Beschreibung von Gebäude- und Anlagensimulation ist das im Rahmen des Annex' 60 des Energy Conservation in Buildings Implementing Agreement der IEA entwickelte simtool, das eine Erweiterung des IFC Standards darstellt und Schnittstellen zu gängigen Werkzeugen wie EnergyPlus und Modelica herstellt. Durch die Kopplung von BIM und Radiosity-Methoden lässt sich der thermische Komfort auch räumlich aufgelöst bewerten und darstellen – **Abb. 4–12**.

2.6 Inbetriebnahme und Gebäudebetrieb

Ein wichtiger Faktor für eine gute Umsetzung von Energie-Konzepten im Betrieb ist eine frühzeitige Berücksichtigung der den Betrieb bestimmenden Aspekte in der Planung sowie eine durchgängige Verfolgung der Qualitäten. Grundsätzlich sind hier mehrere Aspekte wichtig: Die Definition der Qualitätsziele sowie von Kriterien und deren Erreichung. Zudem ist die klare Zuordnung von Verantwortlichkeiten und die eindeutige Definition von Schnittstellen zwischen den Akteuren notwendig. Hilfreich für die Inbetriebnahme des Gebäudes ist die Etablierung eines Inbetriebnahmemanagements, wie es in der VDI 6039 beschrieben ist [35].

Die Inbetriebnahme der technischen Gebäudeausrüstung TGA umfasst zunächst die Überprüfung der Funktionalität der einzelnen Bauteile, Baugruppen und Gewerke. Die zu erreichenden Sollwerte ergeben sich aus den im Zuge der Planung aus dem Lastenheft in ein Pflichtenheft überführten Zielwerten, siehe Kapitel 2.2. Checklisten hierfür stehen umfangreich zur Verfügung, zum Beispiel für den hydraulischen Abgleich oder RLT-Anlagen [36] [37]. Die Überprüfung von manchen Automationsfunktionen kann durch die Emulation des Gebäudebetriebs in einem Teststand oder im realen Gebäudebetrieb erfolgen, da erst dann die realen Betriebszustände wie zum Beispiel hohe Außentemperaturen auftreten.

Die Dokumentation der Inbetriebnahme mit den dazugehörigen Dokumenten sollte so erfolgen, dass eine Übernahme in das Facility Management, z. B. in ein CAFM-System, einfach möglich ist. Im Lebenszyklus des Gebäudes erfolgen immer Umnutzungen und in Folge ist häufig die Wiederaufnahme der Planungsphase des Gebäudes notwendig. Mit der zunehmenden Digitalisierung des Bauens und des Gebäudebetriebs auf einer einheitlichen Datenbasis wie dem Building Information Model BIM werden diese Prozesse in Zukunft sicherer, einhergehend mit einer Steigerung der Qualität.

Abb. 4–12

Visualisierung des räumlich aufgelösten thermischen Komforts in einem 3D-BIM-Modell [34].

3 Gebäudehülle

3.1 Winterlicher Wärmeschutz

Die Gestaltung der Fassade eines Gebäudes und deren bauphysikalische Eigenschaften haben einen entscheidenden Einfluss auf den Heizwärme- und Kühlenergiebedarf des Gebäudes. Wärmeverluste über die Gebäudehülle werden bestimmt durch die Materialwahl für die einzelnen Außenbauteile sowie deren Ausführung und Anschlüsse. Um Wärmeverluste über die Gebäudehülle während der Heizperiode gering zu halten, gibt es zwei Stellgrößen: die Dämmqualität der einzelnen Bauteile und Qualität und Kompaktheit der wärmeabgebenden Oberfläche des Gebäudekörpers.

Baulicher Wärmeschutz lässt sich am wirtschaftlichsten an großflächigen Primärbauteilen (Fassade und Dach) realisieren. Konstruktive Ausführungen und die Art des Wärmedämmsystems haben dabei Einfluss auf die Bauteilquerschnitte und damit auf die Gestaltung der Flächeneffizienz.

Der Wärmedurchgangskoeffizient [U-Wert, angegeben in $W/(m^2K)$] gibt den Wärmedurchgang durch die (feste) Gebäudehülle an; je niedriger der Wert für die gesamte Gebäudehülle und einzelne Bauteile, desto geringer sind die Transmissionswärmeverluste und -gewinne. In der EnEV sind maximale U-Werte für verschiedene Bauteile und Gebäudetypen (Wohn- und Nichtwohngebäude) vorgegeben. **Tab. 4–4** gibt die 2016 geltenden Höchstwerte für zentrale Elemente der Gebäudehülle bei Nichtwohngebäuden wider [3].

Tab. 4–4 Höchstwerte für zentrale Elemente der Gebäudehülle von Nichtwohngebäuden nach [3]

Bauteil	Max. U-Wert [$W/(m^2K)$]
Außenwand	0,28
Dach	0,20
Wand gegen Erdreich, Bodenplatte, Wände und Decken zu unbeheizten Räumen	0,35
Fenster, Fenstertüren	1,30
Vorhangfassade	1,40

Wärmebrücken

Als Wärmebrücken werden lokal begrenzte Bereiche der Gebäudehülle bezeichnet, über die im Vergleich zu (ungestörten) umliegenden Flächen ein erhöhter Wärmestrom an die Umgebung stattfindet [29]. Man unterscheidet zwischen geometrischen Wärmebrücken und konstruktiven Wärmebrücken in Form von Durchdringungen und Anschlüssen von Bauteilen mit unterschiedlich wärmeleitenden Materialien. In der Planung ist die gesonderte Bewertung von Wärmebrücken erforderlich. Die konstruktive Ausführung der Fassade sollte möglichst wärmebrückenarm gestaltet sein. Grundsätzlich ist eine möglichst lückenlose Dämmebene anzustreben.

Luftdichtheit

Die Luftdichtheit der Gebäudehülle verhindert unkontrollierte Lüftungswärmeverluste und ist damit ein wichtiger Bestandteil des baulichen Wärmeschutzes. Für die Luftdichtheit von Gebäuden gelten nach DIN 4108-7 Grenzwerte in Abhängigkeit der Lüftungsart [38]. Dabei darf der nach ISO 9972 [39] gemessene Luftvolumenstrom bei einer Druckdifferenz von 50 Pa einen Wert von $1,5 h^{-1}$ bei raumlufttechnischen Anlagen nicht überschreiten [3] (vgl. [40], Anlage 4).

Zu empfehlen ist eine Luftdichtheit (n_{50}-Wert) von $0,6 h^{-1}$.

A/V-Verhältnis

Kompaktes Bauen zielt auf die Reduktion der Transmissions-Wärmeverluste ab. Je kleiner die Hüllfläche eines Gebäudes bei vorgegebenem umbauten Volumen – bzw. vorgegebener Nutzfläche, desto geringer wird der Wärmeverlust und damit der Heizwärmebedarf. Schon die Reduktion der Geschosshöhe von annähernd 6 m auf circa 5 m kann den Wärmebedarf eines Gebäudes um mehrere Kilowattstunden pro Quadratmeter und Jahr reduzieren.

Auch auf die spezifische Heizlast der jeweiligen Räume hat das A/V-Verhältnis einen Einfluss. Dies trifft insbesondere auf Bereiche mit großen Raumhöhen im Fassadenbereich eines Gebäudes zu; diese haben bezogen auf ihre Nutzfläche zum einen ein großes Raumvolumen, zum anderen relativ große Fassadenflächen. Bei der Planung eines Gebäudes sollte daher auf eine möglichst kompakte Bauweise, sowohl beim Gesamtgebäude als auch bei den einzelnen Räumen im Gebäude geachtet werden.

Raumklima – Kaltluftabfall

In Bereichen eines Gebäudes mit vergleichsweise großen Raumhöhen – z. B. in einem Foyer oder Aufenthaltsbereich über mehrere Geschosse – besteht die Gefahr, dass es insbesondere im Winter zu einem Kaltluftabfall in Fassadennähe kommt. Dies kann lokal zu einer verminderten thermischen Behaglichkeit führen. Hervorgerufen wird der Kaltluftabfall durch ein konvektiv induziertes Strömungsprofil in Fassadennähe. Ob und, wenn ja, in welchem Umfang es in derartigen Bereichen zu einem Kaltluftabfall kommt, muss in der Planung mittels thermisch-dynamischer Strömungssimulation geprüft werden.

Zur Minderung oder Vermeidung eines Kaltluftabfalls und damit zur Gewährleistung der thermischen Behaglichkeit auch in Fassadennähe gibt es verschiedene Ansätze. Insbesondere der Einsatz fassadennaher Wärmequellen mit einem genau definierten Temperaturniveau (die Temperatur sollte aus Effizienzgründen so niedrig wie möglich sein) zusätzlich zu Flächenheizsystemen, wie sie typischerweise in energieeffizienten Gebäuden zum Einsatz kommen, kann den Kaltluftabfall verhindern. Eingesetzt werden u. a. Konvektorriegel in der Fassade, Unterluftkonvektoren am Boden oder auch Fassadenheizungen.

3.2 Sommerlicher Wärmeschutz

Die Orientierung zur Sonne, Glasanteile, Glasarten und Sonnenschutzvorrichtungen bestimmen den Wärmeeintrag über die Gebäudehülle. Nur durch einen sehr wirksamen sommerlichen Wärmeschutz können bei Gebäuden mit großen Glasanteilen an der Gebäudehülle die solaren Wärmelasten soweit reduziert werden, um zur Einhaltung der erforderlichen Komfortklasse im Sommer den resultierenden Kühlenergiebedarf zu beschränken. Der sommerliche Wärmeeintrag über opake Flächen ist bei einem hohen Wärmeschutz eher gering, insbesondere, wenn der Flächenanteil verglichen mit den transparenten Flächen klein ist.

Im Kontext der Regeln zur Energieeinsparung und thermischen Behaglichkeit muss bei der Planung eines Gebäudes als rechtsverbindlich anzuwendende Vorschrift, für alle Räume mit einer üblichen Innenraumtemperatur größer 19 °C, der Nachweis eines ausreichenden sommerlichen Wärmeschutzes geführt werden (EnEV 2014, § 3 Absatz 4 [3]), der in DIN 4108-2:2013-02 [8] festgelegt ist:

> »Damit soll bereits durch bauliche Maßnahmen weitgehend verhindert werden, dass unzumutbare Innenraumtemperaturen entstehen, die maschinelle und kühlintensive Kühlmaßnahmen zur Folge haben.«

Von besonderer Bedeutung für die Vermeidung unzumutbarer Innenraumtemperaturen sind der Gebäudestandort und die dortige Sonneneinstrahlung, der Anteil der Verglasung an der Gebäudehülle sowie die Art der Verglasung und der Gesamtenergie-Durchlassgrad der Fenster und eine angemessene Lüftung, insbesondere während der Nacht. Weitere nicht zu vernachlässigende Einflussfaktoren sind der Dämmstandard der (opaken) Konstruktion sowie das Wärmespeichervermögen von Decken und Wänden in Abhängigkeit von der Wärmespeicherfähigkeit der eingesetzten Materialien und deren Ankopplung an die Raumluft.

Das Nachweisverfahren der DIN 4108-2 sichert die Mindest-Anforderungen an den sommerlichen Wärmschutz von Gebäuden unter standardisierten Nutzungsbedingungen, garantiert aber nicht, dass ein unkritisches sommerliches Temperaturverhalten in allen Teilen eines Gebäudes erwartet werden kann. Die Norm weist explizit darauf hin, dass Berechnungsergebnisse aufgrund standardisierter Randbedingungen nur bedingt Rückschlüsse auf tatsächliche Überschreitungshäufigkeiten erlauben. Eine kritische Überprüfung der Nutzungsbedingungen eines Gebäudes hinsichtlich der Übereinstimmung mit denen im normativen Nachweisverfahren muss daher Bestandteil der Planung sein.

In Anlage 1 EnEV 2014 unter Nr. 3 und in Anlage 2 unter Nr. 4 werden als Nachweisverfahren die in Abschnitt 8 DIN 4108-2:2013-02 benannten Verfahren festgelegt:

- Sonneneintragskennwertverfahren   Nr. 8.3 DIN 4108-2
- Thermische Gebäudesimulation   Nr. 8.4 DIN 4108-2

Es ist mindestens ein Nachweis für den Raum zu führen, für den sich die höchsten Anforderungen bezüglich des sommerlichen Wärmeschutzes ergeben. Werden für ein Gebäude unterschiedliche Maßnahmen zum sommerlichen Wärmeschutz geplant, ist für jede Maßnahmenkombination ein Nachweis erforderlich. Bei Gebäuden mit Anlagen zur Kühlung sind Maßnahmen zum sommerlichen Wärmeschutz insoweit vorzusehen, wie sich die Investitionen für diese baulichen Maßnahmen innerhalb deren üblicher Nutzungsdauer durch die Einsparung von Energie zur Kühlung erwirtschaften lassen (Anlage 1, Nr. 3.1.2 EnEV 2014).

Solare Wärmegewinne in der Sommerperiode haben einen entscheidenden Einfluss auf den Kühlenergiebedarf eines Gebäudes und können bei Gebäuden mit einem hohen Verglasungsanteil an der Gebäudehülle 50 % – 60 % der gesamten Wärmegewinne ausmachen. Um die sommerlichen Wärmeeinträge in Gebäuden und damit den Kühlenergiebedarf zu reduzieren und einen angemessenen Raumkomfort zu gewährleisten, sind in der EnEV 2014 sowie in DIN 4108-2:2013-02 Mindest-Anforderungen an den Gesamtenergie-Durchlassgrad der Verglasung (g-Wert) festgelegt.

Bei Wohngebäuden sind die Höchstwerte nach [3] [8]

- Fenster/Fenstertüren, Dachflächenfenster $g_\perp = 0{,}60$
- Lichtkuppeln $g_\perp = 0{,}64$

In Nichtwohngebäuden gelten die Höchstwerte

- Vorhangfassade $g_\perp = 0{,}48$
- Glasdächer $g_\perp = 0{,}63$
- Lichtbänder $g_\perp = 0{,}55$
- Lichtkuppeln $g_\perp = 0{,}64$
- Fenster/Fenstertüren, Dachflächenfenster $g_\perp = 0{,}60$

Werden Sonnenschutzvorrichtungen installiert, gelten für den Gesamtenergiedurchlassgrad der Verglasung strengere Anforderungen

- Vorhangfassade $g_\perp = 0{,}35$
- Fenster/Fenstertüren, Dachflächenfenster $g_\perp = 0{,}35$

Bei Gebäuden mit großen Anteilen der Verglasung an der Gebäudehülle ist ein außenliegender aktiver Sonnenschutz zwingend notwendig. Dieser kann mit passiven Sonnenschutzvorkehrungen kombiniert werden – z. B. mit Überhängen an der Fassade oder in die Verglasung integrierte photovoltaische Elemente, die eine direkte Sonneneinstrahlung in den Innenraum im Sommer vermeiden oder zumindest reduzieren. Aktive Sonnenschutzmaßnahmen können darüber hinaus mit dem Einbau von Sonnenschutzverglasung kombiniert werden, die einen geringeren Gesamtenergie-Durchlassgrad der Verglasung aufweisen als gängige Wärmeschutzverglasungen. Sonnenschutzvorrichtungen werden in der Regel mit einem aktiven Blendschutz kombiniert, um sowohl den thermischen als auch den visuellen Komfort zu gewährleisten.

Ein aktiver Sonnenschutz kann z. B. in Form von innen oder außen liegenden Jalousien ausgeführt werden.

Die Wirksamkeit von Sonnenschutzvorrichtungen wird als Abminderungsfaktor F_C nach DIN 4108-2:2003-02 angegeben. Die Steuerung des Sonnenschutzes kann manuell oder geregelt erfolgen – ggf. auch als Kombination aus beidem, um eine gewisse Einflussnahme des Nutzers zu ermöglichen. Bei einer automatisierten Regelung wird der Sonnenschutz in Abhängigkeit von der Einstrahlung aktiviert. Die Regelung der Lamellenstellung sollte dabei so erfolgen, dass zu den Nutzungszeiten, die für den jeweiligen Raum erforderliche Mindest-Beleuchtungsstärke erreicht wird – der Strombedarf für Beleuchtung reduziert sich und zusätzliche interne Lasten werden vermieden.

Die Integration lichtlenkender Elemente kann dazu beitragen auch bei annähernd geschlossenem Sonnenschutz eine ausreichende Beleuchtungsstärke im Raum zu gewährleisten. Die Regelung kann dabei insbesondere in den Sommermonaten so ausgeführt sein, dass der Sonnenschutz außerhalb der Nutzungszeit komplett geschlossen wird, um zusätzliche Wärmegewinne vor und nach der Nutzung zu vermeiden.

3.3 Passive Kühlung

Grundsätzlich sind die Temperaturunterschiede zwischen Tag und Nacht in der Regel groß genug, um mittels Nachtlüftung effektiv Wärme aus dem Gebäude abzuführen und damit einen wesentlichen Beitrag zur Reduzierung der Kühllast am Tag und des erforderlichen Kühlenergiebedarfs zu leisten. Das Potenzial steigt mit sinkender Außentemperatur, steigendem Volumenstrom und längerer Lüftungszeit. Die nächtliche Entwärmung der thermischen Speichermasse ist die Voraussetzung dafür, dass Wärme am Folgetag wieder aufgenommen werden kann.

Auch am Tag während der Anwesenheit gibt es selbst in Sommermonaten Juni bis August oftmals Perioden mit niedrigen Außentemperaturen, in denen Wärme aus dem Gebäude mittels freier Lüftung gut abgeführt werden kann.

Freie Lüftung kann bei geeigneter Betriebsweise den Energieaufwand für Kühlung deutlich reduzieren. Folgende Fragestellungen sind im Rahmen der Planung eines Konzeptes zur freien Lüftung zu beantworten

- Technische Umsetzung
- Notwendige Öffnungen in der Gebäudehülle
- Betrieb – Konzeption der Steuerung und Regelung, Sicherheitskonzept
- Realisierung – räumliche Anordnung
- Energie – welche Luftwechselraten lassen sich realisieren und welche Beiträge zur Kühlung sind erreichbar?

Bei Außentemperaturen unter 20 °C ist eine freie Nachtlüftung effektiv und effizient einsetzbar. In vielen Regionen Deutschlands sinken die Außentemperaturen in der Nacht auch in länger anhaltenden Sommer- bzw. Schönwetterperioden oftmals unter 20 °C oder sogar unter 18 °C.

Bei freier Nachtlüftung ist die Wärmeabfuhr von folgenden Parametern abhängig

- Außentemperatur,
- Windverhältnisse und Anströmung der Fassade,
- effektive Querschnittsöffnung von geöffneten Fenstern und Klappen und
- Luftströmung im Gebäude (einseitige Fensterlüftung oder Querlüftung).

Der quantitative Effekt der Nachtlüftung auf den thermischen Komfort während der Nutzungszeit und auf die Reduzierung des Kühlenergiebedarfs kann nur mit einer thermisch-dynamischen Simulation dargestellt werden, auf deren Basis dann auch die Dimensionierung der Öffnungsflügel erfolgt.

Eine freie Tag- und Nachtlüftung eignet sich besonders in offenen Gebäudebereichen ohne große Hindernisse wie Zwischenwände, da hier eine gute Luftführung umgesetzt werden kann (Querlüftung durch das gesamte Gebäude, Nutzen des thermischen Auftriebs in Foyers oder Atrien und Abluftführung z. B. über ein Sheddach) und in Bereichen mit hohen internen und solaren Lasten, die sofort abgeführt werden müssen. Bei guten Konzepten und entsprechenden Luftführungsmöglichkeiten im Gebäude sind Luftwechsel in der Nacht von über 1,0 h^{-1} erreichbar. In Bereichen mit kleinen Räumen, die ebenfalls nachts gelüftet werden können, sind je nach Geometrie und Verhältnis der Öffnungsfläche zum Raumvolumen auch Luftwechsel von annähernd $3\,h^{-1}$ möglich. Neben den für den Luftwechsel relevanten Parametern hat auch die thermische Speichermasse des Gebäudes einen Einfluss auf die Lüftungseffektivität. Relevante Effekte sind insbesondere in Gebäudebereichen mit einer großen Speicherkapazität der Gebäudemasse sowie einer guten Ankopplung dieser an die Raumluft möglich. Negativ auf die Nachtlüftungspotenziale wirken sich große Raumvolumina pro Nettogrundfläche sowie geringe Anteile massiver Fassadenelemente an der gesamten Fassadenfläche aus. Werden TGA-Installationen darüber hinaus in flächendeckenden Hohlraumböden installiert, ist die Speichermasse des Bodens thermisch von dem Raum abgekoppelt. Eine thermische Abkopplung kann auch durch die Installation von akustisch wirksamen Flächen an Innenwänden und Decken erfolgen. Die thermische Abkopplung der Gebäudemasse führt dazu, dass Bereiche mit einer derartigen Abkopplung stärker an interne und externe Lasten und Bedingungen gekoppelt sind, d.h. interne und solare Wärmelasten werden nicht oder nur teilweise am Tag in der Gebäudemasse gespeichert und Lufttemperaturen steigen schneller an. Gebäude mit einer höheren thermischen Speicherkapazität haben den Vorteil, dass Raumtemperaturen geglättet werden, indem insbesondere in den Sommermonaten interne und solare Wärmelasten nicht nur die Raumluft, sondern auch die Gebäudemasse erwärmen. Dies ermöglicht eine teilweise Lastverschiebung in die Abend- und Nachtstunden, führt somit zu einer Reduzierung der Kühllasten und begünstigt, im Falle einer an die Außenluft gekoppelten reversiblen Wärmepumpe oder Kältemaschine, einen effizienteren Betrieb der Kälteerzeuger.

Es sollte bei der Gebäudeplanung darauf geachtet werden, dass möglichst ausreichend massive Bauteile thermisch aktivierbar bleiben, d.h. nicht verkleidet und damit thermisch abgekoppelt werden. Zumindest die Speicherfähigkeit der Decken sollte zu großen Teilen erhalten bleiben, wenn im Raum noch eine nennenswerte Trägheit der Raumtemperaturschwankungen beibehalten werden soll.

3.4 Tageslichtnutzung und Beleuchtung

Unter freiem Himmel ist das Angebot an Licht immer ausreichend – zumindest während einem großen Teil der typischen Arbeitszeiten. Die planerische Aufgabe ist es, das vorhandene Tageslichtangebot nutzbar durch den Entwurf des Gebäudes und durch eine darauf angepasste Lichtplanung zu machen. Zentrale Anforderung ist neben einer hohen energetischen Performance insbesondere die Schaffung eines guten visuellen Komforts – siehe auch Kapitel 2.2. Einfluss auf die Erreichung des Planungsziels haben zum einen die baulichen Qualitäten – das sogenannte Raumpotenzial – und die Effizienz der Beleuchtung.

Die wichtigsten Einflussgrößen auf das Raumpotenzial sind Größe und Lage der Fenster sowie die Lichtreflexionsgrade der Innenoberflächen. Ebenfalls einen großen Einfluss hat die Raumgeometrie und Wahl von Verglasung und Sonnenschutzsystem. Die Farbgestaltung in einem Raum beeinflusst das Wohlbefinden der Beschäftigten, neutralweiße Töne mit Reflexionsgraden >70% sind für Bildschirmarbeitsplätze gut geeignet und führen dazu, dass andere Farben möglichst natürlich wirken. Die Trennung der Funktionen Sonnenschutz und Blendschutz durch die Installation von zwei getrennten Systemen ist häufig ein wesentlicher Erfolgsfaktor für die effiziente Nutzung des Tageslichts.

Die schnelle Evaluierung des Raumpotenzials wird durch BIM-basierte Planungsmethoden schon in einer frühen Planungsphase möglich. Ein Beispiel hierfür ist die schnelle Evaluierung des Tageslichtquotienten bei Variation der Gebäudegeometrie und Evaluierung der Umgebungsbebauung mit Raytracing oder Radiosity-Methoden [41] – s. **Abb. 4–13**.

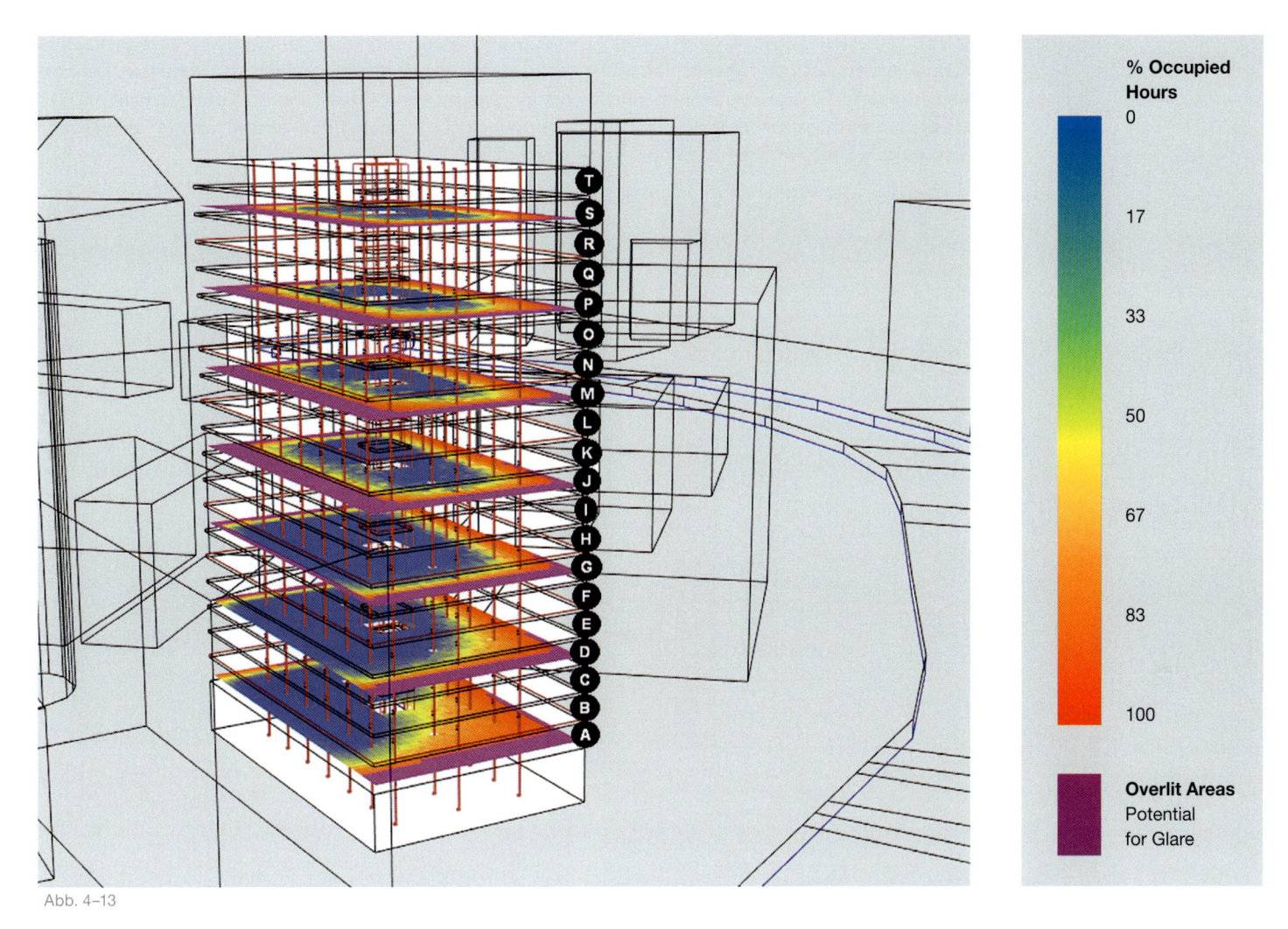

Abb. 4–13
Simulation der Beleuchtungsstärke eines Hochhauses in einer innerstädtischen Situation mit dem Werkzeug DIVA for Rhino
Abbildung: Jakubiec, J. A.

Gebäudehülle

Die Effizienz des Beleuchtungssystems ist von der Wahl des Leuchtmittels, des Beleuchtungssystems und der auf Bedarf und Tageslichtangebot angepassten Regelung der Beleuchtung abhängig. Die Entwicklung der LED als Leuchtmittel führt zu einer breiteren Auswahl an hocheffizienten Leuchtmitteln, die Lichtausbeuten von 90 lm/W und höher erreichen. Insbesondere LEDs bieten noch ein erhebliches technisches Energieeffizienzpotenzial in der Entwicklung.

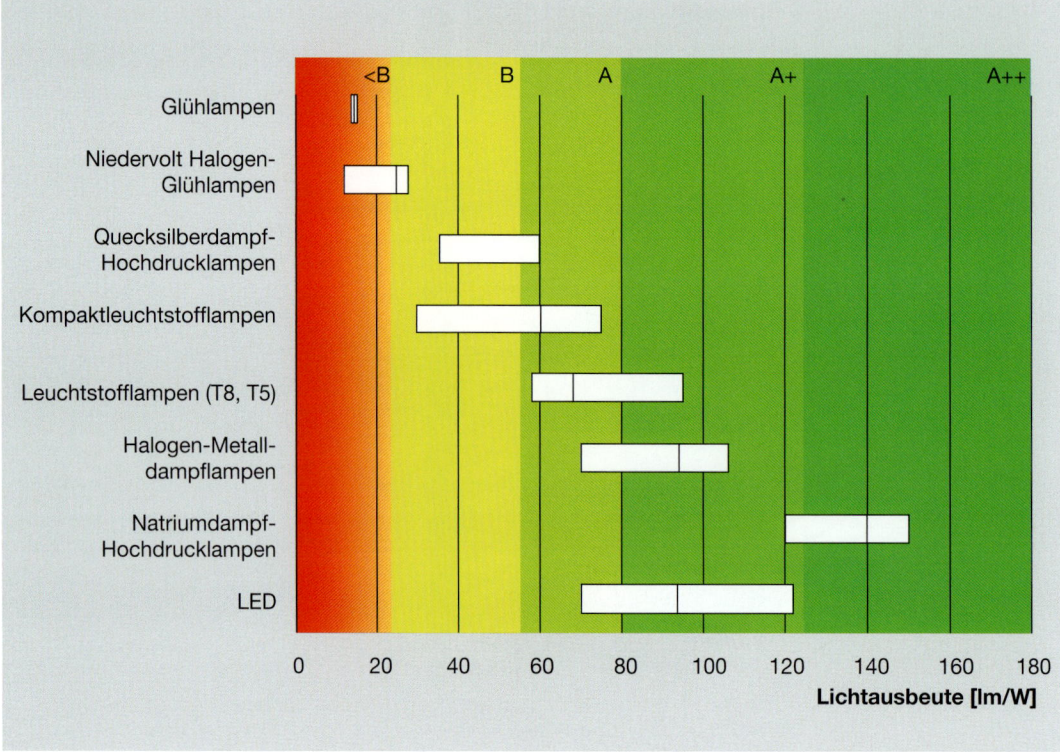

Abb. 4–14

Lichtausbeute verschiedener Leuchtmittel. Die Klassen der Energieeffizienzlabel gelten für einen Lichtstrom von 1300 lm.
Quelle: Hersteller, Fraunhofer IBP

Ein wichtiges Bindeglied zwischen dem Raumpotenzial der Tageslichtnutzung ist die Automation der Beleuchtung und des Sonnenschutzes durch Steuer- oder Regelkomponenten wie Anwesenheitssensoren, Dimmer und tageslichtabhängige Kunstlichtregelung. Sie werden eingesetzt, um Kühllasten oder unnötigen Kunstlichtverbrauch zu vermeiden und dadurch Energie zu sparen und/oder das Überhitzen eines Gebäudes zu vermeiden. Es ist dabei zu beachten, dass die Kontrolle des Gebäudenutzers über die eigene Umgebung für eine Akzeptanz von Automationssystemen sehr wichtig ist. Automatisierte Regelkomponenten sind somit einerseits als Service für den Nutzer zu verstehen, indem sie die Lichtverhältnisse und Innenraumtemperaturen in einem adäquaten Bereich halten, zum anderen als Instrument zur Sicherung eines regulären Gebäudebetriebs. Ein hilfreicher Schritt ist die konzeptionelle Unterteilung eines Gebäudes in private und öffentliche Zonen. Private Zonen erstrecken sich über den persönlichen Einflussbereich eines Nutzers, in dem er oder sie (soweit möglich) Kontrolle über Licht und Temperatur ausüben möchte. Beispiele sind Einzel- oder Doppelbüros und (bedingt) Großraumbüros mit individueller Kunstlichtsteuerung. In öffentlichen Zonen wie Fluren, Treppenhäusern, Eingangsbereichen oder Sanitärräumen ist eine Automation ohne Nutzereingriff sinnvoll [29].
Die Kombination von Verglasungen und Sonnenschutzsystemen führt dazu, dass die Charakterisierung der optischen und thermischen Eigenschaften von Fenstersystemen komplexer wird und deshalb die

Notwendigkeit digitaler Planungsmethoden zunimmt. Ein Beispiel für die integrale Bewertung von Raumautomation, Sonnenschutzsteuerung und Fassadensystemen ist das webbasierte Werkzeug FENER [42]. Auf Basis des Raummodells eines BIM lassen sich die Auswirkungen verschiedener Fassadenlösungen auf die Beleuchtungsstärke, den visuellen Komfort (Blendung), den Energiebedarf für Beleuchten, Heizen und Kühlen sowie auf die Anforderungen an die Raumautomation darstellen.

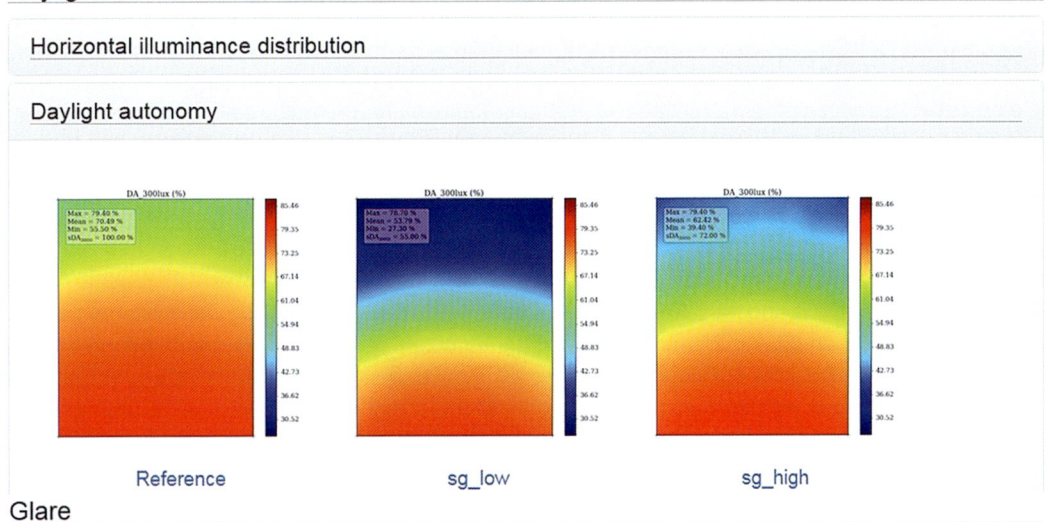

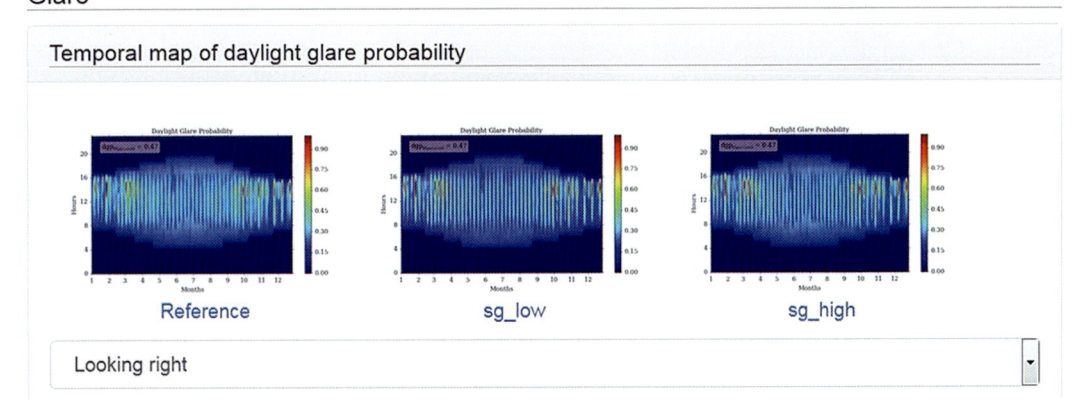

Abb. 4–15

Anwendungsbeispiel des webbasierten Werkzeugs FENER [42].

4 Technologien und Systeme für die Wärme-, Kälte- und Stromversorgung

4.1 Thermoaktive Bauteilsysteme (TABS)

Einsatz von thermoaktiven Bauteilsystemen für das Heizen und Kühlen von Gebäuden

Niedrigenergiegebäude mit einem energieoptimierten Gesamtkonzept aus Architektur, Bauphysik und Gebäudetechnik weisen einen geringen Heiz- und Kühlbedarf auf. Sie können somit bei vergleichbarem Arbeitsplatzkomfort auf eine Vollklimatisierung und den Einsatz von Kältemaschinen zugunsten von Umweltenergie aus dem Erdreich, dem Grundwasser oder der Außenluft verzichten. Diesem Trend folgend rücken wassergeführte thermoaktive Bauteilsysteme (TABS) in die engere Auswahl von Architekten und Ingenieuren, welche die Gebäudestruktur und die Speicherfähigkeit der Bauteile aktiv in das Energiemanagement des Gebäudes mit einbeziehen. Der Wunsch nach einem komfortablen Raumklima verbunden mit der Forderung nach einem möglichst geringen Energieverbrauch und einer verbreiteten Skepsis gegenüber Klimaanlagen unterstützen diese Entwicklung.

Damit haben sich thermoaktive Bauteilsysteme binnen eines Jahrzehnts – seit der Realisierung erster Projekte in den 80er Jahren in der Schweiz – als innovatives System zur Flächenheizung und -kühlung mit großem wirtschaftlichen und ökologischen Potenzial etabliert. Viele erfolgreiche und gut funktionierende Beispiele beweisen dies. Jedoch: Einmal gebaut sind TABS zementierte Planung und Ausführung im wörtlichen Sinn mit eigenen Grenzen der Leistungsfähigkeit und Regelbarkeit. Bei Standardanwendungen, wie etwa dem Einsatz als Kühlsystem ohne den hohen Anspruch einer Klimatisierung, ist dies kein Problem. In anspruchsvolleren Einsatzfällen steigen dagegen die Anforderungen an eine optimale Planung, Systemtechnik und Betriebsführung [43] [44].

Thermoaktive Bauteilsysteme sind Rohrregister, die direkt in den Betonkern der Decken bzw. Fußböden in mäander- oder spiralförmiger Rohrschlangenausführung eingegossen werden – Aufbauvarianten s. **Abb. 4–17**, Viega Fonterra Industry **Abb. 4–17** und **Abb. 4–18**. Die Überdeckung der Systeme beträgt in der Praxis oft zwischen 40 und 200 mm (s. [45]). Oberflächennahe Systeme werden dagegen als Kapillarrohrmatten in den Deckenputz eingebracht oder als Trockensystem in der Wand bzw. der Decke verlegt. Als Rohrschlangen werden Kunststoffrohre oder Mehrschichtverbundrohre aus PE und Aluminium eingesetzt. Bei der Betonkerntemperierung (BKT) haben die Rohre einen Durchmesser von 15 bis 20 mm. In Abständen von 100 bis 300 mm liegen die Rohre in mittlerer Höhe meist innerhalb der statisch neutralen Zone der Betondecke. Oberflächennahe TABS haben einen Rohrdurchmesser von 10–12 mm bzw. im Fall von Kapillarrohrmattensystemen nur 5 mm. Zentraler Vorteil von TABS ist der Betrieb mit Vorlauftemperaturen nahe an der Raumtemperatur. Im Heizbetrieb liegen diese oft unter 30 °C und im Kühlbetrieb über 17 °C, wodurch die Nutzung von Umweltenergien effizient erfolgen kann (vgl. [45]).

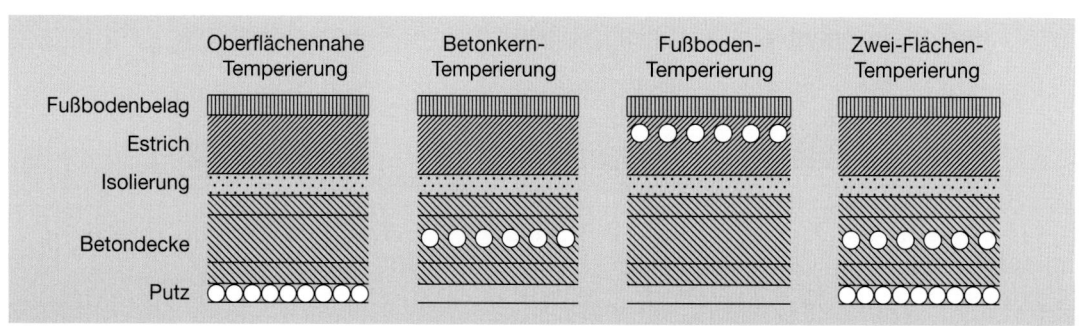

Abb. 4–16

Thermoaktive Bauteilsysteme: Oberflächennahe Temperierung mittels Kapillarrohrmatten, Betonkern-, Fußboden- und Zwei-Flächentemperierung.

Mit der Abmessung der Rohrregister und der Einbaulage der TABS im Bauteil können unterschiedliche Leistungen zu unterschiedlichen Zeiten gewählt werden. Die maximale Heiz- und Kühlleistung ist weiterhin abhängig vom Volumenstrom, der Vorlauftemperatur und der Bauteil- bzw. operativen Raumtemperatur.

Viega Fonterra Industry

Fonterra Industry wurde für die thermische Aktivierung von Bodenflächen entwickelt, die meist ohne Belag ausgeführt werden und aus Stahl-, Spann- bzw. Faserzementbodenplatten bestehen.
Die Integration in den Bodenaufbau schafft den größtmöglichen Gestaltungsfreiraum für die Nutzung der Räume – z. B. für Lagerhallen mit Gabelstaplerbetrieb, Produktionshallen mit leichtem oder schwerem Maschineneinsatz oder Werkstätten.

Anforderungen an die Verkehrs- bzw. Nutzlast der Gebäude beeinflussen nicht die Einsetzbarkeit des Systems. Die Dicken der Bodenplatten variieren entsprechend den statischen Anforderungen.

Quelle:
Kapitel Viega Fonterra Industry
aus Viega Anwendungstechnik

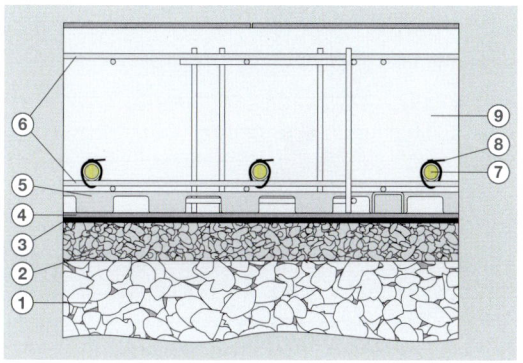

Abb. 4–17

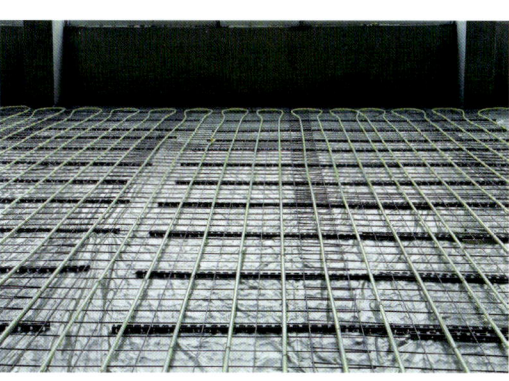

Abb. 4–18

① Tragschicht
② Sauberkeitsschicht
③ Bauwerksabdichtung gemäß DIN 18195
④ Gleitschicht
⑤ Abstandshalter

⑥ Bewehrung
⑦ Viega Fonterra Rohr 20 x 2,0 oder 25 x 2,3 mm
⑧ Befestigungsband
⑨ Beton

Systemmerkmale

- Sauerstoffdichte Fonterra Rohre 20 x 2,0 bzw. 25 x 2,3 mm nach DIN 4726
- System auch zur Kühlung geeignet
- Unbegrenzte Verkehrslast
- Variable Verlegeabstände
- Gleichmäßige Temperaturverteilung aufgrund vollflächiger Beheizung des Hallenbodens
- Geringe Investitionskosten und schnelle Amortisation durch ein wirtschaftliches und energieeffizientes Wärmeverteilsystem
- Keine zusätzlichen Wartungskosten
- Einsatz geprüfter Systemkomponenten
- Erfüllung der Anforderungen der Arbeitsstättenrichtlinien bezüglich der Oberflächentemperatur des Fußbodens von mind. 18 °C
- Absolute Gestaltungsfreiheit der Nutzflächen durch baulich abgestimmte, objektbezogene Projektplanung
- Kombinierbar mit anderen Heizsystemen
- Keine statischen Anforderungen an die Deckenkonstruktion

Heizleistung

Zentrale BKT
Spezifische Heizleistung bezogen auf die Nettogrundfläche des Raumes über der Heiztemperatur

Oberflächennahe BKT

Spezifische Heizleistung bezogen auf die Nettogrundfläche des Raumes über der operativen Raumtemperatur

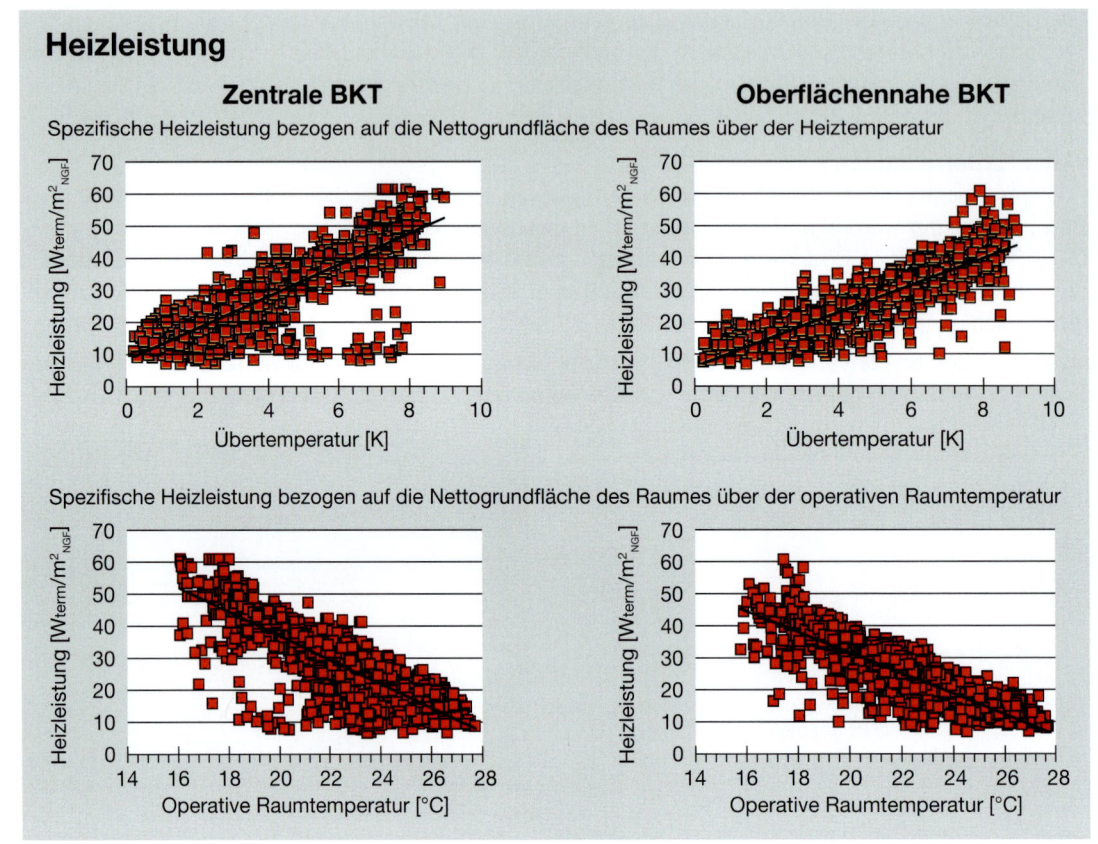

Abb. 4–19

Heizleistung thermoaktiver Bauteilsysteme
Gemessene Heizleistung [W/m^2_{NGF}] der zentralen und oberflächennahen Betonkerntemperierung (BKT) mit dem System für Flächentemperierung »Viega Fonterra« im Betrieb des Gebäudes, bezogen auf die Nettogrundfläche (NGF) des Raumes, aufgetragen über der Heizmittelübertemperatur (oben) und der operativen Raumtemperatur (unten). Stundenmittelwerte in der Heizperiode während des Betriebs der BKT.

Definition Heizmittelübertemperatur:
Temperaturdifferenz zwischen der mittleren Temperatur des Wärmeträgerfluids und der Raumtemperatur.

Quelle: Messungen am inHaus 2 in Duisburg, Betriebsjahr 2010.

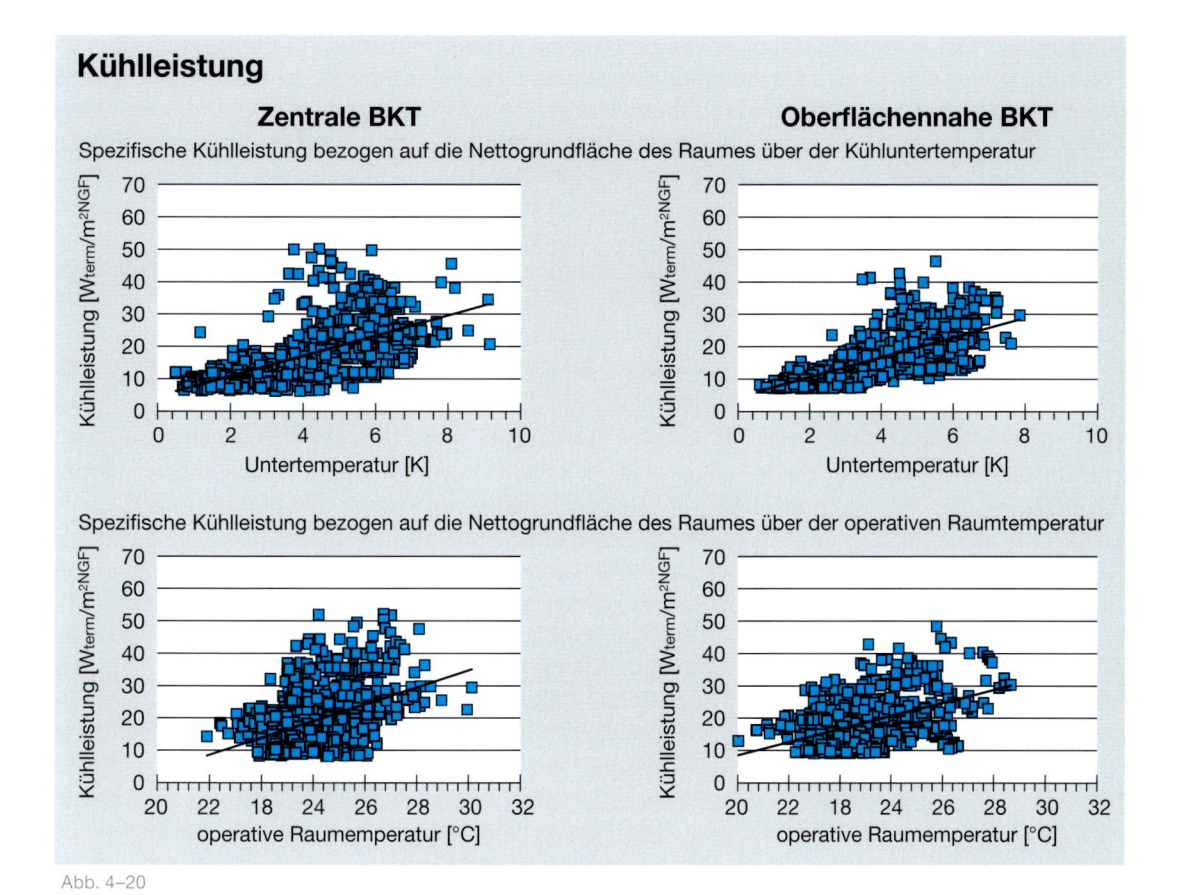

Kühlleistung

Zentrale BKT — **Oberflächennahe BKT**

Spezifische Kühlleistung bezogen auf die Nettogrundfläche des Raumes über der Kühluntertemperatur

Spezifische Kühlleistung bezogen auf die Nettogrundfläche des Raumes über der operativen Raumtemperatur

Abb. 4–20

Kühlleistung thermoaktiver Bauteilsysteme
Gemessene Kühlleistung [W/m²$_{NGF}$] der zentralen und oberflächennahen Betonkerntemperierung mit dem System für Flächentemperierung »Viega Fonterra«, bezogen auf die Nettogrundfläche (NGF) des Raumes, aufgetragen über der Kühlmitteluntertemperatur (oben) und der operativen Raumtemperatur (unten).
Stundenmittelwerte in der Kühlperiode während des Betriebs der BKT.

Definition Kühlmitteluntertemperatur:
Temperaturdifferenz zwischen der mittleren Temperatur des Wärmeträgerfluids und der Raumtemperatur.

Quelle: Messungen am inHaus 2 in Duisburg, Betriebsjahr 2010.

Nutzung von Umweltenergie zum Heizen und Kühlen mit thermoaktiven Bauteilsystemen

Prinzipiell kann die Energiebereitstellung für thermoaktive Bauteilsysteme (TABS) auf alle Arten erfolgen, mit denen Heiz- und Kühlenergie üblicherweise in Gebäuden bereitgestellt wird. Doch der Vorteil dieser BKT-Systeme ist, dass man aufgrund der großen wärme- bzw. kälteübertragenden Fläche bereits mit sehr kleinen Temperaturdifferenzen zwischen Decken- und Raumtemperatur effektiv heizen oder kühlen kann. Die Kühlwassertemperaturen werden auf einen Temperaturbereich von 16–22 °C und die Heizwassertemperaturen auf maximal 27–32 °C begrenzt.

TABS begünstigen somit im Heizfall den Einsatz von Wärmepumpenanlagen, die das vorhandene Temperaturniveau der Umweltwärmequelle (Erdreich: 6–14 °C, Grundwasser: 8–12 °C oder Außenluft) geringfügig auf die notwendige Vorlauftemperatur und damit wirtschaftlich günstig erhöhen. Auch Abwärme von Server- oder Lebensmittelkühlung oder Industrieprozessen auf niedrigem Temperaturniveau kann zum Heizen genutzt werden.

Im Sommer wird das Erdreich oder das Grundwasser als natürliche Umweltwärmesenke zur direkten Kühlung (Einsatz eines Wärmetauschers) der Gebäude genutzt, sodass lediglich elektrische Hilfsenergie zur Verteilung der Kühlenergie, nicht aber zu deren Erzeugung, aufgewendet werden muss.

Mit einer direkten Kühlung durch Erdwärmesonden, Energiepfählen oder Grundwasserbrunnen kann Klimakälte mit hoher Energieeffizienz bereitgestellt werden – eine korrekte Auslegung, Installation und Betrieb der Geothermiesysteme vorausgesetzt. Für das Primärsystem im Betriebsmodus »direkte Kühlung« (ohne den Einsatz einer reversiblen Wärmepumpe bzw. Kältemaschine) konnten bei vermessenen Anlagen Jahresarbeitszahlen zwischen 10 und 16 kWh_{therm}/kWh_{el} (Bilanzgrenze Umweltwärmequelle/-senke; Bilanzierung vor Wärmetauscher zwischen Primär- und Sekundärkreis bzw. vor Wärmepumpensystem) nachgewiesen werden. Dabei ergeben sich für die Grundwassersysteme etwas geringere Jahresarbeitszahlen als für Erdreichsysteme aufgrund des höheren Hilfsenergieeinsatzes im offenen hydraulischen System. Erfordert das Gebäude und die Nutzung eine erhöhte Kühlleistung, kann Klimakälte durch eine erdgekoppelte, reversible Wärmepumpe energieeffizient bereitgestellt werden.

Ein weiterer Vorteil von TABS ist die »Funktion als thermischer Speicher«, denn die thermisch aktivierte Betondecke überbrückt die zeitliche Differenz zwischen Energieangebot und Energiebedarf und bewirkt eine teilweise Verschiebung der thermischen Lasten in die Nachtstunden. Die Trennung von Luftkonditionierung während der Anwesenheitszeit der Nutzer (Erwärmung bzw. Kühlung der Zuluft) und Betrieb der Betonkerntemperierung in den Nachtstunden ermöglicht somit eine Leistungsreduktion des Geothermiesystems bzw. der Wärme- und Kälteerzeuger und reduziert somit auch die notwendigen Investitionen.

Eine teilweise Verschiebung von Heiz- und Kühllasten in Perioden außerhalb der Anwesenheit mittels thermischer Aktivierung der Gebäudemasse hat folgende Vorteile:

1. Reduzierung der Spitzenlast
2. Hohe Lastdeckung mit Flächenheiz- und -kühlsystemen und Reduzierung der Lastdeckung durch Luft
3. Reduzierung der Dimensionierung der Wärme- und Kälteerzeuger
4. Effizientere Bereitstellung von Klimakälte bei an die Außenluft gekoppelten reversiblen Wärmepumpen bzw. Kältemaschinen

Die Energieeffizienz der Umweltwärmequellen und -senken wird entscheidend durch den Hilfsstrombedarf bestimmt und ist damit in erster Linie von der elektrischen Leistungsaufnahme der Primärpumpe (Grundwasserpumpe oder Solepumpe) abhängig. Die installierte elektrische Pumpenleistung in den untersuchten Projekten variiert zwischen 20 und sogar 230 W_{el} pro Kilowatt Heiz- und Kühlleistung der Wärmequelle bzw. Wärmesenke und bestimmt damit maßgeblich die erreichte Energieeffizienz.

Im Rahmen der Planung sollten daher klare Vorgaben für die zu erreichende Energieeffizienz der Systeme gemacht werden. Ein optimal dimensioniertes Rohrnetz mit geringen Druckverlusten (< 300 Pa/m), korrekt dimensionierte Primärpumpen (< 40 W_{el}/kW_{therm}), eine Volumenstromregelung der Primärpumpe nach der Temperaturdifferenz zwischen Vor- und Rücklauf (Temperaturdifferenz zwischen 3 und 5 K) und optimale Betriebsführung [Strombezug $<2\,kWh_{el}/(m^2_{TABS}a)$] lassen bei den untersuchten Anlagen eine Effizienzsteigerung von 34–50 % erwarten. Damit wird gezeigt, dass im Betriebsmodus »Direkte Kühlung« Jahresarbeitszahlen $>20\,kWh_{therm}/kWh_{end}$ erreicht werden können.

Weiterhin erfordert der Betrieb von hocheffizienten Geothermieanlagen auch eine gute und sorgfältige Planung, sowohl der Hydraulik als auch der thermischen Auslegung des Erdwärmesondenfeldes bzw. der Grundwasserbrunnenanlage. Falsche Annahmen in der Planung – z. B. ungestörte Erdreichtemperatur, Entzugsleistung für Erdwärmesonden, mögliche Fördermengen für Grundwasser – und Fehler bei der Dimensionierung führen zu unzureichenden Heiz-/Kühlleistungen und zu einer geringeren Energieeffizienz, die im Betrieb der Anlage kaum kompensiert bzw. korrigiert werden können. Dann ist die Nachrüstung eines zusätzlichen Wärme-/Kälteerzeugers unumgänglich.

Wärme- und Kälteübergabe im Raum mittels Flächenheizsystemen

Die große, wärmeübertragende Fläche einer thermisch aktivierten Decke oder abgehängten Flächenheiz- und -kühlsystemen ermöglicht es bei bereits geringen Über- bzw. Untertemperaturen nennenswerte Leistungen an den Raum abzugeben. Daher können diese Systeme selbst die vergleichsweise geringe Temperaturdifferenz natürlicher Wärmesenken (Sommer) bzw. Wärmequellen (Winter) gegenüber der Raumtemperatur effektiv nutzen.

Im stationären Zustand werden Kühlleistungen von 30–40 W/m² erreicht. Nach oben ist die Kühlleistung durch den Taupunkt der Raumlufttemperatur begrenzt, da sich andernfalls Tauwasser an der Decke bildet. Der Taupunkt liegt bei etwa 15 °C für 26 °C Raumlufttemperatur und 50 % relative Luftfeuchte. Daher muss vor allem der Eintrag solarer Lasten durch einen wirksamen Sonnenschutz gemindert werden. Aufgrund der relativ »hohen« Vorlauftemperaturen natürlicher Wärmesenken ist eine Unterschreitung des Taupunktes fast nie gegeben. Im Heizfall können Leistungsdichten von 25–30 W/m² erreicht werden. Oberflächennahe Systeme können unter entsprechenden Betriebsbedingungen Kühlleistungen von bis zu 70 W/m² erreichen.

Die Bewertung des Risikos des Tauwasserausfalls bei einer konstanten Temperatur der Betonkerntemperierung von 16 bzw. 18 °C ist exemplarisch in **Abb. 4–21** dargestellt. Die Darstellung beruht auf Simulationsrechnungen.

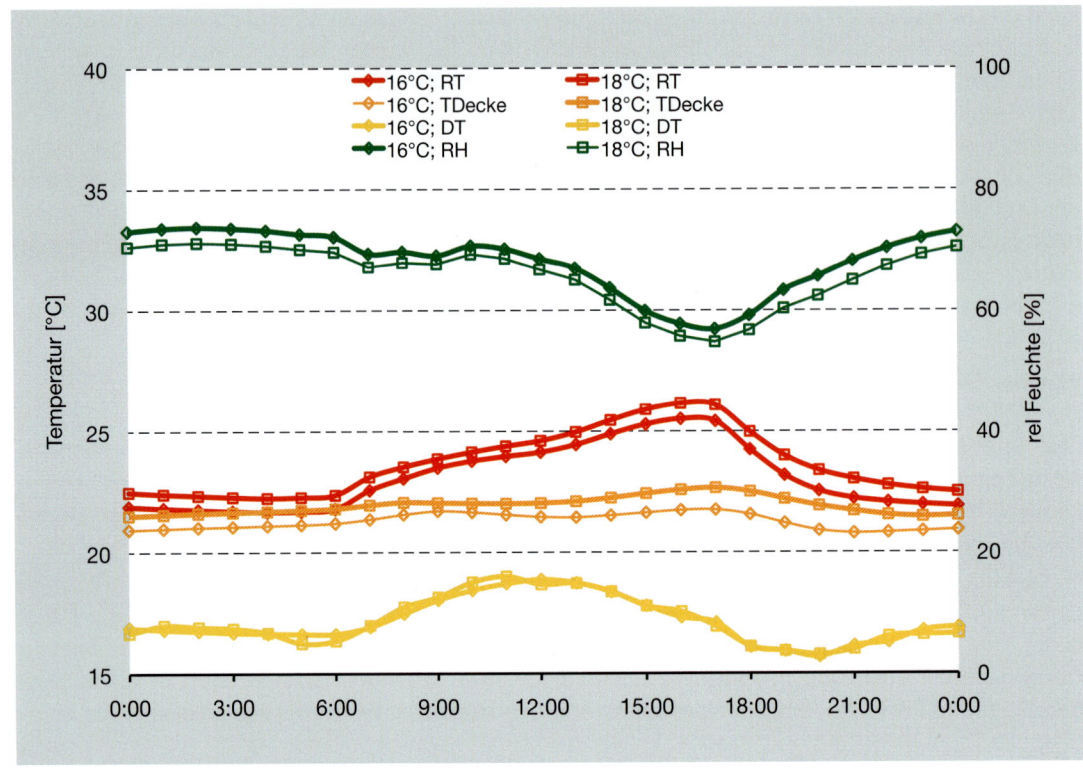

Abb. 4–21

Bewertung des Risikos für Tauwasserausfall an der Betondecke bei Betrieb der BKT mit einer konstanten Vorlauftemperatur von 16 und 18 °C für einen Standardbüroraum mit 2er-Personenbelegung: Mittels thermisch-dynamischer Simulation berechnete Raum-/Deckenoberflächen und Taupunkttemperatur sowie Darstellung der relativen Raumfeuchte.
Die Untersuchung erfolgt anhand des Designtags 23. Juli gemäß VDI 2078:2015-06 [46]. Da hier nur Außentemperaturen und Einstrahlungswerte der Sonne angegeben sind, werden die Werte für die absolute Feuchte gemäß den mitteldeutschen Klimadaten TRY13 für den 23. Juli angesetzt. Dieser Tag hat vergleichsweise hohe Außenluftfeuchten und eignet sich somit für Feuchterisikountersuchungen bei der Systemauslegung. Mit einer Vorlauftemperatur von bis zu 16 °C wird der Raum tagsüber ausreichend gekühlt (d. h. RT<26 °C); für 18 °C liegt die Temperaturspitze etwas höher.
Die Erhöhung der Raumluftfeuchte durch Belegung der Nutzer vollzieht sich zeitgleich mit der Erhöhung der Deckenoberflächentemperatur, sodass auch hier kein Tauwasserrisiko auftritt. RT: Raumtemperatur; TDecke: Oberflächentemperatur der Decke; DT: Taupunkttemperatur; RH: relative Raumfeuchte (relative humidity)

Speicherverluste, begrenzte Regelbarkeit und nicht beeinflussbare Wärmeströme vom Bauteil an den Raum bzw. umgekehrt bedingen höhere Wärme- und Kälteverbräuche als bei einer idealen Raumkonditionierung. Daraus ergibt sich systembedingt ein Mehrverbrauch an Nutzenergie gegenüber gut regelbaren Systemen, die mit geringen Abweichungen von der Raumsolltemperatur auskommen. Durch den Einsatz von Umweltenergie zum Heizen und Kühlen wird aber der Primärenergieverbrauch der TABS-Systeme entscheidend reduziert. Des Weiteren ist der Hilfsenergieeinsatz für die Wärme- und Kälteverteilung (Hydraulik, Aufwand an Transportenergie) bei wassergeführten Systemen geringer als bei luftgeführten Systemen.

Die Bewertung des Sekundärkreises in den untersuchten Gebäuden zeigt große Unterschiede bei der Rohrnetzauslegung und eine tendenzielle Überdimensionierung hinsichtlich des Volumenstroms als auch der Förderhöhen in den Verteil- und Übergabenetzen. Die installierte, nominelle Leistung der Sekundärpumpen bewegt sich zwischen 20 bis 120 W_{el} pro verteiltem und übertragenem Kilowatt Wärme und Kälte. Dies hat einen direkten Einfluss auf die Energieeffizienz der Gesamtsysteme. Auf die Verteilung und Übergabe von Wärme und Kälte durch thermoaktive Bauteilsysteme entfallen 0,7–8 $kWh_{el}/(m^2_{TABS}a)$. Durch Maßnahmen in der Betriebsführung und Regelung lässt sich der Hilfsenergieaufwand im Sekundärkreis deutlich reduzieren. Dies betrifft: Reduzierung des Teillastverhaltens, Leistungsabstimmung der einzelnen Verbraucher und Reduzierung der Betriebszeiten.

Monitoringergebnisse aus den Projekten zeigen, dass die BKT-Systeme oft mit Nennlastvolumenstrom und kleinen Temperaturspreizungen zwischen Vor- und Rücklauf betrieben werden. Dies verursacht einen unnötig hohen Strombezug und führt zu einer geringeren Energieeffizienz. Der Betrieb der Betonkerntemperierung sollte mit ausreichend großer Temperaturdifferenz zwischen Vor- und Rücklauf (3 K) durchgeführt werden, um den erforderlichen Volumenstrom und damit den Hilfsenergieaufwand zu reduzieren. Betriebsalgorithmen für TABS-Systeme sollten entweder einen intermittierenden Pumpenbetrieb oder eine Volumenstromregelung nach der Temperaturdifferenz zwischen Vor- und Rücklauf berücksichtigen.

Aufgrund der begrenzten Leistungsfähigkeit der Betonkerntemperierung ist ein integral geplantes Gebäudekonzept (optimale Abstimmung von Architektur, Bauphysik und Gebäudetechnik) mit konsequenter Begrenzung der Heiz- und Kühllast Voraussetzung für deren Einsatz. Ungenügende Annahmen zu Heiz- und Kühlbedarf in der Planung oder veränderte Gebäudenutzung lassen sich im späteren Gebäudebetrieb nur durch Nachinstallation eines Zusatzsystems, längere Betriebszeiten oder der aktiven Konditionierung der Zuluft korrigieren.

Die Kombination der Betonkerntemperierung mit einem regelbaren und schnell reagierenden Zusatzsystem ist dann sinnvoll, wenn in den Nutzungsbereichen erhöhte Komfort- oder sich verändernde Nutzungsbedingungen gefordert sind. Die Betonkerntemperierung deckt dann die Grundlast und das Zusatzsystem kommt als Spitzenlastabdeckung zum Einsatz. Das zusätzliche Heiz-/Kühlsystem (z. B. Randstreifenelemente, Niedertemperaturradiator) sollte aber auf dem gleichen Temperaturniveau wie die Betonkerntemperierung betrieben werden. Dies ermöglicht zum einen die Nutzung des gleichen Verteilsystems und spart damit Investitionskosten. Zum anderen führt der Einsatz eines Hochtemperatursystems im Parallelbetrieb zu einer deutlichen Verschiebung der Lastabdeckung zu Gunsten des Hochtemperatursystems und damit zur Einschränkung des BKT-Betriebs.

Die Betriebsanalyse in untersuchten Nichtwohngebäuden zeigt mitunter eine fehlende bzw. ungenügende Systemabstimmung zwischen unterschiedlichen Übergabesystemen im Heiz- und im Kühlfall; z. B. die Systemkombination Lüftung und Betonkerntemperierung oder Radiator und Betonkerntemperierung. Weiterhin weisen die Untersuchungen auf einen fehlenden Abgleich der Heiz- und Kühlkurven für die unterschiedlichen Wärme-/Kälteübergabesysteme hin. Die fehlende Systemabstimmung verursacht einen Parallelbetrieb der Systeme im Heiz- und im Kühlmodus innerhalb eines Betriebstages oder auf zwei aufeinanderfolgenden Betriebstagen – z. B. Betonkerntemperierung im Kühlmodus und Lüftung im Heizmodus. Dies erfordert, insbesondere in der Übergangsjahreszeit, ein ausreichend großes Totband, um die Freigabe der Heiz- und Kühlsysteme an einem oder an aufeinanderfolgenden Tagen konsequent zu verhindern. Weiterhin müssen die Heiz- und Kühlkurven für die unterschiedlichen Wärme-/Kälteübergabesysteme abgestimmt werden. Besonders in der Übergangsjahreszeit ist eine Abdeckung der Heiz- und Kühllast durch die Lüftungsanlage nicht erforderlich. Die Zuluft sollte dann nur isotherm in den Raum eingebracht werden.

Thermoaktive Bauteilsysteme und Nutzung

Wie Untersuchungen in verschiedenen Bürogebäuden mit natürlicher Lüftung zeigen, öffnen eine Mehrzahl der Personen im Sommer (unabhängig vom Außenklima) die Fenster, wenn die Raumtemperatur über 25 °C steigt. Bei hohen Außentemperaturen können dadurch zusätzliche Kühllasten auftreten bzw. der thermische Raumkomfort nach dem PMV-Komfortmodell (s. Kapitel 2.2) kann aufgrund der eingeschränkten Leistungsfähigkeit der Betonkerntemperierung nicht immer gewährleistet werden. Der Nutzer sollte über das Kühlkonzept des jeweiligen Gebäudes informiert werden. Auch die Art (statisch bzw. beweglich) und Einsatz des Sonnenschutzes (Betätigung) hat einen entscheidenden Einfluss auf den thermischen Raumkomfort und den Kühlenergiebezug. Ist kein außenliegender, beweglicher Sonnenschutz vorgesehen, sollten die internen Lasten deutlich reduziert werden (geringe Personenbelegung und energieeffiziente Geräte).

Der Einsatz durchgehender abgehängter Decken mit dämmenden Elementen zur Gestaltung der Raumakustik (Nachhallzeit, Schallverteilung) ist in den Räumen mit Betonkerntemperierung nicht möglich bzw. in der Fläche und Anordnung stark eingeschränkt (s. Kapitel 2.3.2 und 4.1). Räume mit hohen akustischen Anforderungen verlangen ein entsprechendes Raumakustikkonzept. Anforderungen nach flexiblen Raumänderungen müssen bereits in der Planung berücksichtigt werden.

In Konferenz- und Seminarräumen mit stark unterschiedlicher Nutzung, hohen Lasteinträgen durch Personen und Geräten, erhöhten Komfortanforderungen und damit guter Regelbarkeit des Wärme- und Kälteübergabesystems ist der ausschließliche Einsatz thermoaktiver Bauteilsysteme nicht zu empfehlen.

Ein Vergleich von Komfortmonitoring-Daten aus verschiedenen Niedrigenergiegebäuden (mit Kühlung über Flächenkühlsysteme) in unterschiedlichen europäischen Klimaten zeigt, dass der thermische Komfort für die Feuchte nach den Anforderungen der DIN ISO 7730:2006 [47] eingehalten werden kann. In den feuchteren Klimaten (z. B. Meerregion) sind die Raumtemperatur sowie die relative Feuchte an feuchtwarmen Tagen höher und die relative Feuchte liegt im Bereich des oberen Grenzwerts der Norm für bestehende Gebäude.

In Klimata mit höheren Außenluftfeuchten kann es zeitweise zu einem deutlichen Tauwasserrisiko kommen, wie Simulationen für ausgewählte Klimata (Bologna und La Rochelle) zeigen. In diesen Fällen ist es zumindest an Tagen mit hoher Außenluftfeuchte empfehlenswert, die Zuluft durch geeignete Entfeuchtungsmaßnahmen (z. B. Klimaanlage) zu konditionieren. Dies ist ohnehin sinnvoll, um den Komfort nach Maßgabe der DIN EN 15251 [9] zu verbessern bzw. einzuhalten.

Im Fall der Unterstützung durch eine Klimaanlage sollte die Abfuhr der Kühllasten primär durch die Betonkernaktivierung erfolgen, um die Möglichkeit einer sehr effizienten Energiebereitstellung auszunutzen. Die Klimaanlage sollte daher primär nur den hygienischen Mindestluftwechsel gewährleisten und die Zuluft entsprechend den Anforderungen entfeuchten. Würde eine Klimaanlage neben der Entfeuchtung auch primär zur Abfuhr der Kühllast eingesetzt, so wären höhere Luftwechselraten erforderlich, die zu größeren Komponenten, Investitionen und Energiebedarf aufgrund schlechterer Energiebereitstellungseffizienz führen.

Für gemäßigt feuchte Regionen bedeutet dies bei der Auslegung, dass die Vorlauftemperatur einen Wert von 17 °C möglichst nicht unterschreiten sollte. In trockenen Regionen oder bei Vorkonditionierung der Zuluft sind aber auch geringere Vorlauftemperaturen möglich. Dementsprechend ist bei der Auslegung auf die maximale mögliche Kühldeckenleistung zu achten. Im untersuchten Fall mit einer Kühllast von 60 W/m^2 stellten sich dabei Lufttemperaturen von 23,5–26,0 °C ein.

Für Regionen mit erhöhter Luftfeuchte kann es auch bei Vorlauftemperaturen von 18 °C bereits zu Tauwasserausfall kommen. Daher ist hier bei länger anhaltenden hohen Außenluftfeuchten eine Vorbehandlung der Luft über eine Lüftungsanlage sinnvoll.

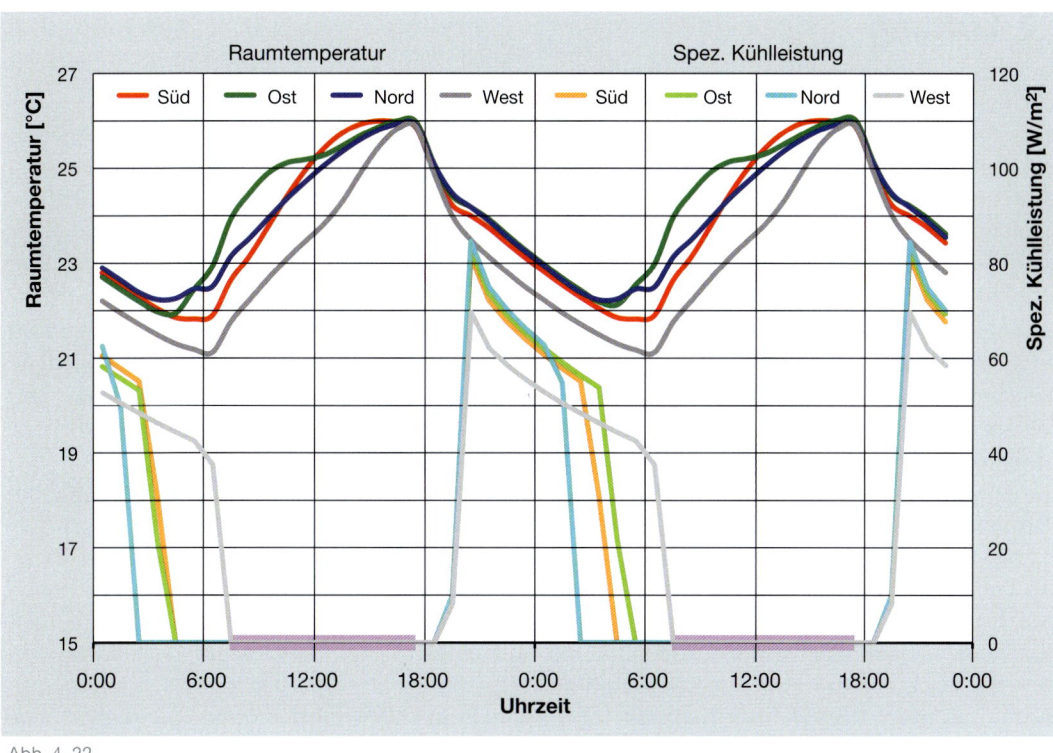

Abb. 4–22

Raumtemperaturen und Kühlleistung ermittelt durch eine thermisch-dynamische Gebäudesimulation exemplarisch für zwei heiße Sommertage, für einen Standardbüroraum jeweils in Nord-, Ost-, Süd- und Westausrichtung [mittelschwere Bauart, mittlere interne Last, Sonneneintragskennwert (S-Wert)=0,10]. Zonenweise Anpassung der Sollwerte.
Anwesenheitszeit der Nutzer ist durch Balken gekennzeichnet.

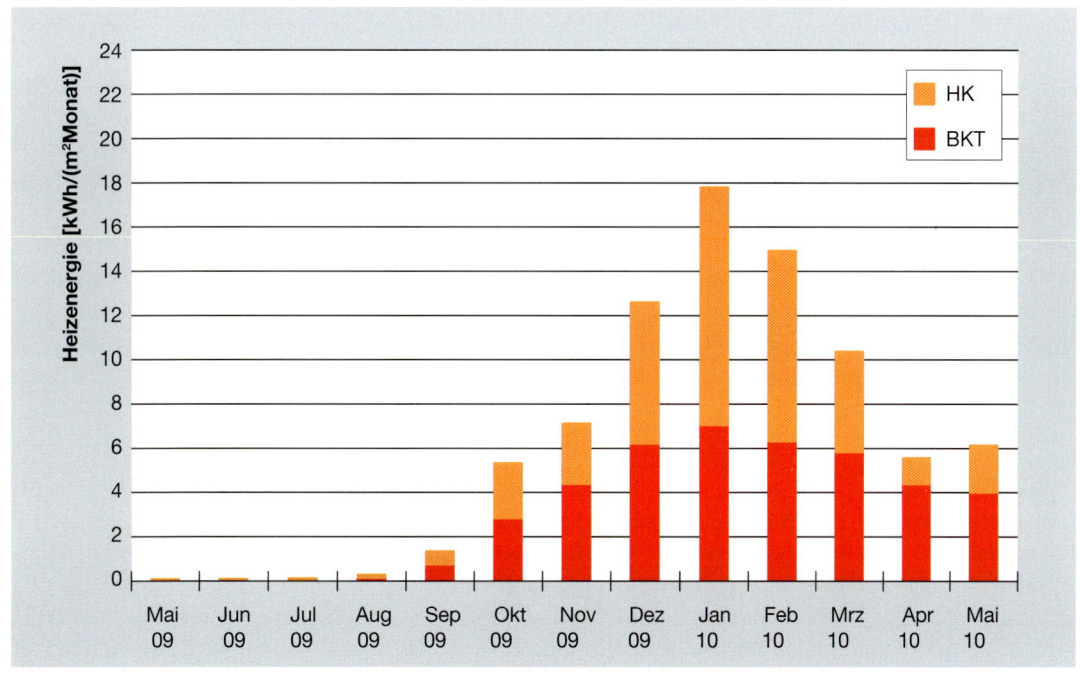

Abb. 4–23

Gemessener Heizenergiebezug [kWh$_{therm}$/(m²$_{NGF}$a)] exemplarisch dargestellt für ein Bürogebäude.
Dargestellt sind die einzelnen Wärmeübergabesysteme Heizkörper (HK) und zentrale Betonkerntemperierung (BKT).

Technologien und Systeme für die Wärme-, Kälte- und Stromversorgung

4.2 Lüftung

Der Einsatz von Lüftungs- und Klimatechnik hat zum Ziel, den Zustand der Raumluft bezogen auf Feuchte, Schadstoffgehalt und Temperatur innerhalb definierter und normativ festgeschriebener Grenzen zu halten. Die Anforderungen in Wohngebäuden sind in der Regel niedriger als in Nichtwohngebäuden; hier beschränkt sich die Aufgabe der Lüftung meist auf die Gewährleistung eines ausreichenden Luftwechsels von Raumluft gegen Außenluft. Wird die Luft den Räumen in einem Gebäude maschinell zugeführt spricht man von einer Lüftungsanlage. Gebäude können durch Kühlung der Zuluft im Sommer (teil-)klimatisiert werden. Dies erfolgt insbesondere in Büro- und Verwaltungsgebäuden, vor allem wenn diese hohe interne und solare Wärmelasten aufweisen.

Neben dem Luftwechsel sowie der Heizung und Kühlung können maschinelle Lüftungsanlagen auch für die aktive Be- und Entfeuchtung von Räumen genutzt werden. Man spricht in diesem Fall von (Voll-)Klimaanlagen. Dies ist in Räumen bzw. Gebäuden mit hohen Feuchtelasten (Versammlungsräume, Theatersäle) oder zu gewährleistenden Luftzuständen insbesondere bei (empfindlichen) Produktionsprozessen nötig, um adäquate Raumluftzustände gewährleisten zu können.

Eine Entscheidung für oder gegen eine Lüftungsanlage und darüber, welche zusätzlichen Aufgaben (Heizung, Kühlung, mit/ohne Wärmerückgewinnung etc.) diese übernehmen soll, kann auf verschiedenen Abwägungen basieren. Zentrale Kriterien für die Realisierung einer Lüftungsanlage sind eine bessere Luftqualität, ein genereller Komfortgewinn sowie niedrigere Heizkosten (Wärmerückgewinnung, bedarfsgeführte Lüftung). Bei der Entscheidung für den Einbau einer Lüftungsanlage mit Wärmerückgewinnung können die Investitionskosten für die Technische Gebäudeausrüstung gesenkt werden, wenn die Zuluft zusätzlich noch zur Raumwärmeverteilung genutzt wird. Hochgedämmte Wohngebäude (z. B. sog. »Passivhäuser«) können bereits durch den hygienisch notwendigen Luftwechsel beheizt werden, d. h. ein zusätzliches, wassergeführtes Heizungssystem ist in diesen Gebäuden nicht mehr nötig, um die Mindest-Temperaturen im Gebäude zu gewährleisten. Wird der Entschluss gefasst in einem Gebäude eine Lüftungsanlage zu installieren, ist die Frage der Dimensionierung zu beantworten. Lüftungsanlagen werden oftmals groß dimensioniert. Dadurch sind zwar die Investitionskosten höher, die Betriebskosten können aber durch geringere Druckverluste und den dadurch geringeren Hilfsenergiebedarf erheblich gesenkt werden.

Anforderungen an Planung und Betrieb

Anforderungen an die Lüftung von Wohngebäuden sind in DIN 1946-6 [48] definiert. Lüftungskonzepte sind danach für neu zu errichtende Wohngebäude und bei bestehenden Gebäuden im Falle von lüftungstechnisch relevanten Änderungen zu erstellen. Es wird darauf hingewiesen, dass ein Lüftungskonzept nicht zwangsläufig eine maschinelle Lüftungsanlage erfordert. Lüftungstechnisch relevante Änderungen sind im Sinne der Norm bei Bestandsgebäuden mit einem anzusetzenden n_{50}-Wert von $4,5\,h^{-1}$ bei Einfamilienhäusern der Austausch von einem Drittel der vorhandenen Fensterflächen und bei Mehrfamilienhäusern ebenfalls der Austausch von einem Drittel der Fenster oder der Abdichtung von einem Drittel der Dachfläche.

Darüber hinaus sieht die Norm vier Lüftungsstufen vor
- Lüftung zum Feuchteschutz
- Reduzierte Lüftung
- Nennlüftung
- Intensivlüftung

Die Lüftung zum Feuchteschutz stellt dabei die Mindest-Anforderung dar.

Neben der Berücksichtigung der Mindest-Anforderungen an den Luftwechsel in Wohn- und Nichtwohngebäuden spielen insbesondere der Brand- und Schallschutz eine entscheidende Rolle bei der Planung von Lüftungsanlagen. Anforderungen an den Brandschutz sind in der Richtlinie über brandschutztechnische Anforderungen an Lüftungsanlagen (Lüftungsanlagen-Richtlinie – LüAR [49]) beschrieben. In der Richtlinie sind insbesondere Anforderungen an das Brandverhalten von Baustoffen, den Feuerwiderstand von Lüftungsleitungen und Absperrvorrichtungen von Lüftungsanlagen sowie an die Installation von Lüftungsleitungen definiert. Der Brandschutz in Lüftungsanlagen ist ein zentraler Teil des gesamten Brandschutzkonzepts eines Gebäudes.

Neben dem Brandschutz ist der Schallschutz bei der Planung von Lüftungsanlagen zu beachten, da die häufigsten Beschwerden bei Lüftungsanlagen akustische Störungen betreffen. Gründe für Schallemissionen sind neben der Übertragung von Geräuschen von außen in das Gebäude auch Geräusche von Komponenten der Lüftungsanlage – z. B. Ventilatoren. Die Gefahr von zu starken Geräuschen besteht insbesondere bei in Fassaden integrierten, dezentralen Lüftungsgeräten und bei Abluftanlagen ohne Wärmerückgewinnung, wenn die Zuluft über Außenluftdurchlässe (ALD) geführt wird. Die meisten dezentralen Anlagen und ALDs haben eine Normschallpegeldifferenz von über 40 dB. Dies ist in den meisten Fällen ausreichend.

Neben der Übertragung von Geräuschen von außen und Geräuschen der Komponenten der Lüftungsanlage können durch Lüftungsanlagen auch Geräusche zwischen einzelnen Räumen, Wohnungen oder Stockwerken übertragen werden. Die Gefahr dieser Schallübertragung durch z. B. die Luftleitungen besteht insbesondere bei zentralen Lüftungsanlagen und kann durch den Einbau von Schalldämpfern an geeigneten Stellen gelöst werden. Schalldämpfer werden bei zentralen Anlagen in der Regel auf jeder Luftleitung installiert, die direkt an die Lüftungsanlage angeschlossen ist.

Im Betrieb von Lüftungsanlagen ist die Implementierung geeigneter Regelstrategien sowie eine regelmäßige Wartung und Reinigung essentiell. Als Regelgrößen können je nach Budget und Komfortanforderungen Feuchte, CO_2- und/oder VOC [volatile organic compound(s)]-Konzentration genutzt werden. Die (raumweise) Bedarfsregelung der Luftvolumenströme trägt dazu bei, eine hohe Luftqualität mit einem minimalen Energieverbrauch der Lüftungsanlage zu gewährleisten. Die Regelung sollte dabei nicht ausschließlich durch Drosselklappen erfolgen, da dies nur zu einer Reduzierung des Heizenergieverbrauchs und nicht des Hilfsenergiebedarfs führt. Um auch den Stromverbrauch zu reduzieren, muss die Anlage durch eine Drehzahlregelung der Ventilatoren geregelt werden. Dies ist besonders wichtig bei Zu- und Abluftanlagen mit Wärmerückgewinnung, die wegen des Wärmetauschers und bei zentralen Anlagen längeren Luftleitungen höhere Druckverluste haben (vgl. [50]).

Die beiden häufigsten Wartungsmaßnahmen in der Betriebsphase von Lüftungsanlagen sind die Funktionsprüfung der Ventilatoren sowie der Filteraustausch. Diese Maßnahmen stellen auch im Vergleich mit einer kompletten Reinigung der Anlage die günstigste Variante dar. Zentrale Anlagen müssen dennoch regelmäßig gereinigt werden. Hierfür ist eine ausreichende Anzahl von Revisionsöffnungen vorzusehen. Eine Hygieneinspektion und Reinigung ist nach VDI 6022 [51] in Lüftungsanlagen mit Befeuchtung alle zwei Jahre und in Anlagen ohne Befeuchtung alle drei Jahre durchzuführen (vgl. [52]).

Freie Lüftung

Freie Lüftung ist der Luftaustausch in einem Gebäude ohne zusätzlichen (Hilfs-)Energieaufwand, d. h. ohne Einsatz von Ventilatoren. Der Luftvolumenstrom und damit der Luftaustausch werden durch thermischen Auftrieb oder Dichteunterschiede aufgrund von Temperaturdifferenzen zwischen Innen- und Außenluft oder auch durch Wind hervorgerufen. Der Luftaustausch erfolgt durch Öffnungen in der Gebäudehülle, wie z. B. Fugen, Fenster oder Rollladenkästen. Die Wirksamkeit der Fugenlüftung ist in besonderem Maße von der Luftdichtheit der Gebäudehülle abhängig, also der Anzahl und Größe von Löchern, Spalten oder Rissen in der Gebäudehülle, an Fenstern oder Türen. Die Dichtheit der Gebäudehülle wird mit dem sogenannten »Blower-Door-Test« geprüft. Im Gegensatz zur Fugenlüftung kann die Fensterlüftung kontrolliert und gesteuert werden, die Fenster können dabei manuell oder automatisch mittels Motoren geöffnet und geschlossen werden.

Maschinelle Lüftung

Die maschinelle Lüftung hat in der Regel einen hohen Anteil am gesamten Stromaufwand der TGA. Daher sollen die mit der maschinellen Lüftung bereitgestellten Luftmengen so ausgelegt werden, dass die Mindest-Anforderungen an die Raumluftqualität erfüllt werden. Die Lüftung wird so dimensioniert, dass sie einen möglichst geringen energetischen Aufwand für den Lufttransport verursacht.

Seit 7. Juli 2014 regelt die Richtlinie EU 1253/2014 [13] energetische Mindest-Anforderungen von RLT-Geräten. Ab 1. Januar 2016 sind diese Anforderungen wirksam und es dürfen nur noch Geräte ausgeliefert werden, die diesen Mindest-Anforderungen entsprechen. In der EnEV [3] § 15 »Klimaanlagen und sonstige Anlagen der Raumlufttechnik« werden Mindest-Anforderungen an die Wärmerückgewinnung von RLT-Anlagen über 4000 m³/h gestellt. In der Ecodesign-Richtlinie EU 1253/2014 [13] werden Mindest-Anforderungen an die Wärmerückgewinnung von bidirektionalen (Zwei-Richtung-Lüftungsanlagen ZLA) RLT-Geräten über 1000 m³/h gestellt. Die Ecodesign-Richtlinie kennt keine Ausnahmen auf Basis von individuellen Wirtschaftlichkeitsbetrachtungen. Für alle Anwendungen gemäß der Definition EU 1253/2014 Artikel 2.1 sind die Mindest-Anforderungen einzuhalten.

Maßstab der elektrischen Energieeffizienz einer Lüftungsplanung oder der Betriebsführung einer lüftungstechnischen Anlage ist die spezifische Ventilatorleistung in Watt bezogen auf die geförderte Luftmenge in m³/h (SFP: specific fan power). Mit der DIN EN 13779 [11] werden dazu SFP-Klassen beschrieben [11]. Weitere Kriterien enthält die VDI-Richtlinie 3803 (VDI-Lüftungsregeln [53]).

Neben der Forderung, dass RLT-Geräte mindestens die ab Januar 2018 geltenden Vorgaben der ErP-Verordnung Nr. 1253/2014 Anhang III Nummer 2 [13] erfüllen müssen, werden folgende spezifische Anforderungen gestellt

- Thermischer Wirkungsgrad ηt entsprechend EN 308 > 80 % [14]
- SFP < 1650 W/m³s (gesamte Zu- und Abluft).

Dies kann z. B. durch eine Lüftungsanlage mit einem RLT-Gerät mit einem SFP_{int} von 800 W/m³s, einem Ventilatorwirkungsgrad von 65 % und einem Druckverlust $\Delta P = 1050\,Pa$ erreicht werden – 550 Pa RLT-Gerät inkl. Filter und Erhitzer, 500 Pa Kanalnetz einschl. Ein- und Auslässe.

Hinweise für die Planung

Die Effizienz der Ventilatoren, die Gesamtdruckdifferenz in den Lüftungskanälen (inklusive aller Einbauten), die überwunden werden muss, die geförderten Luftmengen, sowie die Betriebszeit der Lüftungsanlage beeinflussen deren Energiebedarf. Um den Druckverlust in Lüftungsanlagen zu minimieren, ist die frühzeitige Berücksichtigung der Lüftungsanlage in der Gebäudeplanung essentiell. Dadurch können kurze Luftwege mit möglichst wenigen Krümmern sowie eine einfache Schachtanordnung erreicht werden. Soll die Lüftung in einen bestehenden Gebäudeentwurf integriert werden kann ein Zielkonflikt zwischen der Energieeffizienz (geringe Luftgeschwindigkeiten von 3–5 m/s, große Kanalquerschnitte, die den Druckverlust minimieren) und einem möglichst geringen Platzbedarf für die Lüftungszentrale und Luftführung entstehen. Dieser Zielkonflikt muss in der Gebäudeplanung gesondert berücksichtigt werden, um ein Optimum zu finden.

Die Vermeidung eines Ventilatorgitters und Riemenschutzes unmittelbar in der Ventilatoreinheit hilft zusätzlich die Strömungsverluste so gering wie möglich zu halten; der notwendige Berührungsschutz muss anderweitig gewährleistet werden. Der Einsatz von sehr effizienten Hochleistungsventilatoren (Direktantrieb bzw. Flachriemenantrieb) kann den (Hilfs-)Energiebedarf zusätzlich minimieren. Grundsätzlich sind Lüftungsmotoren mit einer Drehzahlsteuerung auszuführen. Die Luftvolumenstromregelung erfolgt dabei bedarfsgeführt über zeitliche Profile oder permanente Messung der Luftqualität mittels Frequenzumrichtern oder EC-Motoren. Eine raumweise Einregulierung und Steuerung der Luftmengen ist anzustreben.

Die Dämmung der Lüftungskanäle – z. B. mit Dämmmaterialien aus Mineralwolle – reduziert die thermischen Verluste der Lüftung zusätzlich und leistet damit einen wichtigen Beitrag zur Effizienzerhöhung der gesamten Lüftungsanlage.

Für die Effizienz von Lüftungsanlagen im Betrieb ist es unerlässlich schon bei der Inbetriebnahme die elektrische Leistungsaufnahme und die geförderten Luftmengen bei verschiedenen Betriebszuständen zu messen und zu protokollieren.

Hinweis: In Gebäuden mit einem sehr geringen Primärenergiefaktor für die Heizung kann der Einsatz einer Wärmerückgewinnungsanlage aus primärenergetischer Sicht kontraproduktiv sein, da Strom derzeit noch einen vergleichsweise hohen Primärenergiefaktor aufweist.

4.3 Verteilung und Speicherung

Thermische Speicher

Dezentrale Warm- und Kaltwasserspeicher werden in der Regel immer eingesetzt. Sie dienen als Pufferspeicher in Heizungs-/Kälteanlagen oder in Form von Kombispeichern für die Speicherung von Trinkwarmwasser und Warmwasser für das Heizsystem. Am weitesten verbreitet ist bei dezentralen thermischen Speichern der Einsatz von Wasser als Speichermedium. Wasser besitzt eine spezifische Wärmespeicherkapazität von 60–80 kWh/m³.

Für die Auslegung und Planung von Wärmespeichern sind u. a. die Normen DIN EN 12977-3:2012-06 [54], DIN EN 12897:2006-09 [55] und DIN EN 15332:2008-01 [56] von Bedeutung.

Die Speicherung von Wärme und Kälte gewinnt durch die zunehmende Verknüpfung des Strom- und Wärmesektors an Bedeutung. Insbesondere der Ausbau fluktuierender erneuerbarer Energien und KWK-Anlagen sowie die zunehmende elektrische Wärme- und Kältebereitstellung mittels Wärmepumpen und der Ausbau solarthermischer Anlagen führen zu dieser stärkeren Verknüpfung und der Anforderung, flexibel auf Schwankungen des Stromangebots zu reagieren. Die Wärmeerzeugung in Zeiten hoher erneuerbarer Stromerzeugung und die Zwischenspeicherung in thermischen Speichern stellen eine wichtige Möglichkeit dar, die fluktuierende Erzeugung zu nutzen und Wärme und Kälte effizient bereitzustellen. Darüber hinaus kann die fluktuierende Wärmeerzeugung aus erneuerbaren Quellen wie Solarthermie effizient gespeichert werden. Wärme und Kälte können sowohl dezentral über einen kurzen Zeitraum von einigen Stunden bis wenigen Tagen als auch zentral in großen Wärmespeichern saisonal gespeichert werden.

Zentrale Wärmespeicher in Wärmenetzen werden in Deutschland bisher nur vereinzelt eingesetzt. Im Nachbarland Dänemark werden große Speicher in (solaren) Nach- und Fernwärmenetzen zur saisonalen Speicherung von solaren Wärmeerträgen hingegen schon seit längerer Zeit eingesetzt. Sie sind oft in die Erde eingelassen und weisen einen einfachen Aufbau auf; die Wärme wird in einem Kies-Wasser-Gemisch in einem einfach aufgebauten, ungedämmten und drucklosen Speicher gespeichert. Eine weitere Möglichkeit der saisonalen Speicherung bieten Druckspeicher, in denen Wärme auch bei Temperaturen über 100 °C gespeichert werden kann. Beide genannten Arten finden heute schon Anwendung in Wärmenetzen.

Weitere Speicherkonzepte sind

- **Heißwasser-Wärmespeicher**
  Behälter aus Stahlbeton mit Wärmedämmung – teilweise in Erde eingelassen
- **Erdsonden-Wärmespeicher**
  Wärme wird in bis zu 100 m Tiefe im Erdreich/Untergrundgestein gespeichert
- **Aquifer-Wärmespeicher**
  Natürliche Grundwasserreservoirs werden für die Wärmespeicherung genutzt

Um die Effizienz von thermischen Speichern zu steigern und ihre thermischen Verluste zu minimieren, wird an neuen Speicherkonzepten geforscht. Zum einen ist ein Ziel die spezifische Wärmekapazität des Speichermediums durch den Einsatz neuer Materialien und Gemische sowie die Nutzung des Phasenübergangs (Latentwärmespeicher; PCM-Speicher: Phase Change Material) zu erhöhen. Zum anderen können die Wärmeverluste von Speichern durch ein optimiertes A/V-Verhältnis und den Einsatz einer verbesserten Dämmung (z. B. Vakuumdämmung) reduziert werden.

In PCM-Speichern wird die mit dem Phasenwechsel verbundene Wärme in Form von Schmelz-, Lösungs- oder Absorptionswärme genutzt. Dadurch können auch mit geringeren Temperaturdifferenzen des Speichermediums große Wärmemengen gespeichert werden. Zentral für die Wahl der eingesetzten Stoffe sind neben einer hohen spezifischen Speicherkapazität (derzeit eingesetzte Materialien und Gemische weisen eine spezifische Speicherkapazität von 55–130 kWh/m³ auf [57]; nach [58] sogar bis zu 200 kWh/m³) ein günstiger Schmelzpunkt, eine geringe Volumenänderung beim Phasenübergang sowie Korrosionsfreiheit. Zu den Vorteilen von Latentwärmespeichern gehört, dass Wärme nahezu ver lustfrei auch über einen längeren Zeitraum gespeichert werden kann. Nachteilig ist, dass die Speicher nur in einem begrenzten Temperaturbereich arbeiten, der vor der Realisierung genau definiert werden muss.

Eine besondere Form des Latentwärmespeichers sind Eisspeicher, welche die Kristallisationswärme des Eises bzw. Wassers nutzen. Sie können sowohl als Wärme- und Kältespeicher eingesetzt werden, oftmals in Verbindung mit Wärmepumpen- und Solarthermieanlagen. Sie dienen als saisonale Wärmespeicher sowie als Wärmequelle für Wärmepumpen. Als Wärmequelle für Wärmepumpen haben Eisspeicher den Vorteil, dass Restriktionen bei der Nutzung oberflächennaher Geothermie umgangen werden können und sie auch in dicht bebauten Gebieten den Einsatz von Wärmepumpen ermöglichen. Darüber hinaus werden Eisspeicher oft in Verbindung mit Kälteanlagen als Kältespeicher eingesetzt.

Abb. 4–24

Bau eines 500 m³ fassenden Kaltwasserspeichers in Freiburg. Der Speicher ermöglicht einen netzdienlichen Betrieb der Kälteerzeugung.

Wärme- und Kälteverteilung im Gebäude
Wärme- bzw. Kältebereitstellung bei geringen Temperaturdifferenzen bedeutet auf technischer Ebene einen reduzierten Primärenergieeinsatz. Jedoch bringen die geringen Temperaturdifferenzen auch einen Nachteil mit sich, da ein verhältnismäßig hoher Volumenstrom gefördert werden muss, um eine entsprechende Wärme-/Kältemenge zu transportieren. Aufgrund dessen kommt dem hydraulischen Verteilsystem als Verbindungsglied zwischen der Wärme-/Kälteerzeugung und der Wärme-/Kälteübergabe bei der Optimierung des Gesamtsystems eine zentrale Bedeutung zu. Der spezifische Volumenstrom bei der Betonkerntemperierung variiert zwischen 5 und 16 kg/m²h. Oberflächennahe Systeme werden in der Regel mit höheren Volumenströmen zwischen 20 und 35 kg/m²h betrieben. Insbesondere die mit einem hohen Volumenstrom verbundenen Druckverluste führen zu einem erhöhten Hilfsenergiebedarf. Das Druckgefälle in der Wärme- und Kälteverteilung wird maßgeblich von der verlegten Rohrlänge, dem Nennvolumenstrom pro Segment und den Innendurchmesser bestimmt. Hohe Druckgefälle in den Verteil- und Übergabesystemen sind in der Regel auf sehr lange Rohrleitungen der Segmente zurückzuführen. Weitere kritische Bereiche der Verteilung sind Anbindeleitungen, Formstücke und Einbauten. Insgesamt sollte bei der Auslegung der Wärme- und Kälteverteilung darauf geachtet werden, dass die Druckverluste im Sekundärkreis 300 Pa/m nicht übersteigen.

Der elektrische Hilfsenergiebezug für die Hydraulik im Primär- und Sekundärkreis (Pumpen, keine Ventilatoren für die Lüftung) beträgt in messtechnisch untersuchten Gebäuden 3–10 kWh$_{end}$/(m$^2_{NGF}$a) bzw. 25–45 % des gesamten Endenergiebezugs für die Bereiche Heizen, Kühlen und Belüften (ohne Beleuchtung). Die elektrisch installierte Leistung der Verteil- und Umwälzpumpen variiert bei den untersuchten Gebäuden zwischen 19 und 80 W$_{el}$/kW$_{therm}$, wobei generell eine Leistung von kleiner 20 W$_{el}$/kW$_{therm}$ angestrebt werden sollte. Für die Kälteverteilung im Gebäude und Kälteübergabe im Raum ist damit eine zusätzliche Hilfsenergie von 0,7–3,0 kWh$_{el}$/(m$^2_{TABS}$a) erforderlich. Die Wärmeverteilung im Gebäude und die Wärmeübergabe im Raum erfordert einen Hilfsenergieeinsatz für die Hydraulik von 1,5–6,5 kWh$_{el}$/(m$^2_{TABS}$a). Für Anlagen mit veränderlichem Betriebspunkt sollen nach VDI 2073 [59] Pumpen gewählt werden, bei denen der Betriebspunkt auf der Pumpenkennlinie rechts vom Wirkungsgrad-Optimum liegt, sodass im Teillastbetrieb im optimalen Wirkungsgradbereich betrieben wird. Damit lässt sich der Wirkungsgrad im Betriebspunkt auf der Pumpenkennlinie deutlich erhöhen.

Die hydraulischen Systeme sollen daher für einen geringen Druckverlust und eine geringe hydraulische Leistung ausgelegt werden, um den Hilfsenergieeinsatz für die Pumpen zu reduzieren. Erfahrungen aus Bauprojekten zeigen aber immer wieder, dass gerade in der Dimensionierung und im Betrieb des hydraulischen Systems gravierende Fehler gemacht wurden und werden. Eine unzureichende Funktionalität der Wärmeübergabesysteme und ein zu hoher Hilfsenergieaufwand liegen meist an einer falschen Planung, einer unzureichenden Ausführung und immer wieder einem fehlenden hydraulischen Abgleich. Eine eingeschränkte Nutzbarkeit der TABS-Systeme und ein erhöhter Energiebedarf bzw. eine deutlich verringerte Energieeffizienz sind die Folge. Die Energie- und Effizienzanalyse der Messprojekte unterstreicht, wie wichtig die richtige Auslegung des Gesamtsystems, eine korrekte Umsetzung auf der Baustelle und schließlich eine vernünftige Betriebsführung sind, um das hohe Effizienzpotenzial von Energieversorgungskonzepten mit Umweltenergie wirklich auszuschöpfen.

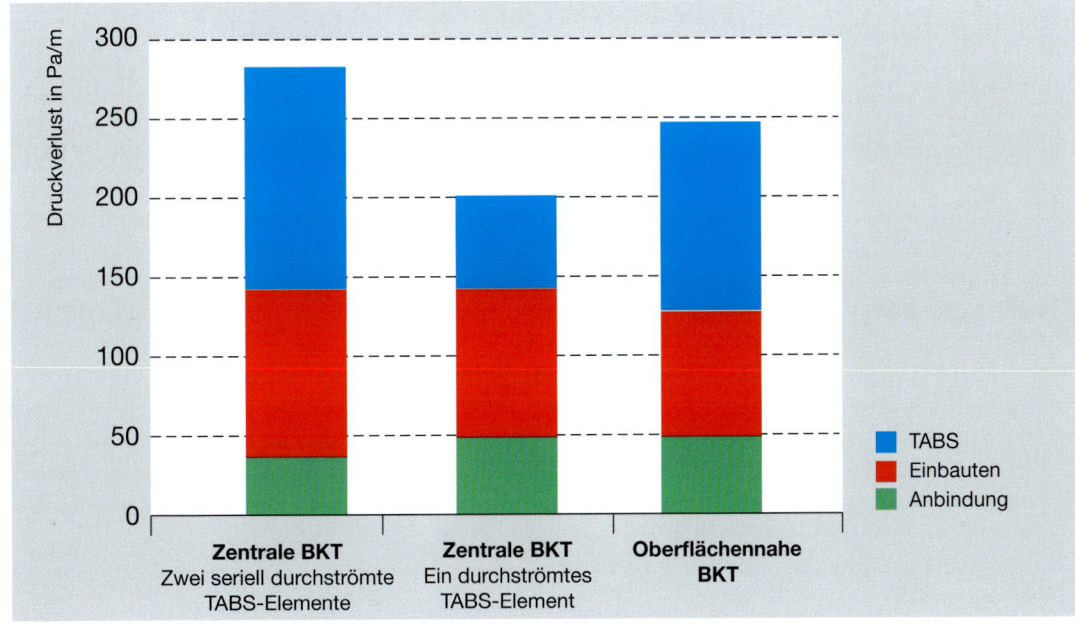

Abb. 4–25

Darstellung der Druckverlustanteile im Sekundärkreis verursacht durch die Rohrschlangen der Betonkerntemperierung, die Einbauten bzw. die Anbindung (Rohre) der zentralen BKT mit jeweils zwei seriell durchströmten TABS-Elementen (d$_{i,TABS}$ = 13 mm, BKT-Registerlänge 92 m), der zentralen BKT mit jeweils einem durchströmten TABS-Element (d$_{i,TABS}$ = 13,0 mm, BKT-Registerlänge 64 m) und der oberflächennahen BKT (d$_{i,TABS}$ = 9,4 mm, BKT-Registerlänge 69 m).

Quelle: Messungen am inHaus 2.

4.4 Trinkwarmwasser

Für die Warmwasserbereitung wurden in den Jahren 2010 und 2011 471 PJ Endenergie aufgewendet. Dies entspricht circa 9 % des Endenergieverbrauchs für Wärme in Deutschland. 79 % des Bedarfs an warmem Trinkwasser entfallen auf die Haushalte, 16 % auf den Sektor Gewerbe, Handel und Dienstleistungen und die restlichen 5 % auf die Industrie [60]. Der Trinkwasser warm-Bedarf ist im Gegensatz zum Raumwärmebedarf das ganze Jahr über relativ konstant und es gibt keine oder nur geringe saisonale Schwankungen.

Die Bereitstellung von warmem Trinkwasser gewinnt mit einem sinkenden Raumwärmebedarf an Bedeutung. Bei der Trinkwassererwärmung sind engere Grenzen der Systemtemperaturen gesetzt, als dies bei der Raumwärmebereitstellung der Fall ist: Am Austritt des Wärmeerzeugers sind Temperaturen von mindestens 60 °C und eine Zirkulation vorgeschrieben, wenn Speicher für warmes Trinkwasser mit einem Volumen von mehr als 400 Litern eingesetzt werden und/oder die Warmwasserleitungslängen 3 m überschreiten – außer in Ein- und Zweifamilienhäusern [61]. Grund hierfür sind hygienische Anforderungen (Stichwort »Legionellen«). Daraus ergibt sich die Anforderung, dass der Wärmeerzeuger eine Temperatur von mindestens 60 °C bereitstellen muss. Dies kann die Einbindung erneuerbarer Wärmequellen einschränken – z. B. die von erdgekoppelten Wärmepumpen oder Solarthermie und deren Deckungsbeiträgen. Darüber hinaus sind der Reduktion von Bereitstellungs- und Speicherverlusten durch die hygienischen Anforderungen Grenzen gesetzt. Es wird darauf hingewiesen, dass es alternative Methoden zur Legionellenbekämpfung wie die thermische Desinfektion durch UV-Bestrahlung oder den Einsatz von Filtern gibt. Diese werden allerdings bisher nur vereinzelt eingesetzt.

4.5 Wärme- und Kälteerzeuger

4.5.1 Wärmepumpen

Grundlagen

Wärmepumpen werden als zentrale Technik zur Niedertemperatur-Wärmebereitstellung in einem zukünftigen, auf erneuerbaren Energien basierenden Energiesystem gesehen (vgl. u. a. [62] bis [65]). In einem thermodynamischen Kreisprozess entnehmen Wärmepumpen aus der Umgebung (z. B. Erdreich, Grundwasser, Luft) Wärme auf niedrigem Temperaturniveau und geben sie bei höheren Temperaturen wieder ab. Reversible Wärmepumpen können auch dazu genutzt werden, Wärme auf niedrigem Temperaturniveau für die Kühlung und Klimatisierung nutzbar zu machen und Gebäude damit energieeffizient zu konditionieren. Die Vorteile von Wärmepumpen sind unter anderem ihre hohe Effizienz. Wärmepumpen erreichen je nach Wärmequelle und deren Temperaturniveau sowie dem Temperaturniveau auf der Nutzungsseite Jahresarbeitszahlen zwischen 3 und bis 6 (vgl. u. a. [62], [66] [67] [68]). Die niedrigste Effizienz wird in der Regel bei der Nutzung von Außenluft als Wärmequelle erreicht, da diese gerade in den Monaten mit der höchsten Wärmenachfrage sehr geringe Temperaturen aufweisen kann. Das Erdreich und Grundwasser steht (je nach Tiefe und Intensität der Nutzung) auch in den kalten Monaten auf vergleichsweise hohem Temperaturniveau zur Verfügung, weshalb tendenziell eine höhere Effizienz bei WP erreicht wird, die diese Wärmequellen nutzen. Eine höhere Effizienz ist dann möglich, wenn Umgebungswärme auf höherem Temperaturniveau wie z. B. Abwärme aus Produktionsprozessen zur Verfügung steht.

Durch die Optimierung des Gesamtsystems, bestehend aus Wärmebereitstellung, -speicherung, -verteilung und -übergabe, einer Optimierung des Betriebs und der Regelung sowie die Realisierung geringerer Temperaturdifferenzen zwischen Wärmequelle und -senke durch den Einsatz thermoaktiver Bauteilsysteme (TABS) und hydraulische Optimierung, ist es nach [63] [64] zukünftig möglich Jahresarbeitszahlen des Systems von 5 bis zu 10 kWh_{therm}/kWh_{el} zu erreichen.

Darüber hinaus können elektrisch angetriebene Wärmepumpen (WP) auch als steuerbare Last im Stromnetz dienen und netzdienlich betrieben werden. Neben elektrisch betriebenen Wärmepumpen wird erwartet, dass Gassorptionswärmepumpen an Bedeutung gewinnen werden. Diese werden als Nachfolgetechnik für Gas-Brennwertkessel gesehen (s. [57]). Gas-Wärmepumpen erreichen derzeit Jahresarbeitszahlen von durchschnittlich 1,3, wobei erwartet wird, dass die Effizienz in den kommenden Jahren weiter erhöht werden kann (vgl. [57] [69]). Jahresarbeitszahlen wie bei elektrischen Wärmepumpen werden aber auch in Zukunft nicht erreicht werden.

Die thermische Leistung von Wärmepumpen hängt in großem Maße vom Wärmeangebot der Umgebung, des Standorts und dem Wärmebedarf der Liegenschaft ab. Wärmepumpen können mit einer Leistung zwischen wenigen kW_{th} und mehreren MW_{th} sowohl in kleinen Liegenschaften mit einem geringen Wärmebedarf, als auch in großen Liegenschaften mit hohen Wärmeleistungen eingesetzt werden.

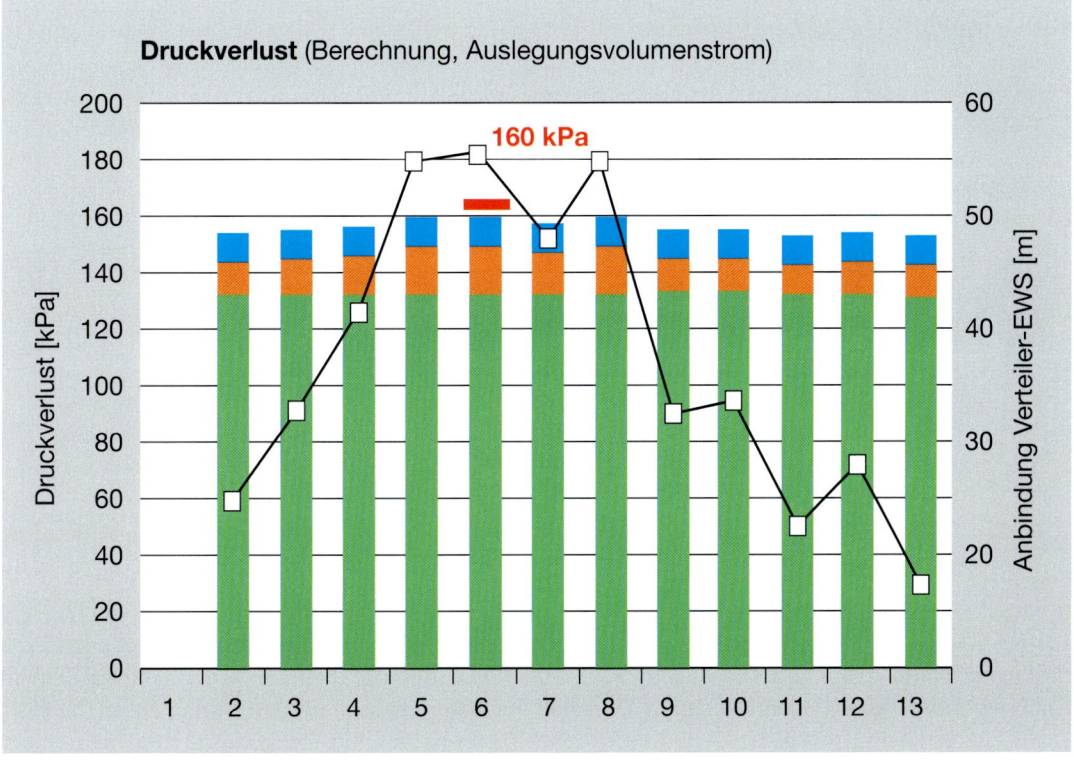

Abb. 4–26

Bewertung der Hydraulik eines Erdwärmesondenfeldes
Berechneter Druckverlust [kPa] von 13 Erdwärmesonden aufgeteilt auf die einzelnen Komponenten (linke y-Achse) und Länge der Anbindungsleitung zwischen Verteiler und Erdwärmesondenkopf (rechte y-Achse).

Komponenten
(a) Rohrleitung von Haustechnikzentrale (hier rev. Wärmepumpe) bis Verteiler
(b) Rohrleitung vom Verteiler zum Erdwärmesondenkopf
(c) abgeteufte Rohrleitung der Erdwärmesonde

Der Druckverlust in der hydraulisch ungünstigen Teilstrecke beträgt 160 kPa.

Anmerkung: Der Berechnung liegt die Annahme eines hydraulischen Abgleichs zugrunde.

Exemplarisches Vorgehen bei der Vordimensionierung einer erdgekoppelten Wärmepumpe
Das Vorgehen zur Ermittlung der Einsatzmöglichkeiten von erdgekoppelten Wärmepumpen zur Wärme- und Kältebereitstellung wird im Folgenden erläutert. Die Wärmepumpe soll auch für die direkte Kühlung des Gebäudes genutzt werden. Die nötigen Schritte für eine Vordimensionierung sind in **Abb. 4–27** schematisch dargestellt. Grundlage für eine fundierte Vordimensionierung bildet in der Regel ein Thermal-Response-Test (TRT).

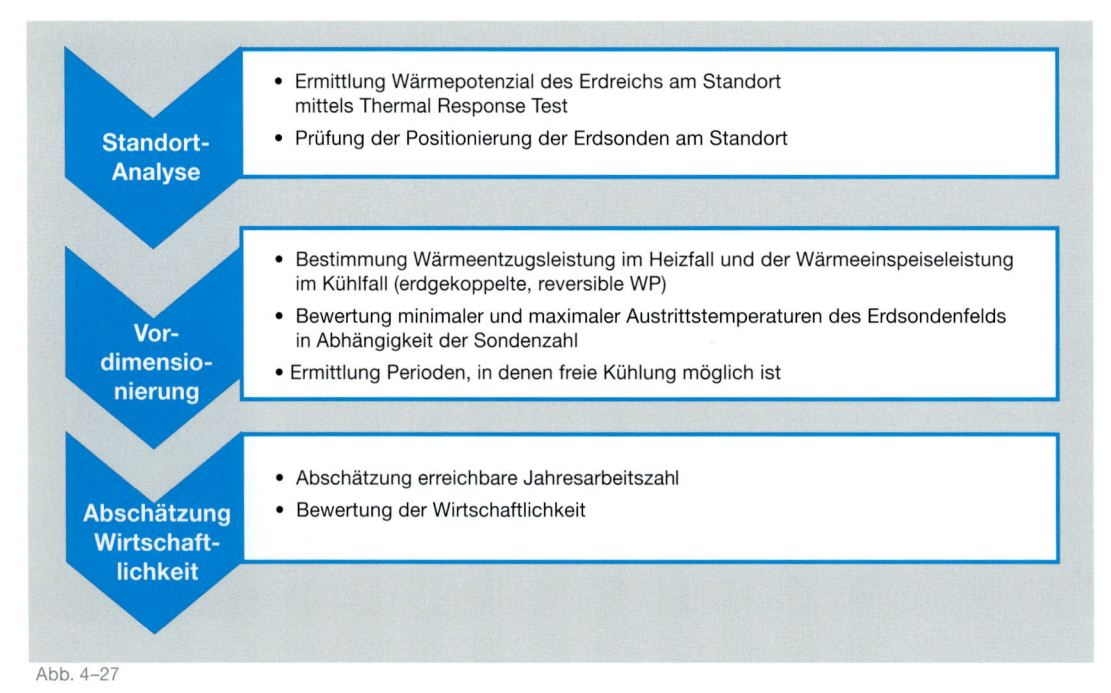

Standort-Analyse
- Ermittlung Wärmepotenzial des Erdreichs am Standort mittels Thermal Response Test
- Prüfung der Positionierung der Erdsonden am Standort

Vordimensionierung
- Bestimmung Wärmeentzugsleistung im Heizfall und der Wärmeeinspeiseleistung im Kühlfall (erdgekoppelte, reversible WP)
- Bewertung minimaler und maximaler Austrittstemperaturen des Erdsondenfelds in Abhängigkeit der Sondenzahl
- Ermittlung Perioden, in denen freie Kühlung möglich ist

Abschätzung Wirtschaftlichkeit
- Abschätzung erreichbare Jahresarbeitszahl
- Bewertung der Wirtschaftlichkeit

Abb. 4–27

Vorgehen bei Vorplanung einer erdgekoppelten, reversiblen Wärmepumpe.

Bei der Vordimensionierung werden unterschiedliche Lasten für verschiedene Szenarien untersucht. Für die Variation der Kühllast können Szenarien mit unterschiedlichem Einsatz des Sonnenschutzes betrachtet werden: niedriger Sonnenschutz (z.B. statische Verschattung) und damit hohe Kühllast im Sommer oder erhöhter Sonnenschutz (z.B. außen liegende Jalousie) und damit reduzierte Kühllast. Durch die Variation der Anzahl der Erdwärmesonden wird neben dem Deckungsbeitrag (Heizen und Kühlen) des Erdsondenfeldes auch die Temperaturentwicklung im Erdreich sowie die Möglichkeiten und Grenzen der direkten Nutzung des Erdreichs für die direkte Kühlung untersucht.

Einflüsse durch die Positionierung vor bzw. unter einem zu errichtenden Gebäude müssen in einer Detailplanung ggf. gesondert berücksichtigt und untersucht werden.

Die Vordimensionierung erfolgt meist durch Modellierungen mit entsprechenden Tools und Softwarelösungen.

Zentrale Eingangsparameter für die modellbasierte Vordimensionierung einer erdgekoppelten (Erdsonden-)Wärmepumpe
- Anzahl der Einzelsonden im ungestörten Erdreich sowie deren spezifische Parameter (Ausführung, Durchmesser, Medium inkl. spezifischer Wärmekapazität, Sondentiefe, Durchmesser der Bohrung, Bohrlochwiderstand (Messung mittels TRT) und Positionierung – unter und/oder neben dem Gebäude, Abstand zwischen den Sonden.
- Parameter des Erdreichs: Mit TRT gemessene ungestörte Erdreichtemperatur am Standort, Wärmeleitfähigkeit, Dichte und Wärmekapazität des Erdreichs.

- Volumenstrom durch das Erdsondenfeld (konstant/variabel). So wählen, dass sich bei Nennheizlast der Liegenschaft eine nahezu konstante Temperaturdifferenz zwischen Eintritt und Austritt einstellt – Annahmen für vereinfachte Modellierung des Erdwärmesondenfeldes im Sinne einer Vordimensionierung; für detaillierte Dimensionierung und Ausführungsplanung detailliertere Annahmen und Modellierung nötig.
- Wetterdaten: Nutzung von z. B. Testreferenzjahren für die Region der Liegenschaft.
- Festlegung Quellen- und Senkentemperatur im Heiz- und Kühlfall.
- Ggf. Untersuchung von Varianten mit zusätzlichen Wärme- und/oder Kälteerzeugern.

Bei der Vordimensionierung der Wärmepumpe (WP) wird unter anderem die zu erwartende Jahresarbeitszahl der WP mittels idealem Carnot-Prozess mit unterschiedlichen Gütegradfaktoren für den Heizfall und Kühlfall abgeschätzt. Dabei wird der maximale Wirkungsgrad (COP/EER) auf die zu erwartende höchste Effizienz im Betriebsmodus »direkte Kühlung« begrenzt. Ergebnisse aus Simulationsstudien zeigen, dass die Effizienz der WP im Heizfall tendenziell mit größerer Anzahl an Sonden steigt. Die Effizienzsteigerung fällt geringer aus, wenn zusätzliche Wärmeerzeuger zur Deckung von Spitzenlasten eingesetzt werden. Ob und in welchem Umfang zusätzliche Wärmeerzeuger installiert werden müssen und welchen Anteil diese an der Erzeugung in Abhängigkeit der Anzahl der Sonden haben werden, ist ebenfalls Bestandteil der Vordimensionierung. Darüber hinaus sollte untersucht werden, ob und bei welchen Lastfällen und Erdsondenanzahlen ein frostfreier Betrieb der Wärmepumpe möglich ist.

Für eine Kühlung mittels reversibler Wärmepumpe wird untersucht, ob und in welchem Umfang das Erdreich für eine direkte Kühlung genutzt werden kann, d. h. zu welchen Zeiten bzw. wie lange die Austrittstemperatur des Erdsondenfeldes unterhalb der benötigten Vorlauftemperatur der Kühlung ist. Dies ist entscheidend, um zu ermitteln, zu welchen Zeiten und wie lange eine aktive Kühlung mittels reversibler Wärmepumpe erforderlich ist. Darüber hinaus kann mit den Ergebnissen abgeschätzt werden, ob und in welchem Umfang zusätzliche Kälteerzeuger zur Gewährleistung des thermischen Komforts im Gebäude während der Kühlperiode benötigt werden – zusätzliche Kälteerzeuger können auch benötigt werden, wenn Kälte auf niedrigerem Temperaturniveau benötigt wird, als von der reversiblen Wärmepumpe bereitgestellt werden kann. Wie im Heizfall verbessert eine größere Anzahl an Erdsonden die Effizienz der Wärmepumpe im Kühlfall. Bei einem Einsatz zusätzlicher Kälteerzeuger ist die Effizienzsteigerung bei einem größeren Sondenfeld geringer, allerdings kann dadurch erreicht werden, dass die Austrittstemperatur des Sondenfeldes unter der benötigten Vorlauftemperatur des Kältekreises bleibt und das Erdsondenfeld durchgängig für die direkte Kühlung genutzt werden kann.

Ein zentraler Aspekt der Voruntersuchungen für die Nutzung von Erdwärme für Heizung und Kühlung einer Liegenschaft ist die Untersuchung, ob die jährliche Energiebilanz des Erdsondenfeldes am Standort ausgeglichen ist. Bei einem zu großen Unterschied zwischen Wärmeentnahme im Heizfall und Wärmeeintrag im Kühlfall kann es je nach Bodenbeschaffenheit und ggf. Fließgeschwindigkeiten von Untergrundwasser zu einer unausgeglichenen Jahresbilanz kommen, was mittelfristig die Effizienz des Erdsondenfeldes reduziert. Die Eignung eines Erdsondenfeldes in Anbetracht einer nicht ausgeglichenen Jahreswärmebilanz um das Erdsondenfeld muss gesondert geprüft werden. Hierzu eignen sich dynamische Simulationsverfahren über einen Zeitraum von 20 Jahren. Eine ausgeglichene Jahresenergiebilanz um das Erdsondenfeld kann gegebenenfalls z. B. durch Nutzung einer zusätzlichen Wärmequelle ausschließlich im Heizfall oder je nach Lasten in der Liegenschaft durch die Nutzung eines zusätzlichen Kälteerzeugers im Kühlfall erzielt werden.

Erfahrungen aus der Praxis:
Untersuchung des realen Betriebs von Wärmepumpen in Nichtwohngebäuden

Durch das Monitoring und die vergleichende Analyse von Wärmepumpensystemen in 12 Nichtwohngebäuden konnte die Effizienz der Systeme unter Betriebsbedingungen untersucht werden. Darüber hinaus wurden Erfolgsfaktoren aber auch Schwachstellen identifiziert, die einen effizienten Betrieb von Wärmepumpen entscheidend beeinflussen – von der Planung über die Umsetzung bis zum Betrieb. In den untersuchten Gebäuden werden zwischen ca. 20 und 60 $kWh_{therm}/(m^2a)$ Wärme durch die Wärmepumpen bereitgestellt. Die thermische Leistung der Wärmepumpen beträgt zwischen 40 und 322 kW_{therm}. Messtechnisch konnten für diese Wärmepumpen Jahresarbeitszahlen im Heizfall zwischen 2,4 und 6,6 kWh_{therm}/kWh_{el} (ausschließlich Berücksichtigung des Stroms für den Kompressor) und unter Einbeziehung des Hilfsstroms für die Primärpumpen zwischen 2,3 und 6,1 kWh_{therm}/kWh_{el} (vgl. [70]) nachgewiesen werden.

Die Untersuchungen der Gebäude zeigen entscheidende Aspekte für die Effizienz und damit auch die Wirtschaftlichkeit von Wärmepumpen im Heizfall auf. So ist ein wirtschaftlicher Betrieb in hohem Maße von den Nutztemperaturen und damit den eingesetzten Wärmeverteil- und -übergabesystemen sowie deren hydraulischer Verschaltung abhängig (s. [70]). Die Wahl der Übergabesysteme beeinflusst in hohem Maße den erforderlichen Temperaturhub der Wärmepumpe und damit deren Effizienz, v. a. vor dem Hintergrund, dass die Wärmequellentemperatur in der Regel nicht oder kaum beeinflussbar ist [70]. Die Vorlauftemperaturen im Heizkreis liegen in den untersuchten Anlagen im Mittel zwischen 30 und 45 °C, in einigen Anlagen nur zwischen 28 und 35 °C. Dies erfordert insbesondere den Einsatz von Flächenheizsystemen, die auch bei niedrigerem Temperaturniveau sowohl ausreichend Leistung als auch Wärme bereitstellen können. Damit wird für die Wärmepumpe ein Temperaturhub zwischen 20 und 35 K erreicht. Die Nutzung von Grundwasser als Wärmequelle kann nach [70] den Hub weiter reduzieren (15–20 K).

Im Kühlfall kann die Umweltwärmesenke für die direkte Kühlung genutzt werden – d. h. Wärme aus dem Gebäude wird mittels eines Wärmeübertragers direkt im Erdreich eingespeichert. Bei optimaler Auslegung und in Abhängigkeit des Kühlbedarfs der Gebäude sowie den Eigenschaften der Wärmesenke ist die direkte Kühlung in vielen Fällen für die Kühlung des Gebäudes ausreichend. Bei höheren Kühllasten kann die Wärmepumpe reversibel ausgelegt werden, womit zusätzlich Klimakälte bereitgestellt werden kann. Im Kühlfall erreichen die untersuchten Anlagen im Betriebsmodus »direkte Kühlung« im Mittel Jahresarbeitszahlen zwischen 10 und 18,8 kWh_{therm}/kWh_{el}, in zwei Fällen sogar über 35 kWh_{therm}/kWh_{el} (s. [70]). Wird die Klimakälte maschinell mittels reversibler Wärmepumpe bereitgestellt liegen die Jahresarbeitszahlen deutlich niedriger zwischen 4,8 und 5,8 kWh_{therm}/kWh_{el} bei relativ hohen Vorlauftemperaturen im Kühlkreis zwischen 16 und 20 °C (vgl. [70]). Bei niedrigeren Vorlauftemperaturen ist die Effizienz deutlich niedriger.

Realisierte Wärme- und Kälteversorgungssysteme auf Basis von Wärmepumpen zeigen, dass für eine hohe Effizienz der Wärme- und Kältebereitstellung und damit für die Wirtschaftlichkeit der Anlagen die Auslegung, Dimensionierung und der Betrieb der Anlagen einen großen Einfluss haben. Entscheidend ist, dass die Übergabesysteme für niedrige Temperaturen im Heizfall und hohe Temperaturen im Kühlfall ausgelegt sind, um den nötigen Temperaturhub zwischen Wärmequelle und -senke (Heizfall) zu minimieren und im Kühlfall eine direkte Kühlung umzusetzen. Es ist insgesamt darauf zu achten, dass alle Komponenten der Wärme- und Kältebereitstellung optimal aufeinander abgestimmt sind und auch bei der Planung des Gebäudes (Gebäudehülle, Sonnenschutz, Gebäudemasse etc.) die Anforderungen an einen effizienten Wärmepumpenbetrieb von vornherein beachtet werden. Ein detailliertes Monitoring der Anlage im Betrieb kann darüber hinaus dazu beitragen, auch in der Betriebsphase eine hohe Effizienz zu gewährleisten und mögliche Ineffizienzen im System zu identifizieren und zu beheben.

4.5.2 Blockheizkraftwerke

Blockheizkraftwerke (BHKW) ermöglichen die gleichzeitige Erzeugung von Strom und Wärme und in Kombination mit einer Ab- oder Adsorptionskältemaschine auch Kälte. Die Kraft-Wärme-(Kälte-)Kopplung [KW(K)K] wird von der Bundesregierung als zentraler Baustein zur Erreichung der CO_2-Minderungs- und Energieeffizienzziele gesehen. Ihr Anteil an der Stromerzeugung soll daher von 12,5 % im Jahr 2010 auf 25,0 % im 2020 erhöht werden. Dabei soll sowohl der Ausbau der KWK in großen Wärmenetzen, als auch die verstärkte Nutzung von KWK-Anlagen in Gebäuden und Gewerbe- und Industrieliegenschaften forciert werden.

BHKW sind für die dezentrale, gekoppelte Wärme- und Strombereitstellung die derzeit dominierende Technik. Sie werden in der Regel mit Methan (Erd- oder Biogas) betrieben und haben einen Gesamtwirkungsgrad von 82 % – 95 %. BHKWs sind mit einer Leistung zwischen 5 kW_{el} und 10 MW_{el} verfügbar. Der Einsatz von BHKW in Gebäuden wird in der EnEV positiv bewertet und kann den Primärenergiebedarf des Gebäudes reduzieren. Je nach eingesetztem Brennstoff gibt es unterschiedliche Anrechnungsansätze. Beim Einsatz von Biogas in einem BHKW besteht die Wahlmöglichkeit, entweder die aus KWK bereitgestellte Wärme mit dem Primärenergiefaktor (PEF) von Null zu bewerten und keine Stromgutschrift anzurechnen oder die gleichen Werte wie bei der Verwendung von fossilen Brennstoffen.

Die Kombination von BHKW mit ausreichend großen thermischen Speichern ermöglicht den Betrieb des BHKW in Abhängigkeit des Strombedarfs mit einer Maximierung der Eigenbedarfsdeckung, wodurch der Strombezug aus dem Netz reduziert wird. Darüber hinaus besteht die Möglichkeit das BHKW in Abhängigkeit der Anforderungen des Stromnetzes zu betreiben, was insbesondere vor dem Hintergrund der zunehmenden Einspeisung fluktuierender erneuerbarer Energien zur Stabilisierung des Stromnetzes beitragen kann – sog. »netzdienlicher Betrieb«, d. h.: Stromerzeugung in Zeiten von »Stromknappheit« im Netz, kein Betrieb bei hoher Einspeisung erneuerbarer Energien.

4.5.3 Kühlung

Die Kühlung und Klimatisierung von Gebäuden spielt bezogen auf den Primärenergieverbrauch in Deutschland bisher insbesondere in Wohngebäuden nur eine untergeordnete Rolle; in Büro- und Verwaltungsgebäuden sind nach Schätzungen bisher ca. 50 % der Gebäude zumindest in Teilen mit Kühl- oder Klimatisierungstechnik ausgestattet [29]. In Zukunft wird von einer Zunahme der Klimatisierungstechnik in Gebäuden ausgegangen, die auf steigende Komfortanforderungen sowie einen zu erwartenden Temperaturanstieg aufgrund des globalen Klimawandels zurückzuführen sind. Neben den in Kapitel 3 beschriebenen passiven Maßnahmen zur Reduktion der sommerlichen Wärmeeinträge in das Gebäude können verschiedene aktive und passive Systeme genutzt werden, um den thermischen Komfort im Sommer zu gewährleisten. Um den Energiebedarf für die Kühlung gering zu halten, ist v. a. die Nutzung natürlicher Wärmesenken und passiver Ansätze mit einem möglichst geringen (Hilfs-)Energiebedarf entscheidend.

Als Umweltwärmequelle oder -senke sind sowohl Außenluft als auch Grundwasser und Erdreich geeignet; zumindest eine dieser Wärmesenken kann i. d. R. an jedem Gebäudestandort genutzt werden. Besonders geeignet sind in Nichtwohngebäuden mit Heizwärmebedarf im Winter und Kühllasten im Sommer Grundwasser und das Erdreich als Wärmesenke oder -quelle. Diese können neben der Wärme- und Kältebereitstellung auch als große saisonale thermische Speicher genutzt werden. Wie bereits beschrieben, können das Erdreich und Grundwasser als Umweltwärmesenke direkt für die Kühlung genutzt werden; es wird keine zusätzliche Kältemaschine benötigt und der Energiebedarf reduziert sich auf den Hilfsenergiebedarf für Pumpen im Primär- und Sekundärkreis. Wird für die Kühlung eines Gebäudes eine höhere Kühlleistung benötigt als durch die direkte Nutzung des Untergrunds als Wärmesenke bereitgestellt werden kann, kann eine reversible Wärmepumpe energetisch effizient eingesetzt werden. Ist die Nutzung einer Wärmesenke nicht ausreichend, können auch verschiedene Wärmesenken zu einem Verbund zusammengeschlossen werden. Welche Senken genutzt werden können, muss projektspezifisch unter Berücksichtigung von Nachhaltigkeits- und Wirtschaftlichkeitskriterien

geprüft werden. Die Entscheidung ist stark abhängig von den im Untergrund vorhandenen Formationen, Regenrationszyklen und Wasseranteilen, sowie den thermischen Nutzungsmöglichkeiten, die mit den zuständigen Behörden (Bergamt, Umwelt- und Gewässerschutzbehörden) abgestimmt werden müssen.
Die Nutzung von Außenluft als Wärmesenke erfolgt mittels freien und/oder maschinell unterstützten Nachtlüftungskonzepten. Grundsätzlich sind die Temperaturunterschiede zwischen Tag und Nacht in der Regel groß genug, um mittels Nachtlüftung effektiv Wärme aus dem Gebäude abzuführen und damit einen wesentlichen Beitrag zur Reduzierung der Kühllast am Tag und des erforderlichen Kühlenergiebedarfs zu leisten. Das Potenzial steigt mit sinkender Außentemperatur, steigendem Volumenstrom und längerer Lüftungszeit. Die nächtliche Entwärmung der thermischen Speichermasse ist die Voraussetzung dafür, dass Wärme am Folgetag wieder aufgenommen werden kann.
Auch am Tag während der Anwesenheit gibt es selbst in den Sommermonaten Juni bis August Perioden mit niedrigen Außentemperaturen, in denen Wärme aus dem Gebäude mittels freier Lüftung effizient abgeführt werden kann.
Damit kann eine freie Lüftung über Fenster oder Lüftungsklappen bei geeigneter Betriebsweise den Energieaufwand für Kühlung deutlich reduzieren.

Folgende Fragestellungen sind im Rahmen der Konzepterstellung zu beantworten
- Technische Umsetzung
- Notwendige Öffnungen in der Gebäudehülle
- Betrieb   Konzeption der Steuerung und Regelung, Sicherheitskonzept
- Realisierung   Räumliche Anordnung
- Energie   Welche Luftwechselraten lassen sich realisieren und welche Beiträge zur Kühlung sind erreichbar?

Bei Außentemperaturen unter 20 °C ist eine freie Nachtlüftung effektiv und effizient einsetzbar. **Abb. 4–28** zeigt, dass beispielsweise im Wetterdatensatz des Testreferenzjahres 06 des Deutschen Wetterdienstes (s. [24]) für das Jahr 2035 sowohl für ein »normales« Jahr als auch ein Jahr mit hohen Temperaturen im Sommer (»TRY06, 2035-sommerheiß«) nur an 130 bis 214 Stunden die Außentemperatur nachts über 20 °C bzw. an 300 bis 430 Stunden über 18 °C liegt (vgl. auch Kapitel 2.4). Auch in länger anhaltenden Sommer- bzw. Schönwetterperioden sinken die Außentemperaturen in der Nacht oftmals unter 20 bzw. 18 °C und ermöglichen damit eine Nachtlüftung des Gebäudes.

Bei freier Nachtlüftung ist die Wärmeabfuhr von folgenden Parametern abhängig
- Außentemperatur
- Windverhältnisse und Anströmung der Fassade
- Querschnittsöffnungen geöffneter Fenster und Klappen
- Luftströmung im Gebäude – einseitige Fensterlüftung oder Querlüftung.

Der quantitative Effekt der Nachtlüftung auf den thermischen Komfort während der Nutzungszeit und auf die Reduzierung des Kühlenergiebedarfs kann daher nur mit einer thermisch-dynamischen Simulation dargestellt werden, auf deren Basis dann auch die Dimensionierung der Öffnungsflügel erfolgt. Neben den für den Luftwechsel relevanten Parametern hat auch die thermische Speichermasse des Gebäudes einen Einfluss auf die Lüftungseffektivität. Gebäude mit einer höheren thermischen Speicherkapazität haben den Vorteil, dass Raumtemperaturen geglättet werden, indem insbesondere in den Sommermonaten interne und solare Wärmelasten nicht nur die Raumluft, sondern auch die Gebäudemasse erwärmen. Dies ermöglicht eine teilweise Lastverschiebung in die Abend- und Nachtstunden, führt somit zu einer Reduzierung der Kühllasten und begünstigt, im Falle einer an die Außenluft gekoppelten reversiblen Wärmepumpe oder Kältemaschine, einen effizienteren Betrieb der Kälteerzeuger.
Bei Umsetzung von Nachtlüftungskonzepten sollte darauf geachtet werden, dass möglichst ausreichend massive Bauteile thermisch aktivierbar bleiben, d. h. nicht verkleidet und damit thermisch abgekoppelt werden. Um moderate Schwankungen der Raumtemperatur während der Anwesenheitszeit der Nutzer zu gewährleisten, müssen zumindest die Decken thermisch aktivierbar bleiben.

Während besonders lang andauernden Hitzeperioden ist die Umsetzung passiver Wärmeschutzmaßnahmen und Nachtlüftungskonzepte oftmals nicht ausreichend, um den geforderten thermischen Komfort in Gebäuden zu gewährleisten. Daher werden diese Kühlkonzepte oftmals durch wassergeführte Kühlsysteme ergänzt, die insbesondere in diesen Zeiten die zusätzlich benötigte Kühlleistung bereitstellen (vgl. [22]). Besonders geeignet in Kombination mit Nachtlüftungskonzepten sind TABS und Kühldecken.

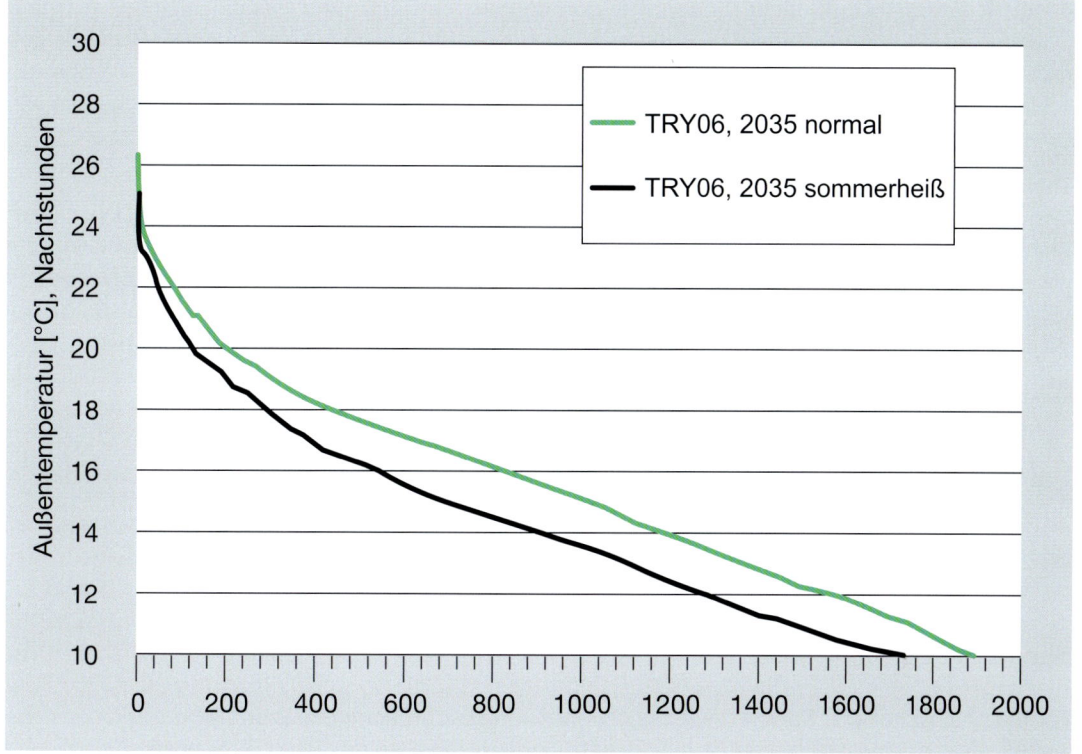

Abb. 4–28

Außentemperaturen außerhalb der Anwesenheit von 20–6 Uhr, dargestellt als geordnete Dauerlinie für die Wetterdatensätze des Testreferenzjahres TRY06, normal und sommerheiß.

Eigene Darstellung basierend auf [24]

4.6 Photovoltaik

Um das Ziel eines Nullenergiegebäudes zu erreichen, ist die Nutzung erneuerbarer Energien am Standort unerlässlich. Dabei kommt vor allem der Photovoltaik (PV) eine zentrale Rolle zu. Bei der Gebäudeenergiebilanz werden in der Regel ausschließlich PV-Anlagen bilanziert, die direkt auf oder am Gebäude installiert sind (EnEV, DIN V 18599). Bei der Nullenergiebilanz können unter Umständen auch Anlagen in räumlicher Nähe (Freigelände, Nachbargebäude) mit einbezogen werden (s. Diskussion zur Nullenergiebilanz in Kapitel 1.3). Insbesondere bei den begrenzten Dach- und Fassadenflächen größerer Gebäude im städtischen Umfeld kann die Installation einer PV-Anlage auf und an einem Gebäude ggf. nicht ausreichen, um eine ausgeglichene Jahresenergiebilanz zu erreichen. Im Folgenden werden verschiedene PV-Technologien für den Einsatz auf und an Gebäuden und Systeme zur Speicherung von Überschussstrom (insbesondere Batteriespeicher) sowie Grundsätze der Planung beschrieben.

Technologien

Generell kann für die photovoltaische Stromerzeugung zwischen siliziumbasierten und Dünnschichttechniken unterschieden werden. In den vergangenen Jahren sind verstärkt auch neue Konzepte erforscht und teilweise in den Markt gebracht worden. Dies sind insbesondere Konzentratorzellen und organische Zellen (OPV), die aber derzeit noch in der Entwicklungs- bzw. frühen Markteinführungsphase sind. Einen Überblick über den Stand der Technik und Entwicklungsziele gibt **Tab. 4–5**.

Tab. 4–5 **Entwicklungsstand und Entwicklungsziele zentraler PV-Technologien – Quelle [62]**

		Silizium-PV		Dünnschicht		Neuartige Konzepte	
		Monokristallin	Multikristallin	a-Si/µc-Si	CIS/CdTe	III-V Halbleiter Konzentratorzelle	Organische PV
Aktuell	Labor	25 % Zelle 22,9 % Modul	20,4 % Zelle 18,5 % Modul	13,4 % Zelle 10,9 % Modul	19,6–19,8 % Zelle 15,7–16,1 % Modul	44,7 % Zelle 36,7 % Modul	7–8 %
	Industrielle Produktion	16–18 %	13–16 %	6–8 %	9–13 %	27 %	
Langfrist-Ziele		24–26 %	20–26 %	>15 %	22–25 %	45 %	10–17 %

Für die photovoltaische Stromerzeugung am Gebäudestandort kommen vorwiegend siliziumbasierte Techniken und Dünnschichtmodule zum Einsatz. Siliziumtechniken erreichen Wirkungsgrade von rund 16 % (multikristallin) und bis zu 20 % (monokristallin). Dünnschichtmodule haben etwas niedrigere Wirkungsgrade von annähernd 10 % (s. [62]). Konzentratorzellen werden in Deutschland voraussichtlich eine eher untergeordnete Rolle spielen, da sie einen hohen Anteil direkter Sonneneinstrahlung benötigen. Welche Rolle die organische PV in Zukunft in Gebäuden einnehmen wird ist aus heutiger Sicht nicht absehbar.

Eine Möglichkeit der photovoltaischen Stromerzeugung auf und an Gebäuden, die bisher hauptsächlich in Demonstrationsgebäuden gezeigt wurde, ist die Integration der Module in die Gebäudehülle, womit die Module ein fester Bestandteil dieser werden.

Insbesondere die Entwicklungen der Dünnschicht- und organischen PV haben zu einer erheblichen Gewichtsreduzierung der Zellen und Module geführt, wodurch neue Anwendungsfelder erschlossen werden können. Sowohl Dünnschicht- als auch organische PV-Zellen können darüber hinaus farblich den ästhetischen Anforderungen der Architektur angepasst werden.

BIPV
building integrated photovoltaik

Gebäudeintegrierte Photovoltaik

Derzeit sind verschiedene BIPV-Systeme am Markt erhältlich. Dies sind u. a. multifunktionale Bauteile für (Vorhang-)Fassaden, Fenster (semi-transparente Bauteile, die auch als Sicht- und/oder Sonnenschutz dienen, Oberlichter und Verschattungselemente) sowie Dächer (Solarziegel, Dachfolien) [62]. Das Besondere an BIPV-Systemen ist, dass sie die sonst notwendigen Bauteile ersetzen und/oder als Verschattungselemente an Gebäuden eingesetzt werden können. BIPV-Systeme können auch mit solarthermischen Kollektoren kombiniert werden und opake Fassadenelemente ersetzen (PV/T-Kollektoren). Diese Systeme erzeugen erneuerbaren Strom und stellen gleichzeitig Niedertemperaturwärme bereit.

Abb. 4–29

Gebäudeintegrierte Photovoltaik – building integrated PV
BIPV bei dem Neubau eines Laborgebäudes des Fraunhofer ISE in Freiburg.

Planung

Einen entscheidenden Einfluss auf den Ertrag einer PV-Anlage haben sowohl die geografische Lage des Standorts, als auch der Neigungswinkel und die Ausrichtung der Module. Die Einstrahlung auf die horizontale Fläche unterscheidet sich je nach Region in Deutschland um 200 – 300 kWh/(m²a) und liegt zwischen 900 und bis zu 1 200 kWh/(m²a).

Bei der Planung einer PV-Anlage auf oder an einem Gebäude muss zunächst ein klares Ziel für die PV-Anlage im Einklang mit dem restlichen Gebäude- und Energiekonzept definiert werden.

Ziele können in diesem Zusammenhang z. B. sein
- Eine möglichst hohe installierte Leistung auf den verfügbaren Flächen
- Eine Maximierung des Jahresertrags – hierbei ist auch das spezifische Lastprofil der Liegenschaft entscheidend
- Eine maximale Eigennutzung des erzeugten Stroms der PV-Anlage
- Ein möglichst hoher Ertrag in den Wintermonaten

Je nach definiertem Ziel ergeben sich Anforderungen an das Layout der Anlage, insbesondere auf Flachdächern. Für eine möglichst hohe installierte Leistung wird versucht, einen Großteil der Dachfläche mit PV-Modulen zu belegen; der Anstellwinkel ist daher relativ klein oder die Module werden horizontal auf dem Dach verlegt. Im Falle eines möglichst hohen Jahresertrages werden sowohl ein für den jeweiligen Standort kleiner Anstellwinkel gewählt als auch ein möglichst geringer Abstand zwischen einzelnen Modulreihen angestrebt, um eine Verschattung zu vermeiden und gleichzeitig möglichst viele Module installieren zu können. PV-Anlagen auf Dächern konkurrieren immer mit anderen Nutzungen und Installationen, u. a. Rückkühlwerken von Klimaanlagen, Luftein- und -auslässen, Blitz- und Brandschutzvorrichtungen oder auch Dachterrassen und Oberlichtern. Die Planung einer PV-Anlage auf dem Gebäudedach muss daher immer in enger Abstimmung mit den Planungen anderer Gewerke erfolgen (bei Neubauten) bzw. schon vorhandene Installationen müssen berücksichtigt und wenn möglich angepasst werden (Bestandsgebäude).

Die höchsten Werte werden im Süden Deutschlands erreicht, wobei es auch im Nordosten Regionen mit hoher Einstrahlung gibt. Um einen möglichst hohen Ertrag zu erreichen, sollte eine PV-Anlage möglichst nach Süden ausgerichtet sein. Da die Sonne in Deutschland nie im Zenit steht und damit nie senkrecht auf eine horizontale Fläche einstrahlt, sollten die Module in einem Winkel zwischen 15° und 45° aufgeständert werden. Bezüglich des Standorts der Anlage ist darüber hinaus darauf zu achten, dass die Anlage nicht durch z. B. Nachbargebäude, Vegetation oder Dachaufbauten verschattet wird.

Unabhängig von den Zielen und möglichen Flächenkonkurrenzen und Abstimmungen mit allen relevanten Gewerken muss für die Installation immer in der entsprechenden Gemeinde der Liegenschaft geklärt werden, ob für die Installation einer PV-Anlage eine Baugenehmigung nötig ist. Darüber hinaus ist der örtliche Stromnetzbetreiber frühzeitig einzubinden, um zentrale Aspekte wie den Einspeisepunkt und die Einspeiseleistung frühzeitig zu klären.

Im Anschluss an die Analyse der Standortbedingungen und Voraussetzung der Installation einer PV-Anlage sowie der Definition der Ziele des Anlagenbetreibers werden zu den Anforderungen passende Komponenten wie das Montagesystem, die Module und Wechselrichter ausgewählt. Anhand der Auswahl werden die genaue Positionierung der Module, der Wechselrichterstandort sowie die Leitungsführung geplant. Dabei sind Anforderungen an die Positionierung wie Abstände zu Brandschutzwänden sowie Dachkanten und die Notwendigkeit von Sicherungssystemen für Wartungs-, Instandhaltungs- und Reinigungsarbeiten an der PV-Anlage selbst und anderen Installationen auf dem Dach zu berücksichtigen.

Die Inbetriebnahme einer PV-Anlage nach der Installation darf nur von Fachpersonal erfolgen. Die Vorgehensweise bei und die Anforderungen an die Inbetriebnahme sind in verschiedenen Normen und Berufsgenossenschaftlichen Regeln definiert, u. a. [71] [72] [73]. Es wird darüber hinaus empfohlen, vor der Inbetriebnahme eine vollständige Sichtprüfung aller Komponenten und des Aufbaus durchzuführen. Beim Abschluss der Inbetriebnahme wird dem Anlagenbetreiber eine vollständige Dokumentation übergeben. Diese enthält alle Planungs- und Technikdokumentationen sowie Protokolle der Prüfungen und Messungen für die Inbetriebnahme. In der Betriebsphase der Anlage sind regelmäßige Wartungen und Prüfungen durch Fachpersonal durchzuführen, um zum einen die Sicherheit und zum anderen einen hohen Ertrag während der gesamten Nutzungsdauer zu gewährleisten.

4.7 Batteriespeichersysteme

Die kontinuierliche Umstellung des deutschen Energiesystems hin zu einem zunehmend größeren Anteil an erneuerbaren Energien erfolgt zurzeit vor allem im Stromsektor. Der Anteil erneuerbarer Energien betrug im Jahr 2015 35 % der Nettostromerzeugung. Die Anteile an erneuerbaren Energien sind im Winter und in Sommer in etwa gleich, da sich Wind- und Solarstrom recht gut ergänzen. Der Anteil der erneuerbaren Energien spiegelt sich inzwischen auch im Börsenpreis wieder. So liegen die Höchstwerte in den Morgen- und Abendstunden, wenn ein hoher Bedarf mit einer relativ geringeren Produktion zusammenfällt.

Die Vorhaltung von Speicherkapazität und die zusätzliche Einführung eines Lastmanagements kann aus vier Gründen erfolgen

1. **Netzausfallsicherheit**
   Bei Nutzung eines Batteriesystems zur Gewährleistung einer sicheren Stromversorgung ist die Speicherkapazität nicht mehr für das Energiemanagement einsetzbar.

2. **Erreichen einer hohen Unabhängigkeit von einer externen Versorgung**
   Die Unabhängigkeit oder Autonomie ist ein idealer Wert, der sich aber wirtschaftlich nur schwer bewerten lässt.

3. **Optimierung der Energiepreisstruktur**
   Durch Speicher lässt sich die Eigenstromnutzung erhöhen. Damit kann z. B. der an sonnigen Wochenenden erzeugte Strom unter der Woche im Gebäude selbst genutzt werden (v. a. bei Nichtwohngebäuden relevant) oder der tagsüber erzeugte Strom in den Abendstunden genutzt werden (v. a. bei Wohngebäuden relevant). Eine Auslegung eines Batteriespeichers auf diese Betriebsfälle (Verschiebung des am Wochenende und tagsüber produzierten Stroms in die Nutzungszeit) ist dann eine sinnvolle Auslegungsgröße, wenn der Strom nicht in Versorgungs- oder Arbeitsprozessen im Gebäude verwendet werden kann.

4. **Bereitstellung von Netzdienstleistungen – Stabilisierung des Stromnetzes**
   Die grundsätzlich lukrative Vermarktung von Regelleistung, die durch ein Batteriesystem bereitgestellt wird, ist derzeit so schwankend, dass sich eine belastbare Wirtschaftlichkeitsberechnung nicht darstellen lässt. Des Weiteren sind die benötigten Leistungen und Energiemengen relativ hoch und oft mit einem Batteriespeichersystem allein nicht bereitstellbar.

Die größten Potenziale für Speichersysteme in Gebäuden werden derzeit der Lithium-Ionen-Technologie (Li-Ion) zugeschrieben, wobei auch einige Speichersysteme mit Blei-Säure- oder Blei-Gel-Batterien verfügbar sind. Eine weitere Option sind Redox-Flow-Batterien, wobei diese derzeit noch vergleichsweise teuer sind und oftmals eher bei einem hohen Leistungs- und/oder Speicherbedarf eingesetzt werden. Im Gegensatz zu den anderen Technologien können Speicherkapazität und Leistung bei Redox-Flow-Batterien unabhängig voneinander entsprechend den jeweiligen Anforderungen dimensioniert werden. Eine Übersicht über die Energiedichte und Systemeffizienz der genannten Batterietechnologien liefert **Tab. 4–6**.

Tab. 4–6 Spezifische Kosten verschiedener Batteriespeicher-Technologien – aktuell und erwartete zukünftige Entwicklung – Quellen [62] [74]

		Blei-Säure / Blei-Gel	Li-Ion	Vanadium-Redox-Flow
Energiedichte [kWh/m³]		70–130	200–400	200–300
Systemeffizienz inkl. Umrichter [%]	Aktuell	70–75	80–85	75
	Geplant	78	95	85

5 Energiemanagement, Monitoring und Betriebsführung

5.1 Energiemanagement

Das Energiemanagement umfasst alle Prozesse, die zu einem ressourcenschonenden Umgang mit dem Thema Energie im betrieblichen Umfeld – insbesondere auch der Gebäude – führen. Umgesetzt wir das Energiemanagement in einem Energiemanagementsystem (EnMS).

Die DIN EN ISO 50001 [75] legt Anforderungen an ein Energiemanagementsystem fest, anhand derer eine Organisation eine Energiepolitik entwickeln, einführen, sowie strategische und operative Energieziele festlegen kann [76]. Zur Umsetzung der Energieziele verpflichtet sich das Unternehmen gesetzliche Anforderungen bezüglich des wesentlichen Energieeinsatzes zu beachten.

Die ISO 50001 ist vom Aufbau stark an die ISO 9001 – Qualitätsmanagementsysteme [77] angelehnt. Organisatorische Grundlage der Norm zur kontinuierlichen Verbesserung der energiebezogenen Leistung des Unternehmens ist der PDCA-Zyklus (en: Plan-Do-Check-Act), dargestellt in **Abb. 4–30**.

Dieser Zyklus beinhaltet folgende Unterpunkte [76]

- **Plan – Planung**
  Durchführung einer energetischen Bewertung und Festlegung der energetischen Ausgangsbasis, der Energieleistungskennzahlen (en: Energy Performance Indicators EnPIs), der strategischen und operativen Energieziele und der Aktionspläne, die zur Erzielung der Ergebnisse zur Verbesserung der energiebezogenen Leistung in Übereinstimmung mit den Regeln der Organisation erforderlich sind.

- **Do – Einführung / Umsetzung**
  Einführung der Aktionspläne des Energiemanagements.

- **Check – Überprüfung**
  Überwachung und Messung der Prozesse und wesentlichen Merkmale der Tätigkeiten, die die energiebezogene Leistung bestimmen, mit Blick auf Energiepolitik und strategische Ziele sowie Dokumentation der Ergebnisse.

- **Act – Verbesserung**
  Ergreifung von Maßnahmen zur kontinuierlichen Verbesserung der energiebezogenen Leistung und des EnMS.

Ein wichtiger Aspekt des Energiemanagements ist die Überprüfung von gesetzten Zielen und Optimierungen. Um die energetische und komfortspezifische Ausgangsbasis in Gebäuden erfassen zu können, muss eine Messdatenerfassung, -übertragung und -auswertung etabliert werden. Die Anwendung von Fehlerdiagnose- und Betriebsoptimierungsverfahren erfordert ebenso ein messbares System, wie auch eine Erfolgskontrolle nach der Anwendung der Verfahren nur durchgeführt werden kann, wenn die Zustands- und Prozessgrößen messbar sind. Die Norm schreibt regelmäßige Messungen vor, erstens für ein Energie-Benchmarking zu Beginn der Implementierung eines Energiemanagementsystems und zweitens zur Überprüfung nach Einführung, ob die selbst definierten strategischen Energieziele erreicht werden. Hinsichtlich der Art der Messung (automatisiert, teilautomatisiert oder manuell) und dem Umfang der Messungen (monatlich, wöchentlich, stündlich) gibt die Norm keine verpflichtenden Vorgaben.

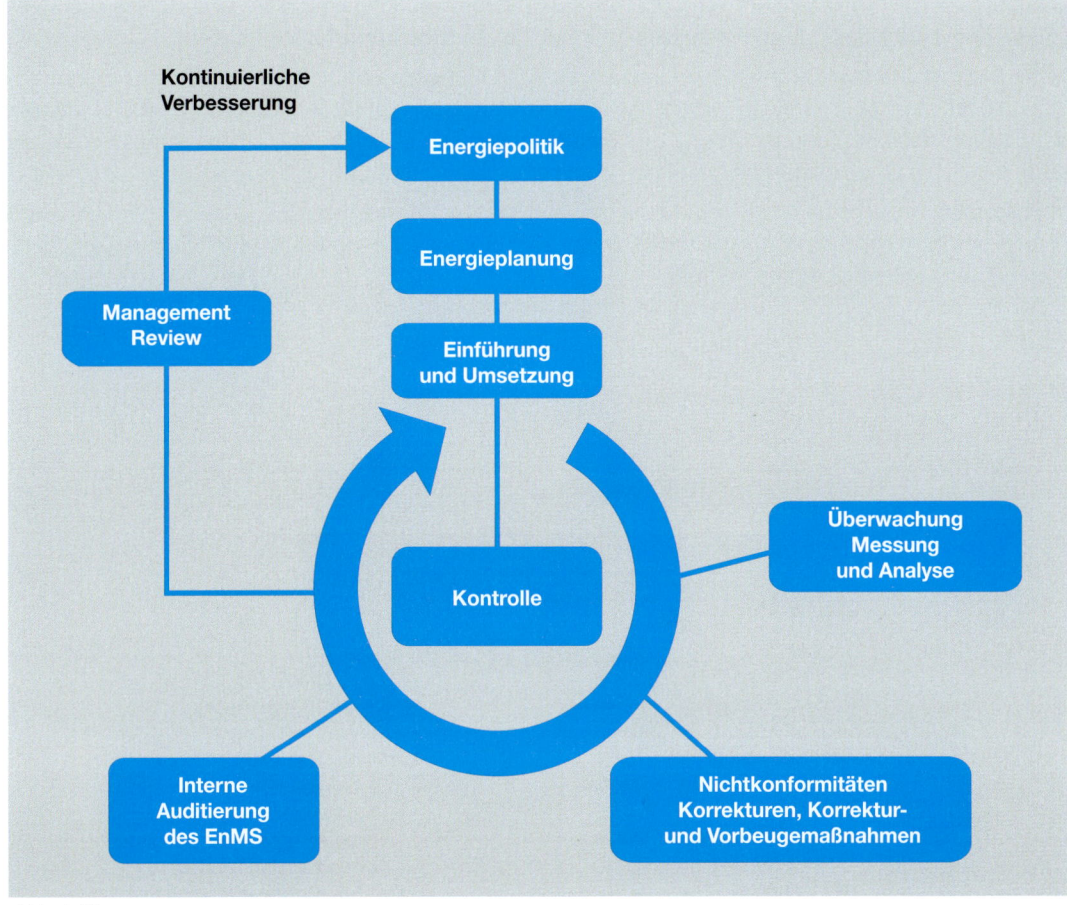

Abb. 4–30

Der PDCA-Zyklus, wie er in der ISO 50001 verankert ist [76].

Für die Inbetriebnahme von gebäudetechnischen Anlagen und deren Betrieb zeigt **Abb. 4–31** das prinzipielle Vorgehen in einem vereinfachten Schema.

Im Idealfall sollte bei der (erstmaligen oder wiederholten) Einregulierung technischer Systeme im Bestand ein Performance-Test mit systematischen Messungen vorgenommen werden, um mögliche Fehler zu diagnostizieren sowie die Charakteristik der tatsächlich gebauten Anlage zu erfassen und die Regelparameter entsprechend den Ergebnissen der Messung anzupassen – z. B. Druckverteilung in einem hydraulischen System. Im Vergleich zur Betriebsüberwachung sind dazu evtl. zusätzliche Messungen notwendig, die u. U. auch temporär mit mobiler Messtechnik erfolgen können.

Daran anschließen sollte sich eine kontinuierliche Betriebsüberwachung und technische Fehlerdiagnose, die mit möglichst geringem, allerdings mit einem an das individuelle Objekt angepasstem messtechnischen Aufwand, den langfristig energieeffizienten Betrieb sicherstellt. Abweichungen sollten dabei möglichst automatisiert erkannt und gemeldet werden.

Im Folgenden werden zunächst Methoden zur Erstellung von Messkonzepten, Datenaufbereitung und Visualisierung vorgestellt. Auf Basis dieser Daten wird Betriebsüberwachung, Fehlererkennung, Optimierung und Lastmanagement möglich.

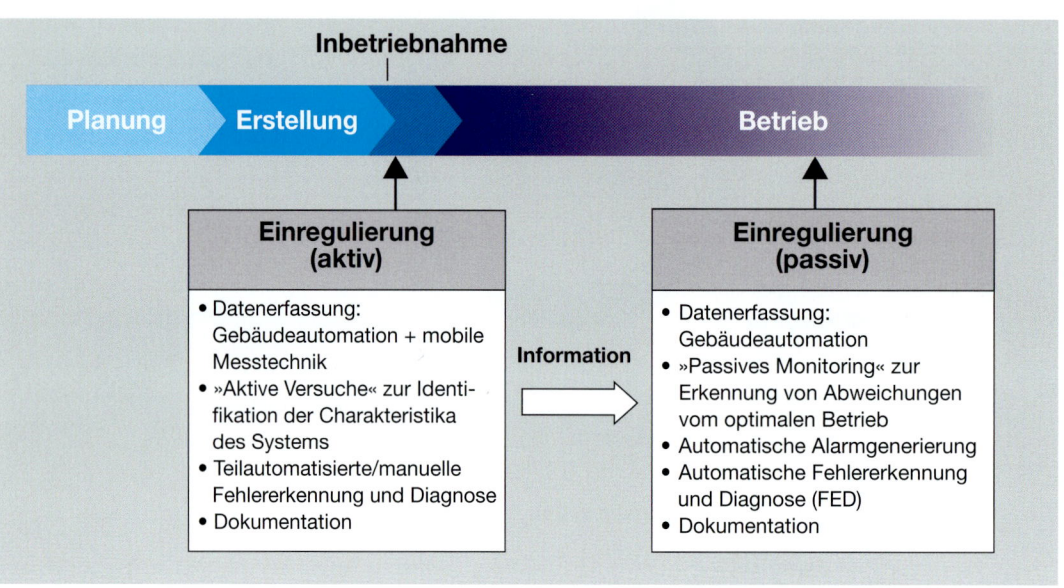

Abb. 4–31

Ablaufschema zur Sicherstellung eines über die Lebensdauer eines Gebäudes energieeffizienten Betriebs [78].

5.2 Messkonzept und Datenhaltung

5.2.1 Messkonzepte erstellen

Das Erfassen von Messdaten und Energiekennwerten von Gebäuden und gebäudetechnischen Anlagen dient unterschiedlichen Zielen, die einer unterschiedlichen Detailtiefe und Prozessierung der Daten bedürfen

- Betrieb und Funktionalität – Regeln und Steuern
- Energiereporting
- Kostenanalyse
- Fehleranalyse
- Optimierung
- Inbetriebnahme
- Überwachung
- Condition Monitoring

Die Entwicklung des Messkonzeptes erfolgt sinnvollerweise entlang des Energieflusses im Gebäude. Ausgehend von der Endenergiezufuhr werden die Endenergieträger Gas, Öl, Holz, Fernwärme, Fernkälte und Strom erfasst. Die Energiequellen wie Umweltenergie (Geothermie, Solarstrahlung, Außenluft) oder Abwärme aus Prozessen werden ebenfalls gemessen. Durch die Messung der Energieabgabe der Energiewandler, wie zum Beispiel einer Wärmepumpe, kann die Performance im Betrieb bestimmt werden.

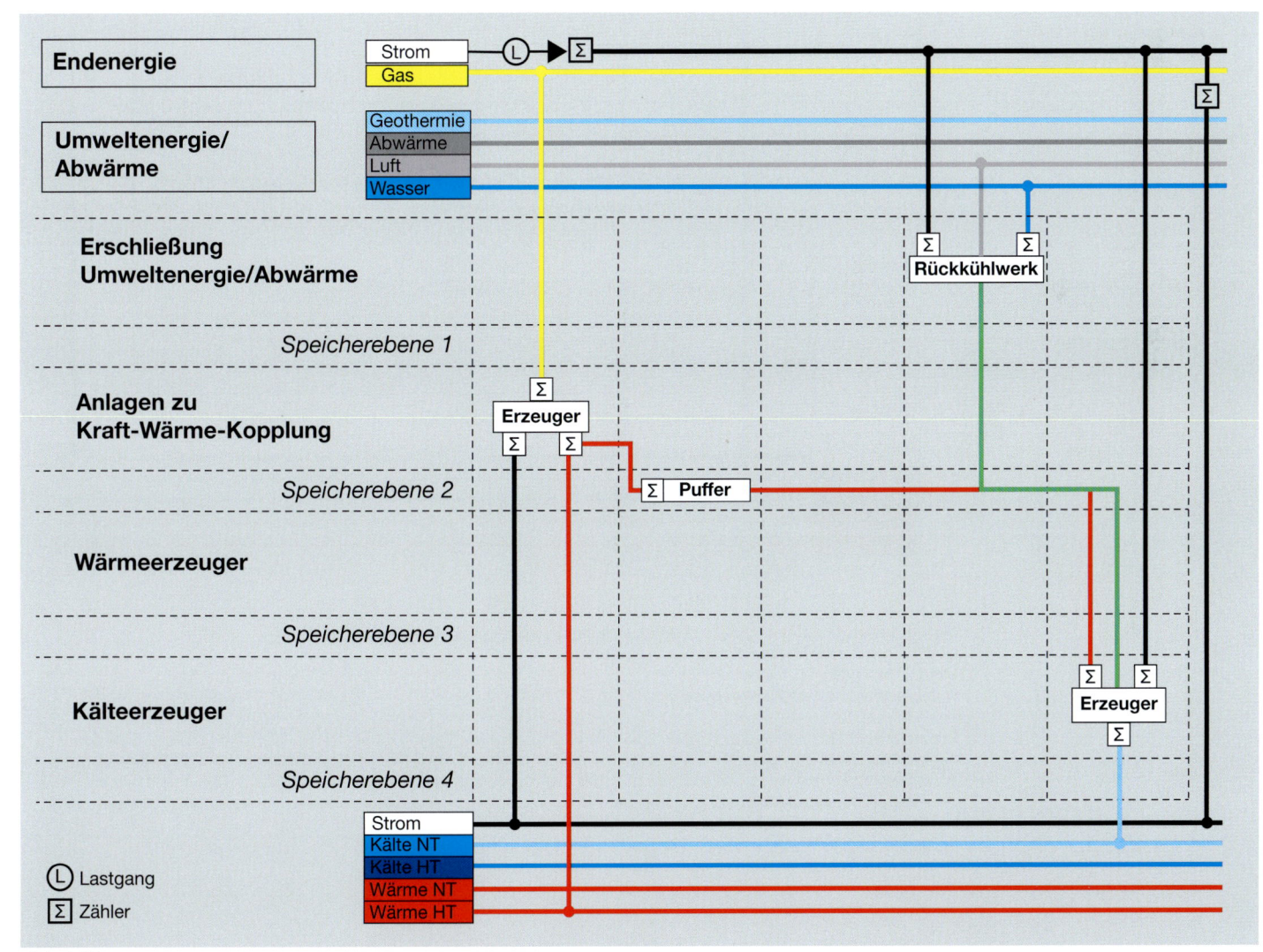

Abb. 4–32

Prinzipieller Aufbau des Schemas zur Darstellung der Energieversorgung mit beispielhaft eingetragenem Wärme- und Kälteerzeuger.

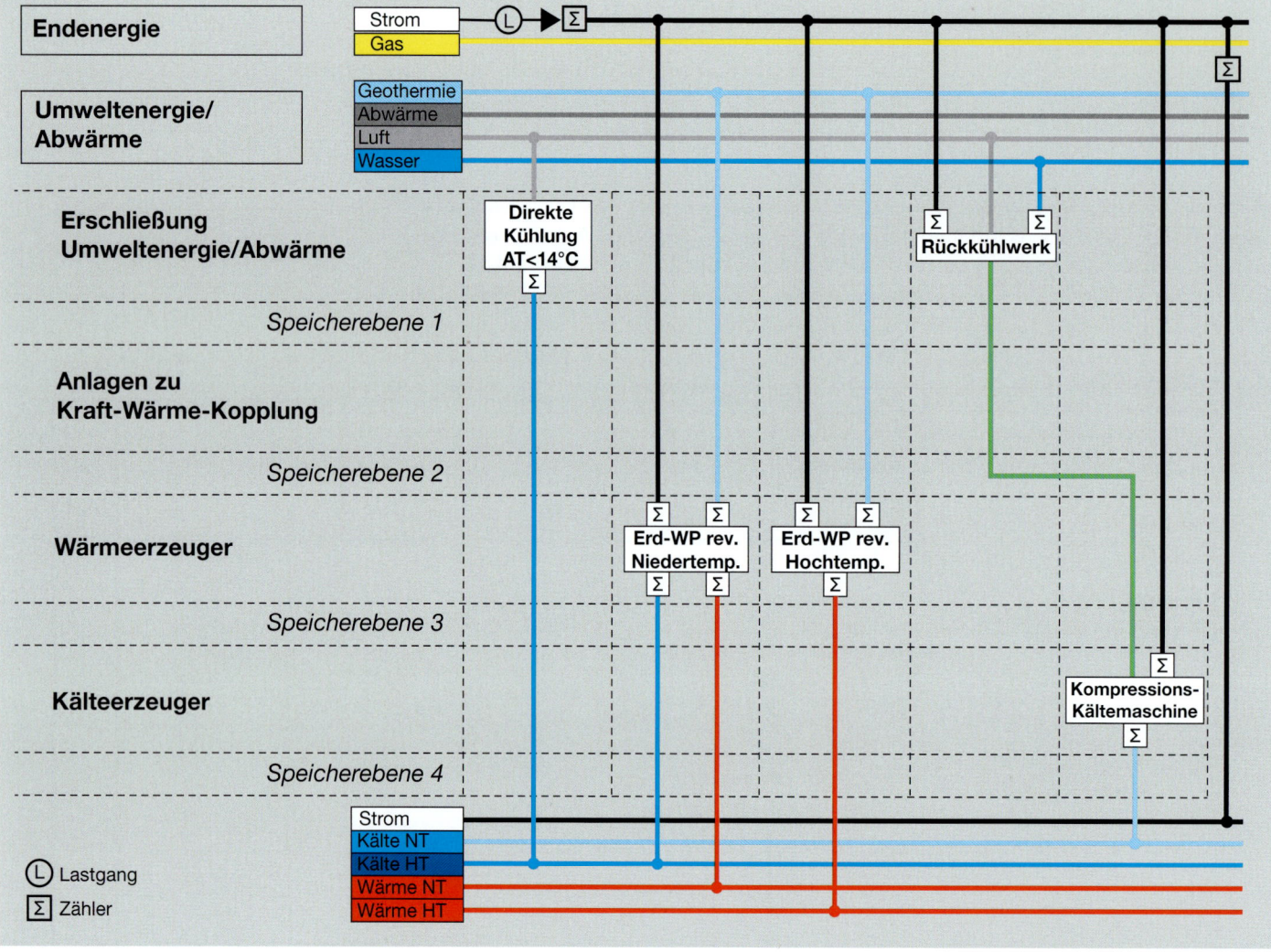

Abb. 4–33

Messschema eines Ausschnitts des Versorgungssystems eines Bürogebäudes
Oben   zugeführte Endenergieträger – Gas, Strom
Mitte   Erzeuger
Unten Abnehmer auf Nutzenergieebene

Prinzipiell wird die Endenergiezufuhr und die Energieabgabe jedes Erzeugers gemessen. Bei dem Erzeuger Erdwärmepumpe und Rückkühlwerk wird die erzeugte Energie für mehrere Energiedienstleistungen verwendet: Erdwärmepumpe Raumheizung + Warmwasser, Rückkühlwerk 1 mit Direktkühlung und Kühlwasserbereitstellung. Daher sind hier nach dem jeweiligen Abzweig zusätzliche Energiemengenzähler notwendig, um die Energieeffizienz der Versorgung bewerten zu können.

5.2.2 Umfang und Auflösung der erfassten Messdaten

Für die meisten dynamischen Systeme ist eine hohe zeitliche Auflösung der Messwerterfassung notwendig. Die zeitliche Auflösung der Datenerfassung sollte in der Regel 5-10 Minuten betragen. Auf Gebäudeebene und für ganze Zonen kann die Auflösung geringer sein, um Trends zu bestimmen. Empfehlungen für die zeitliche Auflösung der Messdatenerfassung für ein Gesamtgebäude und einzelne Unterpunkte sind in den folgenden Tabellen aufgelistet.

Tab. 4-7 Umfang und Auflösung zu erfassender Messdaten.

Unterpunkt	Messwert	Einheit	Auflösung	Bemerkungen
Gesamtverbrauch	Strom	kWh	15 min	
	Brennstoffe			z. B. Gas, Öl, Biomasse
	Fernwärme			
	Fernkälte			
	Wasser			
Wetterbedingungen	Außenlufttemperatur	°C	15 min	Eigene Wetterstation oder Daten von Anbieter
	Relative Außenluftfeuchte	%		
	Globalstrahlung	W/m²		
Raumklima	Raumtemperatur	°C	15 min	Eine oder mehrere Referenzzonen
	relative Raumluftfeuchte	%		
Verbrauch	Stromverbrauch Umwälzpumpen	kWh	1-5 min	
Systemdaten	Wärmefluss	kWh	1-5 min	
	Vorlauftemperatur	°C		
	Rücklauftemperatur			
	Sollwert Vorlauftemperatur			
	Druck	kPa		optional
Kontrollsignal	Kontrollsignal Pumpe	–	1-5 min	
	Kontrollsignal Ventil	–		
Verbrauch Wärmeerzeuger i	Brennstoffverbrauch	kWh	1-5 min	z. B. Gas, Öl, Biomasse
Erzeugung	Wärmeerzeugung	kWh	1-5 min	
	Kesseltemperatur	°C		
	Vorlauftemperatur Heißwasser			
	Solltemperatur Heißwasser			
	Rücklauftemperatur Heißwasser			
Kontrollsignale	Kessel Status	–	1-5 min	An/Aus
	Kessel Kontrollsignal	–		
Primärseitig	Verbrauch Wärme/Kälte	kWh	1-5 min	
	Vorlauftemperatur Warm-/Kaltwasser	°C		
	Rücklauftemperatur Warm-/Kaltwasser			
	Sollwerttemperatur Warm-/Kaltwasser			
	Kontrollsignal Primärventil	%		
	Druck	kPa		
Sekundärseitig	Vorlauftemperatur Warm-/Kaltwasser	°C	1-5 min	
	Rücklauftemperatur Warm-/Kaltwasser			

Die Datenerfassung für ein Energie- und Performance-Monitoring ist in der Regel Teil der Gebäudeautomation und sollte im Rahmen der Planung in diesem Gewerk mit ausgeschrieben werden. Bei Umnutzungen oder Analysen im Gebäudebestand ist manchmal situationsbedingt der Aufbau einer eigenen Messwerterfassung sinnvoll.

5.2.3 Kennzeichnungssysteme und einheitliche Datenpunktbezeichnung

Standardisierte Bezeichnungen sind eine grundlegende Voraussetzung für die Nutzung automatisierter Systeme. Sie ermöglichen die eindeutige Zuordnung einer Komponente und somit der zugehörigen Routinen zu deren Analyse. Im Bereich der Gebäudeautomation (GA) kann über eine vereinheitlichte Bezeichnung der Anlagen und Sensoren eine automatisierte Verarbeitung der durch diese gesammelten Daten realisiert werden. Anforderungen an Kennzeichnungssysteme werden in der DIN EN ISO 16484-3 [79] formuliert und festgelegt, Beispiele finden sich in [80].

Gebäudetechnik lässt sich als hierarchisiertes System strukturieren und abbilden. Darauf aufbauend ist in der folgenden **Tab. 4-8** ein Schema zur einheitlichen Datenbezeichnung dargestellt, das eine hierarchische Strukturierung der Datenpunkte der für ein Monitoring benötigten Datensätze ermöglicht. Mit einer solchen Bezeichnungsstruktur lassen sich auch funktionale Zusammenhänge aus dem Schlüssel ablesen und erleichtern so eine automatisierte Verarbeitung. Die einheitliche Datenpunktbezeichnung beinhaltet folgende Kategorien:

Tab. 4-8 Kategorien einer einheitlichen Datenpunktbezeichnung.

Nr.	Kategorie	Bemerkung
1	Building	Gebäudename oder Abkürzung
2	Zone	Name der Zone, auf die sich der Sensor bezieht (nicht die Lage des Sensors!) – z. B. Name der Zone, die durch die Raumlufttechnische Anlage (AHU) versorgt wird, zu der der Sensor gehört (Zulufttemperatur etc.)
3	System	Hauptsystem zu dem der Sensor gehört – z. B. Heizkreis, AHU, Wetterstation etc.
4	Subsystem 1	Falls zutreffend Subsystem des Systems – z. B. Erhitzer einer AHU oder Pumpe eines Heizkreises
5	Subsystem 2	Falls zutreffend Subsystem von Subsystem1 – z. B. Pumpe des Erhitzers einer AHU
6	Medium	Falls zutreffend Medium, in dem sich der Sensor befindet – z. B. Warmwasser, Kaltwasser, Zuluft, etc.
7	Position	Falls zutreffend Position des Sensors – z. B. Vor- oder Rücklauf, Primär- oder Sekundärkreis
8	Kind	Art des Datenpunkts – z. B. Messwert, Sollwert, Signal, Alarm
9	Datapoint	Die (physikalische) Messgröße – z. B. Temperatur, Energie, Status

Beispiel für die Beimischschaltung eines Heizkreises s. **Tab. 4-9** und **Abb. 4-34**.

Tab. 4-9 Beispiel Datenpunktbezeichnung der Beimischschaltung eines Heizkreises.

	T Vorlauf	T Rücklauf	Signal Pumpe
Building	BUI	BUI	BUI
Zone	ZONE	ZONE	ZONE
System	WC.H	WC.H	WC.H
Subsystem1	–	–	PU
Subsystem2	–	–	
Medium	HW	HW	HW
Position	SUP.SEC	RET.SEC	SUP.SEC
Kind	MEA	MEA	SIG
Datapoint	T	T	STAT
Vollständiger Bezeichner	BUI_ZONE_WC.H___HW_SUP.SEC_MEA_T		

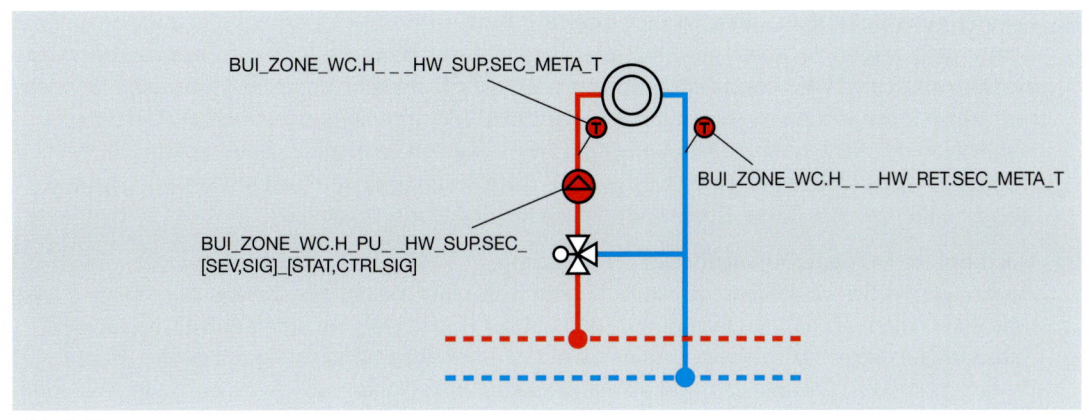

Abb. 4–34

Schema eines typischen Heizkreises realisiert als Beimischschaltung, mit einer einheitlichen Datenpunktbezeichnung.

Wenn nötig können zusätzliche Angaben nach einem Punkt (».«) angehängt werden. Dazu gehören auch funktionale Zusätze, wie die genauere Spezifikation eines Systems. Vom Nutzer festgelegte Zusätze, die lediglich zur besseren Unterscheidbarkeit dienen, werden klein geschrieben, um sie von den eigentlichen Einträgen unterscheiden zu können.

5.2.4 Datenauswertung und Datenhaltung

Für die Datenauswertung und -visualisierung sollten die eingesetzten Systeme neben Standardfunktionen für Zeitreihen (z. B. die Interpolation und zeitliche Verdichtung von Daten) spezielle Funktionen für Filterung und Gruppierung von Daten anhand beliebiger Bedingungen bieten. Für die Analyse von verschiedenen Betriebszuständen von Anlagen ist dies zwingend notwendig.

Neben den relationalen Datenbanken, die Grundlage der meisten Trenddatenbanken in Gebäudeautomationssystemen sind, finden zunehmend andere Datenbankformate Eingang in die Praxis, wie das verwendete Format HDF5 (HDF: Hierarchical Data Format), das sich sehr gut für die effiziente und flexible Speicherung von Messdaten, Zwischen- und Endergebnissen, insbesondere für große Datenmengen und Zeitreihen eignet [81]. Ein Beispiel ist das Werkzeug DataStorage [78] [82].

5.2.5 Visualisierungsmöglichkeiten für Verbrauchsdaten

Für die einfache Kommunikation der Ergebnisse des Monitorings stehen unterschiedliche Visualisierungstypen zur Verfügung, die je nach Aufgabe (strategische Entscheidungen, Gebäudebetrieb) und Funktion im Unternehmen oder Facility Management (Bedienpersonal, Managementebene) unterschiedlich geeignet sind.

Folgende graphische Auswertungen werden am häufigsten eingesetzt

- **Liniengraphen**
  Die klassische Darstellung des zeitlichen Verlaufs einer Messgröße als Linienplot. In der Gebäudeautomation häufig als Trenddaten bezeichnet.

- **Balkendiagramme**
  Darstellung von aggregierten Werten auf Monats- oder Jahresbasis für die Energieberichterstattung oder zur Darstellung von Benchmarks.

- **Relationales Schaubild – Scatterplot oder X-Y Plot**
  Scatterplots zeigen die Abhängigkeit zweier Datenpunkte. Weitere Information kann erschlossen werden, wenn die Daten zusätzlich gruppiert werden (z. B. verschiedene Betriebszustände). Mehrere dieser Plots können zu so genannten Scatterplot-Matrizen kombiniert werden, die dann die Darstellung der Abhängigkeiten von mehr als zwei Variablen ermöglicht. Scatterplots erlauben die Identifikation globaler Regelstrategien, z. B. die Abhängigkeit von Systemtemperaturen von der Außentemperatur. Diese Plots werden auch als Signatur bezeichnet.

- **Carpetplots – »Teppichdiagramme«**
  Besondere Art der Darstellung des zeitlichen Verlaufs einer Messgröße, bei der der Messwert mit Hilfe einer Farbskalierung angezeigt wird und auf der x- und y-Achse unterschiedliche zeitliche Skalierungen dargestellt werden. Dadurch werden regelmäßige zeitliche Muster wie z. B. Betriebszeiten von Anlagen sehr gut ablesbar. Carpetplots eignen sich daher besonders zur Identifikation von Betriebs- und Anwesenheitszeiten.

Für die Analyse des Gebäudebetriebes werden hauptsächlich Scatter- und Carpetplots verwendet, da sie für die Bereiche Energieverbrauch, Heiz-/Kühlkreise und RLT-Anlagen charakteristische Betriebsmuster liefern, welche die schnelle Erkennung eines ordnungsgemäßen Betriebes erlauben.

Wichtige Hilfsfunktionen für die Visualisierung stellen die Filterung und Gruppierung der Daten dar

- **Filterung**
  Als Filterung wird die Extraktion einer Teilmenge der Messdaten bezeichnet, die eine bestimmte Bedingung erfüllt – z. B. Teilmenge der Daten eines Heizkreises, wenn die Umwälzpumpe in Betrieb ist. Somit kann das Verhalten der Messgrößen unter bestimmten Randbedingungen untersucht werden.

- **Gruppierung**
  Messdaten können weiterhin nach bestimmten Bedingungen gruppiert werden – z. B. mittlere tägliche Heizleistung an Werktagen und Wochenenden oder Teillastzustände von Kältemaschinen. Verschiedene Betriebszustände können somit direkt miteinander verglichen werden.

Die folgenden Abbildungen zeigen Beispiele für die verschiedenen Visualisierungstypen.

Abb. 4–35 zeigt einen idealisierten Carpetplot, der sich ergibt, wenn eine Heizkreispumpe von montags bis freitags jeweils von 8:00 bis 18:00 Uhr betrieben wird. Die Stundenwerte der Messgröße sind hier für jeden Tag als Farbwert von »unten« (0:00 Uhr) nach »oben« (23:00 Uhr) aufgetragen. Die einzelnen Tage liegen nebeneinander auf der X-Achse. Für Tage mit ähnlichem Verlauf der Messgröße ergeben sich ähnliche Farbverläufe, so dass sich Muster (im obigen Fall »Wochenblöcke« für den Betrieb der Heizkreispumpe) ergeben. Die Darstellung erlaubt die schnelle Identifikation von Betriebs- und Anwesenheitszeiten.

Abb. 4–36 zeigt einen Carpetplot realer Wetter- und Verbrauchsdaten. Für reale Daten sind die Muster oft weniger »scharf«. Gerade für reale Daten zeigt sich jedoch der Vorteil im Vergleich zur klassischen Zeitreihendarstellung.

Scatterplots eignen sich beispielsweise sehr gut, um Energie- und Wasserverbräuche über der Außentemperatur, gruppiert nach Werktagen und Wochenenden, aufzutragen. Diese Plots ermöglichen die Identifikation globaler Regelstrategien. Die Werte werden hierbei zu Tagesmittelwerten verdichtet, was die Identifikation der Charakteristik und von potenziellen Ausreißern erleichtert. Ein Beispiel ist folgende **Abb. 4–37**, die Trinkwasser- und Energieverbräuche visualisiert.

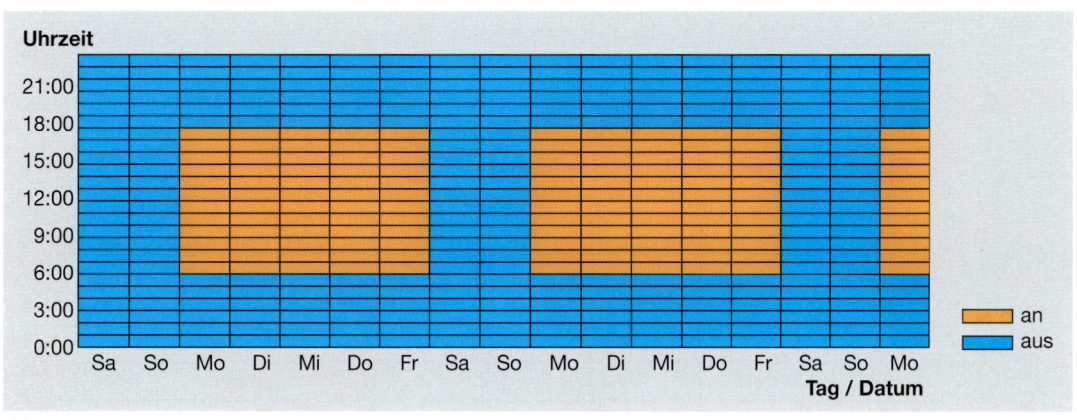

Abb. 4–35

Beispiel für einen idealisierten Carpetplot [82].

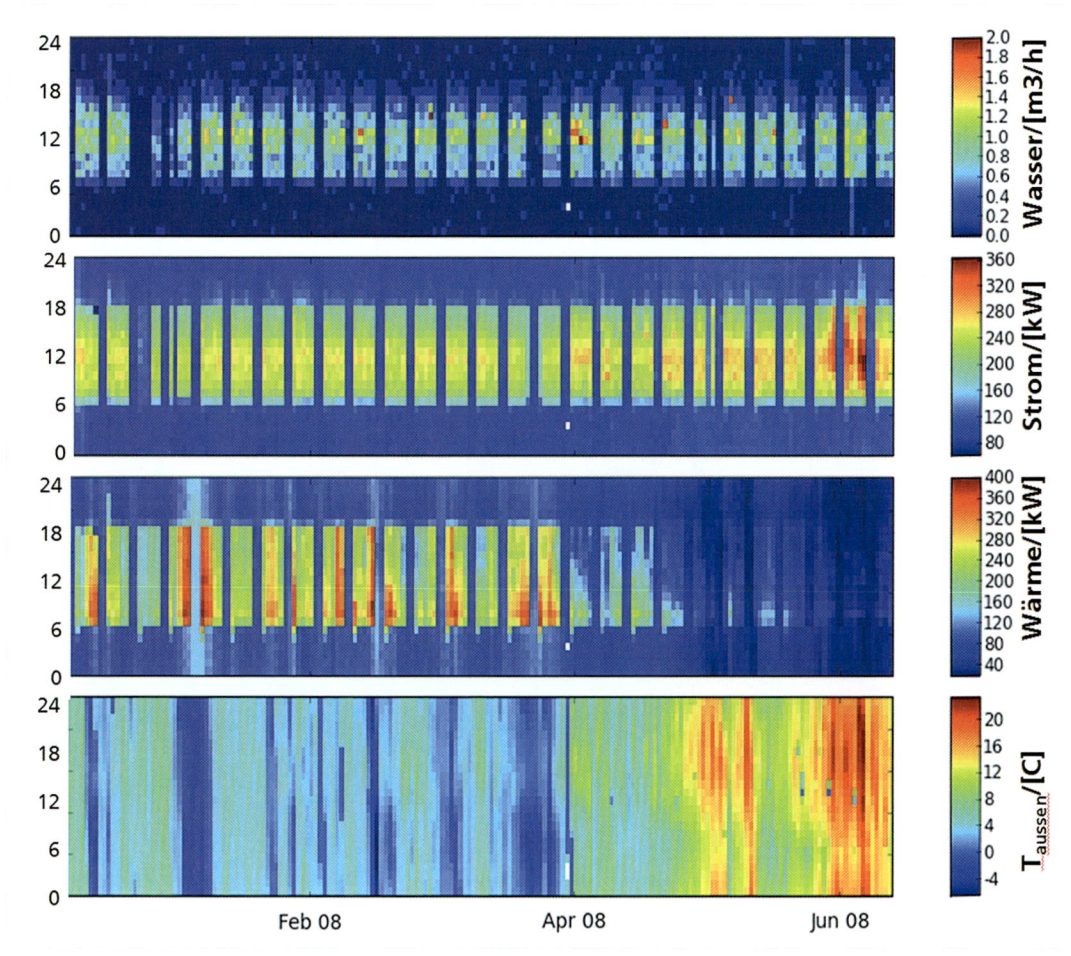

Abb. 4–36

Beispiel für einen Carpetplot von Wetter- und Verbrauchsdaten [82].

Abb. 4–37

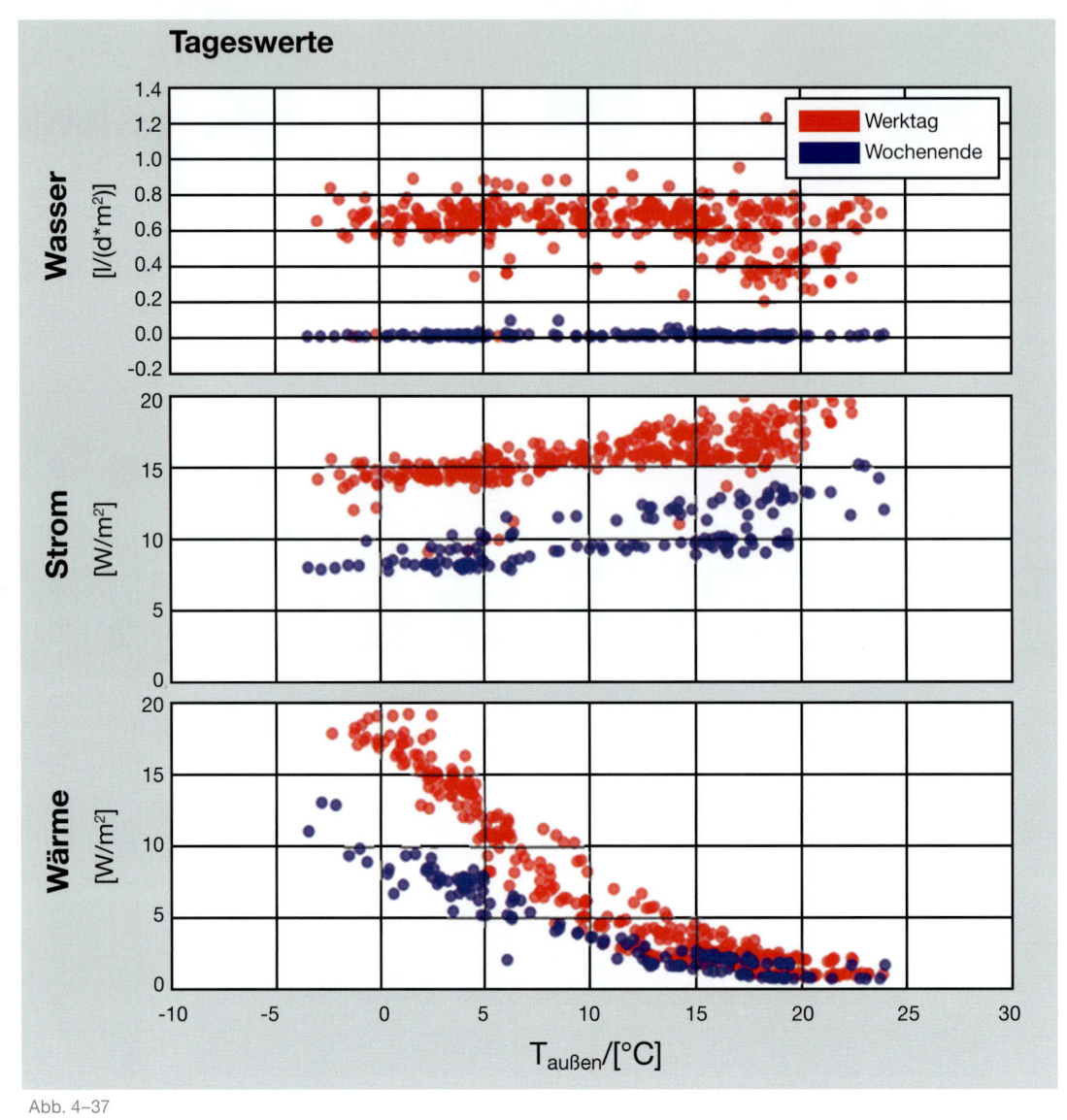

Beispiel für einen Scatterplot [82].

5.3 Betriebsüberwachung und Fehlererkennung

5.3.1 Betriebsüberwachung

Die Betriebsüberwachung dient der Aufrechterhaltung des fehlerfreien und optimierten Betriebs der Anlage nach der Inbetriebnahme und Einregulierung. In den technischen Richtlinien (DIN EN 15378 [83], VDI 3810 [84], VDI 3814 [85] und VDI 6039 [86]) wird darauf hingewiesen, wie durch eine regelmäßige Inspektion der gebäudetechnischen Anlagen die Effizienz aufrechterhalten werden kann. Bei den Richtlinienvorgaben handelt es sich um punktuelle und wiederkehrende Beurteilungen des Anlagenzustandes.

Um eine kontinuierliche Betriebsüberwachung im realen Gebäudebetrieb zu ermöglichen, müssen Abweichungen automatisiert erkannt und gemeldet werden. Methoden für die kontinuierliche Betriebsüberwachung befinden sich zurzeit in der Entwicklung. In der Praxis sind systematische und vor allem automatisierte Verfahren, die über eine Kontrolle von Grenzwerten – z.B. der Sicherheitstemperaturbegrenzer eines Kessels oder die Druckdifferenz von Filtern zur Überwachung der Verschmutzung – hinausgehen selten zu finden. Für einzelne Komponenten sind »intelligente Regelungen« verfügbar, die in die Automation der Systeme integriert sind. Mit zunehmender Digitalisierung und größeren Möglichkeiten in der Gebäudeautomation wird eine kontinuierliche Überwachung zunehmend zum Stand der Technik.

Bei der Beurteilung von technischen Systemen stellt sich immer die Frage nach der Bewertungsgröße und einem Vergleichswert, der ein qualitatives und/oder quantitatives Urteil über eine bestimmte Eigenschaft des Systems erlaubt. Ein Energie- bzw. Anlagenmonitoring soll dazu dienen, den Anlagenbetrieb zu überwachen und anhand von vordefinierten Performance-Indikatoren Fehler und Abweichungen zu identifizieren. Messdaten dienen als Grundlage der Bewertung des energetischen Betriebs. Aus Ihnen können unterschiedlich detaillierte Kennzahlen bzw. Charakteristiken gewonnen werden, die die enthaltene Information mehr oder weniger verdichten. Diese verdichteten Informationen werden auch als Performance Metrics bezeichnet.

Performance Metrics sollten nach [82]

- messbar sein oder aus messbaren Größen berechnet werden können,
- eindeutig definiert sein und
- spezifische Fragen zum Anlagenbetrieb beantworten helfen.

Entsprechend **Abb. 4–38** können verschiedene Detaillierungsgrade von Performance Metrics definiert werden [82]

- **Indikatoren** – sind Zustandsinformationen auf hohem Level und stellen die am weitesten verdichteten Daten dar. Es wird lediglich der korrekte, inkorrekte oder evtl. kritische Betrieb angezeigt. Eine typische grafische Repräsentation stellt eine Ampel mit drei Levels dar: »ok«, «kritisch«, »fehlerhaft«.

- **Level 1 Metrics** – sind aggregierte Kennwerte, die sich in einer Zahl wiedergeben lassen. Typisches Beispiel ist der auf die Nutzfläche bezogene Energieverbrauch eines Gebäudes in kWh/m² im Jahr oder im Monat. Diese Kennzahlen erlauben eine schnelle Einordnung des energetischen Betriebs des betrachteten Systems. Voraussetzung ist das Vorhandensein von Zielwerten, die einen Vergleich mit den Messdaten erlauben, so genanntes »Benchmarking«.

- **Level 2 Metrics** – sind Kenngrößen, die sich nicht mehr in Form eines einzelnen Wertes darstellen lassen, sondern z.B. in Form eines Kennlinienfeldes einer Anlage. Level 2 Metrics ermöglichen damit die weitergehende Analyse des betrachteten Systems. Auch hier ist die Voraussetzung, dass Vergleichsdaten für den »optimalen« bzw. »normalen« Betrieb zur Verfügung stehen.

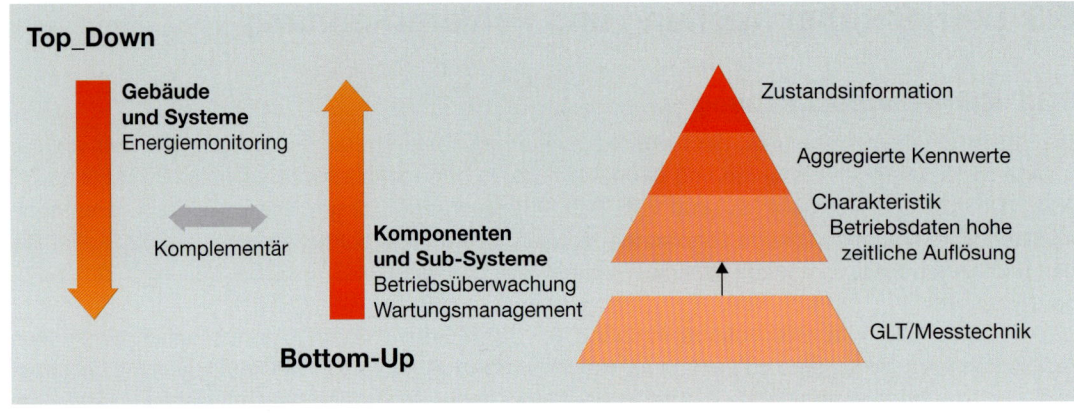

Abb. 4–38

Schema Betriebsanalyse. Links: Analyseansätze, Rechts: Verdichtung von Daten zu Performance Metrics unterschiedlichen Detaillierungsgrades [82].

Beim Energiemonitoring wird für die Analyse ein Top-Down-Ansatz gewählt. Dieser ergänzt sich im Idealfall mit einem Bottom-Up-Ansatz aus dem Anlagenmonitoring. Während der erste eher zur Detektion von Fehlern im Betrieb geeignet ist, kann der zweite zur weitergehenden Analyse und Diagnose verwendet werden [82].

5.3.2 Referenzwerte

Um den aktuellen Gebäude- und Anlagenbetrieb mit Performance Indikatoren im obigen Sinne bewerten zu können, ist es in der Regel notwendig die Performance Metrics der Level 1 und 2 mit Referenzwerten zu vergleichen, die einen Erwartungswert für den »normalen« oder gar »optimalen« Betrieb darstellen.

Ein einfaches Beispiel ist wie folgt: Um zu entscheiden, ob der Performance Indikator für den Heizenergieverbrauch des letzten Monats auf »OK« gesetzt werden kann, kann der spezifische Heizenergieverbrauch (Level 1 Metric) aus den Messdaten errechnet (und witterungsbereinigt) werden, um ihn anschließend mit dem Planungswert zu vergleichen. Bei einer Abweichung von mehr als 15 % könnte der Performance Indikator z. B. auf »kritisch«, bei einer Abweichung von mehr als 30 % auf »fehlerhaft« gesetzt werden. Weitere Analysen könnten im Bedarfsfall dann z. B. mit Level 2 Metrics durchgeführt werden. Allgemein können folgende Daten als Referenzwerte dienen [82]

- **Planwerte**
  Zielwerte für den Energieverbrauch des Gesamtgebäudes oder einzelner Zonen oder Anlagen aus der Planungsphase, die z. B. anhand von Simulationen oder Bedarfsberechnungen ermittelt wurden.

- **Historische Daten**
  Falls keine Planwerte vorliegen, können historische Daten als Referenz verwendet werden. D. h. in diesem Fall wird das Gebäude bzw. die Anlage »mit sich selbst« verglichen. Zeigen die aktuellen Daten große Abweichungen zu den historischen Daten weist das u. U. auf einen Fehler hin. Voraussetzung ist hier, dass zum einen genügend Messwerte vorliegen, zum anderen muss jedoch auch gesichert sein, dass die Vergleichsdaten aus einer Betriebsperiode stammen, die fehlerfrei war.

- **Messdaten anderer, ähnlicher Gebäude**
  Falls Kennwerte für ähnliche Gebäude, z. B. aus statistischen Auswertungen des Gebäudebestands vorliegen, können diese als Referenzwert verwendet werden. Oft scheitert diese Methode daran, dass die Nutzung und anlagentechnische Ausstattung der Gebäude so individuell ist, dass keine brauchbaren Vergleichsdaten verfügbar sind.

- **Modellberechnungen**
  In Ermangelung von Planwerten können auch während der Betriebsphase Modellberechnungen durchgeführt werden, um einen Zielwert zu ermitteln. Voraussetzung hierbei ist die Verfügbarkeit eines genügend genauen Modells des Systems, das beurteilt werden soll, sowie Messwerte aller Randbedingungen und Eingangsgrößen des Modells. In der Regel ist dieses Verfahren sehr aufwendig und erfordert eine genaue und individuelle ingenieurmäßige Untersuchung.

- **Herstellerangaben**
  Im Falle von einzelnen Anlagenkomponenten (vor allem im Bereich der Energieerzeugung) können Herstellerdaten verwendet werden – z.B. für die Effizienz einer Komponente.

5.3.3 Fehler – kontinuierliche Verschlechterung – Optimierungspotenziale

In der ISO 9000 ist ein Fehler als eine »Nichterfüllung einer Anforderung« definiert [87]. Dabei wird die Anforderung definiert als [87]:

»... *Erfordernis oder Erwartung, die festgelegt und üblicherweise vorausgesetzt oder verpflichtend ist ...*«

Diese sehr allgemeinen Begriffsdefinitionen lassen sich für gebäudetechnische Anlagen und ihre Automation konkretisieren, wobei eine Unterscheidung zwischen wirklichen Fehlern, Verschlechterungen bzw. Alterung von Anlagenkomponenten und nicht realisierten Betriebsoptimierungspotenzialen erfolgt:

Fehler sind Planungs- und/oder Ausführungsfehler bzw. ungewollte Verschlechterungen des planmäßigen Betriebs.

Beispiele hierfür sind
- Fehlender hydraulischer Abgleich
- Über- oder unterdimensionierte Komponenten
- Nicht geeignete/falsch eingestellte Thermostate – wenn diese sowohl für den Heiz- als auch den Kühlbetrieb eingesetzt werden
- Ausfall einer Komponente – defektes Ventil, Pumpe, Brenner etc.

Kontinuierliche Verschlechterungen ergeben sich meist aufgrund der Alterung oder unzureichender Wartung von Anlagenkomponenten.

Beispiele hierfür sind
- Nachlassende Pumpen- oder Kompressorleistung – z.B. bei einer durch Kavitation beschädigten Pumpe
- Nachlassende Leistungsfähigkeit eines Wärmeübertragers – z.B. durch Verschlackung des Wärmeübertragers

Betriebsoptimierungspotenziale, die sich durch eine unzureichend einregulierte Anlage ergeben, sind beispielsweise
- Keine Absenkphasen während der Nacht oder am Wochenende realisiert.
- Kein modulierender Betrieb gewährleistet, obwohl dies möglich wäre – z.B. angepasste Pumpendrehzahl oder modulierender Brennerbetrieb.
- Falsch eingestellte Heiz-/Kühlkennlinien.
- Nicht aufeinander abgestimmter Betrieb von voneinander abhängigen Subkomponenten – z.B. Pumpe im Primärkreis läuft, auf der Sekundärseite erfolgt jedoch keine Abnahme, da die Sekundärpumpe ausgeschalten ist.
- Kein oder ungenügender Absenkbetrieb – Betriebszeiten zu lang.
- Betriebszeiten nicht abgestimmt – z.B. Ventilatoren, Umwälzpumpe.
- Gleichzeitiges Heizen und Kühlen.

- Fehlender hydraulischer Abgleich.
- Volumenströme zu hoch – Temperaturspreizung der Heiz-/Kühlkreise zu gering.
- Falsche Dimensionierung der Erzeugeranlagen – Takten, Teillastbetrieb.
- Fehler in Messtechnik – z. B. falsche Wandlerfaktoren, falsch ausgelegte Zähler, nicht kalibrierte Sensoren.

Aus Fehlern, Verschlechterungen und/oder nicht realisierten Optimierungspotenzialen ergeben sich messbare Auswirkungen auf den Zustand des Gebäudes, die gebäudetechnischen Anlagen und den Nutzer. Die Aufdeckung dieser betriebstechnischen Missstände lässt sich durch manuelle und/oder automatisierte regel- oder modellbasierte Verfahren bewerkstelligen. Alle Methoden haben gemeinsam, dass ein Mindest-Umfang an Messgrößen und ein Mindestmaß an Messqualität notwendig ist, um den Zustand des betrachtenden Systems hinreichend beurteilen zu können.

Die Methoden zur Fehlererkennung lassen sich nach unterschiedlichen Kriterien wie den Automationsgrad, die Art der Referenzwertgewinnung und die Methode der Identifikation unterscheiden, s. **Abb. 4–39**. Kriterien für die Methodenwahl sind Eignung hinsichtlich ihrer schnellen und einfachen Integration in existierende Systeme, Minimierung der »false-positive« Meldungen (d. h. Fehlidentifikationen) und ihre Möglichkeit auf verschiedene haustechnische Systeme übertragbar zu sein.

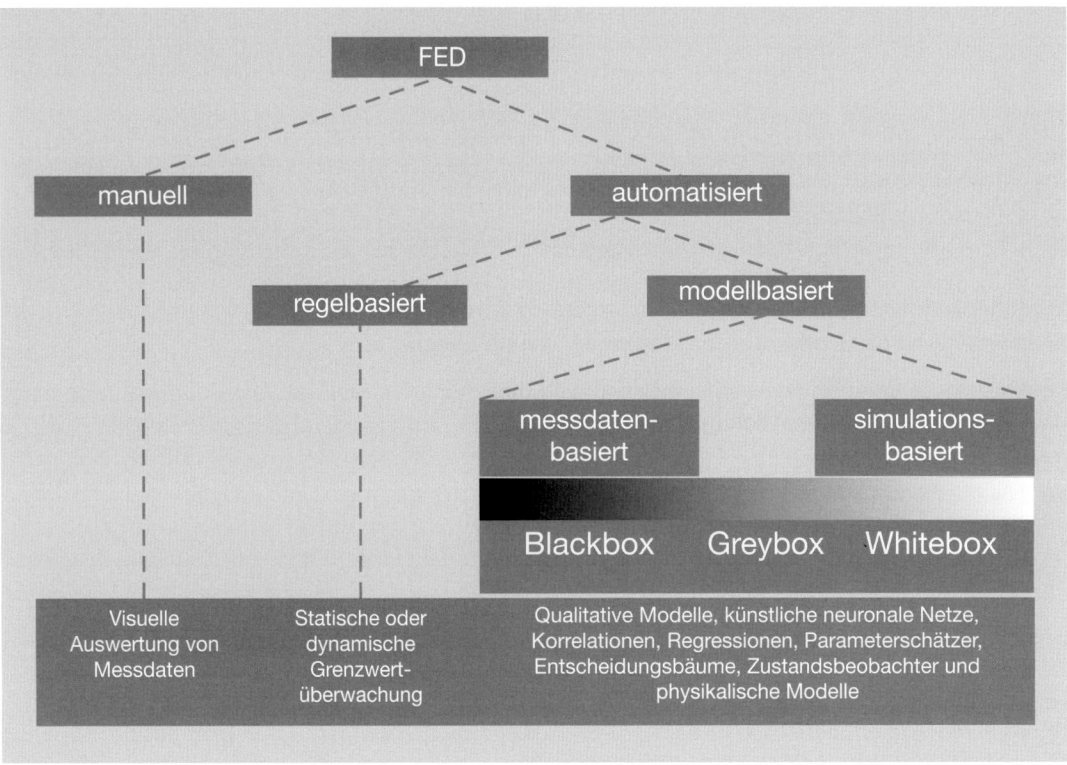

Abb. 4–39

Methoden zur Fehlererkennung und Diagnose.

Am Beispiel des Ventils (**Abb. 4–40**) einer Fernwärme-Übergabestation lässt sich eine einfache Regel für die Fehlererkennung ableiten: Wenn trotz fehlender Wärmeanforderung eine Wärmeleistung gemessen wird, ist das Ventil undicht oder schließt nicht vollständig.

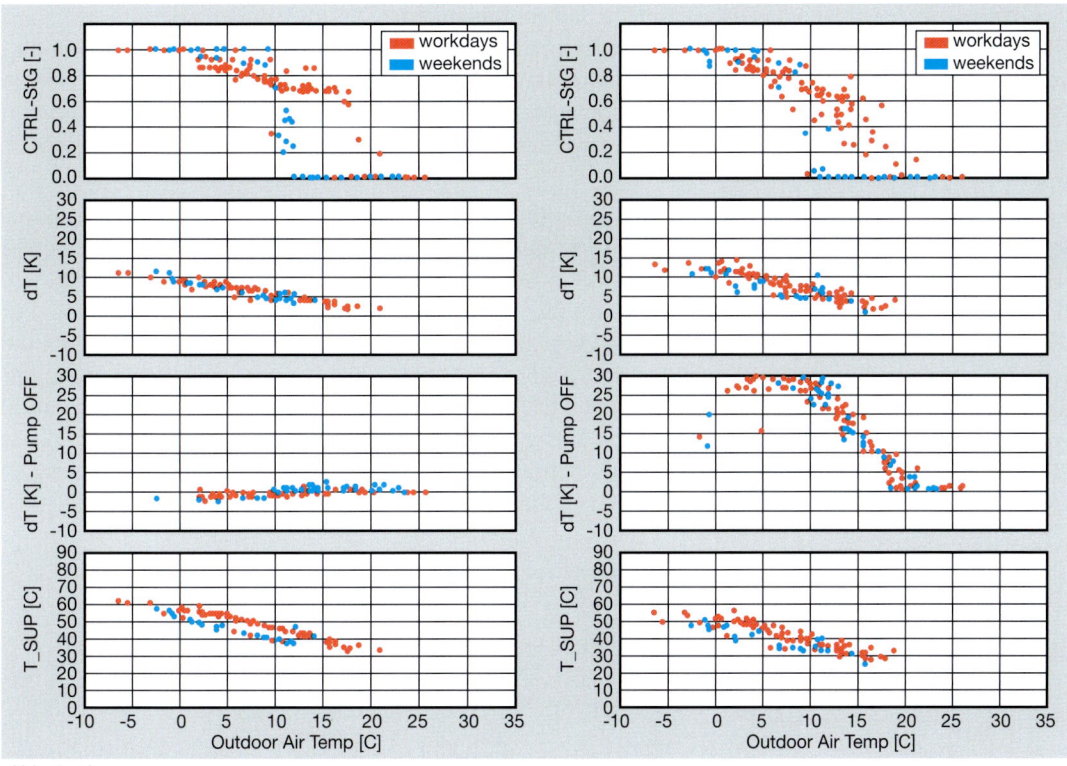

Abb. 4-40

Beispiele von Scatterplots für Heizkreise – Quelle [82]
Links: Beispiel eines Heizkreises **ohne größere** Mängel
Vorlauftemperatur (T_SUP) und Spreizung (dT) zeigen eine negative lineare Korrelation zur Außentemperatur. Eine Absenkung der Vorlauftemperatur an Wochenenden ist erkennbar. Wenn die Pumpe nicht läuft, ist dT im Bereich +/- 5 K

Rechts: Beispiel eines Heizkreises **mit Mängeln**.
Vorlauftemperatur (T_SUP) und Spreizung (dT) zeigen eine negative lineare Korrelation zur Außentemperatur aber die Absenkung der Vorlauftemperatur an Wochenenden ist nicht ausgeprägt. Weiterhin hat das Mischventil offensichtlich eine Leckage, da die Spreizung eine deutlich negative Steigung beim Betriebszustand »Pumpe aus« zeigt.

5.4 Optimimerung und Lastmanagement

5.4.1 Optimierung

Nachdem ein fehlerfreier Gebäudebetrieb erreicht worden ist, können Optimierungsmaßnahmen durchgeführt werden. Dabei ist neben der Frage, wie niedrig der optimale Energieverbrauch ist, auch die Frage, wie man diesen erreichen kann, entscheidend. Da bei der Optimierung somit nicht nur eine Abweichung vom optimalen Betrieb festgestellt werden soll, sondern auch die Parameter, wie das reale System diesen Zustand erreichen kann, ist es im Gegensatz zur Fehlererkennung üblich, mit Modellen zu arbeiten, die auf physikalischen Grundprinzipien beruhen. Nur so lassen sich Optimierungspotenziale in vollem Umfang erkennen [88]. Die Optimierung selbst ist die Suche nach den Parametern des Modells, die eine gegebene Zielfunktion – z. B. die Minimierung des Energiebedarfs oder der Energiekosten am besten erfüllen. Üblicherweise sind dabei vorgegebene Randbedingungen zu beachten, wie etwa die Bereitstellung einer bestimmten Raumsolltemperatur oder die erforderlichen Betriebszeiten. Bei Optimierungsproblemen wird zwischen lokalen und globalen unterschieden. Bei einer globalen

Optimierungsaufgabe soll das absolute Minimum im gesamten zulässigen Parameterraum gefunden werden. Globale Optimierungen sind wesentlich schwieriger. Dabei hängt die Lösbarkeit in Abhängigkeit von der verfügbaren Rechenkapazität sehr stark von der Topologie der Zielfunktion ab. In vielen Fällen gibt es zusätzliche Rand- bzw. Nebenbedingungen, die bei der Optimierung eingehalten werden sollen. Optimierungs- und Fittmethoden werden inzwischen vielfältig angewendet – z. B. in Ingenieurwissenschaften, Statistik, Physik, Wirtschaft.

Ein Beispiel für die Optimierung sind die eingestellten Betriebsparameter für Thermoaktive Bauteilsysteme (TABS). Durch die Trägheit des Systems und der häufigen Kopplung mit Wärmepumpensystemen hängt die Energieperformance und Komfortperformance wesentlich von den gewählten Temperaturen, den Masseströmen und den An- und Abschaltzeiten der Pumpen des hydraulischen Systems ab. Für die Ermittlung der Parameter gibt es mehrere Verfahren wie zum Beispiel das UBB-Verfahren sowie die Regelableitung auf Basis einer Model Predictive Control [70] [89]. Ein Beispiel unter Anwendung der Methode stochastischer Optimierung zeigt das Optimierungspotenzial. Als Optimierungsparameter wird der Massefluss im TABS verwendet, da dieser die Stellgröße in der Regelstrecke ist und in der Realität durch Ventile an den einzelnen hydraulischen Kreisen eingestellt werden kann. Der Massefluss wird jeweils für eine Stunde konstant gehalten und als Stellsignal zwischen null und eins angegeben.

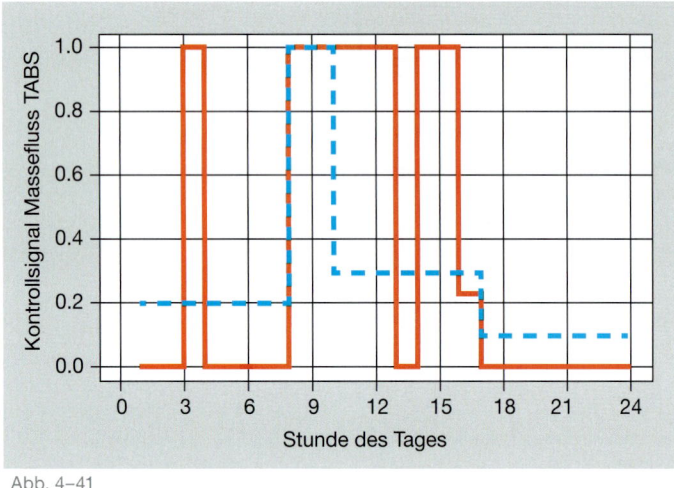

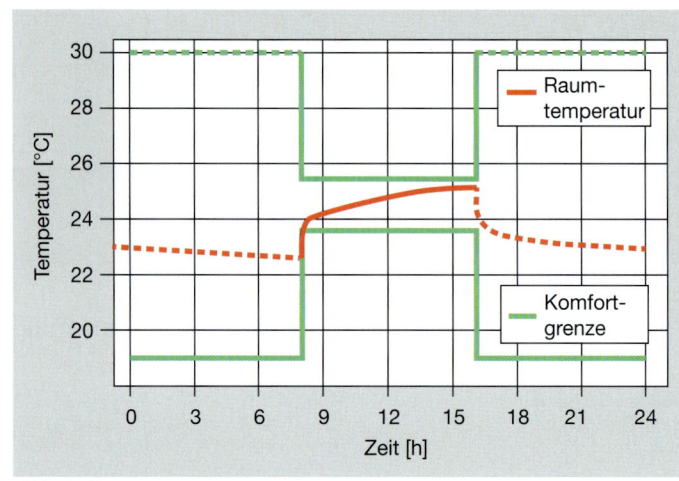

Abb. 4–41

Abb. 4–42

Steuerstrategie, die bei der stochastischen Optimierung gefunden wurde (durchgezogene Linie). Strichpunktiert ist die manuelle Vergleichsstrategie: Raumtemperaturverlauf bei der manuell gefundenen Steuerstrategie [88].

Das Kriterium dieser Optimierung ist eine Kostenfunktion, bei der Energie und Komfort monetär bewertet werden. Der Wert der Zielfunktion konnte mit der Optimierung von 2,17 €/d auf 1,37 €/d für ein 20 m² Büro gesenkt werden. Das ist eine Verbesserung der Zielfunktion um fast 40 %, wobei der überwiegende Anteil der Kostensenkung einer Verbesserung des Komforts geschuldet ist.

5.4.2 Netzdienliche Gebäude und Lastmanagement

Dem betrieblichen Energiemanagement obliegt eine weitere wichtige Optimierungsaufgabe, die Anpassung des Anlagebetriebs an externe energiewirtschaftliche Erfordernisse. Die Verfügbarkeit und das Angebot von leitungsgebundenen Energieträgern schwanken, was sich je nach Tarifsystem auch auf die Bezugskosten für Energie auswirkt. In herkömmlichen Tarifstrukturen für den Energiebezug wird dies durch die Komponenten Leistungspreis und Arbeitspreis abgebildet. Durch den kontinuierlichen Ausbau des Anteils fluktuierender erneuerbarer Energien an der Energieerzeugung verändert sich die Angebotsstruktur, die Schwankungen der Residuallast nimmt zu – d.h. der von den steuerbaren Erzeugern zu deckende Anteil –, was sich auch auf die Preise z. B. an der Strombörse auswirkt.

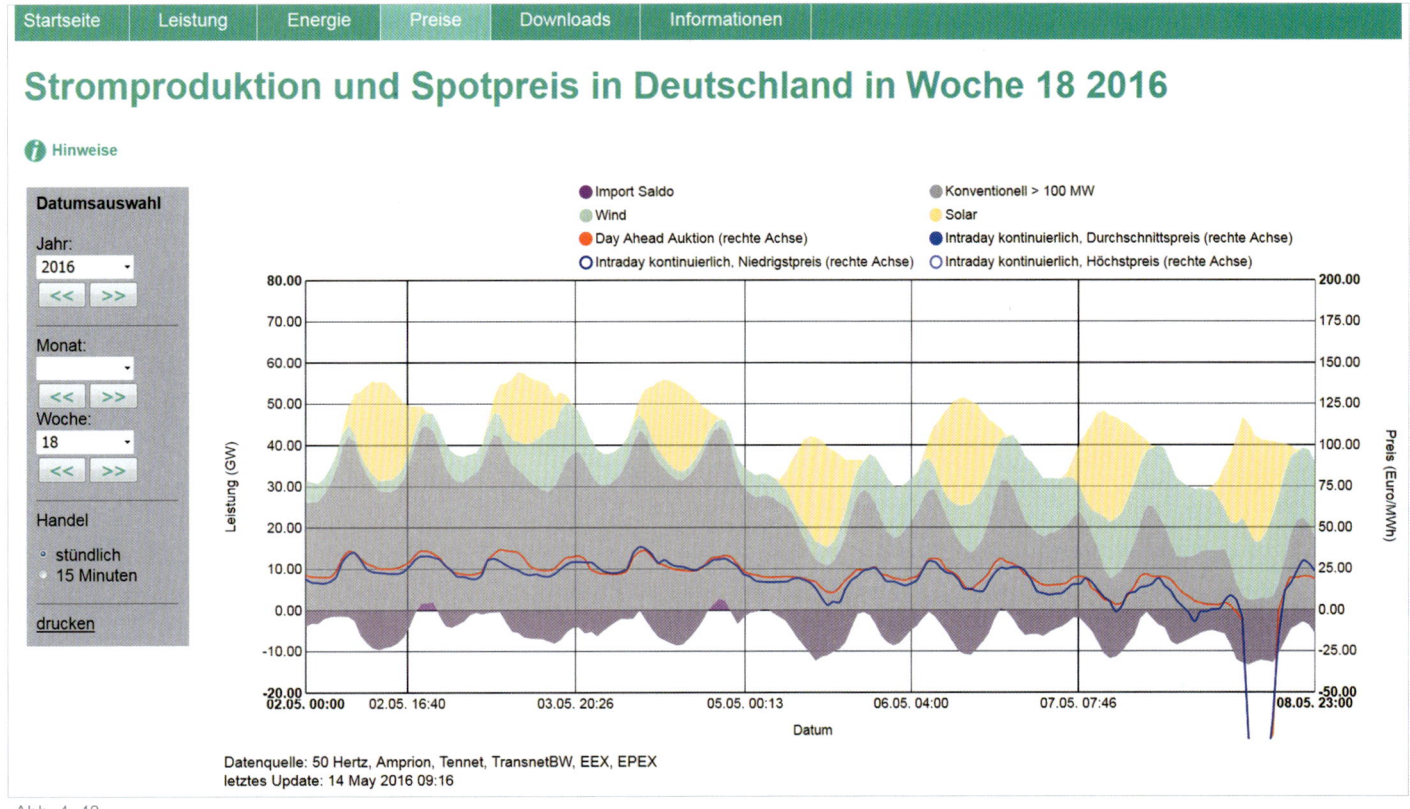

Abb. 4–43

Web-basiertes Informationstool Energy Charts zur Stromerzeugung, www.energy-charts.de

Durch den Anlagenbetrieb können Gebäude auf diese Anforderungen reagieren, als technische Möglichkeiten dienen hierzu die Nutzung von thermischen und elektrischen Speichern (s. auch Kapitel 4.3 und 4.7) oder der Wechsel der Erzeuger bei multienergetischen Versorgungssystemen. Ein wichtiger Aspekt des Lastmanagements (engl.: demand side management) ist die Infrastruktur für die Kommunikation von Lastzuständen des Netzes oder Preisinformationen. Lösungen für diese digitale Infrastruktur werden häufig unter dem Begriff »smart meter« zusammengefasst; erfolgt ein Austausch der Lastzustände und werden diese Informationen bei der Steuerung des Netzes berücksichtigt wird von einem smart grid gesprochen. Aufgrund der sehr umfangreichen Anzahl an unterschiedlichen Kommunikationsprotokollen sind Softwarelösungen notwendig, die unterschiedliche Kommunikationsstandards integrieren wie OpenMUC [91].

Die Erhöhung der Eigennutzung von Strom aus Photovoltaikanlagen durch den Einbau von Batterien oder durch die Umstellung der Wärmeversorgung auf ein elektrisches Heizsystem wie die Wärmepumpe ist ein Beispiel wie sich Lastmanagement auch im Wohnungsbau etabliert. Im folgenden Beispiel wurde der Eigenstromanteil durch eine optimierte Betriebsstrategie und den Ausbau der Speicherkapazität (von 0,5 auf 2,0 m³) von 41 auf bis zu 70 % erhöht.

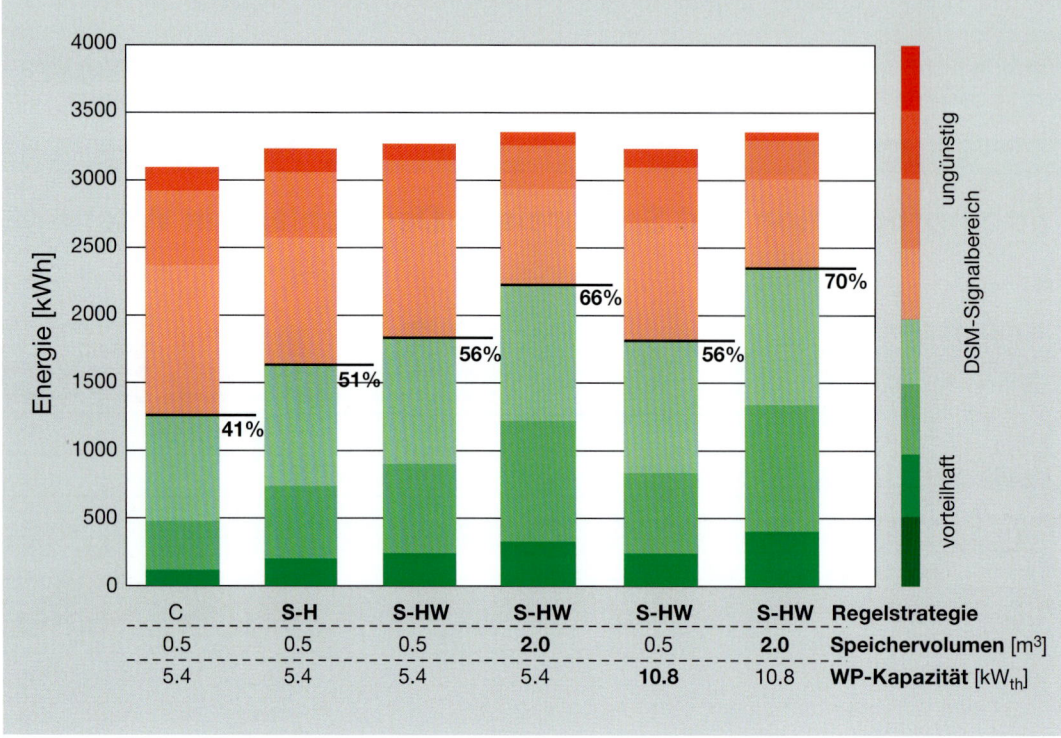

Abb. 4–44

Simulationsstudie zum Energiebedarf und zur Demand Side Management (DSM) eines Wohngebäudes mit einem Wärmepumpensystem.

6 Literatur- und Quellenangaben

[1] Europäisches Parlament und Europäischer Rat: Directive 2010/31/EU of the European Parliament and of the Council of 19 May 2010 on the energy performance of buildings. Directive 2010/31/EU. 2010

[2] Mehr aus Energie machen – Nationaler Aktionsplan für Energieeffizienz, Bundesministerium für Wirtschaft und Energie, Berlin 2014

[3] Regierung der Bundesrepublik Deutschland: Verordnung über energiesparenden Wärmeschutz und energiesparende Anlagentechnik bei Gebäuden (Energieeinsparverordnung - EnEV). EnEV. 2015

[4] Vornormenreihe 18599; 2011. Energetische Bewertung von Gebäuden – Berechnung des Nutz-, End- und Primärenergiebedarfs für Heizung, Kühlung, Lüftung, Trinkwarmwasser und Beleuchtung

[5] DIN V 4108-6:2003-06; 06/2003. Wärmeschutz und Energie-Einsparung in Gebäuden – Teil 6: Berechnung des Jahresheizwärme- und des Jahresheizenergiebedarfs, abgerufen am: 01.03.2016

[6] DIN V 4701-10:2003-08; 08/2003. Energetische Bewertung heiz- und raumlufttechnischer Anlagen – Teil 10: Heizung, Trinkwassererwärmung, Lüftung

[7] Null- und Plusenergiegebäude. Themeninfo II/2015, Musall, E., Voss, K. u. Stahl, W., Karlsruhe 2015

[8] DIN 4108-2:2013-02; 02/2013. Wärmeschutz und Energie-Einsparung in Gebäuden – Teil 2:Mindestanforderungen an den Wärmeschutz

[9] DIN EN 15251:2007-08; 2007–08. Eingangsparameter für das Raumklima zur Auslegung und Bewertung von Gebäuden – Raumluftqualität, Temperatur, Licht und Akustik

[10] DIN 5034-1:2011-07; 2011-07. Tageslicht im Innenraum – Teil 1: Allgemeine Anforderungen

[11] DIN EN 13779:2007-09; 09/2007. Lüftung von Nichtwohngebäuden – Allgemeine Grundlagen und Anforderungen für Lüftungs- und Klimaanlagen und Raumkühlsysteme

[12] DIN V 18599-10:2011-12; Dezember 2011. Energetische Bewertung von Gebäuden – Berechnung des Nutz-, End- und Primärenergiebedarfs für Heizung, Kühlung, Lüftung, Trinkwarmwasser und Beleuchtung – Teil 10: Nutzungsrandbedingungen, Klimadaten, abgerufen am: 15.02.2016

[13] Europäische Kommission: VERORDNUNG (EU) Nr. 1253/2014 DER KOMMISSION vom 7. Juli 2014 zur Durchführung der Richtlinie 2009/125/EG des Europäischen Parlaments und des Rates hinsichtlich der Anforderungen an die umweltgerechte Gestaltung von Lüftungsanlagen. 2014

[14] EN 308:1997; 06/1997. Wärmeaustauscher – Prüfverfahren zur Bestimmung der Leistungskriterien von Luft/Luft- und Luft/Abgas-Wärmerückgewinnungsanlagen

[15] Sartori, I., Napolitano, A. u. Voss, K.: Net zero energy buildings: A consistent definition framework. Energy and Buildings 48 (2012), S. 220–232

[16] Marszal, A. J., Heiselberg, P., Bourrelle, J. S., Musall, E., Voss, K., Sartori, I. u. Napolitano, A.: Zero Energy Building – A review of definitions and calculation methodologies. Energy and Buildings 43 (2011) 4, S. 971–979

[17] Heidemann, A., Kistemann, T., Stolbrink, M., Kasperkowiak, F. u. Heikrodt, K. (Hrsg.): Integrale Planung der Gebäudetechnik. Erhalt der Trinkwassergüte – Vorbeugender Brandschutz – Energieeffizienz. Berlin, Heidelberg: Springer Vieweg 2014

[18] EN ISO 7730:2005-11; 2005-11. Ergonomie der thermischen Umgebung – Analytische Bestimmung und Interpretation der thermischen Behaglichkeit durch Berechnung des PMV- und des PPD-Indexes und Kriterien der lokalen thermischen Behaglichkeit

[19] DIN 18041:2016-03; 03/2016. Hörsamkeit in Räumen – Anforderungen, Empfehlungen und Hinweise für die Planung

[20] DIN EN 12464-1:2011-08; 2011-08. Licht und Beleuchtung – Beleuchtung von Arbeitsstätten – Teil 1: Arbeitsstätten in Innenräumen; Deutsche Fassung EN 12464-1:2011

[21] Sonnenschutz im Büro. Hilfen für die Auswahl von geeigneten Blend- und Wärmeschutzvorrichtungen an Bildschirm- und Büroarbeitsplätzen. Schriftenreihe Prävention SP 2.5 (BGI 827), VBG Verwaltungs-Berufsgenossenschaft

[22] Voss, K., Wagner, A., Maas, A., Herkel, S., Kalz, D. u. Lützkendorf, T.: Performance von Gebäuden: Kriterien, Konzepte und Erfahrungen. Stuttgart: Fraunhofer IRB Verlag 2016

[23] Deutscher Wetterdienst DWD: Testreferenzjahre (TRY), Offenbach. http://www.dwd.de/DE/leistungen/testreferenzjahre/testreferenzjahre.html;jsessionid=F60EA7A95E889873DD744CF7560EAE8C.live11042?nn=507312, abgerufen am: 02.05.2016

[24] Deutscher Wetterdienst DWD: Testreferenzjahre von Deutschland für mittlere und extreme Wetterverhältnisse, Offenbach 2011. http://www.bbsr-energieeinsparung.de/EnEVPortal/DE/Regelungen/Testreferenzjahre/Testreferenzjahre/01_start.html?nn=739044&notFirst=true&docId=743442.html?nn=507312, abgerufen am: 15.02.2016

[25] Deutscher Wetterdienst DWD: Testreferenzjahre von Deutschland für mittlere und extreme Wetterbedingungen, Offenbach 2004

[26] Voss, K., Herkel, S., Kalz, D., Lützkendorf, T., Maas, A. u. Wagner, A.: Performance von Gebäuden. Kriterien – Konzepte – Erfahrungen. Stuttgart: Fraunhofer IRB Verlag 2016

[27] Deutscher Wetterdienst DWD: CDC (Climate Data Center), Offenbach 2016. http://www.dwd.de/DE/klimaumwelt/cdc/cdc_node.html

[28] Deutscher Wetterdienst DWD: Messwerte Wetterstation Lennestadt 2007 - 2014. 2015

[29] Voss, K., Löhnert, G., Herkel, S., Wagner, A. u. Wambsganß, M.: Bürogebäude mit Zukunft. Berlin: Solarpraxis AG 2006

[30] Die Nutzung industrieller Abwärme – technisch-wirtschaftliche Potenziale und energiepolitische Umsetzung, Pehnt, M., Bödeker, J., Arens, M., Jochem, E. u. Idrissova, F., Heidelberg, Karlsruhe 2010

[31] Technologien der Abwärmenutzung, Sächsische Energieagentur – SAENA GmbH, Dresden 2012

[32] University of Strathclyde: ESP-r development history and future plans. http://www.esru.strath.ac.uk/Programs/ESP-r_history.htm, abgerufen am: 25.05.2016

[33] Thermal Energy System Specialists, LLC: What is TRNSYS, Madison 2016. http://www.trnsys.com/

[34] Herkel, S., Schöffel, F. u. Dionísio, J.: Interactive three-dimensional visualisation of thermal comfort

[35] VDI 6039:2011-06; 06/2011. Facility-Management – Inbetriebnahmemanagement für Gebäude – Methoden und Vorgehensweisen für gebäudetechnische Anlagen

[36] Checkliste für die Abnahme von Klima- und Lüftungsanlagen. Solarunterstützte Anlagen, Komfortanlagen, FGK STATUS-REPORT 27, Nr. 170 01/12, Fachverband Gebäude-Klima e.V., Dresden, Bietigheim-Bissingen 2012

[37] DIN EN 12599:2013-01; 01/2013. Lüftung von Gebäuden – Prüf- und Messverfahren für die Übergabe raumlufttechnischer Anlagen

[38] DIN 4108-7; 08/2001. Wärmeschutz und Energie-Einsparung in Gebäuden – Teil 7: Luftdichtheit von Gebäuden, Anforderungen, Planungs- und Ausführungshinweise sowie -beispiele, abgerufen am: 23.02.2016

[39] ISO 9972:2015-08; 08/2015. Wärmetechnisches Verhalten von Gebäuden – Bestimmung der Luftdurchlässigkeit von Gebäuden – Differenzdruckverfahren

[40] DIN V 18599-2:2011-12; 12/2011. Energetische Bewertung von Gebäuden – Berechnung des Nutz-, End- und Primärenergiebedarfs für Heizung, Kühlung, Lüftung, Trinkwarmwasser und Beleuchtung – Teil 2: Nutzenergiebedarf für Heizen und Kühlen von Gebäudezonen, abgerufen am: 23.02.2016

[41] Solemma, L. L.: DIVA for Rhino. Environmental analysis for buildings, Cambridge. http://diva4rhino.com/, abgerufen am: 30.05.2016

[42] Fraunhofer ISE: Fener. Integrated daylight, glare and energy evaluation of fenestration technologies, Freiburg 2015. https://fener-webport.ise.fraunhofer.de/, abgerufen am: 31.05.2016

[43] Pfafferott, J., Kalz, D. u. Koeningsdorff, R.: Bauteilaktivierung. Einsatz – Praxiserfahrungen – Anforderungen. Stuttgart: Fraunhofer IRB Verlag 2015

[44] Koeningsdorff, R.: Bauteilaktivierung – eine alte Idee und Ihre heutige Verbreitung. DETAIL – Zeitschrift für Architektur 47 (2007) 6

[45] Wystercil, D., Kaatz, C. u. Kalz, D.: Vergleichende Analyse hydraulischer Anlagen mit Flächentemperiersystemen. Teil 1: Struktur. GI – GebäudeTechnik | InnenraumKlima 136 (2015) 06, S. 384–396

[46] VDI 2078:2015-06; Juni 2015. Berechnung der thermischen Lasten und Raumtemperaturen (Auslegung Kühllast und Jahressimulation)

[47] 7730:2006-05; 05/2006. Ergonomie der thermischen Umgebung – Analytische Bestimmung und Interpretation der thermischen Behaglichkeit durch Berechnung des PMV- und des PPD-Indexes und Kriterien der lokalen thermischen Behaglichkeit (ISO 7730:2005)

[48] DIN 1946-6:2009-05; 05/2009. Raumlufttechnik – Teil 6: Lüftung von Wohnungen – Allgemeine Anforderungen, Anforderungen zur Bemessung, Ausführung und Kennzeichnung, Übergabe/Übernahme (Abnahme) und Instandhaltung

[49] Richtlinie über brandschutztechnische Anforderungen an Lüftungsanlagen (Lüftungsanlagen-Richtlinie – LüAR). LüAR. In: GBl. 2006, Nr. 13, S. 836

[50] Truninger, K.: VAV system with genuinely demand-controlled fans. REHVA Journal 50 (2013) 4, S. 15–18

[51] Richtlinienreihe VDI 6022; 2011 – 2015. Raumlufttechnik, Raumluftqualität

[52] Holistic evaluation of conventional and innovative ventilation systems for the energy retrofit of residential buildings, Doctoral Thesis, Coydon, F., Karlsruhe 2016

[53] VDI 3803; 2010. Richtlinienreihe VDI 3803 »Raumlufttechnik, Geräteanforderungen«

[54] DIN EN 12977-3:2012-06; 06/2012. Thermische Solaranlagen und ihre Bauteile – Kundenspezifisch gefertigte Anlagen – Teil 3: Leistungsprüfung von Warmwasserspeichern für Solaranlagen

[55] DIN EN 12897:2006-09; 09/2006. Wasserversorgung – Bestimmung für mittelbar beheizte, unbelüftete (geschlossene) Speicher-Wassererwärmer

[56] DIN EN 15332:2008-01; 01/2008. Heizkessel - Energetische Bewertung von Warmwasserspeichersystemen

[57] Energietechnologien 2050 – Schwerpunkte für Forschung und Entwicklung – Technologienbericht, Wietschel, M., et al., Stuttgart 2010

[58] Hintergrundinformation Wärme speichern, Agentur für Erneuerbare Energien, Berlin 2009

[59] Richtlinienreihe VDI 2073; 2014. Hydraulik in Anlagen der Technischen Gebäudeausrüstung

[60] Anwendungsbilanzen für die Endenergiesektoren in Deutschland in den Jahren 2010 und 2011, Arbeitsgemeinschaft Energiebilanzen, Berlin 2013

[61] Technische Maßnahmen zur Verminderung des Legionellenwachstums; Planung, Errichtung, Betrieb und Sanierung von Trinkwasser-Installationen, Deutscher Verein des Gas- und Wasserfaches e.V., Bonn 2004

[62] Klimaneutraler Gebäudebestand 2050, Dr. Veit Bürger, Dr. Tilman Hesse, Dietlinde Quack, Andreas Palzer, Benjamin Köhler, Sebastian Herkel, Dr. Peter Engelmann, Dessau-Roßlau 2016

[63] Energiesystem Deutschland 2050. Sektor- und Energieträgerübergreifende, modellbasierte, ganzheitliche Untersuchung zur langfristigen Reduktion energiebedingter CO_2-Emissionen durch Energieeffizienz und den Einsatz Erneuerbarer Energien, Henning, H.-M. u. Palzer, A., Freiburg 2013

[64] Was kostet die Energiewende? – Wege zur Transformation des deutschen Energiesystems bis 2050, Henning, H.-M. u. Palzer, A., Freiburg 2015

[65] Hintergrundpapier zur Energieeffizienzstrategie Gebäude. Erstellt im Rahmen der Wissenschaftlichen Begleitforschung zur Erarbeitung einer Energieeffizienzstrategie Gebäude, Thamling, N., Seefeldt, F., Offermann, R., Kemmler, A., Pehnt, M., Mellwig, P., Oehsen, A. von, Brischke, L.-A., Kirchner, J., Cischinsky, H., Hörner, M. u. Malottki, C. von, Berlin, Heidelberg, Darmstadt 2015

[66] BWP-Branchenstudie – Szenarien und politische Handlungsempfehlungen Daten zum Wärmepumpenmarkt bis 2010 und Prognosen bis 2030, Bundesverband Wärmepumpe e.V., Berlin 2011

[67] Heizen 2050 – Systeme zur Wärmebereitstellung und Raumklimatisierung im österreichischen Gebäudebestand: Technologische Anforderungen bis zum Jahr 2050, Müller, A., et al., Wien, Graz 2010

[68] Langfristszenarien und Strategien für den Ausbau der erneuerbaren Energien in Deutschland bei Berücksichtigung der Entwicklung in Europa und global »Leitstudie 2010« (Endbericht inkl. Datenanhang II), Nitsch, J., et al., Stuttgart, Kassel, Teltow 2010

[69] Gaswärmepumpen, ASUE-Arbeitskreis »Gaswärmepumpen und Kältetechnik«, Kaiserslautern 2002

[70] Kalz, D. u. Koeningsdorff, R.: Nichtwohngebäude effizient heizen + kühlen. Erfahrungen mit thermoaktiven Bauteilsystemen und Wärmepumpen. BINE-Themeninfo (2016) II

[71] DIN VDE 0105-100:2015-10; Oktober 2015. Betrieb von elektrischen Anlagen – Teil 100: Allgemeine Festlegungen

[72] DGUV Regel 103-011; 01/2006. Arbeiten unter Spannung an elektrischen Anlagen und Betriebsmitteln (bisher BGR A3). http://etf.bgetem.de/htdocs/r30/vc_shop/bilder/firma53/dguv_regel_103-011_bgr_a3_a05-2015.pdf, abgerufen am: 17.05.2016

[73] Entwurf DIN EN 62446:2013-03; 03/2013. Netzgekoppelte Photovoltaik-Systeme – Mindestanforderungen an Systemdokumentation, Inbetriebnahmeprüfung und wiederkehrende Prüfungen (IEC 82/749/CD:2012)

[74] Darling, R. M., Gallagher, K. G., Kowalski, J. A., Ha, S. u. Brushett, F. R.: Pathways to low-cost electrochemical energy storage: a comparison of aqueous and nonaqueous flow batteries. Energy Environ. Sci. 7 (2014) 11, S. 3459–3477

[75] DIN EN ISO 50001:2011-12; 12/2011. Energiemanagementsysteme – Anforderungen mit Anleitung zur Anwendung

[76] Uponor GmbH: Praxishandbuch der technischen Gebäudeausrüstung. Berlin: Beuth Verlag GmbH 2009

[77] DIN EN ISO 9001:2015-11; 11/2015. Qualitätsmanagementsysteme – Anforderungen

[78] Modellbasierte Qualitätssicherung des energetischen Gebäudebetriebs (ModQS). Abschlussbericht Förderkennzeichen 0327893, Réhault, N., Ohr, F., Zehnle, S., Müller, T., Rist, T., Jacob, D., Lichtenberg, G., Pangalos, G., Kruppa, K., Schmidt, F., Zuzel, A., Harmsen, A. u. Sewe, E., Freiburg/ Hamburg/ Kornwestheim/ Boulder/ Jülich 2014

[79] DIN EN ISO 16484-3:2005-12; 12/2005. Systeme der Gebäudeautomation (GA) – Teil 3: Funktionen

[80] Leitfaden zur Ausschreibung interoperabler Gebäudeautomation auf Basis von DIN EN ISO 16848-5. Systeme der Gebäudeautomation - Datenkommunikationsprotokoll (BACnet), B.I.G.-EU / VDI-TGA, Karlsruhe

[81] The HDF Group: Why HDF?, Champaign 2011. https://www.hdfgroup.org/why_hdf/, abgerufen am: 27.05.2016

[82] Modellbasierte Methoden für die Fehlererkennung und Optimierung im Gebäudebetrieb (ModBen). Endbericht Förderkennzeichen 0327410A-C, Neumann, C., Jacob, D., Burhenne, S., Florita, A., Burger, E. u. Schmidt, F., Freiburg 2011

[83] DIN EN 15378:2008-07; 07/2008. Heizungssysteme in Gebäuden – Inspektion von Kesseln und Heizungssystemen

[84] Richtlinienreihe VDI 3810. Betreiben und Instandhalten von gebäudetechnischen Anlagen

[85] Richtlinienreihe VDI 3814. Gebäudeautomation

[86] VDI 6039:2011-06; 06/2011. Facility-Management – Inbetriebnahmemanagement für Gebäude – Methoden und Vorgehensweisen für gebäudetechnische Anlagen

[87] ISO 9000; 09/2015. Qualitätsmanagementsysteme – Grundlagen und Begriffe

[88] Jacob, D.: Gebäudebetriebsoptimierung. Verbesserungen von Optimierungsmethoden und Optimierung unter unsicheren Randbedingungen, Universität Dissertation. Karlsruhe 2012

[89] Tödtli, J., Gwerder, M., Renggli, F., Güntensperger, W., Lehmann, B., Dorer, V. u. Hildebrand, K.: Regelung und Steuerung von thermoaktiven Bauteilsystemen (TABS). Bauphysik 31 (2009) 5, S. 319–325

[90] Burger, B.: Energy Charts. Stromproduktion und Spotpreis in Deutschland in Woche 34 2015, Freiburg 2015. https://www.energy-charts.de/price_de.htm, abgerufen am: 17.05.2016

[91] openmuc.org: OpenMUC Overview, Freiburg 2016. https://www.openmuc.org/openmuc/, abgerufen am: 27.05.2016

Abbildungsnachweis

Wenn nicht anders angegeben liegen die Rechte an den Abbildungen beim Fraunhofer-Institut für Solare Energiesysteme ISE.

5 Brandschutz

M. Berger

Wie bereits in den vergangenen Kapiteln erwähnt, ist der Einsatz der Methode BIM in der Praxis für brandschutztechnische Anwendungen noch wenig verbreitet. Doch gerade hier gibt es ein enormes Potenzial zur Vermeidung von Planungsfehlern, zur Kommunikation im Genehmigungsprozess und zur Kostenreduktion.

BIM eröffnet für den Brandschutz neue Möglichkeiten. BIM ermöglicht ebenso Kennzeichnungen von Bauteilen und Komponenten hinsichtlich Baustoff- und Feuerwiderstandsklassen im Modell, wie eine regelbasierte Prüfung von brandschutztechnischen Vorgaben.

Brand- und Rauchabschnitte und Fluchtwege können visuell dargestellt werden. Auch für den Einsatz auf der Baustelle ergeben sich neue Wege für die Dokumentation und Überprüfung von Brandabschottungen oder von zu wartenden Komponenten.

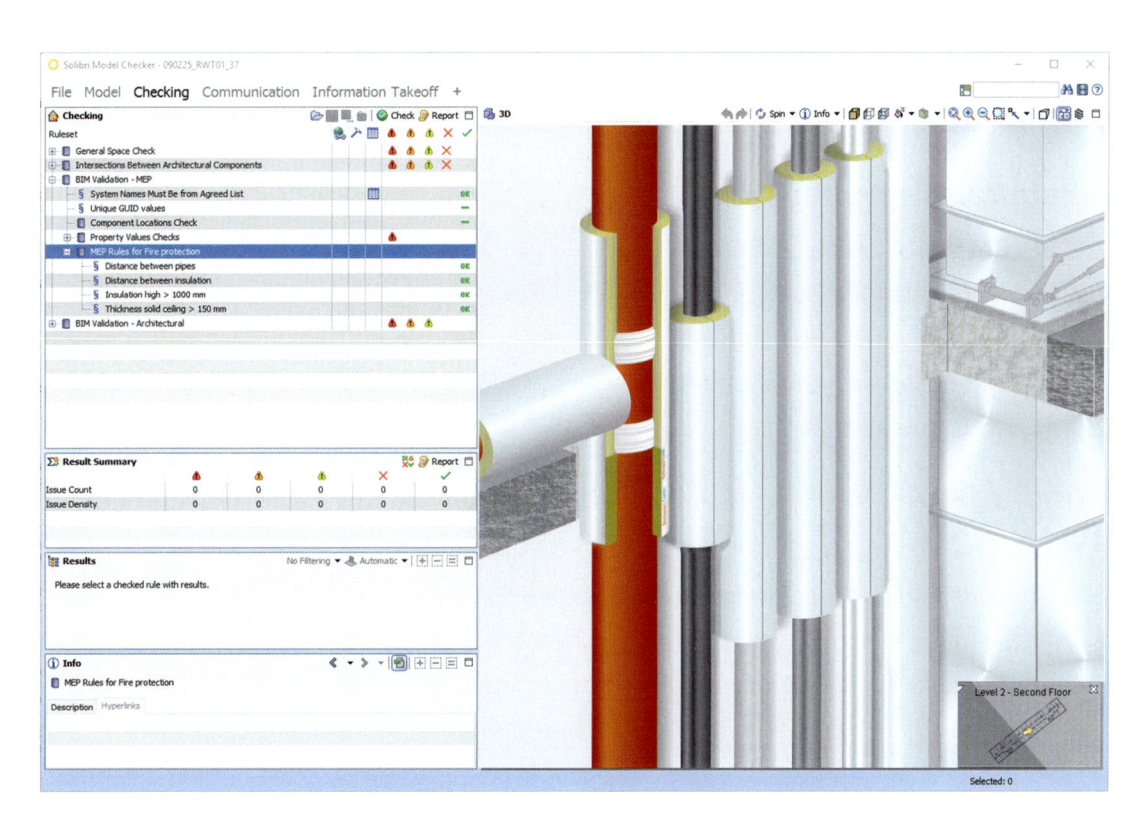

Inhalt

1 Segmentierung von Brandschutzmaßnahmen . . . 339

    1.1 Aufgaben des baulichen Brandschutzes 340
    1.2 Aufgaben des abwehrenden Brandschutzes 340
    1.3 Aufgaben des organisatorischen Brandschutzes 341
    1.4 Aufgaben des anlagentechnischen Brandschutzes 342

2 Planung von Brandschutzmaßnahmen 343

    2.1 Schnittstellen bei der Realisierung 344
    2.2 Leitungsdurchführung 344

3 Bedeutung von BIM in der Planung 345

    3.1 Baulicher Brandschutz im BIM 345
    3.2 Brandschutznachweise während und nach der Bauzeit . . . 346

4 Bedeutung und Anwendung von BIM im betrieblichen Brandschutz. 347

5 BIM und abwehrender Brandschutz 348

6 Baupraxis / Umgang mit Verwendbarkeitsnachweisen . 349

7 Nullabstand – auf ein Wort 351

    7.1 Was ist eigentlich Nullabstand? 351
    7.2 Schwierige Vermörtelung 352
    7.3 Empfehlung für die Planung und Praxis 352
    7.4 Wer hat etwas vom Nullabstand? 352
    7.5 Reden Sie miteinander 352

8 Grundlagen 353

    8.1 Baulicher Brandschutz 353
    8.2 Übereinstimmungsnachweis Bauprodukt und Bauart 353
    8.3 Abweichungen von Verwendbarkeitsnachweisen 354
    8.4 Abweichungen der Bauart werden vom Installateur bewertet . . 354
        8.4.1 Bei Viega haben Sie die Wahl 356
        8.4.2 Umsetzung in der Baupraxis 356
        8.4.3 Abstandsregeln bei Brandschutzabschottungen . . . 357

9 Muster Übereinstimmungserklärung 361

10 Veröffentlichung des DIBt 362

11 Systembeschreibung 367

- 11.1 Bestandteile des Systems Viega Rohrleitungssystem-
  Abschottung – nichtbrennbare Rohre 367
  - 11.1.1 Rohrsystem Profipress 367
  - 11.1.2 Rohrsystem Sanpress 367
  - 11.1.3 Rohrsystem Prestabo 367
  - 11.1.4 Rohrsystem Megapress 367
- 11.2 Bestandteile des Systems Viega Rohrleitungssystem-
  Abschottung – brennbare Rohre 368
  - 11.2.1 Rohrsystem Raxofix/Sanfix Fosta 368
  - 11.2.2 Rohrsystem Raxinox 368

12 Verarbeitungshinweise – Rohrschale 369

13 Dämmung in der Haustechnik 371

- 13.1 Dämmstoffe Deckendurchführungen Nullabstände im System und zu
  Fremdsystemen mit ROCKWOOL – PAROC 373
- 13.2 Dämmstoffe Deckendurchführungen Nullabstände im System und zu
  Fremdsystemen mit ISOVER – KNAUF – STEINBACHER . . . 374

14 Brandschutzlösungen für Decken 375

- 14.1 Profipress/Profipress mit Smartloop-Inliner 375
  - 14.1.1 Einseitige Dämmung (z. B. Heizkörperanschluss) . . . 377
    Anwendungsbeispiele für die Baupraxis 378
  - 14.1.2 Deckendurchführung/erforderliche Dämmlängen bei Abzweigen
    Etagenanbindung Viega Metallsysteme 379
  - 14.1.3 Deckendurchführung Viega Systemrohre (Metall) ≤54mm mit
    Übergang auf Raxofix/Sanfix Fosta d 16–32mm in den Etagen . 381
- 14.2 Sanpress/Sanpress Inox/Sanpress Inox mit Smartloop-Inliner . . 383
  - 14.2.1 Einseitige Dämmung (z. B. Heizkörperanschluss) . . . 385
    Anwendungsbeispiele für die Baupraxis 386
  - 14.2.2 Deckendurchführung/erforderliche Dämmlängen bei Abzweigen
    Etagenanbindung Viega Metallsysteme 387
  - 14.2.3 Deckendurchführung Viega Systemrohre (Metall) ≤54mm mit
    Übergang auf Raxofix/Sanfix Fosta d 16–32mm in den Etagen . 389

14.3	Prestabo / Prestabo PP ummantelt	391
14.3.1	Einseitige Dämmung (z. B. Heizkörperanschluss)	393
	Anwendungsbeispiele für die Baupraxis	394
14.3.2	Deckendurchführung/erforderliche Dämmlängen bei Abzweigen Etagenanbindung Viega Metallsysteme	395
14.3.3	Deckendurchführung Viega Systemrohre (Metall) ≤ 54 mm mit Übergang auf Raxofix/Sanfix Fosta d 16–32 mm in den Etagen	397
14.4	Megapress	399
14.4.1	Einseitige Dämmung (z. B. Heizkörperanschluss)	401
	Anwendungsbeispiele für die Baupraxis	402
14.4.2	Deckendurchführung/erforderliche Dämmlängen bei Abzweigen Etagenanbindung Viega Metallsysteme	403
14.5	Raxofix/Sanfix Fosta, d 16–63 mm	405
14.5.1	Raxofix/Sanfix Fosta – Lösung bei einseitiger Dämmung	407
14.5.2	Raxofix/Sanfix Fosta, d ≤ 32 mm	408
14.6	Raxinox	409
14.7	Nullabstand zwischen Viega Versorgungsleitungen	410
14.8	Abstände zu nichtbrennbaren Entsorgungsleitungen (Guss)	415
14.9	Abstände zu nichtbrennbaren Entsorgungsleitungen (Guss-Mischinstallation)	417
14.10	Nullabstand Viega Rohrsysteme zu brennbaren Abwasserleitungen mit BSM	419
14.11	Nullabstand Viega Rohrsysteme zu brennbaren Abwasserleitungen mit (BSM)	423
14.12	Ringspaltverschluss Decke	424
14.13	Abstände zu Absperrvorrichtungen K 90-18017 Bartholomäus AVR	425
14.14	Abstände zu Absperrvorrichtungen K 90-18017 Wildeboer TS 18	426
14.15	Abstände zu Brandschutzklappen/EN1366-2, Produktnorm DIN EN 15650	427
14.16	Abstände zu Elektroabschottungen Wichmann WD90 Kabelbox	428

15 Brandschutzlösungen für Wände 429

15.1	Profipress/Profipress mit Smartloop-Inliner	429
15.2	Sanpress/Sanpress Inox/Sanpress Inox mit Smartloop-Inliner	431
15.3	Prestabo/Prestabo PP ummantelt	433
15.4	Megapress	435
15.5	Raxofix/Sanfix Fosta, d 16–63 mm	437
15.6	Raxofix/Sanfix Fosta, d < 16 mm	439
15.7	Raxinox	441
15.8	Abstände zwischen Viega Versorgungsleitungen	443
15.9	Ringspaltverschluss Wand	446

16 Brandschutzlösung für Viega Rohrsysteme gedämmt mit Synthesekautschuk für Kaltwasser/Kälte   447

17 Literatur- und Quellenangaben 449

Brandschutz

BIM und Brandschutz

Die brandschutztechnisch notwendigen Maßnahmen beim Bau und Betrieb eines Gebäudes werden zunächst überwiegend durch die Anforderungen des baulichen Brandschutzes bestimmt. Dieses entspricht der Tradition des Bauens.

Bei den immer komplexer werdenden architektonischen Lösungen zur Gebäudegestaltung und dem Verlangen nach größeren Produktions- und Lagerstätten werden immer häufiger Abweichungen von den allgemeinen bewährten baurechtlichen Bestimmungen erforderlich. Die Abweichungen werden dabei meistens durch Maßnahmen des anlagentechnischen Brandschutzes kompensiert, so dass das Schutzziel durch diese zusätzlichen Maßnahmen erreicht werden kann.

Die Verknüpfungen zwischen einzelnen Maßnahmen werden dabei immer komplexer. Die Abstimmung und insbesondere die detaillierten Kenntnisse zu den verschiedenen Brandschutzmaßnahmen gewinnen zunehmend an Bedeutung.

Fehler, die während der Planung oder Bauphase gemacht werden, lassen sich dann meistens nur mit einem hohen finanziellen Aufwand beheben – falls die Fehler entdeckt und nicht verdeckt werden. Bei unentdeckten oder verschleierten Fehlern ist es dann ein Verlust der geforderten Sicherheit.

Durch die strukturierte Planung innerhalb eines BIM-Prozesses lassen sich hier Fehlerquellen vermeiden und es können Arbeitsschritte durch abgestimmte Daten- und Informationsweitergabe vereinfacht werden.

Ich danke Herrn Prof. Dr. Jörg Reintsema für die Unterstützung bei der Erstellung dieses Beitrages.

1 Segmentierung von Brandschutzmaßnahmen

Aufgrund der Vielfältigkeit der verschiedenen Maßnahmen des Brandschutzes wird das Themengebiet in verschiedene Segmente unterteilt.

Die grobe Unterteilung erfolgt dabei nach der Wirkungsweise in
- vorbeugende und
- reagierende bzw. abwehrende

Maßnahmen.

Die Segmente des Brandschutzes sind entsprechend **Abb. 5–1** gegliedert in
- Baulicher Brandschutz,
- Organisatorischer (auch betrieblicher) Brandschutz,
- Anlagentechnischer Brandschutz und
- Abwehrender Brandschutz.

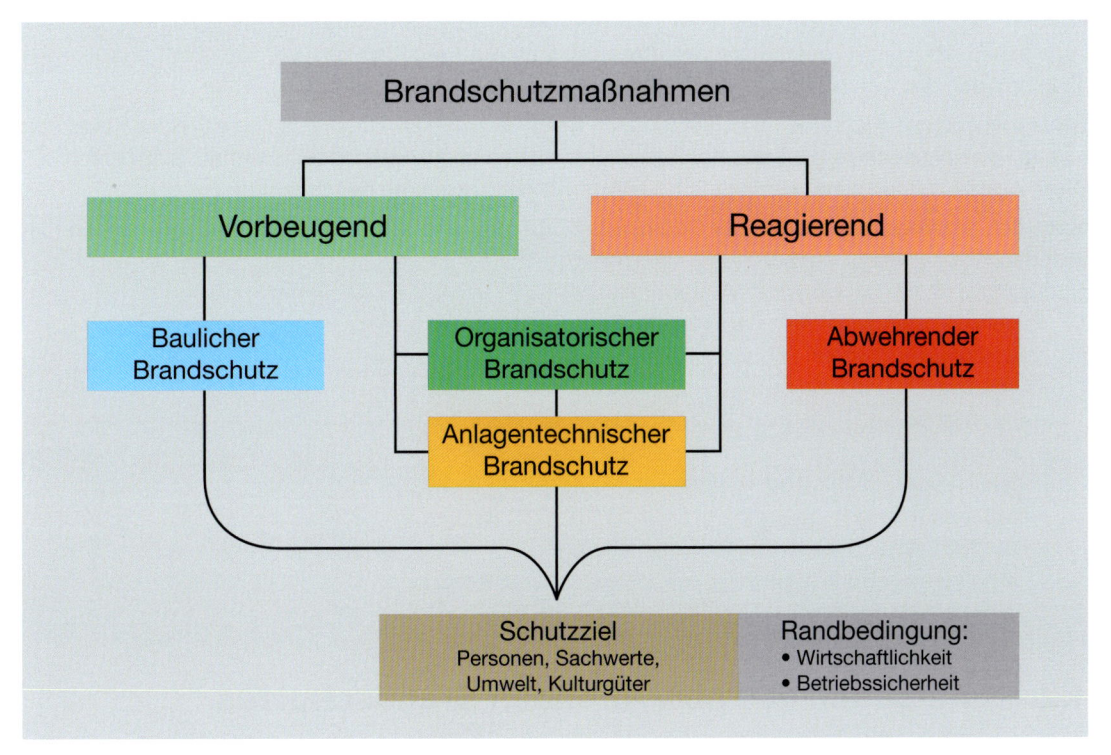

Abb. 5–1 Einteilung von Brandschutzmaßnahmen

1.1 Aufgaben des baulichen Brandschutzes

Der bauliche Brandschutz hat für die eines Gebäudes getroffenen Brandschutzmaßnahmen eine besondere Bedeutung. Durch den baulichen Brandschutz werden die wesentlichen Anforderungen an ein Gebäude, nämlich die Standsicherheit und der Schutz vor Feuer- und Brandausbreitung umgesetzt. Die besondere Bedeutung des baulichen Brandschutzes ergibt sich aus der Tatsache, dass im Falle eines Brandes eine Wand nicht nachträglich aufgebaut oder ertüchtigt werden kann.

Zu den Aufgaben des baulichen Brandschutzes gehören die Festlegungen und Bewertungen von
- Gebäudeabmessungen,
- Gebäudelage und -abgrenzung,
- Brennbarkeit der Baustoffe,
- Feuerwiderstandsdauer der Bauteile und -elemente,
- Lage und Bemessung von Flucht- und Rettungswegen sowie
- Flächen für die Feuerwehr.

Werden hier Abstände vergrößert oder reduzierte Anforderungen an die Tragfähigkeit der Bauteile zugelassen, so werden besondere Anforderungen an die Personen gestellt, die die Aufgaben des abwehrenden und organisatorischen Brandschutzes übernommen haben.

Bei Gebäuden besonderer Art und Nutzung (im Baurecht auch als Sonderbauten bezeichnet) werden häufig Abweichungen von den allgemeinen Verordnungen und Regeln der Bautechnik erforderlich. Diese Abweichungen werden dann häufig in Brandschutzkonzepten beschrieben.

Nach den allgemeinen Vorlagen der Bauministerkonferenz sind im Rahmen der Baugenehmigung im Brandschutznachweis insbesondere zu beschreiben
- Brandverhalten der Baustoffe (Baustoffklasse)
- Feuerwiderstandsfähigkeit der Bauteile (Feuerwiderstandsklasse)
- Bauteile, Einrichtungen und Vorkehrungen zum Brandschutz, wie
  – Brandwände und Decken
  – Trennwände
  – Unterdecken
  – Installationsschächte und -kanäle
  – Lüftungsanlagen
  – Feuerschutzabschlüsse und Rauchschutztüren
  – Öffnungen zur Rauchableitung, einschließlich der Fenster
- Technische Anlagen und Einrichtungen zum Brandschutz.

1.2 Aufgaben des abwehrenden Brandschutzes

Die Aufgaben des abwehrenden Brandschutzes werden überwiegend durch ausgebildete Feuerwehrleute übernommen. Zur Aufgabenerfüllung ist dabei die Art der Feuerwehr unbedeutend, auch wenn hier bezüglich der Leistungsfähigkeit einer Berufs- und einer freiwilligen Feuerwehr zum Teil deutliche Unterschiede bestehen.

Die dem abwehrenden Brandschutz zugeordneten Aufgaben sind
- Befreiung von Menschen und Tieren aus lebensbedrohlichen Lagen,
- Minimierung der Brandausbreitung, von Folgeschäden und
- Brandbekämpfung.

Es ist eigentlich selbsterklärend, dass nicht die Aufgabe einer Feuerwehr ist, im Brandfall die Verantwortung für die Personen, die sich in einem Gebäude befinden, zu übernehmen. Bei einer tolerierten Rettungszeit von zum Teil über 8 Minuten bis zum Eintreffen der Feuerwehr sind die Personen zunächst auf sich bzw. die festgelegten organisatorischen Maßnahmen angewiesen.

Ein wesentlicher Faktor zur Durchführung wirksamer Löscharbeiten im Brandfall ist eine gründliche Erkundung der Gefahrenlage innerhalb des Gebäudes und Geländes. Dazu sind Kenntnisse über das Gebäude, deren Zugänge und insbesondere besonderer Gefahren, die den Einsatz gefährden könnten, unabdingbar.

Kenntnisse über die Lage der Löschwasserversorgung sind für den schnellen Aufbau einer Brandbekämpfung von besonderer Bedeutung, da hier durch das schnelle Auffinden der Löschwasserentnahmestellen innerhalb und außerhalb des Gebäudes Zeit eingespart und der Brand eher bekämpft werden kann.

Durch die Daten, die automatisiert aus einer Datenbank in die speziellen Pläne der Feuerwehr übernommen werden, können hier auch nach der Fertigstellung des Gebäudes die jeweils aktuellsten Pläne realisiert werden.

Abb. 5–2   Einteilung von Brandschutzmaßnahmen

1.3 Aufgaben des organisatorischen Brandschutzes

Zum organisatorischen oder auch als betrieblichen Brandschutz bezeichneten Segment gehören

- Alarmorganisation einschließlich der Notfallpläne,
- Mitarbeiterinformation und Schulung,
- betriebseigene Selbsthilfekräfte und
- Brandschutzmanagement.

Hier kommt neben der Alarmorganisation dem Brandschutzmanagement eine besondere Bedeutung zu. Zu den Aufgaben gehört hier auch die regelmäßige Prüfung von baulichen und anlagentechnischen Brandschutzmaßnahmen. Neben den Prüfvorschriften des jeweiligen Bundeslandes sind auch die Herstellervorschriften zum Erhalt der Betriebsfähigkeit eines Produktes einzuhalten.

Dazu gehören die regelmäßige Wartung entsprechend den vom Hersteller oder sonstigen Vorschriften festgelegten Inhalten. Im Rahmen eines ganzheitlichen Gebäudekonzeptes mit der Berücksichtigung der Lebenszykluskosten sind diese Folgekosten bereits bei der Auswahl der Produkte relevant.

1.4 Aufgaben des anlagentechnischen Brandschutzes

Die Maßnahmen des anlagentechnischen Brandschutzes werden in modernen Gebäuden immer häufiger zur Kompensation baulicher Abweichungen innerhalb eines Baugenehmigungsverfahrens eingesetzt.

Durch die anlagentechnischen Maßnahmen soll das Ziel der Bauordnung, Leben zu schützen und wirksame Löscharbeiten zu ermöglichen, erreicht werden.

Zu den Aufgaben des anlagentechnischen Brandschutzes gehören

- Erkennen von Bränden,
- Melden, Warnen und Informieren,
- Löschen durch Löschanlagen,
- Auslösen von Brandfallsteuerungen und
- Rauch- und Wärmeabführung.

Brandmelde-, Lösch- und Entrauchungsanlagen sind Anlagen, deren Wirksamkeit besonders von der Raumgeometrie abhängig ist. Erfolgen hier Änderungen innerhalb des Bauprozesses, sind auch die parallel am Bauprozess beteiligten Gewerke unmittelbar in den geänderten Planungsprozess mit einzubeziehen. Dieses erfordert einen hohen Kenntnisstand der jeweiligen Fachplaner über die notwendigen Abhängigkeiten der einzelnen Projektschritte und Gewerke.

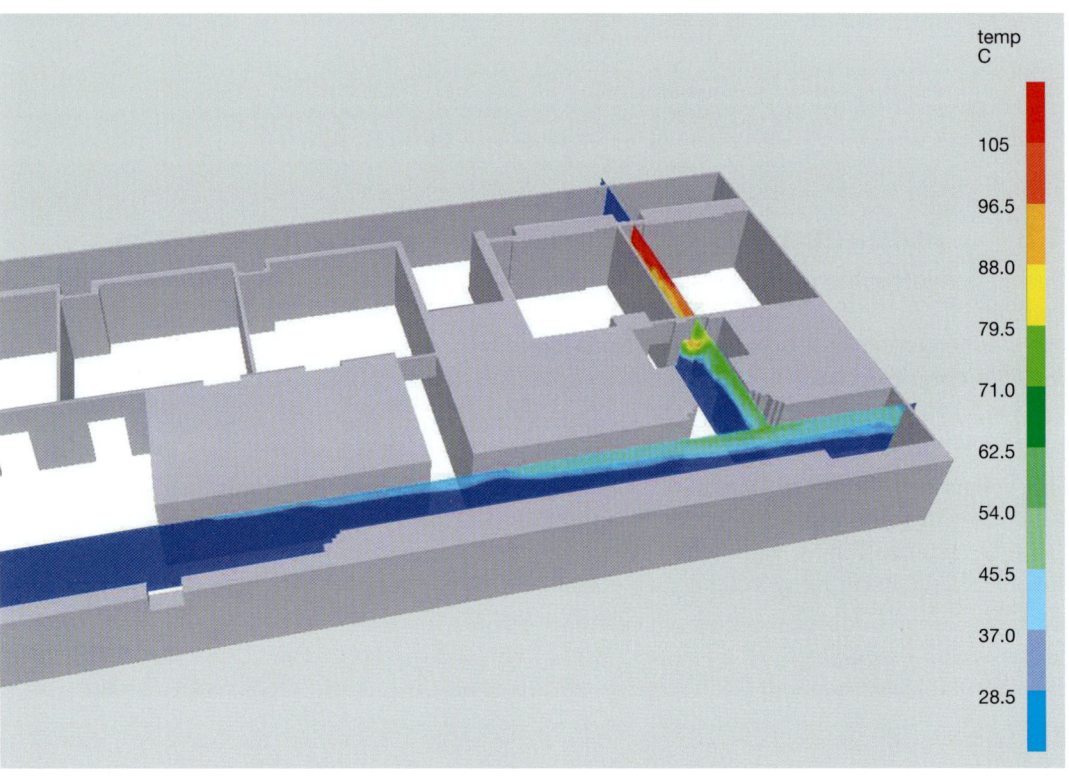

Abb. 5–3 **Simulation eines Brandverlaufes zur thermischen Bauteilbemessung**

Durch die dreidimensionale Modellierung des Gebäudes und der festgelegten Austauschformate ist es allen Beteiligten möglich, auch beim anlagentechnischen Brandschutz die speziellen Anforderungen an die Gebäudegeometrie zu berücksichtigen.

Rauchableitungen und automatische Löschanlagen lassen sich so exakt und präzise planen und falls erforderlich kann die Wirkungsweise auch durch Simulationen vorab überprüft werden.

Durch die gemeinsame Datenbasis können Aufwand, Zeit und Kosten für solche Simulationen wesentlich reduziert werden. Da die Planungsdaten des Gebäudes, der Simulation oder der Berechnungen auf eben derselben Datenbasis beruhen, bzw. Änderungen an der Gebäudegeometrie sofort Rückwirkungen aufzeigen, wird auch eine häufige Fehlerquelle eliminiert. In der Praxis ist es nicht ungewöhnlich, dass sich die geplanten Abmessungen z. B. von Rauchableitungen oder Leitungsdurchmessern von den Angaben in der Ausschreibung oder den Ausführungsplänen unterscheiden.

Bereits die Planung wird exakter, da bei der Verwendung von dreidimensionalen Gebäudemodellen die Lage von z. B. Rauchmeldern einer Brandmeldeanlage dahingehend festgelegt werden kann, dass die mit zu überwachenden Zwischenräume und Podeste entsprechend der spezifischen Überwachungsflächen der Melder mitberücksichtigt werden oder der Höhenversatz bei Leitungsführungen bereits in der Planungsphase mitberechnet wird.

2 Planung von Brandschutzmaßnahmen

Insbesondere die verschiedenen Wechselwirkungen von Brandschutzmaßnahmen oder die verschiedenen Möglichkeiten der Ausführung von Leitungsanlagen zeigen, dass das Zusammenwirken der einzelnen Maßnahmen sehr komplex werden kann.

Bei der Planung werden bisher in den meisten Fällen zunächst die Kosten nur grob geschätzt und das Zusammenwirken der Maßnahmen kaum beachtet, da keine gemeinsamen Plandaten genutzt werden.

In der VDI 3819 Blatt 2 – Brandschutz in der Gebäudetechnik – werden den verschiedenen Schutzzielen zeitlich abhängige Brandschutzmaßnahmen entsprechend den jeweiligen Brandphasen zugeordnet.

Bereits durch die Planung zu einem abgestimmten Schutzziel entsprechend einer tolerierten Brandausbreitung wird deutlich, dass man Kosten in allen Bereichen der verschiedenen Brandschutzsegmente einsparen kann, indem auf die einzelnen Brandphasen ausgerichtete Schutzmaßnahmen gewählt werden.

Bei dem weitergehenderen Ansatz der »Integralen Planung« können dann neben den Herstellkosten auch Wartungskosten eingespart werden.

Denn entsprechend der aktuellen Musterbauordnung heißt es im § 3 Allgemeine Anforderungen:

> **(1)** »... Anlagen sind so anzuordnen, zu errichten, zu ändern und instand zu halten, dass die öffentliche Sicherheit und Ordnung, insbesondere Leben, Gesundheit und die natürlichen Lebensgrundlagen, nicht gefährdet werden ...«

und bezüglich der Instandhaltung weiter

> **(2)** »... Bauprodukte und Bauarten dürfen nur verwendet werden, wenn bei ihrer Verwendung die baulichen Anlagen bei ordnungsgemäßer Instandhaltung während einer dem Zweck entsprechenden angemessenen Zeitdauer die Anforderungen dieses Gesetzes oder aufgrund dieses Gesetzes erfüllen und gebrauchstauglich sind ...«

Zur Umsetzung dieser Anforderung ist es notwendig die entsprechenden Hinweise zur Instandhaltung zu kennen und umzusetzen. Für das Facility Management ist insbesondere dieser Teilaspekt wichtig, da hier in einer frühen Phase die Lebenszykluskosten eines Gebäudes bestimmt werden können.

Je qualifizierter diese Angaben bereits bei der Planung vorliegen, müssen diese für Gebäudezertifizierungen (z. B. nach DGNB) nicht geschätzt werden.

Je nach gewähltem Bauteil kann auch hier der Instandhaltungsaufwand der Brandschutzmaßnahme oder der einzelnen Bauteile von verschiedenen Herstellern sehr unterschiedlich sein.

2.1 Schnittstellen bei der Realisierung

An brandschutztechnisch relevante Bauteile, wie Decken und Wände, die in ein Gebäude eingebaut werden, werden besondere Ansprüche gestellt.

Neben der Vielzahl von derzeit bereits bestehenden Regeln im Brandschutz und notwendigen Planunterlagen bei der Einreichung eines Bauantrages, gibt es weitere Bestrebungen, die Anforderungen an zusätzliche Planunterlagen weiter zu normieren.

Durch die Vielzahl unterschiedlicher Planunterlagen zum Brandschutz steigt jedoch auch das Risiko der Fehlerhäufigkeit der Pläne durch Übertragungsfehler.

Besonders bei Großprojekten hat sich gezeigt, das zusätzliche Klärungsprozesse aufgrund unterschiedlicher Planstände oder Planungsgrundlagen den Baufortschritt verzögern.

Durch die abgestimmte Planung und gleichzeitig zur Verfügung stehenden Informationen der am Brandschutz beteiligten Gewerke lassen sich die Planungs- und Ausführungsprozesse optimieren.

Beispielsweise für
- Kataster (Lage des Gebäudes, Lage der Löschwasserversorgung, ...)
- Architektur (Trennwände, Türen, Öffnungen, ...)
- Statik (tragende Bauteile)
- Technische Gebäudeausrüstung
  – Heizung
  – Sanitär
  – Klima
  – Elektro

2.2 Leitungsdurchführung

Im Bereich der Leitungsdurchführungen gibt es sehr komplexe Verfahren und unterschiedliche Ausführungen der Leitungsdurchführung durch Wände an die eine brandschutztechnische Anforderung besteht. Hier gibt es bereits jetzt einige proprietäre Datenbanksysteme, bei denen die entsprechenden Unterlagen hinterlegt sind und die die entsprechenden Einbauorte der Bauprodukte in gesonderten Plänen anzeigen. Das parallele Ablegen und Bearbeiten von unterschiedlichen Datenstämmen wird hier bereits wesentlich reduziert.

Die Praxis zeigt, dass die digitalgeführte Dokumentation insbesondere bei großen Bauvorhaben einen großen Vorteil bietet, da in dem Plan auch die Abhängigkeiten von Bauteilen erkannt werden können und auf der Baustelle dann auch die entsprechende Dokumentation verfügbar ist.

Nach der Fertigstellung eines Gebäudes können die Unterlagen für das nachfolgende Facility-Management direkt weiter genutzt werden, da aus der hinterlegten Dokumentation zur Wartung die benötigten Unterlagen und Termine eingesehen und organisiert werden können.

Werden bei einem konventionellen Baumanagement Teile von Unterlagen, insbesondere solche mit Anforderungen an die Bauteile, nicht mit übergeben, wissen Bauherren und Betreiber teilweise gar nicht, dass z. B. bestimmte Brandschutzklappen, Türen und Abschottungen zu warten sind.

3 Bedeutung von BIM in der Planung

Bei der Planung von Brandschutzmaßnahmen kommt dem Building Information Modeling eine besondere Bedeutung zu.

Die derzeit in der HOAI und AHO hinterlegten Planungsphasen arbeiten sequentiell die einzelnen Planungsschritte ab. Die verschiedenen Fachplaner haben dabei zum Teil keine Kenntnisse über die Planung der übrigen Gewerke. Dabei kommt es innerhalb der Planungsbesprechungen dann häufig zu zusätzlichem Abstimmungsbedarf, da bei der fertigen Planung Wechselwirkungen nicht berücksichtigt wurden.

Durch die vernetzte Anwendung von Objektdaten werden zwischen den Gewerken bereits beim Modellieren des Gebäudes verschiedene Schnittstellen und Randbedingungen aufgezeigt.

Durch in der zentralen Datenbank hinterlegte Randbedingungen und Zusatzinformationen zu einem bestimmten Bauteil und Bauprodukt können die einzelnen Fachplaner die Auswirkungen von Änderungen bereits im Modell erkennen. Dabei ist es jedoch wichtig, dass die Daten der Bauteile innerhalb des BIM in einem festgelegten Datenformat hinterlegt sind, damit diese für alle Anwender gleichermaßen nutzbar sind.

3.1 Baulicher Brandschutz im BIM

Im Bereich des baulichen Brandschutzes können beim BIM die höchsten Kosteneinsparungen erwartet werden. Bei der Planung werden bereits im Modell die notwendigen Brandschutzanforderungen an die einzelnen Decken und Wände angegeben. Hier fließen die Informationen aus Statik und Brandschutz synergievoll zusammen.

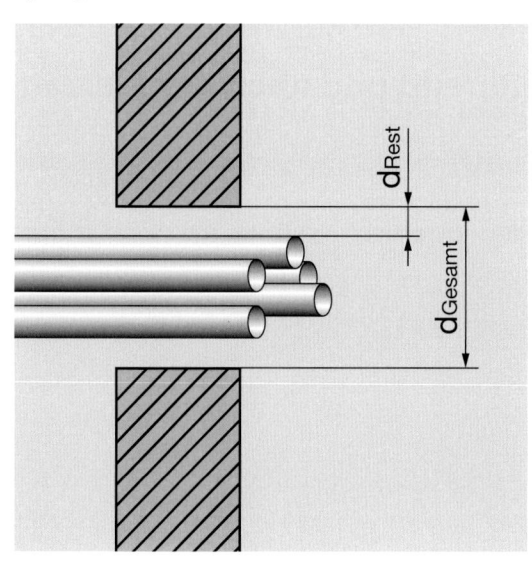

Abb. 5–4 **Wanddurchführung**

Beispiel für die technische Gebäudeausstattung sind die brandschutztechnisch besonders sensiblen Bereiche, wie z. B. baurechtlich notwendige Flure oder Treppenräume. Die Bereiche bekommen in der BIM-basierten Planung wegen der besonderen Anforderungen an die brandschutztechnische Infrastruktur ein besonderes Objektmerkmal.

Anhand dieses Objektmerkmales wird der Fachplaner bei der Planung von Leitungstrassen bereits auf die zusätzlichen Anforderungen bei bestimmten Bauprodukten hingewiesen.

Aufgrund der Objektmerkmale kann durch ein geplantes Kollisionsmanagement automatisiert geprüft werden, ob das ausgewählte Produkt die Anforderungen an die Einbauvorschriften erfüllt.

Häufige Fehlerquelle ist z. B. eine zu klein gewählte Bauteilöffnung in der keine ausreichende Brandabschottung mehr eingebaut werden kann.

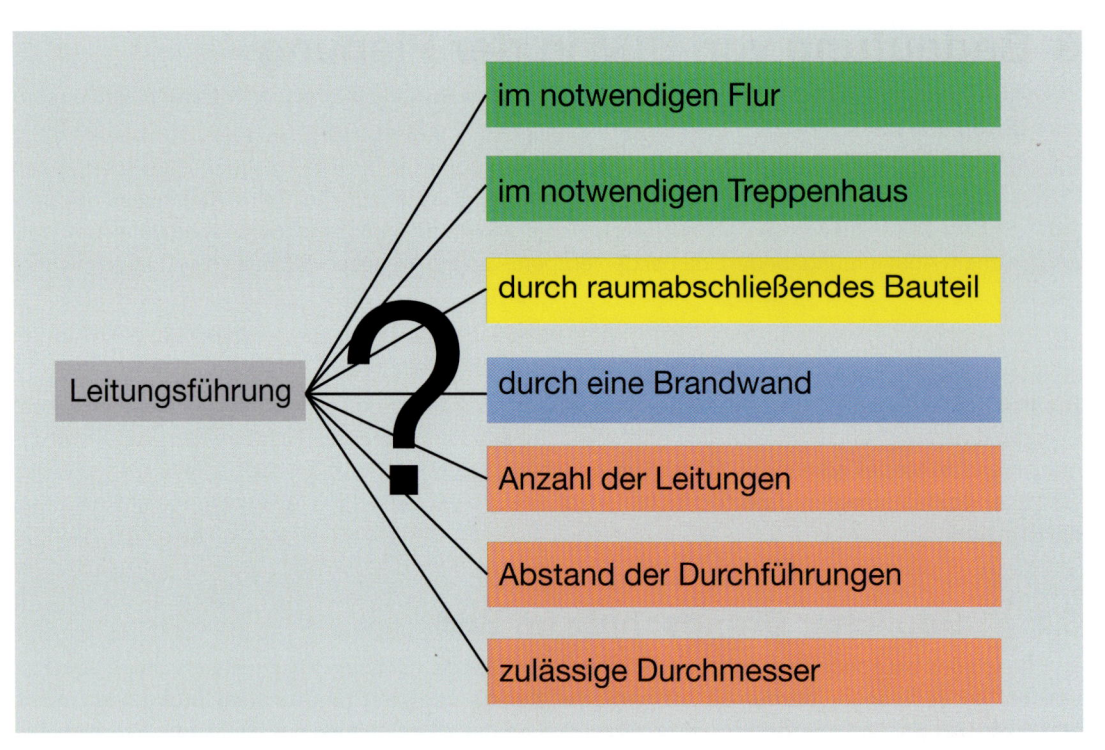

Abb. 5–5 **Anforderungen an die Leitungsverlegung**

3.2 Brandschutznachweise während und nach der Bauzeit

Während der Bauzeit gilt es, zahlreiche Dokumente zu verwalten. Bereits heute existiert eine Vielzahl von Programmen bzw. Datenbanken, mit denen Dokumente und Fotos der Einbausituation verschiedener Bauteile einem Ort zugeordnet werden können.

Es liegt dabei auf der Hand, dass es sinnvoll ist, die Daten zur Nutzung gezielt und auch schon frühzeitig anderen Gewerken zur Verfügung zu stellen.

4 Bedeutung und Anwendung von BIM im betrieblichen Brandschutz

Der betriebliche Brandschutz beinhaltet nicht nur die Alarm-Organisation, sondern auch Aufgaben des Brandschutzmanagements, in dem die Anforderungen des Brandschutzes ständig kontrolliert und instandgehalten werden.

Durch die zentrale Datenbank können Umfang und auch Standort der einzelnen Kontrollpunkte jederzeit überprüft werden.

In Verbindung mit einer zentralen Terminvorlage können die notwendigen wiederkehrenden Maßnahmen zur Prüfung und Instandhaltung, entsprechend der Herstellerunterlagen und der Prüfvorschriften, automatisiert veranlasst werden. Den ausführenden Firmen ist über den BIM-Datenserver ein Zugriff auf alle Unterlagen möglich.

Dieser zentrale aktuelle Zugriff ist ein wesentlicher Vorteil des BIM.

Abb. 5–6 **Datenübertragung für den Feuerwehreinsatz (Beispiel Smartryx Firma Schraner)**

Bereits bei der Vorhaltung von zweidimensionalen Grundrissdaten des Gebäudes innerhalb des BIM können die für den Brandschutz benötigten Pläne wie Fluchtwegepläne, Feuerwehrpläne etc. jederzeit aktuell erzeugt werden.

Bei einigen Feuerwehren werden bereits Systeme eingesetzt, bei denen die aktuellen Gebäudedaten, die aus einem BIM-Datenserver generiert werden können, direkt auf für den Feuerwehreinsatz geeignete Tablets übertragen werden. Bei aktuellen Versuchen und Weiterentwicklungen erfolgt eine Standortverfolgung der Feuerwehrleute, so dass diese von außen geführt werden können oder im Notfall durch den bekannten Standort eine schnelle Rettung erfolgen kann. Aufgrund dieser Vorteile kann dann die Erstellung konventioneller Feuerwehrpläne entfallen.

5 BIM und abwehrender Brandschutz

Im Bereich des abwehrenden Brandschutzes werden derzeit in verschiedenen Forschungsvorhaben die Vorteile einer digitalen Orientierung im Gebäude erprobt.

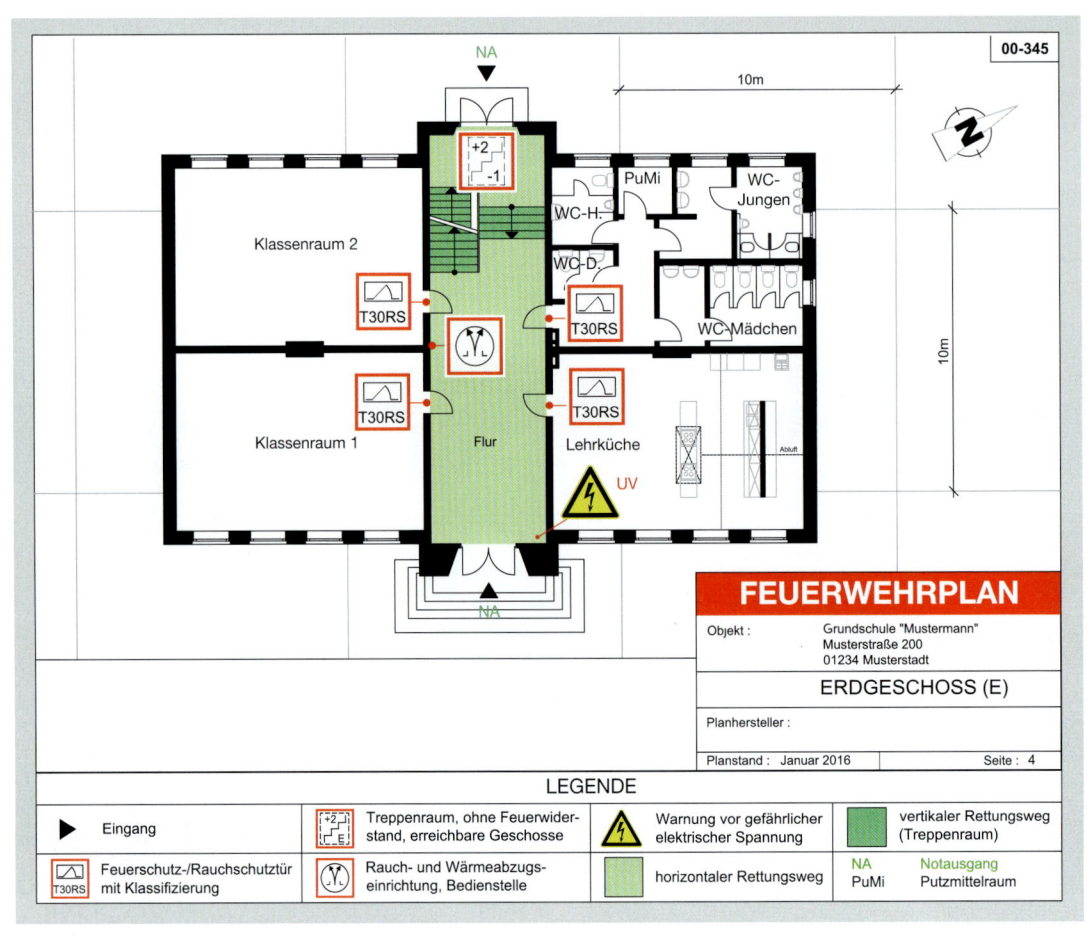

Abb. 5–7 Beispiel eines Feuerwehrplanes der aus dem BIM erzeugt werden kann

Beim Einsatz einer Brandmeldeanlage zeigen erste Untersuchungen bereits, dass sich bei einer digitalen Übertragung des Alarmortes an die Feuerwehr bereits vor dem Antreffen am Alarmort wesentliche Zeitvorteile ergeben.

Durch eine Verknüpfung mit dem BIM können diese Daten immer aktuell übertragen werden. Die Zeit fehlerhafter Gebäudepläne, die im Einsatzfall auch eine Gefahr für die Einsatzkräfte darstellen können, ist damit vorbei.

6 Bauen in der Praxis/Umgang mit Verwendbarkeitsnachweisen

Häufig anfallende Fragen in der Praxis sind, welche Konstruktionen verwendet werden können und wie und von wem der eigentliche Verwendbarkeitsnachweis zu führen ist.

Die Wege von der Prüfung eines Brandschutzproduktes bis zum Verwendbarkeitsnachweis sind in der Regel sehr lang. Teilweise vergehen zwischen dem erfolgreichen Brandversuch und der Festschreibung im Verwendbarkeitsnachweis 3–4 Jahre. Daher entspricht ein heute aktuell vorliegender Verwendbarkeitsnachweis in der Regel dem Stand der Brandprüfungen und deren Leistungsumfang von vor 4–5 Jahren.

Die Baupraxis, z.B. welche Rohrsysteme wie eingesetzt werden oder auch Regelungen bezüglich Abstandsvorgaben, können sich ändern. Eine schnelle Anpassung der Verwendbarkeitsnachweise ist dann leider nicht immer umsetzbar.

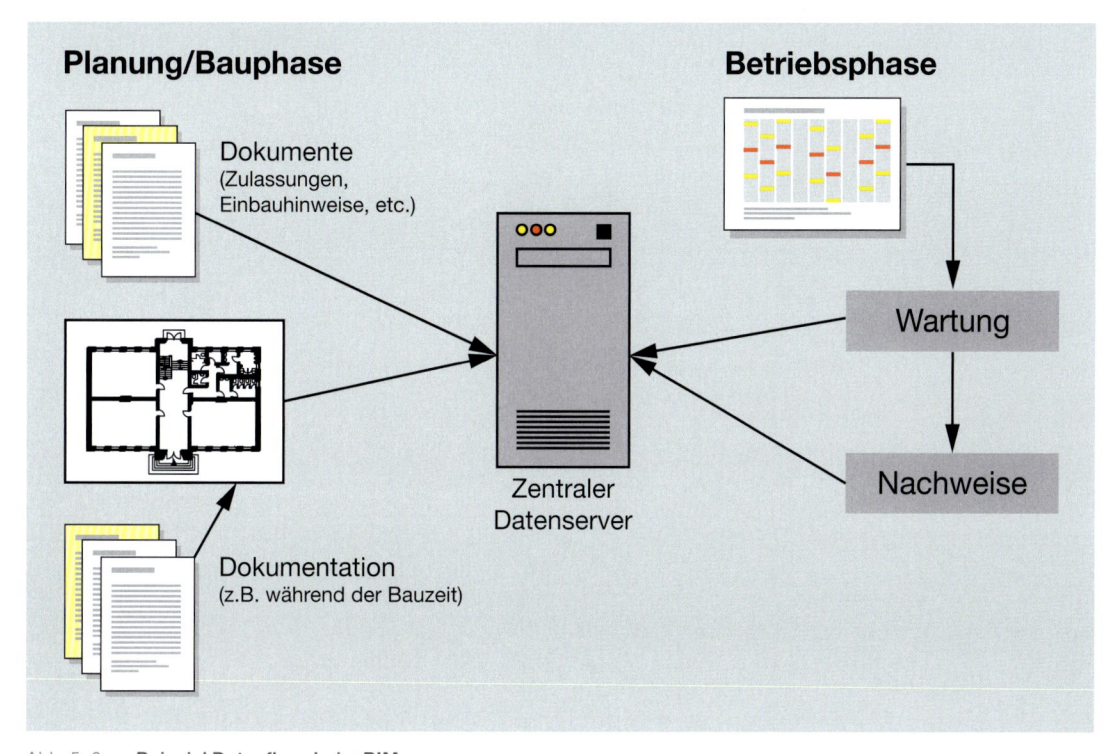

Abb. 5–8   **Beispiel Datenfluss beim BIM**

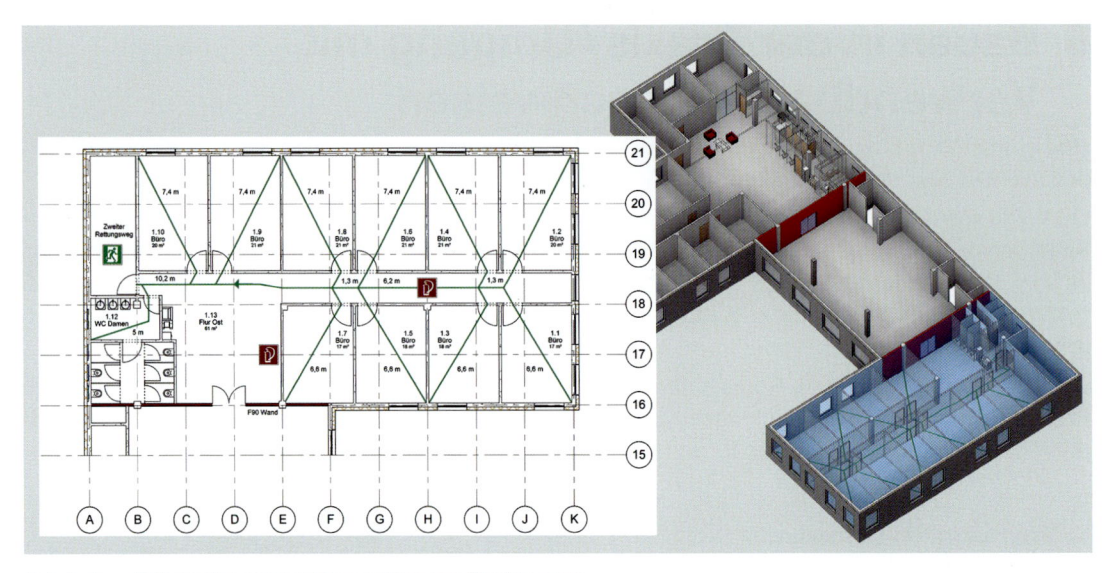

Abb. 5–9 **BIM zur Planung und Darstellung von Fluchtwegen**

7 Nullabstand – auf ein Wort

7.1 Was ist eigentlich Nullabstand?

Nullabstand meint, dass sich die Oberflächen der brandschutztechnisch notwendigen Materialien im bzw. am Durchbruch untereinander berühren dürfen. Das sind bei den gedämmten Leitungen die Außenkanten der Dämmschalen, bei den Brandschutzmanschetten die Außenkante des Blechgehäuses, die Außenkante der Brandschutzverbinder, bzw. die hierfür notwendige Dämmung oder PE-Schalldämmfolie nach Zulassung, ebenso bei Lüftungsabsperrvorrichtungen oder den geprüften Elektroabschottungssystemen.

Nullabstand ist also ein theoretisch erzielbares Maß, denn es berücksichtigt nicht die evtl. überstehenden Befestigungsschellen der Leitung selbst, die zu verdübelnden Laschen bei Brandschutzmanschetten oder Lüftungsabsperrvorrichtungen usw.

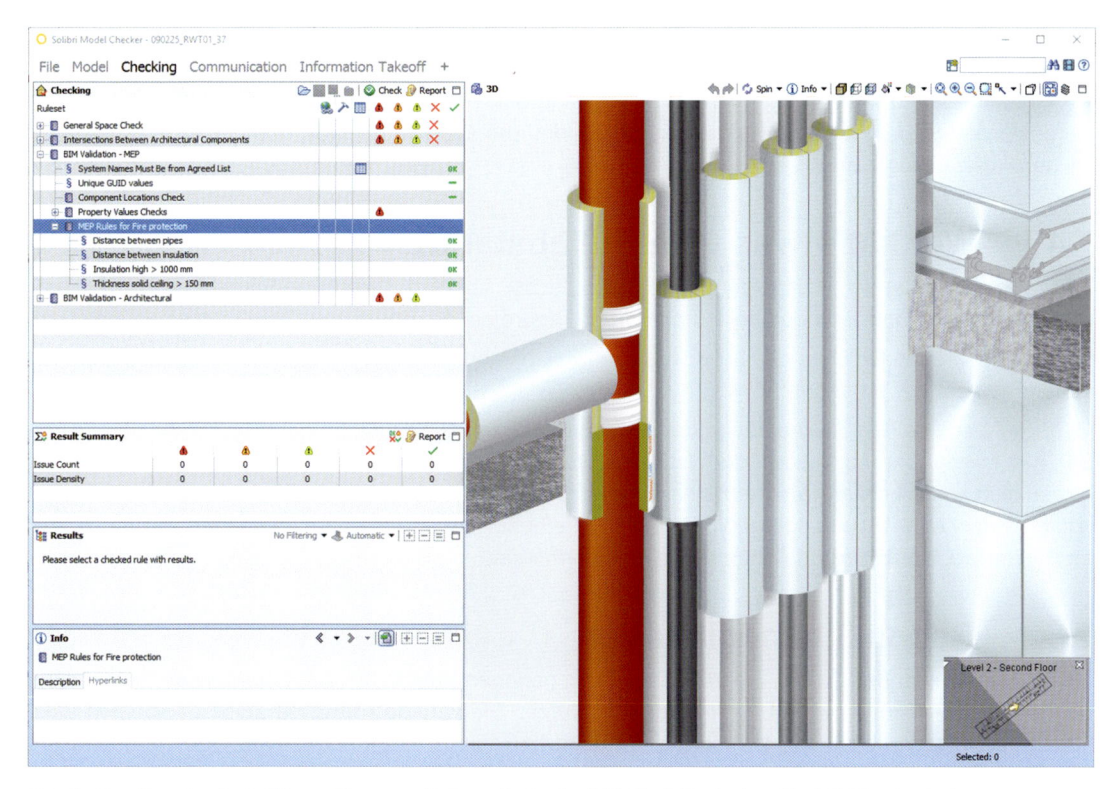

Abb. 5–10   **Regelbasierte Überprüfung von Nullabständen im BIM-Modell mit einer Modell-Checker Software**

7.2 Schwierige Vermörtelung

Ebenso sind häufig größere Abstände sinnvoll, um eine durchgängige hohlraumfreie Vermörtelung des Durchbruches sicherzustellen. Um Kernbohrungen überhaupt erstellen zu können, muss die Kernbohrmaschine einen entsprechenden Arbeitsraum haben. Auch zum Vermörteln von Rechteckdurchbrüchen muss eine spätere Verschalung auch irgendwo angesetzt werden können.

Beim Vermörteln ist klar, je weniger Platz vorhanden ist, um so schwieriger und langwieriger wird die Arbeit. Eine Vermörtelung bei im »Nullabstand« verlegten Rohrleitungen ist in der Regel nur möglich, wenn die Dämmung außerhalb des Durchbruches entfernt wird, um so mit Spezialgerät, z.B. einem Mörteltorpedo, an den eigentlichen Durchbruch zu gelangen. Das Vermörteln mit dem Mörteltorpedo ist auch bei kleinen Spalten dank Verpressung möglich, braucht jedoch sehr viel Zeit.

7.3 Empfehlung für die Planung und Praxis

Wir empfehlen daher die Leitungen möglichst mit 20–50 mm Abstand untereinander zu planen und zu montieren, um die fachgerechte Montage und Vermörtelung nicht zu gefährden. Die DIN 4140 fordert sogar einen Mindest-Abstand von 100 mm. In der Realisierungsphase und Ausführung auf den Baustellen kommen dann meist häufig noch Änderungen in den Leitungsbelegungen oder andere bauliche Herausforderungen hinzu, so dass mit den 20–50 mm Abstand zwischen den Leitungen ein zumindest kleiner Puffer geschaffen ist.

7.4 Wer hat etwas vom Nullabstand?

Wie beschrieben ist der »Nullabstand« ein theoretischer Abstand, der an die Planenden und Ausführenden extreme Anforderungen bei Durchführung, Koordination, Bauqualität und Überwachung stellt.

Keiner von den Bauausführenden hat etwas vom Nullabstand, im Gegenteil, der Aufwand dies qualitativ sauber herzustellen ist enorm hoch.

Geringe Abstände oder Nullabstände der Leitungen untereinander nutzen dem Bauherren und Betreiber, den Investoren und Nutzern der Gebäude. Durch intelligente Leitungs- und Durchbruchsplanung lassen sich schnell einige Quadratmeter mehr Nutz- oder Wohnfläche realisieren. Bei Bauerstellungskosten zwischen 3500 und 8000 Euro je Quadratmeter ein lohnendes Geschäft. Daher gilt mein Appell an Bauherren, Planende und Ausführende gleichermaßen.

7.5 Reden Sie miteinander

Reden Sie miteinander. Zeigen Sie die Vorteile von geringen Abständen auf, aber weisen Sie auch auf den erhöhten Aufwand der Bauausführung hin. Nutzen Sie geringe Abstände auch im Rahmen Ihres Nachtragsmanagements. Nur so können Sie dauerhaft die im Brandschutz wichtige hohe Qualität, gerade bei Verschluss von Restöffnungen, sicherstellen.

Bauherren und Investoren haben bei großen Bauvorhaben durch geringe Abstände der Leitungssysteme schnell einen Kostenvorteil von 50 000 Euro oder mehr. Als Bauherr, Investor oder Betreiber ist die hohe Qualität der Brandschutzausführungen für Sie besonders wichtig, denn im Schadenfall sind Sie Geschädigter aber auch der erste Ansprechpartner. Ob und inwieweit sich dann noch eine schlüssige Haftungskette nachweisen lässt ist dann fraglich. Daher ist es auch im Sinne der Bauherrenseite wichtig, hier Teile des Kostenvorteils in eine entsprechend hohe Qualität der Bauausführung der Brandschutzdurchdringungen zu investieren.

Bauherren und Investoren gewinnen durch geringe Leitungsabstände bis hin zu Nullabständen mit dem Viega Nullabstand – einfach universell System in jedem Fall.

8 Grundlagen

8.1 Baulicher Brandschutz

Welche Konstruktionen dürfen verwendet werden, wie und von wem ist der eigentliche Verwendbarkeitsnachweis zu führen?

Viega Verwendbarkeitsnachweise (allgemeine bauaufsichtliche Prüfzeugnisse [abP] und Zulassungen [abZ]) können Sie jederzeit im Internet unter www.viega.de herunterladen.

Die Wege von der Prüfung eines Brandschutzproduktes bis zum Verwendbarkeitsnachweis sind in der Regel sehr lang. Teilweise vergehen zwischen dem erfolgreichen Brandversuch und der Festschreibung im Verwendbarkeitsnachweis (abP oder abZ) 3–4 Jahre. Daher stellt ein heute aktuell vorliegender Verwendbarkeitsnachweis in der Regel den Stand der Brandprüfungen und den Leistungsumfang von vor 4–5 Jahren dar.

Die Baupraxis, welche Rohrsysteme wie eingesetzt werden oder auch die Regelungen bezüglich von Abstandsvorgaben können sich ändern. Eine schnelle Anpassung der Verwendbarkeitsnachweise ist leider nicht immer umsetzbar. Viega Aufstellungen der Anwendungsbereiche umfassen Brandschutzlösungen, die bereits im Verwendbarkeitsnachweis beschrieben sind, aber auch positiv geprüfte Konstruktionen, deren Aufnahme oder Erweiterung in den Verwendbarkeitsnachweis wir bereits beantragt haben.

Auf den folgenden Systemseiten finden Sie jeweils einen Hinweis, welche Verwendbarkeitsnachweise bereits vorliegen. Bitte beachten Sie die Bestimmungen der jeweils verbindlichen Bauordnung für den Übereinstimmungsnachweis des Bauproduktes bzw. der Bauart.

8.2 Übereinstimmungsnachweis Bauprodukt und Bauart

In der Musterbauordnung (MBO) 2002, § 22 »Übereinstimmungsnachweis« sind die Grundlagen für die Bauprodukte (1) aber auch für die Bauarten (3) verankert.

In den Bauordnungen der Bundesländer finden sich jeweils in den § 19–23, je nach Bundesland, die Rahmenbedingungen für die Übereinstimmung der Verwendbarkeit von Bauprodukten und Bauarten.

Eine Bauart im Brandschutz von Installationen ist z. B. eine Rohrleitung, die Befestigung der Rohrleitung, die Dämmung der Rohrleitung, der Brandschutzverschluss der Rohrleitung im durchdrungenen Bauteil, der Abstand zu anderen Installationen, Öffnungen oder Einbauten usw. So setzt sich die Bauart aus verschiedenen Bauprodukten zusammen. Hersteller der Bauart ist in der Regel der Installateur, es können jedoch auch mehrere Hersteller an der Erstellung der Bauart beteiligt sein. Bauprodukte können alle verwendeten Bauprodukte zur Erstellung einer Bauart sein. Der Hersteller des Bauproduktes geht aus dem aufgebrachten Ü-Zeichen hervor bzw. ist Inhaber des europäischen Verwendbarkeitsnachweises mit CE-Kennzeichnung und Leistungserklärung. Dieses belegt auch die Übereinstimmung mit den für dieses Bauprodukt heranzuziehenden technischen Regeln.

8.3 Abweichungen von Verwendbarkeitsnachweisen

Zunächst wird unterschieden in Abweichungen des Bauproduktes (z.B. gelieferte Brandschutzmanschette hat statt 4 Laschen laut Fertigungsvorgabe nur 3 Laschen) und Abweichungen der Bauart (z.B. die Abstandsvorgabe aus dem Verwendbarkeitsnachweis wurde unterschritten).

Die Bauordnungen sehen drei Möglichkeiten des Nachweises der Verwendbarkeit vor
- allgemeine bauaufsichtliche Zulassung   abZ
- allgemeines bauaufsichtliches Prüfzeugnis   abP
- Zustimmung im Einzelfall   ZiE

Die Musterbauordnung (MBO) 2002, § 22 »Übereinstimmungserklärung« begründet den Umgang mit Abweichungen. Gilt eine Abweichung als nicht wesentlich, so gilt dies als Übereinstimmung mit den Verwendbarkeitsnachweisen (MBO, § 22 [1]).

Wer ist nun für die Feststellung (Bewertung) einer nicht wesentlichen Abweichung eines Bauproduktes oder einer Bauart (z.B. Abstandsunterschreitung) zuständig?
Die Feststellung der Übereinstimmung oder der Abweichung eines Bauproduktes obliegt dem Hersteller des Bauproduktes. Dieser erklärt die Übereinstimmung (z.B. durch Aufbringen des Ü-Zeichens) oder bei Abweichungen durch eine Bewertung der Abweichung als nicht wesentliche Abweichung (z.B. mit der Übereinstimmungsbestätigung).

8.4 Abweichungen der Bauart werden vom Installateur bewertet

Für Bauarten gilt dies analog. D.h. die Erklärung der Übereinstimmung erfolgt durch den Hersteller der Bauart (hier meist der Installateur) mittels der Übereinstimmungserklärung. Bei Abweichungen der Bauart (z.B. bei Abstandsunterschreitungen in Hinblick auf die Vorgaben des Verwendbarkeitsnachweises) ist diese Abweichung vom Hersteller der Bauart zu bewerten und einzuschätzen. Wird diese als nicht wesentliche Abweichung bewertet, gilt dies als Übereinstimmung mit dem Verwendbarkeitsnachweis. Die Bewertung der Abweichung wird mit der Übereinstimmungserklärung dokumentiert.

Hilfestellung und Unterstützung bei der Einschätzung von Abweichungen kann sich der Hersteller der Bauart beim Inhaber des Verwendbarkeitsnachweises oder ggf. bei Prüfinstituten holen. Ist der Inhaber des Verwendbarkeitsnachweises unsicher, kann er eine Materialprüfanstalt befragen. Für die Feststellung und Bewertung einer Abweichung bei einer Bauart ist der Hersteller der Bauart zuständig. Er muss feststellen, ob diese Abweichung wesentlich (führt zur Zustimmung im Einzelfall) oder nicht wesentlich (gilt als Übereinstimmungsnachweis) ist. Die Bestätigung kann jedoch nur durch den Hersteller der Bauart erfolgen.
Dass dies in allen Bundesländern zweifelsfrei so anzuwenden ist, belegt die Stellungnahme der Bauministerkonferenz vom 6. 2. 2013

BAUMINISTERKONFERENZ

KONFERENZ DER FÜR STÄDTEBAU, BAU- UND WOHNUNGSWESEN ZUSTÄNDIGEN MINISTER UND SENATOREN DER LÄNDER (ARGEBAU)

DER VORSITZENDE DER FACHKOMMISSION BAUTECHNIK
MINISTERIALRAT DR.-ING. GERHARD SCHEUERMANN

Bearbeiter: Dr. Scheuermann
Telefon: 2765
Aktenzeichen: 4-2602.1/101

Stuttgart, den 6.2.2013

Abweichungen zu Bauarten und Bauprodukten
Ihr Schreiben vom 9.7.2013 an die Länder

Sehr geehrter Herr Berger,

zunächst möchte ich die verspätete Antwort auf Ihr o.a. Schreiben entschuldigen.
Obwohl Sie ja bereits entsprechende Antworten von Bayern und Hessen zu Ihrer Anfrage erhalten hatten, hat sich die Fachkommission Bautechnik auf Ihrer 195. Sitzung am 10./11. September 2013 mit der Frage befasst und ist zu dem Ergebnis gekommen, dass der Anwender für die Feststellung einer nicht wesentlichen Abweichung bei einer Bauart zuständig ist. Im Zweifelsfall kann sich der Anwender der Bauart Hilfestellung vom Hersteller des Bauprodukts oder einer entsprechenden anerkannten Stelle holen.

Mit freundlichen Grüßen

Dr. G. Scheuermann

MINISTERIUM FÜR UMWELT, KLIMA UND ENERGIEWIRTSCHAFT BADEN-WÜRTTEMBERG
KERNERPLATZ 9, 70029 STUTTGART
TELEFON: (0711) 126 27 65, TELEFAX: (0711) 126 28 67
E-MAIL: GERHARD.SCHEUERMANN@UM.BWL.DE

8.4.1 Bei Viega haben Sie die Wahl

Viega bietet Ihnen die Wahlmöglichkeit, sich entweder direkt am Viega Verwendbarkeitsnachweis zu orientieren oder aber die vielen, flexiblen und geprüften Lösungsmöglichkeiten im Rahmen der zuvor beschriebenen »nicht wesentlichen Abweichung« zu nutzen.

Somit macht es Ihr richtiger Umgang mit der »nicht wesentlichen Abweichung« möglich, flexibel auf die Anforderungen aus der Baupraxis zu reagieren. Die jeweiligen Bestimmungen der Landesbauordnung zum Übereinstimmungsnachweis von Bauprodukten und Bauarten sind einzuhalten.

Sollte dies bereits in der Planungsphase einfließen, so muss das anbietende Gewerk erkennen, dass dort mit Abweichung geplant und gearbeitet werden soll und dass vom Hersteller der Bauart (zumeist Installateur) eine entsprechende Übereinstimmungserklärung inkl. Bewertung evtl. Abweichungen zu übergeben ist. Entsprechende Hinweise finden Sie in unseren Ausschreibungstexten.

Um den formalen Weg zur Verwendbarkeit einer Bauart (z. B. bei ggf. vorliegender nicht wesentlicher Abweichung) zu erleichtern, haben wir ein Beispiel einer entsprechenden Übereinstimmungserklärung beigefügt. Wichtig ist, dass evtl. Abweichungen klar beschrieben werden.

8.4.2 Umsetzung in der Baupraxis

Sollte die von Ihnen erstellte Bauart Abweichungen enthalten, so sind diese deutlich zu beschreiben.

- Welche Produkte, Systeme werden eingesetzt und nach welchen Verwendbarkeitsnachweisen (abZ, abP) wurde gearbeitet?
- Welche genauen Abweichungen liegen an welchen Stellen vor?
- Welche Kompensationen sind ggf. vorhanden und verbessern das Brandschutzniveau (z. B. dickere Bauteilstärke, dickere nichtbrennbare Dämmungen)?
- Wie begründen Sie, dass die notwendigen Schutzziele nach Bauordnung trotz Abweichung erreicht werden?
  Gab es evtl. positive Brandversuche, die mit der vorliegenden Situation auf der Baustelle vergleichbar sind (z. B. Versuche der gleichen Rohrsysteme im Nullabstand)?
  Hat der Hersteller der Bauprodukte bzw. der Inhaber der Zulassung (abZ) oder des Prüfzeugnisses (abP) hierzu etwas veröffentlicht?

Wenn Sie auf einer Baustelle absehen können, dass Sie nicht nach den Anforderungen des Verwendbarkeitsnachweises bauen können, dann sollten Sie in jedem Falle den Weg zu Ihrem Auftraggeber vor der Errichtung einer Bauart oder der Verwendung eines Bauproduktes mit Abweichungen suchen. Die nicht wesentliche Abweichung gilt zwar als Übereinstimmung, es kann aber im Bauvertrag eine Klausel (privatrechtliche Vereinbarung) geben, dass keine Abweichungen (egal ob wesentlich oder nicht wesentlich) zulässig sind.

8.4.3 Abstandsregeln bei Brandschutzabschottungen

Die erforderlichen Abstände werden unterschieden zwischen:

1. Abstände nach den Erleichterungen der Leitungsanlagenrichtlinie (LAR)
2. Abstände innerhalb eines Brandschutzsystems (nach abP, abZ)
3. Abstände zu »fremden« Systemen (nach abP, abZ)

zu 1: Die Abstände nach den Erleichterungen der Leitungsanlagenrichtlinie finden sich in der 4.3 ff der Musterleitungsanlagenrichtlinie (11/2005) bzw. 4.2 ff der Musterleitungsanlagenrichtlinie 03/2000 (NRW). Diese sind abhängig von der Baustoffklasse der Leitungen, dem Durchmesser der Leitungen und evtl. Dämmungen.

zu 2: Die Abstände innerhalb eines Abschottungssystems finden sich im jeweiligen Verwendbarkeitsnachweis (abP, abZ). Der Abstand des Abschottungssystems mit Verwendbarkeitsnachweis zu Leitungen nach Erleichterungen der Leitungsanlagenrichtlinie beträgt, wenn im abP, abZ nicht anders angegeben, 50 mm. 4.13 Musterleitungsanlagenrichtlinie 11/2005, 4.1 Musterleitungsanlagenrichtlinie 03/2000 (NRW).

zu 3: Die Abstände zwischen Brandschutzsystemen mit Verwendbarkeitsnachweis (abZ) zu »fremden« Systemen ergeben sich aus den Vorgaben und Angaben des Verwendbarkeitsnachweises. »Fremde« Abschottungen sind Abschottungen, die einen unterschiedlichen Verwendbarkeitsnachweis bzw. eine andere Verwendbarkeitsnachweisnummer haben.

Die Abstände zwischen Abschottungen werden in der Regel im jeweiligen Verwendbarkeitsnachweis (abP, abZ) beschrieben. Für Abschottungen mit Zulassung (abZ) fordert das DIBt, Berlin mit Newsletter 02/2012 bzw. 05/2013 einen Mindestabstand von 200 mm, der unter bestimmten Voraussetzungen auf 100 mm reduziert werden kann. Die genauen Forderungen und wie die Abstände zu ermitteln und zu messen sind, können Sie dem Newsletter 05/2013 direkt entnehmen.

Mit dem Viega Nullabstand – einfach universelle Abschottungslösungen können Sie alle Viega Versorgungsleitungen mit den marktüblichen Leitungs- und Abschottungssystemen einfach und sicher kombinieren. Geringe Abstände bis hin zu Nullabständen sind möglich. Die Verarbeitung ist einfach. Sie können aus einer universellen Vielfalt von Lösungen wählen und so den Brandschutz auf Ihrer Baustelle sicher und effizient lösen.

Einzelne Leitungen ohne Dämmung (nach MLAR 4.3.1)

Tab. 5–1

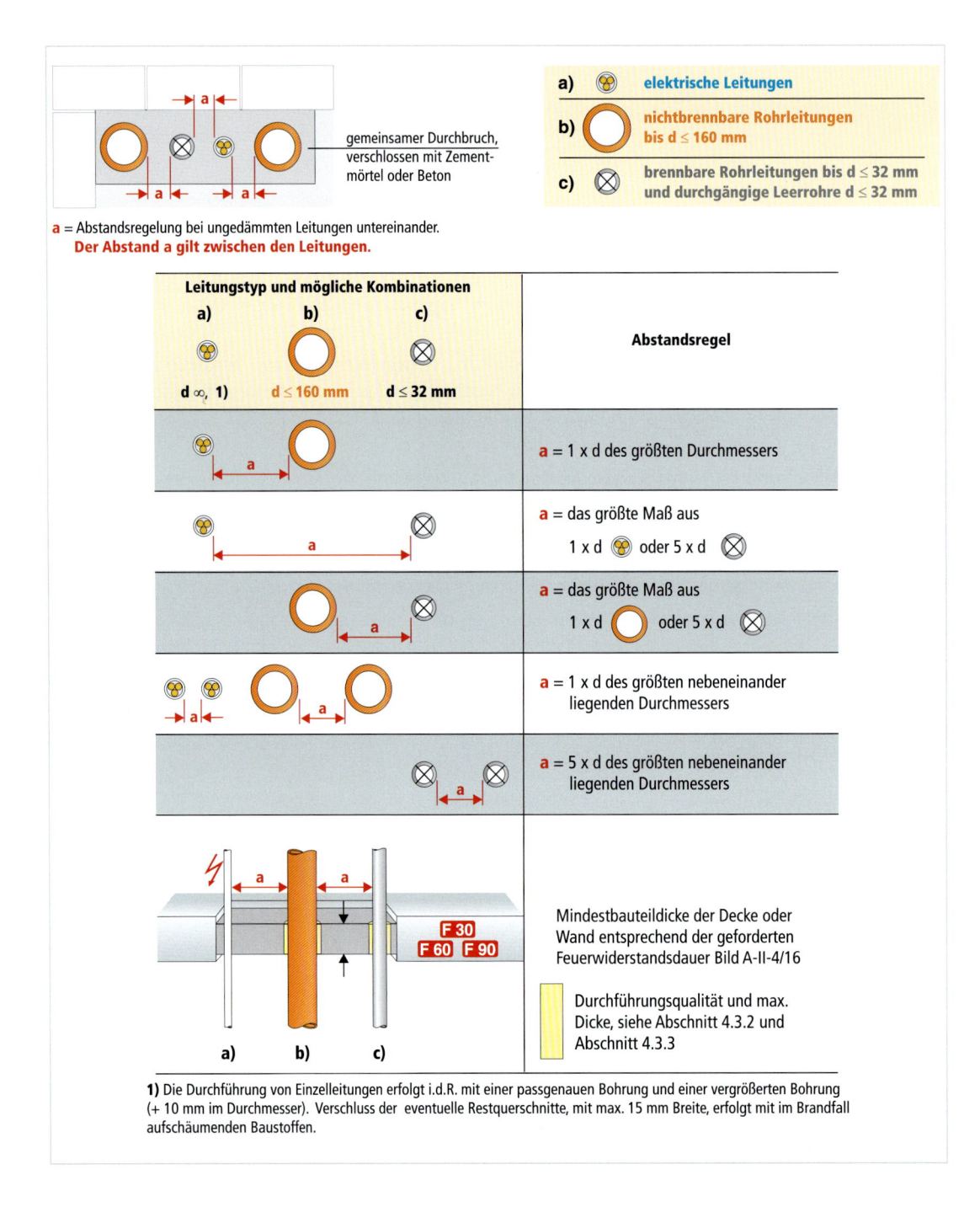

Legende		
a)	⊗	elektrische Leitungen
b)	◯	nichtbrennbare Rohrleitungen bis d ≤ 160 mm
c)	⊗	brennbare Rohrleitungen bis d ≤ 32 mm und durchgängige Leerrohre d ≤ 32 mm

gemeinsamer Durchbruch, verschlossen mit Zementmörtel oder Beton

a = Abstandsregelung bei ungedämmten Leitungen untereinander.
Der Abstand a gilt zwischen den Leitungen.

Leitungstyp und mögliche Kombinationen			Abstandsregel
a) ⊗ d ∞, 1)	b) ◯ d ≤ 160 mm	c) ⊗ d ≤ 32 mm	
⊗	◯		a = 1 × d des größten Durchmessers
⊗		⊗	a = das größte Maß aus 1 × d ⊗ oder 5 × d ⊗
	◯	⊗	a = das größte Maß aus 1 × d ◯ oder 5 × d ⊗
⊗ ⊗	◯ ◯		a = 1 × d des größten nebeneinander liegenden Durchmessers
		⊗ ⊗	a = 5 × d des größten nebeneinander liegenden Durchmessers

Mindestbauteildicke der Decke oder Wand entsprechend der geforderten Feuerwiderstandsdauer Bild A-II-4/16

Durchführungsqualität und max. Dicke, siehe Abschnitt 4.3.2 und Abschnitt 4.3.3

F 30   F 60   F 90

a)   b)   c)

1) Die Durchführung von Einzelleitungen erfolgt i.d.R. mit einer passgenauen Bohrung und einer vergrößerten Bohrung (+ 10 mm im Durchmesser). Verschluss der eventuelle Restquerschnitte, mit max. 15 mm Breite, erfolgt mit im Brandfall aufschäumenden Baustoffen.

Kommentar zur MLAR/4. Auflage 2011 – Heizungsjournal Verlags-GmbH [2]

Einzelne Rohrleitungen mit Dämmung – nach MLAR 4.3.3

Tab. 5–2

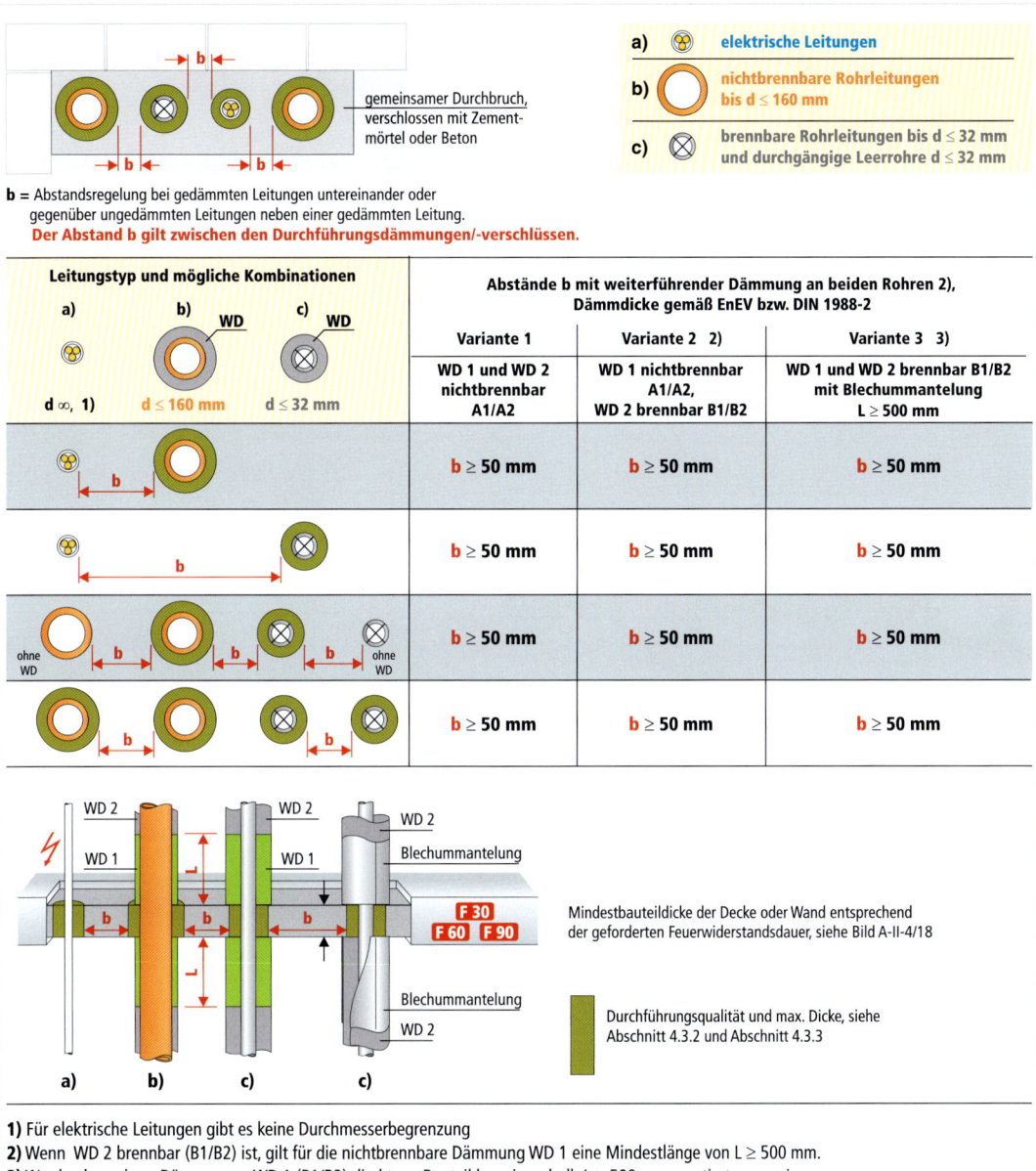

a) elektrische Leitungen
b) nichtbrennbare Rohrleitungen bis d ≤ 160 mm
c) brennbare Rohrleitungen bis d ≤ 32 mm und durchgängige Leerrohre d ≤ 32 mm

gemeinsamer Durchbruch, verschlossen mit Zementmörtel oder Beton

b = Abstandsregelung bei gedämmten Leitungen untereinander oder gegenüber ungedämmten Leitungen neben einer gedämmten Leitung.
Der Abstand b gilt zwischen den Durchführungsdämmungen/-verschlüssen.

Leitungstyp und mögliche Kombinationen			Abstände b mit weiterführender Dämmung an beiden Rohren 2), Dämmdicke gemäß EnEV bzw. DIN 1988-2		
a)	b) WD	c) WD	Variante 1	Variante 2 2)	Variante 3 3)
d ∞, 1)	d ≤ 160 mm	d ≤ 32 mm	WD 1 und WD 2 nichtbrennbar A1/A2	WD 1 nichtbrennbar A1/A2, WD 2 brennbar B1/B2	WD 1 und WD 2 brennbar B1/B2 mit Blechummantelung L ≥ 500 mm
(a+b)			b ≥ 50 mm	b ≥ 50 mm	b ≥ 50 mm
(a+c)			b ≥ 50 mm	b ≥ 50 mm	b ≥ 50 mm
ohne WD, b, b, b, ohne WD			b ≥ 50 mm	b ≥ 50 mm	b ≥ 50 mm
(b+b+c+c)			b ≥ 50 mm	b ≥ 50 mm	b ≥ 50 mm

Mindestbauteildicke der Decke oder Wand entsprechend der geforderten Feuerwiderstandsdauer, siehe Bild A-II-4/18

F 30 F 60 F 90

Durchführungsqualität und max. Dicke, siehe Abschnitt 4.3.2 und Abschnitt 4.3.3

a) b) c) c) WD 1, WD 2, Blechummantelung

1) Für elektrische Leitungen gibt es keine Durchmesserbegrenzung
2) Wenn WD 2 brennbar (B1/B2) ist, gilt für die nichtbrennbare Dämmung WD 1 eine Mindestlänge von L ≥ 500 mm.
3) Werden brennbare Dämmungen WD 1 (B1/B2) direkt am Bauteil bzw. innerhalb L ≥ 500 mm montiert, muss eine Blechummantelung (Stahl verz.) montiert werden.

Kommentar zur MLAR/4. Auflage 2011 – Heizungsjournal Verlags-GmbH [3]

Abstände nach Abstandsvorgaben[1]

Reduzierte Abstände mit dem Viega Brandschutzsystem

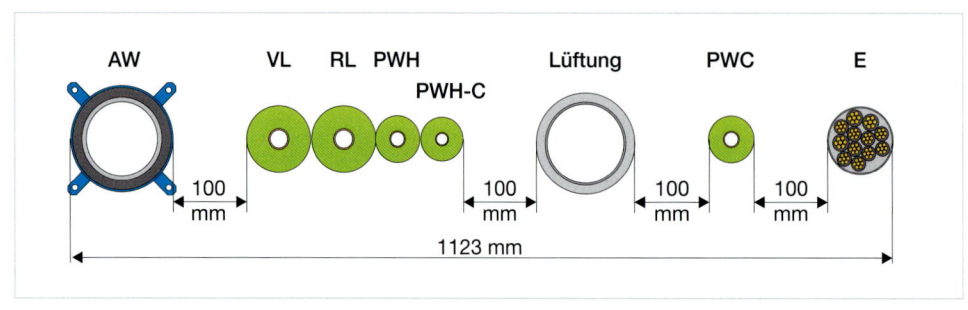

Abb. 5–11

Abstände mit Viega Nullabstand optimiert

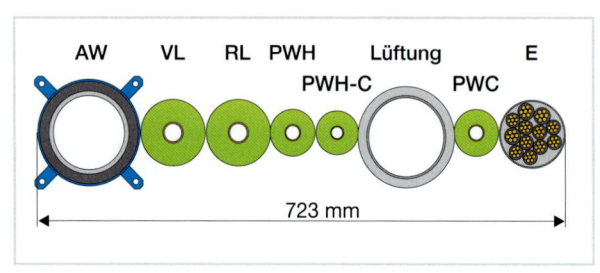

Abb. 5–12

Abstände mit Viega Smartloop-Inliner optimiert

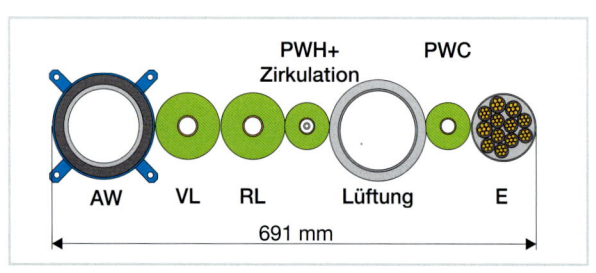

Abb. 5–13

[1] Es werden bei den Abstandsvergaben (100 mm) bereits reduzierte Forderungen des DIBt angesetzt. Sind die einzelnen Abschottungsgruppen > 400 mm, so sind nicht 100 mm, sondern 200 mm Abstand zu wählen. D. h. es ergäbe sich eine notwendige Schachtbreite von 1523 mm!
Das Viega Nullabstand – einfach universell System halbiert somit den sonst üblichen Platzbedarf.

9 Muster Übereinstimmungserklärung

Muster Übereinstimmungserklärung

Name und Anschrift des Unternehmens, dass die Abschottung hergestellt (montiert) hat:

....

Baustelle/Gebäude: ....

Datum der Herstellung der Rohrabschottung: ....

Hiermit wird bestätigt, dass die unten aufgelistete(n) Abschottung(en) der Feuerwiderstandsklasse R 30/R 60/R 90 zum Einbau in feuerhemmende bis feuerbeständige Wände und Decken der Feuerwiderstandsdauer hinsichtlich aller Einzelheiten fachgerecht und unter Einbehaltung aller Bestimmungen des allgemeinen bauaufsichtlichen Prüfzeugnisses (abP) - Zutreffendes bitte ankreuzen -

☐ P-2400/003/15/MPA-BS ☐ P-MPA-E-09-005

mit folgenden Ausgabedaten des Verwendbarkeitsnachweises: ....
.... (und ggf. der Bestimmungen der Änderungs- und Ergänzungsbescheide) hergestellt und eingebaut wurde.

Folgende Abweichungen zum abP sind vorhanden (bitte detailliert beschreiben):
....

Welche Kompensationsmaßnahmen sind vorhanden (bitte detailliert beschreiben):
....

Als Ersteller der Abschottung bewerten wir die Abweichung als nicht wesentlich.

....
Datum   Unterschrift

Die Bescheinigung ist dem Bauherrn zur ggf. erforderlichen Weitergabe an die zuständige Bauaufsichtsbehörde auszuhändigen.
Hinweis: Stimmen Sie alle Abweichungen vom abP mit dem Fachbauleiter Brandschutz bzw. dem Brandschutzsachverständigen ab!

10 Veröffentlichung des DIBt

Verwendung mit freundlicher Genehmigung des DIBt

DIBt-Newsletter 5/2013

Grundsätzliche Regelungen zu Abständen bei Kabel- und Rohrabschottungen

Sabine Meske-Dallal, DIBt

In den Zulassungsbescheiden für Kabel- und Rohrabschottungen werden – unter anderem auf Grund der Vielfältigkeit der Abschottungsarten – Angaben zu unterschiedlichen Abständen gemacht. So werden z.B. bestimmte Mindestabstände gefordert: zwischen Abschottungen, zwischen Abschottungen und anderen Öffnungen oder Einbauten sowie zwischen einzelnen Leitungen innerhalb einer Öffnung. Die Angaben zu den Mindestabständen sind erforderlich, weil bei Unterschreitung dieser Abstände eine (z.T. erhebliche) Verminderung der angegebenen Feuerwiderstandsklassen nicht ausgeschlossen werden kann. Dies haben brandschutztechnische Versuche bestätigt.

Da es bei der Umsetzung und Einhaltung dieser Abstände in der Praxis häufig zu Unsicherheiten kommt, sollen die einzelnen Abstandsarten im Folgenden erläutert werden.

1 Abstände zwischen Abschottungen und anderen Öffnungen/Einbauten

In allen Zulassungen für Abschottungen wird der erforderliche Abstand a zwischen der durch die jeweilige Abschottung zu verschließenden Bauteilöffnung und anderen (noch zu verschließenden) Öffnungen bzw. zu anderen bereits durch Brandschutzmaßnamen verschlossenen Öffnungen (auch Einbauten oder Öffnungsverschlüsse[1] genannt) angegeben.

Sofern keine brandschutztechnischen Nachweise für einen kleineren Abstand vorgelegt werden, beträgt der erforderliche Abstand a ≥ 20 cm. Für sehr kleine nebeneinander liegende Öffnungen oder Einbauten wird hierfür ein Abstand von 10 cm akzeptiert, weil insgesamt eine geringere Beeinflussung von diesen erwartet wird als von größeren Öffnungen/Einbauten. Die nebeneinander liegenden Öffnungen dürfen für diesen Fall jeweils nicht größer als 20 cm x 20 cm sein, d.h. kein Bereich der jeweiligen Öffnung darf aus einer Fläche von 20 cm x 20 cm hinausragen.

Der Mindestabstand ist im Allgemeinen zwischen den mit einem bestimmten brandschutztechnisch nachgewiesenen Material zu verschließenden bzw. bereits verschlossenen Bauteilöffnungen zu messen (s. Beispiel A).

Wird die feuerwiderstandsfähige Wand oder Decke im Bereich der Abschottung durch das Einbringen eines formbeständigen nichtbrennbaren (Baustoffklasse DIN 4102-A) Baustoffs - wie z.B. Beton, Zement- oder Gipsmörtel - "wiederhergestellt", so gilt dieser Bereich als Teil der Wand/Decke. Das heißt, der Abstand wird dann von dem Rand der wiederhergestellten Wand/Decke aus gemessen, was dem äußeren Rand der Leitung/Isolierung/Brandschutzmaßnahme (je nachdem, was näher an der anderen Öffnung oder dem anderen Öffnungsverschluss liegt) entspricht (s. Beispiele B und C).

Bei der "Wiederherstellung" der Wand/Decke ist darauf zu achten, dass der Feuerwiderstand der Wand/Decke im Bereich der Verfüllung erhalten bleibt; z.B. ist auf einen ausreichenden Verbund beider Wand-/Deckenbereiche zu achten. Die Wiederherstellung der Wand/Decke wird über die Abschottungszulassung nicht mitgeregelt und die korrekte Ausführung liegt in der Verantwortung des Verarbeiters.

Unabhängig von der Art der Verfüllung (Beispiel A bzw. Beispiel B) kann es zu einer Abweichung von der vorgenannten Festlegung kommen. Dies ist der Fall, wenn die Abschottung oder der andere Öffnungsverschluss über die Bauteilöffnung übersteht (z.B. bei Montage einer auf die Wand bzw. Decke aufgesetzten Rohrmanschette, s. Beispiel C). Der Abstand muss dann vom äußeren Rand der Brandschutzmaßnahme aus gemessen werden (s. Beispiel C).

---

[1] Dazu zählen auch feuerwiderstandsfähige Leitungen in passgenau hergestellten Öffnungen (kein weiterer Fugen- bzw. Öffnungsverschluss erforderlich).

Beispiel A: Abstand zwischen Öffnungen, die mit speziellen brandschutztechnisch nachgewiesenen Materialien verschlossen sind/werden

Ansicht:
- isoliertes Rohr
- a
- ehemalige Bauteilöffnung, mit speziellem Material verfüllt
- andere Öffnung/Öffnungsverschluss bzw. Leitung

Schnitt:
- andere Öffnung/Öffnungsverschluss bzw. Leitung (Darstellung beispielhaft)
- isoliertes Rohr
- a
- ehemalige Bauteilöffnung, mit speziellem Material verfüllt

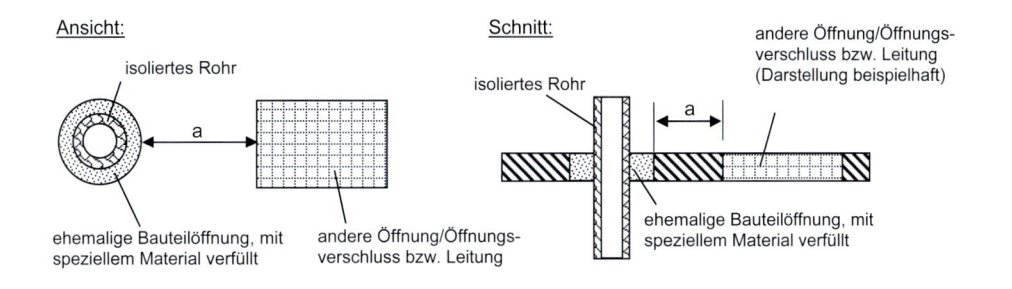

Beispiel B: Abstand zwischen Öffnungen, die mit Mörtel verschlossen sind/werden ("Wiederherstellung" der Wand bzw. Decke)

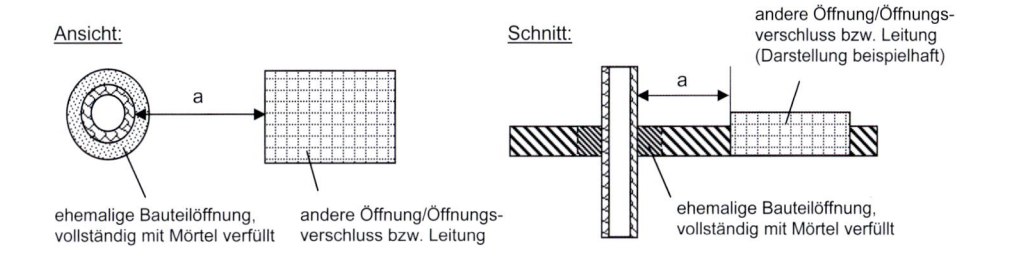

Ansicht:
- a
- ehemalige Bauteilöffnung, vollständig mit Mörtel verfüllt
- andere Öffnung/Öffnungsverschluss bzw. Leitung

Schnitt:
- andere Öffnung/Öffnungsverschluss bzw. Leitung (Darstellung beispielhaft)
- a
- ehemalige Bauteilöffnung, vollständig mit Mörtel verfüllt

Beispiel C: Abstand bei öffnungsüberdeckenden Abschottungen/Einbauten

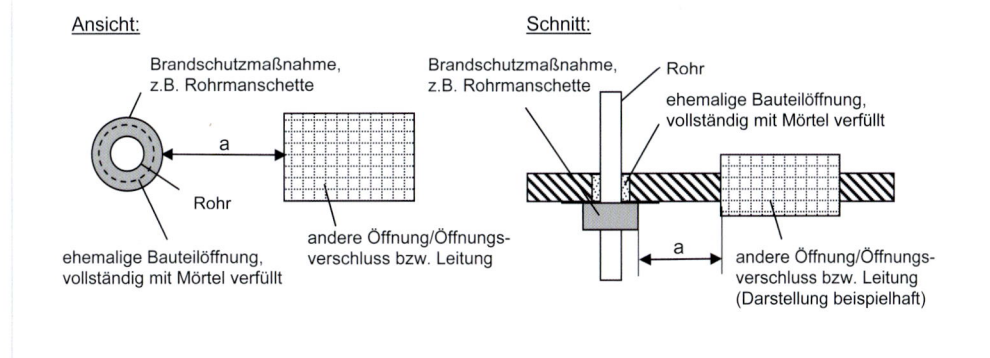

Ansicht:
- Brandschutzmaßnahme, z.B. Rohrmanschette
- a
- Rohr
- ehemalige Bauteilöffnung, vollständig mit Mörtel verfüllt
- andere Öffnung/Öffnungsverschluss bzw. Leitung

Schnitt:
- Brandschutzmaßnahme, z.B. Rohrmanschette
- Rohr
- ehemalige Bauteilöffnung, vollständig mit Mörtel verfüllt
- a
- andere Öffnung/Öffnungsverschluss bzw. Leitung (Darstellung beispielhaft)

DIBt-Newsletter 5/2013

2 Abstände zwischen Abschottungen

Für Abstände zwischen Abschottungen gilt im Wesentlichen das Gleiche wie für den Abstand zwischen Abschottungen und anderen Öffnungen/Einbauten. Abweichend davon ist das DIBt – in Abstimmung mit dem zuständigen Sachverständigenausschuss – der Auffassung, dass eine Verringerung des oben angegebenen Maßes auf 10 cm auch bei nebeneinander liegenden Abschottungen akzeptiert werden kann, die größer als 20 cm x 20 cm sind, jedoch kleiner/gleich 40 cm x 40 cm. Dies berücksichtigt die Tatsache, dass Abschottungen mit einheitlicher Prüfmethode (DIN 4102-9 bzw. -11 oder EN 1366-3) geprüft werden und den gleichen Anforderungen unterliegen.

3 Abstände zwischen Leitungen innerhalb einer zu verschließenden Öffnung

Bei sog. Mehrfachdurchführungen (im Gegensatz zu Einzeldurchführungen) werden durch eine Öffnung mehrere Leitungen hindurchgeführt. Bei Kabelabschottungen kann es sich bei den Leitungen um Kabel, Kabeltragekonstruktionen wie Kabelrinnen oder -leitern, Elektroinstallationsrohre, Stromschienen und/oder Steuerröhrchen handeln, bei Rohrabschottungen um Kunststoff- oder Metallrohre. Öffnungen, durch die sowohl Leitungen aus dem Bereich "Kabel" als auch Rohre führen, müssen mit sog. Kombiabschottungen verschlossen werden. Sofern keine brandschutztechnischen Nachweise für einen kleineren Abstand vorgelegt werden, muss der Abstand zwischen den vorgenannten Leitungen mindestens 10 cm betragen. Die Bereiche zwischen den Leitungen werden gelegentlich auch noch als "Arbeitsraum" bezeichnet und in der Zulassung wird dann dessen erforderliche Höhe und Breite angegeben.

Werden in der Brandprüfung kleinere Abstände als 10 cm gewählt, so werden diese in die Zulassung aufgenommen und dürfen in der Praxis so umgesetzt werden. In der Regel wird im Zulassungsbescheid genau definiert, zwischen welchen Teilen der Leitungen bzw. der ggf. daran angeordneten Abschottungsmaßnahmen der genannte Abstand eingehalten werden muss. Dürfen gemäß den Angaben der jeweiligen Zulassungen auch Kabeltragekonstruktionen durch die Öffnung geführt werden, so wird nicht der Abstand zwischen den einzelnen Kabeln angegeben, sondern der Abstand zwischen den einzelnen Kabellagen. Die Kabel dürfen dann – sofern keine weiteren Angaben dazu gemacht werden – aneinander grenzen (hierbei werden nur die brandschutztechnischen und nicht die anlagentechnischen Erfordernisse betrachtet). Der Abstand zwischen zwei Kabellagen wird zwischen der Unterseite der oberen Kabeltragekonstruktion und dem Holm der darunter liegenden Kabeltragekonstruktion bzw. dem obersten auf dieser Kabeltragekonstruktion liegenden Kabel gemessen (je nachdem, was dichter zusammen liegt, s. Beispiel D, Abstand a_4).

Beispiel D: Abstand zwischen "Kabellagen"; Ansicht

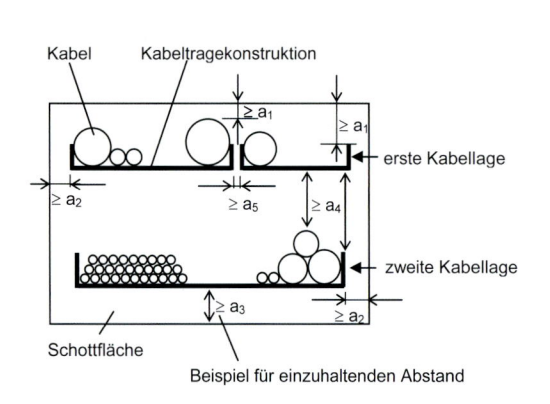

Bez.	Mindestabstand zwischen
a_1	Kabeln (einschließlich Kabeltragekonstruktionen) und oberer Bauteillaibung
a_2	Kabeln (einschließlich Kabeltragekonstruktionen) und seitlicher Bauteillaibung
a_3	Kabeln (einschließlich Kabeltragekonstruktionen) und unterer Bauteillaibung
a_4	übereinander liegenden Kabellagen
a_5	nebeneinander liegenden Kabeltragekonstruktionen

DIBt-Newsletter 5/2013

4 Darstellungsform in den Zulassungen für Abschottungen

Die einzuhaltenden Abstände werden in den Zulassungsbescheiden in verschiedenen Abschnitten aufgeführt.

Im Abschnitt 3.1 der Zulassungen ("Bauteile") werden die Anforderungen bzgl. der Bauteilöffnung und damit auch die Abstände zu benachbarten Öffnungen oder Einbauten (inkl. Abschottungen) geregelt. Die Darstellung erfolgt in der Regel in Tabellenform (s. Beispiel E).

Beispiel E: Exemplarische Abstandstabelle für eine Rohrabschottung

Der Abstand der zu verschließenden Bauteilöffnung zu anderen Öffnungen oder Einbauten muss den Angaben der Tabelle X entsprechen.

Tabelle X:

Abstand der Rohrabschottung zu	Größe der nebeneinander liegenden Öffnungen	Abstand zwischen den Öffnungen
Rohrabschottungen nach dieser Zulassung	*gemäß den Angaben der Zulassung, in der sich die Tabelle befindet*	*konkrete Angabe oder Abschnittsverweis*
andere Kabel- oder Rohrabschottungen	eine/beide Öffnung(en) > 40 cm x 40 cm	≥ 20 cm
	beide Öffnungen ≤ 40 cm x 40 cm	≥ 10 cm
anderen Öffnungen oder Einbauten	eine/beide Öffnung(en) > 20 cm x 20 cm	≥ 20 cm
	beide Öffnungen ≤ 20 cm x 20 cm	≥ 10 cm

Werden zu bestimmten Einbauten geringere Abstände nachgewiesen, so kann die Tabelle auf Antrag entsprechend ergänzt werden.

Der in der Tabelle angegebene Abstand von 20 cm zwischen einer Abschottung und anderen Öffnungen oder Einbauten beruht auf den Prüfbedingungen für Abschottungen und den Annahmen, auf denen diese Prüfbedingungen basieren. Der Abstand wurde früher in den Zulassungen nicht explizit erwähnt, da man annahm, die Praxis entsprechend zu simulieren. Durch die in den letzten Jahrzehnten zu beobachtende Zunahme/Verdichtung von Durchführungen bzw. Einbauten wurde es erforderlich, den Abstand in den Zulassungen konkret anzugeben.

Im Abschnitt 3.2 der Zulassungen ("Leitungen" bzw. "Installationen") wird der erforderliche Abstand zwischen den Leitungen angegeben. Dies kann sowohl für Einzeldurchführungen als auch für Mehrfachdurchführungen gelten und hängt von den Prüfbedingungen ab. Bei Kombiabschottungen unterscheidet man den Abstand zwischen gleichartigen Leitungen (z.B. zwischen Kabeln, zwischen brennbaren Rohren und/oder zwischen nichtbrennbaren Rohren) und zwischen unterschiedlichen Leitungen (z.B. zwischen Kabeln und nichtbrennbaren Rohren). Können einzelne Leitungen mit unterschiedlichen Abschottungskomponenten versehen werden (z.B. wahlweise Anordnung von Manschette oder Bandagen an Kunststoffrohren), so kommen ggf. weitere einzuhaltende Abstände hinzu. Wird die Anzahl der verschiedenen Mindestabstände auf Grund der gewählten Prüfanordnung sehr hoch, so erfolgt deren Angabe lediglich in den Anlagen, z.B. in Tabellenform.

DIBt-Newsletter 5/2013

Hinweise aus der Fachkommission Bautechnik

Ergänzende Gutachten zu allgemeinen bauaufsichtlichen Prüfzeugnissen (07.10.2013)

Aufgrund verschiedener Hinweise hat sich die Fachkommission Bautechnik der Bauministerkonferenz auf ihrer 194. Sitzung mit der Problematik "ergänzender Gutachten" zu allgemeinen bauaufsichtlichen Prüfzeugnissen befasst.

In diesen "ergänzenden Gutachten" wird hauptsächlich im Brandschutzbereich versucht, den Anwendungsbereich von allgemeinen bauaufsichtlichen Prüfzeugnissen zu erweitern. Dazu enthalten die meist nicht auf ein konkretes Bauvorhaben bezogenen und oft umfangreichen Gutachten Aussagen wie z.B.:

- die beurteilten Abweichungen von den in Bezug genommenen allgemeinen bauaufsichtlichen Prüfzeugnissen werden als nicht wesentlich eingestuft
- das Gutachten werde von den zuständigen Bauaufsichtsbehörden akzeptiert
- das Gutachten sei erforderlich, da bestimmte Regelungen in allgemeinen bauaufsichtlichen Prüfzeugnissen nicht getroffen werden könnten.

Es wird so versucht den Eindruck zu erwecken, dass mit solchen Gutachten der Geltungsbereich eines allgemeinen bauaufsichtlichen Prüfzeugnisses erweitert werden könnte.

Die Fachkommission Bautechnik stellt hierzu fest, dass die Bauordnungen der Länder weder eine Rechtsgrundlage dafür enthalten, allgemeine bauaufsichtliche Prüfzeugnisse auf Basis von Gutachten zu erteilen noch diese durch ein solches zu erweitern. Daher kann auch der in § 22 Musterbauordnung (MBO) zwingend geforderte Übereinstimmungsnachweis nur auf Basis des allgemeinen bauaufsichtlichen Prüfzeugnisses, nicht aber auf Basis von Gutachten geführt werden.

Wird der Anwendungsbereich eines allgemeinen bauaufsichtlichen Prüfzeugnisses verlassen, ist, falls die in Bauregelliste A Teil 2 und 3 enthaltenen Prüfverfahren dies zulassen, ein entsprechend erweitertes allgemeines bauaufsichtliches Prüfzeugnis vorzulegen. Ist dies nicht möglich, kann der erforderliche Verwendbarkeitsnachweis, falls möglich, im Rahmen einer allgemeinen bauaufsichtlichen Zulassung oder einer Zustimmung im Einzelfall geführt werden.

11 Systembeschreibung

Viega Rohrleitungssystem-Abschottung basierend auf Streckenisolierung aus Mineralwolle, Schalen/-Matten (Schmelzpunkt > 1000 °C).
Abschottungen in Massivdecken (≥ 150 mm) und Massivwänden/Leichten Trennwänden (≥ 100 mm).

11.1 Bestandteile des Systems Viega Rohrleitungssystem-Abschottung – nichtbrennbare Rohre

11.1.1 Rohrsystem Profipress

Eigenschaften: Kupferrohr DIN EN 1057, DVGW Arbeitsblatt GW 392, d 12 – 108,0
- Profipress
- Profipress XL
- Profipress G
- Profipress G XL
- Profipress S
- Profipress mit Smartloop-Inliner

11.1.2 Rohrsystem Sanpress

Eigenschaften: Edelstahlrohr (1.4401 bzw. 1.4521) DIN EN 10088, DIN EN 10312, d 15 – 108,0
- Sanpress
- Sanpress XL
- Sanpress mit Smartloop-Inliner
- Sanpress Inox
- Sanpress Inox XL S
- Sanpress Inox G
- Sanpress Inox G XL
- Sanpress Inox mit Smartloop-Inliner

11.1.3 Rohrsystem Prestabo

Eigenschaften: Unlegierter Stahl Werkstoff-Nr. 1.0308 nach DIN EN 10305-3, außen verzinkt oder unlegierter Stahl Werkstoff-Nr. 1.0308 nach DIN EN 10305 außen verzinkt mit einer Kunststoffummantelung aus Polypropylen oder unlegiertem Stahl 1.0215 nach DIN EN 10305 innen und außen verzinkt, d 12 – 108,0 (bzw. 15 – 54 Prestabo PP)
- Prestabo
- Prestabo XL
- Prestabo PP

11.1.4 Rohrsystem Megapress

Eigenschaften: dickwandiges Stahlrohr nach DIN EN 10220/10255, d 21,3 – 60,3
- Megapress
- Megapress G

11.2 Bestandteile des Systems Viega Rohrleitungssystem-Abschottung – brennbare Rohre

11.2.1 Rohrsystem Raxofix/Sanfix Fosta

Eigenschaften: Kunststoffrohr, Mehrschichtverbundrohr, d 16–63, abP P-3988/5349-MPA-BS
- Raxofix
- Sanfix Fosta

11.2.2 Rohrsystem Raxinox

Eigenschaften: Kunststoffrohr mit Edelstahl-Inliner, d 16–20 KIWA K 90465, DVGW Reg.-Nr. CW-8837CR0032, CE-Leistungserklärung 290001/G7/44
- Raxinox

12 Verarbeitungshinweise – Rohrschale

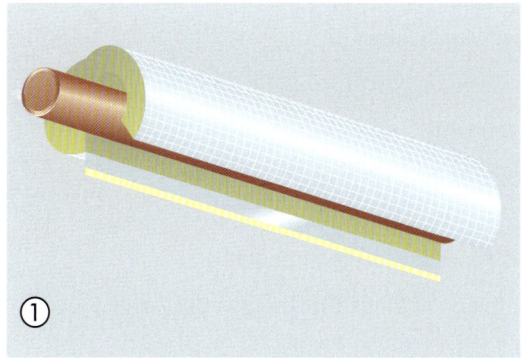

Abb. 5–14 **Rohrschale um Rohr legen und verschließen**

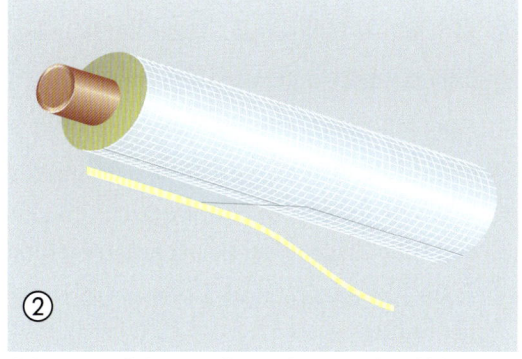

Abb. 5–15 **Schutzstreifen entfernen und verkleben**

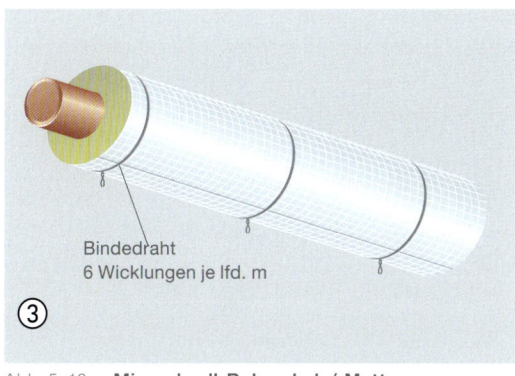

Abb. 5–16 **Mineralwoll-Rohrschale/-Matte mit verz. Bindedraht d ≥ 0,7 mm fixieren**

Bindedraht 6 Wicklungen je lfd. m

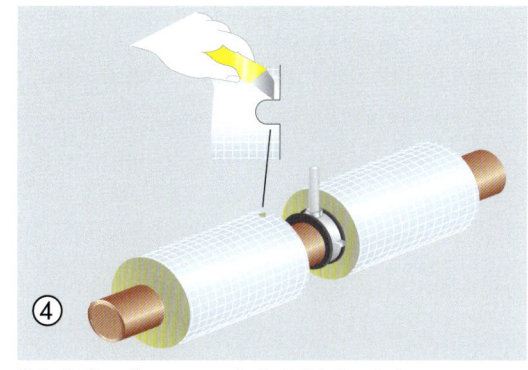

Abb. 5–17 **Anpassungsbeispiel Rohrschale**

Beschreibung Verarbeitungshinweise »Viega Nullabstand – einfach universell« nach allgemeinem bauaufsichtlichen Prüfzeugnis P-2400/003/15-MPA BS

- Rohrleitung nach Herstellervorgabe verlegen
- Befestigung der Rohrleitung nach Vorgaben des Prüfzeugnisses (abP) (Deckendurchführungen ≤600 mm oberhalb der Decke, Wanddurchführungen ≤500 mm vor und hinter der Wand)
- Mineralwoll-Rohrschale/-Matte um Rohr legen und verschließen
- Schutzstreifen entfernen und verkleben
- Alle Stöße und Nähte mit Aluminiumklebeband verkleben
- Mineralwoll-Rohrschale/-Matte mit verzinktem Bindedraht d ≥ 0,7 mm, 6 Wicklungen/lfd. m, fixieren
- Formteile, Bögen oder Rohrschellen entsprechend anpassen und anarbeiten
- Stoßfugen der Mineralwoll-Rohrschale/-Matte dürfen beim Viega Prüfzeugnis beliebig angeordnet werden
- Eventuelle Restspalte und Fugen mit formbeständigen nichtbrennbaren Baustoffen, verschließen.

Die Abbildungen und Zeichnungen zeigen nur die für die Brandschutzlösung erforderliche Dämmung. Davor bzw. danach kann jede beliebige Dämmung (mind. B2) verwendet werden oder auch ganz auf weiterführende Dämmungen verzichtet werden.

13 Dämmung in der Haustechnik

Warmwasser-, Trinkwasser- und Heizungsleitungen

Tab. 5-3 Dämmtabelle für Profipress

Viega Rohrsysteme	Außendurchmesser [mm]	Dämmdicke [mm] Rockwool 800						
		20	30	40	50	60	80	100
Profipress Profipress XL Profipress S	15	[55]						
	18	[58]		[98]				
	22	[62]		[102]				
	28	[68]	[88]			[148]		
	35	[75]	[95]			[155]		
	42	[82]		[122]			[202]	
	54		[114]		[154]			[254]
	64,0		[124]			[184]		
	76,1			[156]			[236]	
	88,9				[189]			[289]
	108,0				[208]			[308]

■ 50 % Dämmung gem. EnEV ■ 200 % Dämmung gem. EnEV
■ 100 % Dämmung gem. EnEV [ ] Platzbedarf ø AD mm

Tab. 5-4 Dämmtabelle für Sanpress, Sanpress Inox

Viega Rohrsysteme	Außendurchmesser [mm]	Dämmdicke [mm] Rockwool 800						
		20	30	40	50	60	80	100
Sanpress Sanpress XL Sanpress Inox Sanpress Inox XL	15	[55]						
	18	[58]		[98]				
	22	[62]		[102]				
	28	[68]	[88]			[148]		
	35	[75]	[95]			[155]		
	42	[82]		[122]			[202]	
	54		[114]			[174]		[254]
	64,0		[124]			[184]		
	76,1			[156]			[236]	
	88,9				[189]			[289]
	108,0				[208]			[308]

■ 50 % Dämmung gem. EnEV ■ 200 % Dämmung gem. EnEV
■ 100 % Dämmung gem. EnEV [ ] Platzbedarf ø AD mm

Die gelben Felder entsprechen der Mindest-Dämmdicke nach EnEV (100 %) für Kupferrohre nach DIN EN 1057, Edelstahlrohre nach DIN EN 10088 und Stahlrohre nach DIN EN 10255 (mittlere Reihe).

Bei anderen Rohrleitungen ist zu prüfen, ob die Anforderungen der EnEV mit den angegebenen Dämmdicken erfüllt werden.

Tab. 5–5   **Dämmtabelle für Prestabo**

Viega Rohrsysteme	Außen-durch-messer [mm]	Dämmdicke [mm] Rockwool 800							
		20	30	40	50	60	80	70	100
Prestabo Prestabo XL Prestabo PP ummantelt Megapress Megapress G (bis 60,3 mm)	15	[55]							
	18	[58]		[98]					
	22	[62]		[102]					
	28	[68]		[108]					
	35	[75]	[95]			[155]			
	42	[82]		[122]				[202]	
	48		[108]		[148]				[248]
	54		[114]		[154]				[254]
	60		[120]			[180]			
	64,0		[124]			[184]			
	76,1			[156]			[216]		
	88,9				[189]				[289]
	108,0				[208]				[308]

■ 50 % Dämmung gem. EnEV   ■ 200 % Dämmung gem. EnEV
■ 100 % Dämmung gem. EnEV   [ ] Platzbedarf ø AD mm

Tab. 5–6   **Dämmtabelle für Sanfix Fosta/Raxofix**

Viega Rohrsysteme	Außen-durch-messer [mm]	Dämmdicke [mm] Rockwool 800					
		20	30	40	50	60	100
Sanfix Fosta Raxofix	16	[56]		[96]			
	20	[60]		[100]			
	25	[65]		[105]			
	32	[72]	[92]			[152]	
	40	[80]	[100]				
	50		[110]		[150]		[250]
	63		[123]			[183]	

■ 50 % Dämmung gem. EnEV   ■ 200 % Dämmung gem. EnEV
■ 100 % Dämmung gem. EnEV   [ ] Platzbedarf ø AD mm

Die gelben Felder entsprechen der Mindest-Dämmdicke nach EnEV (100 %) für Kupferrohre nach DIN EN 1057, Edelstahlrohre nach DIN EN 10088 und Stahlrohre nach DIN EN 10255 (mittlere Reihe).

Bei anderen Rohrleitungen ist zu prüfen, ob die Anforderungen der EnEV mit den angegebenen Dämmdicken erfüllt werden.

13.1 Dämmstoffe Deckendurchführungen Nullabstände im System und zu Fremdsystemen mit ROCKWOOL – PAROC

Systemlösung	ROCKWOOL Rohrschale 800	ROCKWOOL Klimarock	PAROC Hvac
Profipress System	12–108 mm[1]	12–< 54 mm Dämmlänge 2500 mm ≥54 mm–≤89 mm durchgängige Dämmung, Dämmdicke >30 mm	12–108 mm
Sanpress System	12–108 mm[1]	12–108 mm	12–108 mm
Prestabo System	12–108 mm[1]	12–108 mm	12–108 mm
Megapress System	21,3–60,3 mm[1]	21,3–60,3 mm	21,3–60,3 mm
Raxofix / Sanfix Fosta	16–63 mm[1]	16–63 mm	16–63 mm
Nullabstand im System	Ja[1]	Ja	Ja
Nullabstand zu Mischinstallationen (Konfix Pro)	Ja		Ja
Nullabstand zu Mischinstallationen (BSV90, SVB)	Ja	Ja	Ja
Nullabstand brennbare Abwasserleitungen (Doyma)	Ja bis DN 150 + Sonderanwendungen	Ja bis DN 150 + Sonderanwendungen	Ja bis DN 150 + Sonderanwendungen
Nullabstand brennbare Abwasserleitungen (Kuhn)	Ja bis DN 100	Ja bis DN 100	Ja bis DN 100
Restspaltverschluss ≤170 mm Mörtel	Ja	Ja	Ja
Restspaltverschluss ≤30 mm Viega Brandschutz Kitt	Ja	Ja	Ja
Restspaltverschluss ≤50 mm Lose Wolle und Viega Kitt	Ja	Ja	Ja
Sonderanwendungen			
Raxofix / Sanfix Fosta Dämmung nur in Deckstärke	16–32 mm	16–32 mm	16–32 mm
Raxinox	16, 20 mm[1]	16, 20 mm	16, 20 mm
Einseitige Dämmung (z. B. Heizkörperanschluss)	Ja		Ja
Etagenanbindung mit kurzer Dämmlänge	Ja		Ja
Etagenanbindung Strang (Metall) ≤54 mm mit Übergang auf Raxofix/Sanfix Fosta ≤32 mm, positiv geprüft	Ja		Ja

[1] Rohrdimensionen für Viega Brandschutzsysteme in Massivwand bzw. leichte Trennwand Details s. abP P-2400/003/15 MPA BS

13.2 Dämmstoffe Deckendurchführungen Nullabstände im System und zu Fremdsystemen mit ISOVER – KNAUF – STEINBACHER

Systemlösung	ISOVER U Protect Section Alu2	KNAUF HPS035 AluR	STEINBACHER Steinwool Isolierschale Alu
Profipress System	12–108 mm	12–< 54 mm ≥54 mm–≤89 mm durchgängige Dämmung, Dämmdicke >30 mm	12–108 mm
Sanpress System	12–108 mm	12–108 mm	12–108 mm
Prestabo System	12–108 mm	12–108 mm	12–108 mm
Megapress System	21,3–60,3 mm	21,3–60,3 mm	21,3–60,3 mm
Raxofix / Sanfix Fosta	16–63 mm	16–63 mm	16–63 mm
Nullabstand im System	Ja	Ja	Ja
Nullabstand zu Mischinstallationen (Konfix Pro)			
Nullabstand zu Mischinstallationen (BSV90, SVB)	Ja	Ja	Ja
Nullabstand brennbare Abwasserleitungen (Doyma)	Ja bis DN 150 + Sonderanwendungen	Ja bis DN 150 + Sonderanwendungen	Ja bis DN 150 + Sonderanwendungen
Nullabstand brennbare Abwasserleitungen (Kuhn)	Ja bis DN 100	Ja bis DN 100	Ja bis DN 100
Restspaltverschluss ≤170 mm Mörtel	Ja	Ja	Ja
Restspaltverschluss ≤30 mm Viega Brandschutz Kitt	Ja	Ja	Ja
Restspaltverschluss ≤50 mm Lose Wolle und Viega Kitt	Ja	Ja	Ja
Sonderanwendungen			
Raxofix / Sanfix Fosta Dämmung nur in Deckstärke	16–32 mm	16–32 mm	16–32 mm
Raxinox	16, 20 mm	16, 20 mm	16, 20 mm
Einseitige Dämmung (z. B. Heizkörperanschluss)			
Etagenanbindung mit kurzer Dämmlänge			
Etagenanbindung Strang (Metall) ≤54 mm mit Übergang auf Raxofix/Sanfix Fosta ≤32 mm, positiv geprüft			

14 Brandschutzlösungen für Decken

14.1 Profipress / Profipress mit Smartloop-Inliner

Massivdecke ≥ 150 mm

Tab. 5–7 Profipress/Profipress mit Smartloop-Inliner

Viega Rohrsysteme	Rohr-werkstoff	Außen-durch-messer [mm]	Wand-stärke [mm]	Dämm-dicken [mm]	Dämm-längen [mm]	Klassifi-kation
Profipress Profipress XL Profipress G Profipress G XL Profipress S	Kupfer	≤ 28	≥ 1,0	20–40	2000	R 30 R 60 R 90
		> 28 bis ≤ 42	≥ 1,2	20–40		
		> 42 bis ≤ 54	≥ 1,5	20–100		
		> 54 bis ≤ 88,9	≥ 2,0	30–100		
		> 88,9 bis ≤ 108,0	≥ 2,5	30–80		
Profipress mit Smartloop-Inliner	Kupfer/ Smartlopp-Inliner PB-Rohr	28	≥ 1,0	20–40		
		> 28 bis ≤ 35	≥ 1,2	20–40		

Abb. 5–18

Viega abP
P-2400/003/15-MPA BS

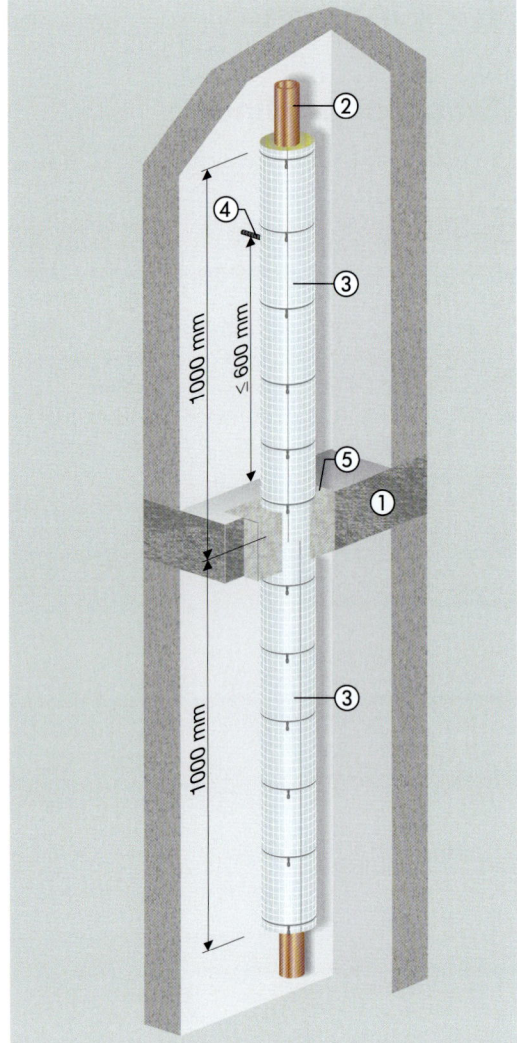

≥ 0 mm

① Feuerwiderstandsfähige Massivdecke ≥ 150 mm aus Beton bzw. Stahlbeton gemäß DIN 1045 oder Porenbeton gemäß DIN 4223

② Viega Rohrsystem Profipress/Profipress mit Smartloop-Inliner (Zirkulation 28–35 mm)

③ Dämmung

④ Rohrbefestigung

⑤ Ggf. vorhandenen Restspalt mit Beton bzw. Mörtel verschließen

14.1.1 Einseitige Dämmung (z. B. Heizkörperanschluss)

Heizkörperanschluss, weiterführende brennbare Dämmung, Massivdecke ≥ 150 mm

Tab. 5–8 Einseitige Dämmung (Heizkörperanschluss)

Viega Rohrsysteme	Rohr-werkstoff	Außen-durch-messer [mm]	Wand-stärke [mm]	Dämm-dicken [mm]	Dämm-längen [mm]	Klassifi-kation
Profipress	Kupfer	≤ 28	≥ 1,0	20	≥ 2000	R 30 R 60 R 90

① Decke F 90
② Viega Rohrsystem Profipress
③ ROCKWOOL 800 bzw. PAROC Hvac Section AluCoat T
④ brennbare Dämmung, mind. normalentflammbar (z. B. Climaflex stabil NMC)
⑤ Ggf. vorhandenen Restspalt mit Beton bzw. Mörtel verschließen
⑥ Ausgleichsdämmung (mind. normalentflammbar)
⑦ Trittschalldämmung (mind. normalentflammbar)
⑧ Estrich oder Trockenestrich, Dicke ≥ 25 mm

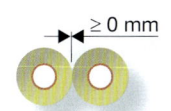

Viega abP
P-2400/003/15-MPA BS

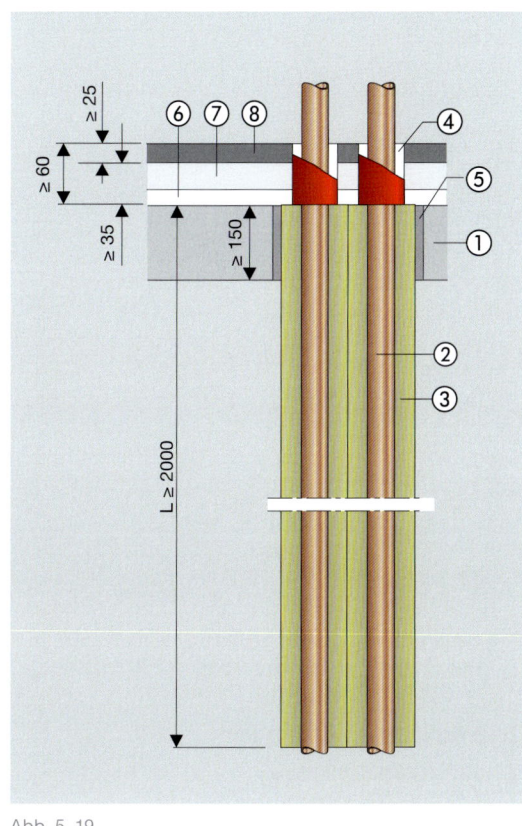

Abb. 5–19

Anwendungsbeispiele für die Baupraxis

Brennbare Dämmung oberhalb der Decke

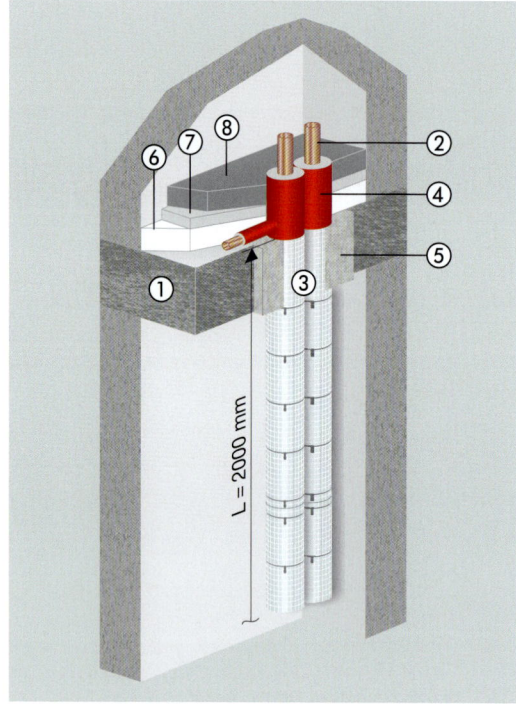

Abb. 5–20

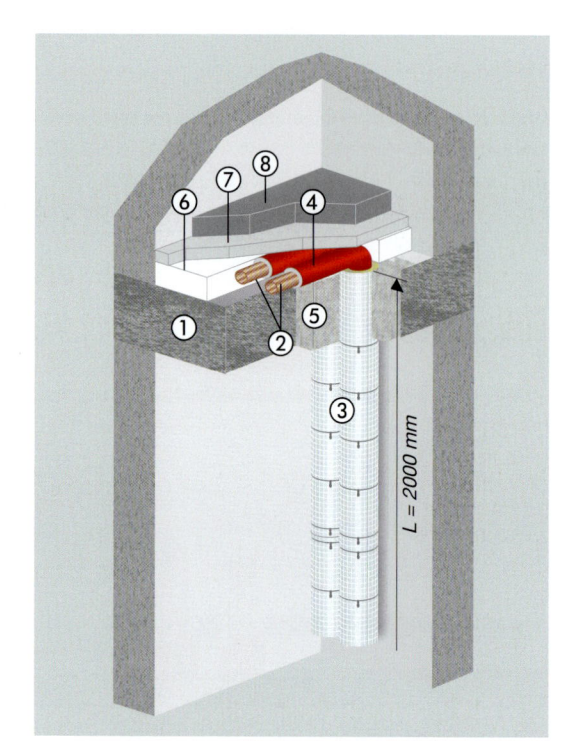

Verzug im Fußbodenaufbau

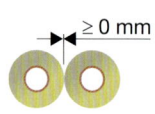

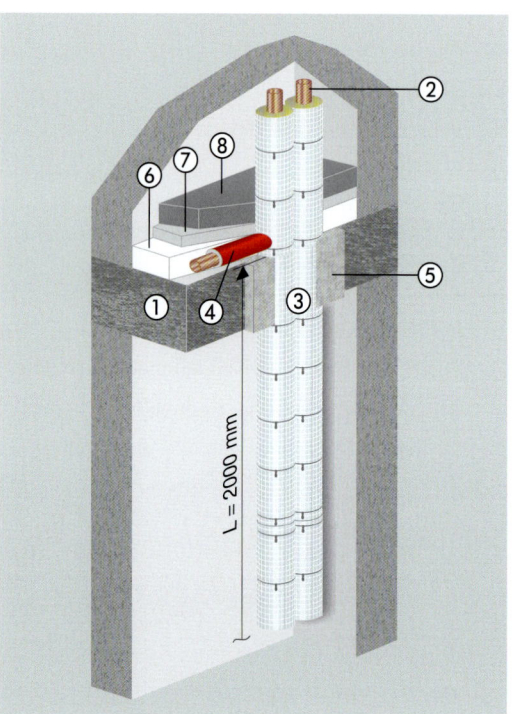

Abb. 5–22

brennbare Dämmung bei Anschlussleitungen

Abb. 5–21

① Feuerwiderstandsfähige Massivdecke ≥ 150 mm aus Beton bzw. Stahlbeton gemäß DIN 1045 oder Porenbeton gemäß DIN 4223

② Viega Rohrsystem Profipress

③ ROCKWOOL 800 bzw. PAROC Hvac Section AluCoat T

④ Brennbare Dämmung mind. B2 (z. B. Climaflex stabil NMC)

⑤ Ggf. vorhandenen Restspalt mit Beton bzw. Mörtel verschließen

⑥ Ausgleichsdämmung (mind. normalentflammbar)

⑦ Trittschalldämmung (mind. normalentflammbar)

⑧ Estrich oder Trockenestrich, Dicke ≥ 25 mm

14.1.2 Deckendurchführung / erforderliche Dämmlängen bei Abzweigen Etagenanbindung Viega Metallsysteme

Massivdecke ≥ 150 mm

Tab. 5–9

Viega Rohrsysteme	Rohrwerkstoff	Außendurchmesser [mm]	Wandstärke [mm]	Dämmlänge und -dicke am Stang [mm]	Dämmlänge und -dicke am Abzweig [mm]	Klassifikation
Profipress Profipress XL Profipress G Profipress G XL Profipress S	Kupfer	≤ 54	≥ 1,5	Ausführung: L ≥ 2000 mm von Oberkante Decke nach unten, bzw. L ≥ 1000 mm oberhalb der Decke d = 30–50 mm	L ≥ 140 mm d = 20 mm	R 30 R 60 R 90

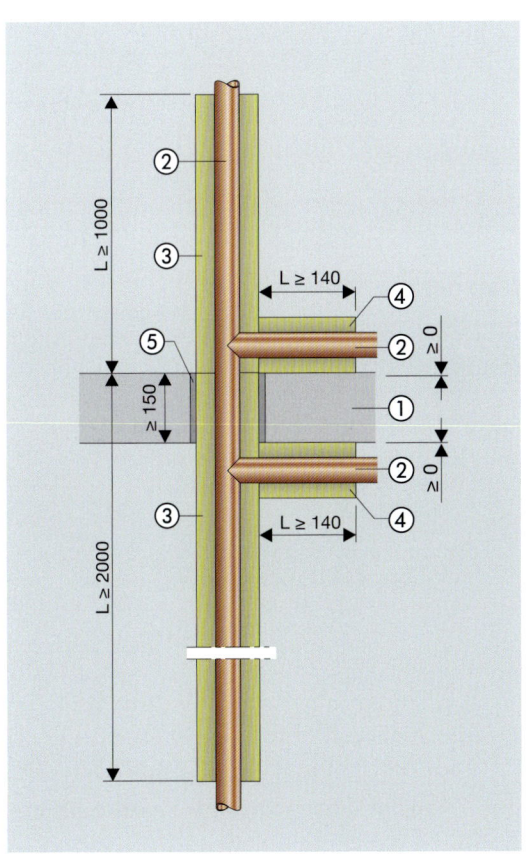

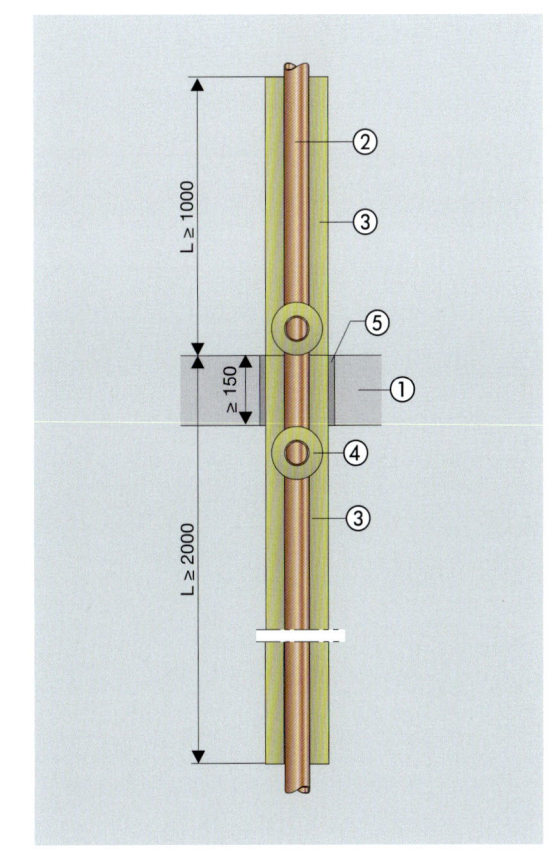

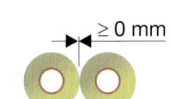

Abb. 5–23

Abb. 5–24

Viega abP
P-2400/003/15-MPA BS

Brandschutzlösungen für Decken

Viega abP
P-2400/003/15-MPA BS

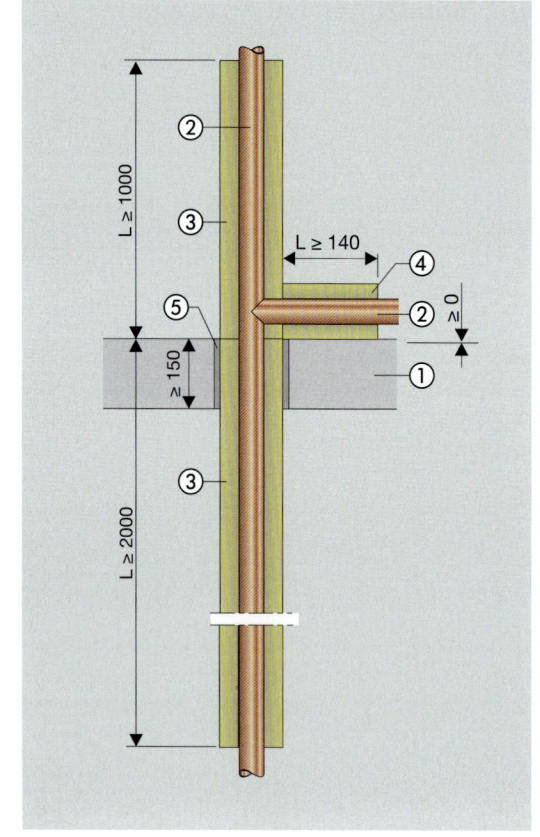

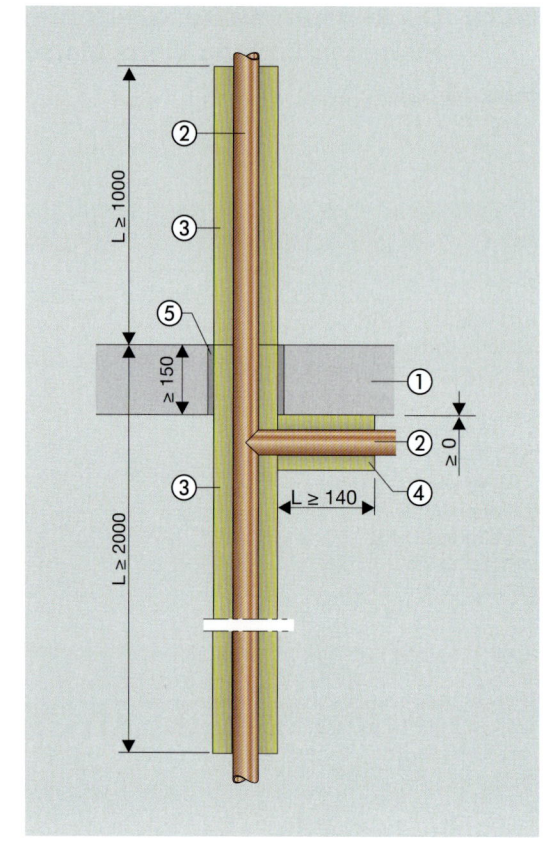

Abb. 5–25

Abb. 5–26

Massivdecke ≥ 150 mm

② Viega Rohrsystem Profipress

③ ROCKWOOL 800 bzw.
PAROC Hvac Section AluCoat T,
Dämmdicke 30 - 50 mm

④ ROCKWOOL 800 bzw.
PAROC Hvac Section AluCoat T,
Dämmdicke 20 mm

⑤ Ggf. vorhandenen Restspalt mit
Beton bzw. Mörtel verschließen

14.1.3 Deckendurchführung Viega Systemrohre (Metall) ≤54 mm mit Übergang auf Raxofix/Sanfix Fosta d 16–32 mm in den Etagen

Massivdecke ≥150 mm

Tab. 5–10   Etagenanbindung mit Übergang auf Raxofix/Sanfix Fosta

Viega Rohrsysteme	Rohr-werkstoff	Außendurch-messer [mm]	Wand-stärke [mm]	Länge und Dämmdicke Strang [mm]
Profipress d 12 - 54 mm	Kupfer	≤54	≥1,5	Ausführung: L ≥2000 mm von Oberkante Decke nach unten bzw. L ≥1000 mm oberhalb der Decke d = 30–50 mm
Raxofix/Sanfix Fosta	PE-Xc/Al/PE-Xc	16 20 25 32	2,2 2,8 2,7 3,2	L ≥50 mm d = 20 mm

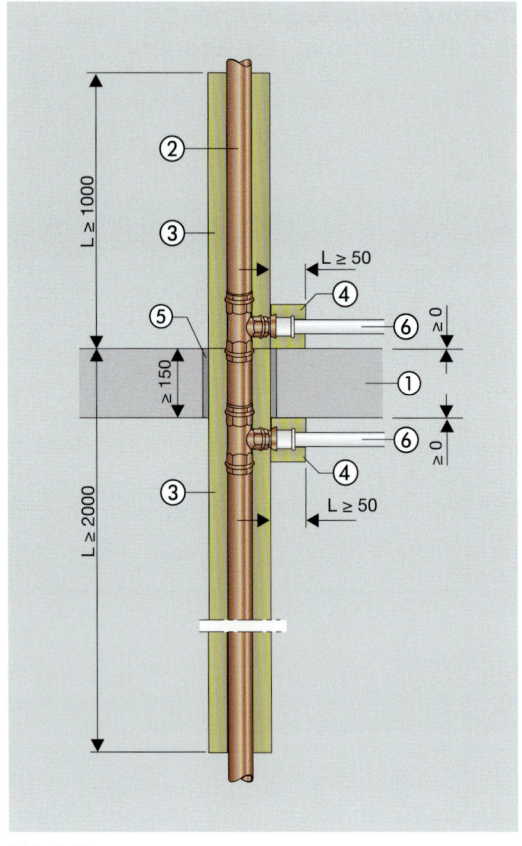

Abb. 5–27

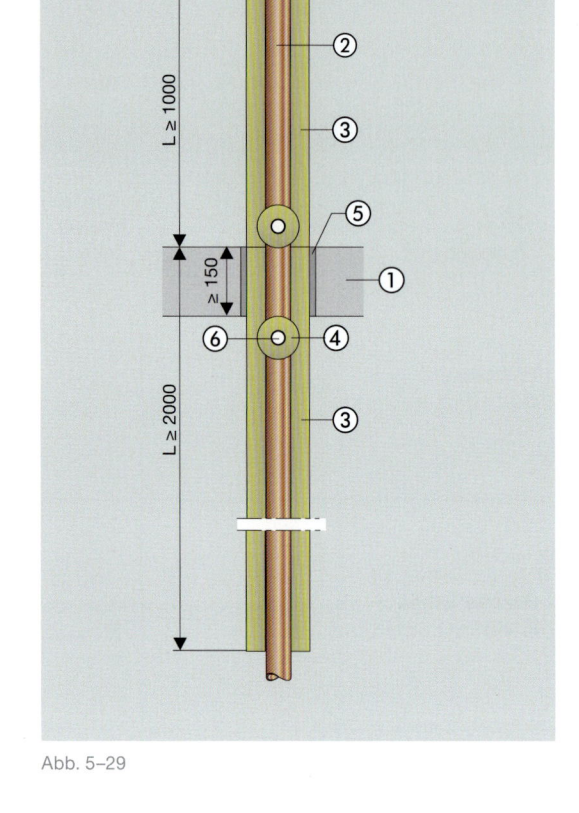

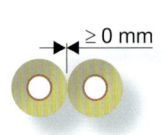

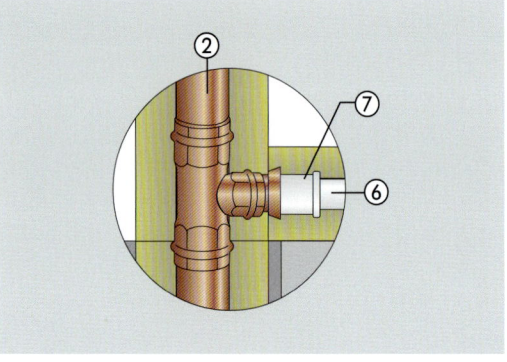

Abb. 5–29

Abb. 5–28

Positiv geprüft,
Zulassung beantragt

① Feuerwiderstandsfähige Massivdecke ≥ 150 mm
② Viega Rohrsystem nach Tabelle Steigleitung d ≤ 54 mm
③ ROCKWOOL 800, Dämmdicke 30-50 mm
④ ROCKWOOL 800, Dämmdicke 20 mm
⑤ Ggf. vorhandenen Restspalt mit Beton bzw. Mörtel verschließen
⑥ Raxofix bzw. Sanfix d 16-32 mm
⑦ Raxofix / Sanfix Einsteckstück

14.2 Sanpress/Sanpress Inox/Sanpress Inox mit Smartloop-Inliner

Massivdecke ≥ 150 mm

Tab. 5–11 Sanpress/Sanpress Inox/Sanpress Inox mit Smartloop-Inliner (Zirkulation 28–35 mm)

Viega Rohrsysteme	Rohrwerkstoff	Außendurchmesser [mm]	Wandstärke [mm]	Dämmdicken [mm]	Dämmlängen [mm]	Klassifikation
Sanpress Sanpress XL Sanpress Inox Sanpress Inox XL Sanpress Inox G Sanpress Inox G XL	Edelstahl 1.4401 bzw. 1.4521	≤ 18	≥ 1,0	20	1000	R 30 R 60 R 90
		> 18 bis ≤ 22	≥ 1,2	20		
		> 22 bis ≤ 28	≥ 1,2	20		
		> 28 bis ≤ 42	≥ 1,5	20–40		
		> 42 bis ≤ 54	≥ 1,5	20–60		
		> 54 bis ≤ 64,0	≥ 2,0	20–60		
		> 64 bis ≤ 76,1	≥ 2,0	30–80		
		> 76,1 bis ≤ 108,0	≥ 2,0	30–100		
Sanpress Inox mit Smartloop-Inliner	Edelstahl/ Smartloop-Inliner PB-Rohr	≤ 28	≥ 1,0	20–40		
		> 28 bis ≤ 35	≥ 1,2	20–40		

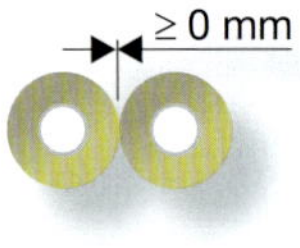

Viega abP
P-2400/003/15-MPA BS

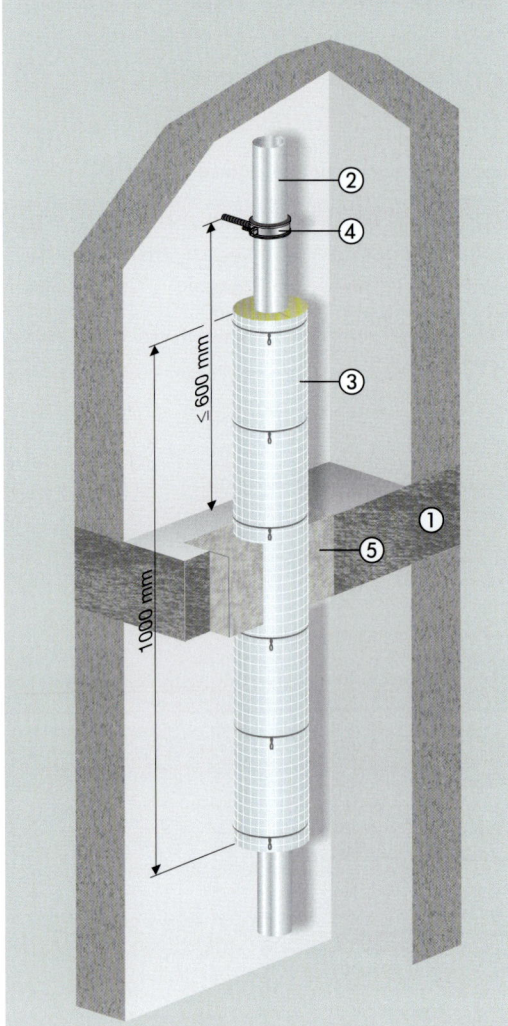

Abb. 5–30

① Feuerwiderstandsfähige Massivdecke ≥ 150 mm aus Beton bzw. Stahlbeton gemäß DIN 1045 oder Porenbeton gemäß DIN 4223

② Viega Rohrsystem Sanpress/Sanpress Inox/ Sanpress Inox mit Smartloop-Inliner (Zirkulation 28–35 mm)

③ Dämmung

④ Rohrbefestigung

⑤ Ggf. vorhandenen Restspalt mit Beton bzw. Mörtel verschließen

14.2.1 Einseitige Dämmung (z. B. Heizkörperanschluss)

Heizkörperanschluss, weiterführende brennbare Dämmung, Massivdecke ≥ 150 mm

Tab. 5–12 Einseitige Dämmung (Heizkörperanschluss)

Viega Rohrsysteme	Rohrwerkstoff	Außendurchmesser [mm]	Wandstärke [mm]	Dämmdicke [mm]	Dämmlänge [mm]	Klassifikation
Sanpress Sanpress Inox	Edelstahl 1.4401 1.4521	≤ 18	≥ 1,0	20	≥ 2000	R 30 R 60 R 90
		> 18 bis ≤ 22	≥ 1,2			
		> 22 bis ≤ 28	≥ 1,2			
		> 28 bis ≤ 54	≥ 1,5	20–50		

① Decke F 90
② Viega Rohrsystem Sanpress/Sanpress Inox
③ ROCKWOOL 800 bzw. PAROC Hvac Section AluCoat T
④ brennbare Dämmung, mind. normalentflammbar (z. B. Climaflex stabil NMC)
⑤ Ggf. vorhandenen Restspalt mit Beton bzw. Mörtel verschließen
⑥ Ausgleichsdämmung (mind. normalentflammbar)
⑦ Trittschalldämmung (mind. normalentflammbar)
⑧ Estrich oder Trockenestrich, Dicke ≥ 25 mm

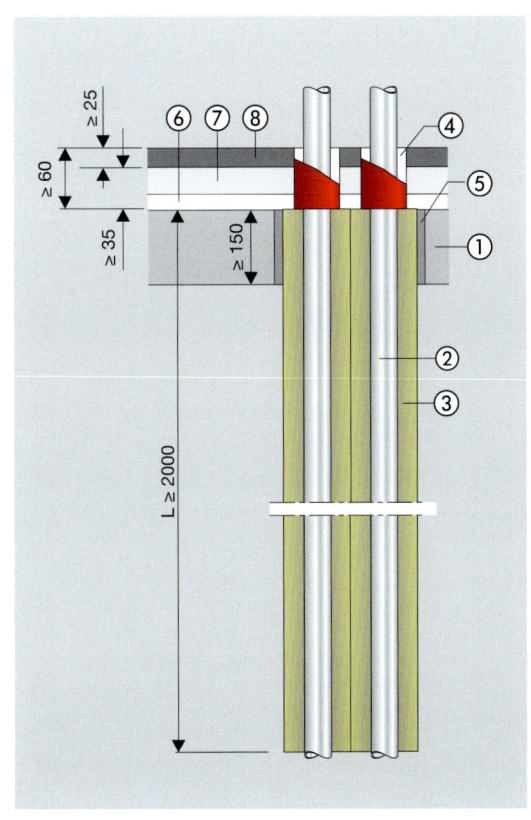

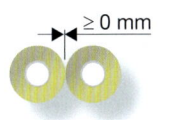

Abb. 5–31

Viega abP
P-2400/003/15-MPA BS

Anwendungsbeispiele für die Baupraxis

brennbare Dämmung oberhalb der Decke

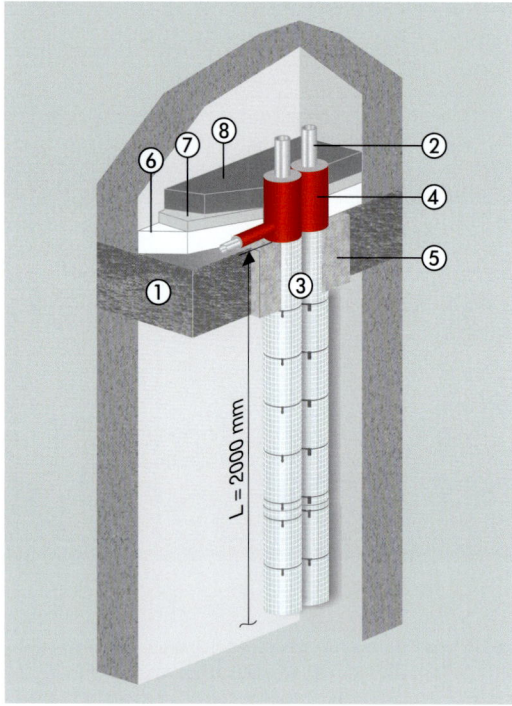

Abb. 5–32

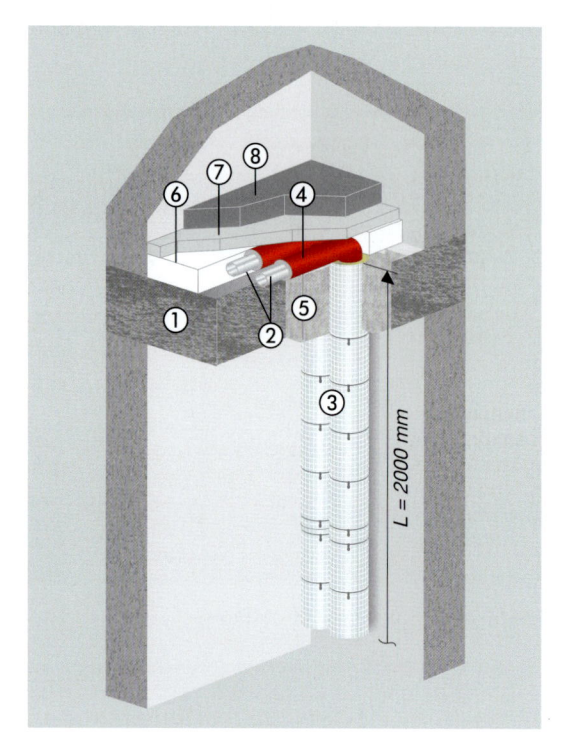

Abb. 5–34

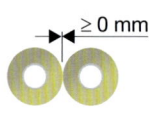

Verzug im Fußbodenaufbau

≥ 0 mm

brennbare Dämmung bei Anschlussleitungen

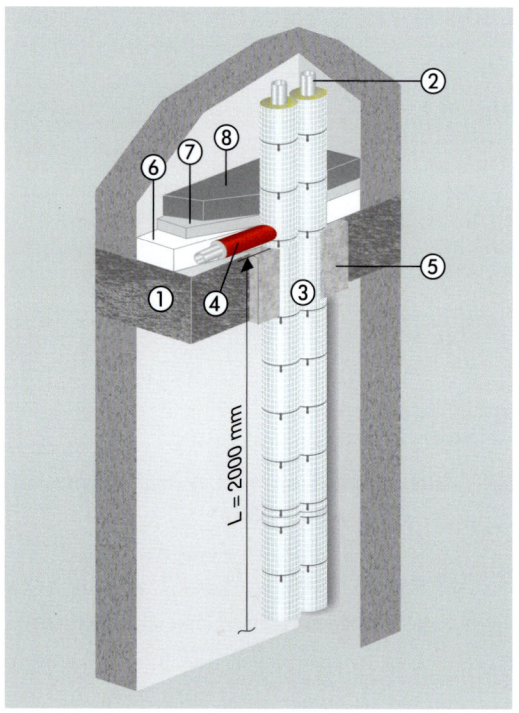

Abb. 5–33

① Feuerwiderstandsfähige Massivdecke ≥ 150 mm aus Beton bzw. Stahlbeton gemäß DIN 1045 oder Porenbeton gemäß DIN 4223

② Viega Rohrsystem Sanpress/Sanpress Inox

③ ROCKWOOL 800 bzw. PAROC Hvac Section AluCoat T

④ Brennbare Dämmung mind. B2 (z. B. Climaflex stabil NMC)

⑤ Ggf. vorhandenen Restspalt mit Beton bzw. Mörtel verschließen

⑥ Ausgleichsdämmung (mind. normalentflammbar)

⑦ Trittschalldämmung (mind. normalentflammbar)

⑧ Estrich oder Trockenestrich, Dicke ≥ 25 mm

14.2.2 Deckendurchführung / erforderliche Dämmlängen bei Abzweigen Etagenanbindung Viega Metallsysteme

Massivdecke ≥ 150 mm

Tab. 5–13   **Etagenanbindung**

Viega Rohrsysteme	Rohrwerkstoff	Außendurchmesser [mm]	Wandstärke [mm]	Dämmlänge und -dicke am Stang [mm]	Dämmlänge und -dicke am Abzweig [mm]	Klassifikation
Sanpress Sanpress XL Sanpress Inox Sanpress Inox XL Sanpress Inox G Sanpress Inox G XL	Edelstahl 1.4401 bzw. 1.4521	≤ 54	≥ 1,5	Ausführung: L ≥ 2000 mm von Oberkante Decke nach unten, bzw. L ≥ 1000 mm oberhalb der Decke d = 30–50 mm	L ≥ 140 mm d = 20 mm	R 30 R 60 R 90

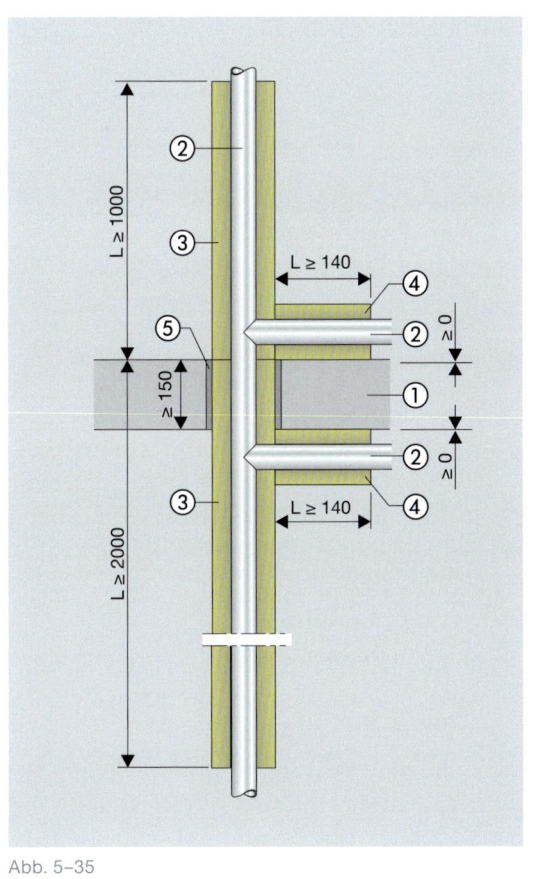

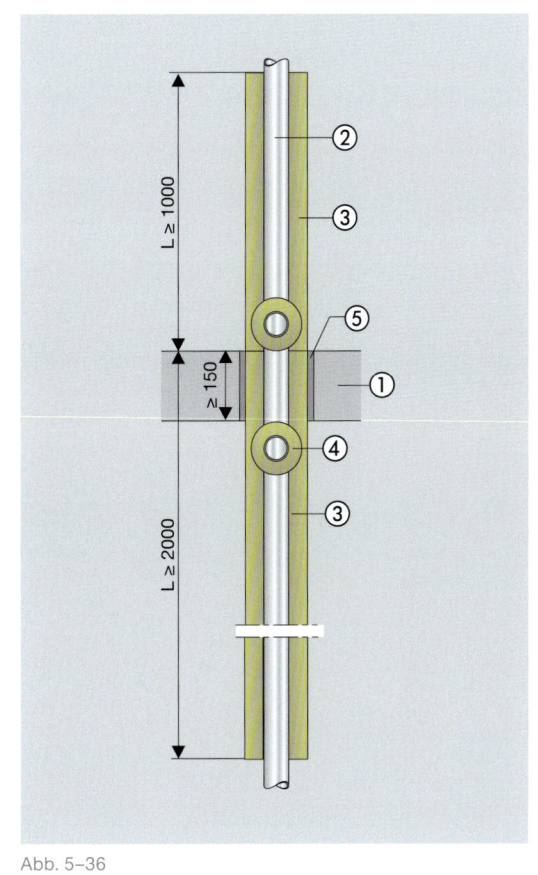

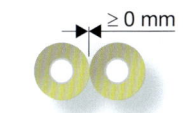

Abb. 5–35

Abb. 5–36

Viega abP
P-2400/003/15-MPA BS

Brandschutzlösungen für Decken

≥ 0 mm

Viega abP
P-2400/003/15-MPA BS

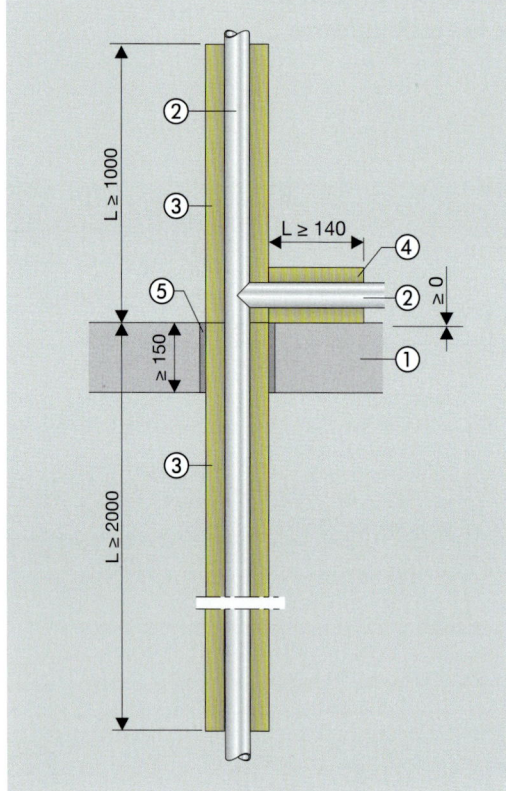

Abb. 5–37

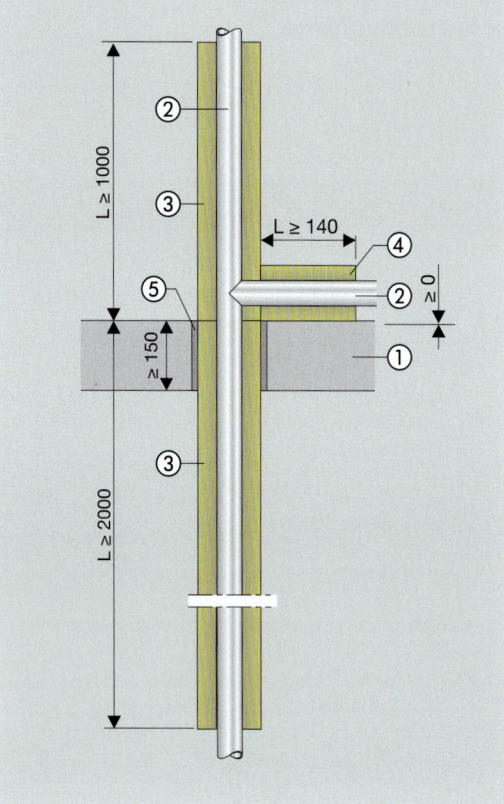

Abb. 5–38

① Feuerwiderstandsfähige Massivdecke ≥ 150 mm

② Viega Rohrsystem Sanpress/Sanpress Inox/ Sanpress Inox mit Smartloop-Inliner (Zirkulation 28–35 mm)

③ ROCKWOOL 800 bzw. PAROC Hvac Section AluCoat T, Dämmdicke 30–50 mm

④ ROCKWOOL 800 bzw. PAROC Hvac Section AluCoat T, Dämmdicke 20 mm

⑤ Ggf. vorhandenen Restspalt mit Beton bzw. Mörtel verschließen

14.2.3 Deckendurchführung Viega Systemrohre (Metall) ≤54 mm mit Übergang auf Raxofix/Sanfix Fosta d 16–32 mm in den Etagen

Massivdecke ≥150 mm

Tab. 5–14   Etagenanbindung mit Übergang auf Raxofix/Sanfix Fosta

Viega Rohrsysteme	Rohrwerkstoff	Außendurchmesser [mm]	Wandstärke [mm]	Länge und Dämmdicke Strang [mm]
Sanpress Sanpress Inox d 12–54 mm	Edelstahl 1.4401 bzw. 1.4521	≤54	≥1,5	Ausführung: L ≥2000 mm von Oberkante Decke nach unten bzw. L ≥1000 mm oberhalb der Decke d = 30–50 mm
Raxofix/Sanfix Fosta	PE-Xc/Al/PE-Xc	16 20 25 32	2,2 2,8 2,7 3,2	L ≥50 mm d = 20 mm

Brandschutzlösungen für Decken

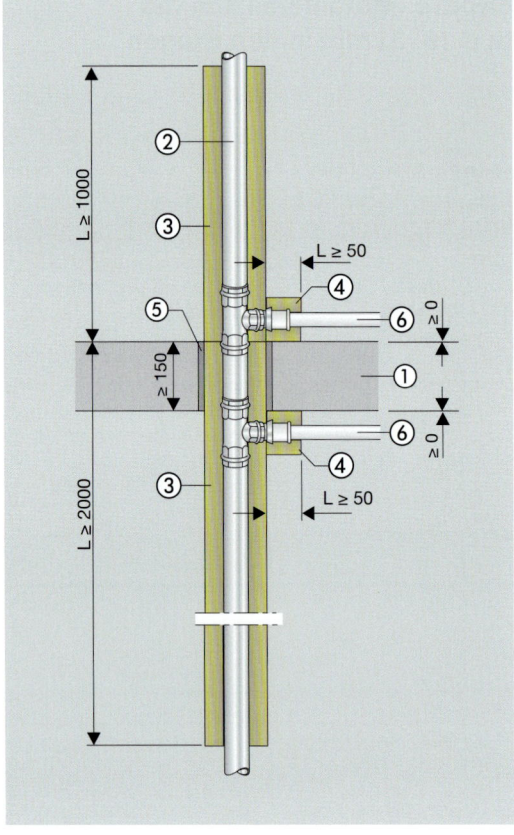

Abb. 5–39

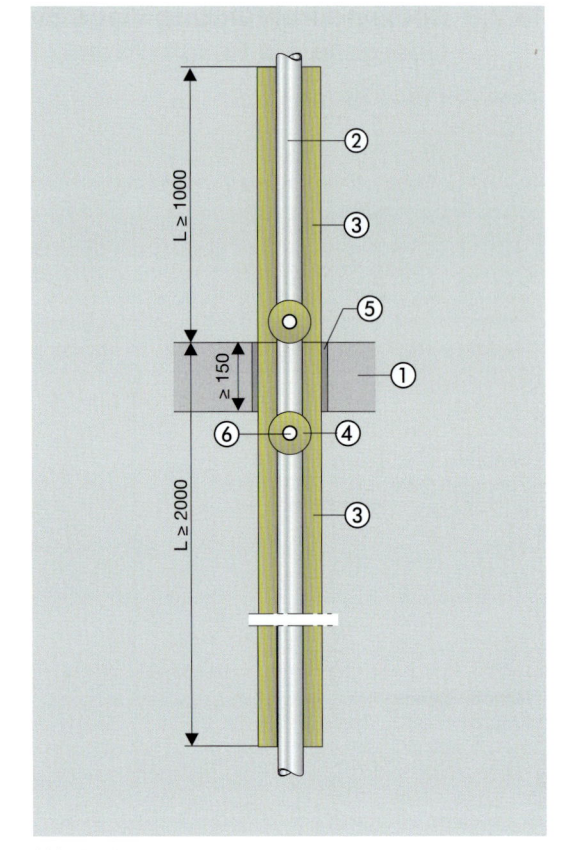

Abb. 5–41

≥ 0 mm

Positiv geprüft,
Zulassung beantragt

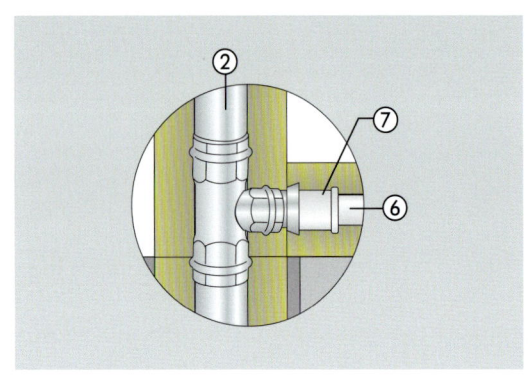

Abb. 5–40

① Feuerwiderstandsfähige Massivdecke ≥ 150 mm

② Viega Rohrsystem Sanpress/Sanpress Inox/ Sanpress Inox mit Smartloop-Inliner, Steigleitung d ≤ 54 mm (Zirkulation 28–35 mm)

③ ROCKWOOL 800, Dämmdicke 30-50 mm

④ ROCKWOOL 800, Dämmdicke 20 mm

⑤ Ggf. vorhandenen Restspalt mit Beton bzw. Mörtel verschließen

⑥ Raxofix bzw. Sanfix d 16-32 mm

⑦ Raxofix/Sanfix Einsteckstück

14.3 Prestabo/Prestabo PP ummantelt

Massivdecke ≥ 150 mm

Tab. 5–15 **Prestabo/Prestabo PP**

Viega Rohrsysteme	Rohrwerkstoff	Außendurchmesser [mm]	Wandstärke [mm]	Dämmdicken [mm]	Dämmlängen [mm]	Klassifikation
Prestabo Prestabo XL	C-Stahl 1.0308 außen verzinkt	≤ 18	≥ 1,2	20–40	1000	R 30 R 60 R 90
		> 18 bis ≤ 54	≥ 1,5	20–60		
		> 54 bis ≤ 64,0	≥ 2,0	20–100		
		> 64 bis ≤ 76,1	≥ 2,0	30–100		
		> 76,1 bis ≤ 108,0	≥ 2,0	40–100		
Prestabo Prestabo XL	C-Stahl 1.0215 außen und innen verzinkt	≤ 54	≥ 1,5	20–60		
		> 54 bis ≤ 76,1	≥ 2,0	30–100		
		> 76,1 bis ≤ 108,0	≥ 2,0	40–100		
Prestabo PP ummantelt	C-Stahl 1.0308 mit 1 mm PP-Ummantelung	≤ 18	≥ 1,2	20		
		> 18 bis ≤ 54	≥ 1,5	20–60		

≥ 0 mm

Viega abP
P-2400/003/15-MPA BS

① Feuerwiderstandsfähige Massivdecke ≥ 150 mm aus Beton bzw. Stahlbeton gemäß DIN 1045 oder Porenbeton gemäß DIN 4223
② Viega Rohrsystem Prestabo, Prestabo PP
③ Dämmung
④ Rohrbefestigung
⑤ Ggf. vorhandenen Restspalt mit Beton bzw. Mörtel verschließen

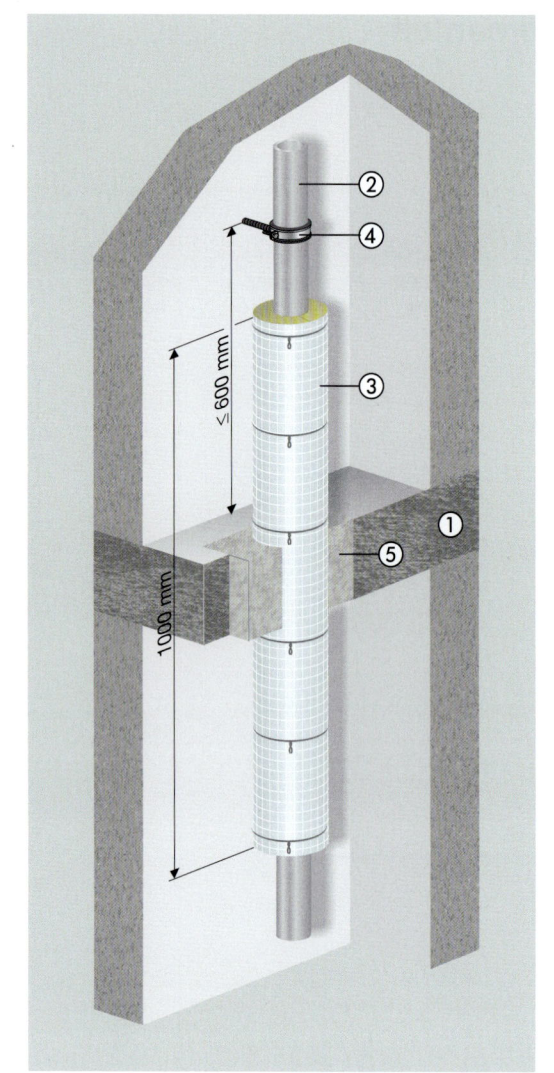

Abb. 5–42

14.3.1 Einseitige Dämmung (z. B. Heizkörperanschluss)

Heizkörperanschluss, weiterführende brennbare Dämmung, Massivdecke ≥ 150 mm

Tab. 5-16 Einseitige Dämmung (Heizkörperanschluss)

Viega Rohrsysteme	Rohr-werkstoff	Außen-durch-messer [mm]	Wand-stärke [mm]	Dämm-dicke [mm]	Dämm-länge [mm]	Klassifi-kation
Prestabo Prestabo PP	C-Stahl 1.0308 1.2015	≤ 18	≥ 1,2	20	≥ 2000	R 30 R 60 R 90
		> 18 bis ≤ 28	≥ 1,2			
		> 28 bis ≤ 54	≥ 1,2	20–50		

① Decke F 90
② Viega Rohrsystem Prestabo, Prestabo PP
③ ROCKWOOL 800 bzw. PAROC Hvac Section AluCoat T
④ brennbare Dämmung, mind. normalentflammbar (z. B. Climaflex stabil NMC)
⑤ Ggf. vorhandenen Restspalt mit Beton bzw. Mörtel verschließen
⑥ Ausgleichsdämmung (mind. normalentflammbar)
⑦ Trittschalldämmung (mind. normalentflammbar)
⑧ Estrich oder Trockenestrich, Dicke ≥ 25 mm

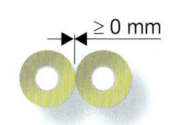

Viega abP
P-2400/003/15-MPA BS

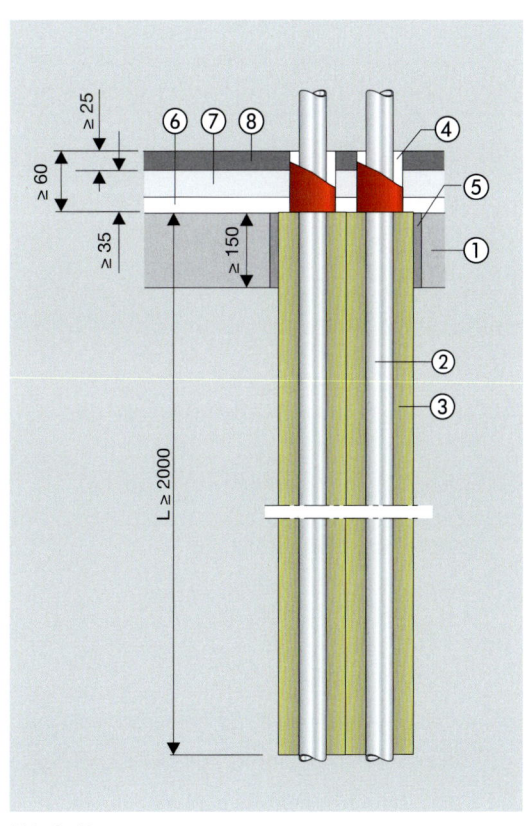

Abb. 5-43

Anwendungsbeispiele für die Baupraxis

brennbare Dämmung oberhalb der Decke

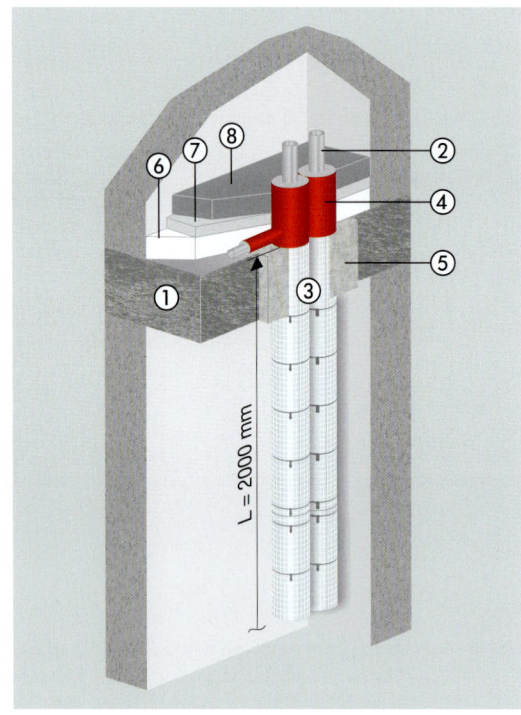

Abb. 5–44

Verzug im Fußbodenaufbau

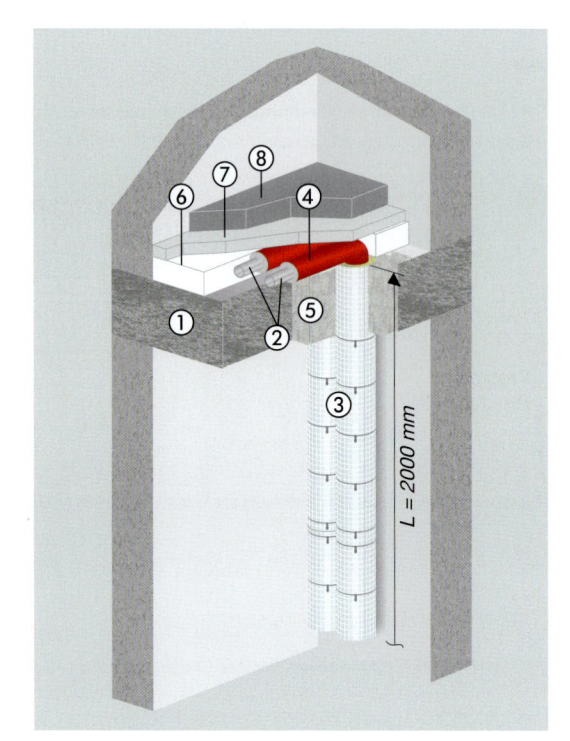

Abb. 5–46

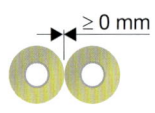

≥ 0 mm

brennbare Dämmung bei Anschlussleitungen

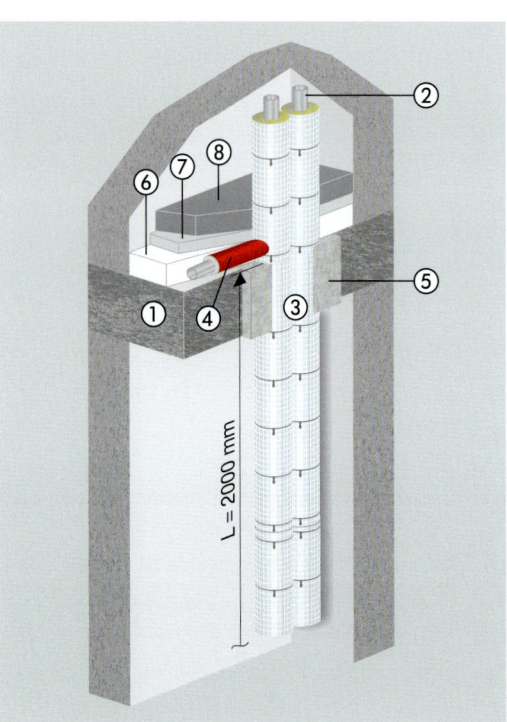

Abb. 5–45

① Feuerwiderstandsfähige Massivdecke ≥ 150 mm aus Beton bzw. Stahlbeton gemäß DIN 1045 oder Porenbeton gemäß DIN 4223

② Viega Rohrsystem Prestabo, Prestabo PP

③ ROCKWOOL 800 bzw. PAROC Hvac Section AluCoat T

④ Brennbare Dämmung mind. B2 (z. B. Climaflex stabil NMC)

⑤ Ggf. vorhandenen Restspalt mit Beton bzw. Mörtel verschließen

⑥ Ausgleichsdämmung (mind. normalentflammbar)

⑦ Trittschalldämmung (mind. normalentflammbar)

⑧ Estrich oder Trockenestrich, Dicke ≥ 25 mm

14.3.2 Deckendurchführung / erforderliche Dämmlängen bei Abzweigen Etagenanbindung Viega Metallsysteme

Massivdecke ≥ 150 mm

Tab. 5–17 **Etagenanbindung**

Viega Rohrsysteme	Rohrwerkstoff	Außendurchmesser [mm]	Wandstärke [mm]	Dämmlänge und -dicke am Stang [mm]	Dämmlänge und -dicke am Abzweig [mm]	Klassifikation
Prestabo Prestabo XL	C-Stahl 1.0308 außen verzinkt	≤ 54	≥ 1,5	Ausführung: L ≥ 2000 mm von Oberkante Decke nach unten, bzw. L ≥ 1000 mm oberhalb der Decke d = 30–50 mm	L ≥ 140 mm d = 20 mm	R 30 R 60 R 90
Prestabo Prestabo XL	C-Stahl 1.2015 außen und innen verzinkt					
Prestabo PP ummantelt	C-Stahl 1.0308 mit 1 mm PP-Ummantelung					

Abb. 5–47

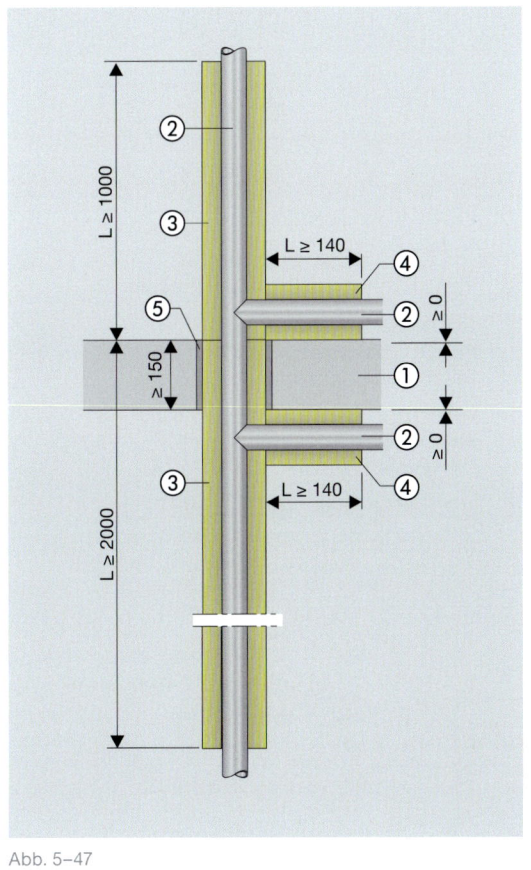

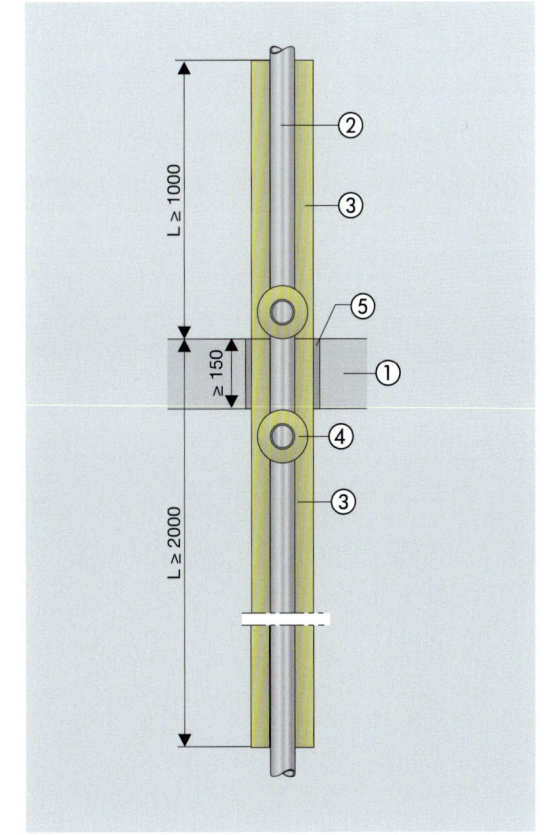

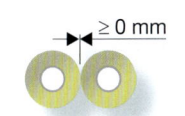

Abb. 5–48

Viega abP
P-2400/003/15-MPA BS

Brandschutzlösungen für Decken

Viega abP
P-2400/003/15-MPA BS

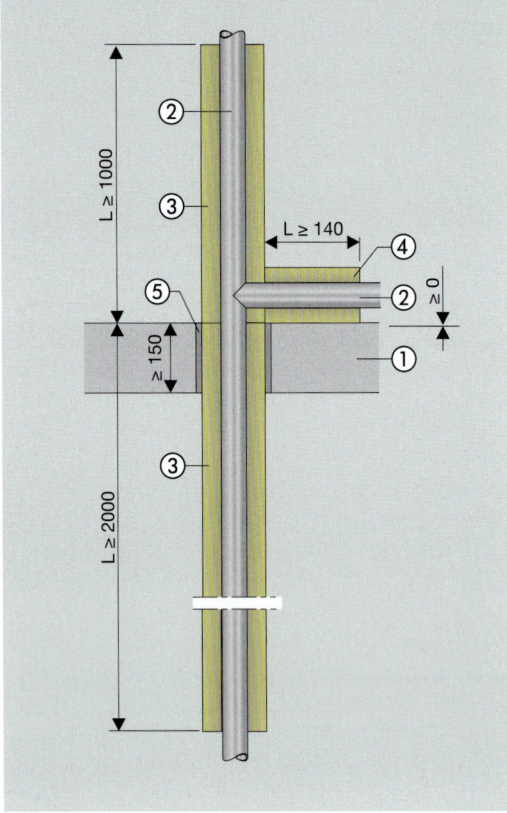

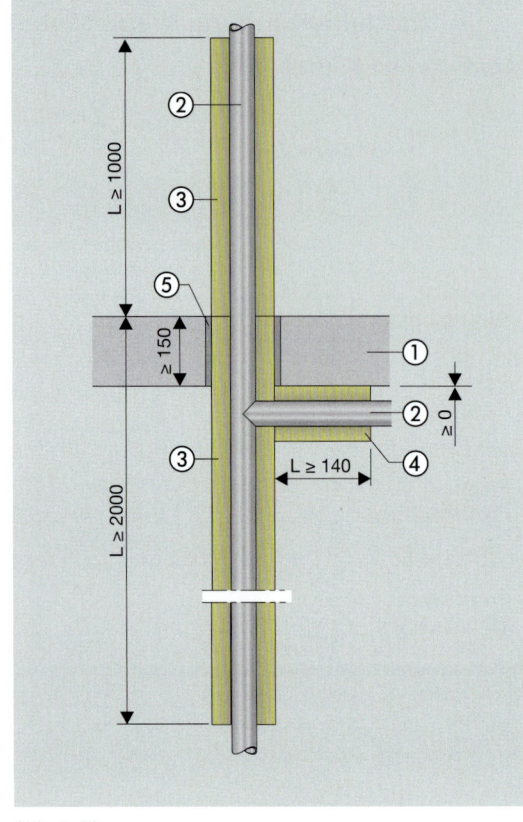

Abb. 5–49

Abb. 5–50

① Feuerwiderstandsfähige Massivdecke ≥ 150 mm

② Viega Rohrsystem Prestabo, Prestabo PP

③ ROCKWOOL 800 bzw. PAROC Hvac Section AluCoat T, Dämmdicke 30-50 mm

④ ROCKWOOL 800 bzw. PAROC Hvac Section AluCoat T, Dämmdicke 20 mm

⑤ Ggf. vorhandenen Restspalt mit Beton bzw. Mörtel verschließen

14.3.3 Deckendurchführung Viega Systemrohre (Metall) ≤54 mm mit Übergang auf Raxofix/Sanfix Fosta d 16–32 mm in den Etagen

Massivdecke ≥150 mm

Tab. 5–18 Etagenanbindung mit Übergang auf Raxofix/Sanfix Fosta

Viega Rohrsysteme	Rohrwerkstoff	Außendurchmesser [mm]	Wandstärke [mm]	Länge und Dämmdicke Strang [mm]
Prestabo d 12–54 mm	C-Stahl 1.0308 C-Stahl 1.0215	≤54	≥1,5	Ausführung: L ≥2000 mm von Oberkante Decke nach unten bzw. L ≥1000 mm oberhalb der Decke d = 30–50 mm
Raxofix/Sanfix Fosta	PE-Xc/Al/PE-Xc	16 20 25 32	2,2 2,8 2,7 3,2	L ≥50 mm d = 20 mm

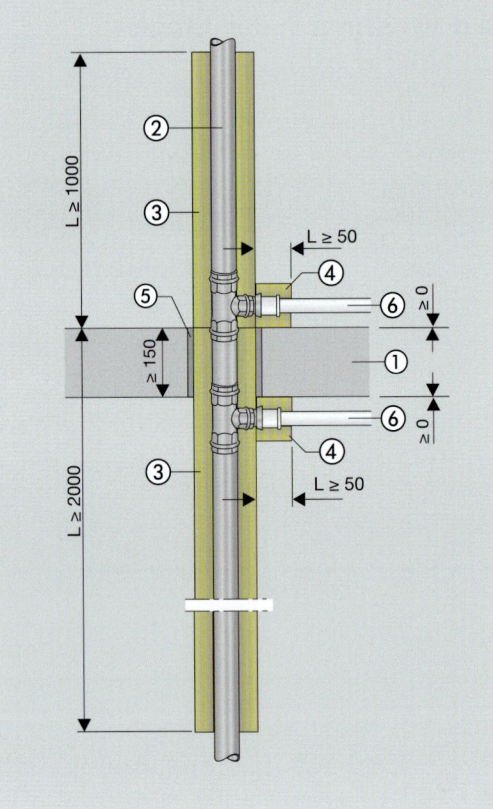

Abb. 5–51

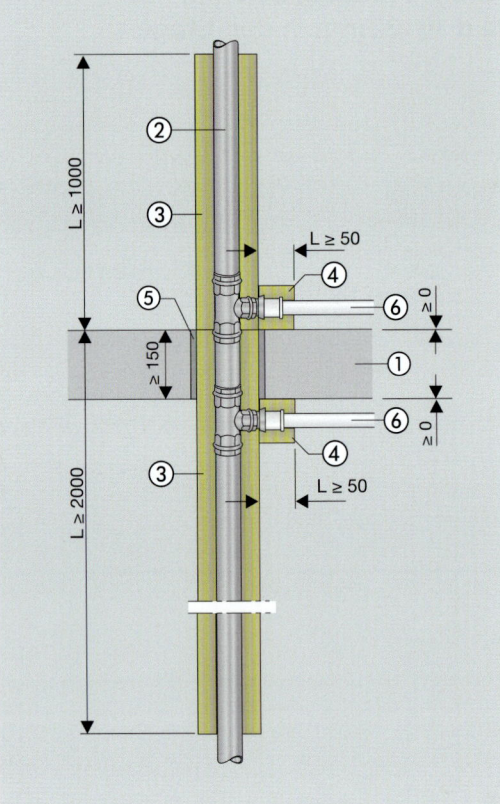

Abb. 5–53

Positiv geprüft,
Zulassung beantragt

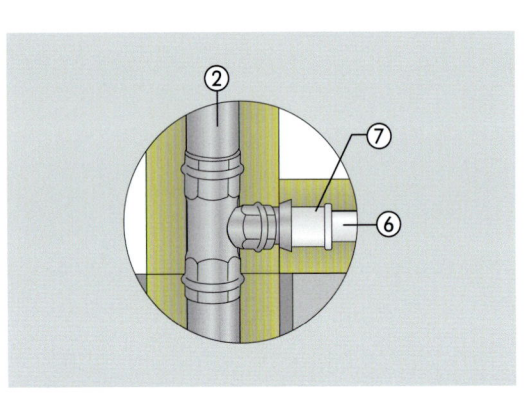

Abb. 5–52

① Feuerwiderstandsfähige Massivdecke ≥ 150 mm
② Viega Rohrsystem Prestabo, Prestabo PP Steigleitung d ≤ 54 mm
③ ROCKWOOL 800, Dämmdicke 30–50 mm
④ ROCKWOOL 800, Dämmdicke 20 mm
⑤ Ggf. vorhandenen Restspalt mit Beton bzw. Mörtel verschließen
⑥ Raxofix bzw. Sanfix d 16–32 mm
⑦ Raxofix/Sanfix Einsteckstück

14.4 Megapress

Massivdecke ≥ 150 mm

Tab. 5–19 **Megapress**

Viega Rohrsysteme	Rohr-werkstoff	Außen-durch-messer [mm]	Wand-stärke [mm]	Dämm-dicken [mm]	Dämm-längen [mm]	Klassifi-kation
Megapress Megapress G	Stahlrohr DIN EN 10220 DIN EN 10255	≤ 21,3	≥ 2,0	20–40	1000	R 30 R 60 R 90
		≤ 26,9	≥ 2,3			
		> 33,7 bis ≤ 48,3	≥ 2,6	20–60		
		≤ 60,3	≥ 2,9			

Brandschutzlösungen für Decken

≥ 0 mm

Viega abP
P-2400/003/15-MPA BS

① Feuerwiderstandsfähige Massivdecke ≥ 150 mm aus Beton bzw. Stahlbeton gemäß DIN 1045 oder Porenbeton gemäß DIN 4223

② Viega Rohrsystem Megapress

③ Dämmung

④ Rohrbefestigung

⑤ Ggf. vorhandenen Restspalt mit Beton bzw. Mörtel verschließen

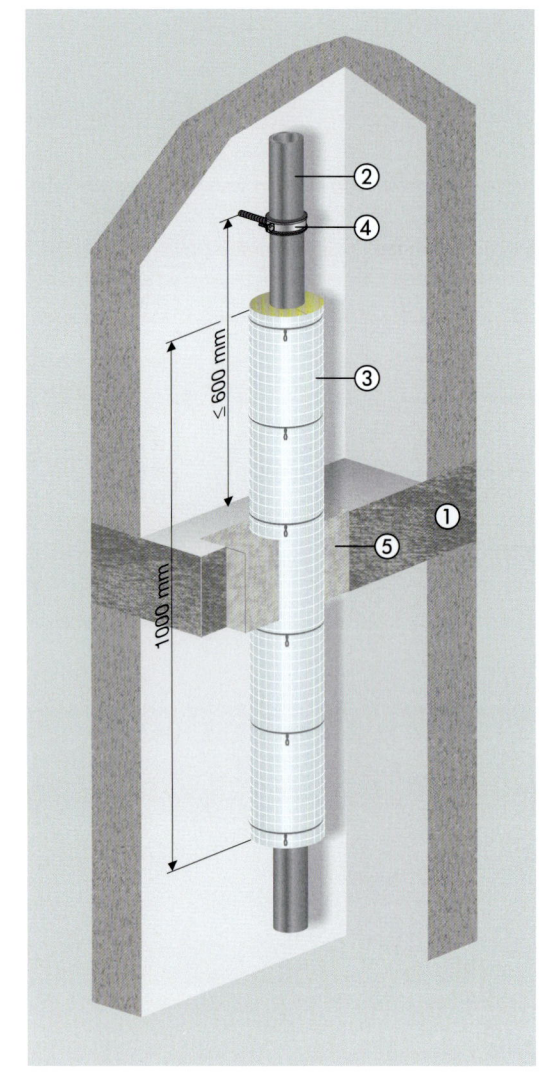

Abb. 5–54

14.4.1 Einseitige Dämmung (z. B. Heizkörperanschluss)

Heizkörperanschluss, weiterführende brennbare Dämmung, Massivdecke ≥ 150 mm

Tab. 5–20 **Einseitige Dämmung (Heizkörperanschluss)**

Viega Rohrsysteme	Rohrwerkstoff	Außendurchmesser [mm]	Wandstärke [mm]	Dämmdicke [mm]	Dämmlänge [mm]	Klassifikation
Megapress Megapress G	Stahlrohr DIN EN 10 220 DIN EN 10 255	≤ 21,3	≥ 1,2	20	≥ 2000	R 30 R 60 R 90
		≤ 26,9	≥ 1,2			
		≥ 33,7 bis ≤ 48,3	≥ 1,5	20–50		
		> 48,3 bis ≤ 54	≥ 1,5			

① Decke F 90
② Viega Rohrsystem Megapress
③ ROCKWOOL 800 bzw. PAROC Hvac Section AluCoat T
④ brennbare Dämmung, mind. normalentflammbar (z. B. Climaflex stabil NMC)
⑤ Ggf. vorhandenen Restspalt mit Beton bzw. Mörtel verschließen
⑥ Ausgleichsdämmung (mind. normalentflammbar)
⑦ Trittschalldämmung (mind. normalentflammbar)
⑧ Estrich oder Trockenestrich, Dicke ≥ 25 mm

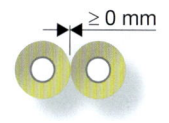

Viega abP
P-2400/003/15-MPA BS

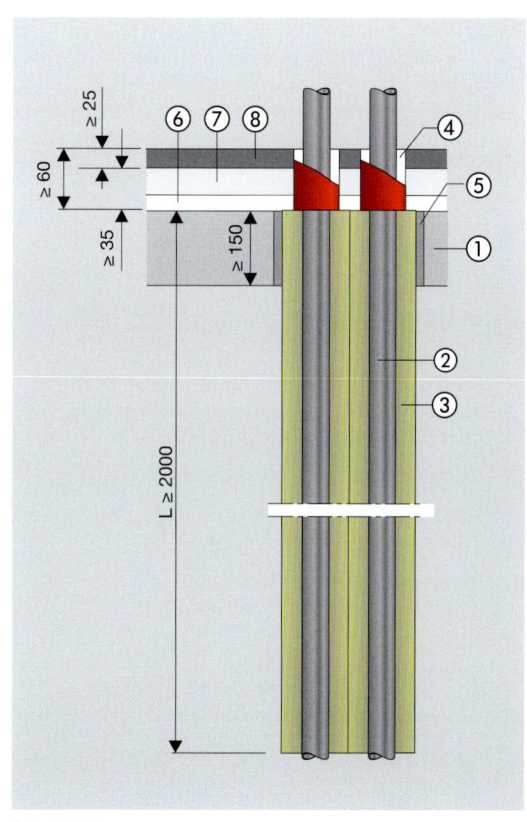

Abb. 5–55

Anwendungsbeispiele für die Baupraxis

brennbare Dämmung oberhalb der Decke

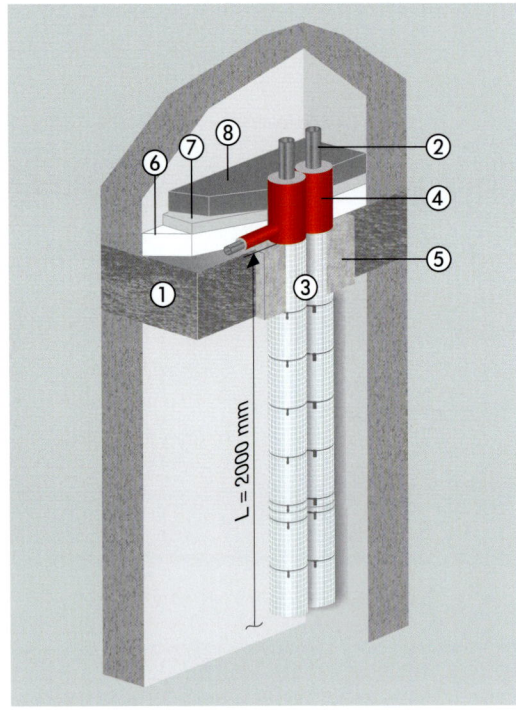

Abb. 5–56

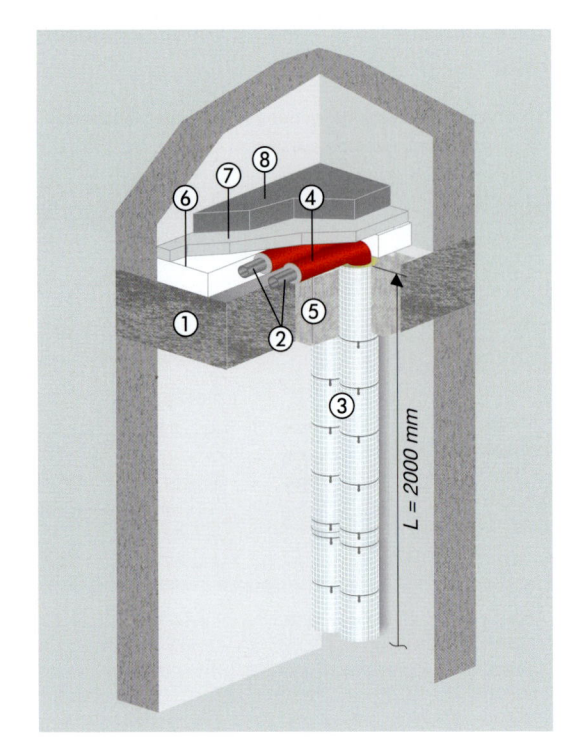

Verzug im Fußbodenaufbau

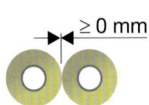

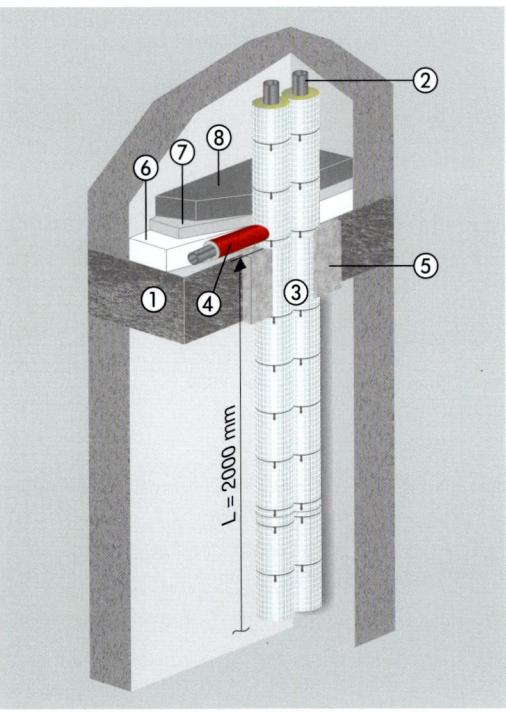

Abb. 5–58

brennbare Dämmung bei Anschlussleitungen

Abb. 5–57

① Feuerwiderstandsfähige Massivdecke ≥ 150 mm aus Beton bzw. Stahlbeton gemäß DIN 1045 oder Porenbeton gemäß DIN 4223

② Viega Rohrsystem Megapress

③ ROCKWOOL 800 bzw. PAROC Hvac Section AluCoat T

④ Brennbare Dämmung mind. B2 (z. B. Climaflex stabil NMC)

⑤ Ggf. vorhandenen Restspalt mit Beton bzw. Mörtel verschließen

⑥ Ausgleichsdämmung (mind. normalentflammbar)

⑦ Trittschalldämmung (mind. normalentflammbar)

⑧ Estrich oder Trockenestrich, Dicke ≥ 25 mm

14.4.2 Deckendurchführung / erforderliche Dämmlängen bei Abzweigen Etagenanbindung Viega Metallsysteme

Massivdecke ≥ 150 mm

Tab. 5–21 **Etagenanbindung**

Viega Rohrsysteme	Rohrwerkstoff	Außendurchmesser [mm]	Wandstärke [mm]	Dämmlänge und -dicke am Stang [mm]	Dämmlänge und -dicke am Abzweig [mm]	Klassifikation
Megapress Megapress G	Stahlrohr DIN EN 10 220 DIN EN 10 255	≤ 54	≥ 1,5	Ausführung: L ≥ 2000 mm von Oberkante Decke nach unten, bzw. L ≥ 1000 mm oberhalb der Decke d = 30–50 mm	L ≥ 140 mm d = 20 mm	R 30 R 60 R 90

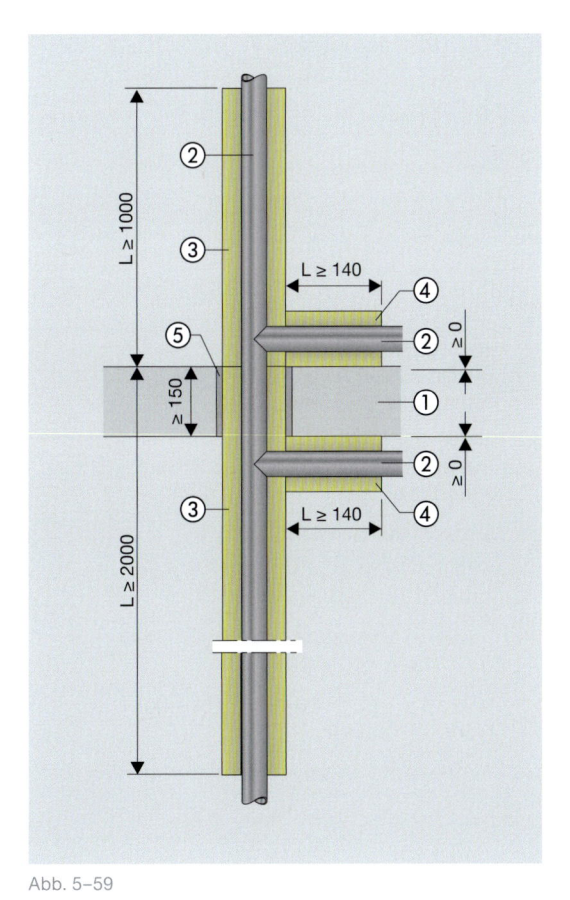

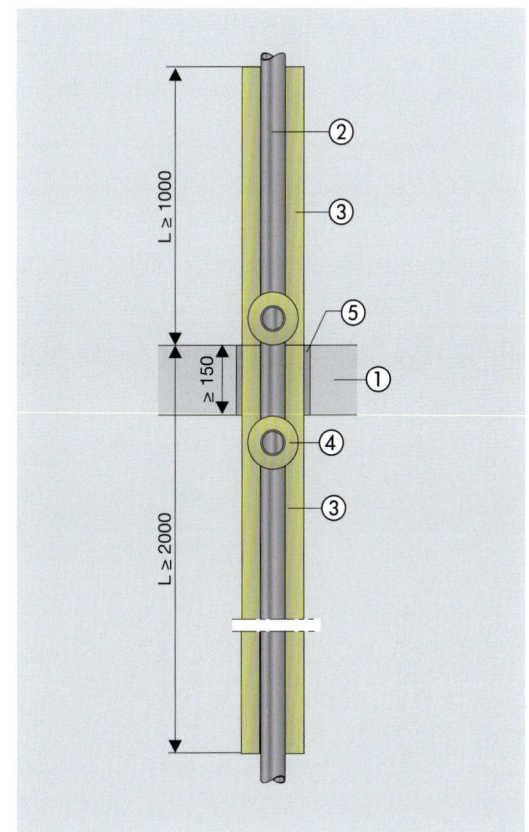

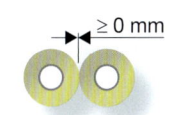

Abb. 5-59

Abb. 5-60

Viega abP
P-2400/003/15-MPA BS

≥ 0 mm

Viega abP
P-2400/003/15-MPA BS

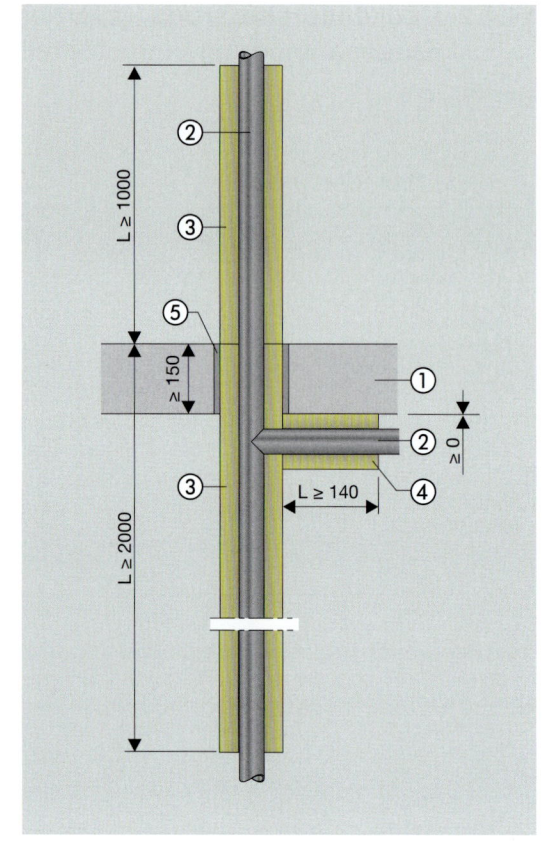

Abb. 5–61

Abb. 5–62

① Feuerwiderstandsfähige Massivdecke ≥ 150 mm

② Viega Rohrsystem Megapress

③ ROCKWOOL 800 bzw. PAROC Hvac Section AluCoat T, Dämmdicke 30–50 mm

④ ROCKWOOL 800 bzw. PAROC Hvac Section AluCoat T, Dämmdicke 20 mm

⑤ Ggf. vorhandenen Restspalt mit Beton bzw. Mörtel verschließen

14.5 Raxofix / Sanfix Fosta, d 16–63 mm

Massivdecke ≥ 150 mm

Tab. 5–22 Raxofix/Sanfix Fosta, d 16–63 mm

Viega Rohrsysteme	Rohr-werkstoff	Außen-durch-messer [mm]	Wand-stärke [mm]	Dämm-dicke [mm]	Dämm-länge [mm]	Klassifi-kation
Raxofix	PE-Xc/Al/ PE-Xc	16	2,2	20–60	500	R 30 R 60 R 90
		20	2,8			
		25	2,7			
		32	3,2			
Sanfix Fosta		40	3,5			
		50	4,0			
		63	4,5			

Viega abP
P-MPA-E-09-005 und
P-2400/003/15-MPS BS

① Feuerwiderstandsfähige Massivdecke ≥ 150 mm aus Beton bzw. Stahlbeton gemäß DIN 1045 oder Porenbeton gemäß DIN 4223

② Viega Rohrsystem Raxofix/Sanfix Fosta

③ Dämmung

④ Rohrbefestigung

⑤ Ggf. vorhandenen Restspalt mit Beton bzw. Mörtel verschließen

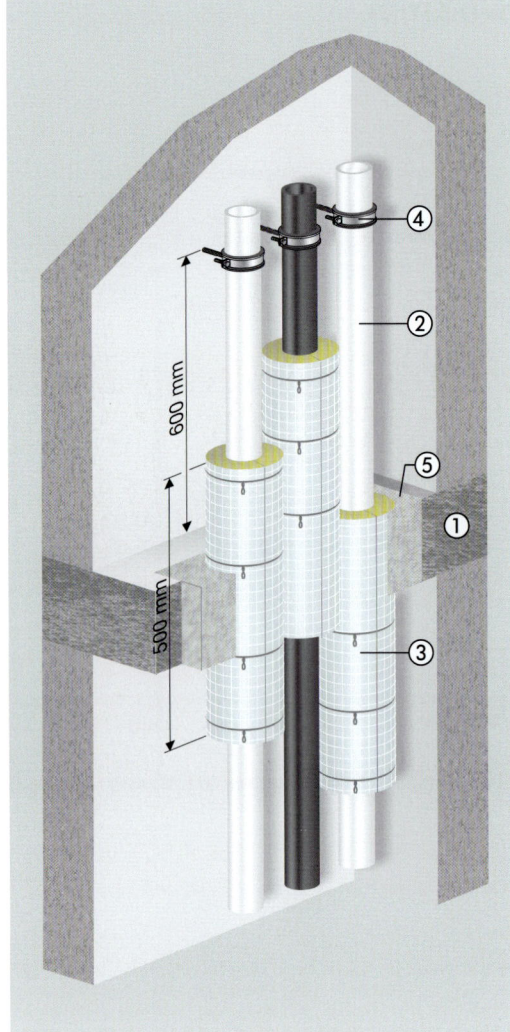

Abb. 5–63

14.5.1 Raxofix/Sanfix Fosta – Lösung bei einseitiger Dämmung

z. B. Heizkörperanschluss, Massivdecke ≥ 150 mm

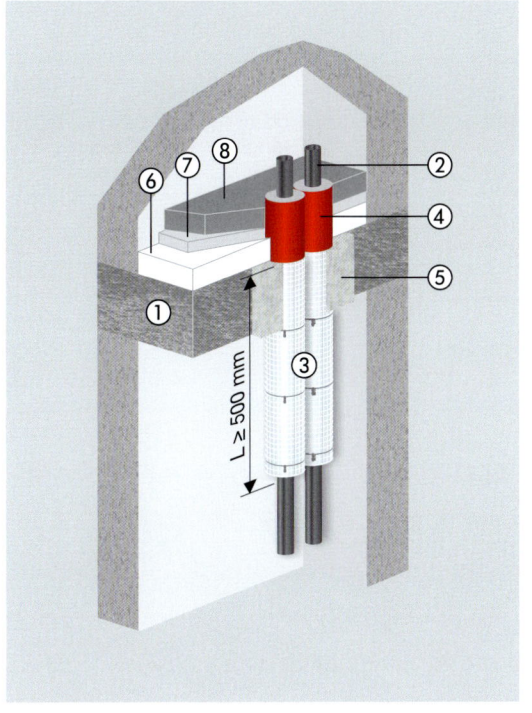

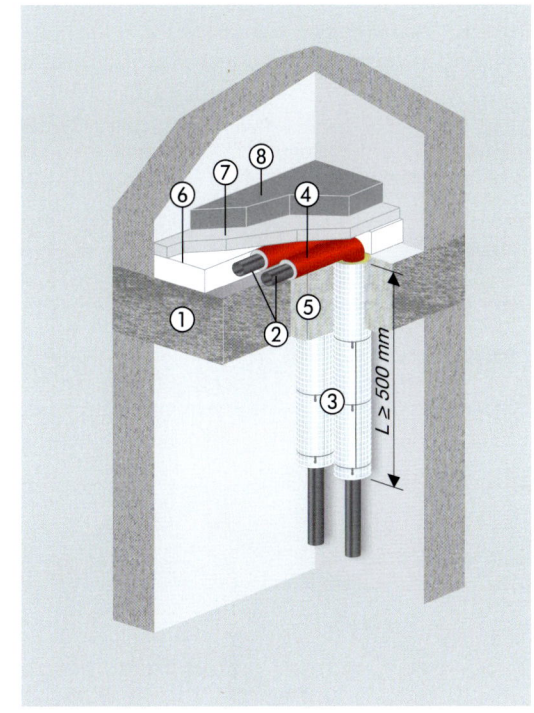

Abb. 5–64

Abb. 5–66

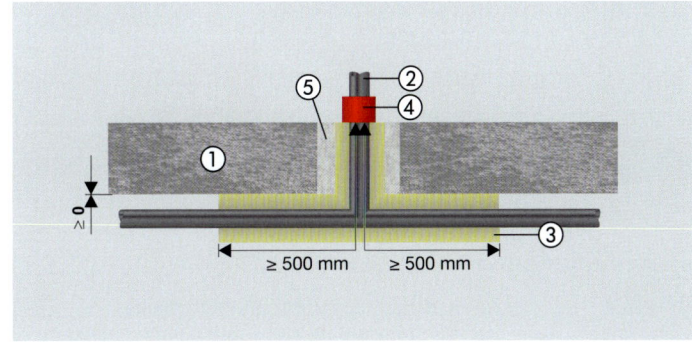

Abb. 5–65

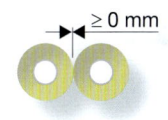

Viega abP
P-MPA-E-09-005

① Feuerwiderstandsfähige Massivdecke ≥ 150 mm aus Beton bzw. Stahlbeton gemäß DIN 1045 oder Porenbeton gemäß DIN 4223
② Viega Rohrsystem Raxofix/Sanfix Fosta ≤ 63 mm
③ Rockwool 800, L ≥ 500 mm
④ Brennbare Dämmung mind. B2 (z. B. Climaflex stabil NMC)
⑤ Ggf. vorhandenen Restspalt mit Beton bzw. Mörtel verschließen
⑥ Ausgleichsdämmung (mind. normalentflammbar)
⑦ Trittschalldämmung (mind. normalentflammbar)
⑧ Estrich oder Trockenestrich, Dicke ≥ 25 mm

14.5.2 Raxofix / Sanfix Fosta, d ≤ 32 mm

Massivdecke ≥ 150 mm

Tab. 5–23 Raxofix/Sanfix Fosta, d ≤ 32 mm

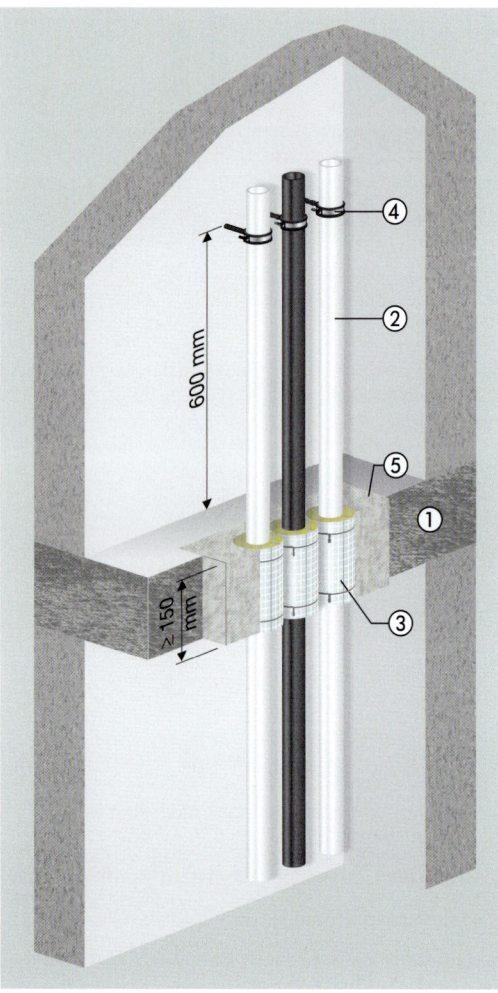

Viega Rohrsysteme	Rohrwerkstoff	Außendurchmesser [mm]	Wandstärke [mm]	Dämmdicke [mm]	Dämmlänge [mm]	Klassifikation
Raxofix	PE-Xc/Al/PE-Xc	16	2,2	20	150 bzw. in Deckenstärke	R 30 R 60 R 90
		20	2,8			
Sanfix Fosta		25	2,7			
		32	3,2			

Abb. 5–67

Viega abP
P-2400/003/15-MPA BS

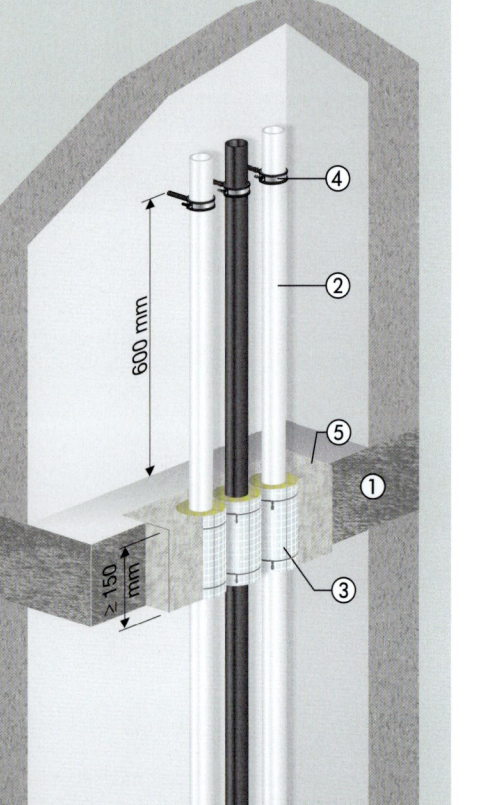

Abb. 5–68

① Feuerwiderstandsfähige Massivdecke ≥ 150 mm aus Beton bzw. Stahlbeton gemäß DIN 1045 oder Porenbeton gemäß DIN 4223
② Viega Rohrsystem Raxofix/Sanfix Fosta ≤ 63 mm
③ Dämmung, L ≥ 150 mm
④ Brennbare Dämmung mind. B2 (z. B. Climaflex stabil NMC)
⑤ Ggf. vorhandenen Restspalt mit Beton bzw. Mörtel verschließen
⑥ Ausgleichsdämmung (mind. normalentflammbar)
⑦ Trittschalldämmung (mind. normalentflammbar)
⑧ Estrich oder Trockenestrich, Dicke ≥ 25 mm

14.6 Raxinox

Massivdecke ≥ 150 mm

Tab. 5–24 **Tabelle Raxinox**

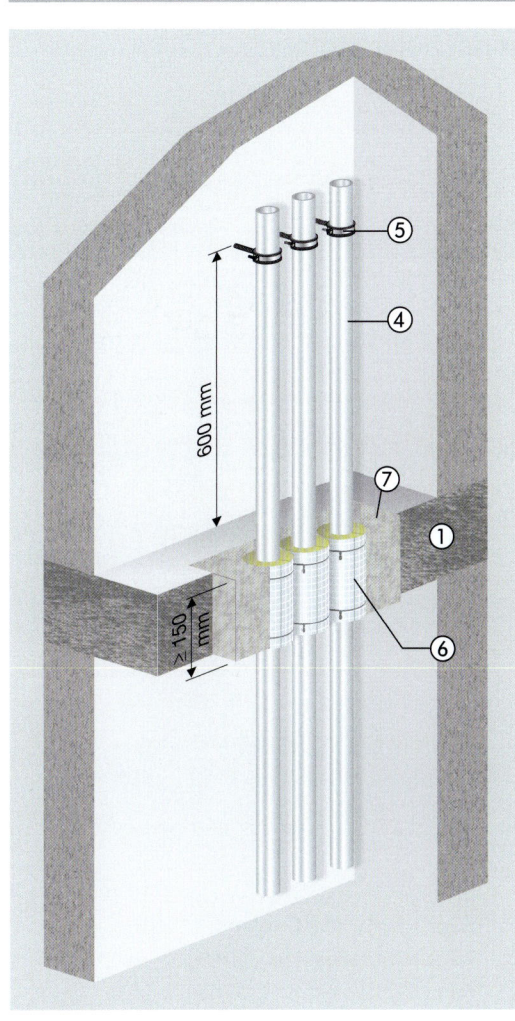

Viega Rohrsysteme	Rohrwerkstoff	Außendurchmesser [mm]	Wandstärke [mm]	Dämmdicke [mm]	Dämmlänge [mm]	Klassifikation
Raxinox	Edelstahl/ PE-RT	16	≥ 2,3	20	≥ 150 mm bzw. Deckenstärke	R 30 R 60 R 90
		20	≥ 3,0			

Abb. 5–69

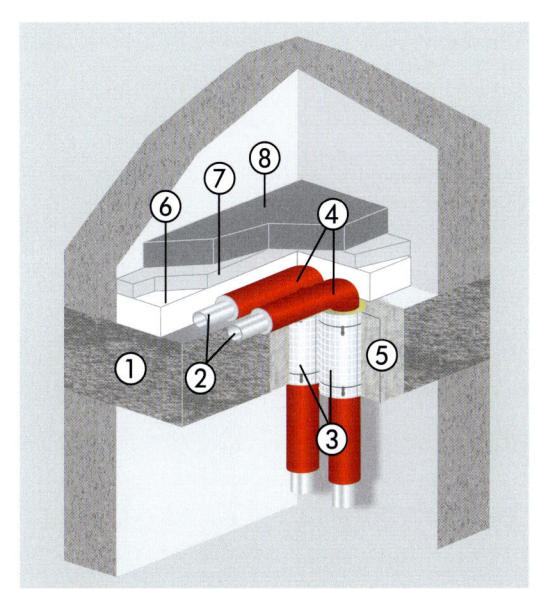

Abb. 5–70

① Feuerwiderstandsfähige Massivdecke ≥ 150 mm aus Beton bzw. Stahlbeton gemäß DIN 1045 oder Porenbeton gemäß DIN 4223

② Viega Rohrsystem Raxinox

③ Dämmung, L ≥ 150 mm

④ Brennbare Dämmung mind. B2 (z. B. Climaflex stabil NMC)

⑤ Ggf. vorhandenen Restspalt mit Beton bzw. Mörtel verschließen

⑥ Ausgleichsdämmung (mind. normalentflammbar)

⑦ Trittschalldämmung (mind. normalentflammbar)

⑧ Estrich oder Trockenestrich, Dicke ≥ 25 mm

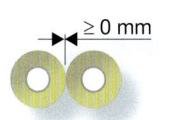

≥ 0 mm

Viega abP
P-2400/003/15-MPA BS

Brandschutzlösungen für Decken

14.7 Nullabstand zwischen Viega Versorgungsleitungen

Massivdecke ≥ 150 mm

Tab. 5–25   Nullabstand innerhalb der Viega Versorgungsleitungen

Viega Rohrsysteme	Profipress d 12–108,0	Raxofix/ Sanfix Fosta d 16–63	Sanpress/ Sanpress Inox d 12–108,0	Prestabo d 12–108,0	Megapress d 21,3–60,3
Profipress d 12 - 108,0					
Raxofix/Sanfix Fosta d 16 - 63			untereinander erforderlicher Mindestabstand der Brandschutzdämmung 0 mm		
Sanpress/ Sanpress Inox d 12 - 108,0					
Prestabo d 12 - 108,0					
Megapress d 21,3 - 60,3					
zum Rockwool Conlit System[1] P-3725/4130 MPA BS					

Viega abP
P-2400/003/15-MPA BS

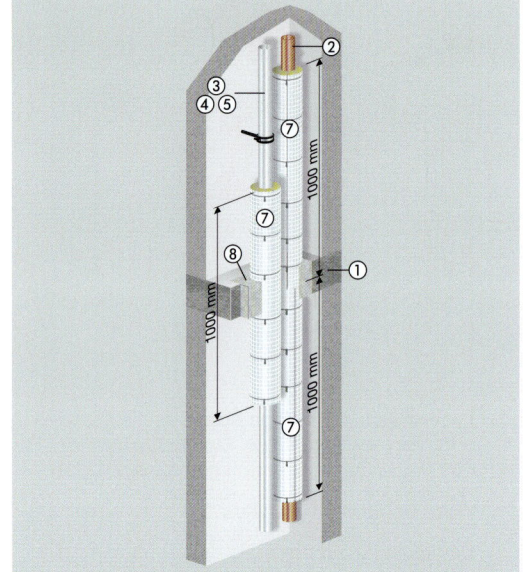

Abb. 5–71

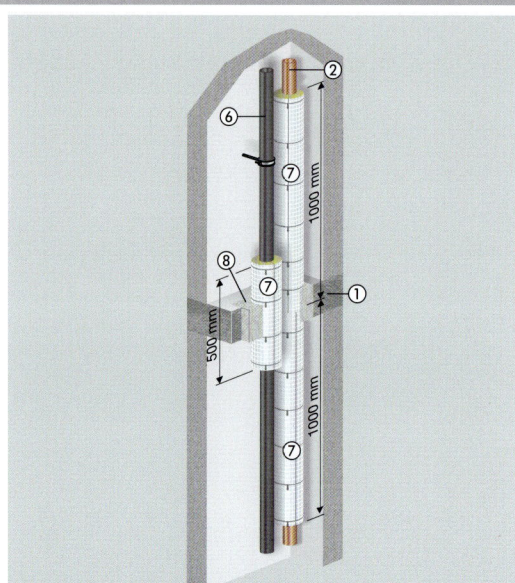

Abb. 5–72

① Feuerwiderstandsfähige Massivdecke aus Beton bzw. Stahlbeton gemäß DIN 1045 oder Porenbeton gemäß DIN 4223
② Viega Rohrsystem Profipress/ Profipress mit Inliner
③ Viega Rohrsystem Sanpress/Sanpress Inox/ Sanpress Inox mit Inliner
④ Viega Rohrsystem Prestabo
⑤ Viega Rohrsystem Megapress
⑥ Viega Rohrsystem Raxofix/Sanfix Fosta
⑦ Dämmung
⑧ Ggf. vorhandenen Restspalt mit Beton bzw. Mörtel verschließen

[1] Schreiben 240006491-B MPA Erwitte

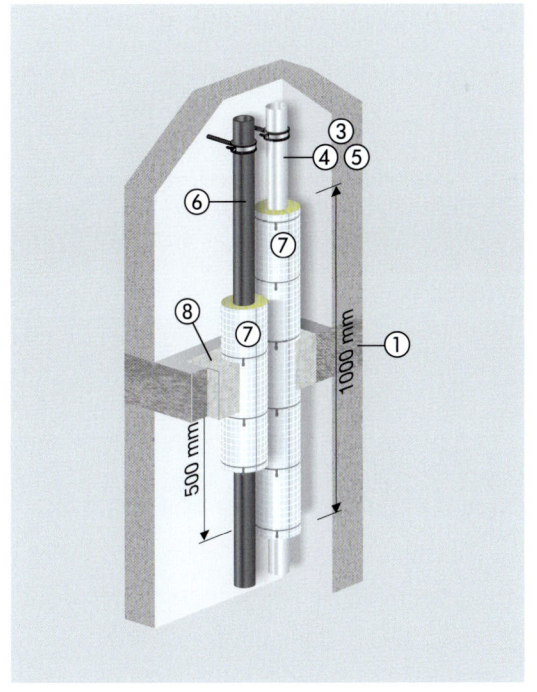

Abb. 5–73

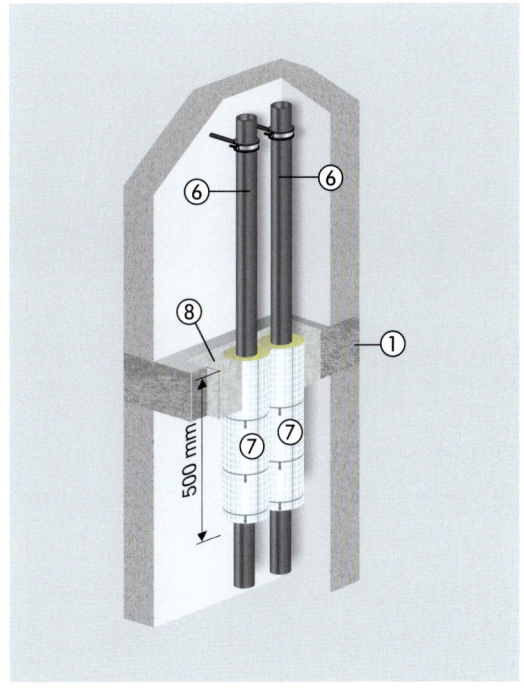

Abb. 5–74

Viega abP
P-2400/003/15-MPA BS

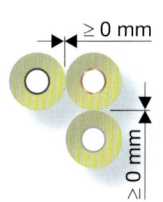

Viega abP
P-MPA-E-09-005

① Feuerwiderstandsfähige Massivdecke aus Beton bzw. Stahlbeton gemäß DIN 1045 oder Porenbeton gemäß DIN 4223

② Viega Rohrsystem Profipress/ Profipress mit Smartloop-Inliner (Zirkulation 28–35 mm)
– L = 2000 mm ⇒ L/2 = 1000 mm

③ Viega Rohrsystem Sanpress/Sanpress Inox/ Sanpress Inox mit Smartloop-Inliner (Zirkulation 28–35 mm)
– L = 1000 mm ⇒ L/2 = 500 mm

④ Viega Rohrsystem Prestabo
– L = 1000 mm ⇒ L/2 = 500 mm

⑤ Viega Rohrsystem Megapress
– L = 1000 mm ⇒ L/2 = 500 mm

⑥ Viega Rohrsystem Raxofix/Sanfix Fosta
– L = 500 mm ⇒ L/2 = 250 mm

⑦ Rockwool 800 bzw. Dämmung

⑧ Ggf. vorhandenen Restspalt mit Beton bzw. Mörtel verschließen

Brandschutzlösungen für Decken 411

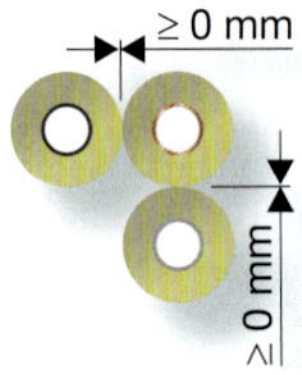

Abb. 5–75

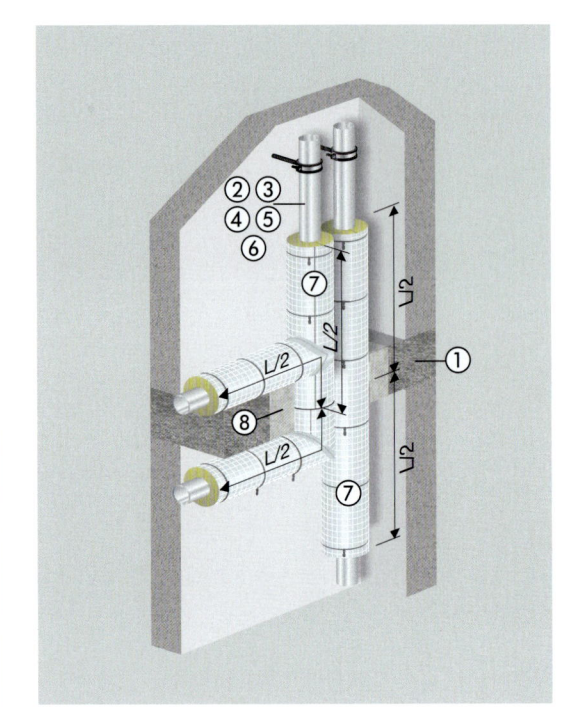

Abb. 5–77

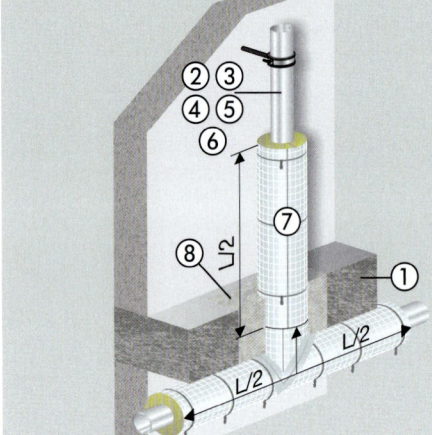

Abb. 5–76

Viega abP
P-2400/003/15-MPA BS

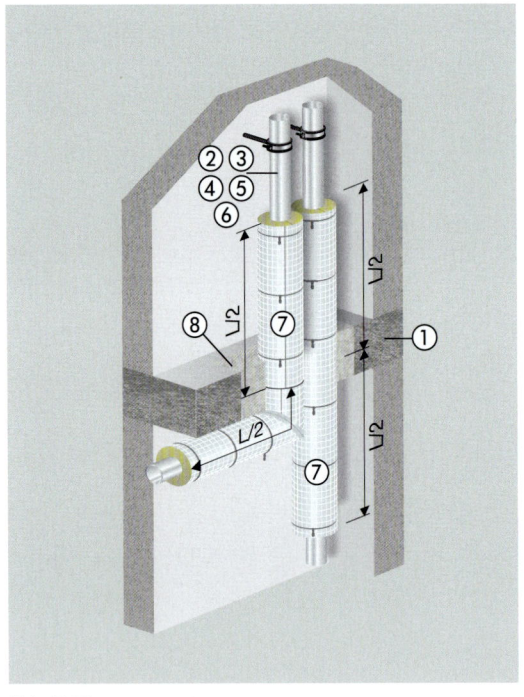

① Feuerwiderstandsfähige Massivdecke aus Beton bzw. Stahlbeton gemäß DIN 1045 oder Porenbeton gemäß DIN 4223

② Viega Rohrsystem Profipress/ Profipress mit Smartloop-Inliner (Zirkulation 28–35 mm)
 – L = 2000 mm $\Rightarrow$ L/2 = 1000 mm

③ Viega Rohrsystem Sanpress/Sanpress Inox/ Sanpress Inox mit Smartloop-Inliner (Zirkulation 28-35)
 – L = 1000 mm $\Rightarrow$ L/2 = 500 mm

④ Viega Rohrsystem Prestabo
 – L = 1000 mm $\Rightarrow$ L/2 = 500 mm

⑤ Viega Rohrsystem Megapress
 – L = 1000 mm $\Rightarrow$ L/2 = 500 mm

⑥ Viega Rohrsystem Raxofix/Sanfix Fosta
 – L = 500 mm $\Rightarrow$ L/2 = 250 mm

⑦ Dämmung

⑧ Ggf. vorhandenen Restspalt mit Beton bzw. Mörtel verschließen

Abb. 5–78

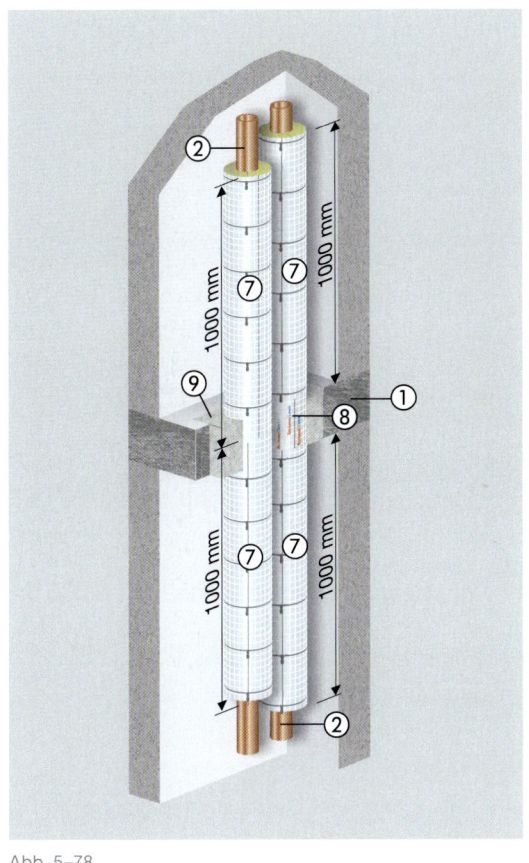

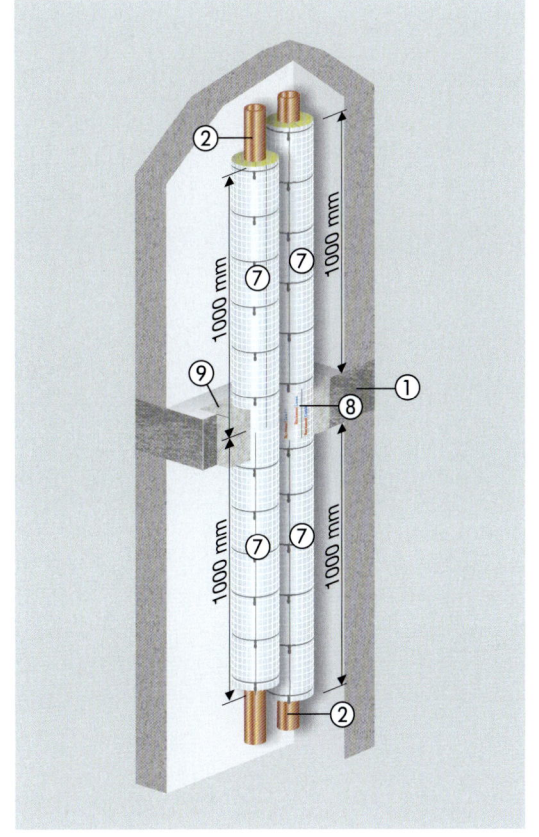

Abb. 5–79

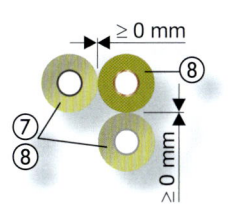

Schreiben Erwitte
240006491-B

① Feuerwiderstandsfähige Massivdecke aus Beton bzw. Stahlbeton gemäß DIN 1045 oder Porenbeton gemäß DIN 4223
② Viega Rohrsystem Profipress/Profipress mit Smartloop-Inliner (Zirkulation 28–35 mm)
③ Viega Rohrsystem Sanpress/Sanpress Inox/ Sanpress Inox mit Smartloop-Inliner (Zirkulation 28–35 mm)
④ Viega Rohrsystem Prestabo
⑤ Viega Rohrsystem Megapress
⑦ Rockwool 800 bzw. Dämmung
⑧ Rockwool Conlit 150 U
⑨ Ggf. vorhandenen Restspalt mit Beton bzw. Mörtel verschließen

Brandschutzlösungen für Decken 413

≥ 0 mm

Schreiben Erwitte
240006491-B

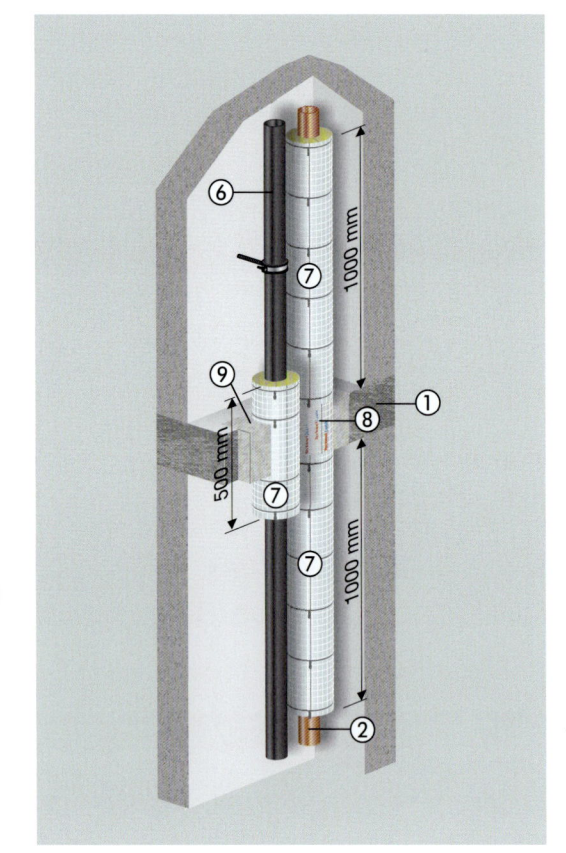

Abb. 5–80

① Feuerwiderstandsfähige Massivdecke aus Beton bzw. Stahlbeton gemäß DIN 1045 oder Porenbeton gemäß DIN 4223

② Viega Rohrsystem Profipress/ Profipress mit Smartloop-Inliner (Zirkulation 28–35 mm)

⑥ Viega Rohrsystem Raxofix/Sanfix Fosta

⑦ Rockwool 800 bzw. Dämmung

⑧ Rockwool Conlit 150 U

⑨ Ggf. vorhandenen Restspalt mit Beton bzw. Mörtel verschließen

14.8 Abstände zu nichtbrennbaren Entsorgungsleitungen (Guss)

Massivdecke ≥ 150 mm

Tab. 5–26 Abstände zu nichtbrennbaren Entsorgungsleitungen (Guss)

Viega Rohrsysteme	Profipress d 12–108,0	Raxofix/ Sanfix Fosta d 16–63	Sanpress/ Sanpress Inox d 12–108,0	Prestabo d 12–108,0	Megapress d 21,3–60,3
Rockwool Conlit P-3725/4130-MPA BS					
Uba Tec Uni P-BWU 03-1 1766	untereinander erforderlicher Mindestabstand ≥ 50 mm				
Doyma Rollit P-3581/515/09-MPB BS					

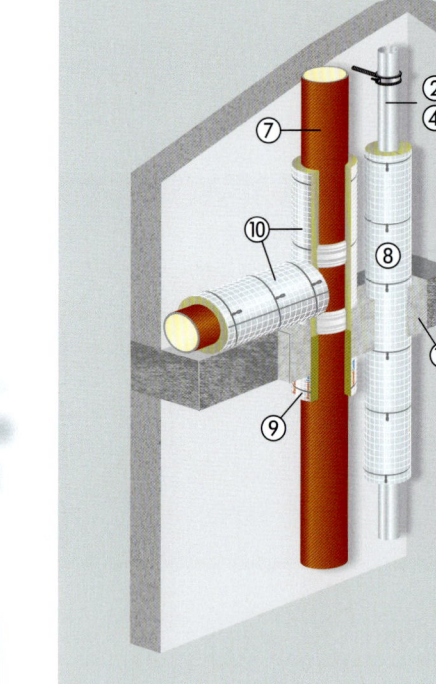

Abb. 5–81

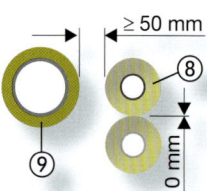

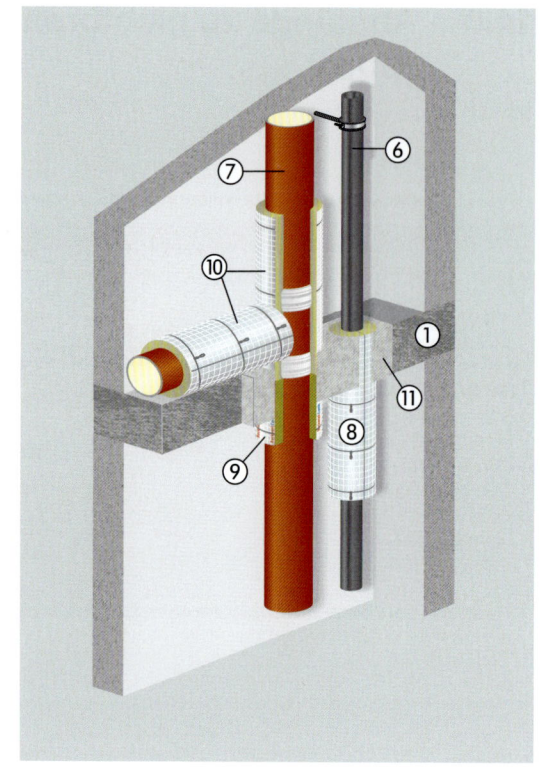

Abb. 5–82

Lösungsvorschlag nach Leitungsanlagen-Richtlinie

① Feuerwiderstandsfähige Massivdecke aus Beton bzw. Stahlbeton gemäß DIN 1045 oder Porenbeton gemäß DIN 4223
② Viega Rohrsystem Profipress[1] / Profipress mit Smartloop-Inliner[1] (Zirkulation 28–35 mm)
③ Viega Rohrsystem Sanpress/Sanpress Inox/ Sanpress Inox mit Smartloop-Inliner (Zirkulation 28–35 mm)
④ Viega Rohrsystem Prestabo
⑤ Viega Rohrsystem Megapress
⑥ Viega Rohrsystem Raxofix/Sanfix Fosta
⑦ Guss (z. B. SML)
⑧ Rockwool 800 bzw. Dämmung,
⑨ Rockwool Conlit 150 U
⑩ Klimarock
⑪ Ggf. vorhandenen Restspalt mit Beton bzw. Mörtel verschließen

[1] Es ist eine Durchführungsdämmung von L = 2000 mm erforderlich

14.9 Abstände zu nichtbrennbaren Entsorgungsleitungen (Guss-Mischinstallation)

Massivdecke ≥ 150 mm

Tab. 5–27 Abstände zu nichtbrennbaren Entsorgungsleitungen (Guss-Mischinstallation)

Viega Rohrsysteme	Profipress d 12–108,0	Raxofix/ Sanfix Fosta d 16–63	Sanpress/ Sanpress Inox d 12–108,0	Prestabo d 12–108,0	Megapress d 21,3–60,3	Klassifizierung
Doyma Konfixpro Einbau nach Z-19.17-2074 ø 58–160 mm						
Düker BSV 90 Einbau nach Z-19.17-1893 ø 83–160 mm	untereinander erforderlicher Mindestabstand ≥ 50 mm					R 30 R 60 R 90
Saint Gobain HES SVB Steckverbinder Einbau nach Z-19.17-2130, Anlage 4, Strang ≤ 160 mm						

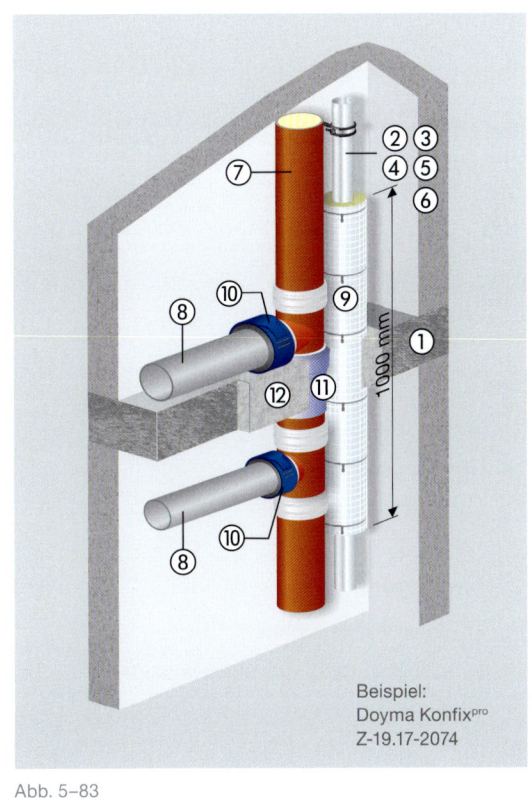

Abb. 5-83

Beispiel: Doyma Konfixpro Z-19.17-2074

① Feuerwiderstandsfähige Massivdecke aus Beton bzw. Stahlbeton gemäß DIN 1045 oder Porenbeton gemäß DIN 4223

② Viega Rohrsystem Profipress[1] Profipress mit Smartloop-Inliner[1] (Zirkulation 28–35 mm)

③ Viega Rohrsystem Sanpress/Sanpress Inox/ Sanpress Inox mit Smartloop-Inliner (Zirkulation 28–35 mm)

④ Viega Rohrsystem Prestabo

⑤ Viega Rohrsystem Megapress

⑥ Viega Rohrsystem Raxofix/Sanfix Fosta[2]

⑦ Guss ≤ 160 mm (RAL-GEG)

⑧ Kunststoff-Abwasserrohr

⑨ Dämmung

⑩ Brandschutzmanschette Doyma Konfixpro

⑪ PE-Schallschutz ≤ 5 mm

⑫ Ggf. vorhandenen Restspalt mit Beton bzw. Mörtel verschließen

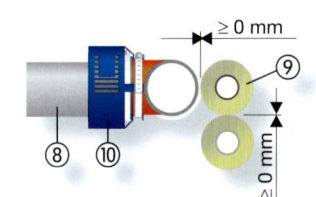

Hinweis:
Vorsatzschale gem. Doyma abZ Z-19.17-2074 notwendig

Viega abP
P-2400/003/15-MPA BS

[1] Es ist eine Durchführungsdämmung von L = 2000 mm erforderlich
[2] Es ist die Durchführungsdämmung Rockwool 800, L = 500 mm, symmetrisch angeordnet

Viega abP
P-2400/003/15-MPA BS

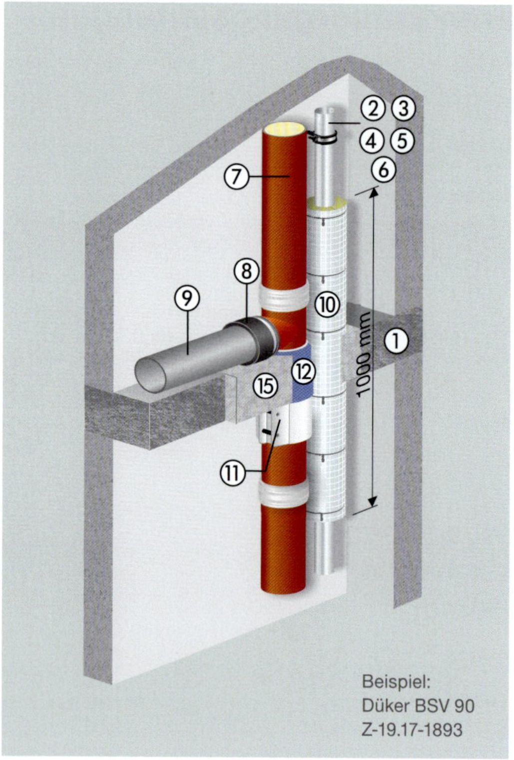

Beispiel:
Düker BSV 90
Z-19.17-1893

Abb. 5–84

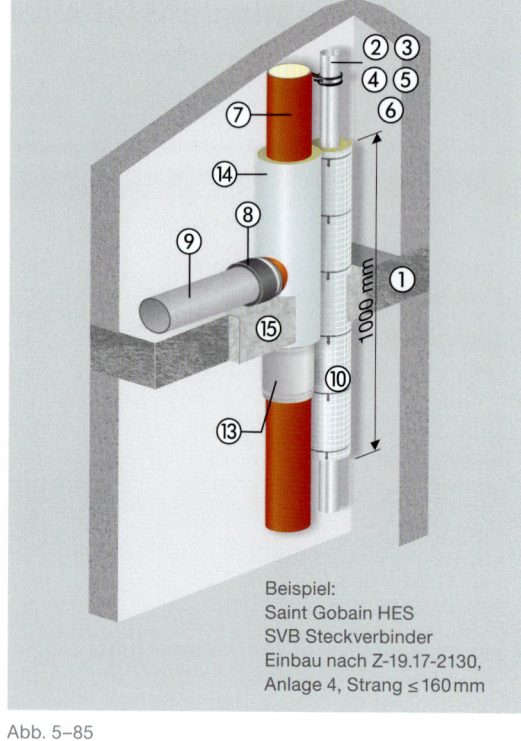

Beispiel:
Saint Gobain HES
SVB Steckverbinder
Einbau nach Z-19.17-2130,
Anlage 4, Strang ≤ 160 mm

Abb. 5–85

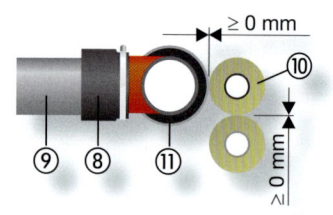

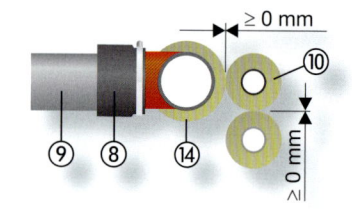

① Feuerwiderstandsfähige Massivdecke aus Beton bzw. Stahlbeton gemäß DIN 1045 oder Porenbeton gemäß DIN 4223

② Viega Rohrsystem Profipress[1]
Profipress mit Smartloop-Inliner[1]
(Zirkulation 28–35 mm)

③ Viega Rohrsystem Sanpress/Sanpress Inox/ Sanpress Inox mit Smartloop-Inliner (Zirkulation 28–35 mm)

④ Viega Rohrsystem Prestabo

⑤ Viega Rohrsystem Megapress

⑥ Viega Rohrsystem Raxofix/Sanfix Fosta[2]

⑦ Guss ≤ 160 mm (RAL-GEG)

⑧ Übergangsverbinder

⑨ Kunststoff-Abwasserrohr

⑩ Dämmung

⑪ Düker BSV 90

⑫ PE-Schallschutz ≤ 5 mm

⑬ Saint Gobain HES, SVB Steckverbinder

⑭ Isover U Protect Roll 3.1 Alu, L ≥ 600 mm

⑮ Ggf. vorhandenen Restspalt mit Beton bzw. Mörtel verschließen

[1] Es ist eine Durchführungsdämmung von L = 2000 mm erforderlich
[2] Es ist die Durchführungsdämmung Rockwool 800, L = 500 mm, symmetrisch angeordnet

14.10 Nullabstand Viega Rohrsysteme zu brennbaren Abwasserleitungen mit BSM

Massivdecke ≥ 150 mm

Tab. 5–28 Abstände zu brennbaren Abwasserleitungen mit Branschutzmanschette (BSM)

bis DN 100[1]	Profipress d 12–108,0	Raxofix/ Sanfix Fosta d 16–63	Sanpress/ Sanpress Inox d 12–108,0	Prestabo d 12–108,0	Megapress d 21,3–60,3	Klassifi- zierung
Rohre nach DIN 8062, DIN 6660, DIN 19531, DIN 19532, DIN 8079, DIN 19538, DIN EN 1451-1						
Rohre nach DIN 8074, DIN 19533, DIN 19535-1, DIN 19537-1, DIN 8072, DIN 8077, DIN 16891, DIN 16893, DIN 16969			möglicher Mindestabstand der Brandschutzmanschette/ Brandschutzdämmungen untereinander a ≥ 0 mm			
Geberit Silent dB 20 gem. Z-42.1-265						
Geberit Silent PP gem. Z-42.1-432						
Conel drain gem. Z-42.1-510						
Rehau RAUPIANO LIGHT gem. Z-42.1-508[3]						R 30 R 60 R 90
Rehau RAUPIANO PLUS gem. Z-42.1-223						
Wavin AS gem. Z-42.1-228						
Wavin SiTech gem. Z-42.1-403						
Ostendorf Skolan db gem. Z-42.1-217						
Poloplast Polo KAL 3S gem. Z-42.1-341						
Poloplast Polo KAL NG gem. Z-42.1-241						
Poloplast Polo KAL XS gem. Z-42.1-506						
FRIAPHON gem. Z-42.1-220						
PIPELIFE Master 3 gem. Z-42.1-481						
COES BluePower gem. Z-42.1-411						

Erläuterung zu Tab. 5–28 – Rohrdurchführung gerade mit Brandschutzmanschette:

1. Abschottung mit Brandschutzmanschette:
Doyma Brandschutzmanschette Curaflam XS Pro	Z-19.53-2182
Doyma Brandschutzmanschette Curaflam ECO Pro	Z-19.17-1989
Conel Brandschutzmanschette Conel Flam	Z-19.17-1986
Pfeiffer & May Brandschutzmanschette XtraFlam	Z-19.17-1989
Polo KAL Brandschutzmanschette Polo-Flamm BSM	Z-19.17-1923
Wavin Brandschutzmanschette System BM – R 90	Z-19.17-1924

2. Anordnung der Durchführungsdämmung symmetrisch

Viega abP
P-2400/003/15-MPA BS

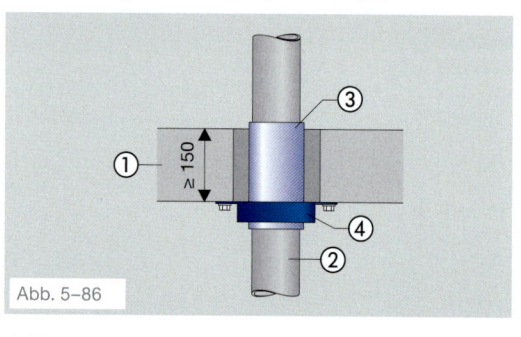

Abb. 5–86

① Feuerwiderstandsfähige Massivdecke ≥ 150 mm
② Brennbares Rohr bis DN 100
③ Körperschallentkopplung
④ Brandschutzmanschette (BSM)

Erläuterung zu Tab. 5–28 – Rohrdurchführung mit Brandschutzmanschette über 2 x 45° Bögen:

1. Abschottung mit Brandschutzmanschette:
Doyma Brandschutzmanschette Curaflam XS Pro	Z-19.53-2182
Doyma Brandschutzmanschette Curaflam ECO Pro	Z-19.17-1989
Conel Brandschutzmanschette Conel Flam	Z-19.17-1986
Pfeiffer & May Brandschutzmanschette XtraFlam	Z-19.17-1989
Polo KAL Brandschutzmanschette Polo-Flamm BSM	Z-19.17-1923

2. Anordnung der Durchführungsdämmung symmetrisch
3. Anwendung nicht für Rehau RAUPIANO LIGHT gem. Z-42.1-508

Viega abP
P-2400/003/15-MPA BS

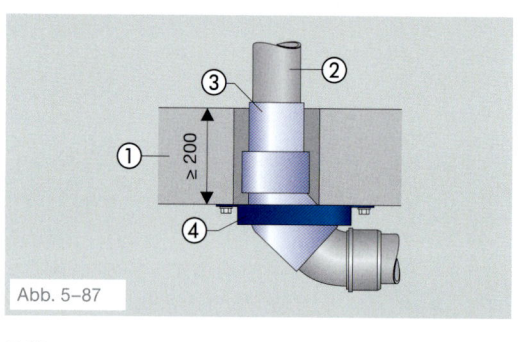

Abb. 5–87

① Feuerwiderstandsfähige Massivdecke ≥ 200 mm
② Brennbares Rohr bis DN 100
③ Körperschallentkopplung
④ Brandschutzmanschette (BSM)

Erläuterung zu Tab. 5–28 – Rohrdurchführung gerade mit Brandschutzmanschette:

1. Abschottung mit Brandschutzmanschette:
Doyma Brandschutzmanschette Curaflam XS Pro	Z-19.53-2182
Doyma Brandschutzmanschette Curaflam ECO Pro	Z-19.17-1989

2. Anordnung der Durchführungsdämmung symmetrisch
3. Anwendung nicht für Rehau RAUPIANO LIGHT gem. Z-42.1-508

Viega abP
P-2400/003/15-MPA BS

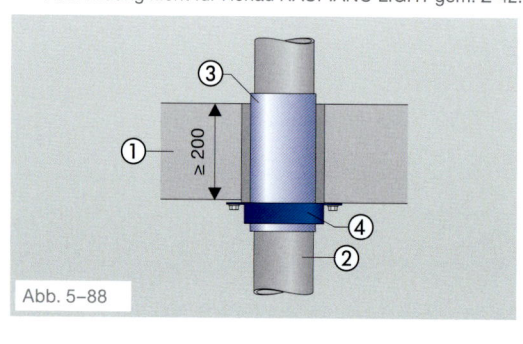

Abb. 5–88

① Feuerwiderstandsfähige Massivdecke ≥ 200 mm
② Brennbares Rohr bis DN 150
③ Körperschallentkopplung
④ Brandschutzmanschette (BSM)

Tab. 5-29 Abstände zu Geberit Silent dB20/Silent-PP, Rohrschott90 Plus

DN 100[4]	Profipress d 12–108,0	Raxofix/ Sanfix Fosta d 16–63[3]	Sanpress/ Sanpress Inox d 12–108,0	Prestabo d 12–108,0	Megapress d 21,3–60,3	Klassifi- zierung
Geberit Silent-db20[4]	\multicolumn{5}{c}{untereinander erforderlicher Mindestabstand ≥ 0 mm[5]}					R 30 R 60 R 90
Geberit Silent-PP[4]						
Rohrdurchführung gerade mit aufgesetzter Brandschutzmanschette: [3] Anordnung der Durchführungsdämmung Rockwool 800 symmetrisch [4] Abschottung mit Geberit Brandschutzmanschette, gemäß abZ Z-19.17-1927 [5] bei CU-Rohren mit d ≥ 88,9 mm und einer Isolierungsdicke von d > 30 mm sind die Rohre über den gesamten Brandabschnitt vollständig zu dämmen (sog. »durchgängige Isolierung«)						

Brandschutzlösungen für Decken

① Feuerwiderstandsfähige Massivdecke aus Beton bzw. Stahlbeton gemäß DIN 1045 oder Porenbeton gemäß DIN 4223

② Viega Rohrsystem Profipress¹ / Profipress mit Smartloop-Inliner¹ (Zirkulation 28–35 mm)

③ Viega Rohrsystem Sanpress/Sanpress Inox/ Sanpress Inox mit Smartloop-Inliner (Zirkulation 28–35 mm)

④ Viega Rohrsystem Prestabo

⑤ Viega Rohrsystem Megapress

⑥ Viega Rohrsystem Raxofix/Sanfix Fosta

⑦ Kunststoff-Abwasserrohr, z. B. Geberit Silent-dB20

⑧ PE-Schallschutz ≤ 5 mm

⑨ Brandschutzmanschette Doyma

⑩ Brandschutzmanschette Geberit Rohrschott90 Plus

⑪ Dämmung

⑫ Ggf. vorhandenen Restspalt mit Beton bzw. Mörtel verschließen

Viega abP
P-2400/003/15-MPA BS

Beispiel:
Brandschutzmanschette Geberit Rohrschott90 Plus nur mit db20, Silent-PP, nach Tabelle 1-27

Abb. 5–89

Beispiel: Brandschutzmanschette, Doyma mit allen Rohrtypen, nach Tabelle 1-26

Viega abP
P-2400/003/15-MPA BS

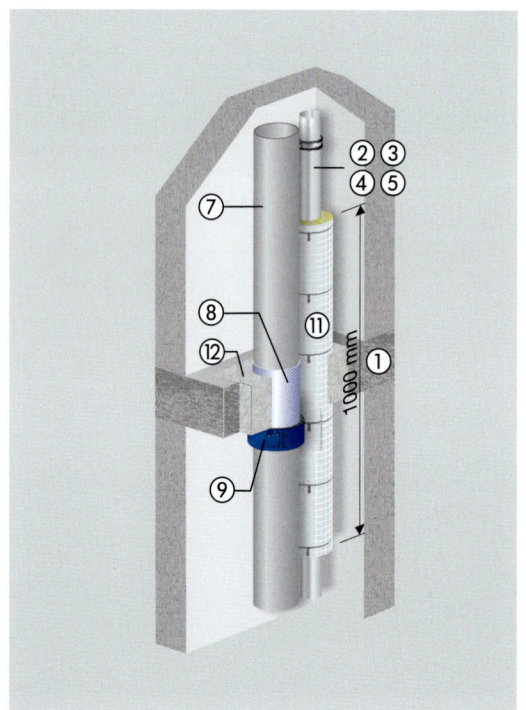

Abb. 5–90

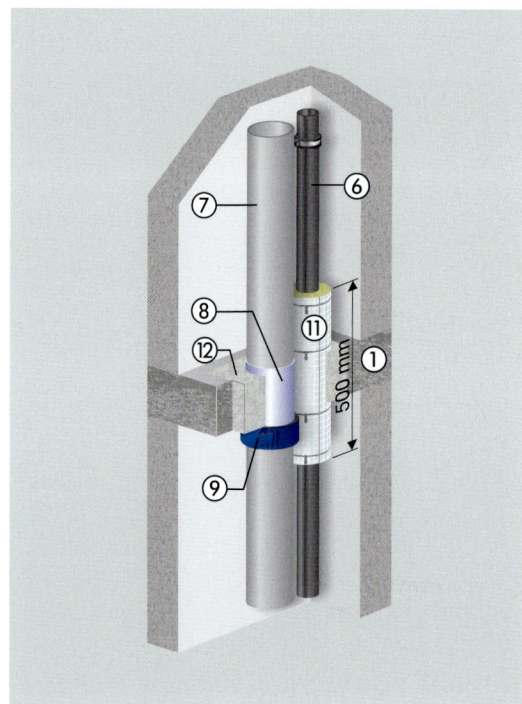

Abb. 5–91

¹ Es ist eine Durchführungsdämmung von L = 2000 mm erforderlich

14.11 Nullabstand Viega Rohrsysteme zu brennbaren Abwasserleitungen mit (BSM)

Massivdecke ≥ 150 mm

Tab. 5–30 Abstände zu brennbaren Abwasserleitungen mit Brandschutzmanschette (BSM/Kuhn)

bis DN 100[1]	Profipress d 12–108,0	Raxofix/ Sanfix Fosta[2] d 16–63	Sanpress/ Sanpress Inox d 12–108,0	Prestabo d 12–108,0	Megapress d 21,3–60,3	Klassifizierung
Rohre nach DIN 8062, DIN 6660, DIN 19531, DIN 19532, DIN 8079, DIN 19538, DIN EN 1451-1						
Rohre nach DIN 8074, DIN 19533, DIN 19535-1, DIN 19537-1, DIN 8072, DIN 8077, DIN 16891, DIN 16893, DIN 16969	möglicher Mindestabstand der Brandschutzmanschette/ Brandschutzdämmungen untereinander a ≥ 0 mm					R 30 R 60 R 90
Geberit Silent dB 20 gem. Z-42.1-265						
Geberit Silent PP gem. Z-42.1-432						
Rehau RAUPIANO PLUS gem. Z-42.1-223						
Wavin AS gem. Z-42.1-228						
Wavin SiTech gem. Z-42.1-403						
Ostendorf Skolan db gem. Z-42.1-217						
Poloplast Polo KAL 3S gem. Z-42.1-341						
Poloplast Polo KAL NG gem. Z-42.1-241						
FRIAPHON gem. Z-42.1-220						

① Feuerwiderstandsfähige Massivdecke ≥ 150 mm

② Brennbares Rohr bis DN 100

③ Körperschallentkopplung

④ Brandschutzmanschette (BSM)

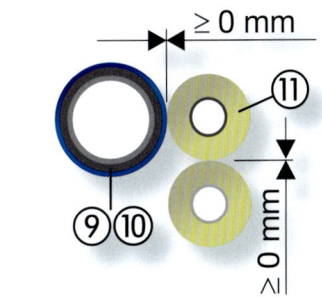

Rohrdurchführung gerade mit Brandschutzmanschette:

[1] Abschottung mit Brandschutzmanschette:
- BTI AWM II, Z-19.17-1194
- Roku System AWM II, Z-19.17-1194
- BIS Walraven AWM II, Z-19.17-1194
- Würth RK, Z-19.17-1374
- OBO Pyrocomb, Z-19.17-2036
- ROCKWOOL Conlit Brandschutzmanschette, Z-19.17-2124

[2] Anordnung der Durchführungsdämmung symmetrisch

14.12 Ringspaltverschluss Decke
Massivdecke

Verschluss: Mörtel

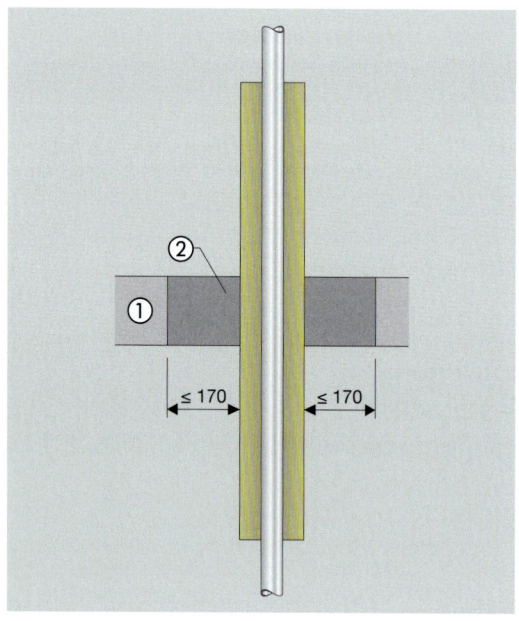

Abb. 5–92

① Decke F 90, ≥ 150 mm/≥ 200 mm

② Der max. ≤ 170 mm breite Ringspalt zwischen der Rohrisolierung und der Deckenlaibung muss in gesamter Deckendicke hohlraumfüllend dicht mit formbeständigen, nicht brennbaren Baustoffen wie z. B. Mörtel, Beton oder Gips verschlossen werden

Verschluss: Viega Brandschutz Kitt

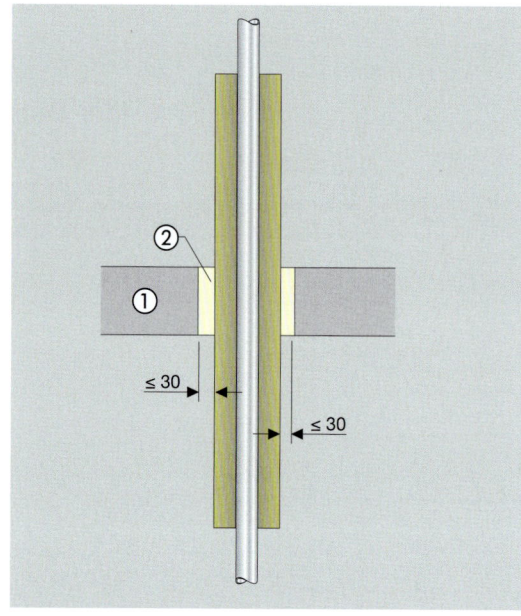

Abb. 5–94

① Decke F 90, ≥ 150 mm/≥ 200 mm

② Viega Brandschutz-Kitt

Verschluss: Lose Steinwolle

Alle Schalen sind mit verzinktem Bindedraht d ≥ 0,7 mm mit 6 Wicklungen lfd. m zu fixieren

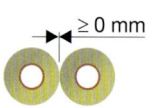

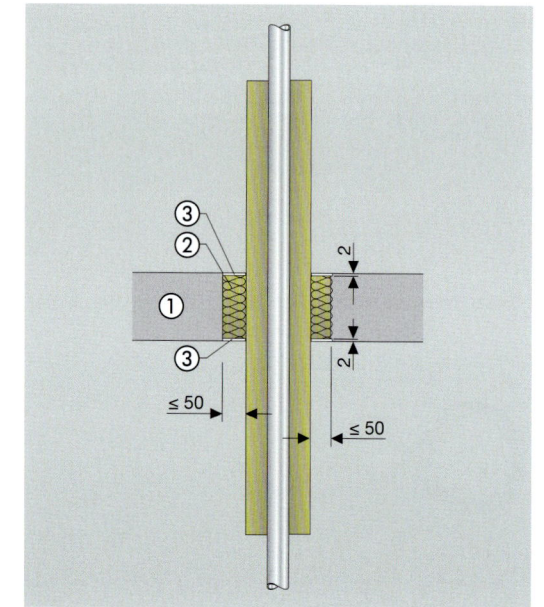

Viega abP
P-2400/003/15-MPA BS

Abb. 5–93

① Decke F 90, ≥ 150 mm/≥ 200 mm

② Lose Steinwolle, Baustoffklasse A nach DIN 4102-1, Schmelzpunkt > 1000 °C, Stopfdichte ≥ 120 kg/m³, hohlraumfüllend dicht verstopft

③ Viega Brandschutz-Kitt zur Abdeckung, s = 2 mm

14.13 Abstände zu Absperrvorrichtungen K 90-18017 Bartholomäus AVR

Massivdecke ≥ 150 mm

Tab. 5–31 Abstände zu Absperrvorrichtungen K 90-18017 - Bartholomäus AVR

Viega Rohrsysteme	Profipress d 12–108,0	Raxofix/ Sanfix Fosta d 16–63	Sanpress/ Sanpress Inox d 12–108,0	Prestabo d 12–108,0	Megapress d 21,3–60,3
Geba Bartholomäus AVR DN 80-200 nach DIN 18017-3 Z-41.3-686	\multicolumn{5}{c}{untereinander erforderlicher Mindestabstand ≥ 0 mm}				

Abb. 5-95

Abb. 5-96

Abb. 5-97

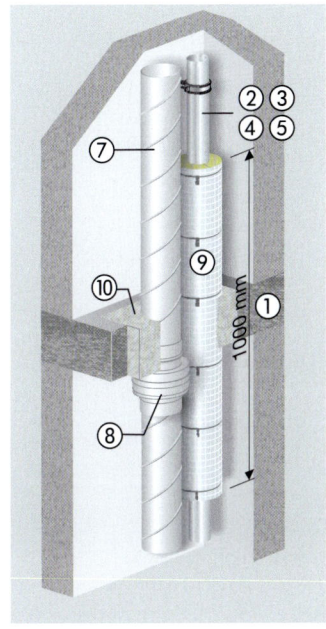

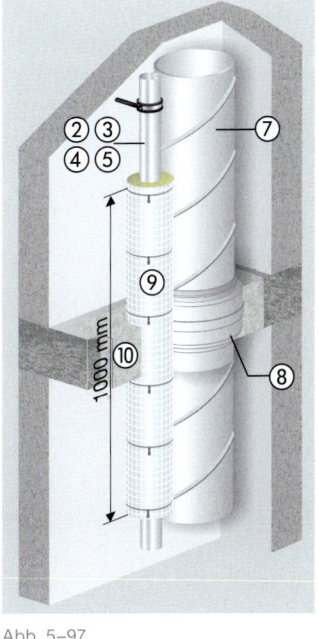

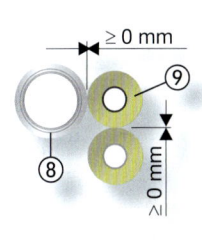

positiv geprüft
Prüfzeugnis beantragt

① Feuerwiderstandsfähige Massivdecke aus Beton bzw. Stahlbeton gemäß DIN 1045 oder Porenbeton gemäß DIN 4223

② Viega Rohrsystem Profipress¹/ Profipress mit Smartloop-Inliner¹ (Zirkulation 28–35 mm)

③ Viega Rohrsystem Sanpress/Sanpress Inox/ Sanpress Inox mit Smartloop-Inliner (Zirkulation 28–35 mm)

④ Viega Rohrsystem Prestabo

⑤ Viega Rohrsystem Megapress

⑥ Viega Rohrsystem Raxofix/Sanfix Fosta

⑦ Lüftungsleitung nach DIN 18017

⑧ Deckenabschottung Geba AVR, Einbau nach abZ Z-41.3-686, DN 200 nur unter die Decke bzw. deckenbündig

⑨ Rockwool 800 bzw. Dämmung, siehe Tabelle

⑩ Ggf. vorhandenen Restspalt mit Beton bzw. Mörtel verschließen

¹ Es ist eine Durchführungsdämmung von L = 2000 mm erforderlich

Brandschutzlösungen für Decken

14.14 Abstände zu Absperrvorrichtungen K 90-18017 Wildeboer TS 18

Massivdecke ≥ 150 mm

Tab. 5–32 Abstände zu Absperrvorrichtungen K 90-18017 - Wildeboer TS 18

Viega Rohrsysteme	Profipress d 12–108,0	Raxofix/ Sanfix Fosta d 16–63	Sanpress/ Sanpress Inox d 12–108,0	Prestabo d 12–108,0	Megapress d 21,3–60,3
Wildeboer Bauteile GmbH, Typ TS 18 DN 80, DN 200 nach DIN 18017-3 Z-41.3-556	\multicolumn{5}{c}{untereinander erforderlicher Mindestabstand ≥ 0 mm}				

positiv geprüft
Prüfzeugnis beantragt

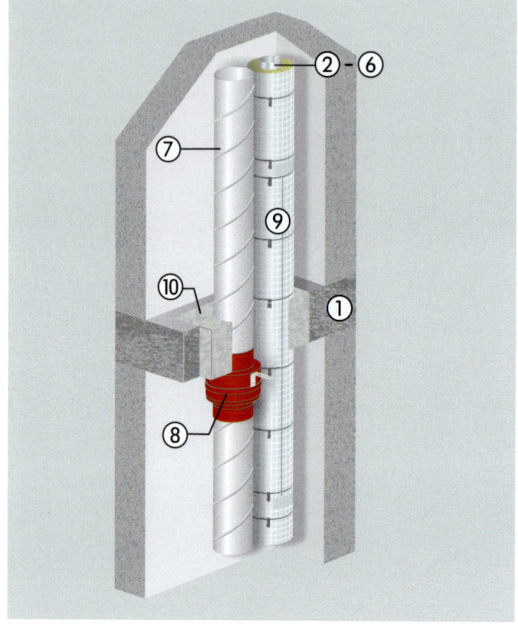

Abb. 5–98

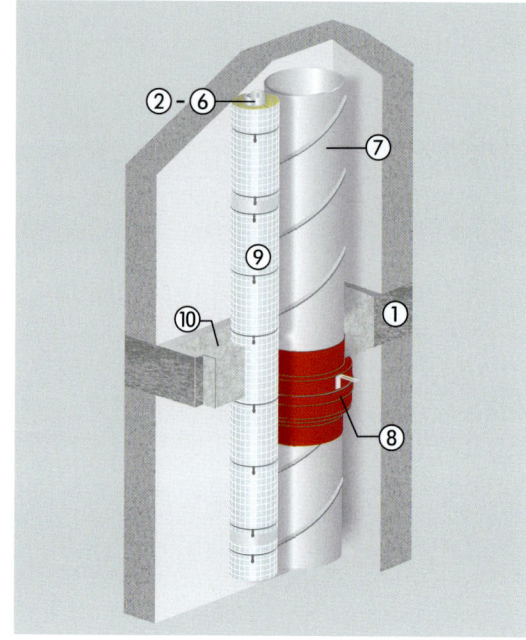

Abb. 5–99

① Feuerwiderstandsfähige Massivdecke aus Beton bzw. Stahlbeton gemäß DIN 1045 oder Porenbeton gemäß DIN 4223

② Viega Rohrsystem Profipress/ Profipress mit Smartloop-Inliner (Zirkulation 28–35 mm)

③ Viega Rohrsystem Sanpress/Sanpress Inox/ Sanpress Inox mit Smartloop-Inliner (Zirkulation 28–35 mm)

④ Viega Rohrsystem Prestabo

⑤ Viega Rohrsystem Megapress

⑥ Viega Rohrsystem Raxofix/Sanfix Fosta

⑦ Lüftungsleitung nach DIN 18017

⑧ Deckenabschottung Wildeboer TS 18, DN 80 und DN 200 unterhalb der Decke

⑨ Rockwool 800 bzw. Dämmung

⑩ Ggf. vorhandenen Restspalt mit Beton bzw. Mörtel verschließen

14.15 Abstände zu Brandschutzklappen/EN 1366-2, Produktnorm DIN EN 15650

Massivdecke ≥ 150 mm

Tab. 5–33 Abstände zu Brandschutzklappen/EN1366-2, Produktnorm DIN EN 15650

Viega Rohrsysteme	Profipress d 12–108,0	Raxofix/ Sanfix Fosta d 16–63	Sanpress/ Sanpress Inox d 12–108,0	Prestabo d 12–108,0	Megapress d 21,3–60,3
Lüftungsschott nach EN 1366-2	\multicolumn{5}{c}{untereinander erforderlicher Mindestabstand ≥ 50 mm}				

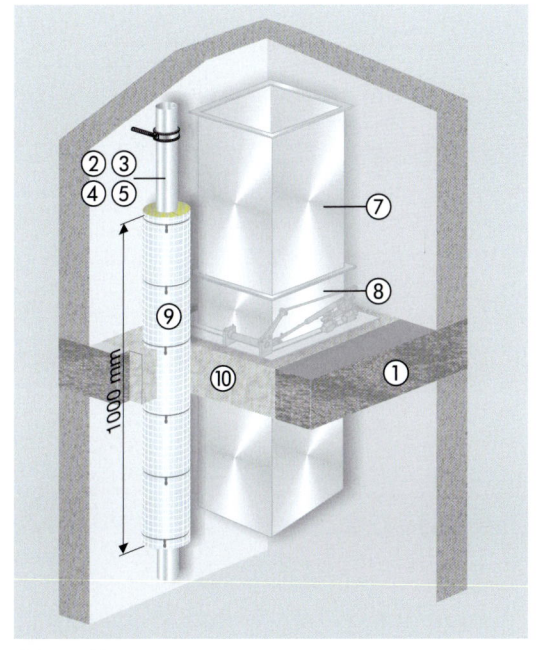

Abb. 5–100

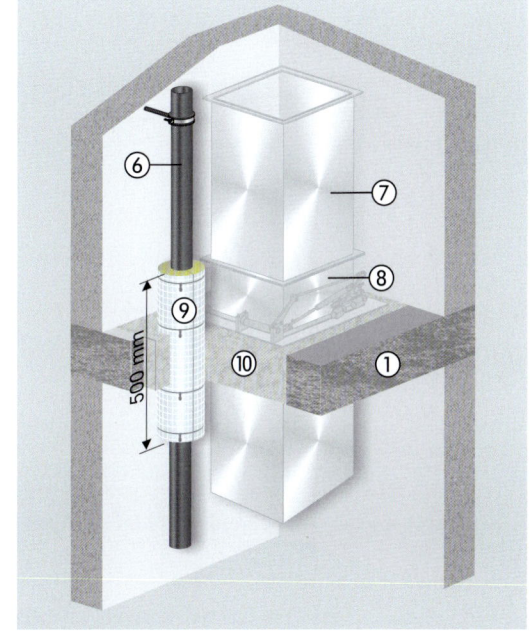

Abb. 5–101

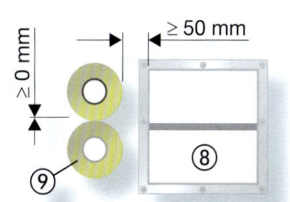

Lösungsvorschlag nach Leitungsanlagen-Richtlinie

① Feuerwiderstandsfähige Massivdecke aus Beton bzw. Stahlbeton gemäß DIN 1045 oder Porenbeton gemäß DIN 4223

② Viega Rohrsystem Profipress[1]/ Profipress mit Smartloop-Inliner[1] (Zirkulation 28–35 mm)

③ Viega Rohrsystem Sanpress/Sanpress Inox/ Sanpress Inox mit Smartloop-Inliner (Zirkulation 28–35 mm)

④ Viega Rohrsystem Prestabo

⑤ Viega Rohrsystem Megapress

⑥ Viega Rohrsystem Raxofix/Sanfix Fosta

⑦ Lüftungskanal

⑧ Deckenabschottung nach EN 1366-2

⑨ Rockwool 800

⑩ Ggf. vorhandenen Restspalt mit Beton bzw. Mörtel verschließen

[1] Es ist eine Durchführungsdämmung von L = 2000 mm erforderlich

14.16 Abstände zu Elektroabschottungen Wichmann WD90-Kabelbox

Massivdecke ≥ 150 mm

Tab. 5–34 Abstände zu Elektroabschottungen – Wichmann WD90 Kabelbox

Viega Rohrsysteme	Profipress d 12–108,0	Raxofix/ Sanfix Fosta d 16–63	Sanpress/ Sanpress Inox d 12–108,0	Prestabo d 12–108,0	Megapress d 21,3–60,3
Wichmann Brandschutzsysteme WD90 Kabelbox ETA 13-0902	untereinander erforderlicher Mindestabstand ≥ 0 mm				

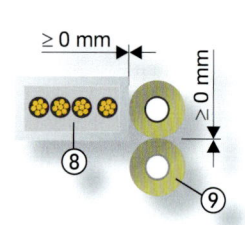

positiv geprüft
Prüfzeugnis beantragt

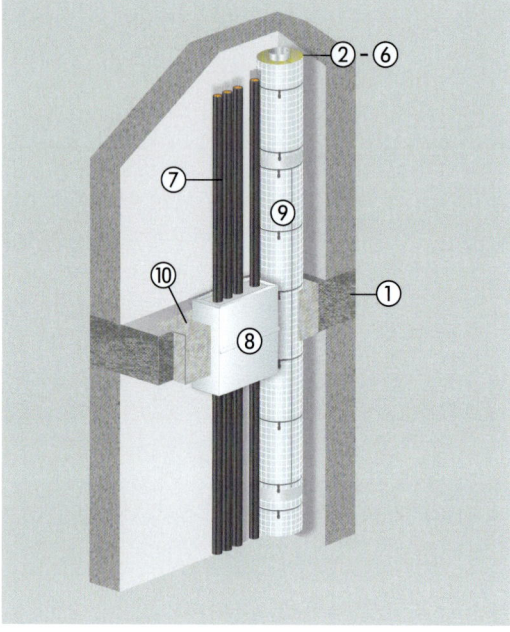

Abb. 5–102

① Feuerwiderstandsfähige Massivdecke aus Beton bzw. Stahlbeton gemäß DIN 1045 oder Porenbeton gemäß DIN 4223

② Viega Rohrsystem Profipress/ Profipress mit Smartloop-Inliner (Zirkulation 28–35 mm)

③ Viega Rohrsystem Sanpress/Sanpress Inox/ Sanpress Inox mit Smartloop-Inliner (Zirkulation 28–35 mm)

④ Viega Rohrsystem Prestabo

⑤ Viega Rohrsystem Megapress

⑥ Viega Rohrsystem Raxofix/Sanfix Fosta

⑦ Kabel, Kabelbündel oder Leerrohre

⑧ Wichmann Kabelbox WD90, ETA 13-0902

⑨ Rockwool 800 bzw. Dämmung

⑩ Ggf. vorhandenen Restspalt mit Beton bzw. Mörtel verschließen

15 Brandschutzlösungen für Wände

15.1 Profipress / Profipress mit Smartloop-Inliner

Massivwand / Leichte Trennwand ≥ 100 mm

Tab. 5–35 Profipress/Profipress mit Smartloop-Inliner (Zirkulation 28-35 mm)

Viega Rohrsysteme	Rohr-werkstoff	Außen-durch-messer [mm]	Wand-stärke [mm]	Dämm-dicken [mm]	Dämm-längen [mm]	Klassifi-kation
Profipress Profipress XL Profipress G Profipress G XL Profipress S	Kupfer	≤ 28	≥ 1,0	20–60	2500	R 30 R 60 R 90
		> 28 bis ≤ 42	≥ 1,2	20–40		
		> 42 bis ≤ 54	≥ 1,5	20–100		
		> 54 bis ≤ 88,9	≥ 2,0	30–100		
		> 88,9 bis ≤ 108,0	≥ 2,5	70–100		
Profipress mit Smartloop-Inliner	Kupfer/ Smartloop-Inliner PB-Rohr	≤ 28	≥ 1,0	20–60		
		> 28 bis ≤ 35	≥ 1,2	20–40		

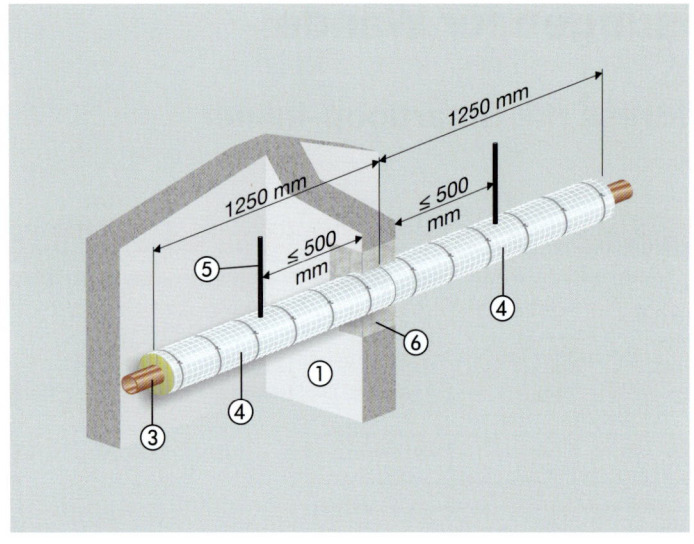

Abb. 5–103

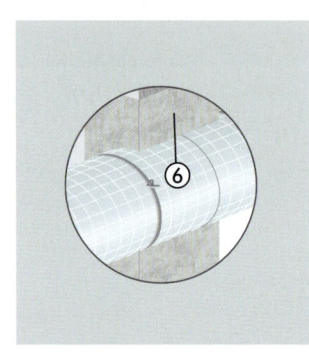

Abb. 5–104

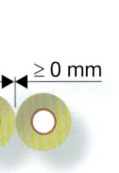

Viega abP
P-2400/003/15-MPA BS

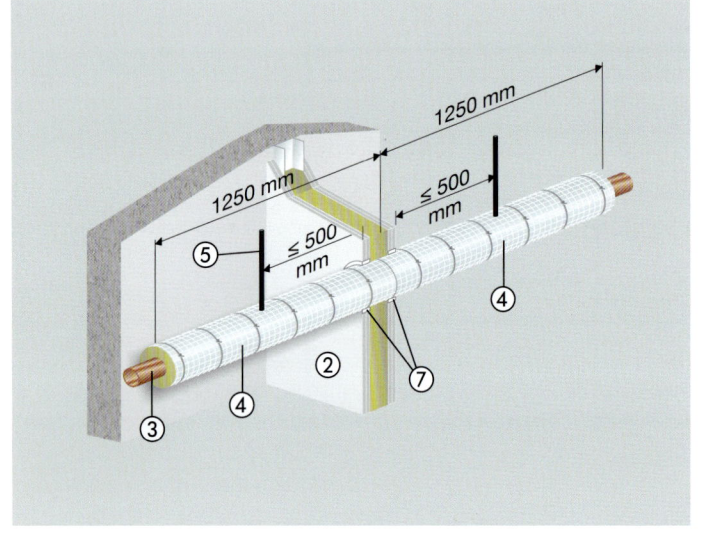

Abb. 5–105

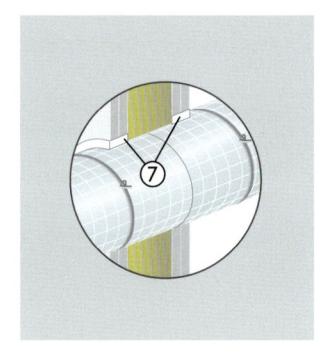

Abb. 5–106

① Wand aus Mauerwerk gem. DIN 1053-1 bis -4 oder aus Beton/Stahlbeton gem. DIN 1045 oder Porenbeton-Bauplatten gem. DIN 4166, Gipswandbauplatten gem. DIN 4103-2

② Nichttragende Trennwandkonstruktion in Metallständerbauweise mit einer 2-lagigen Bekleidung des Ständerwerks je Seite

③ Viega Rohrsystem Profipress/ Profipress mit Smartloop-Inliner (Zirkulation 28–35 mm)

④ Rockwool 800

⑤ Rohrbefestigung

⑥ Ggf. vorhandenen Restspalt mit Beton bzw. Mörtel verschließen

⑦ Restspalt mit Gipsfüllspachtel verschließen

15.2 Sanpress / Sanpress Inox / Sanpress Inox mit Smartloop-Inliner

Massivwand / Leichte Trennwand ≥ 100 mm

Tab. 5–36   Sanpress/Sanpress Inox/Sanpress Inox mit Smartloop-Inliner

Viega Rohrsysteme	Rohr-werkstoff	Außen-durch-messer [mm]	Wand-stärke [mm]	Dämm-dicken [mm]	Dämm-längen [mm]	Klassifi-kation
Sanpress Sanpress XL Sanpress Inox Sanpress Inox XL Sanpress Inox G Sanpress Inox G XL	Edelstahl 1.4401 bzw. 1.4521	≤ 18	≥ 1,0	20	1500	R 30 R 60 R 90
		> 18 bis ≤ 22	≥ 1,2	60		
		> 22 bis ≤ 28	≥ 1,2	60		
		> 28 bis ≤ 54	≥ 1,5	30–100		
		> 54 bis ≤ 108,0	≥ 2,0	30–100		
Sanpress Inox mit Smartloop-Inliner	Edelstahl/ Smartloop-Inliner PB-Rohr	≤ 28	≥ 1,0	60		
		> 28 bis ≤ 35	≥ 1,5	30–100		

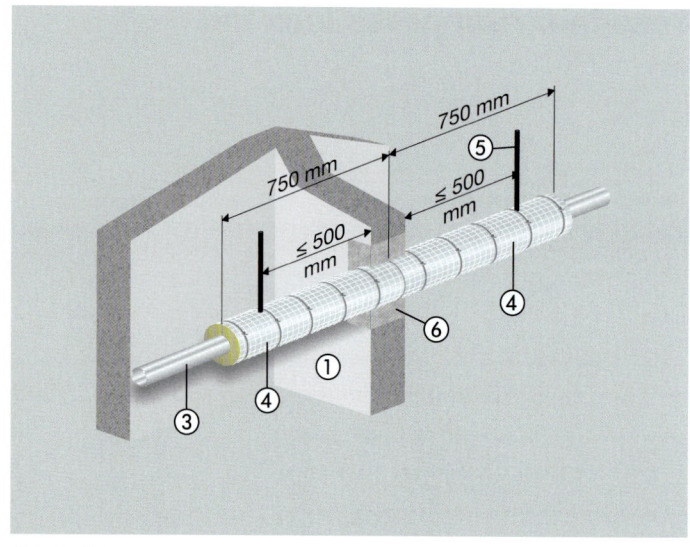

Abb. 5–107

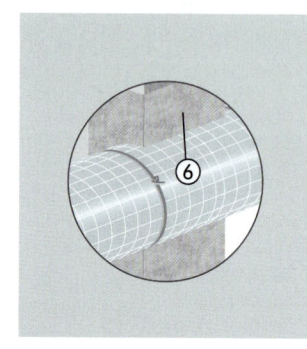

Abb. 5–108

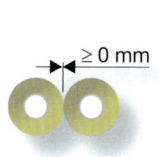

Viega abP
P-2400/003/15-MPA BS

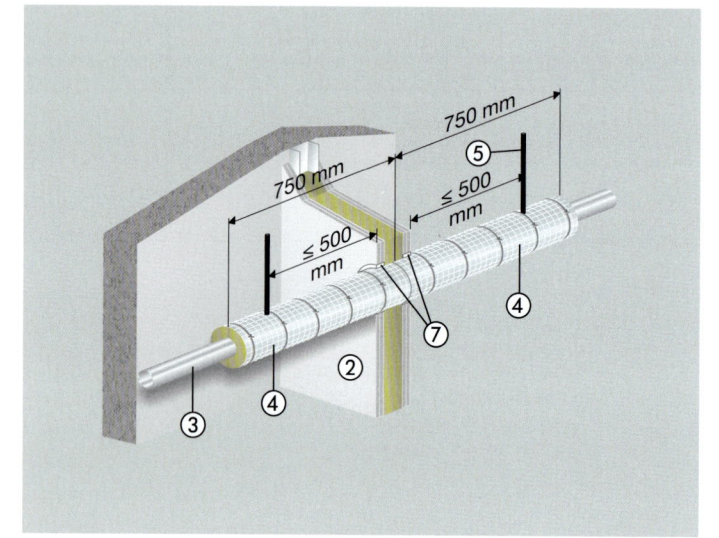

Abb. 5–109

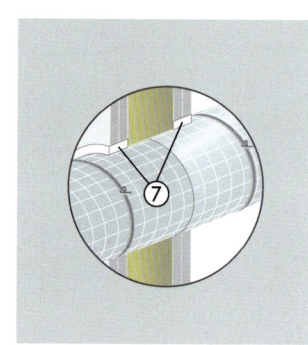

Abb. 5–110

① Wand aus Mauerwerk gem. DIN 1053-1 bis -4 oder aus Beton/Stahlbeton gem. DIN 1045 oder Porenbeton-Bauplatten gem. DIN 4166, Gipswandbauplatten gem. DIN 4103-2

② Nichttragende Trennwandkonstruktion in Metallständerbauweise mit einer 2-lagigen Bekleidung des Ständerwerks je Seite

③ Viega Rohrsystem Sanpress/Sanpress Inox/ Sanpress Inox mit Smartloop-Inliner (Zirkulation 28–35 mm)

④ Rockwool 800

⑤ Rohrbefestigung

⑥ Ggf. vorhandenen Restspalt mit Beton bzw. Mörtel verschließen

⑦ Restspalt mit Gipsfüllspachtel verschließen

15.3 Prestabo / Prestabo PP ummantelt

Massivwand/Leichte Trennwand ≥ 100 mm

Tab. 5–37 **Prestabo/Prestabo PP ummantelt**

Viega Rohrsysteme	Rohrwerkstoff	Außendurchmesser [mm]	Wandstärke [mm]	Dämmdicken [mm]	Dämmlängen [mm]	Klassifikation
Prestabo Prestabo XL	C-Stahl 1.0308 außen verzinkt	≤ 18	≥ 1,2	20	1500	R 30 R 60 R 90
		> 18 bis ≤ 54	≥ 1,5	30–100		
		> 54 bis ≤ 108,0	≥ 2,0	30–100		
Prestabo Prestabo XL	C-Stahl 1.0215 außen und innen verzinkt	≤ 54	≥ 1,5	30–100		
		> 54 bis ≤ 108,0	≥ 2,0	30–100		
Prestabo PP ummantelt	C-Stahl 1.0308 mit 1 mm PP-Ummantelung	≤ 18	≥ 1,2	20		
		> 18 bis ≤ 54	≥ 1,5	30–100		

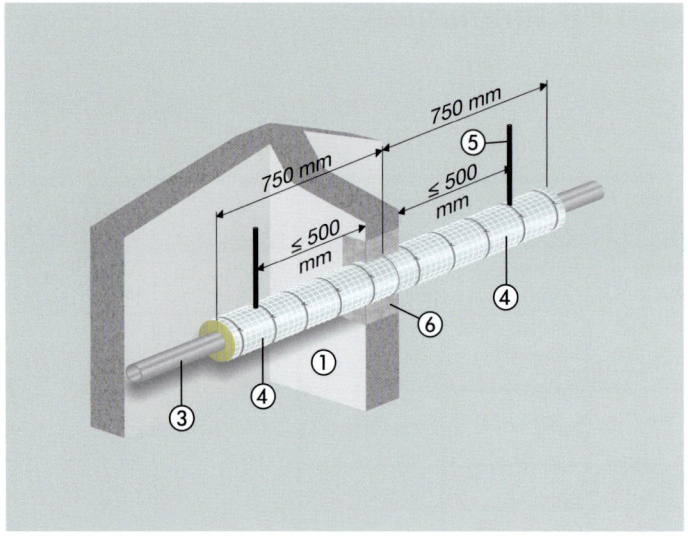

Abb. 5–111

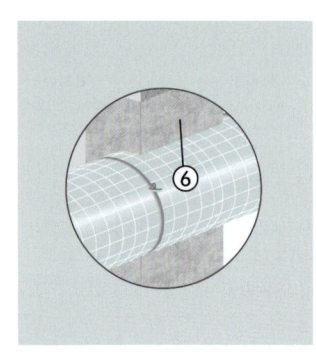

Abb. 5–112

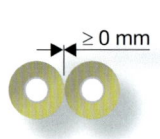

Viega abP
P-2400/003/15-MPA BS

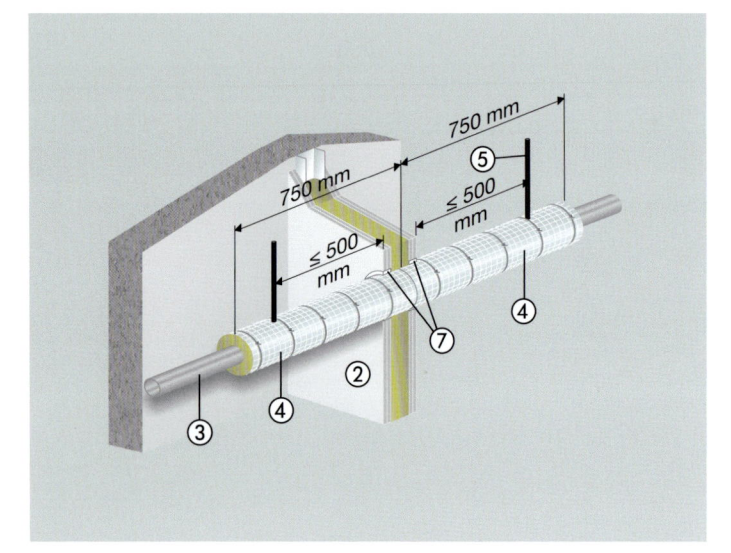

Abb. 5–113

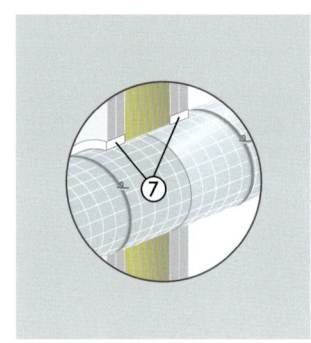

Abb. 5–114

① Wand aus Mauerwerk gem. DIN 1053-1 bis -4 oder aus Beton/Stahlbeton gem. DIN 1045 oder Porenbeton-Bauplatten gem. DIN 4166, Gipswandbauplatten gem. DIN 4103-2

② Nichttragende Trennwandkonstruktion in Metallständerbauweise mit einer 2-lagigen Bekleidung des Ständerwerks je Seite

③ Viega Rohrsystem Prestabo/ Prestabo PP ummantelt

④ Rockwool 800

⑤ Rohrbefestigung

⑥ Ggf. vorhandenen Restspalt mit Beton bzw. Mörtel verschließen

⑦ Restspalt mit Gipsfüllspachtel verschließen

15.4 Megapress

Massivwand / Leichte Trennwand ≥ 100 mm

Tab. 5–38 **Megapress**

Viega Rohrsysteme	Rohr-werkstoff	Außen-durch-messer [mm]	Wand-stärke [mm]	Dämm-dicken [mm]	Dämm-längen [mm]	Klassifi-kation
Megapress Meglapress G	Stahlrohr DIN EN 10 220 DIN EN 10 255	≤ 21,3	≥ 2,0	30–100	1500	R 30 R 60 R 90
		> 21,3 bis ≤ 26,9	≥ 2,3			
		≥ 33,7 bis ≤ 48,3	≥ 2,6			
		≤ 60,3	≥ 2,9			

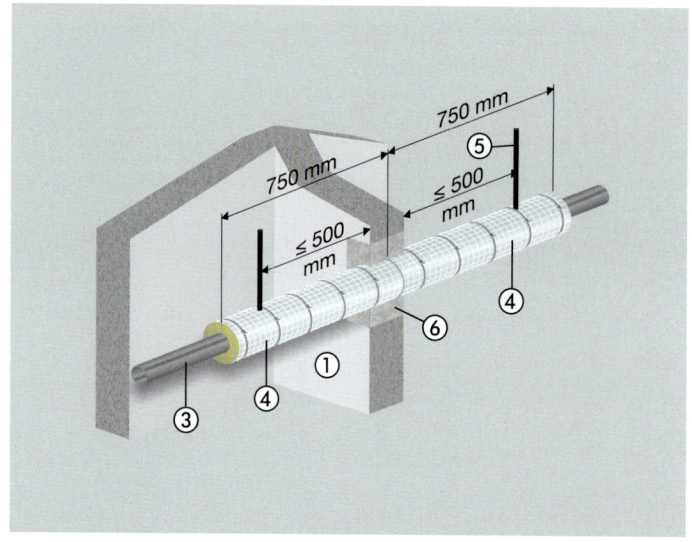

Abb. 5–115

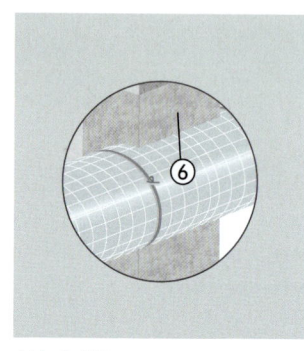

Abb. 5–116

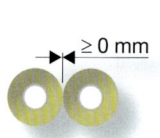

≥ 0 mm

Viega abP
P-2400/003/15-MPA BS

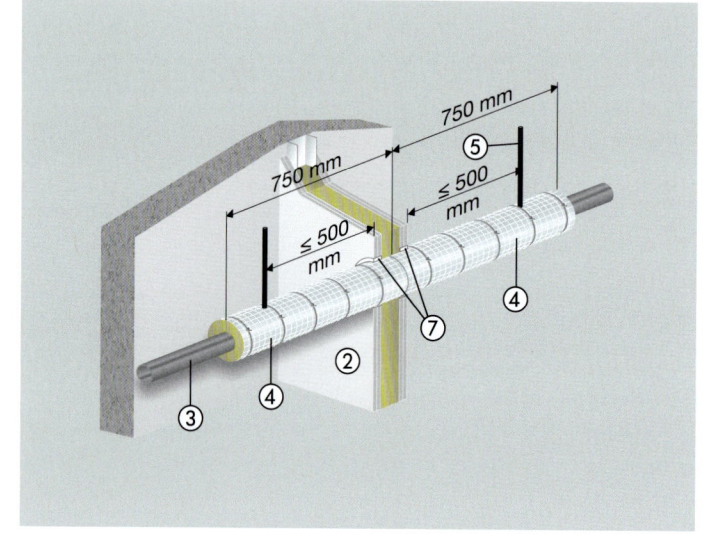

Abb. 5–117

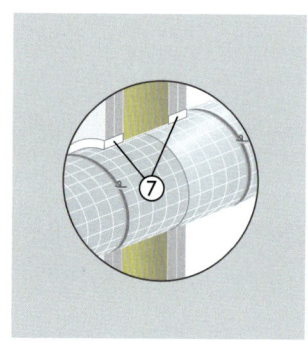

Abb. 5–118

① Wand aus Mauerwerk gem. DIN 1053-1 bis -4 oder aus Beton/Stahlbeton gem. DIN 1045 oder Porenbeton-Bauplatten gem. DIN 4166, Gipswandbauplatten gem. DIN 4103-2

② Nichttragende Trennwandkonstruktion in Metallständerbauweise mit einer 2-lagigen Bekleidung des Ständerwerks je Seite

③ Viega Rohrsystem Megapress

④ Rockwool 800

⑤ Rohrbefestigung

⑥ Ggf. vorhandenen Restspalt mit Beton bzw. Mörtel verschließen

⑦ Restspalt mit Gipsfüllspachtel verschließen

15.5 Raxofix/Sanfix Fosta, d 16–63mm

Massivwand / Leichte Trennwand ≥ 100 mm

Tab. 5–39 Raxofix/Sanfix Fosta, d 16 - 63 mm

Viega Rohrsysteme	Rohr-werkstoff	Außen-durch-messer [mm]	Wand-stärke [mm]	Dämm-dicke [mm]	Dämm-länge [mm]	Klassifi-kation
Raxofix	PE-Xc/Al/ PE-Xc	16	2,2	20–60	500	R 30 R 60 R 90
		20	2,8			
		25	2,7			
		32	3,2			
Sanfix Fosta		40	3,5			
		50	4,0			
		63	4,5			

Abb. 5–119

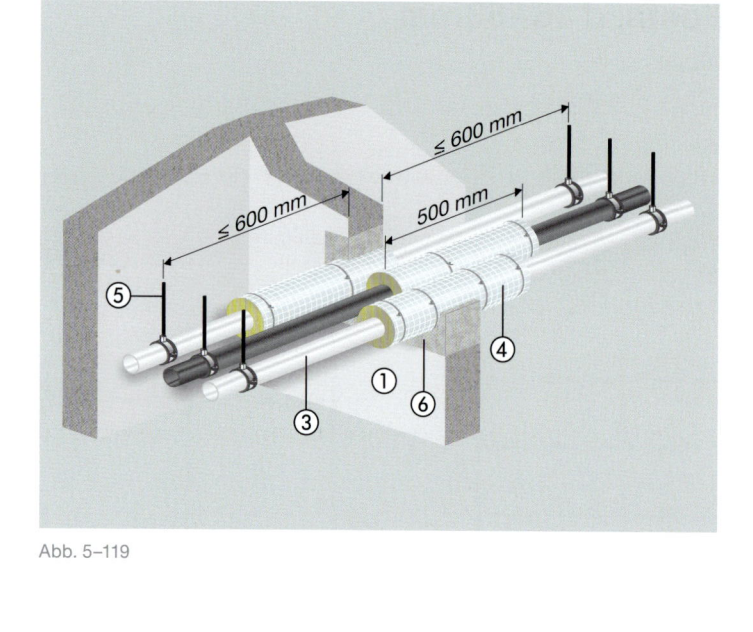

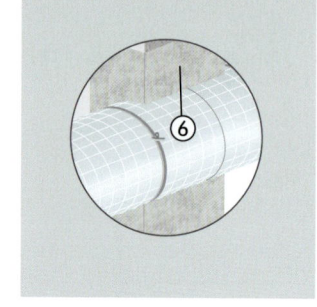

Abb. 5–120

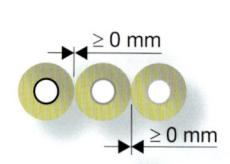

Viega abP
P-MPA-E-09-005
P-2400/003/15-MPA BS

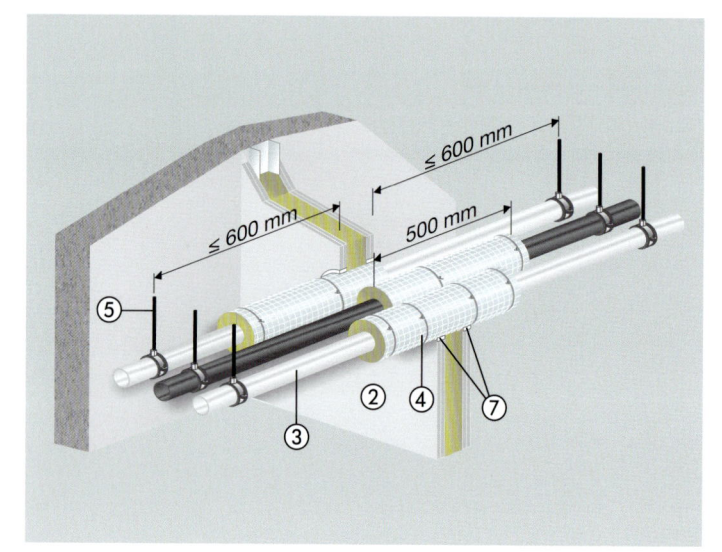

Abb. 5–121

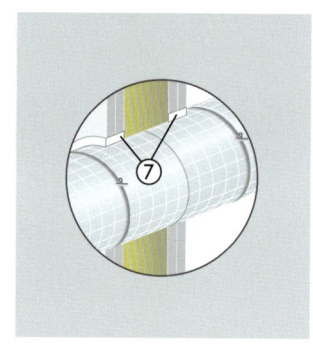

Abb. 5–122

① Wand aus Mauerwerk gem. DIN 1053-1 bis -4 oder aus Beton/Stahlbeton gem. DIN 1045 oder Porenbeton-Bauplatten gem. DIN 4166, Gipswandbauplatten gem. DIN 4103-2

② Nichttragende Trennwandkonstruktion in Metallständerbauweise mit einer 2-lagigen Bekleidung des Ständerwerks je Seite

③ Viega Rohrsystem Raxofix/Sanfix Fosta

④ Rockwool 800

⑤ Rohrbefestigung

⑥ Ggf. vorhandenen Restspalt mit Beton bzw. Mörtel verschließen

⑦ Restspalt mit Gipsfüllspachtel verschließen

15.6 Raxofix/Sanfix Fosta, d <16 mm

Massivwand/Leichte Trennwand ≥100 mm

Tab. 5–40   Raxofix/Sanfix Fosta, d < 16 mm

Viega Rohrsysteme	Rohrwerkstoff	Außendurchmesser [mm]	Wandstärke [mm]	Dämmdicke [mm]	Dämmlänge [mm]	Klassifikation
Raxofix	PE-Xc/Al/ PE-Xc	16	2,2	20	≥100 bzw. in Wandstärke	R 30 R 60 R 90
Sanfix Fosta						

Abb. 5–123

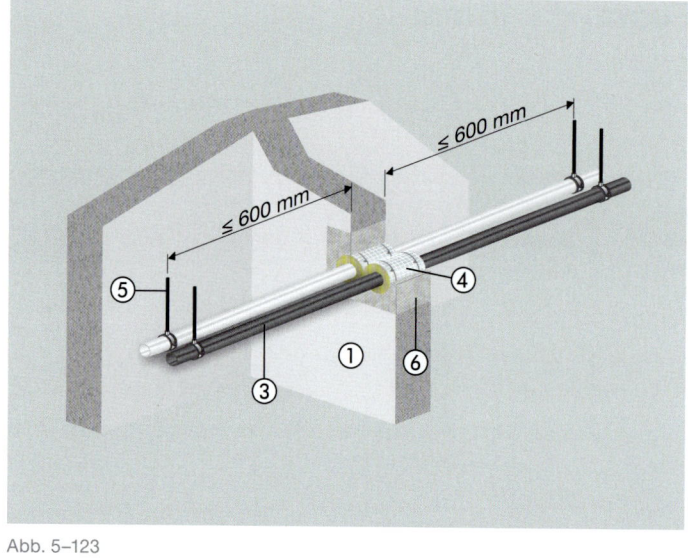

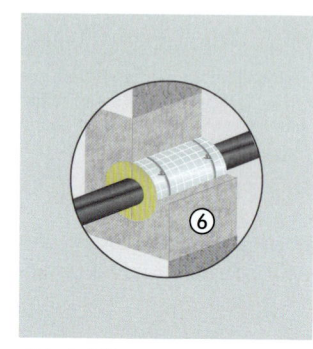

Abb. 5–124

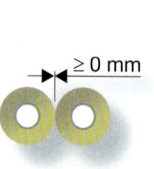

Viega abP
P-2400/003/15-MPA BS

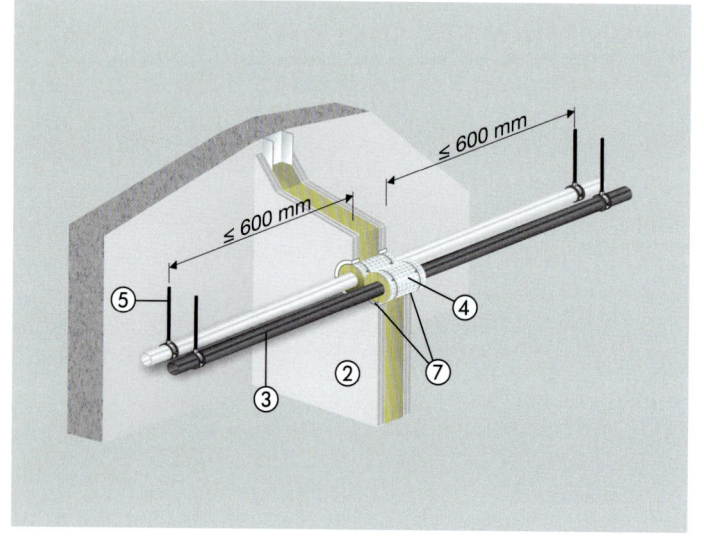

Abb. 5–125

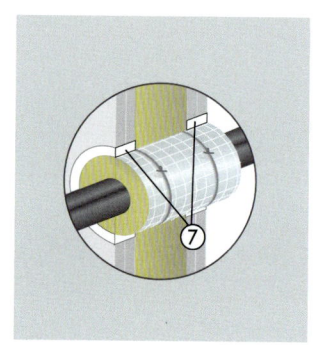

Abb. 5–126

① Wand aus Mauerwerk gem. DIN 1053-1 bis -4 oder aus Beton/Stahlbeton gem. DIN 1045 oder Porenbeton-Bauplatten gem. DIN 4166, Gipswandbauplatten gem. DIN 4103-2

② Nichttragende Trennwandkonstruktion in Metallständerbauweise mit einer 2-lagigen Bekleidung des Ständerwerks je Seite

③ Viega Rohrsystem Raxofix/Sanfix Fosta

④ Rockwool 800, L ≥ 100 mm, bzw. ≥ Wandstärke

⑤ Rohrbefestigung

⑥ Ggf. vorhandenen Restspalt mit Beton bzw. Mörtel verschließen

⑦ Restspalt mit Gipsfüllspachtel verschließen

15.7 Raxinox

Massivwand / Leichte Trennwand ≥ 100 mm

Tab. 5–41 **Tabelle Raxinox**

Viega Rohrsysteme	Rohr-werkstoff	Außen-durch-messer [mm]	Wand-stärke [mm]	Dämm-dicke [mm]	Dämm-länge [mm]	Klassifi-kation
Raxinox	Edelstahl/ PE-RT	16	≥ 2,3	20	Wandstärke	R 30 R 60 R 90
		20	≥ 3,0			

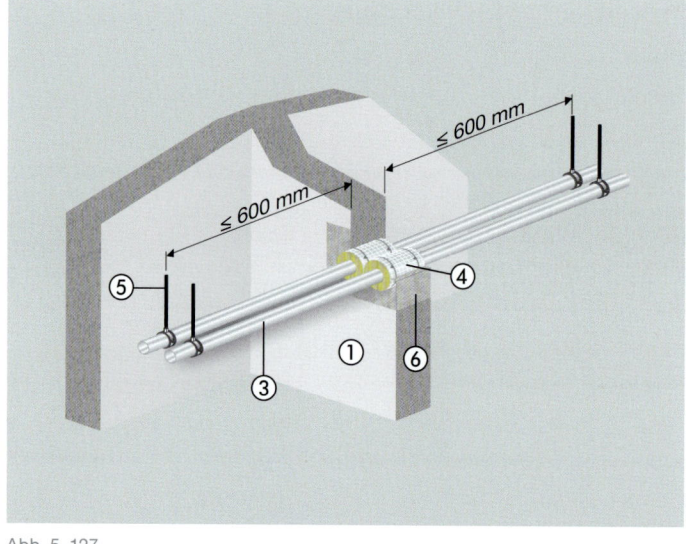

Abb. 5–127

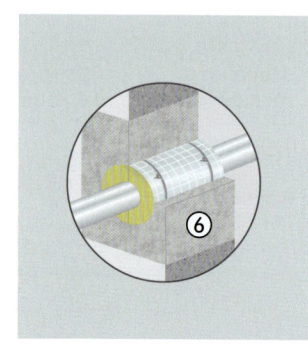

Abb. 5–128

≥ 0 mm

Viega abP
P-2400/003/15-MPA BS

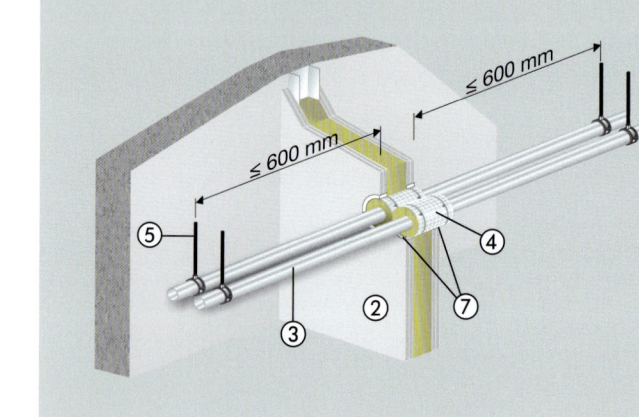

Abb. 5–129

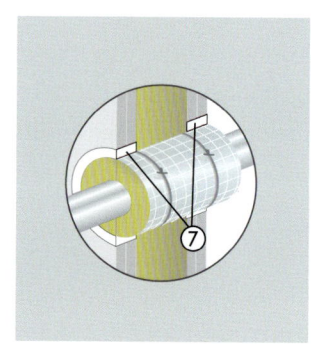

Abb. 5–130

① Wand aus Mauerwerk gem. DIN 1053-1 bis -4 oder aus Beton/Stahlbeton gem. DIN 1045 oder Porenbeton-Bauplatten gem. DIN 4166, Gipswandbauplatten gem. DIN 4103-2

② Nichttragende Trennwandkonstruktion in Metallständerbauweise mit einer 2-lagigen Bekleidung des Ständerwerks je Seite

③ Viega Rohrsystem Raxinox

④ Rockwool 800, Wandstärke

⑤ Rohrbefestigung

⑥ Ggf. vorhandenen Restspalt mit Beton bzw. Mörtel verschließen

⑦ Restspalt mit Gipsfüllspachtel verschließen

15.8 Abstände zwischen Viega Versorgungsleitungen

Massivwand / Leichte Trennwand ≥ 100 mm

Tab. 5–42 Nullabstand innerhalb der Viega Versorgungsleitungen

Viega Rohrsysteme	Profipress d 12–108,0	Raxofix/ Sanfix Fosta d 16–63	Sanpress/ Sanpress Inox d 12–108,0	Prestabo d 12–108,0	Megapress d 21,3–60,3
Profipress d 12 - 108,0	≥ 0 mm	≥ 100 mm	≥ 0	≥ 0	≥ 0
Raxofix/Sanfix Fosta d 16 - 63	≥ 100 mm	≥ 0	≥ 100 mm	≥ 100 mm	≥ 0
Sanpress/ Sanpress Inox d 12 - 108,0	≥ 0	≥ 100 mm	≥ 0	≥ 0	≥ 0
Prestabo d 12 - 108,0	≥ 0	≥ 100 mm	≥ 0	≥ 0	≥ 0
Megapress d 21,3 - 60,3	≥ 0	≥ 100 mm	≥ 0	≥ 0	≥ 0

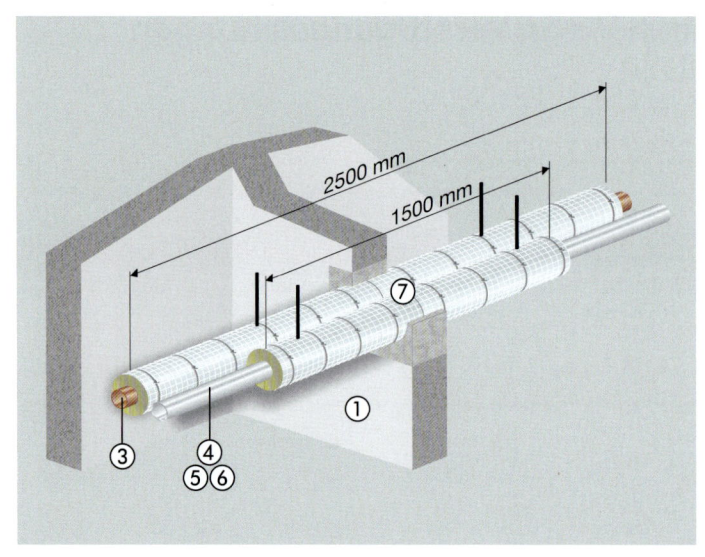

Abb. 5–131

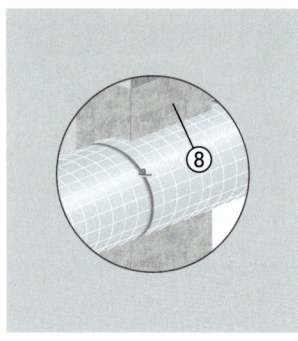

Abb. 5–132

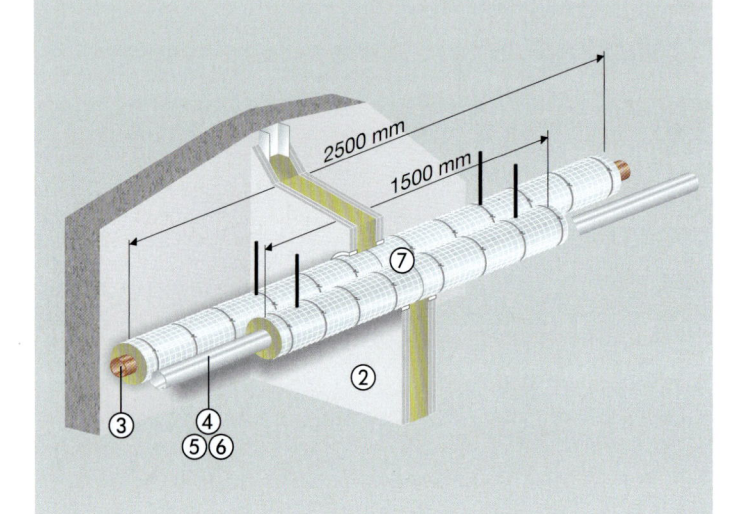

Abb. 5–133

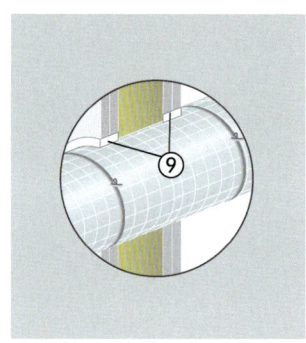

Abb. 5–134

Viega abP
P-2400/003/15-MPA BS

≥ 0 mm

① Wand aus Mauerwerk gem. DIN 1053-1 bis -4 oder aus Beton/Stahlbeton gem. DIN 1045 oder Porenbeton-Bauplatten gem. DIN 4166, Gipswandbauplatten gem. DIN 4103-2

② Nichttragende Trennwandkonstruktion in Metallständerbauweise mit einer 2-lagigen Bekleidung des Ständerwerks je Seite

③ Viega Rohrsystem Profipress/ Profipress mit Smartloop-Inliner (Zirkulation 28–35 mm)

④ Viega Rohrsystem Sanpress/Sanpress Inox/ Sanpress Inox mit Smartloop-Inliner (Zirkulation 28–35 mm)

⑤ Viega Rohrsystem Prestabo

⑥ Viega Rohrsystem Megapress

⑦ Rockwool 800

⑧ Ggf. vorhandenen Restspalt mit Beton bzw. Mörtel verschließen

⑨ Restspalt mit Gipsfüllspachtel verschließen

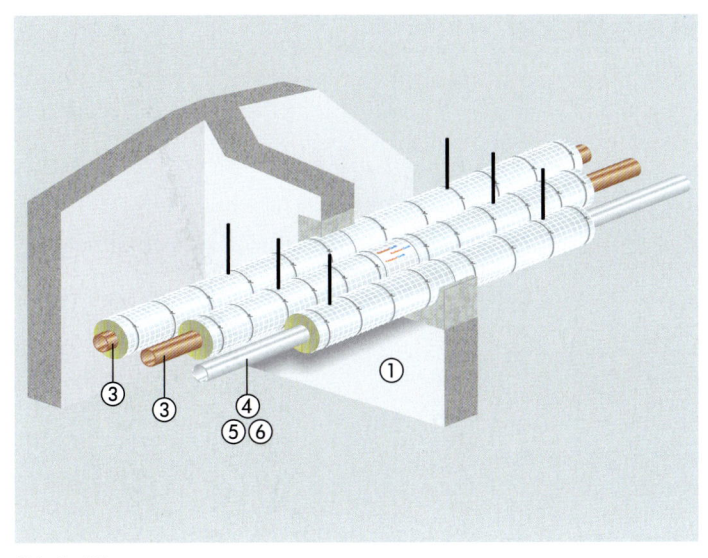

Abb. 5–135

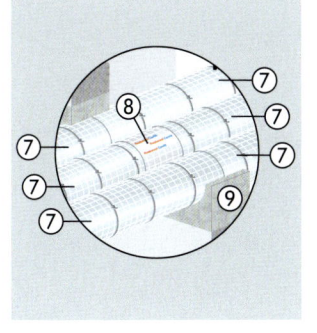

Abb. 5–136

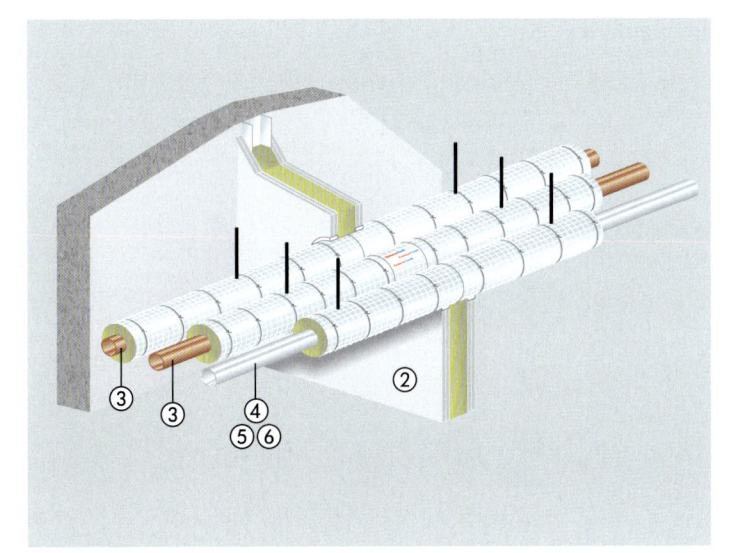

Abb. 5–137

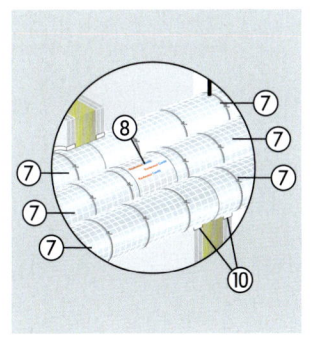

Abb. 5–138

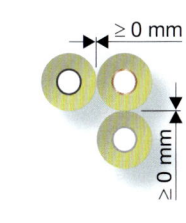

Schreiben Erwitte
240006491-B

① Wand aus Mauerwerk gem. DIN 1053-1 bis -4 oder aus Beton/Stahlbeton gem. DIN 1045 oder Porenbeton-Bauplatten gem. DIN 4166, Gipswandbauplatten gem. DIN 4103-2

② Nichttragende Trennwandkonstruktion in Metallständerbauweise mit einer 2-lagigen Bekleidung des Ständerwerks je Seite

③ Viega Rohrsystem Profipress/Profipress mit Smartloop-Inliner (Zirkulation 28–35 mm)

④ Viega Rohrsystem Sanpress/Sanpress Inox/ Sanpress Inox mit Smartloop-Inliner (Zirkulation 28–35 mm)

⑤ Viega Rohrsystem Prestabo

⑥ Viega Rohrsystem Megapress

⑦ Rockwool 800

⑧ Rockwool Conlit 150 U

⑨ Ggf. vorhandenen Restspalt mit Beton bzw. Mörtel verschließen

⑩ Restspalt mit Gipsfüllspachtel verschließen

Brandschutzlösungen für Wände 445

15.9 Ringspaltverschluss Wand

Massivwand / Leichte Trennwand ≥ 100 mm

Verschluss: Mörtel

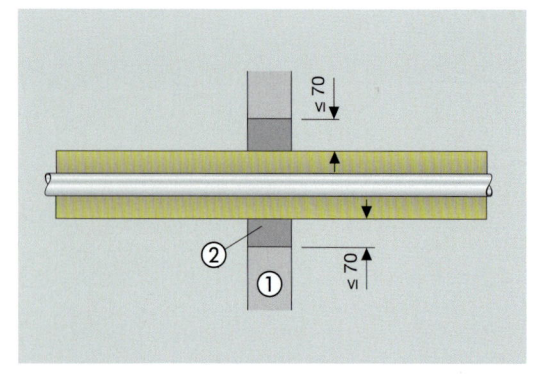

Abb. 5–139

① Massivwand F 90, ≥ 100 mm
② Restspalt ≤ 70 mm, mit nichtbrennbarem, formbeständigem Baustoff nach DIN 4102-A, z. B. Beton, Zement- oder Gipsmörtel hohlraumfüllend verschließen

Verschluss: Lose Steinwolle / Gipsfüllspachtel

Alle Schalen sind mit verzinktem Bindedraht d ≥ 0,7 mm mit 6 Wicklungen lfd. m zu fixieren

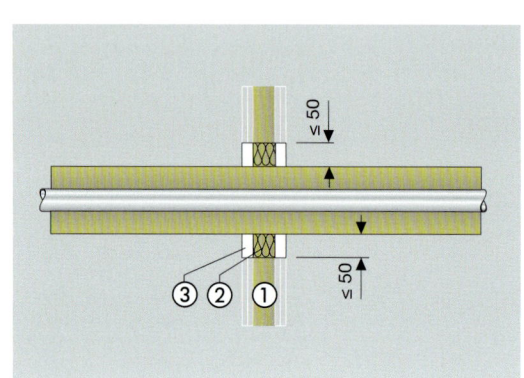

Abb. 5–140

① Leichte Trennwand F 90, ≥ 100 mm
② Restspalt ≤ 50 mm, mit Mineralwolle, Schmelzpunkt > 1000 °C ausstopfen und Restverfüllung in Plattenstärke mit Gipsfüllspachtel

Verschluss: Gipsfüllspachtel

≥ 0 mm

Viega abP
P-2400/003/15-MPA BS

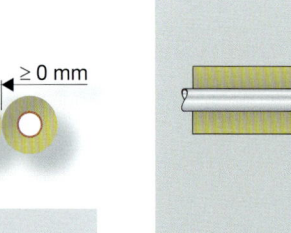

Abb. 5–141

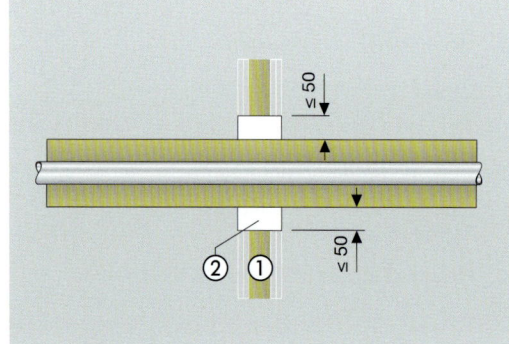

① Leichte Trennwand F 90, ≥ 100 mm
② Restspalt ≤ 50 mm, mit Gipsfüllspachtel verschließen

16 Brandschutzlösung für Viega Rohrsysteme gedämmt mit Synthesekautschuk für Kaltwasser/Kälte

Massivdecke ≥ 150 mm

Massivwand / Leichte Trennwand ≥ 100 mm

Tab. 5–43   Brandschutzlösung für Viegarohrsysteme gedämmt mit Synthesekautschuk

Viega Rohrsysteme	d [mm]	Armacell	Conel	G+H	Doyma
Profipress Sanpress/ Sanpress Inox Prestabo	≤ 108,0	Armaflex P-3849/5370-MPA BS Armaflex Protect P-MPA-E-07-009 ETA-11/0454	Flex R 90 R-3112/171/10-MPA BS	Pyrostat uni P-3683-9794-MPA BS P-3222-9781-MPA BS	Rollit Iso pro P-3683-9794-MPA BS P-3222-9781-MPA BS
Megapress	≤ 60,3				
Raxofix Sanfix/Fosta	≤ 63	Armaflex P-MPA-E-07-009 ETA-11/0454	Flex R 90 R-3112/171/10-MPA BS	Pyrostat uni Z-19.17-1935	Rollit BBR pro Z-19.17-1935

*Bitte beachten Sie die bestimmungsgemäße Verwendung der Viega-Rohrleitungssysteme.

Anwendung AGI Q 151	Heiz-/Kühlkreis-lauf geschlossen	Heiz-/Kühlkreis-lauf offen	Aussendurch-messer [mm]	Dämmdicke [mm]
Sanpress Sanpress Inox	X	X	≤ 108,0	Schutzanstrich gem. AGI Q 151 nur bei erhöhter Chlorid-Ionenkonzentration erforderlich
Prestabo	X			Schutzanstrich bei Kaltwasseranwendungen gem. AGI Q 151 erforderlich
Megapress	X			

Gemäß Arbeitsblatt AGI Q 151 (Arbeitsgemeinschaft Industriebau) müssen betriebstechnische Anlagen aus un- und niedriglegierten Stählen mit Oberflächentemperaturen von -50° bis +150° mit einem zusätzlichen Korrosionsschutz versehen werden.

Sofern erhöhte Chlorid-Ionenkonzentrationen in Verbindung mit Feuchte und Temperaturen > 35° nicht ausgeschlossen werden können, sollten auch nichtrostende, austenitische Stähle nach den Vorgaben der Q 151 korrosionsgeschützt werden.

17 Literatur- und Quellenangaben

[1] Übereinstimmung mit den Verwendbarkeitsnachweisen (MBO, § 22) 28
[2] Kommentar zur MLAR/ 4. Auflage 2011 – Heizungsjournal Verlags-GmbH
Autoren: Lippe/Wesche/Rosenwirth/Reintsema 32
[3] Kommentar zur MLAR/ 4. Auflage 2011 – Heizungsjournal Verlags-GmbH
Autoren: Lippe/Wesche/Rosenwirth/Reintsema 33

Index

A

Anlagenmonitoring	319
Apparate-Druckverlust	215
Aquifer-Wärmespeicher	293
Augmented Reality - Baufortschritt	55
Ausschreibungstexte	23
Automationssysteme TGA	278

B

Batteriespeichersysteme	307
Bauteilaktivierung	280
Beimischverfahren - modifiziert	191
Besondere Leistung - HOAI	30
Betonkerntemperierung	280, 282
Betriebsüberwachung	319
BIM-Projektmanagement	
4D- / 5D-Terminplanung	20, 54, 110
Arbeitspraxis	76
Auftraggeber-Informations-Anforderungen	26, 30, 85, 100
Bauherr - Rolle	27, 37
Bedarfsplanung - Ziele	30
BIM-Abwicklungsplan	57, 84
BIM Collaboration Format	34
BIM-Manager	121
BIM-Modell der Detaillierungstiefe (LoD)	103
BIM-Server	67
Brandschutzmaßnahmen	345
Brandschutz-Planung	51
buildingSMART - Zertifizierungsverfahren	36
Business Process Modeling Notation	34, 75
CAD Systeme	19, 83
Datenkataloge - Bauprodukthersteller	20, 23, 32
Datenmodellierungssprache - EXPRESS	32
Führende Länder	31
HOAI - Besondere Leistung	30
HOAI-Mindestsatzunterschreitung	111
IFC - Datenstandard	32, 103, 114, 118
Information Delivery Manual	34
Klassifikationssysteme	23, 35, 53
Kollisionskontrolle	71, 109, 119
Kooperative Arbeitsmethodik	15, 26, 57
Lastenheft	84
Little-, Big-, Closed-, Open-BIM	27
LoG-I-C-L Modell	58
Mengen- und Kostenermittlung	53
Modelle	21, 82
Modellentwicklungsgrad	58
Modellvarianten - Model View Definition	34
Organisationshandbuch	84
PAS 1192-2	100
Planerverträge	102
Produktdaten-Managementsysteme	35, 67
Projektplattformen	67
Qualitätsmanagement	38, 68
Rollendefinitionen	37
Schnittstellen	23, 26, 32, 84
Server-/Cloud-Datenmanagement	65
Task Group	31
TGA-Planung	47
Trassenkonzept	84
Vertragsrecht	84, 127

Blockheizkraftwerke	301
Brandschutzmaßnahmen – ab S. 333 Kapitel 5	
Bundesinstitut für Bau-, Stadt- und Raumforschung	31

C

Carnot-Prozess	299

D

Datenaustauschformate - BIM	23, 32
Deutsche Gesellschaft für Nachhaltiges Bauen-Zertifizierungssystem	257
Dissipationsterm - Hydraulik	208
Dokumentation	
Baufortschrittskontrolle	54
BIM-Dokumentenmanagementsystem	66
Energiemanagement	308
Lastenheft	84
Leitungsdurchführung	344
Organisationshandbuch	84
Trinkwasser-Netz	230
Druckverlust-Kennlinien von Armaturen	215
Durchflussbeiwert	214

E

Energiekennwerte - Gebäude	311
Energiekonzept	260
Energiemonitoring	320
Energieverbrauch Optimierungsverfahren	323
Erdsonden-Wärmespeicher	293

F

Facility Management	56
Flächenheizsysteme	285
Formeln	
Anzahl der notwendigen hydraulischen Untersuchungen	225
Berechnungsdurchfluss	176
Berechnungsdurchfluss PWC	166
Berechnungsdurchfluss PWH	166
Darcy-Weisbach Druckverlust-Kennlinie	211
Druckverlust	214
Druckverlust Formteile	213
Erweiterte Energiegleichung	208
Gesamter Wasserinhalt	162
Hagen-Poiseuille	212
Hydraulischer Widerstand	211, 214
Hydraulischer Widerstand Formteile	213
Hydraulisches Widerstandsgesetz	211
Innendurchmesser TW-Teilstrecke	162
Knotenregel	218
Korrekturfaktor Spitzendurchfluss	157
Maschenregel	218
Maximum-Norm	221
Mittlerer Durchmesser TW-Installation	163
Mittleres Wasservolumen TW-Installation	163
Modifizierte Eulersche Polyedergleichung	219
Newton-Raphson Verfahren mit Jacobi-Matrix	220
Prandtl-Colebrook	212
Reynolds-Zahl	212

Spitzendurchfluss korrigiert	157
Temperatur PWH-Leitung	192
Temperaturschwankung Mischtemperatur	143, 168
Totaldruck	209
Volumenkennwert	198
Volumenstrombilanz	192
Volumenstrom eines Stranges mit/ohne Beimischung	192
Wärmestrom-Verhältnis	196
Widerstandskennlinie Formteile	213
Zirkulationspumpe Förderstrom exakt	192
Zirkulationspumpe Förderstrom vorläufig	191

G

Gassorptionswärmepumpen	297
Gebäudeenergiebilanz	252
Geothermiesysteme	284
GUID - Objektidentifikation BIM	23

H

HDF5 - Hierarchical Data Format	315
Heißwasser-Wärmespeicher	293
Hydraulischer Widerstand	210, 213

I

IFC-Datenmodell	32

K

Kaltluftabfall - Gegenmaßnahmen	273
Kirchhoff'sche-Gesetze - Hydraulik	218
Klimaschutzziele	248
Kollisionsprüfung - BIM	20, 71
Konzentratorzellen - Photovoltaik	304

L

Lastenheft	30
Lastmanagement - demand side management	325
Latentwärmespeicher	293
Lebenszyklus - Gebäude	18, 254
LoG-I-C-L Modell	58
Lüftungs- und Klimatechnik	290

M

Maschenregel - TW-Netzbemesung	218
Mengenkonsistenzprüfung	71
Modell der Potenzialströmung	207

N

Netzwerk - Bemessung	
Knoten, Masche, Zweig	216
NE-Cluster	229
Nullenergiegebäude	251

O

Organisation buildingSMART	71

P

Passive Kühlung	275
Passivhaus	290
PDCA-Zyklus - Plan-Do-Check-Act	308
Performance Metrics - Betriebsdaten	319
Phase Change Material - PCM-Wärmespeicher	293
Photovoltaik	304
Planen-Bauen 4.0 - Gesellschaft	31
Plusenergiegebäude	251
Potenzialtheorie - Bemessung	207
Primärenergiefaktoren	251
Produktdatenmanagementsysteme	67
Produktkatalog - nach ISO 16757	33

R

Raytracing- / Radiosity-Methoden	276
Regelwerke	
Ausschuss Honorarordnung - AHO	85
BIM Execution Plan	26
BIM-Leitfaden für Deutschland	31, 57
BMVI - Digitales Planen und Bauen	101
Britische Richtlinie PAS 1192-2	31
British Standards Institution	100
Business Process Modeling Notation	75
CAFM-Connect	62
CIC BIM Protokoll	37
Construction Industry Council	26, 37
DIN 276	53, 59, 62, 77, 84
DIN 277	59
DIN 1946-6	290
DIN 1988-300	151, 165, 190, 210
DIN 4108	255, 272
DIN 4140	352
DIN 5034-1	259
DIN 18041	257
DIN 32736	60, 64
DIN 69901	30
DIN EN 1057	367
DIN EN 10088	367
DIN EN 10312	367
DIN EN 12845	206
DIN EN 12897	293
DIN EN 12977	293
DIN EN 13779	250, 292
DIN EN 15251	255, 288
DIN EN 15332	293
DIN EN 15378	319
DIN EN ISO 7730	255
DIN EN ISO 13790	267
DIN EN ISO 16484-3	314
DIN EN ISO 50001	308
DIN ISO 7730	288
DIN SPEC 91400	53
DIN V 4108-6	249, 269
DIN V 4701-10	249, 269
DIN V 18599	249, 269, 304
DVGW Arbeitsblatt GW 392	367
DVGW GW 303-1	204
DVGW W 400-1	204
DVGW W 553	185, 196
Ecodesign-Richtlinie EU 1253/2014	292
Employer's Information Requirements	26
EN 15251	250, 256
Energieeinsparungsgesetz (EnEG)	250
Energieeinsparverordnung (EnEV)	249, 255, 292, 304
Energiewirtschaftsgesetz (EnWG)	250
Erneuerbare-Energien-Gesetz (EEG)	250
Erneuerbare-Energien-Wärmegesetz (EEWärmeG)	250
ErP-Verordnung Nr. 1253/2014	292
EU 1253/2014	250, 292

HOAI	345
Honorarordnung für Archit./Ing. - HOAI	**26, 104, 130**
ISO 9001	308
ISO 9972	272
ISO 12006	35
ISO 12911	34
ISO 16739 Standard	15
ISO 16757 - VDI 3805	32
ISO 19650	26, 31, 34
ISO 29481	34
ISO 50001	308
Kraft-Wärme-Kopplungsgesetz (KWKG)	250
Lüftungsanlagen-Richtlinie - LüAR	290
Model Progression Specification - AIA	59
Musterbauordnung	343, 353
Musterleitungsanlagenrichtlinie	357
National BIM Standard - USA	31
Richtlinie 2010/31/EU	248
Schweiz: Merkblatt TPW 2004/1	142
Sonnenschutz im Büro - BGI	260
VDI 2073	295
VDI 2519	30
VDI 2552	36
VDI 3803	292
VDI 3805-17	214
VDI 3810	319
VDI 3814	319
VDI 3819	343
VDI 6022	291
VDI 6026	63
VDI 6039	270, 319
VDS CEA 4001	206
Relaxationsfaktor - Hydraulik	221
Reynolds-Zahl - Hydraulik	212

S

Scatter-/Carpetplots - Gebäudebetrieb	316
Schnittstellenkonzept	30
Software	
3D-PDF	54, 83
BIM Collaboration Format	71
buildingSMART Data Dictionary	35
buildingSMART - Zertifizierungsverfahren	36
CAD Systeme	19, 83
C++/CLI/.Net Framework	202
COBie Datenformat	29
DataStorage - Datenbank	315
Datenaustauschformate	32
DIVA for Rhino	277
Documentation Server	36
Endenergie - TRNSYS, EnergyPlus, IDA-ICE, MODELICA	267
FENER - Fassadenplanung	279
IFC2x3 Coordination View V2.0	34
IFC 4 Addendum 1	32
IFC - Datenstandard	103
ifcXML-Schema	62
Lichtsimulation - DaySim mit RADIANCE, DIALUX, RELUX	267
liNear Analyse Potable Water	223
OpenBIM	23
OpenMUC - Lastmanagement	325
Planungstools	268
Schnittstellen, Datenaustausch	82
solibri - BIM-Model Checker	109
STEP Spezifikation	32
Thermische Gebäudesimulation - TRNSYS, EnergyPlus, IDA-ICE, ESP-r	267
Viptool Engineering	223
Sonnenschutzvorrichtungen	274
Stromfadentheorie	208

T

Thermal-Response-Test - TRT	298
Thermische Speicher	293
Thermische Speichermasse - Gebäude	276
Thermoaktive Bauteilsysteme	280
Tichelmann-System	185, 198
Totaldruck - Hydraulik	209
Trinkwasser	
Bemessung - Betriebsmodell	144
Bemessungsbeispiele	151, 162, 164, 168, 171, 174, 183, 190, 198, 210, 219, 223
Dezentrale Trinkwasser-Erwärmung	235
Geografischen Informations-System	204
Komfort - Duschen	142, 165
Modifiziertes Beimischverfahren	191
Netzinformationssystem	204
Tichelmann-System	185
Vermaschtes Rohrsystem	202
Wasserbedarf Haushalt	154
Wasserzähler	214, 234
Zentrale Trinkwasser-Erwärmung	235
Zirkulationsleitungen - Beimischverfahren	191
Turbulente Strömung	207
TW-Netze: Ringleitung, verästelt, vermascht	205

V

Vermaschte Rohrnetze	
Sprinkleranlagen	206
Trinkwasseranlagen	202, 215, 229
volatile organic compound-Konzentration	291

W

Wärmepumpen	296
Warmwasserbereitung - Energieaufwand	296
Werkvertrag	103, 127

Z

Zapfsimulation - Bemessung	222
Zeta-Wert	142, 162
Zirkulationsleitung - Beimischverfahren	191
Zirkulationsnetze symmetrisch/asymmetrisch	183
Zweigstromverfahren - Netzwerkanalyse	217